Java Coding Problems

Java编程问题

[罗] 安赫尔·伦纳德（Anghel Leonard） 著

金嘉怡 夏钰辉 黄坚 译

化学工业出版社

·北京·

内容简介

本书通过探讨 Java 开发工作中常会遇到的问题及相关解决方案，介绍了涉及字符串、数字、数组、集合、数据结构、日期和时间、对象、不可变性、Switch 表达式、类型推断、Java I/O、Java 反射、函数式编程、并发、HTTP Client API 和 Websocket 等方面的核心知识与实用技巧。

这些简单或复杂的问题，将帮助你提升解决现实问题的编程能力，使你了解相关问题基于 Java 8 ~ 12 的最佳实践，同时还可以检测你对相关技术的掌握程度。

本书可供初级和中级 Java 开发人员参考，同样也适合正为相关技术面试做准备的求职者阅读。

北京市版权局著作权合同登记号：01-2024-2390

图书在版编目（CIP）数据

Java 编程问题 /（罗）安赫尔·伦纳德（Anghel Leonard）著；金嘉怡，夏钰辉，黄坚译. —北京：化学工业出版社，2024.6

书名原文：Java Coding Problems

ISBN 978-7-122-44959-7

Ⅰ.①J… Ⅱ.①安…②金…③夏…④黄… Ⅲ.①JAVA语言-程序设计 Ⅳ.①TP312.8

中国国家版本馆CIP数据核字（2024）第062179号

责任编辑：张 赛 耍利娜

责任校对：边 涛　　　　装帧设计：王晓宇

出版发行：化学工业出版社

（北京市东城区青年湖南街 13 号 邮政编码 100011）

印　　刷：北京云浩印刷有限责任公司

装　　订：三河市振勇印装有限公司

787mm×1092mm 1/16 印张 36½ 字数 928 千字

2024 年 7 月北京第 1 版第 1 次印刷

购书咨询：010-64518888　　售后服务：010-64518899

网　　址：http://www.cip.com.cn

凡购买本书，如有缺损质量问题，本社销售中心负责调换。

定　　价：149.00 元

前言

JDK 8 到 12 的版本快速迭代，使得现代 Java 的学习曲线变得陡峭，也增加了开发人员进入熟练编码期的时间成本。然而，这些新的特性和概念，可以用来解决当下的许多问题。本书将从复杂性、性能、可读性等方面入手，通过解释正确的实践和决策，让你能够采用客观的方法来解决常见问题。

本书涵盖了很多主题，如字符串、数字、数组、集合、数据结构、日期和时间、不可变性、类型推断、Optional、Java I/O、Java 反射、函数式编程、并发和 HTTP client API 等，共包含 1000+ 示例和 300+ 应用程序。通过学习这些内容，你可以提高编程水平，丰富技能工具箱，顺利完成各种日常任务。无论你的任务简单、中等还是复杂，掌握这些核心知识都是必要的。

阅读本书后，你将深刻理解很多 Java 的概念，并能够在面对开发问题时，设计出最佳的解决方案。

本书适合谁

本书对于初学者和中级 Java 开发人员特别有用。同样的，书中深入探讨的问题也是大部分 Java 开发者在日常工作中可能会遇到的难题。

阅读本书并不需要过多的技术背景，只需你热爱 Java，并且具备阅读 Java 代码片段的能力。

本书包含了什么内容

第 1 章，字符串、数字和数学，我们将探讨 39 个涉及字符串、数字和数学运算的问题。首先，我们会研究一些经典的字符串问题，如统计重复项数量、反转字符串以及删除空格等。随后，我们会深入探讨数字和数学运算相关问题，例如计算大数之和、处理运算溢出、比较无符号数，以及计算取整除和模数等。在解决这些问题时，我们不仅会提供多种方法，还将尝试运用 Java 8 的函数式编程风格。此外，我们还会讨论一些与 JDK 9、10、11 和 12 版本相关的话题。

第 2 章，对象、不可变性和 Switch 表达式，包含 18 个涉及对象、不可变性和 Switch 表达式的问题。本章从几个处理空引用的问题开始，然后探讨检查索引、`equals()` 和 `hashCode()` 以及不可变性（例如，编写不可变类，并在不可变类中传递 / 返回可变对象）。本章的最后一部分涉及克隆对象和 JDK 12 的新版 Switch 表达式。到本章结束时，你将基本了解对象和不可变性。此外，你还将知道如何处理新版的 Switch 表达式。这些知识对于任何 Java 开发人员来说都是宝贵且必不可少的。

第 3 章，处理日期和时间，我们将探讨 20 个与日期和时间相关的问题，包括转换、格式化、加减、定义周期 / 持续时间、计算等方面。在此过程中，我们会用到 `Date`、`Calendar`、`LocalDate`、`LocalTime`、`LocalDateTime`、`ZonedDateTime`、`OffsetDateTime`、`OffsetTime` 和 `Instant` 等类。通过本章的学习，你将能够熟练掌握各种日期和时间操作，了解相关 API，并能将这些知识整合应用到实际业务需求中。

第 4 章，类型推断，包含 21 个涉及 JEP 286 或 Java **局部变量类型推断**（LVTI）的问题，也称为 `var` 类型。这些问题经过精心设计，以揭示使用 `var` 的最佳实践和常见错误。到本章结束时，你将全面了解 `var`，以便在生产环境中应用它。

第 5 章，数组、集合和数据结构，我们将详细讨论与数组、集合和数据结构相关的 30 个问题，并提供其解决方案。这些问题涵盖了众多常见需求，如排序、检索、比较、反转、填充、合并、复制及替换等操作。所有的解决方案都是基于 Java 8 ～ 12 版本实现的。读完本章后，你将构建起一套完善的知识体系，以便更有效地解决各类与数组、集合和数据结构有关的问题。

第 6 章，Java I/O 路径、文件、缓存、扫描和格式化，包括 20 个 Java 文件 I/O 相关的问题。通过操作、轮询、监听文件流路径，以及介绍读写文本文件 / 二进制文件的有效方式，本章将涵盖 Java 开发者日常可能遇到的绝大多数 I/O 相关问题。这些知识将为你解决相关问题提供思路。

第 7 章，Java 反射类、接口、构造函数、方法和字段，包括 17 个 Java 反射 API 的相关问题，从那些经典问题，如检查和实例化 Java artifact（模块、包、类、接口、超类、构造函数、方法、注解、数组等），到 JDK 11 引入的合成构造函数和基于嵌套的访问控制，据此提供了对 Java 反射 API 的全面介绍。看完本章后，Java 反射 API 在你面前将再无任何秘密，你可以给你的同事秀下反射都可以做什么。

第 8 章，函数式编程：基础与设计模式，包括 11 个和 Java 函数式编程相关的问题。首先我们将从零开始了解生成函数式接口的完整过程，然后还将使用函数式编程来解释一套基于 GoF 的设计模式。

第 9 章，函数式编程：进阶，包括 22 个 Java 函数式编程的进阶问题。在本章我们会重点关注流的经典操作（如 `filter` 和 `map`）的相关问题，并讨论无限流、null-safe 流和默认方法这些内容。本章还会涵盖分组、分区、收集器（包括 JDK 12 的 `teeing()` 收集器和自定义收集器开发）这些内容。此外，我们也会针对 `takeWhile()`、`dropWhile()`、组合函数、谓词、比较器、Lambda 表达式的验证和调试等其他热门问题展开讨论。

第 10 章，并发：线程池、Callable 接口以及同步器，包含了涉及 Java 并发的 14 个问题。我们从几个涉及线程生命周期、对象和类级别的锁的基础问题开始，然后讨论关于 Java 线程池的一系列问题，包含 JDK 8 实现的工作窃取（work-stealing）线程池。之后，我们会花点精力研究 `Callable` 和 `Future`。最后，我们将探究 Java 有关同步器的一些问题 [例如屏障（barrier）、信号量（semaphore）和交换器（exchanger）]。通过本章的学习，你应该可以熟悉 Java 并发的主要内容并准备好处理一些高级问题了。

第11章，并发：深入探讨，包含13个Java并发相关问题，涵盖fork/join框架、`CompletableFuture`、`ReentrantLock`、`ReentrantReadWriteLock`、`StampedLock`、原子变量（atomic variables）、任务取消、可中断方法、thread-local和死锁（deadlock）等内容。并发性是每一位开发人员的必修课，尤其在求职面试中颇受重视，这也是为什么上一章和本章如此重要的原因。完成本章阅读后，你将对并发有相当的了解

第12章，Optional，包括24个问题，旨在提示你注意使用`Optional`的几条规则。

第13章，HTTP Client和WebSocket API，包括20个涵盖HTTP Client和WebSocket API的相关问题。还记得`HttpUrlConnection`吗？JDK 11附带的HTTP Client API可以认为是对`HttpUrlConnection`的重新发明。HTTP Client API易于使用并支持HTTP/2（默认）和HTTP/1.1。为了向后兼容，当服务器不支持HTTP/2时，HTTP Client API会自动从HTTP/2降级到HTTP 1.1。此外，HTTP Client API支持同步和异步编程模型，并依赖流来传输数据（响应式流）。它还支持WebSocket协议，该协议在实时Web应用程序中被使用，以提供具有低开销的客户端 - 服务器通信。

如何从本书中获得最大的收益

最好先掌握一些Java语言的基础知识，建议安装以下组件：

- 适合自己的IDE（非必须）。
- JDK 12和Maven 3.3.x。
- 必要时，安装一些额外的第三方库。

下载示例代码文件

你可以从https://www.packtpub.com的账户下载本书的示例代码文件。如果你在其他地方购买了本书，你也可以访问https://www.packtpub.com/support并注册，随后相关文件将直接通过电子邮件发送给你。

以下是下载代码文件的详细步骤：

1. 在https://www.packtpub.com登录或注册。
2. 选择**支持**（Support）选项卡。
3. 点击**代码下载**（Code Downloads）。
4. 在**搜索**（Search）框中输入书名，然后按照屏幕上的指示进行操作。

下载文件后，请务必使用最新版本的软件进行解压：

- 适用于Windows的WinRAR / 7-Zip。
- 适用于Mac的Zipeg / iZip / UnRarX。
- 适用于Linux的7-Zip / PeaZip。

本书的代码包也托管在GitHub上，其网址为https://github.com/PacktPublishing/Java-Coding-Problems。如果代码有更新，该GitHub仓库也会同步更新。

此外，Packt还提供了更多书籍资源，你可以在https://github.com/PacktPublishing获取。欢迎前来一探究竟！

下载彩色图像

本书还提供了书中所涉及图片的 PDF 文件（彩色图像）。你可以在这里下载：https://static.packt-cdn.com/downloads/9781789801415_ColorImages.pdf。

书中的特殊文本格式说明

`CodeInText`：表示文本中的代码字、数据库表名称、文件夹名称、文件名、文件扩展名、路径名、虚拟 URL、用户输入和 Twitter 句柄等。例如："如果当前字符存在于 `Map` 实例中，那么只需将其出现次数加 1。"

书中代码格式如下：

```
public Map<Character, Integer> countDuplicateCharacters(String str) {
  Map<Character, Integer> result = new HashMap<>();
  //或者使用for (char ch : str.toCharArray()) { ... }
  for (int i = 0; i < str.length(); i++) {
    char ch = str.charAt(i);
    result.compute(ch, (k, v) -> (v == null) ? 1 : ++v);
  }
  return result;
}
```

粗体：用于表示新的术语、重要的文本等。例如，菜单或对话框中出现的词语，在文本中呈现如下："在 Java 中，逻辑 AND 运算符用 `&&` 表示，逻辑 OR 运算符用 `||` 表示，逻辑 XOR 运算符用 `^` 表示。"

> **提示：**提示和技巧以这种形式呈现。

关于本书

这是一本 Java 领域的重量级作品。尽管本书首版出版于 2019 年末，但时至今日，书中围绕 JDK 8 ～ 12 的特性所展开的探索与实践，仍然值得众多开发者深入学习体会。

本书的特色在于，它不仅会告诉你该如何运用好 Java 这门语言，还会剖析一些常见的编程陷阱，帮助你规避一些开发问题，从而编写出更加高效和优雅的程序。所以，无论是从头到尾详读各章内容并主动实践，还是从感兴趣的章节或具体问题入手，你一定会从这 200 多个精心设计的问题中获得宝贵的经验。

关于我们

我们很荣幸能够负责本书的翻译工作。在翻译分工方面，金嘉怡负责前后辅文及第 1 ～ 5 章，夏钰辉负责第 6 ～ 9 章，黄坚负责第 10 ～ 13 章。在大家完成翻译之后，金嘉怡负责通读全文，完成校对与统稿，并尽量保证风格和术语的统一。

形成初稿后，为了让不同读者群体都有良好的阅读体验，金嘉怡还邀请到了数十位审校成员，其中不乏多位具有 8 年、5 年、3 年以上工作经验的开发者，以及刚毕业的计算机专业的朋友。大家的奉献使得本书更趋完善，其中，经验丰富的从业者为内容的专业性提供了保障，而新手视角的建议，也让各种复杂概念的表述更加通俗易懂。

参与审校的贡献者分别是郭泽轩、韩西雅、侯旭、蓝海珊、李琦敏、李永敬、刘琼、龙翔、陆双双、沈曼、石一舟、谭文斌、王铭洋、王胜、王思未、王晓迪、魏黎、邢立文、熊梓潼、徐增昀、杨茜岚、易玉、赵晓晖、周银、朱子晟（按照姓名拼音排序）等。在此，诚挚感谢为本书无私付出的每一位贡献者。

本书的翻译工作历时近一年，大家都牺牲了大量的个人时间，尽管我们已经尽最大努力来给读者呈现最好的效果，但由于水平有限，译作中仍不可避免地存在一些疏漏及不足之处。期待大家提出宝贵的意见，帮助我们不断改进。

金嘉怡　夏钰辉　黄坚

2023 年 12 月

目录

第 13 章 HTTP Client 和 WebSocket API 536

第 1 章

字符串、数字和数学

在这一章里，我们将探讨 39 个涉及字符串、数字和数学运算的问题。首先，我们会研究一些经典的字符串问题，如统计重复项数量、反转字符串以及删除空格等。随后，我们会深入探讨数字和数学运算相关问题，例如计算大数之和、处理运算溢出、比较无符号数，以及计算取整除和模数等。在解决这些问题时，我们不仅会提供多种方法，还将尝试运用 Java 8 的函数式编程风格。此外，我们还会讨论一些与 JDK 9、10、11 和 12 版本相关的话题。

到本章结束时，你将掌握许多操作字符串的技巧，并且能够运用这些技巧来解决类似的问题。同时，你也将学会如何处理与数学运算相关的极端情况，以避免产生意料之外的结果。

问题

以下问题可用于测试你操作字符串和处理数学极端情况的编程能力。在查看解决方案和下载示例代码之前，强烈建议你先尝试独立解决这些问题：

1. **统计重复字符的数量**：计算给定字符串中重复字符的个数。

2. **寻找第一个非重复字符**：返回给定字符串中的第一个非重复字符。

3. **反转字母和单词**：反转每个单词内的字母；反转整个句子的单词顺序和每个单词内的字母。

4. **检查字符串是否仅包含数字**：判断给定字符串是否只包含数字。

5. **统计元音和辅音的数量**：统计给定字符串中元音和辅音字母的个数。

6. **统计某个特定字符的出现次数**：统计给定字符串中某个特定字符的出现次数。

7. **将 `String` 转换为 `int`、`long`、`float` 或 `double` 类型**：将给定的 `String` 对象（表示数字）转换为 `int`、`long`、`float` 或 `double` 类型。

8. **去除字符串中的空格**：移除给定字符串中的所有空格。

9. **用分隔符连接多个字符串**：用指定分隔符拼接给定的多个字符串。

10. **生成全部排列组合**：生成给定字符串所有可能的排列组合。

11. **检查字符串是否为回文**：判断给定字符串是否为回文。

12. **删除重复的字符**：移除给定字符串中的重复字符。

13. **删除给定的字符**：从字符串中删除给定字符。

14. **找到出现次数最多的字符**：找出给定字符串中出现次数最多的字符。

15. **按长度对字符串数组排序**：根据所给字符串数组中各个字符串的长度进行排序。

16. 检查字符串是否包含子串： 判断给定字符串是否包含给定的子串。

17. 计算字符串中子串的出现次数： 计算给定字符串在另一个字符串中的出现次数。

18. 判断两个字符串是否互为变位词： 判断两个字符串是否互为变位词。变位词是指由相同字母按照不同顺序组成的单词。为了简化问题，我们可以暂时不考虑大小写和空格的情况。

19. 声明多行字符串（文本块）： 声明多行字符串或文本块。

20. 重复拼接同一个字符串 *n* 次： 将同一个字符串重复拼接 *n* 次。

21. 删除首尾空格： 删除给定字符串的首尾空格。

22. 寻找最长公共前缀： 找出给定字符串的最长公共前缀。

23. 应用缩进： 为给定文本应用缩进。

24. 字符串转换： 根据特定规则，将一个字符串转换为另一个字符串。

25. 求最小值与最大值： 计算输入数字中的最小值和最大值。

26. 求两个大数之和（`int/long`）并处理运算溢出的情况： 求两个较大整数（`int/long`）的和，并在发生运算溢出时抛出算术异常。

27. 解析特定进制下的无符号数： 将给定字符串解析为特定进制下的无符号数（`int/long`）。

28. 通过无符号转换转变数字： 通过无符号转换将给定的 `int` 数字转换为 `long` 类型。

29. 比较两个无符号数： 比较两个给定的无符号数。

30. 无符号数的除法和取模： 计算给定无符号数的除法和取模。

31. 判断 `float/double` 是否为有限浮点数： 判断给定的 `float/double` 值是否为有限浮点数。

32. 对两个布尔表达式执行逻辑 AND/OR/XOR 运算： 对两个布尔表达式执行逻辑 AND、OR 或 XOR 运算。

33. 将 `BigInteger` 转换为基本类型： 从给定的 `BigInteger` 中提取基本类型的值。

34. 将 `long` 类型转换为 `int` 类型： 将 `long` 类型转换为 `int` 类型。

35. 计算取整除和模数： 来计算给定被除数（x）和除数（y）的取整除和模数。

36. 相邻浮点数： 找出给定值（`float/double`）在数值递增或递减方向上的相邻浮点数。

37. 求两个大数的乘积（`int/long`）并处理运算溢出的情况： 求两个较大整数（`int/long`）的乘积，并在发生运算溢出时抛出算术异常。

38. 融合乘加（FMA）： 接收三个浮点数（a、b 和 c）并高效地计算 $a*b+c$。

39. 紧凑数字格式化： 将数字 `1,000,000` 格式化为 `1M`（美国语言环境）和 `100 mln`（意大利语言环境）。同时，还要将字符串 `1M` 和 `100 mln` 反向解析回数字。

解决方案

下面将介绍上述问题的解决方案。通常，这些问题的正确解决方法是不止一种的。需要注意的是，书中的代码和思路讲解仅包括了最关键的部分，你可以访问 https://github.com/PacktPublishing/Java-Coding-Problems 下载完整的代码以获取更多细节，还可以尝试运行这些示例代码。

1. 统计重复字符的数量

计算字符串中的字符数量（包括特殊字符，如 #、$ 和 %）的方法是，先逐个提取每个字符，然后将其与剩余字符进行比较。在此过程中，用一个数字计数器来跟踪计数状态，每当匹配到当前字符时，计数器执行自增操作。

这个问题可以通过两种方法来解决。

第一种方法是，遍历字符串中的每一个字符，使用 `Map` 进行存储，并将字符作为键（key），将出现次数作为值（value）。如果当前字符从未添加过，便将其加入 `Map` 并设值为 1，即 `(character, 1)`。如果当前字符已经在 `Map` 中了，则只需要将其出现次数加 1，例如 `(character, occurrences + 1)`。以下是相应的代码：

```
public Map<Character, Integer> countDuplicateCharacters(String str) {
  Map<Character, Integer> result = new HashMap<>();
  //或者使用for (char ch : str.toCharArray()) { ... }
  for (int i = 0; i < str.length(); i++) {
    char ch = str.charAt(i);
    result.compute(ch, (k, v) -> (v == null) ? 1 : ++v);
  }
  return result;
}
```

另一种方法需要用到 Java 8 的流功能（Stream），主要包括三个步骤。前两步将字符串转换为 `Stream<Character>`，而最后一步则对字符进行分组和计数。具体步骤如下：

① 使用 `String.chars()` 方法将原始字符串转换为 `IntStream` 对象，其中包含了以整数形式表示的字符。

② 通过 `mapToObj()` 方法将 `IntStream` 转换为字符流（从整数表示转换为更易读的字符形式）。

③ 最后，利用 `Collectors.groupingBy()` 对字符进行分组，并使用 `Collectors.counting()` 计数。

下面这段代码，将这三个步骤融合进了一个函数中：

```
public Map<Character, Long> countDuplicateCharacters(String str) {
  Map<Character, Long> result = str.chars()
    .mapToObj(c -> (char) c)
    .collect(Collectors.groupingBy(c -> c, Collectors.counting()));
  return result;
}
```

那 Unicode 字符要怎么处理呢？

我们对 ASCII 字符非常熟悉。它包含了不可打印的控制字符（0 ~ 31）、可打印字符（32 ~ 127），以及扩展的 ASCII 编码（128 ~ 255）。但是如何处理 Unicode 字符呢？请思考本节中 Unicode 字符相关的问题。

简而言之，早期版本的 Unicode 只包含小于 65,535（0xFFFF）的字符。Java 使用 16 位

char 类型来表示这些字符。只要 `i` 不超过 65,535，调用 `charAt(i)` 函数就能正常运行。然而，随着时间的推移，Unicode 增加了更多的字符，最大值达到了 1,114,111（0x10FFFF）。这些字符已经不适合用 16 位的 char 类型来表示了，因此需要 32 位的数值（称为**码位**，**code point**，也常被称为**代码点**）用于实现 UTF-32 编码方案。

但遗憾的是，Java 不支持 UTF-32 编码！不过，Unicode 提供了一种解决方案，可以继续使用 16 位来表示这些字符。此方案的思路如下：

- 16 位高代理：1024 个值（表示 U+D800 到 U+DBFF 之间的值）；
- 16 位低代理：1024 个值（表示 U+DC00 到 U+DFFF 之间的值）。

如此，当一个高代理项后面跟一个低代理项时，我们称之为**代理项对**（surrogate pair）。代理项对用于表示 65,536（0x10000）到 1,114,111（0x10FFFF）之间的值。这样，某些字符（称为 Unicode 增补字符）会以 Unicode 代理项对的形式表示 [一个字符（符号）占用一对字符的空间]。它们会组合成一个码位。Java 使用这种表示方式，封装了一系列函数，如 `codePointAt()`、`codePoints()`、`codePointCount()` 和 `offsetByCodePoints()`（有关详细信息，请参阅 Java 官方文档）。此外，还有一些方法可以帮助我们编写覆盖 ASCII 和 Unicode 字符的代码，例如调用 `codePointAt()` 而不是 `charAt()`，调用 `codePoints()` 而不是 `chars()` 等等。

例如，众所周知的双心符号是一个 Unicode 代理项对，它可以用一个包含两个值的 `char[]` 数组表示：`\uD83D` 和 `\uDC95`。该符号的码位是 `128149`。要从这个码位获得一个 String 对象，请调用 `String str = String.valueOf(Character.toChars(128149))`。计算 `str` 中的码位数量，可以调用 `str.codePointCount(0, str.length())`，即使 `str` 的长度为 2，这个方法也会返回 1。调用 `str.codePointAt(0)` 会返回 `128149`，而调用 `str.codePointAt(1)` 会返回 `56469`。由于表示该代码点的 Unicode 代理项对需要两个字符，因此调用 `Character.toChars(128149)` 会返回 2。而对于 ASCII 和 16 位的 Unicode 字符，这个方法将返回 1。

因此，如果要重写第一个解决方案（遍历字符串中的每一个字符，使用 `Map` 进行存储，并将字符作为键，将出现次数作为值），以支持 ASCII 和 Unicode（包括代理项对），我们将得到以下代码：

```java
public static Map<String, Integer> countDuplicateCharacters(String str) {
  Map<String, Integer> result = new HashMap<>();
  for (int i = 0; i < str.length(); i++) {
    int cp = str.codePointAt(i);
    String ch = String.valueOf(Character.toChars(cp));
    if (Character.charCount(cp) == 2) { //2意味着一个代理项对（Surrogate Pair）
      i++;
    }
    result.compute(ch, (k, v) -> (v == null) ? 1 : ++v);
  }
  return result;
}
```

此外，核心代码也可以采用这种编写方式：

```
String ch = String.valueOf(Character.toChars(str.codePointAt(i)));
if (i < str.length() - 1 && str.codePointCount(i, i + 2) == 1) {
  i++;
}
```

最后，尝试用 Java 8 函数式编程风格重构代码：

```
public static Map<String, Long> countDuplicateCharacters(String str) {
  Map<String, Long> result = str.codePoints()
    .mapToObj(c -> String.valueOf(Character.toChars(c)))
    .collect(Collectors.groupingBy(c -> c, Collectors.counting()));
  return result;
}
```

提示：关于第三方库的支持，可以考虑使用 Guava 中的 `Multiset<String>`。

以下问题将提供包括 ASCII、16 位 Unicode 以及 Unicode 代理项对在内的解决方案，以应对你未来可能遇到的实际问题。

2. 寻找第一个非重复字符

针对该问题，有多种不同的解决方案。主要的方法包括对字符串进行一次完整或部分的遍历。

在单次遍历方法中，我们创建一个数组，用于存储在字符串中仅出现一次的所有字符的索引。使用该数组，我们只需要返回包含非重复字符的最小索引值：

```
private static final int EXTENDED_ASCII_CODES = 256;
//...
public char firstNonRepeatedCharacter(String str) {
  int[] flags = new int[EXTENDED_ASCII_CODES];
  for (int i = 0; i < flags.length; i++) {
    flags[i] = -1;
  }
  for (int i = 0; i < str.length(); i++) {
    char ch = str.charAt(i);
    if (flags[ch] == -1) {
      flags[ch] = i;
    } else {
      flags[ch] = -2;
    }
  }
  int position = Integer.MAX_VALUE;
  for (int i = 0; i < EXTENDED_ASCII_CODES; i++) {
    if (flags[i] >= 0) {
      position = Math.min(position, flags[i]);
    }
  }
  return position == Integer.MAX_VALUE ?
    Character.MIN_VALUE : str.charAt(position);
}
```

此解决方案假定字符串中的每个字符都是扩展 ASCII 表（256 个编码）的一部分。如果编码值大于 256，则需要我们相应地扩大数组的大小（https://alansofficespace.com/unicode/unicd99.htm）。只要数组大小不超过 char 类型的最大值，即 `Character.MAX_VALUE`（65,535），该方案就是行得通的。另一方面，`Character.MAX_CODE_POINT` 返回 Unicode 码位的最大值 1,114,111。为了覆盖这个范围，我们需要另一个基于 `codePointAt()` 和 `codePoints()` 的实现。

由于仅需遍历一次字符串，因此该方法的性能非常出色。另一个方案是，遍历字符串中的字符，并统计它们出现的次数，一旦遇到重复字符，就跳出当前循环，继续处理下一个字符，并重复这个过程。如果到达字符串的末尾，就把当前字符作为第一个不重复字符返回。你可以在本书附带的代码资源中找到此解决方案的详细实现。

此外，还有一个基于 `LinkedHashMap` 的解决方案。因为这种 `Map` 会按照**插入顺序**进行排列（保留了键插入 `Map` 时的顺序），所以我们可以使用字符作为键（key），出现次数作为值（value）。并在 `LinkedHashMap` 填充完毕后，返回第一个值为 1 的键。由于**插入顺序**的特性，这便是我们要找的第一个非重复字符：

```
public char firstNonRepeatedCharacter(String str) {
  Map<Character, Integer> chars = new LinkedHashMap<>();
  //或者使用for (char ch : str.toCharArray()) { ... }
  for (int i = 0; i < str.length(); i++) {
    char ch = str.charAt(i);
    chars.compute(ch, (k, v) -> (v == null) ? 1 : ++v);
  }
  for (Map.Entry<Character, Integer> entry : chars.entrySet()) {
    if (entry.getValue() == 1) {
      return entry.getKey();
    }
  }
  return Character.MIN_VALUE;
}
```

在本书的代码库中，我们采用了 Java 8 的函数式编程风格来实现上述解决方案。另外，支持 ASCII、16 位 Unicode 和 Unicode 代理项对的函数式解决方案如下所示：

```
public static String firstNonRepeatedCharacter(String str) {
  Map<Integer, Long> chs = str.codePoints()
    .mapToObj(cp -> cp)
    .collect(Collectors.groupingBy(Function.identity(),
      LinkedHashMap::new, Collectors.counting()));
  int cp = chs.entrySet().stream()
    .filter(e -> e.getValue() == 1L)
    .findFirst()
    .map(Map.Entry::getKey)
    .orElse(Integer.valueOf(Character.MIN_VALUE));
  return String.valueOf(Character.toChars(cp));
}
```

为了更好地理解这些代码，请参考“1. 统计重复字符的数量”中的“那 Unicode 字符要怎么处理呢？”。

3. 反转字母和单词

为了简化问题，我们暂时只考虑反转单词的字母。这个问题的解决方案可以借助 `StringBuilder` 类来实现。首先，使用空格作为分隔符（`String.split(" ")`），将字符串拆分为单词数组。其次，用相应的 ASCII 编码逐个反转每个单词，并将结果追加到 `StringBuilder` 中。然后，按空格分割给定字符串。最后，遍历单词数组，并倒序调用 `charAt()` 获取每个字符，即可反转每个单词：

```
private static final String WHITESPACE = " ";
//...
public String reverseWords(String str) {
  String[] words = str.split(WHITESPACE);
  StringBuilder reversedString = new StringBuilder();
  for (String word : words) {
    StringBuilder reverseWord = new StringBuilder();
    for (int i = word.length() - 1; i >= 0; i--) {
      reverseWord.append(word.charAt(i));
    }
    reversedString.append(reverseWord).append(WHITESPACE);
  }
  return reversedString.toString();
}
```

我们还可以使用 Java 8 的函数式编程风格来重构代码，如下所示：

```
private static final Pattern PATTERN = Pattern.compile(" +");
//...
public static String reverseWords(String str) {
  return PATTERN.splitAsStream(str)
    .map(w -> new StringBuilder(w).reverse())
    .collect(Collectors.joining(" "));
}
```

需要注意的是，上述两种方法返回的字符串中，每个单词的字母都被颠倒了，但是单词的顺序保持不变。如果我们想要颠倒每个单词的字母顺序并改变它们的排列顺序，我们可以利用 `StringBuilder` 中内置的 `StringBuilder.reverse()` 方法来快速实现：

```
public String reverse(String str) {
  return new StringBuilder(str).reverse().toString();
}
```

> **提示：** 关于第三方库的支持，可以考虑使用 Apache Commons Lang 中的 `StringUtils.reverse()`。

4. 检查字符串是否仅包含数字

我们可以使用 `Character.isDigit()` 或 `String.matches()` 函数来解决这个问题。

依赖 `Character.isDigit()` 的解决方案非常简单且快速，只需要遍历字符串中的字符，并在该方法返回 `false` 时中断遍历：

```
public static boolean containsOnlyDigits(String str) {
  for (int i = 0; i < str.length(); i++) {
    if (!Character.isDigit(str.charAt(i))) {
      return false;
    }
  }
  return true;
}
```

我们还可以使用 Java 8 的函数式编程风格来重构代码，如下所示：

```
public static boolean containsOnlyDigits(String str) {
  return !str.chars().anyMatch(n -> !Character.isDigit(n));
}
```

另外还有一种基于 `String.matches()` 的解决方案。此方法会返回一个布尔值，表明此字符串是否与给定的正则表达式匹配：

```
public static boolean containsOnlyDigits(String str) {
  return str.matches("[0-9]+");
}
```

请注意，通常情况下，后面这两个方案会比较慢。因此，如果你的应用场景对性能要求很高，那么最好采用第一个基于 `Character.isDigit()` 的解决方案。

> **提示：** 避免通过 `parseInt()` 或 `parseLong()` 解决此问题。首先，捕获 `NumberFormatException` 并在 `catch` 代码块中进行业务逻辑决策，是一种很不好的做法。其次，这些方法只验证字符串是否为有效数字，不会判断是否仅包含数字（例如，-4 是有效的数字，但并不是仅包含数字的）。

关于第三方库的支持，可以考虑使用 Apache Commons Lang 中的 `StringUtils.isNumeric()`。

5. 统计元音和辅音的数量

以下代码仅适用于英语，不同语言中的元音和辅音数量会有所不同，因此可能需相应地调整代码。

要解决这个问题，我们需要先遍历字符串中的字符，并执行以下操作：

① 我们需要检查当前字符是否为元音（这很方便，因为英语只有五个纯元音；其他语言的元音字母可能更多，但数量一般不会很多）。

② 如果当前字符不是元音，则需要检查它是否位于 'a' 和 'z' 之间（这意味着当前字符是辅音）。

需要注意的是，要先将字符串转换为小写，这样可以避免与大写字符进行比较。例如，只需要比较小写字母 'a'，而不用同时比较大写字母 'A' 和小写字母 'a'。

该解决方案的代码如下：

```
private static final Set<Character> allVowels
  = new HashSet(Arrays.asList('a', 'e', 'i', 'o', 'u'));

public static Pair<Integer, Integer>
    countVowelsAndConsonants(String str) {
  str = str.toLowerCase();
  int vowels = 0;
  int consonants = 0;
  for (int i = 0; i < str.length(); i++) {
    char ch = str.charAt(i);
    if (allVowels.contains(ch)) {
      vowels++;
    } else if ((ch >= 'a' && ch <= 'z')) {
      consonants++;
    }
  }
  return Pair.of(vowels, consonants);
}
```

我们还可以使用 Java 8 的函数式编程风格来重构代码，如下所示：

```
private static final Set<Character> allVowels
  = new HashSet(Arrays.asList('a', 'e', 'i', 'o', 'u'));

public static Pair<Long, Long>
    countVowelsAndConsonants(String str) {
  str = str.toLowerCase();
  long vowels = str.chars()
    .filter(c -> allVowels.contains((char) c))
    .count();
  long consonants = str.chars()
    .filter(c -> !allVowels.contains((char) c))
    .filter(ch -> (ch >= 'a' && ch <= 'z'))
    .count();
  return Pair.of(vowels, consonants);
}
```

先过滤出满足条件的字符串，并使用 `count()` 作为终止操作（terminal operation），返回最终的结果。另外还可以借助 `partitioningBy()` 进一步简化代码，如下所示：

```
Map<Boolean, Long> result = str.chars()
  .mapToObj(c -> (char) c)
  .filter(ch -> (ch >= 'a' && ch <= 'z'))
  .collect(partitioningBy(c -> allVowels.contains(c), counting()));
return Pair.of(result.get(true), result.get(false));
```

完成！现在，让我们看看如何统计字符串中某个特定字符的出现次数。

6. 统计某个特定字符的出现次数

这个问题有一个简单的解决方案，只需两步操作即可：

（1）在给定字符串中，用空字符串（""）替换所有指定字符（相当于删除操作）。

（2）用原始字符串的长度减去第一步得到的字符串的长度。

该方法的代码如下：

```
public static int countOccurrencesOfACertainCharacter(String str, char ch) {
  return str.length() - str.replace(String.valueOf(ch), "").length();
}
```

以下方案同时还兼顾了处理 Unicode 代理项对（surrogate pair）的需求：

```
public static int countOccurrencesOfACertainCharacter(
    String str, String ch) {
  if (ch.codePointCount(0, ch.length()) > 1) {
    //给定字符串中有不止一个Unicode字符
    return -1;
  }
  int result = str.length() - str.replace(ch, "").length();
  //如果ch.length()返回2，那么说明这是一个Unicode代理项对
  return ch.length() == 2 ? result / 2 : result;
}
```

还有一个简洁高效的解决方案，仅需遍历一次字符串中的字符，然后将它们与给定的字符进行对比。每次成功匹配后，计数器就会自增：

```
public static int countOccurrencesOfACertainCharacter(
   String str, char ch) {
 int count = 0;
 for (int i = 0; i < str.length(); i++) {
    if (str.charAt(i) == ch) {
      count++;
    }
  }
  return count;
}
```

如果使用 Java 8 函数式编程风格来实现的话，我们可以使用 `filter()` 或 `reduce()` 函数。这里我们以 `filter()` 为例：

```
public static long countOccurrencesOfACertainCharacter(
    String str, char ch) {
  return str.chars()
    .filter(c -> c == ch)
    .count();
}
```

涵盖 Unicode 代理项对相关的解决方案，也可以在随书附赠的代码库中找到。

> **提示：** 关于第三方库的支持，可以考虑使用 Apache Commons Lang 中的 `StringUtils.countMatches()`、Spring Framework 中的 `StringUtils.countOccurrencesOf()` 和 Guava 中的 `CharMatcher.is().countIn()`。

7. 将 String 转换为 int、long、float 或 double 类型

让我们来看看下面这些字符串（也适用于负数）：

```
private static final String TO_INT = "453";
private static final String TO_LONG = "45234223233";
private static final String TO_FLOAT = "45.823F";
private static final String TO_DOUBLE = "13.83423D";
```

我们可以通过 `Integer.parseInt()`、`Long.parseLong()`、`Float.parseFloat()` 和 `Double.parseDouble()` 方法，将 `String` 转换为 `Integer`、`Long`、`Float` 或 `Double` 类型，如下所示：

```
int toInt = Integer.parseInt(TO_INT);
long toLong = Long.parseLong(TO_LONG);
float toFloat = Float.parseFloat(TO_FLOAT);
double toDouble = Double.parseDouble(TO_DOUBLE);
```

另外，还可以通过 `Integer.valueOf()`、`Long.valueOf()`、`Float.valueOf()` 和 `Double.valueOf()` 方法，将 `String` 转换为 `Integer`、`Long`、`Float` 或 `Double` 类型，如下所示：

```
Integer toInt = Integer.valueOf(TO_INT);
Long toLong = Long.valueOf(TO_LONG);
Float toFloat = Float.valueOf(TO_FLOAT);
Double toDouble = Double.valueOf(TO_DOUBLE);
```

当转换失败时，Java 会抛出 `NumberFormatException` 异常，以下代码可以复现这一现象：

```
private static final String WRONG_NUMBER = "452w";

try {
  Integer toIntWrong1 = Integer.valueOf(WRONG_NUMBER);
} catch (NumberFormatException e) {
  System.err.println(e);
  //处理异常
}

try {
  int toIntWrong2 = Integer.parseInt(WRONG_NUMBER);
} catch (NumberFormatException e) {
  System.err.println(e);
  //处理异常
}
```

> **提示：**关于第三方库的支持，可以考虑使用 Apache Commons BeanUtils 中的 `IntegerConverter`、`LongConverter`、`FloatConverter` 和 `DoubleConverter`。

8. 去除字符串中的空格

我们可以使用 `String.replaceAll()` 方法配合 `\s` 正则表达式，来解决这个问题。主要是因为 `\s` 可以删除所有空格，以及一些水平制表符和换行符，例如 `\t`、`\n` 和 `\r`：

```
public static String removeWhitespaces(String str) {
  return str.replaceAll("\\s", "");
}
```

> **提示：**从 JDK 11 开始，`String.isBlank()` 方法可以检查字符串是否为空或仅包含空白字符。关于第三方库的支持，可以考虑使用 Apache Commons Lang 中的 `StringUtils.deleteWhitespace()` 和 Spring Framework 中的 `StringUtils.trimAllWhitespace()`。

9. 用分隔符连接多个字符串

我们有很多方法可以解决这个问题。在 Java 8 之前，我们可以使用 `StringBuilder` 来实现，如下所示：

```
public static String joinByDelimiter(
    char delimiter, String... args) {
  StringBuilder result = new StringBuilder();
  int i = 0;
  for (i = 0; i < args.length - 1; i++) {
    result.append(args[i]).append(delimiter);
  }
  result.append(args[i]);
  return result.toString();
}
```

从 Java 8 开始，这个问题有了至少三种新的解决方案。其中一种是使用 `StringJoiner` 工具类，它可以构建由分隔符（如逗号）分隔的字符串。

它还支持设置前缀和后缀（暂时还用不到，可以先忽略）：

```
public static String joinByDelimiter(
    char delimiter, String... args) {
  StringJoiner joiner = new StringJoiner(String.valueOf(delimiter));
  for (String arg: args) {
    joiner.add(arg);
  }
  return joiner.toString();
}
```

此外，我们还可以基于 `String.join()` 来实现。该方法是在 Java 8 中引入的，有两种形式：

```
String join(CharSequence delimiter, CharSequence... elems)
String join(CharSequence delimiter, Iterable<? extends CharSequence> elems)
```

以下是使用空格作为分隔符的示例：

```
String result = String.join(" ", "how", "are", "you"); //how are you
```

另外，Java 8 中的流和 `Collectors.joining()` 也非常实用：

```
public static String joinByDelimiter(char delimiter, String... args) {
  return Arrays.stream(args, 0, args.length)
    .collect(Collectors.joining(String.valueOf(delimiter)));
}
```

> **提示：** 需要注意的是，通过 `+=` 运算符、`concat()` 和 `String.format()` 方法连接字符串，可能会导致性能下降。例如，以下代码依赖于 `+=` 运算符，速度比使用 `StringBuilder` 要慢得多：
>
> ```
> String str = "";
> for(int i = 0; i < 1_000_000; i++) {
>   str += "x";
> }
> ```

因为使用 `+=` 运算符连接字符串的时候，会重建一个新字符串，所以性能才会如此低下。

关于第三方库的支持，可以考虑使用 Apache Commons Lang 中的 `StringUtils.join()` 和 Guava 中的 `Joiner`。

10. 生成全部排列组合

在处理排列问题时，我们通常需要用到**递归**（recursivity）方法。本质上，递归是一种处理过程。首先我们要确定一些初始状态，随后每个**后续状态**都根据**前一个状态**而定。

在这个例子中，可以用给定字符串的字母来表示状态。初始状态包含初始字符串，每个后续状态可以通过以下方法计算：将字符串的每个字母交换位置以成为第一个字母，然后使用递归继续排列所有剩余字母。虽然也有非递归或其他递归解决方案，但这种方法是该问题较经典的处理方式。我们以字符串 `ABC` 为例：

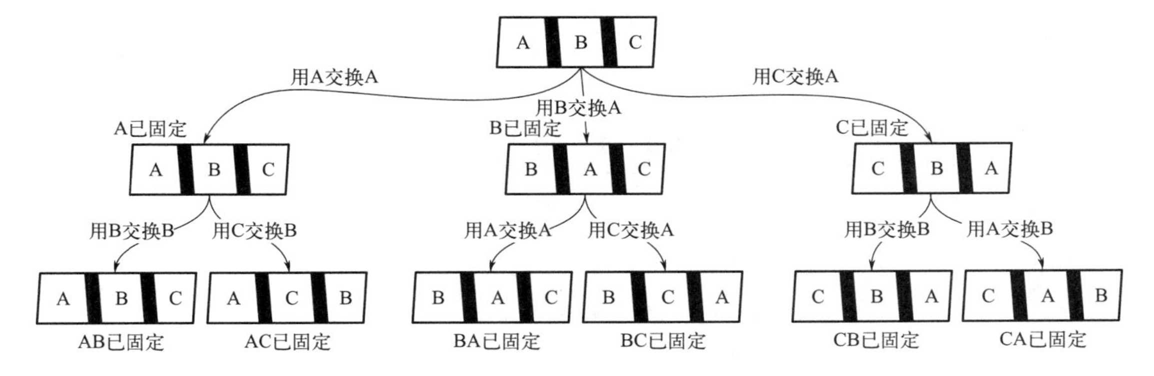

具体编码如下所示：

```
public static void permuteAndPrint(String str) {
  permuteAndPrint("", str);
}

private static void permuteAndPrint(String prefix, String str) {
  int n = str.length();
  if (n == 0) {
    System.out.print(prefix + " ");
  } else {
    for (int i = 0; i < n; i++) {
      permuteAndPrint(prefix + str.charAt(i),
          str.substring(i + 1, n) + str.substring(0, i));
    }
  }
}
```

最初，前缀应为空字符串（`" "`）。在每次迭代中，前缀将连接字符串中的下一个字母。而剩余的字母也会通过该方法继续传递。

假设这个方法被封装在了一个名为 `Strings` 的工具类中，我们可以这样调用它：

```
Strings.permuteAndStore("ABC");
```

并将输出以下结果：

```
ABC ACB BCA BAC CAB CBA
```

需要注意的是，此解决方案只是将结果打印在了屏幕上。如果需要存储结果，则需要用到集合。这里最好使用 `Set` 集合，因为它可以自动消除重复项：

```
public static Set<String> permuteAndStore(String str) {
  return permuteAndStore("", str);
}

private static Set<String> permuteAndStore(String prefix, String str) {
  Set<String> permutations = new HashSet<>();
  int n = str.length();
  if (n == 0) {
    permutations.add(prefix);
  } else {
    for (int i = 0; i < n; i++) {
      permutations.addAll(permuteAndStore(prefix + str.charAt(i),
          str.substring(i + 1, n) + str.substring(0, i)));
    }
  }
  return permutations;
}
```

例如，如果传递的字符串是 `TEST`，那么 `Set` 集合将会输出如下结果（不存在重复项）：

```
ETST SETT TEST TTSE STTE STET TETS TSTE TSET TTES ESTT ETTS
```

如果使用 `List` 而不是 `Set`，将会输出以下结果（出现了一些重复项）：

```
TEST TETS TSTE TSET TTES TTSE ESTT ESTT ETTS ETST ETST ETTS
STTE STET STET STTE SETT SETT TTES TTSE TEST TETS TSTE TSET
```

通过计算 n 的阶乘（$n!$），我们可以很容易地确定排列结果的数量。比如，这里字符串的长度是 $n = 4$，我们可以通过 $4! = 1 * 2 * 3 * 4 = 24$ 算出总共有 24 种排列组合。另外，这个公式还可以用递归的方式来表示，即 $n! = n * (n - 1)!$。

> **提示：** 由于 $n!$ 的增长速度非常快，因此不应该存储最终的结果集。举个例子，即使是只有 10 个字符的字符串（如 `HELICOPTER`），也会有 3,628,800 种排列组合！

我们还可以使用 Java 8 的函数式编程风格来实现，如下所示：

```
private static void permuteAndPrintStream(String prefix, String str) {
  int n = str.length();
  if (n == 0) {
    System.out.print(prefix + " ");
  } else {
    IntStream.range(0, n)
      .parallel()
      .forEach(i -> permuteAndPrintStream(prefix + str.charAt(i),
        str.substring(i + 1, n) + str.substring(0, i)));
  }
}
```

另外，随书附赠的代码中，还提供了一个会返回 `Stream<String>` 实例的解决方案。

11. 检查字符串是否为回文

首先简单介绍一下，**回文**是指一个字符串或者数字，在反转后看起来没有变化。这意味着我们可以从两个方向处理（读取）回文，并且将获得相同的结果（例如，单词 madam 是回文，而单词 madame 则不是）。

一个简单的解决方案是，将第一个字符与倒数第一个字符进行比较，将第二个字符与倒数第二个字符进行比较，以此类推，直至到达字符串的中间位置。以下是基于 `while` 语句的具体实现：

```
public static boolean isPalindrome(String str) {
  int left = 0;
  int right = str.length() - 1;
  while (right > left) {
    if (str.charAt(left) != str.charAt(right)) {
      return false;
    }
    left++;
    right--;
```

```
  }
  return true;
}
```

使用 for 语句进行重构后，如下所示：

```
public static boolean isPalindrome(String str) {
  int n = str.length();
  for (int i = 0; i < n / 2; i++) {
    if (str.charAt(i) != str.charAt(n - i - 1)) {
      return false;
    }
  }
  return true;
}
```

那能不能简化成一行代码呢？当然可以。

Java 中的 StringBuilder 类有一个 reverse() 函数，可以将给定字符串翻转。如果字符串是回文的，那么翻转后的字符串应该与原字符串相同：

```
public static boolean isPalindrome(String str) {
  return str.equals(new StringBuilder(str).reverse().toString());
}
```

使用 Java 8 函数式风格编写，同样也可以用一行代码实现：

```
public static boolean isPalindrome(String str) {
  return IntStream.range(0, str.length() / 2)
    .noneMatch(p -> str.charAt(p) !=
      str.charAt(str.length() - p - 1));
}
```

现在，让我们讨论一下如何从给定字符串中删除重复字符吧。

12. 删除重复的字符

我们先来看一个基于 StringBuilder 的解决方案。该方案会遍历给定字符串的字符，并构造一个仅包含唯一字符的新字符串（因为 Java 中的字符串是不可变的，我们无法简单地从给定字符串中删除字符）。

StringBuilder 类中的 indexOf() 函数可用于返回指定子串（在我们的示例中为指定字符）第一次出现的位置信息（索引）。因此，我们可以通过遍历给定字符串的字符，并在每次 indexOf() 方法返回 -1 时，将当前字符追加到 StringBuilder 中（这个负数意味着 StringBuilder 确实不包含当前字符）：

```
public static String removeDuplicates(String str) {
  char[] chArray = str.toCharArray(); //或者使用charAt(i)
  StringBuilder sb = new StringBuilder();
  for (char ch : chArray) {
```

```
      if (sb.indexOf(String.valueOf(ch)) == -1) {
        sb.append(ch);
      }
    }
    return sb.toString();
  }
```

此外，还有一种基于 `StringBuilder` 和 `HashSet` 的解决方案。在此方案中，`HashSet` 用于确保消除重复项，而 `StringBuilder` 用于存储结果字符串。如果 `HashSet.add()` 返回 `true`，则将字符添加到 `StringBuilder` 中：

```
public static String removeDuplicates(String str) {
  char[] chArray = str.toCharArray();
  StringBuilder sb = new StringBuilder();
  Set<Character> chHashSet = new HashSet<>();
  for (char c : chArray) {
    if (chHashSet.add(c)) {
      sb.append(c);
    }
  }
  return sb.toString();
}
```

到目前为止，我们的解决方案都会先使用 `toCharArray()` 方法将给定字符串转换为 `char[]` 数组。当然也可以直接使用 `str.charAt(position)` 方法。

第三种解决方案，采用的是 Java 8 函数式编程风格：

```
public static String removeDuplicates(String str) {
  return Arrays.asList(str.split("")).stream()
    .distinct()
    .collect(Collectors.joining());
}
```

该解决方案会先将给定字符串转换为 `Stream<String>` 流，其中每个元素实际上是一个字符。随后应用中间操作 `distinct()` 消除 `Stream` 流中的重复项。最后，调用 `collect()` 终止操作（terminal operation）并使用 `Collectors.joining()` 方法，将流中的所有字符连接成一个字符串。

13. 删除给定的字符

我们可以通过使用 `String.replaceAll()` 函数来实现一个解决方案。此方法用指定的字符串替换与正则表达式匹配的每个子串（在我们的例子中，会被替换为空字符串）：

```
public static String removeCharacter(String str, char ch) {
  return str.replaceAll(Pattern.quote(String.valueOf(ch)), "");
}
```

需要注意的是，将正则表达式传入 Pattern.quote() 方法中，以转义其中的特殊字符（例如 <、(、[、{、\、^、-、=、$、!、|、]、}、)、?、*、+、. 和 >）。

现在，让我们来看一下无需正则表达式的解决方案。这个新方案需要遍历给定字符串的每个字符，并将其与要删除的字符进行比较。每当匹配失败后，就将该字符追加到 StringBuilder 中：

```
public static String removeCharacter(String str, char ch) {
  StringBuilder sb = new StringBuilder();
  char[] chArray = str.toCharArray();
  for (char c : chArray) {
    if (c != ch) {
      sb.append(c);
    }
  }
  return sb.toString();
}
```

最后，让我们来看看 Java 8 函数式风格的写法，这个过程共分为四个步骤：

① 通过 String.chars() 方法将字符串转换为 IntStream。

② 过滤 IntStream 以消除重复项。

③ 将结果 IntStream 映射为 Stream<String>。

④ 拼接合并流中的所有字符串。

此方案的代码如下：

```
public static String removeCharacter(String str, char ch) {
  return str.chars()
    .filter(c -> c != ch)
    .mapToObj(c -> String.valueOf((char) c))
    .collect(Collectors.joining());
}
```

此外，如果想要删除一个 Unicode 代理项对，我们可以使用 codePointAt() 和 codePoints() 函数来实现，如下所示：

```
public static String removeCharacter(String str, String ch) {
  int codePoint = ch.codePointAt(0);
  return str.codePoints()
    .filter(c -> c != codePoint)
    .mapToObj(c -> String.valueOf(Character.toChars(c)))
    .collect(Collectors.joining());
}
```

> **提示：** 关于第三方库的支持，可以考虑使用 Apache Commons Lang 中的 StringUtils.remove()。

接下来，让我们看看如何找到出现次数最多的字符。

14. 找到出现次数最多的字符

针对该问题，有一个基于 `HashMap` 的解决方案，包括如下三个步骤：

① 遍历给定字符串中的所有字符，将键值对（key-value）放入 `HashMap` 中，其中键为当前字符，值为当前出现次数。

② 计算 `HashMap` 中值（value）的最大值（例如，使用 `Collections.max()` 方法）。

③ 通过遍历 `HashMap` 集合的键值对得到出现次数最多的字符。

该方法返回 `Pair<Character, Integer>` 实例，它包含了出现次数最多的字符及其出现次数（这里先不考虑空白字符）。如果你不想引入额外的 `Pair` 类，那么可以直接使用 `Map.Entry<K, V>` 类型：

```
public static Pair<Character, Integer>
    maxOccurenceCharacter(String str) {
  Map<Character, Integer> counter = new HashMap<>();
  char[] chStr = str.toCharArray();
  for (int i = 0; i < chStr.length; i++) {
    char currentCh = chStr[i];
    if (!Character.isWhitespace(currentCh)) { //忽略空白字符
      Integer noCh = counter.get(currentCh);
      if (noCh == null) {
        counter.put(currentCh, 1);
      } else {
        counter.put(currentCh, ++noCh);
      }
    }
  }
  int maxOccurrences = Collections.max(counter.values());
  char maxCharacter = Character.MIN_VALUE;
  for (Map.Entry<Character, Integer> entry : counter.entrySet()) {
    if (entry.getValue() == maxOccurrences) {
      maxCharacter = entry.getKey();
    }
  }
  return Pair.of(maxCharacter, maxOccurrences);
}
```

如果你觉得使用 `HashMap` 很麻烦，还可以选择一种基于 ASCII 编码的方案。该方案首先初始化一个包含 256 个索引的空数组（256 是扩展 ASCII 表代码的最大数量；更多信息可以在“2. 寻找第一个非重复字符”中找到）。然后，遍历给定字符串的字符，并通过增加数组中对应索引的值，来记录每个字符的出现次数：

```
private static final int EXTENDED_ASCII_CODES = 256;
//...
public static Pair<Character, Integer>
    maxOccurenceCharacter(String str) {
  int maxOccurrences = -1;
  char maxCharacter = Character.MIN_VALUE;
  char[] chStr = str.toCharArray();
```

```
    int[] asciiCodes = new int[EXTENDED_ASCII_CODES];
    for (int i = 0; i < chStr.length; i++) {
      char currentCh = chStr[i];
      if (!Character.isWhitespace(currentCh)) { //忽略空白字符
        int code = (int) currentCh;
        asciiCodes[code]++;
        if (asciiCodes[code] > maxOccurrences) {
          maxOccurrences = asciiCodes[code];
          maxCharacter = currentCh;
        }
      }
    }
    return Pair.of(maxCharacter, maxOccurrences);
  }
```

我们还可以使用 Java 8 的函数式编程风格来重构代码，如下所示：

```
public static Pair<Character, Long> maxOccurenceCharacter(String str) {
  return str.chars()
    .filter(c -> Character.isWhitespace(c) == false) //忽略空白字符
    .mapToObj(c -> (char) c)
    .collect(groupingBy(c -> c, counting()))
    .entrySet()
    .stream()
    .max(comparingByValue())
    .map(p -> Pair.of(p.getKey(), p.getValue()))
    .orElse(Pair.of(Character.MIN_VALUE, -1L));
}
```

首先，该方案将不同的字符作为 `Map` 中的键，并将它们出现的次数作为值。然后，再使用 Java 8 中的 `Map.Entry.comparingByValue()` 和 `max()` 方法，确定 `Map` 中具有最大值（最高出现次数）的键值对（`Entry`）。由于 `max()` 是一个终止操作，会返回 `Optional<Entry<Character, Long>>` 实例，不过这里我们增加了一个额外的 `map()` 步骤，可以将其映射到 `Pair<Character, Long>` 类型。

15. 按长度对字符串数组排序

当考虑到排序时，我们首先会想到使用比较器（`Comparator`）。

为了解决当前问题，我们可以使用 `String.length()` 函数来获取数组中每个字符串的长度，并根据长度对其进行排序（可以选择升序或降序）。这样，数组中的字符串就能够自动完成排序。

由于 Java 中的 `Arrays` 类已经提供了一个 `sort()` 函数，该方法可以接受一个待排序的数组和一个比较器。因此，在当前的例子中，我们可以使用 `Comparator<String>`。

> **提示：** 在 Java 7 之前，实现比较器需要依赖于 `compareTo()` 函数。这个函数通常用于计算 `x1` 和 `x2` 的差值，但由于可能会导致溢出问题，因此 `compareTo()` 的易用性变得很差。从 Java 7 开始，推荐使用 `Integer.compare()` 函数，因为它没有溢出的风险。

下面是一个基于 `Arrays.sort()` 函数对给定数组进行排序的示例：

```
public static void sortArrayByLength(String[] strs, Sort direction) {
  if (direction.equals(Sort.ASC)) {
    Arrays.sort(strs, (String s1, String s2)
      -> Integer.compare(s1.length(), s2.length()));
  } else {
    Arrays.sort(strs, (String s1, String s2)
      -> (-1) * Integer.compare(s1.length(), s2.length()));
  }
}
```

提示： 每个基本数字类型的包装类（Wrapper Class）都提供了一个 `compare()` 方法。

从 Java 8 开始，`Comparator` 接口增加了许多实用的方法。其中一种方法是 `comparingInt()`，它可以传入一个从泛型中提取一个 `int` 排序键的函数，并返回一个与该排序键的 `Comparator<T>` 值。另一个有用的方法是 `reversed()`，它可以反转当前比较器的排序。

基于这两个方法，我们可以按照以下方式使用 `Arrays.sort()`：

```
public static void sortArrayByLength(String[] strs, Sort direction) {
  if (direction.equals(Sort.ASC)) {
    Arrays.sort(strs, Comparator.comparingInt(String::length));
  } else {
    Arrays.sort(strs, Comparator.comparingInt(String::length).reversed());
  }
}
```

提示： 可以使用 `thenComparing()` 方法链接多个比较器（`Comparator`）。

在我们上面介绍的解决方案中，函数是无返回值的，这意味着它会改变原始数组。如果要返回一个新的已排序数组，而不改变原始数组的话，我们还可以使用 Java 8 的函数式编程风格来实现，如下所示：

```
public static String[] sortArrayByLength(String[] strs, Sort direction) {
  if (direction.equals(Sort.ASC)) {
    return Arrays.stream(strs)
      .sorted(Comparator.comparingInt(String::length))
      .toArray(String[]::new);
  } else {
    return Arrays.stream(strs)
      .sorted(Comparator.comparingInt(String::length).reversed())
      .toArray(String[]::new);
  }
}
```

上述代码为给定数组创建了一个流，并使用 `sorted()` 这个有状态的中间操作对其进行排序，最后将结果收集到另一个数组中。

16. 检查字符串是否包含子串

有一个基于 `String.contains()` 的解决方案，仅需一行代码。

此方法会返回一个布尔值，表示字符串中是否包含给定的子串：

```
String text = "hello world!";
String subtext = "orl";
```

```
//需要注意的是，如果subtext为空字符串，那么contains始终返回true
boolean contains = text.contains(subtext);
```

或者，我们还可以使用 `String.indexOf()` 或 `String.lastIndexOf()` 来实现，如下所示：

```
public static boolean contains(String text, String subtext) {
  return text.indexOf(subtext) != -1; //或者使用lastIndexOf()
}
```

也可以基于正则表达式来实现，如下所示：

```
public static boolean contains(String text, String subtext) {
  return text.matches("(?i).*" + Pattern.quote(subtext) + ".*");
}
```

需要注意的是，要将正则表达式传入 `Pattern.quote()` 方法中，用来处理可能存在的特殊字符，例如 `<([{\^-=$!|]})?*+.>`。

> **提示：** 关于第三方库的支持，可以考虑使用 Apache Commons Lang 中的 `StringUtils.containsIgnoreCase()`。

17. 计算字符串中子串的出现次数

计算一个字符串在另一个字符串中出现的次数，有两种不同的理解方式：

- 11 在 111 中出现了一次。
- 11 在 111 中出现了两次。

对于第一种理解方式（即 11 在 111 中出现了一次），我们可以使用 `String.indexOf()` 函数。此方法允许我们获取指定子串在字符串中首次出现的索引（如果没有找到，则返回 −1）。基于这个方法，可以简单地遍历给定字符串，并计算出给定子串出现的次数。我们需要从位置 0 开始遍历，直到找不到子串为止：

```
public static int countStringInString(String string, String toFind) {
  int position = 0;
  int count = 0;
  int n = toFind.length();
  while ((position = string.indexOf(toFind, position)) != -1) {
    position = position + n;
    count++;
  }
  return count;
}
```

此外，我们还可以用 `String.split()` 方法，使用给定的子串作为分隔符来拆分字符串。生成的 `String[]` 数组长度减 1 即为子串出现的次数：

```
public static int countStringInString(String string, String toFind) {
  int result = string.split(Pattern.quote(toFind), -1).length - 1;
  return result < 0 ? 0 : result;
}
```

对于第二种理解方式（即 11 在 111 中出现了两次），我们则可以使用 `Pattern` 和 `Matcher` 类来实现，如下所示：

```
public static int countStringInString(String string, String toFind) {
  Pattern pattern = Pattern.compile(Pattern.quote(toFind));
  Matcher matcher = pattern.matcher(string);
  int position = 0;
  int count = 0;
  while (matcher.find(position)) {
    position = matcher.start() + 1;
    count++;
  }
  return count;
}
```

好的！让我们继续研究下一个字符串问题。

18. 判断两个字符串是否互为变位词

变位词是指在不考虑顺序的情况下，两个单词包含完全相同的字母。某些定义也适当扩展了一些规则，例如不区分大小写和忽略空格。

所以在这里，我们也将给定字符串转换成小写的，并删除其中的空格。我们首先会想到的一个解决方案，便是通过 `Arrays.sort()` 对数组进行排序，并用 `Arrays.equals()` 检查它们是否相等。

被排序后，如果它们是变位词，将会是相等的（下面的示意图展示了两个互为变位词的单词）：

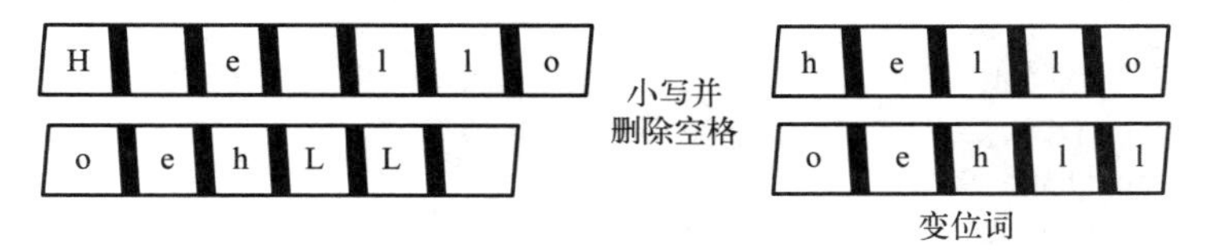

这种解决方案（包括 Java 8 函数式风格版本）可以在随书附赠的代码中找到。其主要缺点是排序部分。以下另一种解决方案，将使用一个包含 256 个索引（字符的扩展 ASCII 表代码——更多信息可在“2. 寻找第一个非重复字符”中找到）的空数组（初始状态下仅包含 0），来消除排序这一步。

该算法非常简单：

- 对于第一个字符串中的每个字符，将数组中索引为 ASCII 码的值增加 1。
- 相应的，对于第二个字符串中的每个字符，将数组中索引为 ASCII 码的值减少 1。

代码如下:

```
private static final int EXTENDED_ASCII_CODES = 256;

public static boolean isAnagram(String str1, String str2) {
  int[] chCounts = new int[EXTENDED_ASCII_CODES];
  char[] chStr1 = str1.replaceAll("\\s", "")
    .toLowerCase()
    .toCharArray();
  char[] chStr2 = str2.replaceAll("\\s", "")
    .toLowerCase()
    .toCharArray();
  if (chStr1.length != chStr2.length) {
    return false;
  }
  for (int i = 0; i < chStr1.length; i++) {
    chCounts[chStr1[i]]++;
    chCounts[chStr2[i]]--;
  }
  for (int i = 0; i < chCounts.length; i++) {
    if (chCounts[i] != 0) {
      return false;
    }
  }
  return true;
}
```

当遍历结束时，如果给定字符串是变位词，那么数组中只会包含 0。

19. 声明多行字符串（文本块）

过去，JDK 12 推出过一项添加多行字符串的提案（*JEP 326：原始字符串字面量*），但经过反复讨论后，最终还是被撤销了。

从 JDK 13 开始，这个提案得到了重新审议，与被驳回的原始字符串字面量不同，文本块被三个双引号 `"""` 包围，如下所示:

```
String text = """My high school,
the Illinois Mathematics and Science Academy,
showed me that anything is possible
and that you are never too young to think big.""";
```

> **提示:** 文本块非常适用于多行 SQL 语句、多种语言等场景。更多相关信息，可以访问 https://openjdk.org/jeps/355 进行查看。

尽管如此，在 JDK 13 之前也是有几个替代方案的。这些方法都有一个共同点——使用行分隔符:

```
private static final String LS = System.lineSeparator();
```

从 JDK 8 开始，可以使用 `String.join()` 方法，如下所示：

```
String text = String.join(LS,
  "My high school, ",
  "the Illinois Mathematics and Science Academy,",
  "showed me that anything is possible ",
  "and that you are never too young to think big.");
```

在 JDK 8 之前，也有一个基于 `StringBuilder` 的解决思路，相关的代码可以在本书代码库中找到。

前面的解决方案适用于相对较多的字符串，如果我们只有少量字符串，那么用下面两个解决方案也是没问题的。第一个方法用到了 `+` 运算符，如下所示：

```
String text = "My high school, " + LS +
  "the Illinois Mathematics and Science Academy," + LS +
  "showed me that anything is possible " + LS +
  "and that you are never too young to think big.";
```

第二个方法使用 `String.format()`：

```
String text = String.format("%s" + LS + "%s" + LS + "%s" + LS + "%s",
  "My high school, ",
  "the Illinois Mathematics and Science Academy,",
  "showed me that anything is possible ",
  "and that you are never too young to think big.");
```

> **提示：** 那我们要如何处理多行字符串的每一行呢？如果你使用的是 JDK 11 或更高版本，可以使用 `String.lines()` 方法。此方法会通过行分隔符（支持 `\n`、`\r` 和 `\r\n`）拆分给定字符串，并将其转换为 `Stream<String>` 类型。如果你使用的是 JDK 1.4 或更高版本，也可以使用 `String.split()` 方法。当字符串的数量很大时，建议将它们写入文件，并逐行读取和处理（例如，通过 `getResourceAsStream()` 方法）。此外，还有一些基于 `StringWriter` 或 `BufferedWriter.newLine()` 的方法也可以解决该问题。

关于第三方库的支持，可以考虑使用 Apache Commons Lang 中的 `StringUtils.join()`、Guava 中的 `Joiner` 和自定义注释 `@Multiline`。

20. 重复拼接同一个字符串 *n* 次

在 JDK 11 之前，我们可以使用 `StringBuilder` 来解决该问题，具体实现方式如下：

```
public static String concatRepeat(String str, int n) {
  StringBuilder sb = new StringBuilder(str.length() * n);
  for (int i = 1; i <= n; i++) {
    sb.append(str);
  }
  return sb.toString();
}
```

从 JDK 11 开始，我们则可以考虑使用 `String.repeat(int count)` 函数。此方法会返回一个字符串，该字符串是将给定字符串重复数次而产生的。由于此方法内部调用了 `System.arraycopy()`，因此性能非常高效：

```
String result = "hello".repeat(5);
```

此外，还有很多其他的解决思路，以应对不同的应用场景，具体如下：

- 以下是基于 `String.join()` 的解决方案：

```
String result = String.join("", Collections.nCopies(5, TEXT));
```

- 以下是基于 `Stream.generate()` 的解决方案：

```
String result = Stream.generate(() -> TEXT)
  .limit(5)
  .collect(joining());
```

- 以下是基于 `String.format()` 的解决方案：

```
String result = String.format("%0" + 5 + "d", 0)
  .replace("0", TEXT);
```

- 以下是基于 `char[]` 的解决方案：

```
String result = new String(new char[5]).replace("\0", TEXT);
```

> **提示：** 关于第三方库的支持，可以考虑使用 Apache Commons Lang 中的 `StringUtils.repeat()` 和 Guava 中的 `Strings.repeat()`。

如果我们要判断一个字符串是否由相同的子串组成，可以使用以下方法：

```
public static boolean hasOnlySubstrings(String str) {
  StringBuilder sb = new StringBuilder();
  for (int i = 0; i < str.length() / 2; i++) {
    sb.append(str.charAt(i));
    String resultStr = str.replaceAll(sb.toString(), "");
    if (resultStr.length() == 0) {
      return true;
    }
  }
  return false;
}
```

首先创建一个 `StringBuilder` 实例，用于构建子串。随后，在遍历的过程中，将当前字符逐个追加到 `StringBuilder` 中。这里我们仅遍历原始字符串的前半部分，并尝试匹配子串，将其替换为空字符串。若原始字符串替换后变为空字符串，说明它完全由相同子串组成，此时可直接退出循环并返回 `true`；否则，最终返回 `false`。

21. 删除首尾空格

使用`String.trim()`函数是解决该问题最快的方法，它能够删掉所有开头和结尾的空格，即所有Unicode码小于或等于U+0020（即32，空格字符）的字符：

```
String text = "\n \n\n hello \t \n \r";
String trimmed = text.trim();
```

上述代码将按预期工作，即修剪后的字符串将是`hello`。不过，这仅适用于所使用空白字符的Unicode码都小于U+0020（即32，空格字符）的情况。有25个字符（https://en.wikipedia.org/wiki/Whitespace_character#Unicode）被定义为空格，而`trim()`只覆盖其中的一部分（换句话说，它并不能完全覆盖所有的Unicode编码）。让我们再探讨一下以下字符串：

```
char space = '\u2002';
String text = space + "\n \n\n hello \t \n \r" + space;
```

其中，`\u2002`是`trim()`函数无法识别的一种空白字符（`\u2002`位于`\u0020`之上）。这意味着，`trim()`不能达到期望的效果。好在从JDK 11开始，我们可以使用`strip()`方法来解决这个问题。此方法将`trim()`的功能扩展到了整个Unicode的编码范围，因此可以去除任何类型的空白字符：

```
String stripped = text.strip();
```

这次，所有开头和结尾的空白字符都被删除了。

> **提示：** 此外，JDK 11中还有另外两种形式的`strip()`方法，用于仅删除开头的空白字符（`stripLeading()`）或仅删除结尾的空白字符（`stripTrailing()`）。而`trim()`方法却不支持这两种功能。

22. 寻找最长公共前缀

以下面的字符串数组为例：

```
String[] texts = {"abc", "abcd", "abcde", "ab", "abcd", "abcdef"};
```

现在，让我们将这些字符串逐个摆放在一起，如下所示：

```
abc
abcd
abcde
ab
abcd
abcdef
```

简单比较后，我们可以很直观地看出，这些字符串的最长公共前缀是`ab`。现在，让我们来探讨一下解决此问题的方案。首先，我们很容易想到一种直接比较的方法，即从数组中取出第一个字符串，并与其余字符串中的每个字符逐一进行比较。如果遇到以下任何一种情况，算法将停止执行：

- 第一个字符串的长度大于其他字符串的长度。
- 第一个字符串的当前字符与其他字符串的当前字符不同。

如果算法因为上述情况之一被迫停止，那么最长公共前缀就是第一个字符串中从 0 到当前字符索引的子串。否则，最长的公共前缀是数组中的第一个字符串。该解决方案的代码如下：

```
public static String longestCommonPrefix(String[] strs) {
  if (strs.length == 1) {
    return strs[0];
  }
  int firstLen = strs[0].length();
  for (int prefixLen = 0; prefixLen < firstLen; prefixLen++) {
    char ch = strs[0].charAt(prefixLen);
    for (int i = 1; i < strs.length; i++) {
      if (prefixLen >= strs[i].length()
          || strs[i].charAt(prefixLen) != ch) {
        return strs[i].substring(0, prefixLen);
      }
    }
  }
  return strs[0];
}
```

此问题还有其他的解法，其中包括了一些十分著名的算法，例如**二分查找**（binary search）和**前缀树**（Trie）。在本书附带的代码库中，也提供了一个基于二分查找的解决方案。

23. 应用缩进

从 JDK 12 开始，我们可以通过 `String.indent(int n)` 方法缩进文本。假设我们有如下字符串：

```
String days = "Sunday\n"
  + "Monday\n"
  + "Tuesday\n"
  + "Wednesday\n"
  + "Thursday\n"
  + "Friday\n"
  + "Saturday";
```

要将这个字符串缩进 10 个空格并打印，可以这样做：

```
System.out.print(days.indent(10));
```

输出结果将如下所示：

```
          Sunday
          Monday
          Tuesday
          Wednesday
          Thursday
          Friday
          Saturday
```

现在，让我们尝试级联缩进：

```
List<String> days = Arrays.asList("Sunday", "Monday", "Tuesday",
  "Wednesday", "Thursday", "Friday", "Saturday");
for (int i = 0; i < days.size(); i++) {
  System.out.print(days.get(i).indent(i));
}
```

输出结果将如下所示：

```
Sunday
 Monday
  Tuesday
   Wednesday
    Thursday
     Friday
      Saturday
```

现在，让我们根据字符串值的长度进行缩进：

```
days.stream()
    .forEachOrdered(d -> System.out.print(d.indent(d.length())));
```

输出结果将如下所示：

```
      Sunday
      Monday
       Tuesday
         Wednesday
        Thursday
      Friday
        Saturday
```

最后，让我们来缩进一段 HTML 代码：

```
String html = "<html>";
String body = "<body>";
String h2 = "<h2>";
String text = "Hello world!";
String closeH2 = "</h2>";
String closeBody = "</body>";
String closeHtml = "</html>";
System.out.println(html.indent(0) + body.indent(4) + h2.indent(8)
  + text.indent(12) + closeH2.indent(8) + closeBody.indent(4)
  + closeHtml.indent(0));
```

输出结果将如下所示：

```
<html>
    <body>
        <h2>
            Hello world!
        </h2>
    </body>
</html>
```

24. 字符串转换

如果我们要将一个字符串转换为另一个字符串（比如转换为大写），可以使用类似于 `Function<? super String, ? extends R>` 的函数来实现。

在 JDK 8 中，我们可以使用 `map()` 来完成此操作。如下是两个简单的示例：

```
//hello world
String resultMap = Stream.of("hello")
  .map(s -> s + " world")
  .findFirst()
  .get();

//GOOOOOOOOOOOOOOOL! GOOOOOOOOOOOOOOOL!
String resultMap = Stream.of("gooool! ")
  .map(String::toUpperCase)
  .map(s -> s.repeat(2))
  .map(s -> s.replaceAll("O", "OOOO"))
  .findFirst()
  .get();
```

从 JDK 12 开始，我们可以使用一个名为 `transform(Function<? super String, ? extends R> f)` 的新方法对前面的代码片段进行重构：

```
//hello world
String result = "hello".transform(s -> s + " world");

//GOOOOOOOOOOOOOOOL! GOOOOOOOOOOOOOOOL!
String result = "gooool! ".transform(String::toUpperCase)
  .transform(s -> s.repeat(2))
  .transform(s -> s.replaceAll("O", "OOOO"));
```

尽管 `map()` 函数更为通用，但 `transform()` 函数专为此类场景设计，可将函数应用于输入的字符串并返回字符串类型的结果。

25. 求最小值与最大值

在 JDK 8 之前，我们可以考虑基于 `Math.min()` 和 `Math.max()` 函数来解决这个问题，如下所示：

```
int i1 = -45;
int i2 = -15;
int min = Math.min(i1, i2);
int max = Math.max(i1, i2);
```

`Math` 类为每种基本数字类型（如 `int`、`long`、`float` 和 `double`）都提供了 `min()` 和 `max()` 方法。

从 JDK 8 开始，每个基本数字类型的包装类（如 `Integer`、`Long`、`Float` 和 `Double`）也都提供了专门的 `min()` 和 `max()` 方法。而在这些方法的内部，是对 `Math` 类的调用。具体如下所示：

```
double d1 = 0.023844D;
double d2 = 0.35468856D;
double min = Double.min(d1, d2);
double max = Double.max(d1, d2);
```

如采用函数式编程，则可以使用 `BinaryOperator` 函数式接口实现。该接口带有 `minBy()` 和 `maxBy()` 这两个方法:

```
float f1 = 33.34F;
final float f2 = 33.213F;
float min = BinaryOperator.minBy(Float::compare).apply(f1, f2);
float max = BinaryOperator.maxBy(Float::compare).apply(f1, f2);
```

这两个方法都能够根据指定的比较器，返回两个元素的最小值（或最大值）。

26. 求两个大数之和（int/long）并处理运算溢出的情况

让我们从 `+` 运算符开始，深入探讨解决方案，如下所示:

```
int x = 2;
int y = 7;
int z = x + y; //9
```

这是一种非常简便的方法，适用于绝大多数涉及 `int`、`long`、`float` 和 `double` 计算的场景。现在，我们来试着使用这个运算符来计算两个更大的数字（将 `2,147,483,647` 与自身相加）:

```
int x = Integer.MAX_VALUE;
int y = Integer.MAX_VALUE;
int z = x + y; //-2
```

这次，我们期望 `z` 的值是 `4,294,967,294`，但它实际上变成了 `-2`。仅仅将 `z` 的类型从 `int` 改为 `long` 并不能解决问题。但如果我们将 `x` 和 `y` 的类型也从 `int` 改为 `long`，就能得到正确的结果:

```
long x = Integer.MAX_VALUE;
long y = Integer.MAX_VALUE;
long z = x + y; //4294967294
```

然而，如果我们使用 `Long.MAX_VALUE` 而不是 `Integer.MAX_VALUE`，问题又会重新浮现:

```
long x = Long.MAX_VALUE;
long y = Long.MAX_VALUE;
long z = x + y; //-2
```

从 JDK 8 开始，每个基本数字类型都封装了 `+` 运算符。因此，`Integer`、`Long`、`Float` 和 `Double` 类都有一个 `sum()` 函数:

```
long z = Long.sum(); //-2
```

但是在其内部，`sum()` 方法也调用了 `+` 运算符，因此它们会产生相同的结果。

好在从 JDK 8 开始，Math 类还增加了两个 addExact() 方法，分别用于对两个 int 变量和两个 long 变量求和。当结果可能导致 int 或 long 溢出时，这些方法将非常实用。此时，这些方法将会抛出 ArithmeticException 异常，而不是返回一个误导性的结果，如下所示：

```
int z = Math.addExact(x, y); //抛出ArithmeticException异常
```

这段代码会抛出类似于 java.lang.ArithmeticException: integer overflow 的异常。这很实用，因为它可以避免我们在后续的计算中引入错误的结果，比如之前提到的 -2。

我们还可以使用 Java 8 的函数式编程风格来实现，如下所示：

```
BinaryOperator<Integer> operator = Math::addExact;
int z = operator.apply(x, y);
```

除了 addExact() 方法，Math 还提供了 multiplyExact()、subtractExact() 和 negateExact() 方法。此外，众所周知的自增（i++）和自减表达式（i--），也可以通过 incrementExact() 和 decrementExact() 方法（例如 Math.incrementExact(i)）来处理溢出的情况。需要注意的是，这些方法仅适用于 int 和 long 类型。

> **提示：** 在处理大数的时候，我们还可以考虑使用 BigInteger 类（不可变的、任意精度的整数）和 BigDecimal 类（不可变的、任意精度的有符号十进制数）。

27. 解析特定进制下的无符号数

从 JDK 8 开始，Java 开始支持无符号算术。Byte、Short、Integer 和 Long 类受此影响最甚。

我们可以通过 parseUnsignedInt() 和 parseUnsignedLong() 方法，将表示正数的字符串解析为无符号的 int 和 long 类型。例如，让我们将以下整数作为字符串存储：

```
String nri = "255500";
```

将其解析为基数为 36（最大可支持的基数）的无符号 int 值的方法，如下所示：

```
int result = Integer.parseUnsignedInt(nri, Character.MAX_RADIX);
```

第一个参数是数字，第二个是基数。基数应在 [Character.MIN_RADIX, Character.MAX_RADIX]（[2, 36]）范围内。该方法默认使用十进制，即以 10 为基数，如下所示：

```
int result = Integer.parseUnsignedInt(nri);
```

从 JDK 9 开始，parseUnsignedInt() 函数支持了更丰富的功能。除了字符串和基数之外，此方法还接受 [beginIndex, endIndex) 索引范围。这一次，解析将在此范围内进行。例如，指定范围 [1, 4)：

```
int result = Integer.parseUnsignedInt(nri, 1, 4, Character.MAX_RADIX);
```

parseUnsignedInt() 方法可以解析表示大于 Integer.MAX_VALUE 数字的字符串（如果尝试使用 Integer.parseInt() 的话，将抛出 java.lang.NumberFormatException 异常）：

```
//Integer.MAX_VALUE + 1 = 2147483647 + 1 = 2147483648
int maxValuePlus1 = Integer.parseUnsignedInt("2147483648");
```

提示: Long 类中也支持类似的函数(如 parseUnsignedLong())。

28. 通过无符号转换转变数字

该问题要求我们通过无符号转换(unsigned conversion),将有符号的 int 转换为 long 类型。因此,我们可以先看下有符号的 Integer.MIN_VALUE,即 -2,147,483,648。

在 JDK 8 中,可以使用 Integer.toUnsignedLong() 方法进行转换,具体代码如下(结果为 2,147,483,648):

```
long result = Integer.toUnsignedLong(Integer.MIN_VALUE);
```

下面是另一个示例,展示如何将有符号的 Short.MIN_VALUE 和 Short.MAX_VALUE 转换为无符号的 int:

```
int result1 = Short.toUnsignedInt(Short.MIN_VALUE);
int result2 = Short.toUnsignedInt(Short.MAX_VALUE);
```

还有其他类似的方法,比如 Integer.toUnsignedString()、Long.toUnsignedString()、Byte.toUnsignedInt()、Byte.toUnsignedLong()、Short.toUnsignedInt() 和 Short.toUnsignedLong()。

29. 比较两个无符号数

让我们先在考虑符号的前提下比较 Integer.MIN_VALUE(−2,147,483,648)和 Integer.MAX_VALUE(2,147,483,647)这两个有符号整数。比较后会得到 −2,147,483,648 小于 2,147,483,647 的结果:

```
//resultSigned等于-1表示MIN_VALUE小于MAX_VALUE
int resultSigned = Integer.compare(Integer.MIN_VALUE, Integer.MAX_VALUE);
```

在 JDK 8 中,可以通过 Integer.compareUnsigned() 方法,将两个整数视为无符号数进行比较(这相当于无符号的 Integer.compare() 方法)。需要注意的是,这种方法忽略了**符号位**的概念,**最左边的位**被认为是最高有效位。如果比较的数字相等,则该方法返回 0;如果第一个无符号数小于第二个,则返回 −1;如果第一个无符号数大于第二个,则返回 1。

下面无符号比较的结果是 1,说明 Integer.MIN_VALUE 的无符号数大于 Integer.MAX_VALUE 的无符号数:

```
//resultSigned等于1,表示MIN_VALUE大于MAX_VALUE
int resultUnsigned = Integer.compareUnsigned(Integer.MIN_VALUE, Integer.MAX_VALUE);
```

提示: 从 JDK 8 开始,Integer 和 Long 类便支持了 compareUnsigned() 方法,而 Byte 和 Short 类是从 JDK 9 才开始支持的。

30. 无符号数的除法和取模

JDK 8 中的 `divideUnsigned()` 和 `remainderUnsigned()` 方法，可以计算无符号数的除法和余数。

让我们先看一下 `Integer.MIN_VALUE` 和 `Integer.MAX_VALUE` 这两个有符号数，然后进行除法和取模操作：

```
//有符号除法
//-1
int divisionSignedMinMax = Integer.MIN_VALUE / Integer.MAX_VALUE;

//0
int divisionSignedMaxMin = Integer.MAX_VALUE / Integer.MIN_VALUE;

//有符号取模
//-1
int moduloSignedMinMax = Integer.MIN_VALUE % Integer.MAX_VALUE;

//2147483647
int moduloSignedMaxMin = Integer.MAX_VALUE % Integer.MIN_VALUE;
```

现在，让我们将 `Integer.MIN_VALUE` 和 `Integer.MAX_VALUE` 看作是无符号整数，然后应用 `divideUnsigned()` 和 `remainderUnsigned()` 方法：

```
//无符号除法
int divisionUnsignedMinMax = Integer.divideUnsigned(
  Integer.MIN_VALUE, Integer.MAX_VALUE); //1
int divisionUnsignedMaxMin = Integer.divideUnsigned(
  Integer.MAX_VALUE, Integer.MIN_VALUE); //0

//无符号取模
int moduloUnsignedMinMax = Integer.remainderUnsigned(
  Integer.MIN_VALUE, Integer.MAX_VALUE); //1
int moduloUnsignedMaxMin = Integer.remainderUnsigned(
  Integer.MAX_VALUE, Integer.MIN_VALUE); //2147483647
```

这里类似于上文介绍的比较操作。无符号除法和无符号模这两种操作，也会将所有位解释为**值位**（value bits）并忽略**符号位**（sign bit）。

> **提示：** `Integer` 和 `Long` 也都支持 `divideUnsigned()` 和 `remainderUnsigned()` 这两个方法。

31. 判断 `float/double` 是否为有限浮点数

此问题的根源，在于某些浮点方法和操作可能会产生 `Infinity` 或 `NaN` 的结果，而非抛出异常。

可以通过检查 `float` / `double` 值的绝对值是否超过 `float` / `double` 类型的最大值，来判断给定的 `float` / `double` 是否为有限浮点数：

```
//对于float而言
Math.abs(f) <= Float.MAX_VALUE;

//对于double而言
Math.abs(d) <= Double.MAX_VALUE
```

从 Java 8 开始，可以使用 `Float.isFinite()` 和 `Double.isFinite()` 函数直接进行判断，如下所示：

```
Float f1 = 4.5f;
boolean f1f = Float.isFinite(f1); //f1 = 4.5是有限的

Float f2 = f1 / 0;
boolean f2f = Float.isFinite(f2); //f2 = Infinity是无限的

Float f3 = 0f / 0f;
boolean f3f = Float.isFinite(f3); //f3 = NaN是无限的

Double d1 = 0.000333411333d;
boolean d1f = Double.isFinite(d1); //d1 = 3.33411333E-4是有限的

Double d2 = d1 / 0;
boolean d2f = Double.isFinite(d2); //d2 = Infinity是无限的

Double d3 = Double.POSITIVE_INFiNITY * 0;
boolean d3f = Double.isFinite(d3); //d3 = NaN是无限的
```

这些方法很适用如下场景：

```
if (Float.isFinite(d1)) {
  //使用d1有限浮点数进行计算
} else {
  //无限浮点数d1无法进一步地计算
}
```

32. 对两个布尔表达式执行逻辑 AND / OR / XOR 运算

基本逻辑运算（AND、OR 和 XOR，即与、或和异或）的真值表，如下所示：

X	Y	AND	OR	XOR
0	0	0	0	0
0	1	0	1	1
1	0	0	1	1
1	1	1	1	0

在 Java 中，逻辑**与**运算符用 `&&` 表示，逻辑**或**运算符用 `||` 表示，逻辑**异或**运算符用 `^` 表示。从 JDK 8 开始，这些运算符被封装在了三个静态方法中，分别是 `Boolean.`

logicalAnd()、Boolean.logicalOr() 和 Boolean.logicalXor()：

```
int s = 10;
int m = 21;

//if (s > m && m < 50) { } else { }
if (Boolean.logicalAnd(s > m, m < 50)) {} else {}

//if (s > m || m < 50) { } else { }
if (Boolean.logicalOr(s > m, m < 50)) {} else {}

//if (s > m ^ m < 50) { } else { }
if (Boolean.logicalXor(s > m, m < 50)) {} else {}
```

也可以结合这些方法使用：

```
if (Boolean.logicalAnd(
  Boolean.logicalOr(s > m, m < 50),
  Boolean.logicalOr(s <= m, m > 50))) {
} else {
}
```

33. 将 BigInteger 转换为基本类型

BigInteger 是一个非常方便的工具类，用于表示任意精度的不可变整数。此类还包含可用于将 BigInteger 转换为基本类型（如 byte、long 或 double）的函数（源自 java.lang.Number）。但是，这些方法可能会产生不符合预期的结果。例如，假设我们有一个包装了 Long.MAX_VALUE 的 BigInteger 实例：

```
BigInteger nr = BigInteger.valueOf(Long.MAX_VALUE);
```

让我们尝试用 BigInteger.longValue() 方法将这个 BigInteger 转换为基本的 long 值：

```
long nrLong = nr.longValue();
```

到目前为止，一切都按预期进行，Long.MAX_VALUE 是 9,223,372,036,854,775,807，而 nrLong 变量也确实是这个值。现在，让我们尝试通过 BigInteger.intValue() 方法将这个 BigInteger 转换为基本的 int 值：

```
int nrInt = nr.intValue();
```

这一次，计算得出的 nrInt 的变量值为 -1（shortValue() 和 byteValue() 方法也会产生相同的结果）。根据文档，如果 BigInteger 的值太大，而无法容纳在指定的基本类型，则只返回低位 *n* 位（*n* 取决于指定的基本类型）。如果在后续的计算中，使用了这个误导性的 -1，最终就会产生错误的结果。

好在从 JDK 8 开始，新添了一组函数，专门用于检测转换过程中是否存在精度损失。一旦发现，将抛出 ArithmeticException 异常，以防得到不符合预期的结果。

这些方法分别是 longValueExact()、intValueExact()、shortValueExact() 和

byteValueExact()：

```
long nrExactLong = nr.longValueExact(); //按预期工作
int nrExactInt = nr.intValueExact(); //抛出ArithmeticException异常
```

可以看到，这里的 intValueExact() 没有像 intValue() 那样返回 -1，而是检测到精度丢失，并抛出了 ArithmeticException 异常。

34. 将 long 类型转换为 int 类型

将 long 类型转换为 int 类型，是一件比较容易的事。其中一种方法，如下所示：

```
long nr = Integer.MAX_VALUE;
int intNrCast = (int) nr;
```

或者，也可以使用 Long.intValue() 来实现，如下所示：

```
int intNrValue = Long.valueOf(nrLong).intValue();
```

这两种方法都可以正常工作。现在，假设我们有这样一个 long 类型的数值：

```
long nrMaxLong = Long.MAX_VALUE;
```

这一次，两个方法都将返回 -1。为了避免这样的结果，建议使用 JDK 8 中的 Math.toIntExact() 函数。此方法可以接受一个 long 类型的参数，并尝试将其转换为 int 类型。如果得到的值超出了 int 类型的范围，那么该方法会抛出 ArithmeticException 异常：

```
//抛出ArithmeticException异常
int intNrMaxExact = Math.toIntExact(nrMaxLong);
```

在函数内部，toIntExact() 使用了 (int) value != value 进行判断。

35. 计算取整除和模数

假设我们要进行如下的除法计算：

```
double z = (double) 222 / 14;
```

其中，变量 z 用来记录该除法的结果，即 15.85，但我们想要的是该除法的商，即 15（除法运算结果的整数部分）。使用 Math.floor(15.85) 方法可以得到这个结果，即 15。

如果将 222 和 14 看作是整数，代码将写成如下形式：

```
int z = 222 / 14;
```

这一次，z 将等于 15，这正是我们期望的结果（/ 运算符返回了取整除的结果），也就无需调用 Math.floor(z) 函数了。另外，如果除数为 0，则 222/0 将抛出 ArithmeticException 异常。

目前为止，我们可以得出的结论是，通过 / 运算符能获得两个具有相同符号（均为正数或负数）整数相除的商。但如果我们有以下两个整数（符号相反：被除数为负，除数为正）：

```
double z = (double) -222 / 14;
```

这一次，z 将等于 -15.85。同样，也使用 Math.floor(z) 方法，并返回了正确的结果 -16（这是小于或等于商的最大整数）。

让我们再次讨论这个问题，这回我们使用 int 类型：

```
int z = -222 / 14;
```

这次，z 将等于 -15，这是不正确的。而且 Math.floor(z) 也无法处理这种情况下，因为 Math.floor(-15) 是 -15。

从 JDK 8 开始，所有这类情况都可以通过 Math.floorDiv() 方法解决。该方法接收两个整数参数，分别代表被除数和除数，并返回小于或等于代数商的最大整数值（最接近正无穷大）：

```
int x = -222;
int y = 14;
//x是被除数，y是除数
int z = Math.floorDiv(x, y); //-16
```

这个 Math.floorDiv() 还重载了三种不同的方法，以应对不同的应用场景：floorDiv(int x, int y)、floorDiv(long x, int y) 和 floorDiv(long x, long y)。

> **提示：** 除了 Math.floorDiv() 方法，JDK 8 还支持了 Math.floorMod()，用来计算向下取整模数。该函数内部执行了 x - floorDiv(x, y) * y 逻辑。可以看出，对于具有相同符号的参数，它将返回与 % 运算符相同的结果。而对于符号不同的参数，将返回不同的结果。

如果要将两个正整数 a 和 b 相除，并向上取整，可以使用以下方法：

```
long result = (a + b - 1) / b;
```

下面是一个具体的例子（计算 4 / 3 = 1.33 后，向上取整为 2）：

```
long result = (4 + 3 - 1) / 3; //2
```

下面是另一个例子（计算 17 / 7 = 2.42 后，向上取整为 3）：

```
long result = (17 + 7 - 1) / 7; //3
```

如果不是正整数，那么我们可以使用 Math.ceil() 方法：

```
long result = (long) Math.ceil((double) a / b);
```

36. 相邻浮点数

假如，我们有一个整数 10，很容易就能知道下一个整数是 10 + 1（朝正无穷大方向）或者 10 - 1（朝负无穷大方向）。然而，如果是 float 或 double 类型，情况就没有这么简单了。

从 JDK 6 开始，Math 类便扩展了 nextAfter() 方法，支持传入两个参数——初始值（float 或 double）和方向（Float/Double.NEGATIVE/POSITIVE_INFiNITY）——并返回相邻浮点数。这里我们以 0.1 为例，计算负无穷大方向上与 0.1 相邻的下一个浮点数，具体如下所示：

```
float f = 0.1f;
//0.099999994
float nextf = Math.nextAfter(f, Float.NEGATIVE_INFiNITY);
```

从 JDK 8 开始，Math 类新增了两个方法，简化了 nextAfter() 的使用方式，并且执行的效率更快，分别是 nextDown() 和 nextUp()：

```
float f = 0.1f;
float nextdownf = Math.nextDown(f); //0.099999994
float nextupf = Math.nextUp(f); //0.10000001
double d = 0.1d;
double nextdownd = Math.nextDown(d); //0.09999999999999999
double nextupd = Math.nextUp(d); //0.10000000000000002
```

因此，在负无穷大方向上，可使用 Math.nextDown() 方法，而在正无穷大方向上，可使用 Math.nextUp() 方法。

37. 求两个大数的乘积（int/long）并处理运算溢出的情况

让我们从 * 运算符开始研究解决思路，如下所示：

```
int x = 10;
int y = 5;
int z = x * y; //50
```

这是一种非常简单的方法，适用于涉及 int、long、float 和 double 的大多数计算场景。现在，我们来试着使用这个运算符来计算两个更大的数字（将 2,147,483,647 与自身相乘）：

```
int x = Integer.MAX_VALUE;
int y = Integer.MAX_VALUE;
int z = x * y; //1
```

这一次，z 将等于 1，这不是我们期望的结果（即 4,611,686,014,132,420,609）。仅将 z 类型从 int 更改为 long 也无济于事。但是，将 x 和 y 的类型从 int 更改为 long，将得到正确的结果：

```
long x = Integer.MAX_VALUE;
long y = Integer.MAX_VALUE;
long z = x * y; //4611686014132420609
```

然而，如果我们使用 Long.MAX_VALUE 而不是 Integer.MAX_VALUE，问题又会重新浮现：

```
long x = Long.MAX_VALUE;
long y = Long.MAX_VALUE;
long z = x * y; //1
```

可以看出，依赖 * 运算符的计算，可能会产生误导性的结果。为了避免在进一步的计算中使用这些误导性的结果，我们应该在溢出发生时及时让程序报错。JDK 8 提供了 Math.

multiplyExact() 方法，可以在检测到溢出时抛出 ArithmeticException 异常，如下所示：

```
int x = Integer.MAX_VALUE;
int y = Integer.MAX_VALUE;
int z = Math.multiplyExact(x, y); //抛出ArithmeticException异常
```

> **提示：**在 JDK 8 中，Math.multiplyExact(int x, int y) 返回 int，而 Math.multiplyExact(long x, long y) 返回 long。在 JDK 9 中，还添加了返回 long 的 Math.multiplyExact(long, int y)。

JDK 9 中支持了返回 long 值的 Math.multiplyFull(int x, int y) 函数，可以用于求两个大数的乘积，如下所示：

```
int x = Integer.MAX_VALUE;
int y = Integer.MAX_VALUE;
long z = Math.multiplyFull(x, y); //4611686014132420609
```

另外，JDK 9 还支持了一个名为 Math.multiplyHigh(long x, long y) 的方法，返回一个 long 类型的值，表示两个 long（64 位）乘积结果（128 位）中高 64 位：

```
long x = Long.MAX_VALUE;
long y = Long.MAX_VALUE;
//9223372036854775807 * 9223372036854775807 = 85070591730234615847396907784232501249
//Math.multiplyHigh(9223372036854775807, 9223372036854775807) = 4611686018427387903 =
85070591730234615847396907784232501249 >> 64 = 9223372036854775807 *
9223372036854775807 >> 64
long z = Math.multiplyHigh(x, y);
```

我们还可以使用 Java 8 的函数式编程风格来实现，如下所示：

```
int x = Integer.MAX_VALUE;
int y = Integer.MAX_VALUE;
BinaryOperator<Integer> operator = Math::multiplyExact;
int z = operator.apply(x, y); //抛出ArithmeticException异常
```

如果要处理大量数据，我们可以考虑使用 BigInteger 类（不可变的任意精度整数）和 BigDecimal 类（不可变的任意精度浮点数）。

38. 融合乘加（FMA）

在高性能计算（high-performance computing, HPC）、机器学习、深度学习、人工智能等领域，$a*b+c$ 这种数学计算在矩阵乘法中被广泛应用。

通过使用 * 和 + 运算符，可以轻松地进行此类计算，如下所示：

```
double x = 49.29d;
double y = -28.58d;
double z = 33.63d;
double q = (x * y) + z;
```

这种实现的主要问题在于两次舍入误差（乘法和加法运算各一次）会导致精度丢失和性能损失。

不过，得益于 Intel AVX 指令集中的 SIMD 操作以及 JDK 9 中新增的 `Math.fma()` 方法，使这类计算的性能得以大幅提升。使用 `Math.fma()` 可以将结果四舍五入到最接近的值，且该操作仅需执行一次，如下所示：

```
double fma = Math.fma(x, y, z);
```

需要注意的是，此优化仅适用于较新的 Intel 处理器，因此只安装 JDK 9 是不够的。

39. 紧凑数字格式化

从 JDK 12 开始，Java 新引入了一个 `java.text.CompactNumberFormat` 类，可用于紧凑地展示数字。该类的主要目的是扩展现有的 Java 数字格式化功能，以支持本地化和数字压缩展示。

数字可以以短格式（如 1000 变成 1K）或长格式（如 1000 变成 1 thousand）的形式进行格式化。分别对应 `Style` 枚举中的 `SHORT` 和 `LONG` 两种样式。

除了可以使用 `CompactNumberFormat` 的构造函数进行初始化，还可以通过 `NumberFormat` 类的两个静态方法来创建 `CompactNumberFormat` 实例：

- 第一个方法用于创建默认语言环境（`Locale.getDefault(Locale.Category.FORMAT)`）和风格（`NumberFormat.Style.SHORT`）的紧凑数字格式：

```
public static NumberFormat getCompactNumberInstance()
```

- 第二个方法用于创建指定语言环境和风格的紧凑数字格式：

```
public static NumberFormat getCompactNumberInstance(
  Locale locale, NumberFormat.Style formatStyle)
```

下面让我们来深入了解格式化和解析。

格式化（formatting）

默认情况下，数字会使用 `RoundingMode.HALF_EVEN` 进行格式化，但我们也可以通过 `NumberFormat.setRoundingMode()` 显式地设置舍入模式。

我们可以将其封装到一个名为 `NumberFormatters` 的类中，如下所示：

```
public static String forLocale(Locale locale, double number) {
  return format(locale, Style.SHORT, null, number);
}

public static String forLocaleStyle(Locale locale, Style style, double number) {
  return format(locale, style, null, number);
}

public static String forLocaleStyleRound(Locale locale, Style style, RoundingMode mode,
double number) {
```

```
  return format(locale, style, mode, number);
}

private static String format(Locale locale, Style style, RoundingMode mode, double number) {

  if (locale == null || style == null) {
    return String.valueOf(number); //或者使用默认格式
  }

  NumberFormat nf = NumberFormat.getCompactNumberInstance(locale, style);

  if (mode != null) {
    nf.setRoundingMode(mode);
  }

  return nf.format(number);
}
```

本例中，让我们使用美国语言环境（`Locale.US`）、`SHORT` 样式和默认舍入模式，对数字 1000、1000000 和 1000000000 进行格式化：

```
//1K
NumberFormatters.forLocaleStyle(Locale.US, Style.SHORT, 1_000);

//1M
NumberFormatters.forLocaleStyle(Locale.US, Style.SHORT, 1_000_000);

//1B
NumberFormatters.forLocaleStyle(Locale.US, Style.SHORT, 1_000_000_000);
```

我们同样可以对 `LONG` 样式执行相同的操作：

```
//1 thousand
NumberFormatters.forLocaleStyle(Locale.US, Style.LONG, 1_000);

//1 million
NumberFormatters.forLocaleStyle(Locale.US, Style.LONG, 1_000_000);

//1 billion
NumberFormatters.forLocaleStyle(Locale.US, Style.LONG, 1_000_000_000);
```

我们也可以选择意大利语言环境（`Locale.ITALIAN`），并使用 `SHORT` 样式：

```
//1.000
NumberFormatters.forLocaleStyle(Locale.ITALIAN, Style.SHORT, 1_000);

//1 Mln
NumberFormatters.forLocaleStyle(Locale.ITALIAN, Style.SHORT, 1_000_000);

//1 Mld
NumberFormatters.forLocaleStyle(Locale.ITALIAN, Style.SHORT, 1_000_000_000);
```

最后，我们还可以使用 `ITALIAN` 语言环境和 `LONG` 样式来格式化数字：

```
//1 mille
NumberFormatters.forLocaleStyle(Locale.ITALIAN, Style.LONG, 1_000);

//1 milione
NumberFormatters.forLocaleStyle(Locale.ITALIAN, Style.LONG, 1_000_000);

//1 miliardo
NumberFormatters.forLocaleStyle(Locale.ITALIAN, Style.LONG, 1_000_000_000);
```

现在，假设我们有两个数：1200 和 1600。

从舍入模式的角度来看，它们将分别舍入到 1000 和 2000。默认舍入模式为 `HALF_EVEN`，这意味着 1200 会被舍入到 1000，1600 会被舍入到 2000。不过，如果我们想让 1200 舍入到 2000，1600 舍入到 1000，那么我们需要显式设置以下舍入模式：

```
//2 thousand (2000)
NumberFormatters.forLocaleStyleRound(
  Locale.US, Style.LONG, RoundingMode.UP, 1_200);

//1 thousand (1000)
NumberFormatters.forLocaleStyleRound(
  Locale.US, Style.LONG, RoundingMode.DOWN, 1_600);
```

解析（parsing）

解析是格式化的逆过程（即将格式化后的字符串还原为原始数字）。如我们有一个给定的字符串，然后尝试将其解析为数字，这可以通过使用 `NumberFormat.parse()` 方法来实现。默认情况下，解析不使用分组（例如，没有分组时，5,50 K 被解析为 5；而有分组时，5,50 K 被解析为 550000）。

我们可以尝试把这个过程封装成一组工具方法，如下所示：

```
public static Number parseLocale(Locale locale, String number)
    throws ParseException {
  return parse(locale, Style.SHORT, false, number);
}

public static Number parseLocaleStyle(
    Locale locale, Style style, String number) throws ParseException {
  return parse(locale, style, false, number);
}

public static Number parseLocaleStyleRound(
    Locale locale, Style style, boolean grouping, String number)
    throws ParseException {
  return parse(locale, style, grouping, number);
}
```

```
private static Number parse(
    Locale locale, Style style, boolean grouping, String number)
    throws ParseException {
  if (locale == null || style == null || number == null) {
    throw new IllegalArgumentException(
      "Locale/style/number cannot be null");
  }

  NumberFormat nf = NumberFormat.getCompactNumberInstance(locale, style);
  nf.setGroupingUsed(grouping);

  return nf.parse(number);
}
```

我们可以在没有显式分组的情况下，将 5K 和 5 thousand 解析为 5000：

```
//5000
NumberFormatters.parseLocaleStyle(Locale.US, Style.SHORT, "5K");

//5000
NumberFormatters.parseLocaleStyle(Locale.US, Style.LONG, "5 thousand");
```

接下来，让我们将 5,50K 和 5,50000 显式地分组解析为 550000，如下所示：

```
//550000
NumberFormatters.parseLocaleStyleRound(
  Locale.US, Style.SHORT, true, "5,50K");

//550000
NumberFormatters.parseLocaleStyleRound(
  Locale.US, Style.LONG, true, "5,50 thousand");
```

此外，你还可以使用 `setCurrency()`、`setParseIntegerOnly()`、`setMaximumIntegerDigits()`、`setMinimumIntegerDigits()`、`setMinimumFractionDigits()` 和 `setMaximumFractionDigits()` 方法来进一步调整设置。

小结

在本章中，我们探讨了一系列涉及字符串和数字的常见问题。当然，类似的问题还有很多，本书不可能完全覆盖。但是，掌握本章中介绍的解决方法，可以为你解决其他相关问题，打下坚实的基础。

另外，也欢迎下载本章相关的代码，以便查看结果和获取更多详细信息。

第 2 章

对象、不可变性和 Switch 表达式

本章包含 18 个涉及对象、不可变性和 Switch 表达式的问题。本章从几个处理空引用的问题开始，然后探讨检查索引、`equals()` 和 `hashCode()` 以及不可变性（例如，编写不可变类，并在不可变类中传递 / 返回可变对象）。本章的最后一部分涉及克隆对象和 JDK 12 的新版 Switch 表达式。到本章结束时，你将基本了解对象和不可变性。此外，你还将知道如何处理新版的 Switch 表达式。这些知识对于任何 Java 开发人员来说都是宝贵且必不可少的。

问题

可以通过以下问题测试你在对象、不可变性和 Switch 表达式编程方面的技能。在查看解决方案和下载示例程序之前，强烈建议你先尝试着解决这些问题：

40. **用函数式和命令式风格的代码检查空引用**：以函数式编程和命令式编程的方式对给定的引用进行空检查。

41. **检查空引用并抛出自定义的 `NullPointerException` 异常**：对给定的引用进行空检查，并抛出带有自定义消息的 `NullPointerException` 异常。

42. **检查空引用并抛出指定的异常**：对给定的引用进行空检查，并抛出指定的异常（例如 `IllegalArgumentException`）。

43. **检查空引用并返回非空默认引用**：对给定的引用进行空检查，如果它是非空的，则返回它；否则，返回一个非空的默认引用。

44. **检查索引是否在 [0,`length`) 范围内**：检查给定的索引是否在 [0, `length`) 范围内，如果给定的索引超出该范围，则抛出 `IndexOutOfBoundsException` 异常。

45. **检查子区间是否在 [0, `length`) 范围内**：检查给定的子区间 [`start`, `end`] 是否在 [0, `length`) 区间内。如果给定的子区间不在 [0, `length`) 区间内，则抛出 `IndexOutOfBoundsException` 异常。

46. **`equals()` 和 `hashCode()`**：举例说明 Java 中 `equals()` 和 `hashCode()` 方法的工作原理。

47. **简述不可变对象**：阐述 Java 中不可变对象的概念。

48. **不可变字符串**：解释为什么 String 类具有不可变性。

49. **编写一个不可变类**：展示如何实现一个不可变类。

50. **在不可变类中传递 / 返回可变对象**：在不可变类中传递 / 返回可变对象。

51. **使用建造者模式编写不可变类**：使用建造者模式编写不可变类。

52. **避免在不可变对象中出现错误数据：** 防止错误数据出现在不可变对象中。
53. **克隆对象：** 实现对象的克隆（包括浅克隆和深克隆）。
54. **重写 `toString()`：** 举例说明如何重写 `toString()` 方法。
55. **新版 Switch 表达式：** 简要介绍 JDK 12 中的新版 Switch 表达式。
56. **多个 case 标签：** 展示如何在 JDK 12 的 switch 语句中使用多个 case 标签。
57. **语句块：** 展示如何在 JDK 12 的 switch 语句中使用带花括号的 case 标签。

解决方案

下面将介绍上述问题的解决方案。通常，这些问题的正确解决方法是不止一种的。需要注意的是，书中的代码和思路讲解仅包括了最关键的部分，你可以访问 https://github.com/PacktPublishing/Java-Coding-Problems 下载完整的代码以获取更多细节，还可以尝试运行这些示例代码。

40. 用函数式和命令式风格的代码检查空引用

无论是函数式编程还是命令式编程，检查空引用都是一种很常见的做法，可用于减少 `NullPointerException` 异常的发生。这种检查通常被用于方法参数，以确保传入的引用不会导致 `NullPointerException` 异常或其他不可预见的行为。

例如，当将 `List<Integer>` 作为参数传递给一个方法时，通常需要进行至少两次空值检查。首先，该方法应确保列表本身不为空；其次，根据列表的使用方式，方法应确保列表中不包含空对象，如下所示：

```
List<Integer> numbers = Arrays.asList(1, 2, null, 4, null, 16, 7, null);
```

将这个列表传递给下面的方法：

```
public static List<Integer> evenIntegers(List<Integer> integers) {
  if (integers == null) {
    return Collections.emptyList();
  }
  List<Integer> evens = new ArrayList<>();
  for (Integer nr : integers) {
    if (nr != null && nr % 2 == 0) {
      evens.add(nr);
    }
  }
  return evens;
}
```

请注意，上述代码使用了传统的基于 `==` 和 `!=` 运算符的检查方法（例如 `integers == null` 和 `nr != null`）。然而，从 JDK 8 开始，`java.util.Objects` 类提供了两个基于这两个运算符的空检查方法：`object == null` 被封装在 `Objects.isNull()` 中，而 `object != null` 被封装在 `Objects.nonNull()` 中。

根据这些方法，我们可以将前面的代码改写为以下形式：

```
public static List<Integer> evenIntegers(List<Integer> integers) {
  if (Objects.isNull(integers)) {
    return Collections.emptyList();
  }
  List<Integer> evens = new ArrayList<>();
  for (Integer nr : integers) {
    if (Objects.nonNull(nr) && nr % 2 == 0) {
      evens.add(nr);
    }
  }
  return evens;
}
```

这样一来，代码的表现力更强了，但这并不是这两个方法的主要用途。实际上，它们是为了实现 Java 8 函数式风格代码中的谓词（predicate）而添加的。在函数式风格的代码中，可以按下例完成对空值的检查：

```
public static int sumIntegers(List<Integer> integers) {
  if (integers == null) {
    throw new IllegalArgumentException("List cannot be null");
  }
  return integers.stream()
    .filter(i -> i != null)
    .mapToInt(Integer::intValue)
    .sum();
}

public static boolean integersContainsNulls(List<Integer> integers) {
  if (integers == null) {
    return false;
  }
  return integers.stream()
    .anyMatch(i -> i == null);
}
```

很明显，`i -> i != null` 和 `i -> i == null` 的表达方式与周围代码不同。我们用 `Objects.nonNull()` 和 `Objects.isNull()` 替换这些代码片段后，如下所示：

```
public static int sumIntegers(List<Integer> integers) {
  if (integers == null) {
    throw new IllegalArgumentException("List cannot be null");
  }
  return integers.stream()
    .filter(Objects::nonNull)
    .mapToInt(Integer::intValue)
    .sum();
}

public static boolean integersContainsNulls(List<Integer> integers) {
```

```
  if (integers == null) {
    return false;
  }
  return integers.stream()
    .anyMatch(Objects::isNull);
}
```

或者，我们也可以将`Objects.nonNull()`和`Objects.isNull()`方法作为参数传递进来：

```
public static int sumIntegers(List<Integer> integers) {
  if (Objects.isNull(integers)) {
    throw new IllegalArgumentException("List cannot be null");
  }
  return integers.stream()
    .filter(Objects::nonNull)
    .mapToInt(Integer::intValue)
    .sum();
}

public static boolean integersContainsNulls(List<Integer> integers) {
  if (Objects.isNull(integers)) {
    return false;
  }
  return integers.stream()
    .anyMatch(Objects::isNull);
}
```

总的来说，在函数式编程中，如果要进行空值检查，推荐使用`Objects.nonNull()`和`Objects.isNull()`两种方法。在命令式编程中，也可选择使用这两种方法，或者采用`i -> i != null`和`i -> i == null`，具体取决于个人偏好。

41. 检查空引用并抛出自定义的 NullPointerException 异常

为了满足空引用检查和使用自定义消息抛出`NullPointerException`异常的需求，可以使用以下代码实现（此代码在`Car`的构造函数中被执行了四次，在`assignDriver()`方法中被执行了两次）：

```
public class Car {
  private final String name;
  private final Color color;

  public Car(String name, Color color) {
    if (name == null) {
      throw new NullPointerException("Car name cannot be null");
    }
    if (color == null) {
      throw new NullPointerException("Car color cannot be null");
    }
    this.name = name;
```

```
    this.color = color;
  }

  public void assignDriver(String license, Point location) {
    if (license == null) {
      throw new NullPointerException("License cannot be null");
    }
    if (location == null) {
      throw new NullPointerException("Location cannot be null");
    }
  }
}
```

所以，这段代码通过将 `==` 运算符与 `NullPointerException` 实例相结合来解决该问题。从 JDK 7 开始，这种代码组合被封装在一个名为 `Objects.requireNonNull()` 的静态方法里。借助这个方法，我们可以简化上述的代码，如下所示：

```
public class Car {
  private final String name;
  private final Color color;

  public Car(String name, Color color) {
    this.name = Objects.requireNonNull(name, "Car name cannot be null");
    this.color = Objects.requireNonNull(color, "Car color cannot be null");
  }

  public void assignDriver(String license, Point location) {
    Objects.requireNonNull(license, "License cannot be null");
    Objects.requireNonNull(location, "Location cannot be null");
  }
}
```

如果指定的引用为 `null`，那么 `Objects.requireNonNull()` 将会抛出一个带有自定义消息的 `NullPointerException` 异常；否则，它将返回通过检查的引用本身。

在构造函数中，如果提供的引用为空，通常会抛出 `NullPointerException` 异常。但在某些方法中（如 `assignDriver()`），这样的做法是存在争议的。因此，有些开发者更倾向于返回一个无害的结果，或是抛出 `IllegalArgumentException` 异常。接下来，我们将讨论如何在检查到空引用后，抛出指定的异常（如 `IllegalArgumentException`）。

在 JDK 7 中，有两个 `Objects.requireNonNull()` 方法。一个是之前我们使用过的，另一个会抛出带有默认消息的 `NullPointerException` 异常，如下所示：

```
this.name = Objects.requireNonNull(name);
```

从 JDK 8 开始，新增了一个重载函数 `Objects.requireNonNull(T obj, Supplier<String> messageSupplier)`，它将自定义的 `NullPointerException` 消息封装在 `Supplier` 中。这意味着消息的创建会被推迟，直到给定的引用为 `null` 时再进行，因此使用 `+` 运算符连接部分消息将不再出现问题，如下所示：

```
this.name = Objects.requireNonNull(name, ()
  -> "Car name cannot be null ... Consider one from " + carsList);
```

如果这个引用不为空，那么消息就不会被创建。

42. 检查空引用并抛出指定的异常

对于这个问题，我们可以直接使用 `==` 运算符来解决，如下所示：

```
if (name == null) {
  throw new IllegalArgumentException("Name cannot be null");
}
```

这个问题无法使用 `java.util.Objects` 类解决，因为该类不包含 `requireNonNullElseThrow()` 方法。如果需要抛出 `IllegalArgumentException` 或其他指定的异常，可能需要使用一系列方法，如下所示：

```
requireNonNullElseThrow(T obj, X exception)                              T
requireNonNullElseThrowIAE(T obj, String message)                        T
requireNonNullElseThrowIAE(T obj, Supplier<String> messageSupplier)      T
requireNotNullElseThrow(T obj, Supplier<? extends X> exceptionSupplier)  T
```

让我们聚焦在 `requireNonNullElseThrowIAE()` 这个方法上。该方法会抛出一个 `IllegalArgumentException` 异常，并带一个自定义的消息，该消息类型为 `String` 或 `Supplier`（可以避免在进行 `null` 空引用检查之前就被创建），如下所示：

```
public static <T> T requireNonNullElseThrowIAE(T obj, String message) {
  if (obj == null) {
    throw new IllegalArgumentException(message);
  }
  return obj;
}

public static <T> T requireNonNullElseThrowIAE(T obj, Supplier<String> messageSupplier) {
  if (obj == null) {
    throw new IllegalArgumentException(messageSupplier == null ? null : messageSupplier.
get());
  }
  return obj;
}
```

因此，这两种方法都可能会抛出 `IllegalArgumentException` 异常，但这还不够。例如，代码可能需要抛出 `IllegalStateException`、`UnsupportedOperationException` 等其他异常。针对这种情况，我们更推荐采用以下方法：

```
public static <T, X extends Throwable> T requireNonNullElseThrow(
  T obj, X exception) throws X {
  if (obj == null) {
```

```
    throw exception;
  }
  return obj;
}

public static <T, X extends Throwable> T requireNotNullElseThrow(
  T obj, Supplier<<? extends X> exceptionSupplier) throws X {
  if (obj != null) {
    return obj;
  } else {
    throw exceptionSupplier.get();
  }
}
```

可以考虑将这些方法加入到一个名为 `MyObjects` 的辅助类中，并按照以下示例调用它们：

```
public Car(String name, Color color) {
  this.name = MyObjects.requireNonNullElseThrow(name,
    new UnsupportedOperationException("Name cannot be set as null"));
  this.color = MyObjects.requireNotNullElseThrow(color, () ->
    new UnsupportedOperationException("Color cannot be set as null"));
}
```

此外，我们还可以参考这些示例，为 `MyObjects` 添加其他类型的异常处理逻辑，以增强代码的健壮性。

43. 检查空引用并返回非空默认引用

使用 if-else（或三元运算符）就能快速得到一个解决方案（将 `name` 和 `color` 声明为非 `final`，并在声明时使用默认值进行初始化），如下所示：

```
public class Car {
  private final String name;
  private final Color color;

  public Car(String name, Color color) {
    if (name == null) {
      this.name = "No name";
    } else {
      this.name = name;
    }
    if (color == null) {
      this.color = new Color(0, 0, 0);
    } else {
      this.color = color;
    }
  }
}
```

然而，从 JDK 9 开始，前面的代码可以通过 `Objects` 类中的 `requireNonNullElse()` 和

`requireNonNullElseGet()` 方法进行简化。这两个方法都接收两个参数，用于检查空值的引用。当检查的引用为空时，它们会返回默认的非空引用，如下所示：

```
public class Car {
  private final String name;
  private final Color color;

  public Car(String name, Color color) {
    this.name = Objects.requireNonNullElse(name, "No name");
    this.color = Objects.requireNonNullElseGet(color,
      () -> new Color(0, 0, 0));
  }
}
```

在前面的示例中，这些方法被用于构造函数，但它们同样也适用于普通函数。

44. 检查索引是否在 [0, length) 范围内

让我们来看一个简单的场景，以突显这个问题，如下所示：

```
public class Function {
  private final int x;

  public Function(int x) {
    this.x = x;
  }

  public int xMinusY(int y) {
    return x - y;
  }

  public static int oneMinusY(int y) {
    return 1 - y;
  }
}
```

注意，上面的代码片段没有对 x 和 y 的取值范围做出任何假设。现在，让我们来为它们添加一些限制（这在数学函数中是很常见的）：

- 首先假定 x 的取值范围为 `[0, 11)`。
- 而在 `xMinusY()` 方法中，y 的取值范围为 `[0, x)`。
- 在 `oneMinusY()` 方法中，y 的取值范围为 `[0, 16)`。

我们可以用 if 语句来限制这些范围，如下所示：

```
public class Function {
  private static final int X_UPPER_BOUND = 11;
  private static final int Y_UPPER_BOUND = 16;
  private final int x;

  public Function(int x) {
```

```
    if (x < 0 || x >= X_UPPER_BOUND) {
      throw new IndexOutOfBoundsException("...");
    }
    this.x = x;
  }

  public int xMinusY(int y) {
    if (y < 0 || y >= x) {
      throw new IndexOutOfBoundsException("...");
    }
    return x - y;
  }

  public static int oneMinusY(int y) {
    if (y < 0 || y >= Y_UPPER_BOUND) {
      throw new IndexOutOfBoundsException("...");
    }
    return 1 - y;
  }
}
```

可以考虑使用一个更具有意义的异常，比如扩展 IndexOutOfBoundsException 并创建一个名为 RangeOutOfBoundsException 的自定义异常，来替代原本的 IndexOutOfBoundsException。

从 JDK 9 开始，可以使用 Objects.checkIndex() 方法重构代码。该方法可验证给定的索引是否在 [0, length) 范围内。如果索引在该范围内，该方法会返回对应的索引；否则，会抛出 IndexOutOfBoundsException 异常：

```
public class Function {
  private static final int X_UPPER_BOUND = 11;
  private static final int Y_UPPER_BOUND = 16;
  private final int x;

  public Function(int x) {
    this.x = Objects.checkIndex(x, X_UPPER_BOUND);
  }

  public int xMinusY(int y) {
    Objects.checkIndex(y, x);
    return x - y;
  }

  public static int oneMinusY(int y) {
    Objects.checkIndex(y, Y_UPPER_BOUND);
    return 1 - y;
  }
}
```

假设 y 的取值范围是 [0, 16)，在调用 oneMinusY() 方法时，可能会抛出 IndexOutOfBoundsException 异常，如下所示：

```
int result = Function.oneMinusY(20);
```

现在，让我们进一步检查子区间是否在 0 到给定长度（length）范围内。

45. 检查子区间是否在 [0, length) 范围内

我们将参照上一个问题的流程来处理这个问题。这次 Function 类的定义如下：

```
public class Function {
  private final int n;

  public Function(int n) {
    this.n = n;
  }

  public int yMinusX(int x, int y) {
    return y - x;
  }
}
```

请注意，上述代码片段假设 x、y 和 n 的取值范围如下：

- 其中 n 的取值范围为 [0, 101)。
- 在 yMinusX() 函数中，区间 [x, y) 的取值范围必须是 [0, n) 的子集。

以下是通过 if 语句来校验这些区间的方法：

```
public class Function {
  private static final int N_UPPER_BOUND = 101;
  private final int n;

  public Function(int n) {
    if (n < 0 || n >= N_UPPER_BOUND) {
      throw new IndexOutOfBoundsException("...");
    }
    this.n = n;
  }

  public int yMinusX(int x, int y) {
    if (x < 0 || x > y || y >= n) {
      throw new IndexOutOfBoundsException("...");
    }
    return y - x;
  }
}
```

根据之前的问题，我们可以用 Objects.checkIndex() 来替换 n 的条件。此外，JDK 9 的 Objects 类还提供了一个名为 checkFromToIndex(int start, int end, int length) 的方法，用于检查给定的子区间 [start, end) 是否在 [0, length) 区间内。因此，在 yMinusX() 方法中，我们可以使用此方法来检查由 x 和 y 限定的区间 [x, y) 是否是 [0, n) 的子区间，如下所示：

```
public class Function {
  private static final int N_UPPER_BOUND = 101;
  private final int n;

  public Function(int n) {
    this.n = Objects.checkIndex(n, N_UPPER_BOUND);
  }

  public int yMinusX(int x, int y) {
    Objects.checkFromToIndex(x, y, n);
    return y - x;
  }
}
```

比如说，当 `x` 大于 `y` 时，下面的测试代码就会抛出 `IndexOutOfBoundsException` 异常：

```
Function f = new Function(50);
int r = f.yMinusX(30, 20);
```

> **提示：** 除了这种方法，`Objects` 还提供了一个名为 `checkFromIndexSize(int start, int size, int length)` 的方法。该方法检查给定的区间 [`start`, `start + size`) 是否在 [0, `length`) 区间内。

46. `equals()` 和 `hashCode()`

因为 `equals()` 和 `hashCode()` 方法是定义在 `java.lang.Object` 中的，而 `Object` 又是所有 Java 对象的超类，所以任何对象都可以调用这两个方法。它们的主要作用是提供一种简单、高效、可靠的比较对象的方式，以及判断它们是否相等。如果没有这些方法，我们将需要通过大量繁琐的 `if` 判断语句，来逐个比较对象中的字段。

当这些方法未被重写时，Java 将采用它们的默认实现。遗憾的是，默认实现并不能准确地判断两个对象是否具有相同的值。在默认情况下，`equals()` 方法检查对象的**身份**（identity）。也就是说，只有当两个对象具有相同的内存地址（相同的对象引用）时，它们才被视为相等。而 `hashCode()` 方法则返回对象内存地址的整数表示，这是一个被称为**身份哈希码**（identity hash code）的原生函数。

我们假设有一个类，如下所示：

```
public class Player {
  private int id;
  private String name;

  public Player(int id, String name) {
    this.id = id;
    this.name = name;
  }
}
```

那么，让我们来创建两个包含相同信息的 `Player` 类实例，然后通过比较来确定它们是否相同：

```
Player p1 = new Player(1, "Rafael Nadal");
Player p2 = new Player(1, "Rafael Nadal");

System.out.println(p1.equals(p2)); //false
System.out.println("p1 hash code: " + p1.hashCode()); //1809787067
System.out.println("p2 hash code: " + p2.hashCode()); //157627094
```

> **提示：**请避免使用 `==` 运算符来判断对象是否相同（例如 `if (p1 == p2)`）。因为 `==` 运算符用于比较两个对象的引用是否指向同一个对象，而 `equals()` 方法用于比较对象的值，后者才是我们通常想要关注的。

一般来说，当两个变量指向同一引用时，它们会被认为是相同的（identical）。然而，如果指向的值是等价的，即便引用不同，我们也会认为它们是相等的（equal）。

对于我们来说，`p1` 和 `p2` 是一样的，但需要注意的是，`equals()` 方法却返回了 `false`。这是因为 `p1` 和 `p2` 实例的字段值完全相同，但它们存储在不同的内存地址上。因此，我们不能依赖默认的 `equals()` 方法。为了解决这个问题，我们需要重写这个方法，并遵循以下规则：

- 反射性（reflexivity）：一个对象等于它自身，这意味着 `p1.equals(p1)` 必须返回 `true`。
- 对称性（symmetry）：`p1.equals(p2)` 必须和 `p2.equals(p1)` 返回相同的结果（`true/false`）。
- 传递性（transitive）：如果 `p1.equals(p2)` 和 `p2.equals(p3)` 都成立，那么 `p1.equals(p3)` 也必须成立。
- 一致性（consistent）：两个相等的对象除非其中一个被改变，否则必须保持相等。
- 非空性（Null returns false）：所有的对象都不与 `null` 相等。

因此，`Player` 类的 `equals()` 方法可以被重写为：

```
@Override
public boolean equals(Object obj) {
  if (this == obj) {
    return true;
  }
  if (obj == null) {
    return false;
  }
  if (getClass() != obj.getClass()) {
    return false;
  }
  final Player other = (Player) obj;
  if (this.id != other.id) {
    return false;
  }
  if (!Objects.equals(this.name, other.name)) {
```

```
        return false;
      }
      return true;
    }
```

现在我们再次进行等价测试（这一次 `p1` 和 `p2` 相等）:

```
System.out.println(p1.equals(p2)); //true
```

目前为止一切顺利！现在我们需要将这两个 `Player` 实例添加到集合中。我们可以将它们加入 `HashSet`（一种 Java 集合，能够确保元素不会重复）:

```
Set<Player> players = new HashSet<>();
players.add(p1);
players.add(p2);
```

让我们再检查一下这个 `HashSet` 的大小以及是否包含 `p1`:

```
System.out.println("p1 hash code: " + p1.hashCode()); //1809787067
System.out.println("p2 hash code: " + p2.hashCode()); //157627094
System.out.println("Set size: " + players.size()); //2
System.out.println("Set contains Rafael Nadal: "
  + players.contains(new Player(1, "Rafael Nadal"))); //false
```

根据前面的 `equals()` 实现，我们可以判断出 `p1` 和 `p2` 是相等的。因此，`HashSet` 的大小应该是 1，而不是 2。此外，它应该包含 `Rafael Nadal`。那么，到底发生了什么呢?

为了回答这个问题，我们需要考虑一下 Java 的设计思路。首先，我们可以看出 `equals()` 方法并不是一个轻量级的操作；因此，在需要进行大量相等性比较时，查找操作的性能会受到影响。例如，在集合（如 `HashSet`、`HashMap` 和 `HashTable`）中根据特定值进行查找时，就需要多次调用 `equals()` 方法，这会导致性能下降。

因此，Java 采用了添加**桶**（bucket）的方式，来减少相等性比较的次数。每个桶都是一个基于哈希的容器，用于对相等的对象进行分组。这意味着相等的对象应该返回相同的哈希码，而不相等的对象应该返回不同的哈希码。如果两个不相等的对象具有相同的哈希码，那么就会出现**哈希冲突**，这些对象将会被放入同一个桶中。因此，Java 首先会比较哈希码，只有当两个不同的对象引用具有相同的哈希码时，才会进一步调用 `equals()` 方法。这样一来，集合查找操作的性能就得到了提高。

那么，在我们的例子中究竟发生了什么？让我们逐步分析一下:

- 当 `p1` 被创建时，Java 会根据 `p1` 的内存地址为其分配一个哈希码。
- 当 `p1` 被添加到 Set 中时，Java 会将一个新的桶链接到 `p1` 的哈希码。
- 当 `p2` 被创建时，Java 会根据 `p2` 的内存地址为其分配一个哈希码。
- 当 `p2` 被添加到 Set 中时，Java 会将一个新的桶链接到 `p2` 的哈希码（当这种情况发生时，它看起来像 `HashSet` 没有按预期工作，并且还允许重复）。
- 当执行 `players.contains(new Player(1, "Rafael Nadal"))` 时，会创建一个新的玩家 `p3`，它有一个基于 `p3` 内存地址的新哈希码。
- 因此，在 `contains()` 方法中，会分别测试 `p1` 和 `p3`，以及 `p2` 和 `p3` 的相等性。这会涉及检查它们的哈希码。由于 p1 和 p3 的哈希码不同，以及 p2 和 p3 的哈希码不同，比较会在不评估 equals() 的情况下停止。因此，可以得出 HashSet 不包含对象 p3 的结论。

为了让代码更加规范，我们有必要重写 hashCode() 方法。在重写时，需要遵循以下要求：

- 两个符合 equals() 的相等对象必须返回相同的哈希码。
- 具有相同哈希码的两个对象不是强制相等的。
- 只要对象保持不变，hashCode() 就必须返回相同的值。

通常来说，我们应该遵循 equals() 和 hashCode() 方法的两个使用规则：

- 当重写 equals() 时，也必须重写 hashCode()，反之亦然。
- 在两个方法中，应该使用相同的标识属性，并且顺序一致。

对于 Player 类的 hashCode() 方法，我们可以这样重写：

```
@Override
public int hashCode() {
  int hash = 7;
  hash = 79 * hash + this.id;
  hash = 79 * hash + Objects.hashCode(this.name);
  return hash;
}
```

现在，让我们来进行另一个测试（这次，它会按照预期顺利进行）：

```
System.out.println("p1 hash code: " + p1.hashCode()); //-322171805
System.out.println("p2 hash code: " + p2.hashCode()); //-322171805
System.out.println("Set size: " + players.size()); //1
System.out.println("Set contains Rafael Nadal: " + players.contains(new Player(1,
"Rafael Nadal"))); //true
```

最后，让我们来总结一下使用 equals() 和 hashCode() 时常见的一些错误：

- 你重写了 equals() 方法却忘记重写 hashCode() 方法，或者反之（应该同时重写或者都不重写）。
- 你使用 == 操作符来比较对象的值而不是 equals() 方法。
- 在 equals() 方法中，你可能会漏掉其中一项：
  - 首先应该添加自检（if (this == obj) ...）。
  - 由于没有任何实例应该等于null，因此继续添加null检查（if (obj == null) ...）。
  - 确保实例是我们所期望的类型（使用 getClass() 或 instanceof）。
  - 最后，处理完这些特殊情况后，进行字段比较。
- 你在继承中违反了 equals() 方法的对称性。例如，假设有一个 A 类和一个扩展 A 类并添加了一个新字段的 B 类。B 类覆盖了从 A 类继承的 equals() 实现，并将此实现添加到新字段中。使用 instanceof 进行比较时，b.equals(a) 将返回 false（符合预期），但 a.equals(b) 将返回 true（不符预期），因此破坏了对称性。使用切片比较也不可行，因为这会破坏传递性和自反性。修复这个问题的方法是使用 getClass() 而不是 instanceof 进行判断（因为 getClass() 可以判断类型及其子类型的实例是否相等），或者更好的方法是使用组合而不是继承，就像本书中提供的示例程序（P46_ViolateEqualsViaSymmetry）一样。

• 你应该让每个对象都返回一个唯一的哈希码，而不是从 `hashCode()` 方法中返回一个常量。

从 JDK 7 开始，`Objects` 类提供了几个工具方法，可用于处理对象的相等性和哈希码，如下所示：

• `Objects.equals(Object a, Object b)`：判断 a 对象是否等于 b 对象。

• `Objects.deepEquals(Object a, Object b)`：用于判断两个对象是否相等（如果它们是数组，则使用 `Arrays.deepEquals()` 进行判断）。

• `Objects.hash(Object... values)`：为一系列输入值生成哈希码。

> **提示：** 可以通过 EqualsVerifier 库，确保 `equals()` 和 `hashCode()` 遵守 Java SE 协议规范。可以通过 Lombok 库，根据对象的字段生成 `hashCode()` 和 `equals()` 函数。这里需要注意 Lombok 与 JPA 实体结合的一些特殊情况。

47. 简述不可变对象

不可变对象（immutable object）是指创建后状态不可更改的对象。以下是 Java 相关规则：

• 基本类型（primitive type）是不可变的。

• 著名的 `String` 类也是不可变的（其他类如 `Pattern` 和 `LocalDate` 也是如此）。

• 数组是可以被修改的。

• 集合可以是可变的（mutable）、不可修改的（unmodifiable）或不可变的（immutable）。

一个不可修改的集合并不一定是不可变的，这取决于集合中存储的对象是否可变。如果存储的对象是可变的，那么集合是可变的但不可修改的。但是如果存储的对象是不可变的，那么集合就是真正意义上的不可变。

在并发（多线程）应用和流中，不可变对象具有很高的实用价值。由于不可变对象无法更改，所以它们不会受到并发问题的影响，也无需担心数据损坏或状态不一致的问题。

当使用不可变对象时，我们主要考虑新对象的创建成本，而不是可变对象的状态管理。需要注意的是，在垃圾回收过程中，不可变对象会得到特殊处理，同时也能够避免并发问题，并且省去了管理可变对象状态所需的代码。实际上，管理可变对象状态所需的代码可能比创建新对象的操作更加耗时。

在接下来的问题中，我们将更深入地探讨 Java 对象的不可变性。

48. 不可变字符串

每种编程语言都有表示字符串的方式。字符串是基本类型之一，也是预定义类型的一部分。在 Java 应用程序中，几乎每个应用程序都会使用字符串。

在 Java 中，字符串不同于 `int`、`long` 和 `float` 这样的基本类型，而是用一个名为 `String` 的引用类型表示。比如，Java 应用程序中的 `main()` 方法会接收一个 `String` 类型的数组作为参数。

由于字符串在软件开发中具有重要意义并被广泛应用，我们需要对其有详细的了解。除了熟练掌握如何声明和操作字符串（例如反转和大写）之外，开发人员还应理解为什么这个类被设计得如此特殊。更具体地说，为什么 `String` 是不可变的呢？或者换个说法，`String` 不可变性的优劣势分别是什么？

字符串不可变的优点

维护字符串常量池或缓存池

支持字符串不可变性的原因之一是为了维护**字符串常量池**（string constant pool, SCP）或缓存池。要理解这个说法，我们需要深入了解 `String` 类的内部工作原理。

字符串常量池是一块特殊区域的内存，不同于正常的堆内存，它用于存储字符串字面量。举个例子，我们有三个 `String` 变量：

```
String x = "book";
String y = "book";
String z = "book";
```

Java 中实际上只创建了一个 `String` 对象，其值为 book。尽管看起来有三个 `String` 对象被创建，但它们都指向了内存中的同一块特殊区域—— SCP，这个过程被称为**字符串驻留**（string interning）：

- 当创建一个字符串字面量时（如 `String x = "cook"`），Java 会检查 SCP 中是否已经存在该字符串字面量。
- 如果没有找到，Java 就会在 SCP 中创建一个新的字符串对象，并让变量 `x` 指向它。
- 如果在 SCP 中找到了字符串字面量（例如，`String y = "cook"` 和 `String z = "cook"`），那么新的变量将指向该字符串对象（换句话说，所有具有相同值的变量将指向同一个字符串对象）：

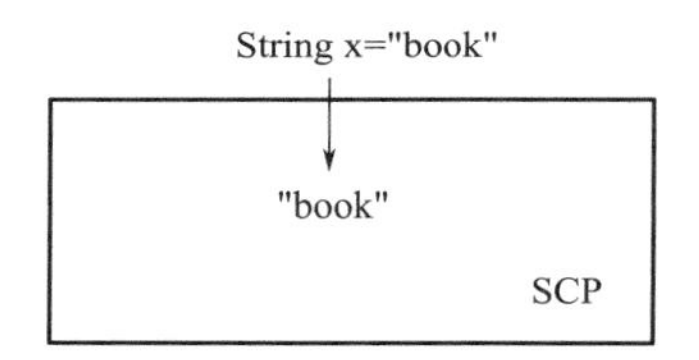

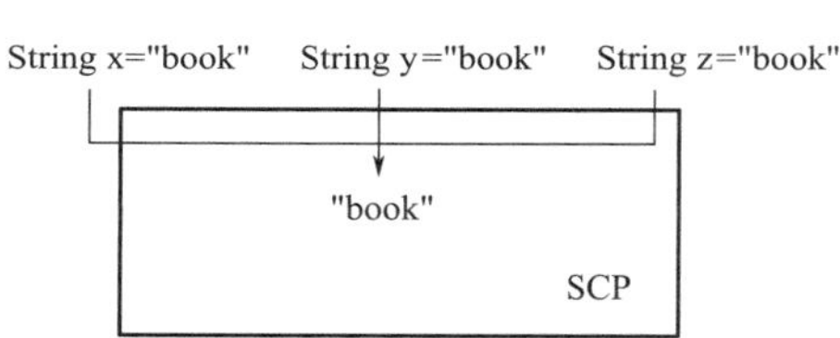

但若此时 `x` 需改成"cook"而不再是"book"，那么我们会使用"c"替换"b"—— `x = x.replace("b", "c");`。

此时，`x` 变为 "cook"，但 `y` 和 `z` 应该保持不变。这种行为是基于不可变性的。Java 会创建一个新对象，并将其修改为如下形式：

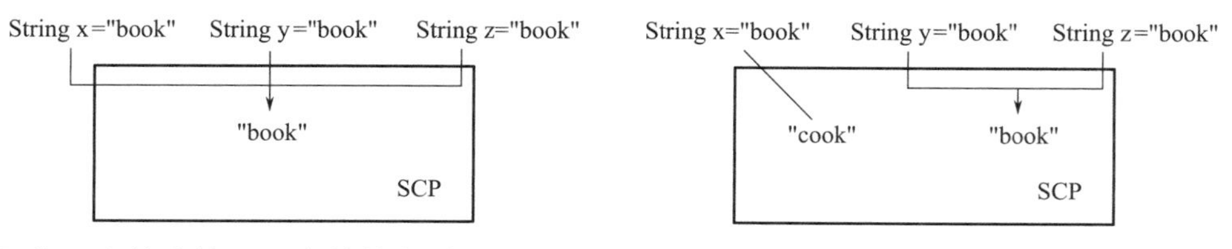

因此，字符串的不可变性使得我们可以缓存字符串字面量。这样，应用程序就可以大量使用字符串字面量，从而尽可能地减少了对堆内存和垃圾收集器的影响。如果字符串是可变的，修改字符串字面量可能会导致变量损坏。

> **提示：** 我们应该避免使用 `String x = new String("book")` 的形式来创建字符串。因为，这种方式创建的并不是字符串字面量，而是实例化了一个字符串对象（通过构造函数的方式）。这其实是将字符串存储在了普通的内存堆中，而非字符串常量池（SCP）。如果希望将堆内存中创建的字符串加入到 SCP 中，我们可以显式地调用 `String.intern()` 方法。

安全

字符串的不可变性还有一个好处，就是可以增强安全性。通常，许多敏感信息，例如用户名、密码、URL、端口、数据库、套接字连接、参数、属性等，都是以字符串的形式表示和传递的。通过使这些信息不可变，代码可以更好地抵御各种安全威胁，例如无意或蓄意的引用修改。

线程安全

想象一下，一个应用程序需要处理成千上万个可变的字符串对象的场景，它将很难确保线程安全。幸运的是，由于字符串对象的不可变性，我们不必担心这种情况。任何不可变对象都是天然线程安全的，这意味着多个线程可以共享和操作字符串，而不必担心数据损坏和不一致的风险。

哈希码缓存

在“46. `equals()` 和 `hashCode()`”中，我们探讨了 `equals()` 和 `hashCode()` 函数的作用。当进行哈希相关操作（例如在集合中搜索元素）时，需要计算哈希码。由于字符串是不可变的，每个字符串都有一个固定的哈希码，可以在创建字符串后缓存并重复使用，而不必每次使用时重新计算。例如，`HashMap` 会对不同操作（如 `put()` 和 `get()`）的键进行哈希处理。如果这些键是字符串类型，那么哈希码将从缓存中获取，而不是重新计算。

类加载

一种常见的将类加载到内存的方式是使用 `Class.forName(String className)` 方法。需要注意的是，这里的字符串参数表示类名，由于字符串不可变性，因此在加载过程中类名是不可更改的。但是，如果字符串是可变的，例如当我们尝试加载类 `A`（`Class.forName("A")`）时，如果类名在加载过程中被更改为 `BadA`，则 `BadA` 对象可能会破坏正常的代码逻辑。

字符串不可变的缺点

字符串无法被扩展

为了让 `String` 类可以被扩展以增加更多功能，我们需要取消其不可变性限制。然而，如果我们声明 `String` 类为 `final`，就无法扩展它。这就是不可变类应该被声明为 `final` 的原因，但同时也成为了阻碍其扩展的缺点。

尽管如此，开发人员还是可以编写工具类（例如，Apache Commons Lang 中的 `StringUtils`、Spring Framework 中的 `StringUtils`、Guava 中的 `Strings`）来提供额外功能的，并且可以将字符串作为参数传递给这些类的方法。

敏感数据被长时间存储在内存中

在 SCP 中，字符串中的敏感数据（比如密码）可能会长时间存储在内存中。SCP 作为缓存，受到垃圾收集器的特殊对待，这意味着它不会像其他内存区域那样频繁被垃圾收集器访问，因此，敏感数据可能会长时间存储在 SCP 中，并可能被不当使用。

为了避免潜在的风险，建议将敏感数据（如密码）存储在 `char[]` 数组中，而非 String 对象中。

OutOfMemoryError 异常

SCP 是一个相对较小的内存区域，与其他内存区域相比，它很容易被占满。如果在 SCP 中存储过多的字符串字面量，就会导致 `OutOfMemoryError` 异常。

字符串是否完全不可变?

实际上，底层的 String 对象使用 `private final char[]` 存储每个字符。在 JDK 8 中，可以使用 Java 反射 API 修改这个 `char[]`。然而，在 JDK 11 中，使用相同的代码会抛出 `java.lang.ClassCastException` 异常，如下所示：

```
String user = "guest";
System.out.println("User is of type: " + user);

Class<String> type = String.class;
Field field = type.getDeclaredField("value");
field.setAccessible(true);

char[] chars = (char[]) field.get(user);

chars[0] = 'a';
chars[1] = 'd';
chars[2] = 'm';
chars[3] = 'i';
chars[4] = 'n';

System.out.println("User is of type: " + user);
```

因此，在 JDK 8 中，String 是相对不可变的，但并不是完全不可变的。

49. 编写一个不可变类

要成为不可变类，必须满足以下条件：

- 该类应该被标记为 `final` 以抑制扩展性（其他类无法扩展此类，因此它们无法重写方法）。所有字段都应该声明为 `private` 和 `final`（这些字段在其他类中不可见，并且仅在此类的构造函数中初始化一次）。
- 该类应该包含一个带参数的公共构造函数（或者一个私有构造函数以及用于创建实例的工厂方法），用于初始化字段。
- 该类应提供字段的 `getter` 方法。
- 该类不应该暴露 `setter` 方法。

比如说，下面这个 `Point` 类就是不可变的，因为它满足之前提到的所有规范：

```
public final class Point {
  private final double x;
  private final double y;

  public Point(double x, double y) {
    this.x = x;
    this.y = y;
  }

  public double getX() {
    return x;
  }
```

```
  public double getY() {
    return y;
  }
}
```

如果要让不可变类操作可变对象，可参考下一个问题。

50. 在不可变类中传递 / 返回可变对象

如果将可变对象传递给不可变类，可能会破坏其不可变性。让我们看看下面这个可变类：

```
public class Radius {
  private int start;
  private int end;

  public int getStart() {
    return start;
  }

  public void setStart(int start) {
    this.start = start;
  }

  public int getEnd() {
    return end;
  }

  public void setEnd(int end) {
    this.end = end;
  }
}
```

接下来，我们将这个类的一个实例传递给一个名为 `Point` 的不可变类。乍一看，`Point` 类可以写成以下形式：

```
public final class Point {
  private final double x;
  private final double y;
  private final Radius radius;

  public Point(double x, double y, Radius radius) {
    this.x = x;
    this.y = y;
    this.radius = radius;
  }

  public double getX() {
    return x;
  }

  public double getY() {
```

```
        return y;
    }

    public Radius getRadius() {
        return radius;
    }
}
```

那么，这个类还是不可变的吗？答案是否定的。因为像下面这个例子一样，`Point` 类的状态是可以被改变的，所以它已经不再是不可变的了：

```
Radius r = new Radius();
r.setStart(0);
r.setEnd(120);

Point p = new Point(1.23, 4.12, r);

System.out.println("Radius start: " + p.getRadius().getStart()); //0
r.setStart(5);
System.out.println("Radius start: " + p.getRadius().getStart()); //5
```

请注意，当我们调用 `p.getRadius().getStart()` 时，会得到两个不同的结果。这意味着 `p` 的状态已发生变化，因此 `Point` 不再具有不变性。为了解决这个问题，可以对 `Radius` 对象进行克隆，然后将克隆对象作为 `Point` 的属性来存储，如下所示：

```
public final class Point {
    private final double x;
    private final double y;
    private final Radius radius;

    public Point(double x, double y, Radius radius) {
        this.x = x;
        this.y = y;
        Radius clone = new Radius();
        clone.setStart(radius.getStart());
        clone.setEnd(radius.getEnd());
        this.radius = clone;
    }

    public double getX() {
        return x;
    }

    public double getY() {
        return y;
    }

    public Radius getRadius() {
        return radius;
    }
}
```

如此，`Point` 类的不可变性级别有所提高。现在调用 `r.setStart(5)` 不会影响 `radius` 字段，因为该字段是 `r` 的克隆。然而，`Point` 类并不是完全不可变的，因为还有一个需要解决的问题——从不可变类返回可变对象可能会破坏不可变性。下面这段代码就破坏了 `Point` 的不可变性：

```
Radius r = new Radius();
r.setStart(0);
r.setEnd(120);
Point p = new Point(1.23, 4.12, r);
System.out.println("Radius start: " + p.getRadius().getStart()); //0
p.getRadius().setStart(5);
System.out.println("Radius start: " + p.getRadius().getStart()); //5
```

再次调用 `p.getRadius().getStart()` 得到了不同的结果，说明 `p` 的状态已经改变。为了解决这个问题，我们可以修改 `getRadius()` 方法，让它返回 `radius` 字段的克隆，如下所示：

```
//...

public Radius getRadius() {
  Radius clone = new Radius();
  clone.setStart(this.radius.getStart());
  clone.setEnd(this.radius.getEnd());
  return clone;
}

//...
```

至此，`Point` 类已经变成了不可变的，问题得以解决！

> **提示：**在选型克隆技术之前，我们最好先花费些时间去探索和学习 Java 以及第三方库所提供的各种可能方案（比如可以参阅“53. 克隆对象”）。对于浅拷贝来说，前面提到的技术可能是合适的选择；然而，对于深拷贝，则需要借助其他的策略，比如复制构造器（copy constructor）、`Cloneable` 接口或者一些外部库（如 Apache Commons Lang 的 `ObjectUtils`、Gson 或 Jackson 的 JSON 序列化等）。

51. 使用建造者模式编写不可变类

当一个类（无论是可变还是不可变）有太多字段时，它的构造函数需要有很多参数。如果其中一些字段是必需的，而另一些字段是可选的，那么这个类就需要多个构造函数来覆盖所有可能的组合。这对于开发人员和类的使用者来说都很麻烦。这时，建造者模式（builder pattern）就能派上用场了。

根据 Gang of Four（GoF）的定义——建造者模式将复杂对象的构建过程与其表示分离，使得相同的构建过程可以创建不同的表示形式。建造者模式可以作为一个独立的类来实现，也可以作为内部静态类来实现。我们主要关注后者，对于 `User` 类，它有三个必填字段（`nickname`、`password` 和 `created`），还有三个可选字段（`email`、`firstname` 和 `lastname`）。

下面是一个使用建造者模式实现的不可变的 `User` 类：

```
public final class User {
  private final String nickname;
  private final String password;
  private final String firstname;
  private final String lastname;
  private final String email;
  private final Date created;

  private User(UserBuilder builder) {
    this.nickname = builder.nickname;
    this.password = builder.password;
    this.created = builder.created;
    this.firstname = builder.firstname;
    this.lastname = builder.lastname;
    this.email = builder.email;
  }

  public static UserBuilder getBuilder(String nickname, String password) {
    return new User.UserBuilder(nickname, password);
  }

  public static final class UserBuilder {
    private final String nickname;
    private final String password;
    private final Date created;
    private String email;
    private String firstname;
    private String lastname;

    public UserBuilder(String nickname, String password) {
      this.nickname = nickname;
      this.password = password;
      this.created = new Date();
    }

    public UserBuilder firstName(String firstname) {
      this.firstname = firstname;
      return this;
    }

    public UserBuilder lastName(String lastname) {
      this.lastname = lastname;
      return this;
    }

    public UserBuilder email(String email) {
      this.email = email;
      return this;
    }
```

```
    public User build() {
      return new User(this);
    }
  }

  public String getNickname() {
    return nickname;
  }

  public String getPassword() {
    return password;
  }

  public String getFirstname() {
    return firstname;
  }

  public String getLastname() {
    return lastname;
  }

  public String getEmail() {
    return email;
  }

  public Date getCreated() {
    return new Date(created.getTime());
  }
}
```

以下是一些例子：

```
import static modern.challenge.User.getBuilder;

//...

//只有昵称和密码的用户
User user1 = getBuilder("marin21", "hjju9887h").build();

//有昵称、密码和邮箱的用户
User user2 = getBuilder("ionk", "44fef22")
  .email("ion@gmail.com")
  .build();

//有昵称、密码、邮箱、名字和姓氏的用户
User user3 = getBuilder("monika", "klooi0988")
  .email("monika@gmail.com")
  .firstName("Monika")
  .lastName("Ghuenter")
  .build();
```

52. 避免在不可变对象中出现错误数据

不良数据（bad data）是指对不可变对象产生负面影响的数据（如损坏的数据）。这类数据很可能来自用户输入或我们无法直接控制的外部数据源。在这种情况下，不良数据可能会侵袭不可变对象，而最糟糕的是这种问题无法修复。由于不可变对象创建后无法更改，错误数据将一直存在于对象的生命周期中。

要解决这个问题，需要对所有进入不可变对象的数据进行严格的验证，以确保它们符合所有的约束条件。

有多种验证方法可供选择，包括自定义验证和内置解决方案。验证可以在不可变对象类的内部或外部进行，具体取决于应用程序设计。例如，如果使用建造者模式构建不可变对象，则可以在 `builder` 类中进行验证。

JSR 380 是 Java API 的一项规范，旨在通过注解对 `bean` 进行验证，适用于 Java SE/EE。Hibernate Validator 则是该 API 的具体实现，可轻松在 `pom.xml` 文件中添加对应的 Maven 依赖（请参考本书提供的源代码）。

此外，我们需要使用专用注释来限制条件，例如 `@NotNull`、`@Min`、`@Max`、`@Size` 和 `@Email`。以下是一个示例，展示如何在 `builder` 类中添加这些限制：

```
//...

public static final class UserBuilder {
  @NotNull(message = "cannot be null")
  @Size(min = 3, max = 20, message = "must be between 3 and 20 characters")
  private final String nickname;

  @NotNull(message = "cannot be null")
  @Size(min = 6, max = 50, message = "must be between 6 and 50 characters")
  private final String password;

  @Size(min = 3, max = 20, message = "must be between 3 and 20 characters")
  private String firstname;

  @Size(min = 3, max = 20, message = "must be between 3 and 20 characters")
  private String lastname;

  @Email(message = "must be valid")
  private String email;

  private final Date created;

  public UserBuilder(String nickname, String password) {
    this.nickname = nickname;
    this.password = password;
    this.created = new Date();
  }
}

//...
```

最后，我们可以使用 Validator API 触发代码中的验证过程（仅适用于 Java SE）。如果 builder 类中的数据无效，则不会创建不可变对象（也不要调用 build() 方法）:

```
User user;
Validator validator
  = Validation.buildDefaultValidatorFactory().getValidator();
User.UserBuilder userBuilder
  = new User.UserBuilder("monika", "klooi0988")
    .email("monika@gmail.com")
    .firstName("Monika")
    .lastName("Gunther");
final Set<ConstraintViolation<User.UserBuilder>> violations
  = validator.validate(userBuilder);
if (violations.isEmpty()) {
  user = userBuilder.build();
  System.out.println("User successfully created on: "
    + user.getCreated());
} else {
  printConstraintViolations("UserBuilder Violations: ", violations);
}
```

如此一来，错误数据就不会影响不可变对象。如果没有 builder 类，那么可以直接在不可变对象的字段上添加约束。上面的解决方案只是在控制台显示潜在的违规行为，但是实际情况可能需要执行不同的操作，比如抛出特定类型的异常。

53. 克隆对象

克隆对象虽不是日常任务，但正确执行却非常重要。它主要是为了创建对象的副本。这些副本分为两种：**浅拷贝**（尽可能少地复制）和**深拷贝**（复制所有内容）。

如果我们有以下的 Point 类:

```
public class Point {
  private double x;
  private double y;

  public Point() {}
  public Point(double x, double y) {
    this.x = x;
    this.y = y;
  }

  //为了简洁起见，这里省略了getter和setter方法
}
```

现在，我们有了一个能够映射点（*x*，*y*）的类。接下来，让我们进行一些克隆操作。

手动克隆

为了更快地实现这个功能，可以添加一个方法，手动将当前的 Point 复制到一个新的 Point 中（这是一种浅拷贝），如下所示:

```
public Point clonePoint() {
  Point point = new Point();
  point.setX(this.x);
  point.setY(this.y);
  return point;
}
```

该方法非常简单，它创建了一个新的 `Point` 实例，并用原有 `Point` 实例的字段填充这个新实例。这里返回的便是当前 `Point` 的浅拷贝（因为 `Point` 不依赖其他对象，所以深拷贝也可以复用同一方法实现）。

```
Point point = new Point(...);
Point clone = point.clonePoint();
```

通过 clone() 进行克隆

在 `Object` 类中，有一个名为 `clone()` 的方法，它非常适合用于浅拷贝（也可用于深拷贝）。要使用该方法，一个类应该按照以下步骤进行：

- 实现 `Cloneable` 接口（如果未实现此接口，则会抛出 `CloneNotSupportedException` 异常）。
- 覆盖 `clone()` 方法（`Object.clone()` 是受保护的）。
- 调用 `super.clone()` 函数。

`Cloneable` 接口并没有定义任何方法，它只是向 JVM 发送一个信号，表明该对象可以被克隆。为了实现这个接口，需要重写 `Object.clone()` 方法。这是必要的，因为 `Object.clone()` 是受保护的，必须通过 `super` 调用。如果在子类中添加 `clone()` 方法，可能会导致严重的问题，因为所有的超类都应该定义一个 `clone()` 方法，以避免 `super.clone()` 调用失败。

此外，`Object.clone()` 不依赖于构造函数调用，因此开发人员无法掌控对象的构造过程：

```
public class Point implements Cloneable {
  private double x;
  private double y;

  public Point() {}

  public Point(double x, double y) {
    this.x = x;
    this.y = y;
  }

  @Override
  public Point clone() throws CloneNotSupportedException {
    return (Point) super.clone();
  }

  //为了简洁起见，这里省略了getter和setter方法
}
```

我们可以按照以下步骤来创建一个克隆：

```
Point point = new Point(...);
Point clone = point.clone();
```

通过构造函数进行克隆

为了使用这种克隆技术，你需要为类添加一个构造函数，该构造函数接收一个参数，用于指定要克隆的原型。让我们来看一下相应的代码长什么样子：

```
public class Point {
  private double x;
  private double y;

  public Point() {
  }

  public Point(double x, double y) {
    this.x = x;
    this.y = y;
  }

  public Point(Point another) {
    this.x = another.x;
    this.y = another.y;
  }
  //为了简洁起见，这里省略了getter和setter方法
}
```

我们还可以按照以下步骤来创建一个克隆：

```
Point point = new Point(...);
Point clone = new Point(point);
```

通过克隆库进行克隆

当一个对象依赖于另一个对象时，需要进行深拷贝。深拷贝意味着会复制对象及其依赖链。假设 `Point` 有一个 `Radius` 类型的字段：

```
public class Radius {
  private int start;
  private int end;

  //为了简洁起见，这里省略了getter和setter方法
}

public class Point {
  private double x;
  private double y;
```

```
  private Radius radius;

  public Point(double x, double y, Radius radius) {
    this.x = x;
    this.y = y;
    this.radius = radius;
  }

  //为了简洁起见，这里省略了getter和setter方法
}
```

当对 Point 进行浅拷贝时，会复制 x 和 y 的值，但不会复制 radius 对象。因此，对 radius 对象所做的更改也会体现到克隆对象上。为了避免这种情况，应该使用深拷贝。

一个复杂的解决方案将涉及调整先前介绍的浅拷贝技术以支持深拷贝。幸运的是，有几种可以直接应用的解决方案，其中之一是 Cloning（https://github.com/kostaskougios/cloning）库：

```
import com.rits.cloning.Cloner;

//...

Point point = new Point(...);
Cloner cloner = new Cloner();
Point clone = cloner.deepClone(point);
```

这段代码非常容易理解。此外，Cloning 库还提供了一些其他实用方法，具体如图所示：

deepClone(T o)	T
deepCloneDontCloneInstances(T o, Object... dontCloneThese)	T
fastCloneOrNewInstance(Class<T> c)	T
shallowClone(T o)	T
copyPropertiesOfInheritedClass(T src, E dest)	void
dontClone(Class<?>... c)	void
dontCloneInstanceOf(Class<?>... c)	void
equals(Object obj)	boolean
getClass()	Class<?>
getDumpCloned()	IDumpCloned
...	

通过序列化进行克隆

要使用这种技术，需要使用实现了 java.io.Serializable 接口的可序列化对象。简单来说，该对象会被序列化（writeObject()）并反序列化（readObject()）到一个新的对象中。下面是一个辅助方法，可帮助你完成此操作：

```
private static <T> T cloneThroughSerialization(T t) {
  try {
    ByteArrayOutputStream baos = new ByteArrayOutputStream();
    ObjectOutputStream oos = new ObjectOutputStream(baos);
    oos.writeObject(t);
```

```
        ByteArrayInputStream bais = new ByteArrayInputStream(baos.toByteArray());
        ObjectInputStream ois = new ObjectInputStream(bais);

        return (T) ois.readObject();
    } catch (IOException | ClassNotFoundException ex) {
        //打印异常
        return t;
    }
}
```

接下来，我们可以在 `ObjectOutputStream` 中将对象序列化，然后在 `ObjectInputStream` 中进行反序列化，具体操作如下：

```
Point point = new Point(...);
Point clone = cloneThroughSerialization(point);
```

而 Apache Commons Lang 提供了一个基于序列化的解决方案，名为 `SerializationUtils`。该类提供了一个 `clone()` 方法，可以按以下方式使用：

```
Point point = new Point(...);
Point clone = SerializationUtils.clone(point);
```

通过 JSON 进行克隆

几乎所有的 Java JSON 库都可以直接序列化任何普通的 Java 对象（POJO），无需额外的配置或映射。在许多项目中，都会自带一个 JSON 库，可以避免添加额外的库来实现深拷贝。这种解决方案主要是利用现有的 JSON 库来达到同样的效果。以下是使用 Gson 库的示例：

```
private static <T> T cloneThroughJson(T t) {
  Gson gson = new Gson();
  String json = gson.toJson(t);
  return (T) gson.fromJson(json, t.getClass());
}
```

```
Point point = new Point(...);
Point clone = cloneThroughJson(point);
```

除此以外，你还可以编写专门用于克隆对象的自定义库。

54. 重写 `toString()`

在 Java 里面，`toString()` 方法定义在 `java.lang.Object` 中，并提供了默认实现。所有对象被打印输出时，包括使用 `print()`、`println()`、`printf()`，以及开发中的调试、日志记录、异常信息输出等，都会调用该方法。

遗憾的是，该默认实现返回的是对象的字符串表示，这在很多场景下是无法满足业务需求的。让我们来看一下这个 `User` 类：

```
public class User {
  private final String nickname;
  private final String password;
  private final String firstname;
  private final String lastname;
  private final String email;
  private final Date created;
  //为简洁起见，这里省略了构造函数和getter方法
}
```

现在，我们创建该类的一个实例，并将其打印到控制台上：

```
User user = new User("sparg21", "kkd454ffc", "Leopold", "Mark", "markl@yahoo.com");
System.out.println(user);
```

这个 `println()` 方法输出的内容，如下所示：

为了避免出现上述输出的情况，可以考虑重写 `toString()` 方法。例如，我们可以重写它来显示用户的详细信息，如下所示：

```
@Override
public String toString() {
  return "User{" + "nickname=" + nickname + ", password=" + password
    + ", firstname=" + firstname + ", lastname=" + lastname
    + ", email=" + email + ", created=" + created + '}';
}
```

这次，`println()` 将输出以下内容：

```
User {
  nickname = sparg21, password = kkd454ffc,
  firstname = Leopold, lastname = Mark,
  email = markl@yahoo.com, created = Fri Feb 22 10:49:32 EET 2019
}
```

这次的输出比之前更详细了。但需要注意的是，`toString()` 方法会在不同的场景下自动被调用。例如，在日志中可以这样使用：

```
logger.log(Level.INFO, "This user rocks: {0}", user);
```

在这里，用户密码将被记录下来，这可能会引发问题。在应用程序中记录敏感数据，例如密码、账户和 IP 等，是一种非常不妥的做法。

因此，我们需要慎重选择放入 `toString()` 方法中的信息，因为这些信息可能最终出现在会被恶意利用的地方。在本例中，密码不应该包含在 `toString()` 方法中：

```
@Override
public String toString() {
  return "User{" + "nickname=" + nickname
    + ", firstname=" + firstname + ", lastname=" + lastname
    + ", email=" + email + ", created=" + created + '}';
}
```

通常情况下，`toString()` 方法是由集成开发环境（IDE）自动生成的。因此，在 IDE 生成代码之前，需要仔细选择哪些字段需要包含在 `toString()` 方法中。

55. 新版 Switch 表达式

在我们介绍 JDK 12 中引入的新版 Switch 表达式之前，先看一个传统示例：

```
private static Player createPlayer(PlayerTypes playerType) {
  switch (playerType) {
    case TENNIS:
      return new TennisPlayer();
    case FOOTBALL:
      return new FootballPlayer();
    case SNOOKER:
      return new SnookerPlayer();
    case UNKNOWN:
      throw new UnknownPlayerException("Player type is unknown");
    default:
      throw new IllegalArgumentException("Invalid player type: " + playerType);
  }
}
```

如果我们不考虑默认值，代码将无法通过编译。

显然，前面的例子是可行的。即使在最糟糕的情况下，我们也可以添加一个多余的变量（例如，`player`），以及一些杂乱的 `break` 语句。如果没有 `default` 默认分支，也不会有任何错误提示。因此，下面的代码是一个极其繁琐的 Switch 表达式：

```
private static Player createPlayerSwitch(PlayerTypes playerType) {
  Player player = null;
  switch (playerType) {
    case TENNIS:
      player = new TennisPlayer();
      break;
    case FOOTBALL:
      player = new FootballPlayer();
      break;
    case SNOOKER:
      player = new SnookerPlayer();
      break;
    case UNKNOWN:
      throw new UnknownPlayerException("Player type is unknown");
    default:
```

```
        throw new IllegalArgumentException("Invalid player type: " + playerType);
    }
    return player;
}
```

如果我们不考虑默认情况，编译器就不会报错。这种情况下，没有默认情况可能会导致一个空（`null`）`player`。

不过，从 JDK 12 开始，我们可以使用 Switch 表达式来实现这一点。在 JDK 12 之前，`switch` 只是一个控制流程的语句，类似于 `if` 语句，并不返回结果。但是，Switch 表达式也可以用来返回结果。

以下是 JDK 12 之后的新写法：

```
private static Player createPlayer(PlayerTypes playerType) {
  return switch (playerType) {
    case TENNIS ->
      new TennisPlayer();
    case FOOTBALL ->
      new FootballPlayer();
    case SNOOKER ->
      new SnookerPlayer();
    case UNKNOWN ->
      throw new UnknownPlayerException("Player type is unknown");
    default ->
      throw new IllegalArgumentException("Invalid player type: " + playerType);
  };
}
```

此时，默认分支（`default`）不是必需的，我们可以直接跳过。

在 JDK 12 中，`switch` 语句能够自动检测是否覆盖了所有可能的输入值。如果配合枚举使用，它会自动检测是否覆盖了所有枚举值。如果我们往 `PlayerTypes` 枚举中添加一个新的条目（例如 `GOLF`），则编译器会发出警告进行提醒，如图所示（这是 NetBeans 的截图）：

```
57   the switch expression does not cover all possible input values
     ----
58   (Alt-Enter shows hints)              tePlayer(PlayerTypes playerType) {
            return switch (playerType) {
60              case TENNIS->
61                  new TennisPlayer();
```

请注意，在标签和执行之间，我们使用箭头（Lambda 表达式）代替了冒号。这个箭头的主要作用是防止 fall-through，也就是说，只有箭头右侧的代码块会被执行，不需要使用 `break`。

实际上，箭头符号不仅可以将 Switch 语句转换为 Switch 表达式，还可以使用冒号和 `break` 关键字，如下所示：

```
private static Player createPlayer(PlayerTypes playerType) {
  return switch (playerType) {
    case TENNIS:
```

```
      break new TennisPlayer();
    case FOOTBALL:
      break new FootballPlayer();
    case SNOOKER:
      break new SnookerPlayer();
    case UNKNOWN:
      throw new UnknownPlayerException("Player type is unknown");
    //default不是必需的
    default:
      throw new IllegalArgumentException("Invalid player type: " + playerType);
  };
}
```

> **提示：**我们只是通过枚举的方式列举了一部分 Switch 表达式的用法，其实它还可以应用于 `int`、`Integer`、`short`、`Short`、`byte`、`Byte`、`char`、`Character` 和 `String`。
> 请注意，JDK 12 将 Switch 表达式作为预览功能引入。需要通过 `--enable-preview` 命令行选项在编译和运行时解锁（但如果使用的是 JDK 14 及以上版本，则不需要打开功能预览参数，更多细节详见 JEP 361）。

56. 多个 case 标签

在 JDK 12 之前，`switch` 语句中每个 `case` 只能有一个标签。但是，自从引入了新型 Switch 表达式，一个 `case` 可以拥有多个用逗号分隔的标签。下面是一个示例方法，展示了多重 `case` 标签的用法：

```
private static SportType fetchSportTypeByPlayerType(PlayerTypes playerType) {
  return switch (playerType) {
    case TENNIS, GOLF, SNOOKER -> new Individual();
    case FOOTBALL, VOLLEY -> new Team();
  };
}
```

因此，当我们将 `TENNIS`、`GOLF` 或 `SNOOKER` 作为参数传入该方法时，它会返回一个 `Individual` 类的实例。而当我们传入 `FOOTBALL` 或 `VOLLEY` 时，则会返回一个 `Team` 类的实例。

57. 语句块

标签的箭头可以指向单个语句，或者指向用花括号括起来的代码块，就像前两个问题中的示例一样。这类似于 lambda 块。请查看以下解决方案：

```
private static Player createPlayer(PlayerTypes playerType) {
  return switch (playerType) {
    case TENNIS -> {
      System.out.println("Creating a TennisPlayer ...");
      break new TennisPlayer();
    }
    case FOOTBALL -> {
```

```
      System.out.println("Creating a FootballPlayer ...");
      break new FootballPlayer();
    }
    case SNOOKER -> {
      System.out.println("Creating a SnookerPlayer ...");
      break new SnookerPlayer();
    }
    default ->
      throw new IllegalArgumentException("Invalid player type: " + playerType);
  };
}
```

> **提示：**请注意，在这里我们通过 `break` 而非 `return` 来跳出被花括号包围的代码块。换言之，虽然我们可以从 `switch` 语句中返回，但却无法从表达式内部返回。

小结

本章就介绍到这里啦！我们学习了一些关于对象、不可变性和 Switch 表达式的知识。欢迎下载本章相关代码，以查看结果和获取更多详细信息。

第3章 处理日期和时间

在这一章里，我们将探讨 20 个与日期和时间相关的问题，包括转换、格式化、加减、定义周期 / 持续时间、计算等方面。在此过程中，我们会用到 `Date`、`Calendar`、`LocalDate`、`LocalTime`、`LocalDateTime`、`ZonedDateTime`、`OffsetDateTime`、`OffsetTime` 和 `Instant` 等类。通过本章的学习，你将能够熟练掌握各种日期和时间操作，了解相关 API，并能将这些知识整合应用到实际业务需求中。

问题

以下问题可用于测试日期和时间相关的编程能力。在查看解决方案和下载示例代码之前，强烈建议你先尝试独立解决这些问题：

58. **字符串与日期时间的转换**：展示如何在字符串和日期 / 时间之间进行转换。

59. **格式化日期和时间**：解释日期和时间的格式模式。

60. **获取当前日期 / 时间（不含时间 / 日期）**：获取不带时间 / 日期的当前日期 / 时间。

61. **基于 `LocalDate` 和 `LocalTime` 构建 `LocalDateTime`**：以 `LocalDate` 和 `LocalTime` 构建 `LocalDateTime`。将日期和时间组合在一个 `LocalDateTime` 对象中。

62. **通过 `Instant` 类获取机器时间**：解释并给出 `Instant` API 的示例。

63. **使用基于日期的值（`Period`）定义时间段，使用基于时间的值（`Duration`）表示一小段时间**：解释并给出 `Period` 和 `Duration` API 的使用示例。

64. **提取日期和时间单位**：从表示日期时间的对象中提取日期和时间单位，如年、月、分钟等。

65. **加减日期时间**：向日期时间对象添加（和减去）一定量的时间（例如，向日期时间添加 1 小时，从 `LocalDateTime` 减去两天等）。

66. **获取所有时区的 UTC 和 GMT**：显示所有可用时区的 UTC 和 GMT。

67. **获取所有可用时区的本地日期时间**：显示所有可用时区的本地时间。

68. **显示有关航班的日期时间信息**：显示从澳大利亚珀斯到欧洲布加勒斯特的航班信息，其预定飞行时长为 15 小时 30 分钟。

69. **将 Unix 时间戳转换为日期时间**：将 Unix 时间戳转换为 `java.util.Date` 和 `java.time.LocalDateTime`。

70. **查找某月的第一天 / 最后一天**：通过 JDK 8 的 `TemporalAdjusters` 查找某月的第一

天 / 最后一天。

71. **定义 / 提取时区偏移**：展示定义和提取时区偏移的不同方法。

72. **在 `Date` 和 `Temporal` 之间转换**：在 `Date` 和 `Instant`、`LocalDate`、`LocalDateTime` 等之间进行转换。

73. **遍历一系列日期**：按天遍历给定日期的范围（步长为一天）。

74. **计算年龄**：计算一个人的年龄。

75. **获得一天的起始和结束时间**：返回一天的开始和结束时间。

76. **两个日期之间的间隔**：计算两个日期之间的天数。

77. **实现国际象棋计时器**：实现国际象棋计时器。

解决方案

下面将介绍上述问题的解决方案。通常，这些问题的正确解决方法是不止一种的。需要注意的是，书中的代码和思路讲解仅包括了最关键的部分，你可以访问 https://github.com/PacktPublishing/Java-Coding-Problems 下载完整的代码以获取更多细节，还可以尝试运行这些示例代码。

58. 字符串与日期时间的转换

我们可以通过一组 `parse()` 方法将字符串转换成日期和时间，同时也可以利用 `toString()` 或 `format()` 方法将日期和时间转换回字符串。

在 JDK 8 之前

在 JDK 8 之前，通常使用抽象类 `DateFormat` 的主要扩展来解决该问题，即 `SimpleDateFormat`（非线程安全）。本书附带的代码中包含几个示例，可帮助你了解如何使用它。

从 JDK 8 开始

从 JDK 8 开始，我们可以用新的 `DateTimeFormatter` 类来替代 `SimpleDateFormat`。这个类是不可变的（因此线程安全），适用于格式化和解析日期时间对象。它支持各种格式，你可以使用预定义的格式化器（formatter，如 `ISO_LOCAL_DATE` 表示的 ISO 本地日期 `2011-12-03`）以及自定义的格式化器（基于一组符号来创建自定义格式模式）。

除了 `Date` 类，JDK 8 还新增了几个处理日期和时间的类，被称为 `temporals`。这些类都实现了 `Temporal` 接口，包括以下几个：

- `LocalDate`（ISO-8601 日历系统中不带时区的日期）。
- `LocalTime`（ISO-8601 日历系统中不带时区的时间）。
- `LocalDateTime`（ISO-8601 日历系统中不带时区的日期时间）。
- `ZonedDateTime`（ISO-8601 日历系统中带有时区的日期时间）。
- `OffsetDateTime`（ISO-8601 日历系统中带有与 UTC/GMT 偏移量的日期时间）。
- `OffsetTime`（ISO-8601 日历系统中带有与 UTC/GMT 偏移量的时间）。

要将字符串转换为 `LocalDate`，需要使用预定义的格式化器 `DateTimeFormatter.ISO_`

LOCAL_DATE，同时字符串必须符合其格式要求，例如 2020-06-01。此外，LocalDate 类还提供了一个 parse() 方法，可按以下方式使用：

```
//06是月份，01是日期
LocalDate localDate = LocalDate.parse("2020-06-01");
```

同样地，如果使用 LocalTime，那么字符串应该遵循 DateTimeFormatter.ISO_LOCAL_TIME 模式，例如 10:15:30，如下所示：

```
LocalTime localTime = LocalTime.parse("12:23:44");
```

如果使用 LocalDateTime，那么字符串应该遵循 DateTimeFormatter.ISO_LOCAL_DATE_TIME 模式，例如 2020-06-01T11:20:15，如下所示：

```
LocalDateTime localDateTime = LocalDateTime.parse("2020-06-01T11:20:15");
```

如果使用 ZonedDateTime，那么字符串应该遵循 DateTimeFormatter.ISO_ZONED_DATE_TIME 模式，例如 2020-06-01T10:15:30+09:00[Asia/Tokyo]，如下所示：

```
ZonedDateTime zonedDateTime = ZonedDateTime.parse("2020-06-01T10:15:30+09:00[Asia/Tokyo]");
```

如果使用 OffsetDateTime，那么字符串应该遵循 DateTimeFormatter.ISO_OFFSET_DATE_TIME 模式，例如 2007-12-03T10:15:30+01:00，如下所示：

```
OffsetDateTime offsetDateTime = OffsetDateTime.parse("2007-12-03T10:15:30+01:00");
```

最后，如果使用 OffsetTime，那么字符串应该遵循 DateTimeFormatter.ISO_OFFSET_TIME 模式，例如 10:15:30+01:00，如下所示：

```
OffsetTime offsetTime = OffsetTime.parse("10:15:30+01:00");
```

如果字符串不符合任何预定义的格式化器，那么需要使用自定义格式模式创建一个由用户定义的格式化器。例如 01.06.2020 就需要由用户自定义的格式化器进行解析，如下所示：

```
DateTimeFormatter dateFormatter = DateTimeFormatter.ofPattern("dd.MM.yyyy");
LocalDate localDateFormatted = LocalDate.parse("01.06.2020", dateFormatter);
```

当然，像 12|23|44 这样的字符串也需要自定义的格式化器，如下所示：

```
DateTimeFormatter timeFormatter = DateTimeFormatter.ofPattern("HH|mm|ss");
LocalTime localTimeFormatted = LocalTime.parse("12|23|44", timeFormatter);
```

还有像 01.06.2020, 11:20:15 这样的字符串：

```
DateTimeFormatter dateTimeFormatter = DateTimeFormatter.ofPattern("dd.MM.yyyy, HH:mm:ss");
LocalDateTime localDateTimeFormatted = LocalDateTime.parse("01.06.2020, 11:20:15",
dateTimeFormatter);
```

像 01.06.2020, 11:20:15+09:00 [Asia/Tokyo] 这样的字符串：

```
DateTimeFormatter zonedDateTimeFormatter = DateTimeFormatter.ofPattern("dd.MM.yyyy,
HH:mm:ssXXXXX '['VV']'");
ZonedDateTime zonedDateTimeFormatted = ZonedDateTime.parse("01.06.2020, 11:20:15+09:00
[Asia/Tokyo]", zonedDateTimeFormatter);
```

像 `2007.12.03, 10:15:30, +01:00` 这样的字符串：

```
DateTimeFormatter offsetDateTimeFormatter = DateTimeFormatter.ofPattern("yyyy.MM.dd,
HH:mm:ss, XXXXX");
OffsetDateTime offsetDateTimeFormatted = OffsetDateTime.parse("2007.12.03, 10:15:30,
+01:00", offsetDateTimeFormatter);
```

以及，像 `10 15 30 +01:00` 这样的字符串：

```
DateTimeFormatter offsetTimeFormatter = DateTimeFormatter.ofPattern("HH mm ss XXXXX");
OffsetTime offsetTimeFormatted = OffsetTime.parse("10 15 30 +01:00", offsetTimeFormatter);
```

> **提示：** 之前示例中的 `ofPattern()` 方法还支持 `Locale`。

要将 `LocalDate`、`LocalDateTime` 或 `ZonedDateTime` 转换为字符串，至少有以下两种方式可供选择：

- 使用 `LocalDate`、`LocalDateTime` 或 `ZonedDateTime.toString()` 方法（自动或显式）。请注意，使用 `toString()` 方法时，日期将始终通过相应的预定义格式化器来展示，如下所示：

```
//2020-06-01结果为ISO_LOCAL_DATE，2020-06-01
String localDateAsString = localDate.toString();

//01.06.2020结果为ISO_LOCAL_DATE，2020-06-01
String localDateAsString = localDateFormatted.toString();

//2020-06-01T11:20:15结果为
//ISO_LOCAL_DATE_TIME，2020-06-01T11:20:15
String localDateTimeAsString = localDateTime.toString();

//01.06.2020, 11:20:15结果为
//ISO_LOCAL_DATE_TIME，2020-06-01T11:20:15
String localDateTimeAsString = localDateTimeFormatted.toString();

//2020-06-01T10:15:30+09:00[Asia/Tokyo]
//结果为ISO_ZONED_DATE_TIME，
//2020-06-01T11:20:15+09:00[Asia/Tokyo]
String zonedDateTimeAsString = zonedDateTime.toString();

//01.06.2020, 11:20:15+09:00 [Asia/Tokyo]
//结果为ISO_ZONED_DATE_TIME，
//2020-06-01T11:20:15+09:00[Asia/Tokyo]
String zonedDateTimeAsString = zonedDateTimeFormatted.toString();
```

- 使用 `DateTimeFormatter.format()` 方法。请注意，请使用 `DateTimeFormatter.format()` 方法时，日期将始终通过指定的预定义格式化器来显示（默认情况下，时区为 `null`），如下所示：

```
//01.06.2020
String localDateAsFormattedString = dateFormatter.format(localDateFormatted);

//01.06.2020, 11:20:15
String localDateTimeAsFormattedString =
dateTimeFormatter.format(localDateTimeFormatted);

//01.06.2020, 11:20:15+09:00 [Asia/Tokyo]
String zonedDateTimeAsFormattedString =
zonedDateTimeFormatted.format(zonedDateTimeFormatter);
```

此外，我们还可以显式设置时区，如下所示：

```
DateTimeFormatter zonedDateTimeFormatter =
  DateTimeFormatter.ofPattern("dd.MM.yyyy, HH:mm:ssXXXXX '['VV']'")
    .withZone(ZoneId.of("Europe/Paris"));
ZonedDateTime zonedDateTimeFormatted =
  ZonedDateTime.parse("01.06.2020, 11:20:15+09:00 [Asia/Tokyo]",
    zonedDateTimeFormatter);
```

在这里，我们用字符串 `Europe/Paris` 来表示欧洲 / 巴黎时区，如下所示：

```
//01.06.2020, 04:20:15+02:00 [Europe/Paris]
String zonedDateTimeAsFormattedString =
zonedDateTimeFormatted.format(zonedDateTimeFormatter);
```

59. 格式化日期和时间

上一个问题是如何使用 `SimpleDateFormat.format()` 和 `DateTimeFormatter.format()` 对日期和时间进行格式化。要定义**格式模式**（format patterns），就需要了解格式模式的语法。也就是说，开发者需要掌握一组符号，这些符号是 Java 日期时间 API 所使用的，以便能够正确识别有效的格式模式。

`SimpleDateFormat`（JDK 8 以前）和 `DateTimeFormatter`（JDK 8 及以后）中使用的符号大部分都是通用的。下表列出了一些最常用的符号，如需查看完整列表，请参阅 JDK 文档：

字母	含义	表示方式	例子
y	年	年	1994; 94
M	月份	数字 / 文本	7; 07; Jul; July; J
W	当月第几周	数字	4
E	星期几名称	文本	Tue; Tuesday; T
d	当月第几日	数字	15
H	当天第几时	数字	22
m	当小时第几分	数字	34
s	当分第几秒	数字	55
S	秒的小数部分	数字	345

续表

字母	含义	表示方式	例子
z	时区名称	时区名称	Pacific Standard Time; PST
Z	时区偏移量	时区偏移	-0800
V	时区 ID（JDK 8）	时区 ID	America/Los_Angeles; Z; -08:30

下表列举了一些格式模式的示例：

模式	示例
yyyy-MM-dd	2019-02-24
MM-dd-yyyy	02-24-2019
MMM-dd-yyyy	Feb-24-2019
dd-MM-yy	24-02-19
dd.MM.yyyy	24.02.2019
yyyy-MM-dd HH:mm:ss	2019-02-24 11:26:26
yyyy-MM-dd HH:mm:ssSSS	2019-02-24 11:36:32743
yyyy-MM-dd HH:mm:ssZ	2019-02-24 11:40:35+0200
yyyy-MM-dd HH:mm:ss z	2019-02-24 11:45:03 EET
E MMM yyyy HH:mm:ss.SSSZ	Sun Feb 2019 11:46:32.393+0200
yyyy-MM-dd HH:mm:ss VV (JDK 8)	2019-02-24 11:45:41 Europe/Athens

在 JDK 8 之前，我们可以使用 `SimpleDateFormat` 应用格式模式：

```
//yyyy-MM-dd
Date date = new Date();
SimpleDateFormat formatter = new SimpleDateFormat("yyyy-MM-dd");
String stringDate = formatter.format(date);
```

从 JDK 8 开始，我们可以使用 `DateTimeFormatter` 应用格式模式：

- `LocalDate`（指 ISO-8601 日历系统中没有时区的日期）：

```
//yyyy-MM-dd
LocalDate localDate = LocalDate.now();
DateTimeFormatter formatterLocalDate
  = DateTimeFormatter.ofPattern("yyyy-MM-dd");
String stringLD = formatterLocalDate.format(localDate);
//或者简写为
String stringLD = LocalDate.now()
  .format(DateTimeFormatter.ofPattern("yyyy-MM-dd"));
```

- `LocalTime`（指 ISO-8601 日历系统中没有时区的时间）：

```
//HH:mm:ss
LocalTime localTime = LocalTime.now();
DateTimeFormatter formatterLocalTime
  = DateTimeFormatter.ofPattern("HH:mm:ss");
```

```
String stringLT
  = formatterLocalTime.format(localTime);
//或者简写为
String stringLT = LocalTime.now()
  .format(DateTimeFormatter.ofPattern("HH:mm:ss"));
```

- `LocalDateTime`（指 ISO-8601 日历系统中没有时区的日期－时间）:

```
//yyyy-MM-dd HH:mm:ss
LocalDateTime localDateTime = LocalDateTime.now();
DateTimeFormatter formatterLocalDateTime
  = DateTimeFormatter.ofPattern("yyyy-MM-dd HH:mm:ss");
String stringLDT
  = formatterLocalDateTime.format(localDateTime);
//或者简写为
String stringLDT = LocalDateTime.now()
  .format(DateTimeFormatter.ofPattern("yyyy-MM-dd HH:mm:ss"));
```

- `ZonedDateTime`（指 ISO-8601 日历系统中带有时区的日期时间）:

```
//E MMM yyyy HH:mm:ss.SSSZ
ZonedDateTime zonedDateTime = ZonedDateTime.now();
DateTimeFormatter formatterZonedDateTime = DateTimeFormatter.ofPattern("E MMM yyyy
HH:mm:ss.SSSZ");
String stringZDT = formatterZonedDateTime.format(zonedDateTime);
//或者简写为
String stringZDT = ZonedDateTime.now().format(DateTimeFormatter.ofPattern("E MMM yyyy
HH:mm:ss.SSSZ"));
```

- `OffsetDateTime`（指 ISO-8601 日历系统中与 UTC/GMT 相差偏移的日期时间）:

```
//E MMM yyyy HH:mm:ss.SSSZ
OffsetDateTime offsetDateTime = OffsetDateTime.now();
DateTimeFormatter formatterOffsetDateTime = DateTimeFormatter.ofPattern("E MMM yyyy
HH:mm:ss.SSSZ");
String odt1 = formatterOffsetDateTime.format(offsetDateTime);
//或者简写为
String odt2 = OffsetDateTime.now().format(DateTimeFormatter.ofPattern("E MMM yyyy
HH:mm:ss.SSSZ"));
```

- `OffsetTime`（指 ISO-8601 日历系统中与 UTC/GMT 相差偏移的时间）:

```
//HH:mm:ss,Z
OffsetTime offsetTime = OffsetTime.now();
DateTimeFormatter formatterOffsetTime = DateTimeFormatter.ofPattern("HH:mm:ss,Z");
String ot1 = formatterOffsetTime.format(offsetTime);
//或者简写为
String ot2 = OffsetTime.now()
  .format(DateTimeFormatter.ofPattern("HH:mm:ss,Z"));
```

60. 获取当前日期 / 时间（不含时间 / 日期）

在 JDK 8 之前，解决方案必须基于 `java.util.Date` 类来实现。你可以在本书附带的代码库中找到此类方案的具体代码。

从 JDK 8 开始，我们可以使用 `java.time` 包中的 `LocalDate` 和 `LocalTime` 专用类来获取日期和时间：

```
//2019-02-24
LocalDate onlyDate = LocalDate.now();

//12:53:28.812637300
LocalTime onlyTime = LocalTime.now();
```

61. 基于 LocalDate 和 LocalTime 构建 LocalDateTime

`LocalDateTime` 类提供了多种 `of()` 方法，可用于获取不同类型的 `LocalDateTime` 实例。例如，可以通过指定年、月、日、时、分、秒或纳秒来获取相应的 `LocalDateTime` 实例，如下所示：

```
LocalDateTime ldt = LocalDateTime.of(
  LocalDate.of(2020, 4, 1),
  LocalTime.of(12, 33, 21, 675)
);
```

因此，上面的代码将日期和时间作为 `of()` 方法的参数进行组合。如果想将它们组合为一个对象，可以采用以下解决方案和 `of()` 方法：

```
public static LocalDateTime of(LocalDate date, LocalTime time)
```

这将生成以下的 `LocalDate` 和 `LocalTime` 对象：

```
LocalDate localDate = LocalDate.now(); //2019-Feb-24
LocalTime localTime = LocalTime.now(); //02:08:10 PM
```

它们可以组合在一个 `LocalDateTime` 对象中，如下所示：

```
LocalDateTime localDateTime = LocalDateTime.of(localDate, localTime);
```

将 `LocalDateTime` 进行格式化后，会显示以下日期和时间：

```
//2019-Feb-24 02:08:10 PM
String localDateTimeAsString = localDateTime.format(DateTimeFormatter.ofPattern("yyyy-MMM-dd hh:mm:ss a"));
```

62. 通过 Instant 类获取机器时间

JDK 8 新增了一个名为 `java.time.Instant` 的类，用于精确表示时间线上的瞬时点，精度高达纳秒级。它以 UTC 时区为基准，起点为 1970 年 1 月 1 日（the Epoch）。

> **提示：** Java 8 的 `Instant` 类与 `java.util.Date` 类在概念上类似。它们都代表 UTC 时间轴上的特定时刻。不过，`Instant` 的精度可达纳秒级别，而 `java.util.Date` 的精度仅为毫秒级别。

这个类可以轻松地生成机器时间戳，只需调用 `now()` 方法即可，如下所示：

```
//2019-02-24T15:05:21.781049600Z
Instant timestamp = Instant.now();
```

还可以通过如下方式来获得类似的输出：

```
OffsetDateTime now = OffsetDateTime.now(ZoneOffset.UTC);
```

或者，使用这个代码片段：

```
Clock clock = Clock.systemUTC();
```

> **提示：** 调用 `Instant.toString()` 将生成一个符合 ISO-8601 标准的日期和时间表示。

转换字符串为 Instant

我们可以使用 `Instant.parse()` 方法将符合 ISO-8601 标准的日期和时间字符串轻松转换成 `Instant` 对象，如下所示：

```
//2019-02-24T14:31:33.197021300Z
Instant timestampFromString =
  Instant.parse("2019-02-24T14:31:33.197021300Z");
```

对 Instant 增加或减去时间

为了方便操作时间，`Instant` 类提供了一系列方法。比如，如果需要在当前时间戳上增加 2 小时，可以使用下面这个方法：

```
Instant tenMinutesLater = Instant.now()
  .plus(2, ChronoUnit.HOURS);
```

如果要减去 10 分钟，可以使用下面这个方法：

```
Instant tenMinutesEarlier = Instant.now()
  .minus(10, ChronoUnit.MINUTES);
```

> **提示：** 除了 `plus()` 方法外，`Instant` 类还提供了 `plusNanos()`、`plusMillis()` 和 `plusSeconds()` 方法。同样，`Instant` 不仅具有 `minus()` 方法，还包括了 `minusNanos()`、`minusMillis()` 和 `minusSeconds()` 方法。

比较 Instant 对象

要比较两个 `Instant` 对象，我们可以使用 `Instant.isAfter()` 和 `Instant.isBefore()`

方法。让我们看看以下两个 Instant 对象：

```
Instant timestamp1 = Instant.now();
Instant timestamp2 = timestamp1.plusSeconds(10);
```

检查 timestamp1 是否晚于 timestamp2：

```
boolean isAfter = timestamp1.isAfter(timestamp2); //false
```

检查 timestamp1 是否早于 timestamp2：

```
boolean isBefore = timestamp1.isBefore(timestamp2); //true
```

通过 Instant.until() 方法，我们可以计算两个 Instant 对象之间的时间差：

```
//10秒
long difference = timestamp1.until(timestamp2, ChronoUnit.SECONDS);
```

Instant 与 LocalDateTime、ZonedDateTime 和 OffsetDateTime 之间的转换

以下是一些示例，可用于完成这些常见的转换：

- 在将 Instant 和 LocalDateTime 进行互相转换时，我们需要注意 LocalDateTime 没有时区的概念。因此，在转换过程中，我们需要使用 UTC+0 时区，如下所示：

```
//2019-02-24T15:27:13.990103700
LocalDateTime ldt = LocalDateTime.ofInstant(Instant.now(), ZoneOffset.UTC);

//2019-02-24T17:27:14.013105Z
Instant instantLDT = LocalDateTime.now()
  .toInstant(ZoneOffset.UTC);
```

- 接下来，我们再尝试将 Instant 和 ZonedDateTime 进行互相转换。这里我们以 UTC+0 的 Instant 和 UTC+1 的 ZonedDateTime 为例，如下所示：

```
//2019-02-24T16:34:36.138393100+01:00[Europe/Paris]
ZonedDateTime zdt = Instant.now().atZone(ZoneId.of("Europe/Paris"));

//2019-02-24T16:34:36.150393800Z
Instant instantZDT = LocalDateTime.now()
  .atZone(ZoneId.of("Europe/Paris"))
  .toInstant();
```

- 最后，我们再试着将 Instant 和 OffsetDateTime 进行互相转换。这里我们以 UTC+2 时区为例，如下所示：

```
//2019-02-24T17:34:36.151393900+02:00
OffsetDateTime odt = Instant.now().atOffset(ZoneOffset.of("+02:00"));

//2019-02-24T15:34:36.153394Z
```

```
Instant instantODT = LocalDateTime.now()
  .atOffset(ZoneOffset.of("+02:00"))
  .toInstant();
```

63. 使用基于日期的值（`Period`）定义时间段；使用基于时间的值（`Duration`）表示一小段时间

JDK 8 新增了两个类：`java.time.Period` 和 `java.time.Duration`，下面我们将详细介绍它们。

使用基于日期的值表示一段时间

`Period` 类用基于日期的数值（如年、月、周和日）来表示一段时间。如果想要表示一个时长为 120 天的时间段，我们可以使用以下方法：

```
Period fromDays = Period.ofDays(120); //P120D
```

> **提示：** 除了 `ofDays()` 方法外，`Period` 类支持 `ofMonths()`、`ofWeeks()` 和 `ofYears()` 方法。

或者，我们还可以通过 `of()` 方法获得 2000 年 11 个月 24 天的时间段（这里是时间跨度，而不是 2000 年 11 月 24 日这个时间点），如下所示：

```
Period periodFromUnits = Period.of(2000, 11, 24); //P2000Y11M24D
```

最后，可以从符合 ISO-8601 标准（`PnYnMnD` 和 `PnW`）的字符串中获取 `Period`。例如，字符串 `P2019Y2M25D` 表示 2019 年 2 个月 25 天（这里同样是时间跨度，而不是 2019 年 2 月 25 日这个时间点），如下所示：

```
Period periodFromString = Period.parse("P2019Y2M25D");
```

> **提示：** 当调用 `Period.toString()` 方法时，它会返回一个符合 ISO-8601 标准（`PnYnMnD` 和 `PnW`）的字符串，来表示时间跨度（如 `P120D` 或 `P2000Y11M24D`）。

然而，当我们使用 `Period` 来表示两个日期之间的时间段（例如 `LocalDate`）时，它的真正优势才能得以体现。例如，我们可以使用 `Period` 来表示 2018 年 3 月 12 日至 2019 年 7 月 20 日之间的时间段，如下所示：

```
LocalDate startLocalDate = LocalDate.of(2018, 3, 12);
LocalDate endLocalDate = LocalDate.of(2019, 7, 20);
Period periodBetween = Period.between(startLocalDate, endLocalDate);
```

你可以使用 `Period` 类的 `getYears()`、`getMonths()` 和 `getDays()` 方法获取年、月和日的时间量。下面的辅助方法将这些时间量转换为字符串以便输出：

```
public static String periodToYMD(Period period) {
  StringBuilder sb = new StringBuilder();
```

```
  sb.append(period.getYears())
    .append("y:")
    .append(period.getMonths())
    .append("m:")
    .append(period.getDays())
    .append("d");
  return sb.toString();
}
```

让我们调用这个方法（这里的时间跨度是 1 年 4 个月 8 天）：

```
periodToYMD(periodBetween); //1y:4m:8d
```

Period 类在确定日期先后顺序时非常有用。它提供了 isNegative() 方法，用于判断两个时间段 A 和 B 的先后顺序。此前的 Period.between(A, B) 的结果可能是负数，表示 B 在 A 之前；或者是正数，表示 A 在 B 之前。而 isNegative() 方法返回 true 表示 B 在 A 之前，返回 false 表示 A 在 B 之前，如下所示：

```
//这里会返回false，因为2018年3月12日早于2019年7月20日
periodBetween.isNegative();
```

最后，我们可以使用 plusYears()、plusMonths()、plusDays()、minusYears()、minusMonths() 和 minusDays() 等方法，来对 Period 进行时间的增加或减少。例如，要在 periodBetween 中增加一年，可以采用以下方式：

```
Period periodBetweenPlus1Year = periodBetween.plusYears(1L);
```

使用 Period.plus() 方法，可以将两个 Period 对象相加，如下所示：

```
Period p1 = Period.ofDays(5);
Period p2 = Period.ofDays(20);
Period p1p2 = p1.plus(p2); //P25D
```

使用 Duration 表示一小段时间

Duration 可以基于时间的单位（如小时、分钟、秒或纳秒）来表示一段时间。例如，可以通过以下方式创建一个表示 10 小时的 Duration 对象：

```
Duration fromHours = Duration.ofHours(10); //PT10H
```

> **提示：** 除了 ofHours() 方法，Duration 类还支持 ofDays()、ofMinutes()、ofSeconds()、ofMillis() 和 ofNanos()。

此外，也可以使用 of() 方法创建一个表示 3 分钟的 Duration 对象，如下所示：

```
Duration fromMinutes = Duration.of(3, ChronoUnit.MINUTES); //PT3M
```

还可以从 LocalDateTime 中提取 Duration 对象，如下所示：

```
LocalDateTime localDateTime = LocalDateTime.of(2018, 3, 12, 4, 14, 20, 670);

//PT14M
Duration fromLocalDateTime = Duration.ofMinutes(localDateTime.getMinute());
```

也可以从 `LocalTime` 中提取：

```
LocalTime localTime = LocalTime.of(4, 14, 20, 670);

//PT0.00000067S
Duration fromLocalTime = Duration.ofNanos(localTime.getNano());
```

此外，我们还可以从符合 ISO-8601 标准（`PnDTnHnMn.nS`）的字符串中提取 `Duration` 对象，该格式采用 24 小时制来表示一天。例如，字符串 `P2DT3H4M` 表示 2 天、3 小时和 4 分钟的时长：

```
Duration durationFromString = Duration.parse("P2DT3H4M");
```

> **提示：**调用 `Duration.toString()` 方法将返回符合 ISO-8601 标准的字符串（如 `PT10H`、`PT3M` 或 `PT51H4M`）。

然而，与 `Period` 相似，`Duration` 的真正强大之处在于其可用于表示两个时间（如 `Instant`）之间的时间段。比如，可以用两个 `Instant` 对象的差来表示 2015 年 11 月 3 日 12:11:30 到 2016 年 12 月 6 日 15:17:10 之间的时间间隔，如下所示：

```
Instant startInstant = Instant.parse("2015-11-03T12:11:30.00Z");
Instant endInstant = Instant.parse("2016-12-06T15:17:10.00Z");

//PT10059H5M40S
Duration durationBetweenInstant = Duration.between(startInstant, endInstant);
```

要获取这个差值的秒级表示，我们可以使用 `Duration.getSeconds()` 方法：

```
durationBetweenInstant.getSeconds(); //36212740 seconds
```

或者，可以用两个 `LocalDateTime` 对象的差值来表示从 2018 年 3 月 12 日 04:14:20.000000670 到 2019 年 7 月 20 日 06:10:10.000000720 的时间间隔，如下所示：

```
LocalDateTime startLocalDateTime = LocalDateTime.of(2018, 3, 12, 4, 14, 20, 670);
LocalDateTime endLocalDateTime = LocalDateTime.of(2019, 7, 20, 6, 10, 10, 720);
//PT11881H55M50.00000005S, or 42774950 seconds
Duration durationBetweenLDT = Duration.between(startLocalDateTime, endLocalDateTime);
```

当然，也可以通过两个 `LocalTime` 对象的差值来表示 04:14:20.000000670 和 06:10:10.000000720 之间的时间间隔，如下所示：

```
LocalTime startLocalTime = LocalTime.of(4, 14, 20, 670);
LocalTime endLocalTime = LocalTime.of(6, 10, 10, 720);
```

```
//PT1H55M50.00000005S, or 6950 seconds
Duration durationBetweenLT = Duration.between(startLocalTime, endLocalTime);
```

在前面的示例中，我们通过 `Duration.getSeconds()` 方法获得了时间间隔中的秒数。此外，`Duration` 类中还包含了一系列用于表示其他时间单位的方法。例如使用 `toDays()` 获得天数，`toHours()` 获得小时数，`toMinutes()` 获得分钟数，`toMillis()` 获得毫秒数，以及 `toNanos()` 获得纳秒数。

在将时间单位转换为另一个单位时，可能会产生一些余数。例如，在将秒转换为分钟时，可能会剩下一些秒数（如 65 秒等于 1 分钟又 5 秒，这里的 5 秒就是余数）。我们可以通过以下方式获取各个部分的余数：使用 `toDaysPart()` 获取天数部分的余数，使用 `toHoursPart()` 获取小时部分的余数，使用 `toMinutesPart()` 获取分钟部分的余数等等。

假设我们需要以天、小时、分钟、秒和纳秒的形式展示时间差异，例如 `9d:2h:15m:20s:230n`。我们可以通过结合 `toFoo()` 和 `toFooPart()` 方法实现以下辅助方法：

```
public static String durationToDHMSN(Duration duration) {
  StringBuilder sb = new StringBuilder();
  sb.append(duration.toDays())
    .append("d:")
    .append(duration.toHoursPart())
    .append("h:")
    .append(duration.toMinutesPart())
    .append("m:")
    .append(duration.toSecondsPart())
    .append("s:")
    .append(duration.toNanosPart())
    .append("n");
  return sb.toString();
}
```

让我们调用这个方法（这里的时间跨度是 495 天 1 小时 55 分钟 50 秒 50 纳秒）：

```
//495d:1h:55m:50s:50n
durationToDHMSN(durationBetweenLDT);
```

与 `Period` 类相似，`Duration` 类也有一个名为 `isNegative()` 的方法，用于判断时间先后。如果有两个持续时间 A 和 B，若 B 在 A 之前，则 `Duration.between(A, B)` 的结果可能为负；若 A 在 B 之前，则结果为正。更进一步说，如果 B 在 A 之前，`isNegative()` 返回 true；如果 A 在 B 之前，返回 `false`，如下所示：

```
durationBetweenLT.isNegative(); //false
```

最后，我们可以使用 `plusDays()`、`plusHours()`、`plusMinutes()`、`plusMillis()`、`plusNanos()`、`minusDays()`、`minusHours()`、`minusMinutes()`、`minusMillis()` 和 `minusNanos()` 等方法来给 `Duration` 对象进行时间的增减。例如，将 `durationBetweenLT` 增加 5 小时，可以这样实现：

```
Duration durationBetweenPlus5Hours = durationBetweenLT.plusHours(5);
```

通过 Duration.plus() 方法可以将两个 Duration 对象相加，如下所示：

```
Duration d1 = Duration.ofMinutes(20);
Duration d2 = Duration.ofHours(2);

Duration d1d2 = d1.plus(d2);

System.out.println(d1 + "+" + d2 + "=" + d1d2); //PT2H20M
```

64. 提取日期和时间单位

对于该问题，我们可能需要借助一个 Calendar 实例来解决。你可以在本书附带的代码库中找到这个方案的具体实现。

JDK 8 类提供了 getFoo() 方法和 get(TemporalField field) 方法用于获取数据，这里我们以 LocalDateTime 对象为例：

```
LocalDateTime ldt = LocalDateTime.now();
```

然后，我们可以使用 getFoo() 方法，如下所示：

```
int year = ldt.getYear();
int month = ldt.getMonthValue();
int day = ldt.getDayOfMonth();
int hour = ldt.getHour();
int minute = ldt.getMinute();
int second = ldt.getSecond();
int nano = ldt.getNano();
```

或者，使用 get(TemporalField field) 方法，如下所示：

```
int yearLDT = ldt.get(ChronoField.YEAR);
int monthLDT = ldt.get(ChronoField.MONTH_OF_YEAR);
int dayLDT = ldt.get(ChronoField.DAY_OF_MONTH);
int hourLDT = ldt.get(ChronoField.HOUR_OF_DAY);
int minuteLDT = ldt.get(ChronoField.MINUTE_OF_HOUR);
int secondLDT = ldt.get(ChronoField.SECOND_OF_MINUTE);
int nanoLDT = ldt.get(ChronoField.NANO_OF_SECOND);
```

请注意，这里的月份是从 1 开始计算的，即一月份为起点。

例如，我们可以将一个 LocalDateTime 对象 2019-02-25T12:58:13.109389100 拆分成日期和时间单元，具体结果如下：

```
Year: 2019 Month: 2 Day: 25 Hour: 12 Minute: 58 Second: 13 Nano: 109389100
```

凭借直觉和相关文档的帮助，我们可以轻松地将这个示例适用于其他类型，例如 LocalDate、LocalTime 和 ZonedDateTime 等。

65. 加减日期时间

为了解决该问题，我们需要使用专为处理日期和时间而设计的 Java API。接下来，让我们深入了解这些 API 的相关细节。

处理 Date

对于该问题，我们也可以借助一个 Calendar 实例来解决。同样，你可以在本书附带的代码库中找到这个方案的具体实现。

处理 LocalDateTime

在 JDK 8 中，我们主要关注的是 LocalDate、LocalTime、LocalDateTime、Instant 等。新的 Java 日期时间 API 提供了一系列方法，可以方便地增加或减去时间量。除了 ZonedDateTime 和 OffsetDateTime，其他类如 LocalDate、LocalTime、LocalDateTime、Instant、Period、Duration 等，都提供了 plusFoo() 和 minusFoo() 方法。这些方法中，Foo 可以替换为时间单位，例如 plusYears()、plusMinutes()、minusHours()、minusSeconds() 等。

假设有以下的 LocalDateTime：

```
//2019-02-25T14:55:06.651155500
LocalDateTime ldt = LocalDateTime.now();
```

若想增加 10 分钟，只需调用 LocalDateTime.plusMinutes(long minutes) 方法，而减去 10 分钟只需调用 LocalDateTime.minusMinutes(long minutes) 方法：

```
LocalDateTime ldtAfterAddingMinutes = ldt.plusMinutes(10);
LocalDateTime ldtAfterSubtractingMinutes = ldt.minusMinutes(10);
```

程序运行后的输出，如下所示：

```
After adding 10 minutes: 2019-02-25T15:05:06.651155500
After subtracting 10 minutes: 2019-02-25T14:45:06.651155500
```

> **提示：**除了针对每个时间单位的专用方法外，这些类还支持 plus/minus(TemporalAmount amountToAdd) 和 plus/minus(long amountToAdd, TemporalUnit unit) 方法。

现在，我们来聚焦在 Instant 类上。除了 plus/minusSeconds()、plus/minusMillis() 和 plus/minusNanos() 方法，Instant 类还提供了 plus/minus(TemporalAmount amountToAdd) 方法。为了方便介绍这种方法，我们假设有以下 Instant 对象：

```
//2019-02-25T12:55:06.654155700Z
Instant timestamp = Instant.now();
```

现在，让我们分别增加和减少 5 小时：

```
Instant timestampAfterAddingHours = timestamp.plus(5, ChronoUnit.HOURS);
Instant timestampAfterSubtractingHours = timestamp.minus(5, ChronoUnit.HOURS);
```

程序运行后的输出，如下所示：

```
After adding 5 hours: 2019-02-25T17:55:06.654155700Z
After subtracting 5 hours: 2019-02-25T07:55:06.654155700Z
```

66. 获取所有时区的 UTC 和 GMT

UTC 和 GMT 都是公认的日期和时间处理标准。尽管如今 UTC 更为普遍，但在绝大多数情况下，它们可以达到相同的效果。

在 JDK 8 前后，获取所有时区的 UTC 和 GMT 的方法有所不同。让我们先来看看 JDK 8 之前的解决方案。

在 JDK 8 之前

为了解决这个问题，我们首先要获取可用的时区 ID，例如 `Africa/Bamako`、`Europe/Belgrade` 等。接着，我们要根据每个时区 ID 创建对应的 `TimeZone` 对象。最后，需要获取每个时区的具体偏移量，同时要注意夏令时的影响。在本书的代码库中，你可以找到这个解决方案的具体实现。

从 JDK 8 开始

新的 Java 日期时间 API 为解决此问题提供了全新方案。第一步，我们可以使用 `ZoneId` 类获取可用的时区 ID，如下所示：

```
Set<String> zoneIds = ZoneId.getAvailableZoneIds();
```

第二步，我们需要为每个时区 ID 创建一个 `ZoneId` 实例。这可以通过调用 `ZoneId.of(String zoneId)` 方法来完成：

```
ZoneId zoneid = ZoneId.of(current_zone_Id);
```

第三步，每个 `ZoneId` 可用于获取特定于所识别区域的时间。这意味着我们需要一个参考日期时间作为“小白鼠”。此参考日期时间（`LocalDateTime.now()`，其不包含时区信息）与指定的时区 `ZoneId` 相结合，通过 `LocalDateTime.atZone()` 方法，可以得到一个 `ZonedDateTime` 对象（包含时区信息）：

```
LocalDateTime now = LocalDateTime.now();
ZonedDateTime zdt = now.atZone(ZoneId.of(zone_id_instance));
```

> **提示：** `atZone()` 方法会尽可能精确地匹配日期时间，同时考虑到时区规则，如夏令时。

第四步，可以使用 `ZonedDateTime` 提取 UTC 偏移量（例如，对于 `Europe/Bucharest` 时区，UTC 偏移量为 +02:00）：

```
String utcOffset = zdt.getOffset().getId().replace("Z", "+00:00");
```

`getId()` 方法返回的是标准化的时区偏移标识符（zone offset ID），会将 `+00:00` 偏移返

回为 `Z` 字符。因此，我们还需要将 `Z` 替换为 `+00:00`，以便与其他遵循 `+hh:mm` 或 `+hh:mm:ss` 格式的偏移量保持一致。

现在，我们将这些步骤合并成一个辅助方法，如下所示：

```
public static List<String> fetchTimeZones(OffsetType type) {

  List<String> timezones = new ArrayList<>();
  Set<String> zoneIds = ZoneId.getAvailableZoneIds();
  LocalDateTime now = LocalDateTime.now();

  zoneIds.forEach((zoneId) -> {
    timezones.add("(" + type + now.atZone(ZoneId.of(zoneId))
      .getOffset().getId().replace("Z", "+00:00") + ") " + zoneId);
  });

  return timezones;
}
```

如果将这个方法放在一个名为 `DateTimes` 的类中，那么我们可以得到以下代码：

```
List<String> timezones = DateTimes.fetchTimeZones(DateTimes.OffsetType.GMT);
Collections.sort(timezones); //这里的排序是可选的
timezones.forEach(System.out::println);
```

代码的运行输出结果，如下所示：

```
(GMT+00:00) Africa/Abidjan
(GMT+00:00) Africa/Accra
(GMT+00:00) Africa/Bamako
...
(GMT+11:00) Australia/Tasmania
(GMT+11:00) Australia/Victoria
...
```

67. 获取所有可用时区的本地日期时间

我们可以按照以下步骤来解决该问题：

① 获取本地日期时间。

② 获取可用的时区。

③ 在 JDK 8 之前，使用 `SimpleDateFormat` 并调用 `setTimeZone()` 方法。

④ 从 JDK 8 开始，使用 `ZonedDateTime`。

在 JDK 8 之前

在 JDK 8 之前，我们通常使用 `Date` 类的无参构造函数来获取本地的日期和时间。然后，我们可以使用 `TimeZone` 类获取所有可用时区的信息，并利用 `Date` 类在这些时区中展示时间。你可以在本书的代码库中找到这个方案的具体实现。

从 JDK 8 开始

从JDK 8开始，获取当前默认时区的本地日期时间变得更加方便，只需调用 ZonedDateTime.now() 方法即可，如下所示：

```
ZonedDateTime zlt = ZonedDateTime.now();
```

因此，我们现在看到的是默认时区下的当前日期。此外，我们也可以用各种时区形式展示此日期，这些时区可以通过 ZoneId 类获取：

```
Set<String> zoneIds = ZoneId.getAvailableZoneIds();
```

最后，我们可以遍历 zoneIds 集合，在每个时区 id 上调用 ZonedDateTime.withZoneSameInstant(ZoneId zone) 方法。该方法会保留 instant 并返回一个具有不同时区的此日期时间的副本：

```
public static List<String> localTimeToAllTimeZones() {
  List<String> result = new ArrayList<>();
  Set<String> zoneIds = ZoneId.getAvailableZoneIds();
  DateTimeFormatter formatter
    = DateTimeFormatter.ofPattern("yyyy-MMM-dd'T'HH:mm:ss a Z");
  ZonedDateTime zlt = ZonedDateTime.now();
  zoneIds.forEach((zoneId) -> {
    result.add(zlt.format(formatter) + " in " + zoneId + " is "
      + zlt.withZoneSameInstant(ZoneId.of(zoneId))
      .format(formatter));
  });
  return result;
}
```

此方法的输出如下：

```
2019-Feb-26T14:26:30 PM +0200 in Africa/Nairobi
is 2019-Feb-26T15:26:30 PM +0300
2019-Feb-26T14:26:30 PM +0200 in America/Marigot
is 2019-Feb-26T08:26:30 AM -0400
...
2019-Feb-26T14:26:30 PM +0200 in Pacific/Samoa
is 2019-Feb-26T01:26:30 AM -1100
```

68. 显示有关航班的日期时间信息

例如我们需要以下从澳大利亚珀斯（Perth）飞往欧洲布加勒斯特（Bucharest）的航班信息（总飞行时长为 15 小时 30 分钟）：

- 起飞与抵达时的 UTC 日期时间；
- 起飞与抵达时的珀斯（Perth）日期时间；
- 起飞与抵达时的布加勒斯特（Bucharest）日期时间。

假设我们以珀斯时间为参考，日期为 2019 年 2 月 26 日，时间为 16:00 点（即 4:00 PM）：

```
LocalDateTime ldt = LocalDateTime.of(2019, Month.FEBRUARY, 26, 16, 00);
```

首先，让我们将这个日期时间与澳大利亚珀斯（+08:00）的时区结合起来，得到一个 `ZonedDateTime` 对象，表示从珀斯出发时的日期和时间：

```
//04:00 PM, Feb 26, 2019 +0800 Australia/Perth
ZonedDateTime auPerthDepart = ldt.atZone(ZoneId.of("Australia/Perth"));
```

接下来，我们给 `ZonedDateTime` 增加 15 小时 30 分钟，得到的 `ZonedDateTime` 就表示珀斯的日期时间（即到达布加勒斯特时珀斯的日期和时间）：

```
//07:30 AM, Feb 27, 2019 +0800 Australia/Perth
ZonedDateTime auPerthArrive = auPerthDepart.plusHours(15).plusMinutes(30);
```

然后，我们来计算一下从珀斯出发，在布加勒斯特时区下对应的日期和时间。将珀斯时区的出发时间转换为布加勒斯特时区时间的过程，如下所示：

```
//10:00 AM, Feb 26, 2019 +0200 Europe/Bucharest
ZonedDateTime euBucharestDepart =
auPerthDepart.withZoneSameInstant(ZoneId.of("Europe/Bucharest"));
```

最后，我们来计算抵达布加勒斯特的时间。将珀斯时区的抵达时间转换为布加勒斯特时区的日期和时间的过程，如下所示：

```
//01:30 AM, Feb 27, 2019 +0200 Europe/Bucharest
ZonedDateTime euBucharestArrive =
auPerthArrive.withZoneSameInstant(ZoneId.of("Europe/Bucharest"));
```

如图所示，珀斯出发时的 UTC 时间为早上 8 点，而抵达布加勒斯特的 UTC 时间为晚上 11 点 30 分：

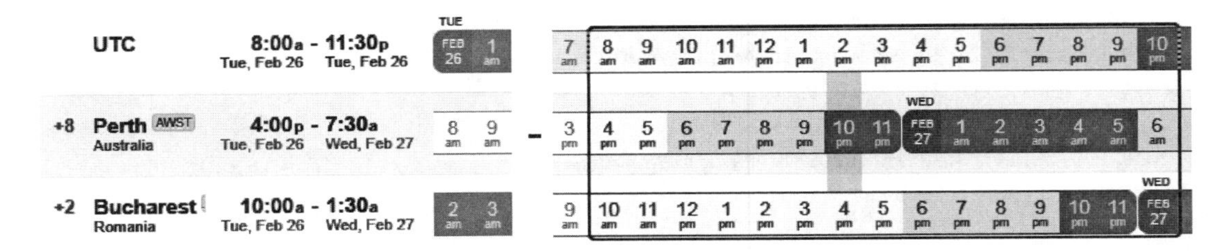

这些时间很容易转换成 `OffsetDateTime`，如下所示：

```
//08:00 AM, Feb 26, 2019
OffsetDateTime utcAtDepart =
auPerthDepart.withZoneSameInstant(ZoneId.of("UTC")).toOffsetDateTime();
//11:30 PM, Feb 26, 2019
OffsetDateTime utcAtArrive =
auPerthArrive.withZoneSameInstant(ZoneId.of("UTC")).toOffsetDateTime();
```

69. 将 Unix 时间戳转换为日期时间

对于此解决方案，我们设定一个 Unix 时间戳作为示例，如 1573768800。这个时间戳相当于：

- 11/14/2019 @ 10:00pm（UTC 时间）。
- 2019-11-14T22:00:00+00:00（以 ISO-8601 格式表示）。
- Thu, 14 Nov 2019 22:00:00 +0000（以 RFC 822, 1036, 1123, 2822 格式表示）。
- Thursday, 14-Nov-19 22:00:00 UTC（以 RFC 2822 格式表示）。
- 2019-11-14T22:00:00+00:00（以 RFC 3339 格式表示）。

要将 Unix 时间戳转换为日期时间，关键是要明白 Unix 时间戳以秒为单位，而 `java.util.Date` 则以毫秒为单位。因此，在将 Unix 时间戳转换为 `Date` 对象时，我们需要将秒换算为毫秒。以下两个示例展示了如何将秒乘以 1000：

```
long unixTimestamp = 1573768800;

//使用默认时区表示为Fri Nov 15 00:00:00 EET 2019
Date date = new Date(unixTimestamp * 1000L);

//使用默认时区表示为Fri Nov 15 00:00:00 EET 2019
Date date = new Date(TimeUnit.MILLISECONDS.convert(unixTimestamp, TimeUnit.SECONDS));
```

从 JDK 8 开始，我们可以利用 `Date` 类的 `from(Instant instant)` 方法。此外，`Instant` 类还提供了 `ofEpochSecond(long epochSecond)` 方法，该方法能够根据从 `1970-01-01T00:00:00Z` 开始算起的秒数，返回对应的 `Instant` 实例：

```
//使用UTC时区表示为2019-11-14T22:00:00Z in UTC
Instant instant = Instant.ofEpochSecond(unixTimestamp);

//使用默认时区表示为Fri Nov 15 00:00:00 EET 2019
Date date = Date.from(instant);
```

前面示例中获得的 `instant` 可用于创建 `LocalDateTime` 或 `ZonedDateTime` 实例，如下所示：

```
//2019-11-15T06:00
LocalDateTime date = LocalDateTime.ofinstant(instant, ZoneId.of("Australia/Perth"));

//2019-Nov-15 00:00:00 +0200 Europe/Bucharest
ZonedDateTime date = ZonedDateTime.ofinstant(instant, ZoneId.of("Europe/Bucharest"));
```

70. 查找某月的第一天 / 最后一天

我们可以使用 JDK 8 的 `Temporal` 和 `TemporalAdjuster` 接口解决此问题。

`Temporal` 接口负责支持日期和时间的表述，换言之，任何表示日期和 / 或时间的类都将实现此接口。以下面几个类为例：

- `LocalDate`（ISO-8601 日历系统中不带时区的日期）

- `LocalTime`（ISO-8601 日历系统中不带时区的时间）
- `LocalDateTime`（ISO-8601 日历系统中不带时区的日期时间）
- `ZonedDateTime`（ISO-8601 日历系统中带有时区的日期时间）
- `OffsetDateTime`（ISO-8601 日历系统中具有从 UTC/ 格林威治的偏移的日期时间）
- `HijrahDate`（伊斯兰历系统中的日期）

作为一个功能性接口，`TemporalAdjuster` 类的主要职责是定义如何调整 `Temporal` 对象。此外，该类还提供了一些实用的策略，如下所示（更详细的列表请参考相关文档）:

- `firstDayOfMonth()`（返回当前月的第一天）
- `lastDayOfMonth()`（返回当前月的最后一天）
- `firstDayOfNextMonth()`（返回下个月的第一天）
- `firstDayOfNextYear()`（返回明年的第一天）

请注意，上述列表中的前两个调节器正是解决此问题所必需的。接下来，让我们开始引入 `LocalDate`：

```
LocalDate date = LocalDate.of(2019, Month.FEBRUARY, 27);
```

然后，再看看二月份的第一天和最后一天分别是什么时候:

```
//2019-02-01
LocalDate firstDayOfFeb = date.with(TemporalAdjusters.firstDayOfMonth());

//2019-02-28
LocalDate lastDayOfFeb = date.with(TemporalAdjusters.lastDayOfMonth());
```

在大多数情况下，利用预定义的策略来处理问题是相当简便的。然而，假设你现在面临的任务是要找出 2019 年 2 月 27 日之后的第 21 天，也就是 2019 年 3 月 20 日。这种情况下，并没有预设的策略可供使用。因此，我们需要自定义策略。如下是一种基于 Lambda 表达式的解决方案:

```
public static LocalDate getDayAfterDays(
    LocalDate startDate, int days) {

  Period period = Period.ofDays(days);
  TemporalAdjuster ta = p -> p.plus(period);
  LocalDate endDate = startDate.with(ta);

  return endDate;
}
```

如果将这个方法封装在名为 `DateTimes` 的类中，那么使用以下调用将会得到期望的结果:

```
//2019-03-20
LocalDate datePlus21Days = DateTimes.getDayAfterDays(date, 21);
```

使用与上述相同的技术，但是这次我们利用静态工厂方法 `ofDateAdjuster()`，定义了一个静态调整器，其作用是返回下一个星期六的日期，如下所示:

```
static TemporalAdjuster NEXT_SATURDAY
  = TemporalAdjusters.ofDateAdjuster(today -> {

    DayOfWeek dayOfWeek = today.getDayOfWeek();

    if (dayOfWeek == DayOfWeek.SATURDAY) {
      return today;
    }

    if (dayOfWeek == DayOfWeek.SUNDAY) {
      return today.plusDays(6);
    }

    return today.plusDays(6 - dayOfWeek.getValue());
  });
```

让我们以 2019 年 2 月 27 日为例，使用该方法（下一个星期六是 2019 年 3 月 2 日）：

```
//2019-03-02
LocalDate nextSaturday = date.with(NEXT_SATURDAY);
```

最后，这个功能接口定义了一个名为 `adjustInto()` 的抽象方法。我们可以在自定义实现中重写此方法，使其可以传入 `Temporal` 对象，如下所示：

```
public class NextSaturdayAdjuster implements TemporalAdjuster {

  @Override
  public Temporal adjustInto(Temporal temporal) {

    DayOfWeek dayOfWeek = DayOfWeek
        .of(temporal.get(ChronoField.DAY_OF_WEEK));

    if (dayOfWeek == DayOfWeek.SATURDAY) {
      return temporal;
    }

    if (dayOfWeek == DayOfWeek.SUNDAY) {
      return temporal.plus(6, ChronoUnit.DAYS);
    }

    return temporal.plus(6 - dayOfWeek.getValue(), ChronoUnit.DAYS);
  }
}
```

以下是使用示例：

```
NextSaturdayAdjuster nsa = new NextSaturdayAdjuster();

//2019-03-02
LocalDate nextSaturday = date.with(nsa);
```

71. 定义 / 提取时区偏移

通过**时区偏移**（Zone Offset），我们可以确定需要在 GMT/UTC 时间上加上或减去多少时间，才能得到全球特定区域（如澳大利亚的珀斯）的日期和时间。通常，时区偏移以固定的小时和分钟数字表示，例如 `+02:00`、`-08:30`、`+0400` 和 `UTC+01:00` 等等。简而言之，时区偏移量是一个时区与 GMT/UTC 之间的时间差。

在 JDK 8 之前

在 JDK 8 之前，我们可以使用 `java.util.TimeZone` 来设置时区。此外，使用 `TimeZone.getRawOffset()` 方法可以获取时区偏移量（raw 表示此方法不考虑夏令时）。同样，你可以在本书附带的代码中找到这个方案的具体实现。

从 JDK 8 开始

从 JDK 8 开始，`java.time.ZoneId` 和 `java.time.ZoneOffset` 这两个类负责处理时区相关的表示。其中，`java.time.ZoneId` 用于表示一个特定的时区，如欧洲的雅典；而 `java.time.ZoneOffset`（作为 `ZoneId` 的子类）则用于表示特定时区相对于 GMT/UTC 的固定时间偏移。

新版的 Java 日期时间 API 默认支持夏令时的调整。因此，在实行夏令时制度的地区，夏季和冬季将分别使用两个 `ZoneOffset` 类实例来表示夏令时和标准时。

以下是获取 UTC 时区偏移量的简便方法（在 Java 中，偏移量为 `+00:00` 的时区用字母 Z 表示）：

```
//Z
ZoneOffset zoneOffsetUTC = ZoneOffset.UTC;
```

也可以使用 `ZoneOffset` 类获取系统默认的时区：

```
//Europe/Athens
ZoneId defaultZoneId = ZoneOffset.systemDefault();
```

若要考虑夏令时的时区偏移，则需要将其与具体日期时间关联起来。例如，可以将其与 `LocalDateTime` 类或 `Instant` 类进行关联：

```
//默认处理夏令时
LocalDateTime ldt = LocalDateTime.of(2019, 6, 15, 0, 0);
ZoneId zoneId = ZoneId.of("Europe/Bucharest");

//+03:00
ZoneOffset zoneOffset = zoneId.getRules().getOffset(ldt);
```

我们也可以从字符串中解析出时区偏移。例如，在下面的例子中，我们将提取出 `+02:00` 的时区偏移：

```
ZoneOffset zoneOffsetFromString = ZoneOffset.of("+02:00");
```

这是一个非常实用的方法，能快捷地为支持时区偏移的 `Temporal` 对象添加时区信息。例如，我们可以使用这种方法为 `OffsetTime` 和 `OffsetDateTime` 添加时区偏移（这对于将日期时间存储在数据库或通过网络传输的场景来说，是非常方便的）：

```
OffsetTime offsetTime = OffsetTime.now(zoneOffsetFromString);
OffsetDateTime offsetDateTime = OffsetDateTime.now(zoneOffsetFromString);
```

除此以外，我们还可以通过定义小时、分钟和秒的 `ZoneOffset` 来解决问题。`ZoneOffset` 中有一个专门为此设计的辅助方法：

```
//+08:30 (this was obtained from 8 hours and 30 minutes)
ZoneOffset zoneOffsetFromHoursMinutes = ZoneOffset.ofHoursMinutes(8, 30);
```

> **提示：** 除了 `ZoneOffset.ofHoursMinutes()`，还有 `ZoneOffset.ofHours()`、`ofHoursMinutesSeconds()` 和 `ofTotalSeconds()`。

最后，所有支持时区偏移的 `Temporal` 对象都提供了一个便捷的 `getOffset()` 方法。例如，以下代码从前面的 `offsetDateTime` 对象中获取时区偏移：

```
//+02:00
ZoneOffset zoneOffsetFromOdt = offsetDateTime.getOffset();
```

72. 在 Date 和 Temporal 之间转换

针对该问题，解决方案将涉及以下时间类：`Instant`、`LocalDate`、`LocalDateTime`、`ZonedDateTime`、`OffsetDateTime`、`LocalTime` 以及 `OffsetTime`。

Date - Instant

为了将 `Date` 转换为 `Instant`，可以使用 `Date.toInstant()` 方法。反之，也可以使用 `Date.from(Instant instant)` 方法将 `Instant` 转换为 `Date`：

- 按照如下方式可以将 `Date` 转换为 `Instant`：

```
Date date = new Date();
//e.g., 2019-02-27T12:02:49.369Z, UTC
Instant instantFromDate = date.toInstant();
```

- `Instant` 转换为 `Date` 可以这样实现：

```
Instant instant = Instant.now();
//Wed Feb 27 14:02:49 EET 2019, default system time zone
Date dateFromInstant = Date.from(instant);
```

> **提示：** `Date` 并不具备时区感知的功能，默认以系统设定的时区来打印时间。而 `Instant` 默认以 UTC 时区来打印时间。

我们可以将这些代码封装在工具类 `DateConverters` 中，如下所示：

```
public static Instant dateToInstant(Date date) {
  return date.toInstant();
}

public static Date instantToDate(Instant instant) {
  return Date.from(instant);
}
```

此外，我们还可以采用下图所示的方法来扩展这个类：

DEFAULT_TIME_ZONE	ZoneId
dateToInstant(Date date)	Instant
dateToLocalDate(Date date)	LocalDate
dateToLocalDateTime(Date date)	LocalDateTime
dateToLocalTime(Date date)	LocalTime
dateToOffsetDateTime(Date date)	OffsetDateTime
dateToOffsetTime(Date date)	OffsetTime
dateToZonedDateTime(Date date)	ZonedDateTime
instantToDate(Instant instant)	Date
localDateTimeToDate(LocalDateTime localDateTime)	Date
localDateToDate(LocalDate localDate)	Date
localTimeToDate(LocalTime localTime)	Date
offsetDateTimeToDate(OffsetDateTime offsetDateTime)	Date
offsetTimeToDate(OffsetTime offsetTime)	Date
zonedDateTimeToDate(ZonedDateTime zonedDateTime)	Date
class	

上图中的 DEFAULT_TIME_ZONE 常量表示系统的默认时区：

```
public static final ZoneId DEFAULT_TIME_ZONE = ZoneId.systemDefault();
```

Date - LocalDate

Date 对象能够经由一个 Instant 对象转化为 LocalDate。一旦我们从给定的 Date 对象获取到 Instant 对象，就可以将系统默认的时区应用到该对象上，并执行 toLocaleDate() 方法：

```
//e.g., 2019-03-01
public static LocalDate dateToLocalDate(Date date) {
  return dateToInstant(date).atZone(DEFAULT_TIME_ZONE).toLocalDate();
}
```

在将 LocalDate 转换为 Date 时，需要注意 LocalDate 不包含 Date 中的时间部分。因此，我们还需要提供一个时间部分作为一天的起始时间（关于这个问题的更多细节可以在“获得一天的起始和结束时间”小节中找到）：

```
//e.g., Fri Mar 01 00:00:00 EET 2019
public static Date localDateToDate(LocalDate localDate) {
  return Date.from(localDate.atStartOfDay(DEFAULT_TIME_ZONE).toInstant());
}
```

Date - DateLocalTime

要将 Date 转换为 DateLocalTime 与将 Date 转换为 LocalDate 的转换方式基本相同，唯一的区别是需要调用 toLocalDateTime() 方法，如下所示：

```
//e.g., 2019-03-01T07:25:25.624
public static LocalDateTime dateToLocalDateTime(Date date) {
  return dateToInstant(date).atZone(DEFAULT_TIME_ZONE).toLocalDateTime();
}
```

将 LocalDateTime 转换为 Date 非常简单，只需使用系统默认时区并调用 toInstant() 方法即可，如下所示：

```
//e.g., Fri Mar 01 07:25:25 EET 2019
public static Date localDateTimeToDate(LocalDateTime localDateTime) {
  return Date.from(localDateTime.atZone(DEFAULT_TIME_ZONE).toInstant());
}
```

Date - ZonedDateTime

要将 Date 转换为 ZonedDateTime，可以使用给定的 Date 对象获取其对应的 Instant 对象，如下所示：

```
//e.g., 2019-03-01T07:25:25.624+02:00[Europe/Athens]
public static ZonedDateTime dateToZonedDateTime(Date date) {
  return dateToInstant(date).atZone(DEFAULT_TIME_ZONE);
}
```

如果要将 ZonedDateTime 转换为 Date，只需先将其转换为 Instant 对象，如下所示：

```
//e.g., Fri Mar 01 07:25:25 EET 2019
public static Date zonedDateTimeToDate(ZonedDateTime zonedDateTime) {
  return Date.from(zonedDateTime.toInstant());
}
```

Date - OffsetDateTime

要将 Date 转换为 OffsetDateTime，可以使用 toOffsetDateTime() 方法，如下所示：

```
//e.g., 2019-03-01T07:25:25.624+02:00
public static OffsetDateTime dateToOffsetDateTime(Date date) {
  return dateToInstant(date).atZone(DEFAULT_TIME_ZONE).toOffsetDateTime();
}
```

将 OffsetDateTime 转换为 Date 需要两步。首先，将 OffsetDateTime 转换为 LocalDateTime；其次，用相应的偏移量将 LocalDateTime 转换为 Instant，如下所示：

```
//e.g., Fri Mar 01 07:55:49 EET 2019
public static Date offsetDateTimeToDate(
```

```
    OffsetDateTime offsetDateTime) {
  return Date.from(offsetDateTime.toLocalDateTime().toInstant(
    ZoneOffset.of(offsetDateTime.getOffset().getId())));
}
```

Date - LocalTime

如果要将 `Date` 转换为 `LocalTime`，可以使用 `LocalTime.toInstant()` 方法，如下所示：

```
//e.g., 08:03:20.336
public static LocalTime dateToLocalTime(Date date) {
  return LocalTime.ofinstant(dateToInstant(date), DEFAULT_TIME_ZONE);
}
```

而要将 `LocalTime` 转换为 `Date`，需要注意到 `LocalTime` 是不含日期信息的。因此，我们可以将日期设定为 1970 年 1 月 1 日，作为起始日期，如下所示：

```
//e.g., Thu Jan 01 08:03:20 EET 1970
public static Date localTimeToDate(LocalTime localTime) {
  return Date.from(localTime.atDate(LocalDate.EPOCH)
    .toInstant(DEFAULT_TIME_ZONE.getRules()
    .getOffset(Instant.now())));
}
```

Date - OffsetTime

要将 `Date` 转换为 `OffsetTime`，可以使用 `OffsetTime.toInstant()` 方法，如下所示：

```
//e.g., 08:03:20.336+02:00
public static OffsetTime dateToOffsetTime(Date date) {
  return OffsetTime.ofinstant(dateToInstant(date), DEFAULT_TIME_ZONE);
}
```

如果要将 `OffsetTime` 转换为 `Date`，需要注意到 `OffsetTime` 也是不含日期信息的。因此，我们可以将日期设定为 1970 年 1 月 1 日，作为起始日期，如下所示：

```
//e.g., Thu Jan 01 08:03:20 EET 1970
public static Date offsetTimeToDate(OffsetTime offsetTime) {
  return Date.from(offsetTime.atDate(LocalDate.EPOCH).toInstant());
}
```

73. 遍历一段日期范围

假设我们以 2019 年 2 月 1 日作为起始日期，2019 年 2 月 21 日作为结束日期。为了解决这个问题，我们需要遍历这个日期范围内的每一天，并将每个日期打印出来。总的来说，我们需要解决两个主要问题：

- 当开始日期等于结束日期时，停止循环。
- 每天逐渐增加开始日期，直到结束日期。

在 JDK 8 之前

在 JDK 8 之前，我们可以使用 `Calendar` 工具类来实现。同样，你可以在本书附带的代码库中找到这个方案的具体实现。

从 JDK 8 开始

首先，从 JDK 8 开始，我们可以轻松地使用 `LocalDate` 来定义日期，无需借助 `Calendar`：

```
LocalDate startLocalDate = LocalDate.of(2019, 2, 1);
LocalDate endLocalDate = LocalDate.of(2019, 2, 21);
```

当开始日期与结束日期相同时，我们可以使用 `LocalDate.isBefore(ChronoLocalDate other)` 方法来判断当前日期是否在给定日期之前，并停止循环。

使用 `LocalDate.plusDays(long daysToAdd)` 方法可以实现每天逐渐增加开始日期，直到结束日期：

```
for (LocalDate date = startLocalDate; date.isBefore(endLocalDate); date =
date.plusDays(1)) {
  //针对当前日期进行一些操作
  System.out.println(date);
}
```

以下是输出结果：

```
2019-02-01
2019-02-02
2019-02-03
...
2019-02-20
```

从 JDK 9 开始

基于 JDK 9，我们可以仅用一行代码解决该问题。这得益于新的 `LocalDate.datesUntil(LocalDate endExclusive)` 方法。该方法返回一个 `Stream<LocalDate>`，其递增步长为一天：

```
startLocalDate.datesUntil(endLocalDate).forEach(System.out::println);
```

如果要将递增步长表示为天、周、月或年，则需要使用 `LocalDate.datesUntil(LocalDate endExclusive, Period step)` 方法。例如，如果要将递增步长设置为一周，则可以按如下方式指定：

```
startLocalDate.datesUntil(endLocalDate, Period.ofWeeks(1))
  .forEach(System.out::println);
```

输出应该是这样的（第 1 ~ 8 周和第 8 ~ 15 周）：

```
2019-02-01
2019-02-08
2019-02-15
```

74. 计算年龄

计算两个日期间的差值最常见的场景之一是获取一个人的年龄。通常，人的年龄以年为单位表示，但有时也需要精确到月和日。

在 JDK 8 之前

在 JDK 8 之前，我们通常可以使用 `Calendar` 或 `SimpleDateFormat` 来实现解决方案。本书附带的代码包含了该解决方案。

从 JDK 8 开始

使用 JDK 8 显然是一个更好的选择，我们可通过以下方案来快速解决该问题：

```
LocalDate startLocalDate = LocalDate.of(1977, 11, 2);
LocalDate endLocalDate = LocalDate.now();

long years = ChronoUnit.YEARS.between(startLocalDate, endLocalDate);
```

基于 `Period` 类，我们也能很轻松地计算年龄中的月数和天数。首先，确定起止日期。

```
Period periodBetween = Period.between(startLocalDate, endLocalDate);
```

然后，我们可以使用 `periodBetween.getYears()`、`periodBetween.getMonths()` 和 `periodBetween.getDays()` 获取年龄，并根据需求精确至年、月和日。

例如，从 1977 年 11 月 2 日到 2019 年 2 月 28 日，总共有 41 年 3 个月 26 天。

75. 获得一天的起始和结束时间

在 JDK 8 中，有多种方法可以获得一天的起始和结束时间。

让我们先使用 `LocalDate` 来表示一天：

```
LocalDate localDate = LocalDate.of(2019, 2, 28);
```

其次，要找到 2019 年 2 月 28 日这一天开始时刻，需要使用一个名为 `atStartOfDay()` 的方法。该方法会返回该日期的午夜时刻（即 00:00 AM）的 `LocalDateTime` 对象：

```
//2019-02-28T00:00
LocalDateTime ldDayStart = localDate.atStartOfDay();
```

另一种解决方案是使用 `of(LocalDate date, LocalTime time)` 方法。该方法可以将指定的日期和时间组合成一个 `LocalDateTime` 对象。所以，如果你传递的时间参数是 `LocalTime.MIN`（也就是一天的开始，即午夜时间），那么结果就会是这样的：

```
//2019-02-28T00:00
LocalDateTime ldDayStart = LocalDateTime.of(localDate, LocalTime.MIN);
```

然后，有至少两种方法可以获得 `LocalDate` 对象的一天的结束时刻。其中一种方法是使用`LocalDate.atTime(LocalTime time)`方法。通过将`LocalTime.MAX`（午夜前的最后一刻）作为参数传递，可以得到一个 `LocalDateTime` 对象，它表示该日期这一天的结束时间：

```
//2019-02-28T23:59:59.999999999
LocalDateTime ldDayEnd = localDate.atTime(LocalTime.MAX);
```

另外，也可以通过调用 `atDate(LocalDate date)` 方法，将指定日期与 `LocalTime.MAX` 结合起来，如下所示：

```
//2019-02-28T23:59:59.999999999
LocalDateTime ldDayEnd = LocalTime.MAX.atDate(localDate);
```

由于 `LocalDate` 没有时区的概念，因此上述示例容易受到不同边界情况的影响，例如夏令时。有些夏令时在午夜会强制执行时间变更（由 `00:00` 变成 `01:00 AM`），这意味着一天的开始是在 `01:00:00`，而不是 `00:00:00`。为了解决这些问题，可以使用 `ZonedDateTime`，它能够感知夏令时，如下所示：

```
//2019-02-28T00:00+08:00[Australia/Perth]
ZonedDateTime ldDayStartZone = localDate
  .atStartOfDay(ZoneId.of("Australia/Perth"));

//2019-02-28T00:00+08:00[Australia/Perth]
ZonedDateTime ldDayStartZone = LocalDateTime.of(localDate, LocalTime.MIN)
  .atZone(ZoneId.of("Australia/Perth"));

//2019-02-28T23:59:59.999999999+08:00[Australia/Perth]
ZonedDateTime ldDayEndZone = localDate.atTime(LocalTime.MAX)
  .atZone(ZoneId.of("Australia/Perth"));

//2019-02-28T23:59:59.999999999+08:00[Australia/Perth]
ZonedDateTime ldDayEndZone = LocalTime.MAX.atDate(localDate)
  .atZone(ZoneId.of("Australia/Perth"));
```

现在，让我们以一个表示 2019 年 2 月 28 日下午 6 点整 `LocalDateTime` 对象为例：

```
LocalDateTime localDateTime = LocalDateTime.of(2019, 2, 28, 18, 0, 0);
```

一个显而易见的解决方案是从 `LocalDateTime` 中提取 `LocalDate`，然后使用上面这个方法。另外，还有一个解决方案是利用 `Temporal` 接口，它包括 `LocalDate` 在内的所有实现都支持 `with(TemporalField field, long newValue)` 方法。简单来说，`with()` 方法会返回当前日期的副本，其中指定的 `ChronoField` 字段值被设置为 `newValue`。因此，如果我们将 `ChronoField.NANO_OF_DAY`（代表一天中的纳秒数）设定为 `LocalTime.MIN`，那么最终得到的结果就是一天的开始时刻。在这里，我们需要利用 `toNanoOfDay()` 方法将 `LocalTime.MIN` 转换成纳秒表示，如下所示：

```
//2019-02-28T00:00
LocalDateTime ldtDayStart = localDateTime.with(ChronoField.NANO_OF_DAY,
LocalTime.MIN.toNanoOfDay());
```

这等价于如下实现：

```
LocalDateTime ldtDayStart = localDateTime.with(ChronoField.HOUR_OF_DAY, 0);
```

获取一天的结束时刻也很简单，我们只需要使用 `LocalTime.MAX` 代替 `LocalTime.MIN` 即可：

```
//2019-02-28T23:59:59.999999999
LocalDateTime ldtDayEnd = localDateTime.with(ChronoField.NANO_OF_DAY,
LocalTime.MAX.toNanoOfDay());
```

这等价于如下实现：

```
LocalDateTime ldtDayEnd = localDateTime.with(
  ChronoField.NANO_OF_DAY, 86399999999999L);
```

与 `LocalDate` 类似，`LocalDateTime` 对象不包含时区信息。如果需要时区信息，可以使用 `ZonedDateTime` 类：

```
//2019-02-28T00:00+08:00[Australia/Perth]
ZonedDateTime ldtDayStartZone = localDateTime.with(
  ChronoField.NANO_OF_DAY, LocalTime.MIN.toNanoOfDay())
    .atZone(ZoneId.of("Australia/Perth"));

//2019-02-28T23:59:59.999999999+08:00[Australia/Perth]
ZonedDateTime ldtDayEndZone = localDateTime.with(
  ChronoField.NANO_OF_DAY, LocalTime.MAX.toNanoOfDay())
    .atZone(ZoneId.of("Australia/Perth"));
```

此外，我们再来看一下如何获取一天的 UTC 起始和结束时间。除了使用 `with()` 方法，还可以考虑使用 `toLocalDate()` 方法，如下所示：

```
//e.g., 2019-02-28T09:23:10.603572Z
ZonedDateTime zdt = ZonedDateTime.now(ZoneOffset.UTC);

//2019-02-28T00:00Z
ZonedDateTime dayStartZdt = zdt.toLocalDate()
  .atStartOfDay(zdt.getZone());

//2019-02-28T23:59:59.999999999Z
ZonedDateTime dayEndZdt = zdt.toLocalDate()
  .atTime(LocalTime.MAX)
  .atZone(zdt.getZone());
```

> **提示：** 因为 `java.util.Date` 和 `Calendar` 存在众多问题，建议避免用它们来实现处理类似问题。

76. 两个日期之间的差异

计算两个日期之间的差异是一项非常常见的任务（请参阅“74. 计算年龄”）。下面，我们介绍一些获得两个日期之间差异的方法，可以用毫秒、秒、小时等单位表示。

在 JDK 8 之前

在 JDK 8 之前，表示日期时间信息的推荐方式是使用 `java.util.Date` 和 `Calendar` 类。最容易计算的差异是以毫秒为单位。本书附带的代码包含了这种解决方案。

从 JDK 8 开始

从 JDK 8 开始，我们推荐使用 `Temporal`（例如，`DateTime`、`DateLocalTime`、`ZonedDateTime` 等）来表示日期时间信息。假设有如下两个 `LocalDate` 对象，分别表示 2018 年 1 月 1 日和 2019 年 3 月 1 日：

```
LocalDate ld1 = LocalDate.of(2018, 1, 1);
LocalDate ld2 = LocalDate.of(2019, 3, 1);
```

要计算两个 `Temporal` 对象之间的差异，最简单的方法是使用 `ChronoUnit` 类。除了表示标准的日期周期单位外，`ChronoUnit` 还提供了几个方便的方法，比如 `between(Temporal t1Inclusive, Temporal t2Exclusive)`。这个方法可以计算两个 `Temporal` 对象之间的时间量，包括天数、月数和年数。我们来看看如何使用它来计算 `ld1` 和 `ld2` 之间的时间差：

```
//424
long betweenInDays = Math.abs(ChronoUnit.DAYS.between(ld1, ld2));

//14
long betweenInMonths = Math.abs(ChronoUnit.MONTHS.between(ld1, ld2));

//1
long betweenInYears = Math.abs(ChronoUnit.YEARS.between(ld1, ld2));
```

此外，每个 `Temporal` 对象都提供了 `until()` 方法。对于 `LocalDate` 对象而言，它实际上包含两个 `until()` 方法。其中一个方法返回两个日期之间的时间差，类型为 `Period`。另一个方法返回两个日期之间指定时间单位的差异，类型为 `long`。以下是使用返回 `Period` 的方法的示例：

```
Period period = ld1.until(ld2);
//Difference as Period: 1y2m0d
System.out.println("Difference as Period: " + period.getYears() + "y" +
period.getMonths() + "m" + period.getDays() + "d");
```

我们可以用以下方法来指定时间单位：

```
//424
long untilInDays = Math.abs(ld1.until(ld2, ChronoUnit.DAYS));
```

```
//14
long untilInMonths = Math.abs(ld1.until(ld2, ChronoUnit.MONTHS));

//1
long untilInYears = Math.abs(ld1.until(ld2, ChronoUnit.YEARS));
```

`ChronoUnit.convert()` 方法在处理 `LocalDateTime` 的时候也非常实用。我们可以考虑以下两个 `LocalDateTime` 对象——2018 年 1 月 1 日 22:15:15 和 2019 年 3 月 1 日 23:15:15，如下所示：

```
LocalDateTime ldt1 = LocalDateTime.of(2018, 1, 1, 22, 15, 15);
LocalDateTime ldt2 = LocalDateTime.of(2019, 3, 1, 23, 15, 15);
```

接下来，我们来比较一下 `ldt1` 和 `ldt2` 之间相差的分钟数：

```
//60
long betweenInMinutesWithoutZone = Math.abs(ChronoUnit.MINUTES.between(ldt1, ldt2));
```

当然，我们还可以使用 `LocalDateTime.until()` 方法来表示小时差：

```
//1
long untilInMinutesWithoutZone = Math.abs(ldt1.until(ldt2, ChronoUnit.HOURS));
```

然而，`ChronoUnit.between()` 和 `until()` 最棒的地方是它们可以与 `ZonedDateTime` 一起使用。例如，在欧洲 / 布加勒斯特时区和澳大利亚 / 珀斯时区，如果我们要给 `ldt1` 加上 1 小时的话，可以按照如下方式实现：

```
ZonedDateTime zdt1 = ldt1.atZone(ZoneId.of("Europe/Bucharest"));
ZonedDateTime zdt2 = zdt1.withZoneSameInstant(
  ZoneId.of("Australia/Perth")).plusHours(1);
```

如此一来，我们可以使用 `ChronoUnit.between()` 来计算 `zdt1` 和 `zdt2` 之间的分钟差，也可以使用 `ZonedDateTime.until()` 来计算它们之间的小时差：

```
//60
long betweenInMinutesWithZone = Math.abs(ChronoUnit.MINUTES.between(zdt1, zdt2));

//1
long untilInHoursWithZone = Math.abs(zdt1.until(zdt2, ChronoUnit.HOURS));
```

最后，我们再次使用这项技术，但这次是针对两个独立的 `ZonedDateTime` 对象进行操作，一个是由 `ldt1` 获得的，另一个是由 `ldt2` 获得的：

```
ZonedDateTime zdt1 = ldt1.atZone(ZoneId.of("Europe/Bucharest"));
ZonedDateTime zdt2 = ldt2.atZone(ZoneId.of("Australia/Perth"));

//300
long betweenInMinutesWithZone = Math.abs(ChronoUnit.MINUTES.between(zdt1, zdt2));
```

```
//5
long untilInHoursWithZone = Math.abs(zdt1.until(zdt2, ChronoUnit.HOURS));
```

77. 实现一个国际象棋计时器

从 JDK 8 开始，`java.time` 包引入了一个名为 `Clock` 的抽象类。该类的主要设计目的在于方便切换到不同的时钟实现，如用于测试的特定场景。Java 默认提供了四种 `Clock` 的具体实现，分别是 `SystemClock`、`OffsetClock`、`TickClock` 以及 `FixedClock`。对应这些实现，`Clock` 类都提供了相应的静态方法。以 `FixedClock` 为例，以下的代码创建了一个固定时钟（即这个时钟始终返回同一个 `Instant` 时间点）:

```
Clock fixedClock = Clock.fixed(Instant.now(), ZoneOffset.UTC);
```

还有一个名为 `TickClock` 的工具，它可以根据指定的时区，以整秒的形式返回当前的 `Instant`：

```
Clock tickClock = Clock.tickSeconds(ZoneId.of("Europe/Bucharest"));
```

> **提示：** 此外，我们也可以采用 `tickMinutes()` 方法来按整分钟计时。同时，还有一种更为通用的 `tick()` 方法。此方法让我们能够自由地指定 `Duration`。

虽然 `Clock` 类也支持时区和偏移，但它最重要的方法是 `instant()`，其可以返回该类的瞬时时间:

```
//2019-03-01T13:29:34Z
System.out.println(tickClock.instant());
```

> **提示：** 还有 `millis()` 方法，它会返回一个以毫秒为单位的 `Instant` 实例。

假设我们要制作一个国际象棋计时器:

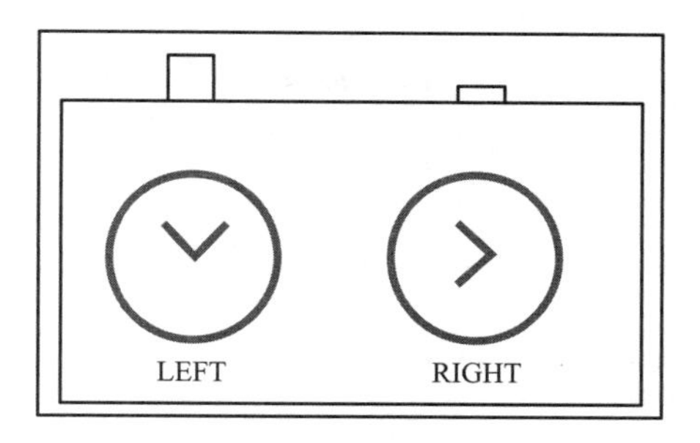

要实现一个 `Clock` 类，需要按照以下步骤进行:

① 扩展 `Clock` 类。

② 实现 `Serializable` 接口。

③ 至少重写从 `Clock` 继承的抽象方法。

以下是一个 `Clock` 类的基本框架:

```java
public class ChessClock extends Clock implements Serializable {
  @Override
  public ZoneId getZone() {
    //...
  }

  @Override
  public Clock withZone(ZoneId zone) {
    //...
  }

  @Override
  public Instant instant() {
    //...
  }
}
```

我们的象棋计时器只支持 UTC，不支持其他时区。这意味着可以按照以下方式实现 `getZone()` 和 `withZone()` 方法（后续这是可以被修改的）:

```java
@Override
public ZoneId getZone() {
  return ZoneOffset.UTC;
}
@Override
public Clock withZone(ZoneId zone) {
  throw new UnsupportedOperationException("The ChessClock works only in UTC time zone");
}
```

关键还是实现 `instant()` 方法，其难点在于如何处理两个 `Instant` 对象，它们分别代表左侧玩家（`instantLeft`）和右侧玩家（`instantRight`）。实际上，每次调用 `instant()` 方法都代表当前玩家已经完成了一个操作，接下来轮到另一个玩家。因此，基本逻辑是同一个玩家不能连续两次调用 `instant()` 方法，如下所示:

```java
public class ChessClock extends Clock implements Serializable {
  public enum Player {
    LEFT,
    RIGHT
  }

  private static final long serialVersionUID = 1L;
  private Instant instantStart;
  private Instant instantLeft;
  private Instant instantRight;
  private long timeLeft;
  private long timeRight;
  private Player player;

  public ChessClock(Player player) {
```

```
    this.player = player;
  }

  public Instant gameStart() {
    if (this.instantStart == null) {
      this.timeLeft = 0;
      this.timeRight = 0;
      this.instantStart = Instant.now();
      this.instantLeft = instantStart;
      this.instantRight = instantStart;
      return instantStart;
    }
    throw new IllegalStateException(
      "Game already started. Stop it and try again."
    );
  }

  public Instant gameEnd() {
    if (this.instantStart != null) {
      instantStart = null;
      return Instant.now();
    }
    throw new IllegalStateException("Game was not started.");
  }

  @Override
  public ZoneId getZone() {
    return ZoneOffset.UTC;
  }

  @Override
  public Clock withZone(ZoneId zone) {
    throw new UnsupportedOperationException(
      "The ChessClock works only in UTC time zone"
    );
  }

  @Override
  public Instant instant() {
    if (this.instantStart != null) {
      if (player == Player.LEFT) {
        player = Player.RIGHT;
        long secondsLeft = Instant.now().getEpochSecond()
          - instantRight.getEpochSecond();
        instantLeft = instantLeft.plusSeconds(
          secondsLeft - timeLeft
        );
        timeLeft = secondsLeft;
        return instantLeft;
      } else {
        player = Player.LEFT;
```

```
        long secondsRight = Instant.now().getEpochSecond()
          - instantLeft.getEpochSecond();
        instantRight = instantRight.plusSeconds(
          secondsRight - timeRight
        );
        timeRight = secondsRight;
        return instantRight;
      }
    }
    throw new IllegalStateException("Game was not started.");
  }
}
```

因此，调用 `instant()` 方法后，代码会计算出当前玩家完成一步操作所需的思考时间。随后，代码会自动切换到另一位玩家。

假设有一个从 `2019-03-01T14:02:46.309459Z` 开始的国际象棋游戏：

```
ChessClock chessClock = new ChessClock(Player.LEFT);
//2019-03-01T14:02:46.309459Z
Instant start = chessClock.gameStart();
```

然后，玩家们需按以下动作序列进行，直至右侧玩家获胜：

```
Left moved first after 2 seconds: 2019-03-01T14:02:48.309459Z
Right moved after 5 seconds: 2019-03-01T14:02:51.309459Z
Left moved after 6 seconds: 2019-03-01T14:02:54.309459Z
Right moved after 1 second: 2019-03-01T14:02:52.309459Z
Left moved after 2 second: 2019-03-01T14:02:56.309459Z
Right moved after 3 seconds: 2019-03-01T14:02:55.309459Z
Left moved after 10 seconds: 2019-03-01T14:03:06.309459Z
Right moved after 11 seconds and win: 2019-03-01T14:03:06.309459Z
```

看起来时钟已经准确地记录了玩家的动作。最后，游戏在 40 秒后结束：

```
//Game ended:2019-03-01T14:03:26.350749300Z
Instant end = chessClock.gameEnd();

//Game duration: 40 seconds
Duration.between(start, end).getSeconds();
```

小结

完成本章的学习后，相信你已经全面深入地了解了如何操作和处理日期与时间信息。因为许多应用程序都需要处理这类信息，所以掌握相关解决方案无疑具有重大的实际意义。从 `Date` 和 `Calendar` 到 `LocalDate`、`LocalTime`、`LocalDateTime`、`ZonedDateTime`、`OffsetDateTime`、`OffsetTime` 以及 `Instant`，每一个类都至关重要。在处理日期和时间相关的常见任务中，它们都发挥着不可或缺的作用。

另外，也欢迎下载本章相关的代码，以便查看结果和获取更多详细信息。

第 4 章 类型推断

本章包含 21 个涉及 JEP 286 或 Java **局部变量类型推断**（local variable type inference，LVTI）的问题，也称为 `var` 类型。这些问题经过精心设计，以揭示使用 `var` 的最佳实践和常见错误。到本章结束时，你将全面了解 `var`，以便在生产环境中应用它。

问题

以下问题可用于测试你的类型推断编程技能。在查看解决方案和下载示例代码之前，强烈建议你先尝试独立解决这些问题：

78. **简单的 `var` 示例**：展示关于代码可读性方面正确使用类型推断（`var`）的示例。

79. **使用 `var` 与基本类型**：展示使用 `var` 和 Java 基本类型（int、long、float 和 double）的示例。

80. **使用 `var` 和隐式类型转换来提高代码的可维护性**：展示如何使用 `var` 和隐式类型转换来维持代码的可维护性。

81. **显式向下转型（downcast）应避免使用 `var`**：展示 `var` 和显式向下转型的结合，并解释这种场景下，我们为什么应该避免使用 `var`。

82. **在变量名没有足够的类型信息保障可读性时应避免使用 `var`**：举例说明如果变量名没有足够的类型信息来保障可读性的话，我们为什么应该避免使用 `var`。

83. **结合 LVTI 和面向接口编程技术**：展示通过面向编程接口技术使用 `var` 的示例。

84. **结合 LVTI 和钻石操作符**：展示使用 `var` 和钻石操作符的示例。

85. **将数组赋值给 `var`**：试着将数组赋值给 `var`。

86. **在多变量声明中使用 LVTI**：解释并举例说明如何在多变量声明中使用 LVTI。

87. **LVTI 和变量作用域**：解释并举例说明为什么 LVTI 应尽可能地缩小变量的作用域。

88. **LVTI 和三元操作符**：展示结合 LVTI 和三元操作符的优势。

89. **LVTI 和 for 循环**：展示在 for 循环中使用 LVTI 的方法。

90. **LVTI 和流**：展示使用 LVTI 和 Java 流的方法。

91. **使用 LVTI 拆分嵌套 / 大型表达式链**：展示如何使用 LVTI 拆分嵌套 / 大型表达式链的示例。

92. **LVTI 和方法返回值及参数类型**：展示在返回值和参数类型方面使用 LVTI 和 Java 方法的示例。

93. **LVTI 和匿名类：** 展示在匿名类中使用 LVTI 的示例。

94. **LVTI 可以是 final 变量或 effectively final 变量：** 展示如何将 LVTI 用于 final 变量或 effectively final 变量。

95. **LVTI 和 Lambda 表达式：** 解释如何将 LVTI 与 Lambda 表达式结合使用。

96. **LVTI 和空初始化器、实例变量以及 catch 块变量：** 举例解释如何将 LVTI 和空初始化器、实例变量以及 catch 块变量结合使用。

97. **LVTI 和泛型类型：** 展示如何将 LVTI 与泛型类型结合使用。

98. **LVTI、通配符、协变和逆变：** 展示如何将 LVTI 与通配符、协变和逆变结合使用。

解决方案

下面将介绍上述问题的解决方案。通常，这些问题的正确解决方法是不止一种的。需要注意的是，书中的代码和思路讲解仅包括了最关键的部分，你可以访问 https://github.com/PacktPublishing/Java-Coding-Problems 下载完整的代码以获取更多细节，还可以尝试运行这些示例代码。

78. 简单的 `var` 示例

从 Java 10 开始，引入了 JEP 286，即 Java 局部变量类型推断（LVTI），也被称为 `var` 类型。

> **提示：** 这个 `var` 标识符不是 Java 关键字，而是保留的类型名称。

LVTI 是一个编译相关的特性，不会对字节码、运行时或性能产生任何负面影响。简而言之，LVTI 适用于局部变量，其工作原理：编译器会检查右侧并推断出实际类型。如果右侧是**初始化器**（Initializer），则会直接使用该类型。

> **提示：** 这个特性提供了编译时的安全保障。换言之，任何尝试进行不正确赋值的程序都会无法通过编译。只有在编译器已经准确推断出 `var` 的具体类型后，我们才能给其分配相应类型的值。

LVTI 有很多优点，比如减少了代码冗余和样板代码（boilerplate code）的负担。此外，在涉及复杂类型声明时，LVTI 还可以缩短编写代码的时间，如下所示：

```
//不用var
Map<Boolean, List<Integer>> evenAndOddMap...

//使用var
var evenAndOddMap = ...
```

代码可读性是个备受争议的话题。一些人认为，使用 `var` 可能会对代码的可读性产生负面影响，而另一些人则坚决持有反对的立场。的确，在某些应用场景下，我们可能需要在可读性上做出一定的妥协。然而，在实际编程过程中，往往出现的状况是，我们对实例变量的命名花费了大量心力，却对局部变量的命名很随意，如下所示：

```
public Object fetchTransferableData(String data) throws UnsupportedFlavorException, IOException {
  StringSelection ss = new StringSelection(data);
  DataFlavor[] df = ss.getTransferDataFlavors();
  Object obj = ss.getTransferData(df[0]);
  return obj;
}
```

这个方法简短易懂，名称恰当，实现整洁。然而，在检查局部变量的命名时，我们会发现它们过于简单，几乎只是字母缩写，但这并不妨碍我们理解每个局部变量的类型，因为左侧已经提供了足够的信息。现在，让我们以 LVTI 的方式来重写这段代码：

```
public Object fetchTransferableData(String data) throws UnsupportedFlavorException, IOException {
  var ss = new StringSelection(data);
  var df = ss.getTransferDataFlavors();
  var obj = ss.getTransferData(df[0]);
  return obj;
}
```

显然，由于现在更难推断局部变量的类型，代码的可读性已经降低了。不过，编译器还是可以推断出正确类型，如图所示：

该方法的反编译结果：

```
public Object fetchTransferableData(String data)
      throws UnsupportedFlavorException, IOException {

        StringSelection ss = new StringSelection(data);
        DataFlavor[] df = ss.getTransferDataFlavors();
        Object obj = ss.getTransferData(df[0]);

        return obj;
}
```

要解决可读性问题，我们可以使用更具意义的名称来命名 LVTI 局部变量，如下所示：

```
public Object fetchTransferableData(String data) throws UnsupportedFlavorException, IOException {
  var stringSelection = new StringSelection(data);
  var dataFlavorsArray = stringSelection.getTransferDataFlavors();
  var obj = stringSelection.getTransferData(dataFlavorsArray[0]);
  return obj;
}
```

然而，导致可读性问题的另一个原因是我们通常倾向于将类型视为主要信息，而将变量名视为次要信息，但实际上应该反过来。

让我们再看两个使用集合（如 `List`）的例子：

```
//反面案例
public List<Player> fetchPlayersByTournament(String tournament) {
  var t = tournamentRepository.findByName(tournament);
  var p = t.getPlayers();
  return p;
}
```

```
//正面案例
public List<Player> fetchPlayersByTournament(String tournament) {
  var tournamentName = tournamentRepository.findByName(tournament);
  var playerList = tournamentName.getPlayers();
  return playerList;
}
```

赋予局部变量有意义的名称，并不意味着我们会落入**过度命名**（over-naming）的陷阱。例如，应该避免仅用类型名称来给变量命名：

```
//反面案例
var fileCacheImageOutputStream = new FileCacheImageOutputStream(..., ...);

//正面案例
var outputStream = new FileCacheImageOutputStream(..., ...);

//或者
var outputStreamOfFoo = new FileCacheImageOutputStream(..., ...);
```

79. 使用 var 与基本类型

在使用 LVTI 与基本类型（如 int、long、float 和 double）时，可能会出现期望和推断类型不匹配的问题。在这种情况下，`var` 类型的**隐式类型转换**（implicit type casting）才是罪魁祸首。

举个例子，我们来看一下基于显式基本类型的变量声明：

```
boolean valid = true; //这个是boolean类型
char c = 'c'; //这个是char类型
```

现在，让我们用 LVTI 替换显式的基本类型：

```
var valid = true; //推断为boolean类型
var c = 'c'; //推断为char类型
```

很好！到目前为止没有问题！让我们再看看另一组基于显式基本类型的变量声明：

```
int intNumber = 10; //这是int类型
long longNumber = 10; //这是long类型
float floatNumber = 10; //这是float类型，10.0
double doubleNumber = 10; //这是double类型，10.0
```

在这里，我们再次用 LVTI 替换显式的基本类型：

```
//反面案例
var intNumber = 10; //推断为int类型
var longNumber = 10; //推断为int类型
var floatNumber = 10; //推断为int类型
var doubleNumber = 10; //推断为int类型
```

如图所示，这四个变量都被推断成了 `int` 类型：

相关变量声明的反编译结果：

```
int intNumber = 10;
int longNumber = 10;
int floatNumber = 10;
int doubleNumber = 10;
```

解决这个问题的方法是使用显式的 Java **字面量**：

```
//正面案例
var intNumber = 10; //推断为int类型
var longNumber = 10L; //推断为long类型
var floatNumber = 10F; //推断为float类型，10.0
var doubleNumber = 10D; //推断为double类型，10.0
```

最后，让我们来看一个包含小数的数字，如下所示：

```
var floatNumber = 10.5; //推断为double类型
```

尽管变量名表明 `10.5` 是 float 类型，但它实际上被推断为 double 类型。因此，建议在表示带有小数的数字时（尤其是 `float` 类型的数字），也使用**字面量**：

```
var floatNumber = 10.5F; //推断为float类型
```

80. 使用 `var` 和隐式类型转换来提高代码的可维护性

在上一个问题中，我们看到了将 `var` 与隐式类型转换结合后，可能会导致的问题。但在某些场景中，这种结合却能够提高代码的可维护性。

我们来设想这样一种场景：我们需要编写一个方法，调用 `ShoppingAddicted` 接口（通过推断，这些方法可以是两个 Web 服务、端点等）。其中一个方法专门用于返回给定购物车的最优惠的价格。它可以接收一个产品列表，通过查询不同的在线商店，来获取并返回最优惠的价格。这里商品价格使用 `int` 类型表示，如下所示：

```
public static int fetchBestPrice(String[] products) {
  float realprice = 399.99F; //查询商店价格的代码
  int price = (int) realprice;
  return price;
}
```

还有一种方法是接收 `int` 类型的价格，并执行支付操作。如果支付成功，函数会返回 `true`：

```
public static boolean debitCard(int amount) {
  return true;
}
```

现在，我们的代码将作为客户端，让客户自由选择和购买商品，并提供最优惠的价格。购买完成后，相应的款项将立即从账户中扣除：

```
//反面案例
public static boolean purchaseCart(long customerId) {

  int price = ShoppingAddicted.fetchBestPrice(new String[0]);
  boolean paid = ShoppingAddicted.debitCard(price);
  return paid;
}
```

但是过了一段时间，ShoppingAddicted 接口的所有者意识到，通过将实际价格转换为 int 类型，他们会损失一些钱（例如，实际价格是 399.99，但以 int 形式表示，它将是 399.0，这意味着会损失 0.99）。因此，他们决定放弃这种做法，改为以浮点数类型表示实际价格：

```
public static float fetchBestPrice(String[] products) {
  float realprice = 399.99F; //查询商店价格的代码
  return realprice;
}
```

由于返回的价格是浮点数，因此需要对 debitCard() 方法进行相应的改造：

```
public static boolean debitCard(float amount) {
  return true;
}
```

但是升级到新版 ShoppingAddicted 接口后，会因为从 float 到 int 类型转换时存在精度丢失，导致代码执行失败。这是正常的，因为我们的代码期望的是 int 类型。

此时，如果我们预料到这种情况，使用 var 而不是 int，那么由于隐式类型转换，代码就能够正常运行：

```
//正面案例
public static boolean purchaseCart(long customerId) {
  var price = ShoppingAddicted.fetchBestPrice(new String[0]);
  var paid = ShoppingAddicted.debitCard(price);
  return paid;
}
```

81. 显式向下转型（downcast）应避免使用 var

在“79. 使用 var 与基本类型”中，我们提到了使用基本类型（包括 int、long、float 和 double）的字面量（literals）可以避免由隐式类型转换引起的问题。然而，并不是所有 Java 基本类型都能够使用字面量。在下述情况下，最好的方法是避免使用 var。

我们先来看一下声明 byte 和 short 变量的情况：

```
byte byteNumber = 25; //这是byte类型
short shortNumber = 1463; //这是short类型
```

如果我们用 var 替换显式类型，那么推断出的类型将是 int：

```
var byteNumber = 25; //推断为int类型
var shortNumber = 1463; //推断为int类型
```

不幸的是，这两种基本类型没有可用的字面量。要让编译器推断出正确的类型，唯一的方法是进行显式的向下转型（强制类型转换）：

```
var byteNumber = (byte) 25; //推断为byte类型
var shortNumber = (short) 1463; //推断为short类型
```

尽管这段代码能够成功编译并按照预期工作，但是相比使用显式类型没有任何优势。因此，在这种情况下，最好避免使用 `var` 和显式向下转型。

82. 在变量名没有足够的类型信息保障可读性时应避免使用 var

这个问题再次证明了 `var` 并不是万能的。下面的代码片段可以用显式类型或 `var` 来编写，都不会丢失信息：

```
//使用显式类型
MemoryCacheImageInputStream is = new MemoryCacheImageInputStream(...);
JavaCompiler jc = ToolProvider.getSystemJavaCompiler();
StandardJavaFileManager fm = compiler.getStandardFileManager(...);
```

将上面的代码迁移到 `var` 的写法之后，如下所示：

```
//使用var
var inputStream = new MemoryCacheImageInputStream(...);
var compiler = ToolProvider.getSystemJavaCompiler();
var fileManager = compiler.getStandardFileManager(...);
```

而下面的代码则是过度命名的反面案例：

```
//使用var
var inputStreamOfCachedImages = new MemoryCacheImageInputStream(...);
var javaCompiler = ToolProvider.getSystemJavaCompiler();
var standardFileManager = compiler.getStandardFileManager(...);
```

让我们再来看看下面这段代码：

```
//反面案例
public File fetchBinContent() {
  return new File(...);
}

//从另一个地方调用
//注意变量名，bin
var bin = fetchBinContent();
```

在不检查返回类型的情况下，很难直接推断出变量 `bin` 的类型。通常，处理这种情况时，应该使用显式类型，因为右侧没有足够的信息供我们选择合适的变量名：

```
//从另一个地方调用
//现在左侧包含足够的信息
File bin = fetchBinContent();
```

因此，为了让变量的类型信息更加清晰，我们最好不要使用 var。否则，可能会增加代码的维护成本。

此外，还有一个关于 java.nio.channels.Selector 类的例子。该类提供了一个名为 open() 的静态方法，用于返回一个新打开的 Selector 实例。然而，如果我们使用 var 声明变量来捕获返回值，会很容易误认为该方法返回了一个表示当前 Selector 是否成功打开的布尔值。

83. 结合 LVTI 和面向接口编程技术

Java 最佳实践倡导将代码绑定到抽象层，也就是说，我们需要使用**面向接口编程**技术来实现。这种技术非常适合用于集合的声明。比如，建议使用以下方式声明 ArrayList：

```
List<String> players = new ArrayList<>();
```

但我们应该避免如下的写法：

```
ArrayList<String> players = new ArrayList<>();
```

在第一个示例中，我们创建了一个 ArrayList 类的实例（或 HashSet、HashMap 等），但是声明的变量是 List 类型的（或 Set、Map 等）。由于 List、Set、Map 等都是接口，所以我们可以轻易地将其替换为其他 List（或 Set、Map 等）子类的实例，而无需修改相关的代码。

但遗憾的是，LVTI 无法从**面向接口编程**中获益。简单来说，当我们使用 var 时，推断出的类型是具体实现，而不是接口。例如，如果我们用 var 替换 List<String>，那么推断出的类型将是 ArrayList<String>：

```
//推断为ArrayList<String>类型
var playerList = new ArrayList<String>();
```

然而，也有些人支持这种做法：

- LVTI 主要在局部变量的层面发挥其作用，相较于在方法参数、返回类型或字段类型中，用到面向接口编程的场景实际上是很少的。
- 局部变量的作用域有限，因此改用其他实现带来的代码修改应该也会相对较小。
- 从右往左阅读 LVTI 代码，有助于推断出初始化程序的实际类型。如果将来修改了这个初始化器，那么所推断出的类型可能会有所不同，这将导致使用该变量的代码出现问题。

84. 结合 LVTI 和钻石操作符

一般来说，如果右侧没有提供推断出期望类型所需的信息，将 LVTI 与**钻石运算符**（diamond operator）结合使用可能会导致意外的类型推断结果。

在 JDK 7 之前，也就是在 Project Coin 之前，声明 List<String> 的方式如下：

```
List<String> players = new ArrayList<String>();
```

基本上，前面的例子都明确指定了泛型类实例化的参数类型。从 JDK 7 开始，Project Coin 引入了钻石操作符，它能够自动推断泛型类实例化的参数类型，如下所示：

```
List<String> players = new ArrayList<>();
```

如果我们用 LVTI 改写这个例子，如下所示：

```
var playerList = new ArrayList<>();
```

那么推断出的类型会是什么？我们得到的是 `ArrayList<Object>` 而不是 `ArrayList<String>`，这显然不是我们期望的结果。原因在于，推断所需的 `String` 类型信息实际上并不存在（注意右侧没有明确提到 `String` 类型）。这表明，在类型推断时，LVTI 会默认选择最通用的类型，即 `Object` 类型。

如果 `ArrayList<Object>` 不是我们想要的，那么我们就需要提供所需信息，以使其推断出预期的类型，如下所示：

```
var playerList = new ArrayList<String>();
```

这样一来，推断出的类型即为 `ArrayList<String>`。类型也可以间接地进行推断，如下所示：

```
var playerStack = new ArrayDeque<String>();
//推断为ArrayList<String>类型
var playerList = new ArrayList<>(playerStack);
```

还可以通过以下方式间接推断：

```
Player p1 = new Player();
Player p2 = new Player();
var listOfPlayer = List.of(p1, p2); //推断为List<Player>类型

//千万不要这样做！
var listOfPlayer = new ArrayList<>(); //推断为ArrayList<Object>类型
listOfPlayer.add(p1);
listOfPlayer.add(p2);
```

85. 将数组赋值给 var

通常情况下，将数组赋值给变量时，不需要使用 `[]` 括号。如果要显式定义一个 `int` 数组，可以使用以下方式：

```
//正面案例
int[] numbers = new int[10];

//反面案例
int numbers[] = new int[10];
```

如果你尝试直接使用 `var` 而不是 `int`：

```
var[] numberArray = new int[10];
var numberArray[] = new int[10];
```

很不幸，这两种方法都无法正常编译。为了解决这个问题，我们需要删除左侧的方括号：

```
//正面案例
var numberArray = new int[10]; //推断为int[]类型
numberArray[0] = 3; //可以
numberArray[0] = 3.2; //不可以
numbers[0] = "3"; //不可以
```

常见的做法是在声明时初始化数组，如下所示：

```
//显式类型可以正常编译
int[] numbers = {1, 2, 3};
```

然而，试图使用 `var` 将会导致编译失败：

```
//无法编译
var numberArray = {1, 2, 3};
var numberArray[] = {1, 2, 3};
var[] numberArray = {1, 2, 3};
```

这段代码无法编译，因为右侧缺少必要的类型信息。

86. 在多变量声明中使用 LVTI

使用多变量声明（compound declaration），我们可以在不重复指定类型的情况下，一次性声明一组相同类型的变量。只需指定一次类型，然后用逗号分隔变量即可：

```
//使用显式类型
String pending = "pending",
  processed = "processed",
  deleted = "deleted";
```

如果把 `String` 替换为 `var`，将无法通过编译：

```
//无法编译
var pending = "pending", processed = "processed", deleted = "deleted";
```

要解决这个问题，我们需要将多变量声明转换为单变量声明：

```
//使用var，推断的类型为String
var pending = "pending";
var processed = "processed";
var deleted = "deleted";
```

由此可以看出，在大多数情况下，我们不能将 LVTI 应用于多变量的声明。

87. LVTI 和变量作用域

要实现整洁代码的最佳实践，其中一个重要的准则是尽可能缩小局部变量的作用范围。这一原则在 LVTI 出现之前就已经被广泛接受，它是保持代码清晰简洁的有效方法之一。其不仅确保了代码的可读性和可维护性，还将有助于快速发现并修复错误。我们来看一个例子，可以更好地说明这条规则的重要性：

```
//反面案例
//...
var stack = new Stack<String>();
stack.push("John");
stack.push("Martin");
stack.push("Anghel");
stack.push("Christian");

//此处省略50行和堆栈无关的代码

//John, Martin, Anghel, Christian
stack.forEach(...);
```

上述代码声明了一个包含四个名字的堆栈，并使用 `forEach()` 方法进行循环。该方法从 `java.util.Vector` 继承而来，它将堆栈作为向量进行遍历（即 `John`、`Martin`、`Anghel` 和 `Christian`）。这正是我们想要的遍历顺序。

但后来我们决定从堆栈切换到 `ArrayDeque`（原因不重要）。这次，`ArrayDeque` 类提供了 `forEach()` 方法。与 `Vector.forEach()` 不同的是，该方法按照**后进先出**（LIFO）的方式遍历（即 `Christian`、`Anghel`、`Martin` 和 `John`），如下所示：

```
//反面案例
//...
var stack = new ArrayDeque<String>();
stack.push("John");
stack.push("Martin");
stack.push("Anghel");
stack.push("Christian");

//此处省略50行和堆栈无关的代码

//Christian, Anghel, Martin, John
stack.forEach(...);
```

这并不是我们的本意！虽然我们出于某些目的，切换到了 `ArrayDeque`，但是却不想改变循环的顺序。但是，定位这种 bug 是很困难的，因为包含 `forEach()` 的部分并不在我们变动的代码附近（中间隔了 50 行无关的代码）。我们需要提出一个能够快速修复此 bug 的解决方案，以避免在理解整个代码运行逻辑时滚动大片的屏幕。这个解决方案和之前提到的代码整洁规则有关，即应将变量的作用域控制在一个小范围内，如下所示：

```
//正面案例
//...
var stack = new Stack<String>();
stack.push("John");
stack.push("Martin");
stack.push("Anghel");
stack.push("Christian");

//John, Martin, Anghel, Christian
stack.forEach(...);

//省略50行和堆栈无关的代码
```

现在，我们就能更快地发现和修复错误了。

88. LVTI 和三元操作符

通常情况下，三元运算符可以让我们在其右侧使用各种不同的类型。但是，如果代码像下面这样编写，将无法通过编译：

```
//无法编译
List evensOrOdds = containsEven ? List.of(10, 2, 12) : Set.of(13, 1, 11);

//无法编译
Set evensOrOdds = containsEven ? List.of(10, 2, 12) : Set.of(13, 1, 11);
```

然而，我们可以通过以下方式重写这段代码：

```
Collection evensOrOdds = containsEven ? List.of(10, 2, 12) : Set.of(13, 1, 11);
Object evensOrOdds = containsEven ? List.of(10, 2, 12) : Set.of(13, 1, 11);
```

我们再来看看另一个例子：

```
//无法编译
int numberOrText = intOrString ? 2234 : "2234";

//无法编译
String numberOrText = intOrString ? 2234 : "2234";
```

同样，我们还可以通过以下方式来重写这段代码：

```
Serializable numberOrText = intOrString ? 2234 : "2234";
Object numberOrText = intOrString ? 2234 : "2234";
```

由此可见，在右侧包含不同类型操作数的三元运算符中，开发者必须正确匹配支持两个条件分支的类型。此时，开发者可以使用 LVTI，如下所示（当然，这同样适用于相同类型的操作数）：

```
//推断为Collection<Integer>类型
var evensOrOddsCollection = containsEven ? List.of(10, 2, 12) : Set.of(13, 1, 11);
```

```
//推断为Serializable类型
var numberOrText = intOrString ? 2234 : "2234";
```

注意，不要因此得出“`var` 类型是在运行时推断出来的”错误结论。

89. LVTI 和 for 循环

使用显式类型声明来编写 for 循环非常简单，如下所示：

```
//显式类型
for (int i = 0; i < 5; i++) {
  //...
}
```

当然，我们也可以用增强 for 循环：

```
List<Player> players = List.of(new Player(), new Player(), new Player());

for (Player player : players) {
  //...
}
```

从 JDK 10 开始，我们可以用 `var` 替代变量 `i` 和 `player` 的显式类型，如下所示：

```
for (var i = 0; i < 5; i++) { //i被推断为int类型
  //...
}

for (var player : players) { //i被推断为Player类型
  //...
}
```

当循环数组、集合等类型发生变化时，使用 `var` 会方便很多。例如，通过使用 `var`，以下两个版本的数组都可以在循环时不指定显式类型：

```
//变量array代表int[]
int[] array = { 1, 2, 3 };

//或者相同的array变量却代表String[]
String[] array = {
  "1", "2", "3"
};

//依赖于array是如果被定义的
//i将被推断为int或者String
for (var i: array) {
  System.out.println(i);
}
```

90. LVTI 和流

让我们来看看下面的 `Stream<Integer>` 流：

```
//显式类型
Stream<Integer> numbers = Stream.of(1, 2, 3, 4, 5);
numbers.filter(t -> t % 2 == 0).forEach(System.out::println);
```

用 LVTI 替换 `Stream<Integer>` 非常简单。只需将 `Stream<Integer>` 改为 `var`，如下所示：

```
//使用var，推断为Stream<Integer>类型
var numberStream = Stream.of(1, 2, 3, 4, 5);
numberStream.filter(t -> t % 2 == 0).forEach(System.out::println);
```

以下是另一个例子：

```
//显式类型
Stream<String> paths = Files.lines(Path.of("..."));
List<File> files = paths.map(p -> new File(p)).collect(toList());

//使用var
//推断为Stream<String>类型
var pathStream = Files.lines(Path.of(""));

//推断为List<File>类型
var fileList = pathStream.map(p -> new File(p)).collect(toList());
```

看起来 LVTI 和 Stream（流）可以很好地配合使用。

91. 使用 LVTI 拆分嵌套 / 大型表达式链

大型或嵌套的表达式往往让人印象深刻，但也很令人生畏。这些表达式通常被认为是聪明或巧妙的代码，但这种做法是好是坏还存在争议，如下所示：

```
List<Integer> ints = List.of(1, 1, 2, 3, 4, 4, 6, 2, 1, 5, 4, 5);

//反面案例
int result = ints.stream()
  .collect(Collectors.partitioningBy(i -> i % 2 == 0))
  .values()
  .stream()
  .max(Comparator.comparing(List::size))
  .orElse(Collections.emptyList())
  .stream()
  .mapToInt(Integer::intValue)
  .sum();
```

这种写法可能是有意为之的，也可能是逐渐增加后变成这样的。但是，当这种表达方式变得难以理解时，我们就需要通过使用局部变量将其分解成片段。然而，这种工作往往令人感到乏味。

```
List<Integer> ints = List.of(1, 1, 2, 3, 4, 4, 6, 2, 1, 5, 4, 5);

//正面案例
Collection<List<Integer>> evenAndOdd = ints.stream()
  .collect(Collectors.partitioningBy(i -> i % 2 == 0))
  .values();

List<Integer> evenOrOdd = evenAndOdd.stream()
  .max(Comparator.comparing(List::size))
  .orElse(Collections.emptyList());

int sumEvenOrOdd = evenOrOdd.stream()
  .mapToInt(Integer::intValue)
  .sum();
```

我们可以看出上述代码中的局部变量有 `Collection<List<Integer>>`、`List<Integer>` 和 `int` 三种类型。很明显，这些显式类型需要花费一些时间来获取和编写。这可能是未将表达式分解成片段的一个好理由。然而，如果我们想采用局部变量的风格，使用 `var` 类型而不是显式类型，可以节省大量用于重构的时间。

```
var intList = List.of(1, 1, 2, 3, 4, 4, 6, 2, 1, 5, 4, 5);

//正面案例
var evenAndOdd = intList.stream()
  .collect(Collectors.partitioningBy(i -> i % 2 == 0))
  .values();

var evenOrOdd = evenAndOdd.stream()
  .max(Comparator.comparing(List::size))
  .orElse(Collections.emptyList());

var sumEvenOrOdd = evenOrOdd.stream()
  .mapToInt(Integer::intValue)
  .sum();
```

这样就好多了！现在，编译器的工作就是推断这些局部变量的类型。我们只需要选择断开表达式的位置，然后使用 `var` 来标记它们即可。

92. LVTI 和方法返回值及参数类型

通常情况下，我们不能将 LVTI 作为方法返回类型或参数类型。不过，我们可以使用 `var` 类型的变量作为方法的参数或返回值。接下来，我们通过几个示例更深入地理解这些概念：

- LVTI 不能用作方法返回类型（以下代码不能编译）：

```
//无法编译
public var fetchReport(Player player, Date timestamp) {
  return new Report();
}
```

• LVTI 不能用作方法参数类型（以下代码不能编译）:

```
public Report fetchReport(var player, var timestamp) {
  return new Report();
}
```

• 可以将 `var` 类型的变量作为方法参数传入或作为返回值返回（以下代码可以编译成功且能正常工作）:

```
public Report checkPlayer() {
  var player = new Player();
  var timestamp = new Date();
  var report = fetchReport(player, timestamp);
  return report;
}

public Report fetchReport(Player player, Date timestamp) {
  return new Report();
}
```

93. LVTI 和匿名类

LVTI 可以用于匿名类。我们来看一个例子，使用显式类型的 `weighter` 变量来定义匿名类:

```
public interface Weighter {
  int getWeight(Player player);
}

Weighter weighter = new Weighter() {
  @Override
  public int getWeight(Player player) {
    return ...;
  }
};

Player player = ...;
int weight = weighter.getWeight(player);
```

接下来，我们来看看使用 LVTI 的写法:

```
var weighter = new Weighter() {
  @Override
  public int getWeight(Player player) {
    return ...;
  }
};
```

94. LVTI 可以是 final 变量或 effectively final 变量

简单提醒一下，从 JDK 8 开始，局部类便可以访问封闭块中的 final 变量或 effectively final 变量。effectively final 变量指的是那些在初始化后就永不改变的变量或参数。

下面的代码片段展示了如何使用 effectively final 变量，以及两个 final 变量。其中，`ratio` 变量是 effectively final 变量，如果尝试重新赋值会导致错误；`limit` 和 `bmi` 变量是 final 变量，如果尝试重新赋值也会导致错误：

```
public interface Weighter {
  float getMarginOfError();
}

float ratio = fetchRatio(); //这是effectively final变量

var weighter = new Weighter() {
  @Override
  public float getMarginOfError() {
    return ratio * ...;
  }
};

ratio = fetchRatio(); //这次重新赋值会导致错误

public float fetchRatio() {
  final float limit = new Random().nextFloat(); //这是final变量
  final float bmi = 0.00023f; //这是final变量

  limit = 0.002f; //这次重新赋值会导致错误
  bmi = 0.25f; //这次重新赋值会导致错误

  return limit * bmi / 100.12f;
}
```

现在，我们尝试用 `var` 来代替显式类型。编译器会自动推断出这些变量（`ratio`、`limit` 和 `bmi`）的正确类型，并保持它们的状态—— `ratio` 将成为 effectively final 变量，而 `limit` 和 `bmi` 则是 final 变量。但如果尝试重新给任何一个变量赋值，就会触发报错：

```
var ratio = fetchRatio(); //这是effectively final变量

var weighter = new Weighter() {
  @Override
  public float getMarginOfError() {
    return ratio * ...;
  }
};

ratio = fetchRatio(); //这次重新赋值会导致错误

public float fetchRatio() {
  final var limit = new Random().nextFloat(); //这是final变量
  final var bmi = 0.00023f; //这是final变量

  limit = 0.002f; //这次重新赋值会导致错误
  bmi = 0.25f; //这次重新赋值会导致错误
```

```
  return limit * bmi / 100.12f;
}
```

95. LVTI 和 Lambda 表达式

同时使用 LVTI 和 Lambda 表达式的问题在于无法推断出具体类型，而且初始值设定项（initializer）也不允许使用 Lambda 表达式和方法引用。由于这个声明是 `var` 的一部分，因此需要显式指定 Lambda 表达式和方法引用的目标类型。

例如，以下代码片段是无法编译的：

```
//无法编译
//Lambda表达式需要一个显式的目标类型
var incrementX = x -> x + 1;

//方法引用需要一个显式的目标类型
var exceptionIAE = IllegalArgumentException::new;
```

由于这两段代码无法使用 `var`，因此需按以下方式编写：

```
Function<Integer, Integer> incrementX = x -> x + 1;
Supplier<IllegalArgumentException> exceptionIAE = IllegalArgumentException::new;
```

但是在 Lambda 的上下文中，Java 11 允许我们在 Lambda 参数中使用 `var`。例如，以下代码在 Java 11 中可以正常工作（更多细节可以在 *JEP 323: Lambda 参数的局部变量语法*（*Local-Variable Syntax for Lambda Parameters*）中找到，网址是 https://openjdk.org/jeps/323）：

```
@FunctionalInterface
public interface Square {
  int calculate(int x);
}

Square square = (var x) -> x * x;
```

注意，以下代码是无法正常运行的：

```
var square = (var x) -> x * x; //无法进行类型推断
```

96. LVTI 和空初始化器、实例变量以及 catch 块变量

LVTI 能否与空初始化器、实例变量和 catch 块变量一起使用呢？很遗憾，LVTI 不能与它们中的任何一个同时使用：

- LVTI 不能与空初始化器一起使用：

```
//报错: variable initializer is 'null'
//（意思是，变量初始化器不能为'null'）
var message = null;
```

```
//报错：cannot use 'var' on variable without initializer
//（意思是，不能在没有初始化器的变量上使用'var'）
var message;
```

- LVTI 不能与实例变量（或字段）一起使用：

```
public class Player {
  //报错：'var' is not allowed here
  //（意思是，此处不允许使用'var'）
  private var age;
  //报错：'var' is not allowed here
  //（意思同上）
  private var name;
  //...
}
```

- LVTI 不能用于 catch 块变量：

```
try {
  TimeUnit.NANOSECONDS.sleep(1000);
} catch (var ex) { ... }
```

try-with-resource

但从另一方面考虑，`var` 类型非常适用于 `try-with-resource`，可参考下面的例子：

```
//显式类型
try (PrintWriter writer = new PrintWriter(new File("welcome.txt"))) {
  writer.println("Welcome message");
}

//使用var
try (var writer = new PrintWriter(new File("welcome.txt"))) {
  writer.println("Welcome message");
}
```

97. LVTI 和泛型类型

为了更好地理解 LVTI 如何与泛型类型结合，我们可以从一个例子开始。下面这个方法是泛型类型 `T` 的经典用法：

```
public static <T extends Number> T add(T t) {
  T temp = t;
  //...
  return temp;
}
```

在这种情况下，我们可以把 `T` 替换成 `var`，代码也能正常运行：

```java
public static <T extends Number> T add(T t) {
  var temp = t;
  //...
  return temp;
}
```

因此，使用LVTI可以方便地定义带有泛型类型的局部变量。让我们来看一些其他的例子，首先使用泛型类型 `T`，如下所示：

```java
public <T extends Number> T add(T t) {
  List<T> numberList = new ArrayList<T>();
  numberList.add(t);
  numberList.add((T) Integer.valueOf(3));
  numberList.add((T) Double.valueOf(3.9));
  //报错：incompatible types: String cannot be converted to T
  //（意思是，不兼容的类型：无法将String转换为T）
  //numbers.add("5");
  return numberList.get(0);
}
```

然后，我们试着用 `var` 替换 `List<T>`：

```java
public <T extends Number> T add(T t) {
  var numberList = new ArrayList<T>();
  numberList.add(t);
  numberList.add((T) Integer.valueOf(3));
  numberList.add((T) Double.valueOf(3.9));
  //报错：incompatible types: String cannot be converted to T
  //（意思是，不兼容的类型：无法将String转换为T）
  //numbers.add("5");
  return numberList.get(0);
}
```

注意仔细检查 `ArrayList` 实例化时是否包含 `T`。不建议按下例这样做（因为这会被推断为 `ArrayList<Object>`，从而忽略泛型 `T` 的实际类型）：

```java
var numberList = new ArrayList<>();
```

98. LVTI、通配符、协变和逆变

将通配符、协变量和逆变量替换为 LVTI 是一项非常微妙的工作，需要充分意识到其可能带来的后果。

LVTI 和通配符

首先，我们来讨论一下 LVTI 和通配符（？）。常见的一种做法是将通配符与 `Class` 关联起来，并编写类似于以下的代码：

```
//显式类型
Class<?> clazz = Long.class;
```

在这种情况下，用 `var` 替换 `Class<?>` 是没问题的，编译器会根据右侧的类型自动推断出正确的类型，比如在这个例子中，编译器会自动推断出 `Class<Long>` 类型。

注意，使用 LVTI 替换通配符需要小心谨慎。我们应该意识到它可能会带来一些不良后果（或者说是副作用）。让我们看一个使用 `var` 替换通配符的反面案例，如下所示：

```
Collection<?> stuff = new ArrayList<>();
stuff.add("hello"); //编译时错误
stuff.add("world"); //编译时错误
```

由于类型不兼容，这段代码无法通过编译。一种糟糕的解决方法是用 `var` 替换通配符，如下所示：

```
var stuff = new ArrayList<>();
stuff.add("hello"); //没有错误
stuff.add("world"); //没有错误
```

当我们使用 `var` 后，错误的确会消失，然而这并不是编写那段代码的本意。所以，通常不要因为一些令人烦躁的错误似乎被魔法般地解决了，就轻易地将 `Foo<?>` 替换为 `var`。我们应该尝试去理解原本预期完成的任务是什么，然后据此采取适当的行动。比如，在前面的代码片段中，我们可能原本试图定义 `ArrayList<String>`，但由于失误，结果却创建了 `Collection<?>`。

LVTI 和协变 / 逆变

使用 LVTI 代替协变（`Foo<? extends T>`）或逆变（`Foo<? super T>`）是非常危险的，我们应该尽量避免这种做法。我们来看一下这段代码片段：

```
//显式类型
Class<? extends Number> intNumber = Integer.class;
Class<? super FilterReader> fileReader = Reader.class;
```

在**协变**中，我们有一个由 `Number` 类表示的**上界**，而在**逆变**中，我们有一个由 `FilterReader` 类表示的**下界**。有了这些限制（或约束），以下代码会触发一个特定的编译时错误：

```
//无法编译
//报错：Class<Reader> cannot be converted to Class<? extends Number>
//（意思是，无法将Class<Reader>转换为Class<? extends Number>）
Class<? extends Number> intNumber = Reader.class;

//无法编译
//报错：Class<Integer> cannot be converted to Class<? super FilterReader>
//（意思是，无法将Class<Integer>转换为Class<? super FilterReader>）
Class<? super FilterReader> fileReader = Integer.class;
```

现在，让我们使用 `var` 来代替先前的协变和逆变：

```
//使用var
var intNumber = Integer.class;
var fileReader = Reader.class;
```

目前来看，这段代码不会有什么问题。但这样一来，我们可以给这些变量分配任意类型，这样我们的限制就会消失。而这并不是我们想要的：

```
//可以正常编译
var intNumber = Reader.class;
var fileReader = Integer.class;
```

因此，在协变和逆变方面使用 `var` 并不是一个明智的选择。

小结

读者可以参考 *JEP 323: Lambda 参数的局部变量语法*（*Local-Variable Syntax for Lambda Parameters*）和 *JEP 301: 增强枚举*（*Enhanced Enums*）了解更多信息。只要你熟悉了本章涉及的问题，在运用这些特性的时候就会得心应手。

另外，也欢迎下载本章相关的代码，以便查看结果和获取更多详细信息。

第 5 章
数组、集合和数据结构

在本章中，我们将详细讨论与数组、集合和数据结构相关的 30 个问题，并提供其解决方案。这些问题涵盖了众多常见需求，如排序、检索、比较、反转、填充、合并、复制及替换等操作。所有的解决方案都是基于 Java 8 ~ 12 版本实现的。读完本章后，你将构建起一套完善的知识体系，以便更有效地解决各类与数组、集合和数据结构有关的问题。

问题

以下问题可用于测试你操作数组、集合和数据结构的编程能力。在查看解决方案和下载示例代码之前，强烈建议你先尝试独立解决这些问题：

99. **对数组进行排序**：演示不同的数组排序算法。此外，编写一个程序来对数组进行洗牌。
100. **查找数组元素**：演示在给定的数组中查找特定元素（包括基本类型和对象类型）。可以返回元素的索引，或只检查该值是否在数组中。
101. **检查两个数组是否相等或不匹配**：判断给定的两个数组是否相等，或者是否存在不匹配的情况。
102. **按字典序比较两个数组**：按照字典序比较两个数组。
103. **用数组创建流**：用给定的数组创建一个流。
104. **计算数组的最小值、最大值和平均值**：计算给定数组的最小值、最大值和平均值。
105. **反转数组**：将给定的数组反转。
106. **填充和设置数组**：用生成器函数设置数组的所有元素，以计算每个元素的值，并填充数组。
107. **下一个更大的元素（NGE）**：返回数组中每个元素的下一个更大的元素。
108. **改变数组大小**：通过增加数组长度来向数组添加一个元素。此外，编写一个程序，以实现增加给定长度的数组的大小。
109. **创建不可修改 / 不可变的集合**：创建不可修改和不可变的集合。
110. **映射默认值**：从 Map 中获取一个值，如果不存在则返回默认值。
111. **判断 `Map` 中键是否存在或缺失**：编写一个程序，用于判断 `Map` 中键是否存在或缺失。
112. **从 `Map` 中移除元素**：通过给定的键从 `Map` 中移除元素。
113. **替换 `Map` 条目**：替换给定的 Map 条目。
114. **比较两个 `Map`**：对比两个 `Map`。

115. **对 Map 进行排序**：对一个 `Map` 进行排序。
116. **复制 HashMap**：实现对 `HashMap` 进行浅拷贝和深拷贝的功能。
117. **合并两个 Map**：尝试合并两个 `Map`。
118. **移除集合中所有符合谓词条件的元素**：移除集合中所有符合谓词条件的元素。
119. **将集合转换为数组**：将一个集合转换成数组。
120. **使用列表筛选集合**：使用列表对集合进行筛选。
121. **替换列表元素**：把列表里的每一个元素替换成应用给定运算符后的结果。
122. **线程安全的集合、栈和队列**：演示 Java 线程安全集合的使用。
123. **广度优先搜索（BFS）**：实现 BFS 算法。
124. **前缀树（Trie）**：实现 Trie 数据结构。
125. **元组（Tuple）**：实现 Tuple 数据结构。
126. **并查集**：实现并查集算法。
127. **芬威克树或二进制索引树**：实现芬威克树算法。
128. **布隆过滤器**：实现布隆过滤器算法。

解决方案

下面将介绍上述问题的解决方案。通常，这些问题的正确解决方法是不止一种的。需要注意的是，书中的代码和思路讲解仅包括了最关键的部分，你可以访问 https://github.com/PacktPublishing/Java-Coding-Problems 下载完整的代码以获取更多细节，还可以尝试运行这些示例代码。

99. 对数组进行排序

在众多领域和应用中，对数组进行排序是一项常见的任务。Java 内置了一个解决方案，使用比较器（comparator）对基本类型和对象数组进行排序。这种方式非常高效，也是大多数情况下的首选。在下面的内容中，我们将介绍几种不同的解决方案。

JDK 内置解决方案

Java 中的 `java.util.Arrays` 类提供了一个名为 `sort()` 的内置函数，它有 15 种以上的用法。在 `sort()` 方法内部，其采用了一种高效的排序算法，即双轴快速排序（dual-pivot quicksort）。

假设要对整数数组按照自然顺序（即原始 int）进行排序，我们可以使用 `Arrays.sort(int[] a)` 方法，如下所示：

```
int[] integers = new int[]{...};
Arrays.sort(integers);
```

有时候，我们需要对一个对象数组进行排序。假设我们有一个名为 `Melon` 的类（瓜类，具有品种和重量属性）：

```
public class Melon {
  private final String type;
```

```
  private final int weight;

  public Melon(String type, int weight) {
    this.type = type;
    this.weight = weight;
  }

  //为了简洁起见，这里省略了getter方法
}
```

使用正确的比较器，就可以对一组甜瓜（`Melon`）进行升序排序，如下所示：

```
Melon[] melons = new Melon[] { ... };
Arrays.sort(melons, new Comparator<Melon>() {
  @Override
  public int compare(Melon melon1, Melon melon2) {
    return Integer.compare(melon1.getWeight(), melon2.getWeight());
  }
});
```

对此使用 Lambda 表达式重写之后，同样可以得到相同的结果：

```
Arrays.sort(melons, (Melon melon1, Melon melon2) ->
  Integer.compare(melon1.getWeight(), melon2.getWeight()));
```

此外，数组还支持 `parallelSort()` 方法，可以并行排序元素。该方法采用基于 `ForkJoinPool` 的并行排序合并算法，即先将数组分成子数组并对其进行排序，然后再将它们合并。以下是一个示例：

```
Arrays.parallelSort(melons, new Comparator<Melon>() {
  @Override
  public int compare(Melon melon1, Melon melon2) {
    return Integer.compare(melon1.getWeight(), melon2.getWeight());
  }
});
```

这里也可以使用 Lambda 表达式，如下所示：

```
Arrays.parallelSort(melons, (Melon melon1, Melon melon2)
  -> Integer.compare(melon1.getWeight(), melon2.getWeight()));
```

在对对象数组进行排序时，有时我们需要按降序而不是升序排序。此时，我们仍可以使用比较器（`Comparator`）来实现，只需要将 `Integer.compare()` 方法返回的结果乘以 `-1` 即可：

```
Arrays.sort(melons, new Comparator<Melon>() {
  @Override
  public int compare(Melon melon1, Melon melon2) {
    return (-1) * Integer.compare(melon1.getWeight(), melon2.getWeight());
  }
});
```

或者，我们可以在 `compare()` 方法中交换参数顺序。如对于装箱过的基本类型数组，我们还可以使用 `Collections.reverse()` 方法来倒序排列，如下所示：

```
Integer[] integers = new Integer[] {3, 1, 5};
//1, 3, 5
Arrays.sort(integers);
//5, 3, 1
Arrays.sort(integers, Collections.reverseOrder());
```

有些遗憾的是，Java 没有内置的解决方案来对原始数据类型的数组按降序排序。通常情况下，我们需要先使用 `Arrays.sort()` 对数组进行升序排序，然后再反转数组来解决这个问题（其时间复杂度为 $O(n)$）：

```
//升序排列
Arrays.sort(integers);
//将数组反转，以获得降序排列
for (int leftHead = 0, rightHead = integers.length - 1;
    leftHead < rightHead; leftHead++, rightHead--) {
  int elem = integers[leftHead];
  integers[leftHead] = integers[rightHead];
  integers[rightHead] = elem;
}
```

另外一种解决方案是使用 Java 8 的函数式编程和装箱技术（需要注意，装箱操作很耗时）：

```
int[] descIntegers = Arrays.stream(integers)
  .boxed() //或者.mapToObj(i -> i)
  .sorted((i1, i2) -> Integer.compare(i2, i1))
  .mapToInt(Integer::intValue)
  .toArray();
```

其他排序算法

关于排序，其实还有很多其他的排序算法可供选择。因为每种算法都有其优缺点，所以在选择最佳方法时，需要根据应用程序的具体情况进行基准测试。让我们先从一个效率较低的算法开始，来探究一下这些算法。

冒泡排序

冒泡排序是一种简单的算法，它的基本思想是像冒泡一样，逐个将数组中的元素向上移动。也就是说，它会对数组进行多次遍历，每次比较相邻元素的大小，如果顺序错误就进行交换。下图展示了这个过程：

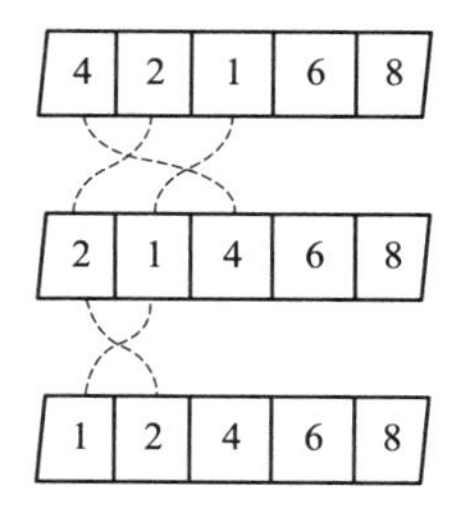

- 时间复杂度：最佳情况为 $O(n)$，平均情况为 $O(n^2)$，最坏情况也为 $O(n^2)$。
- 空间复杂度：最坏情况下为 $O(1)$。

以下是冒泡排序的一种实现：

```
public static void bubbleSort(int[] arr) {
  int n = arr.length;
  for (int i = 0; i < n - 1; i++) {
    for (int j = 0; j < n - i - 1; j++) {
      if (arr[j] > arr[j + 1]) {
        int temp = arr[j];
        arr[j] = arr[j + 1];
        arr[j + 1] = temp;
      }
    }
  }
}
```

在本书提供的代码中，还有一种优化版的冒泡排序，名为 `bubbleSortOptimized()`，它使用 `while` 循环来实现。

经过优化后，对于一个包含十万个随机整数的数组，新版本的处理速度将比原版本快约 2 秒。

前面的实现对原始数组的排序非常有效，但是如果要对一个对象数组进行排序，我们需要使用 `Comparator`，如下所示：

```
public static <T> void bubbleSortWithComparator(
    T arr[], Comparator<? super T> c) {
  int n = arr.length;
  for (int i = 0; i < n - 1; i++) {
    for (int j = 0; j < n - i - 1; j++) {
      if (c.compare(arr[j], arr[j + 1]) > 0) {
        T temp = arr[j];
        arr[j] = arr[j + 1];
        arr[j + 1] = temp;
      }
    }
  }
}
```

还记得之前提到的 `Melon` 吗？现在我们可以为它编写一个比较器，只需要实现 `Comparator` 接口即可，如下所示：

```
public class MelonComparator implements Comparator<Melon> {
  @Override
  public int compare(Melon o1, Melon o2) {
    return o1.getType().compareTo(o2.getType());
  }
}
```

或者，我们可以使用 Java 8 的函数式编程风格，如下所示：

```
//升序
Comparator<Melon> byType = Comparator.comparing(Melon::getType);
//降序
Comparator<Melon> byType = Comparator.comparing(Melon::getType).reversed();
```

我们可以用 `ArraySorts.bubbleSortWithComparator()` 方法和之前定义的 `Comparator` 对 `Melon` 数组进行排序，如下所示：

```
Melon[] melons = {...};
ArraySorts.bubbleSortWithComparator(melons, byType);
```

为了简洁起见，本书没有展示带有比较器的冒泡排序的优化版本，但你可以在本书的示例代码中找到它。

> **提示：**冒泡排序在处理接近有序的数组时表现优异。然而，总的来看，这依然是一种效率较低的算法。

插入排序

插入排序算法非常简单。它从第二个元素开始，逐个与前一个元素进行比较，如果前一个元素大于当前元素，则交换这两个元素。重复执行此过程，直到前一个元素小于当前元素为止。此后，算法会跳到数组中的下一个元素，并重复执行相同的步骤，如图所示：

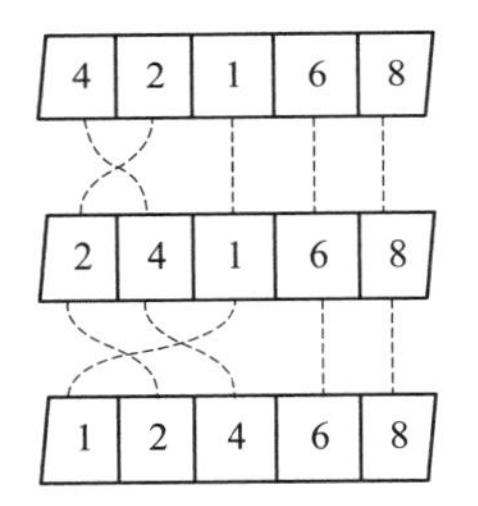

- 时间复杂度：最佳情况为 $O(n)$，而平均和最差情况则均为 $O(n^2)$。
- 空间复杂度：最坏情况下为 $O(1)$。

根据这个流程，基于基本类型的算法实现如下：

```
public static void insertionSort(int arr[]) {
  int n = arr.length;
  for (int i = 1; i < n; ++i) {
    int key = arr[i];
    int j = i - 1;
    while (j >= 0 && arr[j] > key) {
      arr[j + 1] = arr[j];
      j = j - 1;
    }
    arr[j + 1] = key;
  }
}
```

为了对 `Melon` 数组进行比较，我们需要在实现中引入一个 `Comparator` 比较器，如下所示：

```
public static <T> void insertionSortWithComparator(
  T arr[], Comparator<? super T> c) {
  int n = arr.length;
  for (int i = 1; i < n; ++i) {
    T key = arr[i];
    int j = i - 1;
    while (j >= 0 && c.compare(arr[j], key) > 0) {
      arr[j + 1] = arr[j];
      j = j - 1;
    }
    arr[j + 1] = key;
  }
}
```

在这里，我们使用 Java 8 函数式风格的 `Comparator`，通过 `thenComparing()` 方法按照甜瓜的品种和重量进行排序：

```
Comparator<Melon> byType = Comparator.comparing(Melon::getType)
  .thenComparing(Melon::getWeight);
```

我们可以使用 `ArraySorts.insertionSortWithComparator()` 方法和之前定义的 `Comparator` 对 `Melon` 数组进行排序，如下所示：

```
Melon[] melons = {...};
ArraySorts.insertionSortWithComparator(melons, byType);
```

> **提示：** 这个算法在处理小型和近似有序的数组时非常迅速。此外，当向数组添加新元素时，它也表现出色。由于只有一个元素需要移动，因此它也非常节省内存。

计数排序

计数排序的流程如下：首先，找到数组中的最小值和最大值。然后，根据它们之间的差值，定义一个新数组，用于计数未排序元素的出现次数。这个新数组的元素是通过使用未排序元素作为索引而计数的。此外，新数组还会被修改，以便每个索引处的元素存储之前计数的累加和。最后，排序后的数组可以从这个新数组中获取。

- 时间复杂度：最好、平均和最坏的情况下均为 $O(n+k)$。
- 空间复杂度：最坏的情况下为 $O(k)$。

> **提示：** k 是范围内可能值的数量。
> n 是需要排序的元素数量。

让我们举一个简单的例子，假设原始数组中包含 4、2、6、2、6、8 和 5：

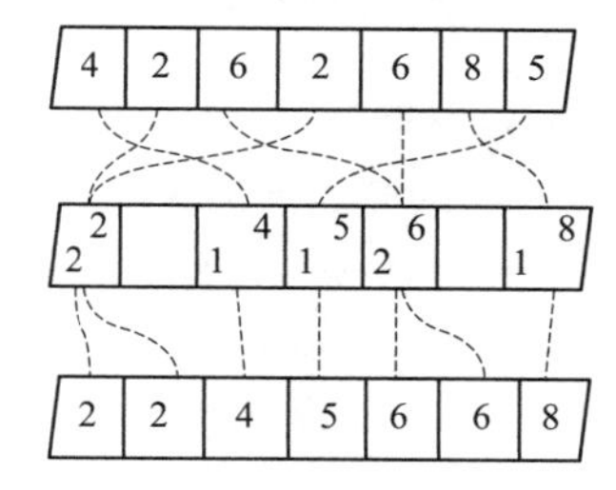

最小元素为2，最大元素为8。新数组`counts`的大小将为最大值减去最小值再加1，即7。通过对数组中的每个元素进行计数，我们可以得到如下数组（`counts[arr[i] - min]++`）:

```
counts[2] = 1 (4);
counts[0] = 2 (2);
counts[4] = 2 (6);
counts[6] = 1 (8);
counts[3] = 1 (5);
```

现在，我们需要遍历这个数组，并利用它重新构建已排序的数组，如下所示:

```
public static void countingSort(int[] arr) {
  int min = arr[0];
  int max = arr[0];
  for (int i = 1; i < arr.length; i++) {
    if (arr[i] < min) {
      min = arr[i];
    } else if (arr[i] > max) {
      max = arr[i];
    }
  }
  int[] counts = new int[max - min + 1];
  for (int i = 0; i < arr.length; i++) {
    counts[arr[i] - min]++;
  }
  int sortedIndex = 0;
  for (int i = 0; i < counts.length; i++) {
    while (counts[i] > 0) {
      arr[sortedIndex++] = i + min;
      counts[i]--;
    }
  }
}
```

这个算法运行速度非常快。

堆排序

堆排序是一种基于二叉堆（完全二叉树）的算法。

- 时间复杂度：最佳、平均和最坏的情况均为 $O(n \log n)$。
- 空间复杂度：最坏情况下的复杂度为 $O(1)$。

> **提示：**通过**最大堆**（父节点始终大于或等于子节点）可以将元素按升序排序；而通过**最小堆**（父节点始终小于或等于子节点）可以按降序排序。

在第一步中，算法会使用提供的数组构建一个堆，并将其转换为最大堆（堆由另一个数组表示）。由于这是一个最大堆，所以堆的根节点是最大的元素。在下一步中，算法将根节点与堆中的最后一个元素交换，并将堆的大小减少1（从堆中删除最后一个节点）。这样，堆顶部的元素就会按照排序顺序出现。最后一步包括 heapify（以自上而下的方式构建堆的递归过程），

以及重建最大堆的根节点。这三个步骤会一直重复进行，直到堆的大小大于1:

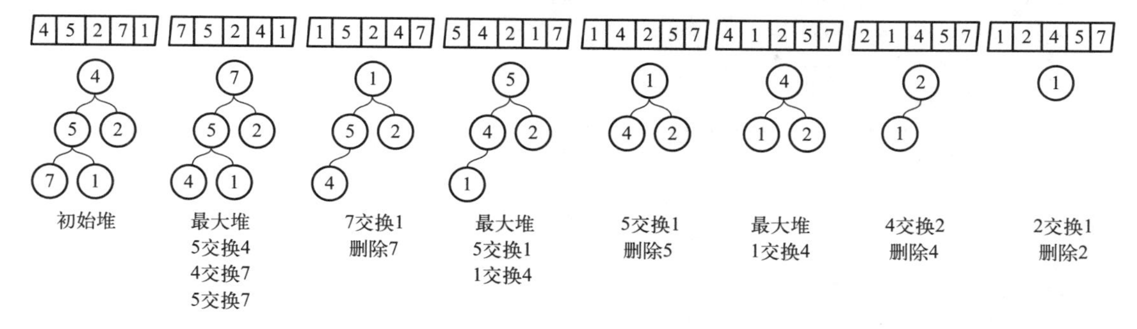

比如我们需要升序排列上图中的数组: 4、5、2、7和1:

① 首先，我们要建立一个堆，其中包括数字4、5、2、7和1。

② 构建最大堆，其中包括数字7、5、2、4和1。在构建过程中，我们进行了三次交换: 先是将5和4交换，然后将4和7交换，最后将5和7交换。

③ 接下来，我们要把根节点(7)和最后一个元素(1)交换位置，然后把7删除。这样一来，我们就得到了新的序列: 1、5、2、4和7。

④ 然后，我们再次构建最大堆，包含数字5、4、2和1。为了达到这个目的，我们需要执行两次交换操作。首先，将5和1进行交换，然后将1和4进行交换。

⑤ 把根节点(5)和最后一个元素(1)交换，然后删掉5。这样，数组变成了1、4、2、5和7。

⑥ 我们再次构建最大堆: 将1和4交换位置，得到新的最大堆为4、1和2。

⑦ 将根节点(4)和最后一个元素(2)进行交换，并删去4。最终得到的结果是: 2和1。

⑧ 这也是一个最大堆。因此我们需要将根节点(2)与最后一个元素(1)互换位置，然后移除2，得到新的堆序列为1、2、4、5和7。

⑨ 完成了！现在堆中只剩下一个元素(1)。

以上示例可以简化为:

```
public static void heapSort(int[] arr) {
  int n = arr.length;
  buildHeap(arr, n);
  while (n > 1) {
    swap(arr, 0, n - 1);
    n--;
    heapify(arr, n, 0);
  }
}

private static void buildHeap(int[] arr, int n) {
  for (int i = arr.length / 2; i >= 0; i--) {
    heapify(arr, n, i);
  }
}
```

```
private static void heapify(int[] arr, int n, int i) {
  int left = i * 2 + 1;
  int right = i * 2 + 2;
  int greater;
  if (left < n && arr[left] > arr[i]) {
    greater = left;
  } else {
    greater = i;
  }
  if (right < n && arr[right] > arr[greater]) {
    greater = right;
  }
  if (greater != i) {
    swap(arr, i, greater);
    heapify(arr, n, greater);
  }
}

private static void swap(int[] arr, int x, int y) {
  int temp = arr[x];
  arr[x] = arr[y];
  arr[y] = temp;
}
```

为了进行对象比较，需要使用一个比较器（`Comparator`）。在本书附带的代码中，我们称这个解决方案为 `heapSortWithComparator()`。

这是一个采用 Java 8 函数式编程风格编写的 `Comparator`，它使用 `thenComparing()` 和 `reversed()` 方法，将甜瓜按照品种和重量的降序进行排序，如下所示：

```
Comparator<Melon> byType = Comparator.comparing(Melon::getType)
  .thenComparing(Melon::getWeight)
  .reversed();
```

我们可以用 `ArraySorts. heapSortWithComparator()` 方法和之前定义的 `Comparator` 对 `Melon` 数组进行排序，如下所示：

```
Melon[] melons = {...};
ArraySorts.heapSortWithComparator(melons, byType);
```

> **提示：** 堆排序非常快，但不稳定。例如，对已经排好序的数组进行排序可能会使其处于不同的顺序。

到此，我们便讲完了如何对数组进行排序。此外，在本书附带的代码中，还有更多的排序算法可供选择：

bubbleSort(int[] arr)	void
bubbleSortWithComparator(T[] arr, Comparator<? super T> c)	void
bubleSortOptimized(int[] arr)	void
bubleSortOptimizedWithComparator(T[] arr, Comparator<? super T> c)	void
bucketSort(int[] arr)	void
cocktailSort(int[] arr)	void
countingSort(int[] arr)	void
cycleSort(int[] arr)	void
exchangeSort(int[] arr)	void
heapSort(int[] arr)	void
heapSortWithComparator(T[] arr, Comparator<? super T> c)	void
insertionSort(int[] arr)	void
insertionSortWithComparator(T[] arr, Comparator<? super T> c)	void
mergeSort(int[] arr)	void
pancakeSort(int[] arr)	void
quickSort(int[] arr, int left, int right)	void
quickSortWithComparator(T[] arr, int left, int right, Comparator<? super T> c)	void
radixSort(int[] arr, int radix)	void
selectionSort(int[] arr)	void
shellSort(int[] arr)	void
shuffleInt(int[] arr)	void
shuffleObj(T[] arr)	void

还有许多专门用于对数组进行排序的算法，其中一些算法正是基于图中的算法构建的，例如 comb 排序、cocktail 排序和 odd-even 排序都是 bubble 排序的变种，bucket 排序通常依赖于 insertion 排序的分布排序，而 radix 排序（LSD）则类似于 bucket 排序的稳定分布排序，gnome 排序则是 insertion 排序的一种变体。

还有其他可选的方法，比如可以用 `Arrays.sort()` 来实现快速排序，或者用 `Arrays.parallelSort()` 来实现归并排序。

作为本节的额外福利，我们再来学习一下如何打乱一个数组。这里我们推荐使用 Fisher-Yates 洗牌算法（也称为 Knuth 洗牌算法）来实现。简单来说，该算法需要倒序遍历数组，并随机交换元素。以下是针对基本类型（如 int）数组的代码实现：

```
public static void shuffleInt(int[] arr) {
  int index;
  Random random = new Random();
  for (int i = arr.length - 1; i > 0; i--) {
    index = random.nextInt(i + 1);
    swap(arr, index, i);
  }
}
```

本书附带的代码库中还有一个用于打乱 `Object` 数组的实现。

> **提示：** 此外，还可以使用 `Collections.shuffle(List<?> list)` 来打乱列表的顺序。

100. 查找数组元素

在查找数组元素时，有时我们需要知道元素的索引位置，或者只是想确认它是否存在于数组中。本节介绍的解决方案可通过下图中的方法实现：

containsElementObjectV1(T[] arr, T toContain)	boolean
containsElementObjectV2(T[] arr, T toContain, Comparator<? super T> c)	boolean
containsElementObjectV3(T[] arr, T toContain, Comparator<? super T> c)	boolean
containsElementV1(int[] arr, int toContain)	boolean
containsElementV2(int[] arr, int toContain)	boolean
containsElementV3(int[] arr, int toContain)	boolean
findIndexOfElementObjectV1(T[] arr, T toFind)	int
findIndexOfElementObjectV2(T[] arr, T toFind, Comparator<? super T> c)	int
findIndexOfElementObjectV3(T[] arr, T toFind, Comparator<? super T> c)	int
findIndexOfElementV1(int[] arr, int toFind)	int
findIndexOfElementV2(int[] arr, int toFind)	int

在接下来的内容中，我们将探讨各种解决方案。

仅检查元素是否存在

假设有以下整数数组：

```
int[] numbers = {4, 5, 1, 3, 7, 4, 1};
```

由于这是一个基本类型数组，所以我们可以简单地循环该数组，并返回第一个出现的给定整数来实现，如下所示：

```
public static boolean containsElement(int[] arr, int toContain) {
  for (int elem : arr) {
    if (elem == toContain) {
      return true;
    }
  }
  return false;
}
```

另一个解决这个问题的方法是使用 `Arrays.binarySearch()` 方法。这个方法有多种变体，但在本例中，我们需要使用 `int binarySearch(int[] a, int key)`。该方法会在给定的数组中搜索给定的关键字，并返回相应的索引或负值。需要注意的是，该方法只适用于已排序的数组。因此，在使用该方法之前，我们需要先对数组进行排序：

```
public static boolean containsElement(int[] arr, int toContain) {
  Arrays.sort(arr);
  int index = Arrays.binarySearch(arr, toContain);
  return (index >= 0);
}
```

> **提示：** 如果数组已排序，则可以优化前面的方法，省略排序步骤。同时，上述方法还可以返回元素在数组中的索引，而不仅仅是布尔值。但是，如果数组未排序，则需要注意返回的索引对应于已排序的数组，而不是未排序的原始数组。建议克隆数组并将其传递给此方法，以避免对原始数组进行排序。另一种解决方案则是在这个辅助方法内部克隆数组。

在 Java 8 中，我们可以用函数式编程的方式来解决问题。其中一个很好的方法是使用 `anyMatch()` 方法。它可以判断流中是否存在任何元素与给定的谓词相匹配。因此，我们只需将数组转换为流，具体实现如下：

```
public static boolean containsElement(int[] arr, int toContain) {
  return Arrays.stream(arr)
               .anyMatch(e -> e == toContain);
}
```

我们可以很容易地调整或扩展上述示例，以适配其他的基本类型。

现在，我们来看一下在数组中查找对象（`Object`）的问题。这里仍以甜瓜类（`Melon`）为例：

```
public class Melon {
  private final String type;
  private final int weight;
  //为了简洁起见，这里省略了构造函数、getter、equals()和hashCode()方法
}
```

接下来，让我们来看看 `Melon` 数组：

```
Melon[] melons = new Melon[] {
  new Melon("Crenshaw", 2000),
  new Melon("Gac", 1200),
  new Melon("Bitter", 2200)
};
```

如果要在这个数组中找到重量为1200克的 `Gac` 甜瓜，我们可以使用 `equals()` 方法，来判断两个对象是否相等，如下所示：

```
public static <T> boolean containsElementObject(T[] arr, T toContain) {
  for (T elem : arr) {
    if (elem.equals(toContain)) {
      return true;
    }
  }
  return false;
}
```

> **提示：** 同样地，我们还可以使用 `Arrays.asList(arr).contains(find)` 方法。先将数组转换为列表，再调用 `contains()` 方法。该方法内部会调用 `equals()` 方法。

如果将这个方法定义在一个名为 `ArraySearch` 的工具类中，执行以下调用将会返回 `true`：

```
//true
boolean found = ArraySearch.containsElementObject(melons, new Melon("Gac", 1200));
```

只要我们遵循 `equals()` 的实现规则，这个解决方案就能正常运作。但是，如果我们想要查找甜瓜数组中是否存在名称为 `Gac` 或重量为1200克的甜瓜，使用 `Comparator` 将更加方便：

```
public static <T> boolean containsElementObject(
    T[] arr, T toContain, Comparator<? super T> c) {
  for (T elem : arr) {
    if (c.compare(elem, toContain) == 0) {
      return true;
    }
  }
  return false;
}
```

基于这个思路，我们可以编写一个只考虑甜瓜品种的比较器，如下所示：

```
Comparator<Melon> byType = Comparator.comparing(Melon::getType);
```

虽然没有一颗重量恰好为 1205 克的甜瓜，但由于比较器 Comparator 没有考虑甜瓜的重量，下面的代码仍会返回 true：

```
//true
boolean found = ArraySearch.containsElementObject(melons, new Melon("Gac", 1205), byType);
```

还有一种基于二分查找的变体，可以使用 Arrays 类的 binarySearch() 方法。它接受一个 Comparator 参数，方法的签名是 <T> int binarySearch(T[] a, T key, Comparator<? super T> c)。这意味着我们可以用以下方式使用它：

```
public static <T> boolean containsElementObject(
  T[] arr, T toContain, Comparator<? super T> c) {

  Arrays.sort(arr, c);
  int index = Arrays.binarySearch(arr, toContain, c);

  return (index >= 0);
}
```

> **提示：** 如果初始数组状态有必要保持不变，那么建议将数组的克隆传递给该方法。另一种方法是在这个辅助方法内部克隆数组。

现在，我们可以写一个仅考虑甜瓜重量的比较器（Comparator）的代码，如下所示：

```
Comparator<Melon> byWeight = Comparator.comparing(Melon::getWeight);
```

因为 Comparator 没有考虑甜瓜的品种（数组中并无品种为 Honeydew 的），所以下面的调用会返回 true：

```
//true
boolean found = ArraySearch.containsElementObject(melons, new Melon("Honeydew", 1200), byWeight);
```

仅检查第一个索引

对于基本类型数组而言，最简单的实现方法显而易见：

```
public static int findIndexOfElement(int[] arr, int toFind) {
  for (int i = 0; i < arr.length; i++) {
    if (arr[i] == toFind) {
      return i;
    }
  }
  return -1;
}
```

我们可以使用 Java 8 的函数式编程风格，轻松地遍历数组并筛选出与给定元素匹配的元素。最终，只需返回找到的第一个元素即可，如下所示：

```
public static int findIndexOfElement(int[] arr, int toFind) {
  return IntStream.range(0, arr.length)
```

```
      .filter(i -> toFind == arr[i])
      .findFirst()
      .orElse(-1);
}
```

处理对象数组有至少三种方案可供选择。首先，我们可以使用 `equals()` 方法进行比较：

```
public static <T> int findIndexOfElementObject(T[] arr, T toFind) {
  for (int i = 0; i < arr.length; i++) {
    if (arr[i].equals(toFind)) {
      return i;
    }
  }
  return -1;
}
```

> **提示：** 同样地，我们可以使用 `Arrays.asList(arr).indexOf(find)` 方法。先将数组转换为列表，再调用 `indexof()` 方法。这个方法内部会调用 `equals()` 方法。

其次，我们可以使用比较器（`Comparator`）来实现：

```
public static <T> int findIndexOfElementObject(
  T[] arr, T toFind, Comparator<? super T> c
) {
  for (int i = 0; i < arr.length; i++) {
    if (c.compare(arr[i], toFind) == 0) {
      return i;
    }
  }
  return -1;
}
```

此外，我们还可以采用第三种方法，使用 Java 8 的函数式编程和比较器：

```
public static <T> int findIndexOfElementObject(
  T[] arr, T toFind, Comparator<? super T> c
) {
  return IntStream.range(0, arr.length)
    .filter(i -> c.compare(toFind, arr[i]) == 0)
    .findFirst()
    .orElse(-1);
}
```

101. 检查两个数组是否相等或不匹配

两个数组相等的定义：如果两个基本类型的数组中元素数量相同，且对应元素都相等，那么这两个数组就相等。

要解决这类问题，我们需要使用 `Arrays` 实用类。下面的内容将为你提供相应的解决方案。

检查两个数组是否相等

使用 Arrays.equals() 方法可以轻松检查两个数组是否相等。这个实用的方法有多种变体，适用于基本类型、对象和泛型，同时还支持比较器。

让我们来看看这三个整数数组：

```
int[] integers1 = {3, 4, 5, 6, 1, 5};
int[] integers2 = {3, 4, 5, 6, 1, 5};
int[] integers3 = {3, 4, 5, 6, 1, 3};
```

现在，我们来检查一下 integers1 是否等于 integers2，以及 integers1 是否等于 integers3，如下所示：

```
boolean i12 = Arrays.equals(integers1, integers2); //true
boolean i13 = Arrays.equals(integers1, integers3); //false
```

前面的例子是检查整个数组是否相等，但我们也可以使用 boolean equals(int[] a, int aFromIndex, int aToIndex, int[] b, int bFromIndex, int bToIndex) 来检查两个数组的指定范围是否相等。如我们可以通过 [aFromIndex, aToIndex) 来标记第一个数组的范围，通过 [bFromIndex, bToIndex) 来标记第二个数组的范围：

```
//true
boolean is13 = Arrays.equals(integers1, 1, 4, integers3, 1, 4);
```

假设我们现在有三个 Melon 数组：

```
public class Melon {
  private final String type;
  private final int weight;

  public Melon(String type, int weight) {
    this.type = type;
    this.weight = weight;
  }
  //为了简洁起见，这里省略了getters、equals()和hashCode()方法
}

Melon[] melons1 = {
  new Melon("Horned", 1500),
  new Melon("Gac", 1000)
};
Melon[] melons2 = {
  new Melon("Horned", 1500),
  new Melon("Gac", 1000)
};
Melon[] melons3 = {
  new Melon("Hami", 1500),
  new Melon("Gac", 1000)
};
```

我们可以使用 `equals()` 方法或指定的 `Comparator` 比较器来判断两个对象数组是否相等。这样，我们就能方便地检查 `melons1` 是否等于 `melons2` 或 `melons3`，如下所示：

```
boolean m12 = Arrays.equals(melons1, melons2); //true
boolean m13 = Arrays.equals(melons1, melons3); //false
```

如果有指定的范围，那么我们同样可以使用 `boolean equals(Object[] a, int aFromIndex, int aToIndex, Object[] b, int bFromIndex, int bToIndex)` 方法：

```
boolean ms13 = Arrays.equals(melons1, 1, 2, melons3, 1, 2); //false
```

上例基于 `equals()` 方法实现，下面这种情况则需要用到不同的比较器：

```
Comparator<Melon> byType = Comparator.comparing(Melon::getType);
Comparator<Melon> byWeight = Comparator.comparing(Melon::getWeight);
```

我们可以使用 `boolean equals(T[] a, T[] a2, Comparator<? super T> cmp)` 方法，如下所示：

```
boolean mw13 = Arrays.equals(melons1, melons3, byWeight); //true
boolean mt13 = Arrays.equals(melons1, melons3, byType); //false
```

此外，我们还可以使用支持指定范围的 `<T> boolean equals(T[] a, int aFromIndex, int aToIndex, T[] b, int bFromIndex, int bToIndex, Comparator<? super T> cmp)` 方法：

```
//true
boolean mrt13 = Arrays.equals(melons1, 1, 2, melons3, 1, 2, byType);
```

检查两个数组是否存在不匹配的元素

为了解决这个问题，我们可以使用 JDK 9 中提供的 `Arrays.mismatch()` 方法。如果两个数组相等，那么该方法会返回 `-1`。但是如果两个数组不相等，该方法则返回第一个不匹配元素的索引，即两个给定数组中第一个不同元素的位置。

举个例子，我们可以这样检查 `integers1` 和 `integers2` 是否存在不匹配的元素：

```
int mi12 = Arrays.mismatch(integers1, integers2); //-1
```

由于 `integers1` 和 `integers2` 相等，因此运行结果为 `-1`。但是，如果我们比较 `integers1` 和 `integers3`，则会得到结果 `5`，即两个列表中第一个不同元素的索引，如下所示：

```
int mi13 = Arrays.mismatch(integers1, integers3); //5
```

> **提示：** 如果给定的数组长度不同，且较小的数组是较大的数组的前缀，则 `mismatch()` 方法的返回值为较小数组的长度。

针对 `Object` 数组，也可使用 `mismatch()` 进行比较。这些方法会依赖于 `equals()` 方法或给定的 `Comparator` 比较器。我们可以使用以下方式检查 `melons1` 和 `melons2` 是否存在不匹配的元素：

```
int mm12 = Arrays.mismatch(melons1, melons2); //-1
```

如果第一个索引不匹配，该方法会直接返回 `0`。我们可以使用 `melons1` 和 `melons3` 来模拟这种情况：

```
int mm13 = Arrays.mismatch(melons1, melons3); //0
```

就像使用 `Arrays.equals()` 一样，我们可以使用比较器在特定范围内检查是否存在不匹配的元素，如下所示：

```
//范围[1, 2)，返回-1
int mms13 = Arrays.mismatch(melons1, 1, 2, melons3, 1, 2);
//通过甜瓜的重量进行比较，返回-1
int mmw13 = Arrays.mismatch(melons1, melons3, byWeight);
//通过甜瓜的品种进行比较，返回0
int mmt13 = Arrays.mismatch(melons1, melons3, byType);
//范围[1,2)和通过甜瓜的品种进行比较，返回-1
int mmrt13 = Arrays.mismatch(melons1, 1, 2, melons3, 1, 2, byType);
```

102. 按字典序比较两个数组

从 JDK 9 开始，我们可以使用 `Arrays.compare()` 方法比较两个数组的字典序，因此我们无需重复造轮子，只需升级到 JDK 9，就能深入研究该方法。

比较两个数组的字典序可能会有以下几种结果：

- 如果数组元素顺序相同且都相等，则返回 `0`。
- 如果第一个数组在字典顺序上排在第二个数组之前，返回 `-1`。
- 如果第一个数组在字典顺序上排在第二个数组之后，就返回 `1`。

如果第一个数组比第二个数组短，那么第一个数组在字典顺序上排在第二个数组之前。如果两个数组长度相同，且都包含基本类型元素，并且有共同的前缀，那么将比较这两个元素，就像使用 `Integer.compare(int, int)`、`Boolean.compare(boolean, boolean)` 和 `Byte.compare(byte, byte)` 等方法一样。如果数组中包含 `Object` 类型的元素，则字典序比较会依赖于提供的 `Comparator` 比较器或 `Comparable` 接口实现。

首先，让我们来看看基本数据类型的数组：

```
int[] integers1 = {3, 4, 5, 6, 1, 5};
int[] integers2 = {3, 4, 5, 6, 1, 5};
int[] integers3 = {3, 4, 5, 6, 1, 3};
```

显而易见，`integers1` 和 `integers2` 在字典序上是相等的，因为它们的元素相同且顺序也相同。我们可以用函数 `int compare(int[] a, int[] b)` 来比较两个整数数组，如下所示：

```
int i12 = Arrays.compare(integers1, integers2); //0
```

然而，就字典序而言，`integers1` 比 `integers3` 更大。这是因为它们有相同的前缀（3, 4,

5, 6, 1），但在最后一个元素上，由于 `Integer.compare(5, 3)` 返回了一个大于 `0` 的值，表明 `5` 大于 `3`：

```
int i13 = Arrays.compare(integers1, integers3); //1
```

我们可以比较数组在不同指定范围内的字典序。比如，通过调用 `int compare(int[] a, int aFromIndex, int aToIndex, int[] b, int bFromIndex, int bToIndex)` 方法，我们可以在 `[3, 6)` 这个范围内比较 `integers1` 和 `integers3`，如下所示：

```
int is13 = Arrays.compare(integers1, 3, 6, integers3, 3, 6); //1
```

`Arrays` 类还提供了一组专为对象数组设计的 `compare()` 方法。还记得我们之前提到的 `Melon` 类吗？我们可以实现 `Comparable` 接口，并编写 `compareTo()` 方法来比较两个 `Melon` 数组，而不需要使用显式比较器。如果我们想以甜瓜的重量为基准进行比较，可以这样实现：

```
public class Melon implements Comparable {
  private final String type;
  private final int weight;

  @Override
  public int compareTo(Object o) {
    Melon m = (Melon) o;
    return Integer.compare(this.getWeight(), m.getWeight());
  }

  //为了简洁起见，这里省略了构造函数、getter、equals()和hashCode()方法
}
```

> **提示：** 注意，`Object` 数组的字典序比较，并不会用到 `equals()` 方法。它需要使用显式的 `Comparator` 或 `Comparable` 元素。

假设我们有一个 `Melon` 数组：

```
Melon[] melons1 = {new Melon("Horned", 1500), new Melon("Gac", 1000)};
Melon[] melons2 = {new Melon("Horned", 1500), new Melon("Gac", 1000)};
Melon[] melons3 = {new Melon("Hami", 1600), new Melon("Gac", 800)};
```

我们可以使用 `<T extends Comparable<? super T>> int compare(T[] a, T[] b)` 方法来按照字典顺序比较 `melons1` 和 `melons2`，如下所示：

```
int m12 = Arrays.compare(melons1, melons2); //0
```

由于 `melons1` 和 `melons2` 完全一致，因此结果为 `0`。

接下来，我们用同样的方法来比较 `melons1` 和 `melons3`。这次的结果是一个负数，这意味着在字典序上，`melons1` 排在 `melons3` 之前。这是正确的，因为在索引 0 处，Horned melon 的重量为 1500 克，而 Hami melon 的重量为 1600 克，所以 Horned melon 的重量较轻：

```
int m13 = Arrays.compare(melons1, melons3); //-1
```

我们可以使用`<T extends Comparable<? super T>> int compare(T[] a, int aFromIndex, int aToIndex, T[] b, int bFromIndex, int bToIndex)`方法来比较数组的不同范围。比如，在公共范围`[1, 2)`中，由于`Gac`在`melons1`中的重量为1000克，在`melons3`中为800克，因此按字典序排序，`melons1`比`melons3`更大：

```
int ms13 = Arrays.compare(melons1, 1, 2, melons3, 1, 2); //1
```

如果不想依赖于元素来实现`Comparable`接口，那么我们可以使用`<T> int compare(T[] a, T[] b, Comparator<? super T> cmp)`方法，并同时传入一个比较器：

```
Comparator<Melon> byType = Comparator.comparing(Melon::getType);
int mt13 = Arrays.compare(melons1, melons3, byType); //14
```

如果范围明确，我们也可以调用`<T> int compare(T[] a, int aFromIndex, int aToIndex, T[] b, int bFromIndex, int bToIndex, Comparator<? super T> cmp)`方法，如下所示：

```
int mrt13 = Arrays.compare(melons1, 1, 2, melons3, 1, 2, byType); //0
```

> **提示：** 如果数字数组需要被视为无符号数处理，则可以依赖于一系列可用于`byte`、`short`、`int`和`long`的`Arrays.compareUnsigned()`方法。

如需按字典顺序比较两个字符串，请使用`String.compareTo()`和`int compareTo(String anotherString)`。

103. 用数组创建流

将数组转换成流后，我们就可以充分发挥`Stream` API的优势。因此，这个操作对我们来说至关重要。

我们以一个字符串数组（或其他对象）为例，如下所示：

```
String[] arr = {"One", "Two", "Three", "Four", "Five"};
```

从JDK 8开始，我们可以轻松地使用`Arrays.stream()`方法将`String[]`数组转换为`Stream`，如下所示：

```
Stream<String> stream = Arrays.stream(arr);
```

如果要从一个子数组中获取一个流，只需要将子数组的范围作为参数传入即可。例如，我们可以创建一个流来获取子数组中范围为`(0, 2)`的元素，即`One`和`Two`：

```
Stream<String> stream = Arrays.stream(arr, 0, 2);
```

经过列表处理后，相同的情况可以表示成如下形式：

```
Stream<String> stream = Arrays.asList(arr).stream();
Stream<String> stream = Arrays.asList(arr).subList(0, 2).stream();
```

还有一种解决方案可以使用`Stream.of()`方法，如下所示：

```
Stream<String> stream = Stream.of(arr);
Stream<String> stream = Stream.of("One", "Two", "Three");
```

可以使用 `Stream.toArray()` 方法将 `Stream` 转换为数组，如下所示：

```
String[] array = stream.toArray(String[]::new);
```

此外，让我们来看看基本数据类型的数组：

```
int[] integers = {2, 3, 4, 1};
```

在这种情况下，`Arrays.stream()` 方法仍然非常实用，唯一的区别是它返回的结果是 `IntStream` 类型，这是专为 `int` 设计的 `Stream` 类型：

```
IntStream intStream = Arrays.stream(integers);
```

`IntStream` 类还提供了 `of()` 方法，具体用法如下所示：

```
IntStream intStream = IntStream.of(integers);
```

有时候，我们需要定义一个整数流，其中的元素递增 1，直到达到数组的大小为止。为了满足这种需求，`IntStream` 类提供了两种方法：`range(int inclusive, int exclusive)` 和 `rangeClosed(int startInclusive, int endInclusive)`：

```
IntStream intStream = IntStream.range(0, integers.length);
IntStream intStream = IntStream.rangeClosed(0, integers.length);
```

通过使用 `Stream.toArray()` 方法，可以从整数流中创建一个数组，如下所示：

```
int[] intArray = intStream.toArray();
//装箱整数
int[] intArray = intStream.mapToInt(i -> i).toArray();
```

> **提示：** 除了 `Stream` 的 `IntStream` 特化之外，JDK 8 还提供了长整型 (`LongStream`) 和双精度浮点型 (`DoubleStream`) 的特化版本。

104. 计算数组的最小值、最大值和平均值

计算数组中的最小值、最大值和平均值都是常见的任务。下面我们将以函数式编程和命令式编程解决这个问题的几种方法。

计算最大值和最小值

计算数字数组的最大值，可以使用循环遍历数组并与每个元素进行比较，以追踪最大值。下面的几行代码就实现了这一功能：

```
public static int max(int[] arr) {
  int max = arr[0];
  for (int elem : arr) {
```

```
    if (elem > max) {
      max = elem;
    }
  }
  return max;
}
```

为了提高代码的可读性，我们可以使用 `Math.max()` 方法来替代 `if` 语句：

```
//...
max = Math.max(max, elem);
//...
```

假设我们有一个名为 `MathArrays` 的实用类，其中包含上述方法和如下所示的一个整数数组：

```
int[] integers = {2, 3, 4, 1, -4, 6, 2};
```

获取这个数组的最大值非常容易，只需使用以下方法：

```
int maxInt = MathArrays.max(integers); //6
```

如果使用 Java 8 的函数式编程风格，只需一行代码即可解决此问题：

```
int maxInt = Arrays.stream(integers)
  .max()
  .getAsInt();
```

> **提示：** 在函数式编程方法中，`max()` 方法会返回一个 `OptionalInt` 对象。同样，其也可返回 `OptionalLong` 和 `OptionalDouble`。

接下来让我们更进一步。假设我们有一个 `Melon` 数组：

```
Melon[] melons = {
  new Melon("Horned", 1500),
  new Melon("Gac", 2200),
  new Melon("Hami", 1600),
  new Melon("Gac", 2100)
};

public class Melon implements Comparable {
  private final String type;
  private final int weight;

  @Override
  public int compareTo(Object o) {
    Melon m = (Melon) o;
    return Integer.compare(this.getWeight(), m.getWeight());
  }

  //为了简洁起见，这里省略了构造函数、getter、equals()和hashCode()方法
}
```

显然，我们之前定义的 `max()` 方法无法应对该场景，但大体逻辑仍然相同。此时，我们可以使用 `Comparable` 或 `Comparator` 来解决问题。如下是基于 `Comparable` 的实现：

```
public static <T extends Comparable<T>> T max(T[] arr) {
  T max = arr[0];
  for (T elem : arr) {
    if (elem.compareTo(max) > 0) {
      max = elem;
    }
  }
  return max;
}
```

再来看 `Melon.compareTo()` 方法，注意我们要实现的是比较甜瓜的重量。因此，我们可以很容易地从数组中找到最重的甜瓜，如下所示：

```
Melon maxMelon = MathArrays.max(melons); //Gac(2200g)
```

可以使用 `Comparator` 来实现，具体如下：

```
public static <T> T max(T[] arr, Comparator<? super T> c) {
  T max = arr[0];
  for (T elem : arr) {
    if (c.compare(elem, max) > 0) {
      max = elem;
    }
  }
  return max;
}
```

如果我们按照甜瓜的品种来定义比较器，如下所示：

```
Comparator<Melon> byType = Comparator.comparing(Melon::getType);
```

那么，我们会得到一个在字符串字典序中排名最靠前的甜瓜，如下所示：

```
Melon maxMelon = MathArrays.max(melons, byType); //Horned(1500g)
```

如果使用 Java 8 的函数式编程风格，只需一行代码即可解决此问题：

```
Melon maxMelon = Arrays.stream(melons)
  .max(byType)
  .orElseThrow();
```

计算平均数

在这个例子中，计算整数数组的平均值只需要两个简单的步骤：

（1）计算数组元素总和。

（2）然后除以数组长度。

以下是具体实现：

```
public static double average(int[] arr) {
  return sum(arr) / arr.length;
}

public static double sum(int[] arr) {
  double sum = 0;
  for (int elem : arr) {
    sum += elem;
  }
  return sum;
}
```

这个整数数组（2，3，4，1，-4，6，2）的平均值是 `2.0`：

```
double avg = MathArrays.average(integers);
```

如果使用 Java 8 的函数式编程风格，只需一行代码即可解决该问题：

```
double avg = Arrays.stream(integers)
  .average()
  .getAsDouble();
```

> **提示：** 关于第三方库的支持，可以考虑使用 Apache Common Lang 的 `ArrayUtil` 和 Guava 的 `Chars`、`Ints`、`Longs` 和其他类。

105. 反转数组

对此问题，有几种解决方案可供选择，其中一些会修改原数组，而另一些则返回一个新数组。

假设有一个整数数组：

```
int[] integers = {-1, 2, 3, 1, 4, 5, 3, 2, 22};
```

我们可以从一个简单的实现开始，它将数组的第一个元素与最后一个元素交换，第二个元素与倒数第二个元素交换，以此类推：

```
public static void reverse(int[] arr) {
  for (int leftHead = 0, rightHead = arr.length - 1; leftHead < rightHead; leftHead++,
rightHead--) {
    int elem = arr[leftHead];
    arr[leftHead] = arr[rightHead];
    arr[rightHead] = elem;
  }
}
```

这个方案会修改原始数组，但这并不总是我们想要的。因此，我们可以改为返回一个新的数组，或者采用 Java 8 的函数式编程风格，如下所示：

```
//22, 2, 3, 5, 4, 1, 3, 2, -1
int[] reversed = IntStream.rangeClosed(1, integers.length)
  .map(i -> integers[integers.length - i])
  .toArray();
```

让我们以 `Melon` 为例，来倒序排列一个对象数组：

```
public class Melon {
  private final String type;
  private final int weight;
  //为了简洁起见，这里省略了构造函数、getters、equals()和hashCode()方法
}
```

假设我们有如下的 `Melon` 数组：

```
Melon[] melons = {
  new Melon("Crenshaw", 2000),
  new Melon("Gac", 1200),
  new Melon("Bitter", 2200)
};
```

一种解决方法是采用通用类型，将数组的第一个元素与最后一个元素交换，第二个元素与倒数第二个元素交换，以此类推：

```
public static <T> void reverse(T[] arr) {
  for (int leftHead = 0, rightHead = arr.length - 1;
      leftHead < rightHead;
      leftHead++, rightHead--) {
    T elem = arr[leftHead];
    arr[leftHead] = arr[rightHead];
    arr[rightHead] = elem;
  }
}
```

因为数组中包含对象，所以我们可以先用 `Arrays.asList()` 方法将数组转换为 `List` 类型，再使用 `Collections.reverse()` 方法来实现反转：

```
//Bitter(2200g), Gac(1200g), Crenshaw(2000g)
Collections.reverse(Arrays.asList(melons));
```

前两种解决方案都修改了数组中的元素。Java 8 的函数式编程风格可以帮助我们避免这种修改：

```
//Bitter(2200g), Gac(1200g), Crenshaw(2000g)
Melon[] reversed = IntStream.rangeClosed(1, melons.length)
  .mapToObj(i -> melons[melons.length - i])
  .toArray(Melon[]:new);
```

> **提示：** 关于第三方库的支持，可以考虑使用 Apache Common Lang 的 `ArrayUtils.reverse()` 和 Guava 的 `Lists`。

106. 填充和设置数组

有时，我们可能需要使用一个固定的值来填充数组。比如，我们想要用数字 `1` 来填充一个整数数组。最简单的实现方法是使用 for 循环语句，如下所示：

```
int[] arr = new int[10];
//1, 1, 1, 1, 1, 1, 1, 1, 1, 1
for (int i = 0; i < arr.length; i++) {
  arr[i] = 1;
}
```

当然，我们也可以使用 `Arrays.fill()` 方法来进一步简化，只需一行即可。该方法对基本类型和对象类型有不同的实现方式。在这里，我们可以使用 `Arrays.fill(int[] a, int val)` 方法来重写前面的代码，如下所示：

```
//1, 1, 1, 1, 1, 1, 1, 1, 1, 1
Arrays.fill(arr, 1);
```

> **提示:** `Arrays.fill()` 还有一些针对数组片段或范围填充场景的变种实现。如果是整数类型，可以使用 `fill(int[] a, int fromIndexInclusive, int toIndexExclusive, int val)` 方法。

那么，我们该如何使用生成器函数计算数组中每个元素呢？举个例子，如果想让每个元素都比前一个元素大 1，应该怎么做呢？最简单的方法仍然需要用到 for 循环，如下所示：

```
//1, 2, 3, 4, 5, 6, 7, 8, 9, 10
for (int i = 1; i < arr.length; i++) {
  arr[i] = arr[i - 1] + 1;
}
```

根据不同的场景需求，我们需要适当地调整上面的代码。

JDK 8 提供了一系列 `Arrays.setAll()` 和 `Arrays.parallelSetAll()` 方法，可以轻松完成这项任务。例如，你可以使用 `setAll(int[] array, IntUnaryOperator generator)` 方法来重写之前的代码，如下所示：

```
//1, 2, 3, 4, 5, 6, 7, 8, 9, 10
Arrays.setAll(arr, t -> {
  if (t == 0) {
    return arr[t];
  } else {
    return arr[t - 1] + 1;
  }
});
```

> **提示:** 除了这个方法，我们还有 `setAll(double[] array, IntToDoubleFunction generator)`、`setAll(long[] array, IntToLongFunction generator)` 和 `setAll(T[] array, IntFunction<? extends T> generator)`。

由于使用不同的生成器函数，有些任务可以并行完成，而有些则不行。比如前面提到的那个生成器函数就不能并行执行，因为每个元素都依赖于前一个元素的值。试图并行执行这个生成器函数可能会导致错误的结果。

如果我们要对前面的数组（1、2、3、4、5、6、7、8、9、10）进行操作，将每个偶数乘以自身，每个奇数减 1。由于每个元素可以单独计算，因此可以利用并行处理。这正是 `Arrays.parallelSetAll()` 方法的最佳应用场景。本质上，这些方法的主要目的是将 `Arrays.setAll()` 方法并行化。

现在我们可以使用 `parallelSetAll(int[] array, IntUnaryOperator generator)` 方法来操作这个数组，如下所示：

```
//0, 4, 2, 16, 4, 36, 6, 64, 8, 100
Arrays.parallelSetAll(arr, t -> {
  if (arr[t] % 2 == 0) {
    return arr[t] * arr[t];
  } else {
    return arr[t] - 1;
  }
});
```

> **提示：** 对于每个 `Arrays.setAll()` 方法，都有一个 `Arrays.parallelSetAll()` 方法。

此外，`Arrays` 类还提供了一组名为 `parallelPrefix()` 的方法，非常适合并行对数组元素进行累加或应用数学函数。举例来说，如果想要计算一个数组中每个元素与其前面元素的和，我们可以使用以下方法：

```
//0, 4, 6, 22, 26, 62, 68, 132, 140, 240
Arrays.parallelPrefix(arr, (t, q) -> t + q);
```

107. 下一个更大的元素（NGE）

NGE（next greater element）是一个经典的数组问题。其常见的情况是，我们需要在给定数组中查找某个元素 `e` 的右侧第一个比它大的元素。例如，假设有以下数组：

```
int[] integers = {1, 2, 3, 4, 12, 2, 1, 4};
```

获取每个元素的 NGE 后，我们应得到以下结果（其中 -1 表示该元素右侧没有比它更大的元素）：

```
1 : 2    2 : 3    3 : 4    4 : 12    12 : -1    2 : 4    1 : 4    4 : -1
```

要解决这个问题，我们可以简单地遍历数组中的每个元素，直到找到一个更大的元素或者没有更多元素需要检查。如果只是想在屏幕上打印这些数据对，可以使用以下代码：

```
public static void println(int[] arr) {
  int nge;
  int n = arr.length;
  for (int i = 0; i < n; i++) {
```

```java
    nge = -1;
    for (int j = i + 1; j < n; j++) {
      if (arr[i] < arr[j]) {
        nge = arr[j];
        break;
      }
    }
    System.out.println(arr[i] + " : " + nge);
  }
}
```

另一种解决方案是基于栈实现。主要思路是将元素不断压入栈中，直到当前处理的元素大于栈顶元素时，便弹出该元素。你可以在本书的代码库中查看该解决方案的具体实现。

108. 改变数组大小

调整数组大小并不容易，因为 Java 数组的大小是不可变的。因此需要创建一个新的数组，并将原始数组中的所有值复制到新数组中。我们可以使用 `Arrays.copyOf()` 方法或者 `System.arraycopy()` 方法（`Arrays.copyOf()` 方法内部使用）来完成这个操作。

对于基本类型数组（如 int 数组），我们可以先将数组的大小增加 1，然后再将值添加进去，如下所示：

```java
public static int[] add(int[] arr, int item) {
  int[] newArr = Arrays.copyOf(arr, arr.length + 1);
  newArr[newArr.length - 1] = item;
  return newArr;
}
```

或者，我们可以删掉最后一个值：

```java
public static int[] remove(int[] arr) {
  int[] newArr = Arrays.copyOf(arr, arr.length - 1);
  return newArr;
}
```

此外，我们也可以根据指定的长度来调整数组的大小，如下所示：

```java
public static int[] resize(int[] arr, int length) {
  int[] newArr = Arrays.copyOf(arr, arr.length + length);
  return newArr;
}
```

本书中附带的代码不仅提供了 `System.arraycopy()` 的替代方案，还包含了针对通用数组的实现，其函数签名如下：

```java
public static <T> T[] addObject(T[] arr, T item);
public static <T> T[] removeObject(T[] arr);
public static <T> T[] resize(T[] arr, int length);
```

那么，如何才能在 Java 中创建一个通用数组呢？让我们先来看一个反面案例：

```
T[] arr = new T[arr_size]; //导致通用数组创建失败
```

上述方法是行不通的，我们可以尝试使用 `copyOf(T[] original, int newLength)` 来创建通用数组，如下所示：

```
//newType是original.getClass()
T[] copy = ((Object) newType == (Object) Object[].class) ?
  (T[]) new Object[newLength] :
  (T[]) Array.newInstance(newType.getComponentType(), newLength);
```

109. 创建不可修改 / 不可变的集合

在 Java 中，我们可以使用 `Collections.unmodifiableFoo()` 方法（例如 `unmodifiableList()`）来创建不可修改 / 不可变的集合。从 JDK 9 开始，还可以使用 `List`、`Set`、`Map` 等接口中的 `of()` 方法集来实现。

接下来，我们将在一系列示例中运用这些方法，以获取不可修改 / 不可变的集合，从而确定这些集合的特性。

> **提示：**在阅读本节之前，建议先阅读第 2 章中专门讨论不可变性的问题。

对于基本类型来说，创建不可修改 / 不可变的集合非常简单。比如说，我们可以轻松地创建一个不可变的整数列表，如下所示：

```
private static final List<Integer> LIST = Collections.unmodifiableList(Arrays.asList(1, 2, 3, 4, 5));
private static final List<Integer> LIST = List.of(1, 2, 3, 4, 5);
```

让我们来看一个可变类的示例：

```
public class MutableMelon {
  private String type;
  private int weight;

  //为了简洁起见，这里省略了构造函数
  public void setType(String type) {
    this.type = type;
  }

  public void setWeight(int weight) {
    this.weight = weight;
  }

  //为了简洁起见，这里省略了getters、equals()和hashCode()方法
}
```

问题 1（`Collections.unmodifiableList()`）

我们可以使用 `Collections.unmodifiableList()` 方法创建一个不可变的 `MutableMelon`

列表：

```
//Crenshaw(2000g), Gac(1200g)
private final MutableMelon melon1 = new MutableMelon("Crenshaw", 2000);
private final MutableMelon melon2 = new MutableMelon("Gac", 1200);
private final List<MutableMelon> list =
Collections.unmodifiableList(Arrays.asList(melon1, melon2));
```

那么，列表是不可修改还是不可变呢？答案是不可修改。因为虽然变更方法会抛出 `UnsupportedOperationException` 异常，但底层的 **melon1** 和 **melon2** 是可以被修改的。例如，我们可以将甜瓜的重量设置为 **0**：

```
melon1.setWeight(0);
melon2.setWeight(0);
```

执行以上操作后，列表将更新为：

```
Crenshaw(0g), Gac(0g)
```

问题 2（Arrays.asList()）

我们可以直接在 **Arrays.asList()** 中硬编码实例，来创建一个 **MutableMelon** 列表：

```
private final List<MutableMelon> list =
  Collections.unmodifiableList(Arrays.asList(
    new MutableMelon("Crenshaw", 2000),
    new MutableMelon("Gac", 1200)
  ));
```

那么这个列表是不可修改的还是不可变的呢？答案是不可修改的。因为虽然修改器方法会抛出 `UnsupportedOperationException` 异常，但是硬编码的实例可以通过 **List.get()** 方法访问，一旦被访问，就可以被修改：

```
MutableMelon melon1 = list.get(0);
MutableMelon melon2 = list.get(1);
melon1.setWeight(0);
melon2.setWeight(0);
```

执行以上操作后，列表将更新为：

```
Crenshaw(0g), Gac(0g)
```

问题 3（Collections.unmodifiableList() 和静态块）

使用 `Collections.unmodifiableList()` 方法和静态块来创建一个不可变的 `MutableMelon` 列表，以确保列表中的元素不会被修改，如下所示：

```
private static final List<MutableMelon> list;
static {
```

```
  final MutableMelon melon1 = new MutableMelon("Crenshaw", 2000);
  final MutableMelon melon2 = new MutableMelon("Gac", 1200);
  list = Collections.unmodifiableList(Arrays.asList(melon1, melon2));
}
```

那么，这个列表是不是不能被修改呢？答案是不能被修改。虽然修改器方法会抛出 `UnsupportedOperationException` 异常，但硬编码的实例仍然可以通过 `List.get()` 方法访问。一旦被访问，就可以进行修改，如下所示：

```
MutableMelon melon1l = list.get(0);
MutableMelon melon2l = list.get(1);
melon1l.setWeight(0);
melon2l.setWeight(0);
```

更新后的列表为：

```
Crenshaw(0g), Gac(0g)
```

问题 4（List.of()）

使用 `List.of()` 来创建一个可变的 `Melon` 列表：

```
private final MutableMelon melon1 = new MutableMelon("Crenshaw", 2000);
private final MutableMelon melon2 = new MutableMelon("Gac", 1200);
private final List<MutableMelon> list = List.of(melon1, melon2);
```

此时，这个列表不能被修改吗？答案是不能。虽然修改器方法会抛出 `UnsupportedOperationException` 异常，但是硬编码的实例仍然可以通过 `List.get()` 方法进行访问。一旦它们被访问，就可以进行修改，如下所示：

```
MutableMelon melon1l = list.get(0);
MutableMelon melon2l = list.get(1);
melon1l.setWeight(0);
melon2l.setWeight(0);
```

列表将更新为：

```
Crenshaw(0g), Gac(0g)
```

接下来的例子，我们来看看以下不可变类：

```
public final class ImmutableMelon {
  private final String type;
  private final int weight;
  //为了简洁起见，这里省略了构造函数、getter、equals()和hashCode()方法
}
```

问题 5（不可变的）

现在我们可以使用 `Collections.unmodifiableList()` 和 `List.of()` 方法来创建一个

`ImmutableMelon` 列表：

```
private static final ImmutableMelon MELON_1 = new ImmutableMelon("Crenshaw", 2000);
private static final ImmutableMelon MELON_2 = new ImmutableMelon("Gac", 1200);
private static final List<ImmutableMelon> LIST =
Collections.unmodifiableList(Arrays.asList(MELON_1, MELON_2));
private static final List<ImmutableMelon> LIST = List.of(MELON_1, MELON_2);
```

这个列表不能被修改吗？答案还是不能。如果我们试图使用变异器方法对 `ImmutableMelon` 实例进行修改，它会抛出 `UnsupportedOperationException` 异常，因此我们无法对其进行更改。

> **提示：** 通常来说，如果一个集合是通过 `unmodifiableFoo()` 或 `of()` 方法定义的，并且包含可变数据，则该集合是不可修改的。如果该集合是不可修改的，并且包含不可变数据（包括原始数据类型），则它是不可变的。

需要注意的是，不可穿透的不变性应该考虑到 Java 反射 API 和类似的 API，这些 API 在操作代码方面具有不同寻常的能力。

关于第三方库的支持，可以考虑使用 Apache Common Collection 的 `UnmodifiableList` 和 Guava 的 `ImmutableList`。

在使用 `Map` 时，我们还可以通过 `unmodifiableMap()` 或 `Map.of()` 方法创建不可修改 / 不可变的 `Map`，以确保其内容不会被意外修改。

我们也可以用 `Collections.emptyMap()` 来创建一个不可变的空 `Map`：

```
Map<Integer, MutableMelon> emptyMap = Collections.emptyMap();
```

> **提示：** 除了 `emptyMap()` 之外，我们还有 `Collections.emptyList()` 和 `Collections.emptySet()` 方法。当我们不希望方法直接返回 `null` 时，可以使用它们来返回 `Map`、`List` 或 `Set` 对象。

此外，我们还可以使用 `Collections.singletonMap(K key, V value)` 方法来创建一个仅包含一个元素的不可修改 / 不可变的 `Map`，如下所示：

```
//不可修改的（unmodifiable）
Map<Integer, MutableMelon> mapOfSingleMelon
  = Collections.singletonMap(1, new MutableMelon("Gac", 1200));
//不可变的（immutable）
Map<Integer, ImmutableMelon> mapOfSingleMelon
  = Collections.singletonMap(1, new ImmutableMelon("Gac", 1200));
```

> **提示：** 类似于 `singletonMap()`，我们还有 `singletonList()` 和 `singleton()`。后者用于创建仅包含一个元素的不可变 `Set` 对象。

另外，从 JDK 9 开始，我们可以使用 `ofEntries()` 的方法来创建一个不可修改的 `Map`。该方法接受 `Map.Entry` 作为参数，如下所示：

```
//包含给定键和值的不可修改Map.Entry
import static java.util.Map.entry;
//...
Map<Integer, MutableMelon> mapOfMelon = Map.ofEntries(
  entry(1, new MutableMelon("Apollo", 3000)),
  entry(2, new MutableMelon("Jade Dew", 3500)),
  entry(3, new MutableMelon("Cantaloupe", 1500))
);
```

还有另一种选择，即不可变的 `Map`，如下所示：

```
Map<Integer, ImmutableMelon> mapOfMelon = Map.ofEntries(
  entry(1, new ImmutableMelon("Apollo", 3000)),
  entry(2, new ImmutableMelon("Jade Dew", 3500)),
  entry(3, new ImmutableMelon("Cantaloupe", 1500))
);
```

而对于 JDK 10，其提供了 `Map.copyOf(Map<? extends K, ? extends V> map)` 方法，可以从可修改的 `Map` 中获取一个不可修改 / 不可变的 `Map`，如下所示：

```
Map<Integer, ImmutableMelon> mapOfMelon = new HashMap<>();
mapOfMelon.put(1, new ImmutableMelon("Apollo", 3000));
mapOfMelon.put(2, new ImmutableMelon("Jade Dew", 3500));
mapOfMelon.put(3, new ImmutableMelon("Cantaloupe", 1500));
Map<Integer, ImmutableMelon> immutableMapOfMelon = Map.copyOf(mapOfMelon);
```

最后，我们再来探讨一下不可变数组。

问题：我能在 Java 中创建不可变数组吗？

回答：不可以。但严谨地说，确实有一种方法可以在 Java 中创建不可变数组：

```
static final String[] immutable = new String[0];
```

由此可见，在 Java 中，所有有用的数组都是可变的。不过，我们可以使用一个辅助类创建基于 `Arrays.copyOf()` 的不可变数组。该方法会复制元素并创建一个新数组，其实现依赖于 `System.arraycopy()`。这个辅助类可以是这样的：

```
import java.util.Arrays;

public final class ImmutableArray<T> {
  private final T[] array;

  private ImmutableArray(T[] a) {
    array = Arrays.copyOf(a, a.length);
  }

  public static <T> ImmutableArray<T> from(T[] a) {
    return new ImmutableArray<>(a);
  }
```

```
  public T get(int index) {
    return array[index];
  }

  //为了简洁起见，这里省略了equals()、hashCode()和toString()方法
}
```

以下是一个用例示范：

```
ImmutableArray<String> sample =
  ImmutableArray.from(new String[] {
    "a", "b", "c"
  });
```

110. 映射默认值

在 JDK 8 之前，要解决这个问题需要使用一个辅助方法。这个方法的作用是检查 `Map` 中是否存在指定的键，并返回对应的值或默认值。我们可以将这个方法编写到实用工具类中，或者通过扩展 `Map` 接口来实现。通过返回默认值，我们可以避免在 `Map` 中未找到指定键时返回 `null` 的情况。此外，这也是一种方便的方法，可以依赖默认设置或配置。

从 JDK 8 开始，解决此问题变得更加容易，只需使用 `Map.getOrDefault()` 方法即可。该方法接受两个参数，分别为要在 Map 中查找的键和默认值。默认值作为备用值，在给定的键未找到时应返回该值。

举个例子，假设以下的 `Map` 中包含了多个数据库及其默认的 `host:port`（主机：端口）：

```
Map<String, String> map = new HashMap<>();
map.put("postgresql", "127.0.0.1:5432");
map.put("mysql", "192.168.0.50:3306");
map.put("cassandra", "192.168.1.5:9042");
```

让我们看看这个 `Map` 中是否也标注了 Derby 数据库默认的 `host:port`（主机：端口）：

```
map.get("derby"); //null
```

由于 Derby 数据库不在 `Map` 中，搜索结果会返回 `null`，这并不是我们想要的。实际上，如果需要搜索的数据库不在 `Map` 中，我们可以使用始终可用的 MongoDB（`69:89.31.226:27017`）。现在，我们可以轻松地改进这种情况的处理方式，如下所示：

```
//69:89.31.226:27017
String hp1 = map.getOrDefault("derby", "69:89.31.226:27017");
//192.168.0.50:3306
String hp2 = map.getOrDefault("mysql", "69:89.31.226:27017");
```

> **提示：** 这种方法便于构建流畅的表达式，可避免添加额外的代码做空值检查。请注意，返回默认值并不意味着该值将被添加到 `Map` 中，即 `Map` 本身保持不变。

111. 判断 Map 中键是否存在或缺失

有时候，我们使用 Map 时，可能找不到恰好符合我们需求的“开箱即用”的条目（entry）。此外，如果某个条目不存在，也没有默认条目可供选择，这时我们需要自行计算所需的条目。

为了解决这个问题，JDK 8 提供了一系列方法，包括 compute()、computeIfAbsent()、computeIfPresent() 和 merge()。若要充分利用这些方法，就需要对这些函数进行深入了解。以下是这些方法的实例。

例 1（computeIfPresent()）

假设我们有如下 Map：

```
Map<String, String> map = new HashMap<>();
map.put("postgresql", "127.0.0.1");
map.put("mysql", "192.168.0.50");
```

我们使用这个 Map 来构建不同数据库的 JDBC URL。

假设我们想要构建 MySQL 的 JDBC URL。如果映射中存在 mysql 键，则应根据相应的值计算 JDBC URL，jdbc:mysql://192.168.0.50/customers_db。但如果不存在 mysql 键，则 JDBC URL 应为 null。除此之外，如果我们的计算结果为 null（无法计算 JDBC URL），则应从映射中删除此条目。

这一步可以使用 V computeIfPresent(K key, BiFunction<? super K, ? super V, ? extends V> remappingFunction) 方法来实现。

在这个例子中，用于计算新值的 BiFunction 如下（其中 k 表示映射中的键，v 表示与该键相关联的值）:

```
BiFunction<String, String, String> jdbcUrl
  = (k, v) -> "jdbc:" + k + "://" + v + "/customers_db";
```

完成这个函数后，我们就能够使用以下方法计算 mysql 键的新值:

```
//jdbc:mysql://192.168.0.50/customers_db
String mySqlJdbcUrl = map.computeIfPresent("mysql", jdbcUrl);
```

由于 Map 中存在 mysql 键，结果将为 jdbc:mysql://192.168.0.50/customers_db，新 Map 包含以下条目:

```
postgresql=127.0.0.1, mysql=jdbc:mysql://192.168.0.50/customers_db
```

> **提示：** 再次调用 computeIfPresent() 将重新计算值，这意味着它会产生类似于 mysql=jdbc:mysql://jdbc:mysql://... 的结果。显然，这是不满足需求的，因此要避免重复调用该函数。

另一方面，如果我们尝试对一个不存在的条目进行同样的计算（如 voltdb），那么返回的值将是 null，而映射本身不会发生变化，如下所示:

```
//null
String voldDbJdbcUrl = map.computeIfPresent("voltdb", jdbcUrl);
```

例 2（computeIfAbsent()）

假设我们有如下 Map：

```
Map<String, String> map = new HashMap<>();
map.put("postgresql", "jdbc:postgresql://127.0.0.1/customers_db");
map.put("mysql", "jdbc:mysql://192.168.0.50/customers_db");
```

我们使用这个 Map 来构建不同数据库的 JDBC URL。

如果我们要构建 MongoDB 的 JDBC URL，假设在映射中存在 mongodb 键，我们应该返回相应的值，而不进行其他计算。但是，如果这个键不存在或与 null 值相关联，我们应该基于当前 IP 和这个键进行计算，并将计算出的值添加到映射中。如果计算出的值为 null，则返回 null 作为结果，并保持映射不变。

对此，我们可以使用 V computeIfAbsent(K key, Function<? super K, ? extends V> mappingFunction) 方法来实现。

在这个例子中，用于计算值的函数将会是这样的（第一个字符串是映射中的键（k），而第二个字符串是为该键计算的值）：

```
String address = InetAddress.getLocalHost().getHostAddress();
Function<String, String> jdbcUrl
  = k -> k + "://" + address + "/customers_db";
```

基于这个方法，我们可以尝试使用 mongodb 键来获取 MongoDB 的 JDBC URL，如下所示：

```
//mongodb://192.168.100.10/customers_db
String mongodbJdbcUrl = map.computeIfAbsent("mongodb", jdbcUrl);
```

由于我们的 Map 中没有包含 mongodb 键，因此需要计算并将其添加到 Map 中。

如果我们的函数计算出的结果是 null，那么映射将保持不变并返回 null。

> **提示：**再次调用 computeIfAbsent() 方法不会重新计算值。这一次，由于 mongodb 已经存在于映射中（在上一次调用时添加了），返回的值将是 mongodb://192.168.100.10/customers_db。这与尝试获取 mysql 的 JDBC URL 相同，它将返回 jdbc:mysql://192.168.0.50/customers_db，而不会触发进一步的计算。

例 3（compute()）

假设我们有如下 Map：

```
Map<String, String> map = new HashMap<>();
map.put("postgresql", "127.0.0.1");
map.put("mysql", "192.168.0.50");
```

我们使用这个 `Map` 来构建不同数据库的 JDBC URL。

如果我们要创建 MySQL 和 Derby 的 JDBC URL，我们需要基于相应的键和值（可能为 `null`）来计算。无论映射中是否存在键（`mysql` 或 `derby`），都应该这样做。如果键存在于映射中，但我们无法计算出 JDBC URL（即结果为 null），则我们希望从映射中删除该条目。这实际上是 `computeIfPresent()` 和 `computeIfAbsent()` 的结合。

我们可以使用 `V compute(K key, BiFunction<? super K, ? super V, ? extends V> remappingFunction)` 方法来实现。

这次我们需要编写一个 `BiFunction`，用于处理搜索键值为 `null` 的情况，如下所示：

```
String address = InetAddress.getLocalHost().getHostAddress();
BiFunction<String, String, String> jdbcUrl = (k, v)
  -> "jdbc:" + k + "://" + ((v == null)? address : v)
  + "/customers_db";
```

现在，让我们来计算 MySQL 的 JDBC URL。由于 `Map` 中有一个 `mysql` 键，所以计算将依赖于相应的值 `192.168.0.50`。计算结果将更新 `Map` 中 `mysql` 键的值，如下所示：

```
//jdbc:mysql://192.168.0.50/customers_db
String mysqlJdbcUrl = map.compute("mysql", jdbcUrl);
```

此外，我们需要计算 Derby 数据库的 JDBC URL。由于映射中缺少 `derby` 键，所以我们将基于当前 IP 进行计算，最终结果将被添加到映射中的 `derby` 键下，如下所示：

```
//jdbc:derby://192.168.100.10/customers_db
String derbyJdbcUrl = map.compute("derby", jdbcUrl);
```

之后，`Map` 会变成这样：

- `postgresql=127.0.0.1`
- `derby=jdbc:derby://192.168.100.10/customers_db`
- `mysql=jdbc:mysql://192.168.0.50/customers_db`

> **提示：**请注意，如果再次调用 `compute()` 方法，将重新计算值。这可能会导致出现错误的结果，例如 `jdbc:derby://jdbc:derby://...`。如果计算结果为 `null`（例如，无法计算 JDBC URL），并且该键（例如 `mysql`）存在于映射中，则该条目将从映射中删除，并返回 `null` 结果。

例 4（`merge()`）

假设我们有如下 `Map`：

```
Map<String, String> map = new HashMap<>();
map.put("postgresql", "9.6.1 ");
map.put("mysql", "5.1 5.2 5.6 ");
```

我们使用 `Map` 来存储各个数据库类型的版本信息，并用空格分隔它们。

假设每次发布新的数据库类型版本时，我们都想要将其添加到相应的键中。如果键已经存在于映射中（如 `mysql`），我们只需将新版本连接到当前值的末尾；如果键不存在于映射中（如 `derby`），我们只需添加它即可。这样做可以更方便地管理数据库类型版本。

我们可以使用 `V merge(K key, V value, BiFunction<? super V, ? super V, ? extends V> remappingFunction)` 方法来实现。

如果给定的键（`K`）没有与任何值关联（或者与 `null` 关联），那么该方法会为它关联一个新值 `V`。如果一个键（`K`）已经与一个非 `null` 值关联，那么会根据给定的 `BiFunction` 计算新值。如果该 `BiFunction` 的计算结果为 `null`，并且该键在映射中存在，那么该键值对将从映射中删除。

在这个例子中，我们希望将当前值与新版本连接起来。因此，我们可以将 `BiFunction` 写成如下形式：

```
BiFunction<String, String, String> jdbcUrl = String::concat;
```

也可以换一个写法，如下所示：

```
BiFunction<String, String, String> jdbcUrl = (vold, vnew) -> vold.concat(vnew);
```

如果我们想在 MySQL 8.0 的 `Map` 版本中执行连接操作，可以按照以下步骤来完成：

```
//5.1 5.2 5.6 8.0
String mySqlVersion = map.merge("mysql", "8.0 ", jdbcUrl);
```

然后，我们再把 9.0 版本连接起来：

```
//5.1 5.2 5.6 8.0 9.0
String mySqlVersion = map.merge("mysql", "9.0 ", jdbcUrl);
```

或者，我们可以加入 Derby 数据库的 10.11.1.1 版本。这样做会在 `Map` 中创建新的条目，因为目前 `Map` 中不存在 Derby 的键，如下所示：

```
//10.11.1.1
String derbyVersion = map.merge("derby", "10.11.1.1 ", jdbcUrl);
```

之后，`Map` 会变成这样：

```
postgresql=9.6.1, derby=10.11.1.1, mysql=5.1 5.2 5.6 8.0 9.0
```

例 5（`putIfAbsent()`）

假设我们有如下 `Map`：

```
Map<Integer, String> map = new HashMap<>();
map.put(1, "postgresql");
map.put(2, "mysql");
map.put(3, null);
```

然后，我们使用这个 `map` 来构建不同数据库的 JDBC URL。

假设我们现在想要根据以下限制，将更多的数据库类型包含在这个映射中：

• 如果这个键已经存在于 Map 中，那么只需要返回对应的值，而不改变 Map。

• 如果这个键不存在于 Map 中（或者与 null 相关联），那么把提供的值放入 Map 中并返回 null。

我们可以使用 putIfAbsent(K key, V value) 方法来完成此操作。以下是具体的调用方式：

```
String v1 = map.putIfAbsent(1, "derby"); //postgresql
String v2 = map.putIfAbsent(3, "derby"); //null
String v3 = map.putIfAbsent(4, "cassandra"); //null
```

之后，变量 map 会变成这样：

```
1=postgresql, 2=mysql, 3=derby, 4=cassandra
```

112. 从 Map 中移除元素

要从 Map 中移除元素，可以通过键或键值对（key-value）来完成。

假设我们有如下 Map：

```
Map<Integer, String> map = new HashMap<>();
map.put(1, "postgresql");
map.put(2, "mysql");
map.put(3, "derby");
```

删除一个键很简单，只需要调用 V Map.remove(Object key) 方法。如果成功删除了对应的条目，则该方法会返回与之关联的值，否则返回 null。如下例所示：

```
String r1 = map.remove(1); //postgresql
String r2 = map.remove(4); //null
```

此时，Map 中的内容如下（键为 1 的条目已被删除）：

```
2=mysql, 3=derby
```

从 JDK 8 开始，Map 接口新增了一个 remove() 方法，其签名为 boolean remove(Object key, Object value)。使用此方法，只有在给定键和值完全匹配时才能从映射中删除条目。该方法实际上是以下复合条件的简便方式：map.containsKey(key) && Objects.equals(map.get(key), value)。

让我们举两个简单的例子来说明：

```
//true
boolean r1 = map.remove(2, "mysql");
//false (键存在，但值不匹配)
boolean r2 = map.remove(3, "mysql");
```

现在 map 变量中只剩下一个条目，即 3=derby。

在 Map 中进行迭代和删除有至少两种方式：一种是使用迭代器（解决方案在示例代码中）；另一种是从 JDK 8 开始，可以使用 removeIf(Predicate<? super E> filter) 方法来实现：

```
map.entrySet().removeIf(e -> e.getValue().equals("mysql"));
```

如果你想了解更多有关从集合中删除元素的详细信息，请参阅“118. 移除集合中所有符合谓词条件的元素”。

113. 替换 Map 条目

在许多情况下，我们需要替换 `Map` 中的条目。在 JDK 8 中，我们可以使用 `replace()` 方法轻松解决这个问题，而不需要编写复杂的辅助方法。

这里假设我们有一个名为 `Melon` 的类和一个相应的 `Map`，如下所示：

```
public class Melon {
  private final String type;
  private final int weight;
  //为了简洁起见，这里省略了构造函数、getter、equals()、hashCode()和toString()方法
}

Map<Integer, Melon> mapOfMelon = new HashMap<>();
mapOfMelon.put(1, new Melon("Apollo", 3000));
mapOfMelon.put(2, new Melon("Jade Dew", 3500));
mapOfMelon.put(3, new Melon("Cantaloupe", 1500));
```

如下所示，使用 `V replace(K key, V value)` 方法可以替换键为 `2` 的甜瓜。如果替换成功，该方法将返回初始的甜瓜。

```
//替换掉Jade Dew(3500g)
Melon melon = mapOfMelon.replace(2, new Melon("Gac", 1000));
```

现在这个 `Map` 包含了以下内容：

```
1=Apollo(3000g), 2=Gac(1000g), 3=Cantaloupe(1500g)
```

此外，假设我们要替换键为 1 且重量为 3000 克的 Apollo 甜瓜。为了确保被替换的是目标甜瓜，我们可以使用 `Boolean replace(K key, V oldValue, V newValue)` 方法来实现。该方法依赖于 `equals()` 方法来比较给定的值，因此甜瓜必须实现 `equals()` 方法，否则结果将无法预测。

```
//true
boolean melon = mapOfMelon.replace(1, new Melon("Apollo", 3000), new Melon("Bitter", 4300));
```

至此，这个 `Map` 包含以下内容：

```
1=Bitter(4300g), 2=Gac(1000g), 3=Cantaloupe(1500g)
```

另外，如果我们想要用一个给定的函数替换 `Map` 中的所有条目，可以使用 `void replaceAll(BiFunction<? super K, ? super V, ? extends V> function)` 方法。

例如，我们可以使用重量为 1000 克的甜瓜来替换所有重量超过 1000 克的甜瓜。下面这个 `BiFunction` 定义了这个函数，其中 `k` 表示 `Map` 中每个条目的键，`v` 表示其对应的值：

```
BiFunction<Integer, Melon, Melon> function = (k, v) ->
  v.getWeight() > 1000 ? new Melon(v.getType(), 1000) : v;
```

然后，replaceAll() 就派上用场了：

```
mapOfMelon.replaceAll(function);
```

最终，这个 Map 包含以下内容：

```
1=Bitter(1000g), 2=Gac(1000g), 3=Cantaloupe(1000g)
```

114. 比较两个 Map

我们可以使用 Map.equals() 方法来比较两个 Map，该方法会比较两个 Map 的键和值，内部会调用 Object.equals() 方法。

例如，我们来看两个甜瓜的 Map，它们的条目是一样的（Melon 类必须实现 equals() 和 hashCode() 方法），如下所示：

```
public class Melon {
  private final String type;
  private final int weight;
  //为了简洁起见，这里省略了构造函数、getter、equals()、hashCode()和toString()方法
}

Map<Integer, Melon> melons1Map = new HashMap<>();
Map<Integer, Melon> melons2Map = new HashMap<>();
melons1Map.put(1, new Melon("Apollo", 3000));
melons1Map.put(2, new Melon("Jade Dew", 3500));
melons1Map.put(3, new Melon("Cantaloupe", 1500));
melons2Map.put(1, new Melon("Apollo", 3000));
melons2Map.put(2, new Melon("Jade Dew", 3500));
melons2Map.put(3, new Melon("Cantaloupe", 1500));
```

现在，如果我们测试 melons1Map 和 melons2Map 是否相等，得到的结果会是 true：

```
boolean equals12Map = melons1Map.equals(melons2Map); //true
```

然而，如果我们用的是数组，这种方法就不可行了。比如，看看下面这两个 Map：

```
Melon[] melons1Array = {
  new Melon("Apollo", 3000),
  new Melon("Jade Dew", 3500),
  new Melon("Cantaloupe", 1500)
};
Melon[] melons2Array = {
  new Melon("Apollo", 3000),
  new Melon("Jade Dew", 3500),
  new Melon("Cantaloupe", 1500)
};
```

```
Map<Integer, Melon[]> melons1ArrayMap = new HashMap<>();
melons1ArrayMap.put(1, melons1Array);
Map<Integer, Melon[]> melons2ArrayMap = new HashMap<>();
melons2ArrayMap.put(1, melons2Array);
```

此时即使 `melons1ArrayMap` 和 `melons2ArrayMap` 相等，调用 `Map.equals()` 方法时仍然会返回 `false`，如下所示：

```
boolean equals12ArrayMap = melons1ArrayMap.equals(melons2ArrayMap);
```

问题在于数组的 `equals()` 方法比较的是数组的标识，而非其内容。若要解决这个问题，我们可以编写一个辅助方法，使用 `Arrays.equals()` 来比较数组的内容，如下所示：

```
public static <A, B> boolean equalsWithArrays(
  Map<A, B[]> first, Map<A, B[]> second) {
  if (first.size() != second.size()) {
    return false;
  }
  return first.entrySet().stream()
    .allMatch(e -> Arrays.equals(e.getValue(),
      second.get(e.getKey())));
}
```

115. 对 Map 进行排序

有多种方法可以对 `Map` 进行排序。首先，让我们假设有如下的 `Map`：

```
public class Melon implements Comparable {
  private final String type;
  private final int weight;

  @Override
  public int compareTo(Object o) {
    return Integer.compare(this.getWeight(), ((Melon) o).getWeight());
  }

  //为了简洁起见，这里省略了构造函数、getter、equals()、hashCode()和toString()方法
}

Map<String, Melon> melons = new HashMap<>();
melons.put("delicious", new Melon("Apollo", 3000));
melons.put("refreshing", new Melon("Jade Dew", 3500));
melons.put("famous", new Melon("Cantaloupe", 1500));
```

现在，让我们来讨论一下对这个 `Map` 进行排序的几种解决方案。以下内容将围绕图中的几种方法展开介绍。

sortByKeyList(Map<K, V> map)	**List<K>**
sortByKeyStream(Map<K, V> map, Comparator<? super K> c)	**Map<K, V>**
sortByKeyTreeMap(Map<K, V> map)	**TreeMap<K, V>**
sortByValueList(Map<K, V> map)	**List<V>**
sortByValueStream(Map<K, V> map, Comparator<? super V> c)	**Map<K, V>**

通过 TreeMap 和自然排序按键排序

使用 TreeMap 可以轻松解决 Map 排序的问题，因为它按键的自然顺序排序，非常方便。此外，TreeMap 还提供了一个构造函数 TreeMap(Map<? extends K,? extends V> m)，可用于初始化。

```
public static <K, V> TreeMap<K, V> sortByKeyTreeMap(Map<K, V> map) {
  return new TreeMap<>(map);
}
```

调用它将按键排序 Map，如下所示：

```
//{delicious=Apollo(3000g),
// famous=Cantaloupe(1500g),
// refreshing=Jade Dew(3500g)}
TreeMap<String, Melon> sortedMap = Maps.sortByKeyTreeMap(melons);
```

通过流和比较器按键和值排序

创建映射流后，可以使用 Stream.sorted() 方法对其进行排序，也可自行决定是否使用比较器。接下来，我们尝试使用比较器进行排序：

```
public static <K, V> Map<K, V> sortByKeyStream(
    Map<K, V> map, Comparator<? super K> c) {
  return map.entrySet()
    .stream()
    .sorted(Map.Entry.comparingByKey(c))
    .collect(toMap(Map.Entry::getKey, Map.Entry::getValue,
      (v1, v2) -> v1, LinkedHashMap::new));
}

public static <K, V> Map<K, V> sortByValueStream(
    Map<K, V> map, Comparator<? super V> c) {
  return map.entrySet()
    .stream()
    .sorted(Map.Entry.comparingByValue(c))
    .collect(toMap(Map.Entry::getKey, Map.Entry::getValue,
      (v1, v2) -> v1, LinkedHashMap::new));
}
```

为了保持迭代顺序，我们应该使用 LinkedHashMap，而不是 HashMap。

让我们按照以下方式对 Map 进行排序：

```
//{delicious=Apollo(3000g),
// famous=Cantaloupe(1500g),
// refreshing=Jade Dew(3500g)}
Comparator<String> byInt = Comparator.naturalOrder();
Map<String, Melon> sortedMap = Maps.sortByKeyStream(melons, byInt);
//{famous=Cantaloupe(1500g),
// delicious=Apollo(3000g),
```

```
// refreshing=Jade Dew(3500g)}
Comparator<Melon> byWeight = Comparator.comparing(Melon::getWeight);
Map<String, Melon> sortedMap = Maps.sortByValueStream(melons, byWeight);
```

通过列表按键和值进行排序

前面的例子对给定的映射进行了排序，得到了一个有序的映射。如果我们只对键进行排序，而不关心值，或者只对值进行排序，而不关心键，那么我们可以使用 `Map.keySet()` 方法来创建键的列表，或者使用 `Map.values()` 方法来获取值，如下所示：

```
public static <K extends Comparable, V> List<K> sortByKeyList(Map<K, V> map) {
  List<K> list = new ArrayList<>(map.keySet());
  Collections.sort(list);
  return list;
}

public static <K, V extends Comparable> List<V> sortByValueList(Map<K, V> map) {
  List<V> list = new ArrayList<>(map.values());
  Collections.sort(list);
  return list;
}
```

现在，让我们对 `Map` 进行排序：

```
//[delicious, famous, refreshing]
List<String> sortedKeys = Maps.sortByKeyList(melons);
//[Cantaloupe(1500g), Apollo(3000g), Jade Dew(3500g)]
List<Melon> sortedValues = Maps.sortByValueList(melons);
```

如果不允许有重复的值，就必须使用 `SortedSet` 的实现，如下所示：

```
SortedSet<String> sortedKeys = new TreeSet<>(melons.keySet());
SortedSet<Melon> sortedValues = new TreeSet<>(melons.values());
```

116. 复制 HashMap

如果要对`HashMap`进行浅拷贝，可以使用`HashMap(Map<? extends K, ? extends V> m)`构造函数，如下所示：

```
Map<K, V> mapToCopy = new HashMap<>();
Map<K, V> shallowCopy = new HashMap<>(mapToCopy);
```

还有一种解决方案，可能需要使用`putAll(Map<? extends K, ? extends V> m)`方法。这个方法可以将指定的 `Map` 中的所有映射复制到当前的 `Map` 中，具体实现如下：

```
@SuppressWarnings("unchecked")
public static <K, V> HashMap<K, V> shallowCopy(Map<K, V> map) {
  HashMap<K, V> copy = new HashMap<>();
```

```
    copy.putAll(map);
    return copy;
}
```

我们也可以使用 Java 8 的函数式风格编写一个辅助方法，如下所示：

```
@SuppressWarnings("unchecked")
public static <K, V> HashMap<K, V> shallowCopy(Map<K, V> map) {
    Set<Entry<K, V>> entries = map.entrySet();
    HashMap<K, V> copy = (HashMap<K, V>) entries.stream()
      .collect(Collectors.toMap(
        Map.Entry::getKey, Map.Entry::getValue));
    return copy;
}
```

然而，这三种解决方案只提供了 `Map` 的浅拷贝。获得深拷贝的解决方案可以依赖于第 2 章“53. 克隆对象”中介绍的 Cloning 库（https://github.com/kostaskougios/cloning）。可以编写一个使用 Cloning 的辅助方法，如下所示：

```
@SuppressWarnings("unchecked")
public static <K, V> HashMap<K, V> deepCopy(Map<K, V> map) {
    Cloner cloner = new Cloner();
    HashMap<K, V> copy = (HashMap<K, V>) cloner.deepClone(map);
    return copy;
}
```

117. 合并两个 Map

合并两个 `Map` 实际上就是将它们的元素合并成一个新的 `Map`。如果有键冲突，我们可以根据具体的业务需求，选择保留第一个 `Map` 的值，或者合并第二个 `Map` 的值。

让我们看看下面这两个 `Map`，这里特意制造了一个键值冲突：

```
public class Melon {
    private final String type;
    private final int weight;
    //为了简洁起见，这里省略了构造函数、getter、equals()、hashCode()和toString()方法
}

Map<Integer, Melon> melons1 = new HashMap<>();
Map<Integer, Melon> melons2 = new HashMap<>();
melons1.put(1, new Melon("Apollo", 3000));
melons1.put(2, new Melon("Jade Dew", 3500));
melons1.put(3, new Melon("Cantaloupe", 1500));
melons2.put(3, new Melon("Apollo", 3000));
melons2.put(4, new Melon("Jade Dew", 3500));
melons2.put(5, new Melon("Cantaloupe", 1500));
```

从 JDK 8 开始，`Map` 类新增了一个方法：`V merge(K key, V value, BiFunction<? super V, ? super V, ? extends V> remappingFunction)`。

如果给定的键（`K`）没有与任何值关联（或者与 `null` 关联），则将新值设为 `V`。如果键（`K`）与非 `null` 值关联，则根据给定的 `BiFunction` 计算新值。如果该 `BiFunction` 的结果为 `null`，且该键存在于映射中，则将该条目从映射中删除。

根据这个定义，我们可以写一个辅助方法来合并两个 `Map` 对象，如下所示：

```
public static <K, V> Map<K, V> mergeMaps(
  Map<K, V> map1, Map<K, V> map2) {
  Map<K, V> map = new HashMap<>(map1);
  map2.forEach(
    (key, value) -> map.merge(key, value, (v1, v2) -> v2));
  return map;
}
```

请注意，我们不会修改原始映射。相反，我们更倾向于返回一个新的映射，其中包含第一个和第二个映射的所有元素合并的结果。如果出现键冲突，我们将使用第二个映射中的值（`v2`）来替换现有的值。

另外一个解决方案是使用 `Stream.concat()` 方法将两个流合并成一个。我们可以先将 `Map` 转换为流，调用 `Map.entrySet().stream()` 方法，然后合并这两个流，最后使用 `toMap()` 收集器来收集结果，如下所示：

```
public static <K, V> Map<K, V> mergeMaps(Map<K, V> map1, Map<K, V> map2) {
  Stream<Map.Entry<K, V>> combined = Stream.concat(map1.entrySet().stream(),
    map2.entrySet().stream());
  Map<K, V> map = combined.collect(Collectors.toMap(Map.Entry::getKey, Map.
    Entry::getValue, (v1, v2) -> v2));
  return map;
}
```

此外，如果是一个 `Set` 集合（例如整数 `Set` 集合），还可以按照以下方式进行排序：

```
List<Integer> sortedList = someSetOfintegers.stream()
  .sorted()
  .collect(Collectors.toList());
```

而对于对象，应注意其依赖于 `sorted(Comparator<? super T>)`。

118. 移除集合中所有符合谓词条件的元素

假设我们有如下的甜瓜类（`Melon`）：

```
public class Melon {
  private final String type;
  private final int weight;
  //为了简洁起见，这里省略了构造函数、getter、equals()、hashCode()和toString()方法
}
```

接下来，我们将用下面这个集合（`ArrayList`）来展示如何删除与给定谓词（`Predicate`）匹配的元素：

```
List<Melon> melons = new ArrayList<>();
melons.add(new Melon("Apollo", 3000));
melons.add(new Melon("Jade Dew", 3500));
melons.add(new Melon("Cantaloupe", 1500));
melons.add(new Melon("Gac", 1600));
melons.add(new Melon("Hami", 1400));
```

让我们来看看下面的这些解决方案。

通过迭代器进行删除

在Java中，最古老的删除方法是使用迭代器。迭代器允许我们遍历集合并删除某些元素。然而，这种方法也有一些缺点。首先，使用迭代器进行删除可能会在多线程修改集合时出现 `ConcurrentModificationException` 异常，这取决于集合类型。此外，不同集合的删除操作也不同。例如，从 `LinkedList` 中删除元素比从 `ArrayList` 中删除元素要快，因为前者只需要移动指针，而后者需要移动元素。尽管如此，在本书的代码库中仍然可以找到解决方案。

如果你只需要获取 `Iterable` 的大小，那么可以考虑以下方法之一：

```
//Iterable
StreamSupport.stream(iterable.spliterator(), false).count();
//Collection
((Collection<?>) iterable).size()
```

使用 `Collection.removeIf()` 进行移除

从 JDK 8 开始，我们可以使用 `Collection.removeIf()` 方法将上述代码简化为一行。该方法使用了 `Predicate`，如下所示：

```
melons.removeIf(t -> t.getWeight() < 3000);
```

这次我们使用 `ArrayList` 进行迭代，标记满足 `Predicate` 的元素以便删除。然后，我们再次迭代 `ArrayList`，删除标记元素并移动剩余元素。

使用这种方法，`LinkedList` 和 `ArrayList` 的表现几乎一样。

通过流的方式移除

从 JDK 8 开始，我们可以通过使用 `Collection.stream()` 方法从集合中创建一个 `Stream`，并使用 `filter(Predicate p)` 方法过滤其中的元素。该过滤器只会保留满足给定 `Predicate` 的元素。

最后，我们使用合适的收集器将这些元素汇集起来：

```
List<Melon> filteredMelons = melons.stream()
  .filter(t -> t.getWeight() >= 3000)
  .collect(Collectors.toList());
```

> **提示：** 这个方案与另外两个方案不同，它不会修改原始集合，但可能会更慢且需要更多的内存。

通过 Collectors.partitioningBy() 分割元素

有时候，我们不想删除不符合谓词条件的元素，而是想按照谓词将元素分组。这时可以使用 Collectors.partitioningBy(Predicate p) 方法来实现。

Collectors.partitioningBy() 会将元素分成两个列表，并将它们作为值添加到一个 Map 中。该 Map 包含 true 和 false 两个键，如下所示：

```
Map<Boolean, List<Melon>> separatedMelons = melons.stream()
  .collect(Collectors.partitioningBy((Melon t) -> t.getWeight() >= 3000));
List<Melon> weightLessThan3000 = separatedMelons.get(false);
List<Melon> weightGreaterThan3000 = separatedMelons.get(true);
```

可见，true 键用于检索包含与谓词匹配的元素的列表，而 false 键用于检索包含与谓词不匹配的元素的列表。

如果要判断列表中所有元素是否相同，我们可以使用 Collections.frequency(Collection<?> c, Object obj) 方法。该方法可以返回指定集合中与指定对象相等的元素数量，如下所示：

```
boolean allTheSame = Collections.frequency(melons, melons.get(0)) == melons.size());
```

如果 allTheSame 为真，则表示列表中的所有元素都相同。需要注意的是，列表中的对象必须能正确实现 equals() 和 hashCode() 方法。

119. 将集合转换为数组

要将集合转换为数组，我们可以使用 Collection.toArray() 方法。如果没有指定参数，该方法将把给定的集合转换为 Object[]，如下所示：

```
List<String> names = Arrays.asList("ana", "mario", "vio");
Object[] namesArrayAsObjects = names.toArray();
```

很显然，这样做并不能完全满足需求，因为我们需要的是一个 String[] 数组，而不是一个 Object[] 数组。不过，我们可以使用 Collection.toArray(T[] a) 方法来解决这个问题：

```
String[] namesArraysAsStrings = names.toArray(new String[names.size()]);
String[] namesArraysAsStrings = names.toArray(new String[0]);
```

在这两种解决方案中，第二种更好，因为它避免了计算集合的大小。

此外，从 JDK 11 开始，还有一个专门用于此任务的方法——Collection.toArray(IntFunction<T[]> generator)。该方法会返回一个数组，其中包含此集合中的所有元素，并使用提供的生成器函数为返回的数组分配空间，如下所示：

```
String[] namesArraysAsStrings = names.toArray(String[]::new);
```

除了可以修改大小的 Arrays.asList()，我们还可以使用 of() 方法从数组构建一个不可修改的 List 或 Set，如下所示：

```
String[] namesArray = {"ana", "mario", "vio"};
List<String> namesArrayAsList = List.of(namesArray);
```

```
Set<String> namesArrayAsSet = Set.of(namesArray);
```

120. 使用列表筛选集合

在应用程序中，我们经常需要使用列表来对集合进行筛选。大多数情况下，需要从一个庞大的集合中提取与列表中元素相匹配的元素。让我们以 `Melon` 类为例来说明：

```
public class Melon {
  private final String type;
  private final int weight;
  //为了简洁起见，这里省略了构造函数、getter、equals()、hashCode()和toString()方法
}
```

在这里，假设我们有一个庞大的 `Melon` 集合 `ArrayList`，如下所示：

```
List<Melon> melons = new ArrayList<>();
melons.add(new Melon("Apollo", 3000));
melons.add(new Melon("Jade Dew", 3500));
melons.add(new Melon("Cantaloupe", 1500));
melons.add(new Melon("Gac", 1600));
melons.add(new Melon("Hami", 1400));
//...
```

我们还有一个列表，其中包含了我们想从之前提到的 `ArrayList` 中提取的甜瓜的品种，如下所示：

```
List<String> melonsByType = Arrays.asList("Apollo", "Gac", "Crenshaw", "Hami");
```

要解决这个问题，我们可能首先想到的是遍历两个集合并比较甜瓜的品种，但这样会导致代码运行速度变慢。另外，我们还可以通过使用 `List.contains()` 方法和一个 Lambda 表达式来解决，如下所示：

```
List<Melon> results = melons.stream()
  .filter(t -> melonsByType.contains(t.getType()))
  .collect(Collectors.toList());
```

这段代码简洁且高效，`List.contains()` 方法的实现原理如下：

```
//size        - melonsByType的大小
//o           -从melons中搜索的当前元素
//elementData - melonsByType
for (int i = 0; i < size; i++) {
  if (o.equals(elementData[i])) {
    return i;
  }
}
```

不过，我们还有一种更高效的解决方案来提升性能，即使用 `HashSet.contains()` 而非 `List.contains()`。与 `List.contains()` 通过 for 循环逐一匹配元素不同，`HashSet.`

contains() 是基于 Map.containsKey() 实现的。这得益于 Set 底层采用 Map 结构，将每个添加的元素映射为“元素 - PRESENT”类型的键值对。因此，在这个 Map 中，元素就是键，而 PRESENT 只是一个虚拟值。如此一来，性能得到了显著提升。

当我们使用 HashSet.contains 方法时，实际上是调用了 Map 的 containsKey 方法。该方法会根据元素的 hashCode() 值在映射中查找相应的键，这比使用 equals() 方法更高效。

让我们将最初的 ArrayList 转换成 HashSet 后再试一次：

```
Set<String> melonsSetByType = melonsByType.stream()
  .collect(Collectors.toSet());
List<Melon> results = melons.stream()
  .filter(t -> melonsSetByType.contains(t.getType()))
  .collect(Collectors.toList());
```

最终，我们发现这个方案比之前更快，大约减少了一半的耗时。

121. 替换列表元素

在应用程序中，我们经常会遇到一个常见问题，即替换列表中符合特定条件的元素。

让我们以下面的例子为例：

```
public class Melon {
  private final String type;
  private final int weight;
  //为了简洁起见，这里省略了构造函数、getter、equals()、hashCode()和toString()方法
}
```

接下来，我们来看一下 Melon 列表：

```
List<Melon> melons = new ArrayList<>();
melons.add(new Melon("Apollo", 3000));
melons.add(new Melon("Jade Dew", 3500));
melons.add(new Melon("Cantaloupe", 1500));
melons.add(new Melon("Gac", 1600));
melons.add(new Melon("Hami", 1400));
```

假设我们想把所有重量小于 3000 克的甜瓜替换为同品种重量为 3000 克的甜瓜。

为了解决这个问题，我们需要采用迭代列表的方法，然后使用 List.set(int index, E element) 来进行相应的替换，如下所示：

```
for (int i = 0; i < melons.size(); i++) {
  if (melons.get(i).getWeight() < 3000) {
    melons.set(i, new Melon(melons.get(i).getType(), 3000));
  }
}
```

另一种解决方案采用了 Java 8 的函数式风格，具体来说，是利用了 UnaryOperator 函数式接口。我们可以基于这个功能接口来实现，如下所示：

```
UnaryOperator<Melon> operator = t -> (t.getWeight() < 3000) ?
  new Melon(t.getType(), 3000) : t;
```

此外，我们还可以使用 JDK 8 的 `List.replaceAll(UnaryOperator<E> operator)` 方法来替换元素，具体使用方法如下：

```
melons.replaceAll(operator);
```

这两种方法几乎没什么区别。

122. 线程安全的集合、栈和队列

当多个线程同时访问一个集合、栈或队列时，很容易出现并发特有的异常，比如 `java.util.ConcurrentModificationException`。接下来，我们简要介绍一下 Java 内置的并发集合。

并发集合

Java 提供了一种线程安全的替代方法，用于代替非线程安全的集合（包括栈和队列），如下所示：

线程安全的列表

Java 内置了单线程列表和多线程列表，其中 `CopyOnWriteArrayList` 是 `ArrayList` 的线程安全版本，如下所示：

单线程	多线程
ArrayList	CopyOnWriteArrayList (often reads, seldom updates)
LinkedList	Vector

`CopyOnWriteArrayList` 是通过将元素保存在数组中来实现的。每当调用列表的改变方法（例如 `add()`、`set()` 和 `remove()`）时，Java 都会在该数组的副本上执行操作。

这个集合的迭代器会操作集合的一个不可变副本，因此你可以放心地修改原始集合，而不用担心会产生任何问题。在迭代器中，原始集合的潜在修改是不可见的，如下所示：

```
List<Integer> list = new CopyOnWriteArrayList<>();
```

> **提示：**当读取频繁而更改很少时，建议使用此集合。

线程安全的集合

`CopyOnWriteArraySet` 是线程安全版本的 `Set`。下表列出了 Java 内置的单线程和多线程集合：

单线程	多线程
HashSet	ConcurrentSkipListSet (sorted set)
TreeSet (sorted set)	CopyOnWriteArraySet (often reads, seldom updates)
LinkedHashSet (maintain insertionsorder)	
BitSet	
EnumSet	

这是一个使用内部 `CopyOnWriteArrayList` 进行所有操作的 `Set`。若要创建这样一个 `Set`，请参照以下步骤：

```
Set<Integer> set = new CopyOnWriteArraySet<>();
```

> **提示：** 当读取频繁而更改很少时，建议使用此集合。

`ConcurrentSkipListSet` 是线程安全版本的 `NavigableSet`，它是一个 `SortedSet` 的具体实现，其大多数基本操作的时间复杂度为 $O(\log n)$。

线程安全的映射表

`ConcurrentHashMap` 是线程安全版本的 `Map`。

下面的表格是 Java 内置的单线程和多线程的 `Map` 对照表：

单线程	多线程
HashMap	ConcurrentHashMap
TreeMap (sorted keys)	ConcurrentSkipListMap (sorted map)
LinkedHashMap (maintain insertion order)	Hashtable
IdentityHashMap (keys compared via ==)	
WeakHashMap	
EnumMap	

`ConcurrentHashMap` 允许同时进行检索操作，不会造成阻塞。也就是说，在进行更新操作（包括 `put()` 和 `remove()`）的同时，也可以进行检索操作，二者之间互不干扰。

我们也可以使用以下方式创建 `ConcurrentHashMap`：

```
ConcurrentMap<Integer, Integer> map = new ConcurrentHashMap<>();
```

> **提示：** 如果要保证线程安全和高性能，我们可以使用线程安全版本的 `Map`，即 `ConcurrentHashMap`。

但是，要避免使用 `Hashtable` 和 `Collections.synchronizedMap()`，因为它们的性能较差。

对于支持 `NavigableMap` 的 `ConcurrentMap`，所有操作都是基于 `ConcurrentSkipListMap` 的：

```
ConcurrentNavigableMap<Integer, Integer> map = new ConcurrentSkipListMap<>();
```

由数组支持的线程安全队列

Java 提供了一个线程安全的**先进先出**（first in first out，FIFO）队列，通过基于数组的 `ArrayBlockingQueue` 实现。下表列出了 Java 内置的基于数组的单线程和多线程队列：

单线程	多线程
ArrayDeque	ArrayBlockingQueue (bounded)
PriorityQueue (sorted retrievals)	ConcurrentLinkedQueue (unbounded)
	ConcurrentLinkedDeque (unbounded)
	LinkedBlockingQueue (optionally bounded)

续表

单线程	多线程
	LinkedBlockingDeque (optionally bounded)
	LinkedTransferQueue
	PriorityBlockingQueue
	SynchronousQueue
	DelayQueue
	Stack

ArrayBlockingQueue 在创建后无法更改容量。当队列已满时，添加元素的操作将被阻塞；同样地，当队列为空时，取出元素的操作也会被阻塞。

创建 ArrayBlockingQueue 非常简单，只需要按照以下步骤即可：

```
BlockingQueue<Integer> queue = new ArrayBlockingQueue<>(QUEUE_MAX_SIZE);
```

> **提示：** Java 还提供了两个线程安全的、可选的有界阻塞队列，分别是基于链表节点的 LinkedBlockingQueue 和 LinkedBlockingDeque（deque 是一种线性集合，支持在两端插入和删除元素）。

基于链式节点的线程安全队列

Java 提供了一个线程安全的、无界的队列 / 双端队列，它由链接节点支持，可以通过使用 ConcurrentLinkedDeque 或 ConcurrentLinkedQueue 实现。这里，我们以 ConcurrentLinkedDeque 为例：

```
Deque<Integer> queue = new ConcurrentLinkedDeque<>();
```

线程安全的优先队列

Java 提供了一个名为 PriorityBlockingQueue 的线程安全、无界、基于优先级堆的阻塞队列。

创建 PriorityBlockingQueue 非常简单，只需要按照以下方式即可：

```
BlockingQueue<Integer> queue = new PriorityBlockingQueue<>();
```

> **提示：** 非线程安全版本的队列叫 PriorityQueue。

线程安全的延迟队列

Java 中有一个线程安全的无界阻塞队列叫作 DelayQueue，只有当元素的延迟时间到期时才能被取出。要创建一个 DelayQueue 非常简单，如下所示：

```
BlockingQueue<TrainDelay> queue = new DelayQueue<>();
```

线程安全的传输队列

Java 提供了一种线程安全的无边界传输队列，它是基于链表节点实现的，称为 LinkedTransferQueue。

这是一个先进先出的队列，其中 head 表示队列中停留时间最长的元素，而 tail 则表示停留时间最短的元素，它们均由不同的生产者产生。以下是创建这种队列的一种方法：

```
TransferQueue<String> queue = new LinkedTransferQueue<>();
```

线程安全的同步队列

Java 提供了一个阻塞队列，它需要等待其他线程执行相应的删除操作才能进行插入操作，反之亦然。这个队列的实现基于 `SynchronousQueue`，如下所示：

```
BlockingQueue<String> queue = new SynchronousQueue<>();
```

线程安全的栈

有两种方法可以实现线程安全的栈，即 `Stack` 和 `ConcurrentLinkedDeque`。

`Stack` 类是一种**后进先出**（last in first out，LIFO）的对象堆栈，它是基于 `Vector` 类扩展的。`Stack` 的每个方法都是同步的（synchronized）。创建一个 `Stack` 非常简单，只需像下面这样操作：

```
Stack<Integer> stack = new Stack<>();
```

我们可以将使用 `ConcurrentLinkedDeque` 实现的 `push()` 和 `pop()` 方法当作栈来使用，如下所示：

```
Deque<Integer> stack = new ConcurrentLinkedDeque<>();
```

> **提示：**为了获得更好的性能，建议使用 `ConcurrentLinkedDeque` 而不是 `Stack`。

为了展示每个集合的线程安全特性，在本书附带的代码库中提供了相应的应用程序。

同步集合

除了并发集合，我们还有同步集合。Java 提供了一组包装器，可以将集合变成线程安全的。这些包装器可以在 `Collections` 类中找到，其中最常用的包装器包括：

- `synchronizedCollection(Collection<T> c)`：返回一个线程安全的集合，该集合由指定的集合支持。
- `synchronizedList(List<T> list)`：返回一个线程安全的列表，该列表由指定列表支持：

```
List<Integer> syncList = Collections.synchronizedList(new ArrayList<>());
```

- `synchronizedMap(Map<K, V> m)`：返回一个线程安全的映射，该映射由指定的映射支持：

```
Map<Integer, Integer> syncMap
  = Collections.synchronizedMap(new HashMap<>());
```

- `synchronizedSet(Set<T> s)`：返回一个线程安全的集合，该集合由指定的集合支持：

```
Set<Integer> syncSet = Collections.synchronizedSet(new HashSet<>());
```

并发集合与同步集合

那“并发集合”和“同步集合”有什么区别呢？主要在于它们实现线程安全的方式不同。并发集合将数据分成若干片段，以实现线程安全。这样，线程可以同时访问这些片段，只在使用的片段上获取锁。而同步集合则通过内在锁定（intrinsic locking）锁定整个集合，调用同步方法的线程将自动获取该方法对象的内在锁，并在方法返回时释放它。

为了迭代同步集合，我们需要手动同步，如下所示：

```
List syncList = Collections.synchronizedList(new ArrayList());

//...

synchronized(syncList) {
  Iterator i = syncList.iterator();
  while (i.hasNext()) {
    do_something_with i.next();
  }
}
```

> **提示：** 由于并发集合允许线程并发访问，相比同步集合具有更高的性能。

123. 广度优先搜索（BFS）

广度优先搜索是一种经典算法，可用于遍历图或树中的所有节点。

要理解这个算法，最简单的方法是使用伪代码和示例。以下是 BFS 算法的伪代码：

（1）创建队列 Q。
（2）标记 v 为已访问，并将其加入队列 Q 中。
（3）当 Q 不为空时。
（4）从 Q 中移除头部元素 h。
（5）标记并将 h 的所有（未访问过的）邻居入队。

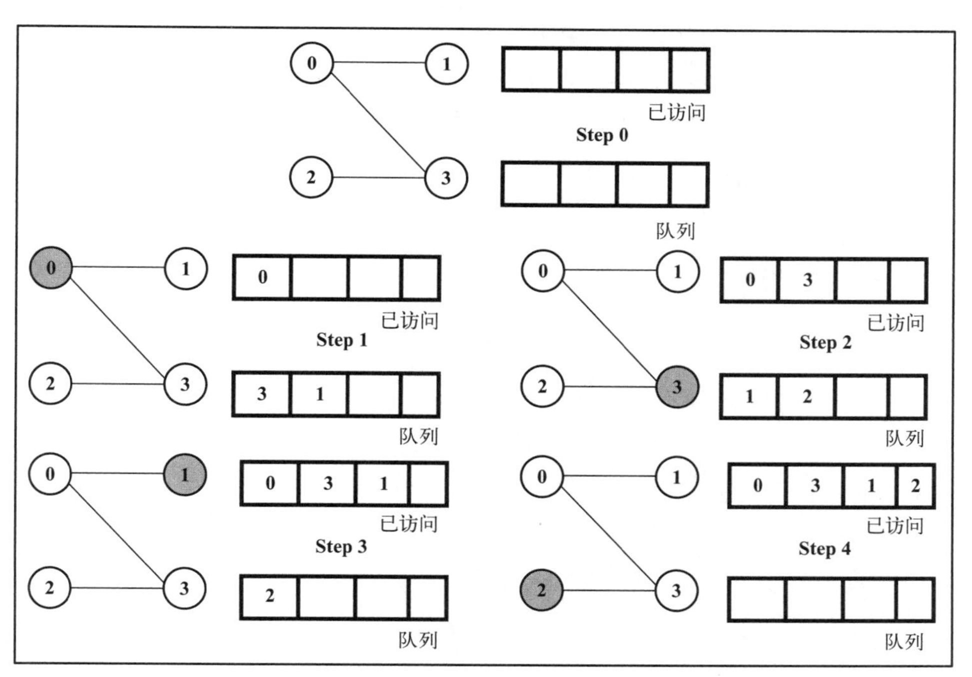

如图所示，Step 0 为初始状态。在 Step 1 中，我们先访问顶点 0，将其加入访问列表，并将其所有相邻顶点（3、1）加入队列。接着，在 Step 2 中，我们访问队列的第一个元素 3，发现它有一个未访问的相邻顶点 2，于是将其添加到队列末尾。然后，在 Step 3 中，我们访问队列的下一个元素 1，发现它的相邻顶点 0 已经被访问过了。最后，我们访问队列中的最后一个顶点 2，发现它的相邻顶点 3 也已经被访问过了。

下面是 BFS 算法的具体实现：

```
public class Graph {
  private final int v;
  private final LinkedList<Integer>[] adjacents;

  public Graph(int v) {
    this.v = v;
    adjacents = new LinkedList[v];
    for (int i = 0; i < v; ++i) {
      adjacents[i] = new LinkedList();
    }
  }

  public void addEdge(int v, int e) {
    adjacents[v].add(e);
  }

  public void BFS(int start) {
    boolean visited[] = new boolean[v];
    LinkedList<Integer> queue = new LinkedList<>();
    visited[start] = true;
    queue.add(start);
    while (!queue.isEmpty()) {
      start = queue.poll();
      System.out.print(start + " ");
      Iterator<Integer> i = adjacents[start].listIterator();
      while (i.hasNext()) {
        int n = i.next();
        if (!visited[n]) {
          visited[n] = true;
          queue.add(n);
        }
      }
    }
  }
}
```

以下是具体的调用方法：

```
Graph graph = new Graph(4);
graph.addEdge(0, 3);
graph.addEdge(0, 1);
graph.addEdge(1, 0);
```

```
graph.addEdge(2, 3);
graph.addEdge(3, 0);
graph.addEdge(3, 2);
graph.addEdge(3, 3);
```

输出结果为 `0 3 1 2`。

124. 前缀树（Trie）

前缀树（也被称为字典树）是一种有序的树结构，常用于存储字符串，因其具有可检索的特性而得名。与二叉树相比，它的性能表现更优，因此在许多领域都得到了广泛应用。

在前缀树中，每个节点都包含一个单独的字符（根节点除外）。以单词“hey”为例，需要三个节点来表示。每个节点主要包含以下信息：

- 一个值（可以是一个字符或数字）。
- 指向子节点的指针。
- 如果当前节点完成了一个单词，那么就打上一个 true 标记。
- 用于分支节点的单个根节点。

下图展示了构建包含单词“cat”“caret”和“bye”的前缀树的步骤：

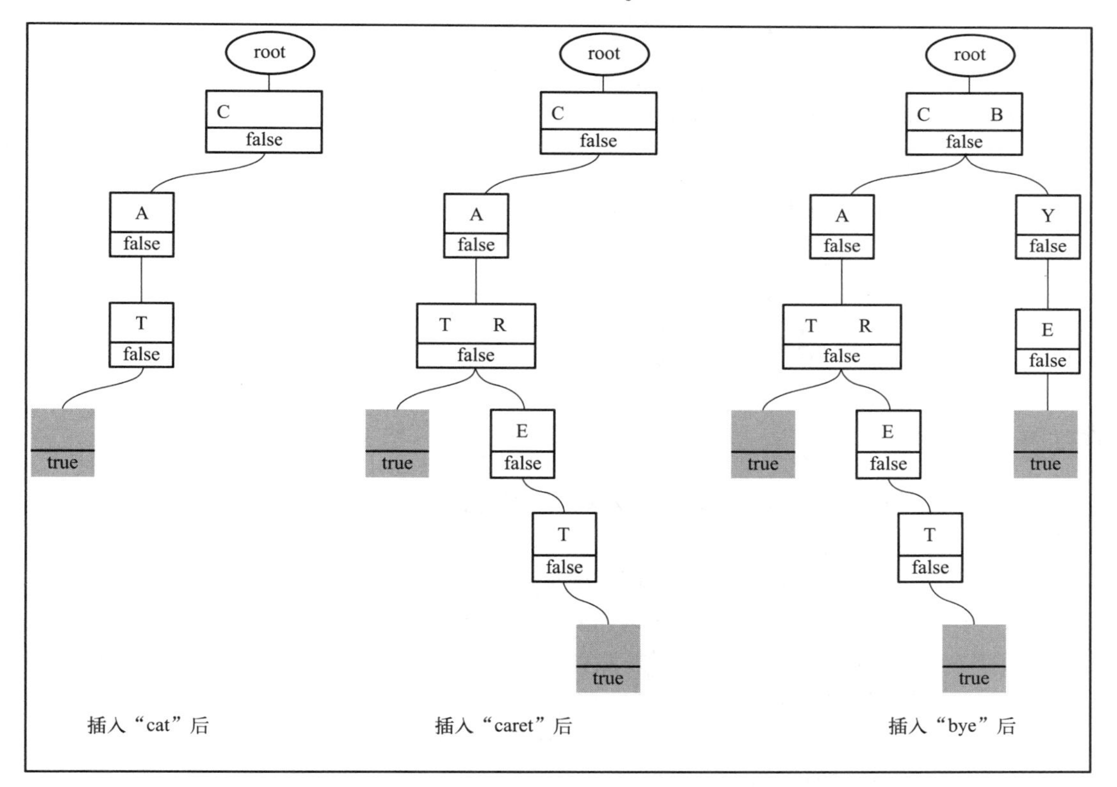

因此，前缀树节点的代码表现形式，如下所示：

```
public class Node {
  private final Map<Character, Node> children = new HashMap<>();
```

```
  private boolean word;

  Map<Character, Node> getChildren() {
    return children;
  }

  public boolean isWord() {
    return word;
  }

  public void setWord(boolean word) {
    this.word = word;
  }
}
```

根据这个类，我们可以定义该前缀树的基本结构，如下所示：

```
class Trie {
  private final Node root;

  public Trie() {
    root = new Node();
  }

  public void insert(String word) {
  }

  public boolean contains(String word) {
  }

  public boolean delete(String word) {
  }
}
```

在前缀树中插入

现在，让我们来看一下在前缀树中插入单词的算法：

① 将当前节点视为根节点。

② 从单词的第一个字符开始，逐一循环检查每个字符。

③ 如果当前节点（`Map<Character, Node>`）已经映射了当前字符的值（一个 `Node`），那么直接前往该节点。如果当前节点没有映射当前字符的值，则需要创建一个新 `Node`，将其字符设置为当前字符，并前往该节点。

④ 重复步骤②，一直到单词结束，即传递到下一个字符。

⑤ 将当前节点标记为已完成的单词节点。

以下是具体实现：

```
public void insert(String word) {
  Node node = root;
```

```
    for (int i = 0; i < word.length(); i++) {
      char ch = word.charAt(i);
      Function function = k -> new Node();
      node = node.getChildren().computeIfAbsent(ch, function);
    }
    node.setWord(true);
  }
```

> **提示：** 插入操作的复杂度是 $O(n)$，其中 n 代表单词的大小。

在前缀树中查找

现在，让我们在前缀树中查找一个单词：

① 将当前节点视为根节点。

② 从单词的第一个字符开始，逐个字符循环。

③ 检查每个字符是否出现在前缀树中（即在 `Map<Character, Node>` 中是否存在）。

④ 如果某个字符不存在，返回 `false`。

⑤ 重复步骤②直至单词结束。

⑥ 如果一个单词在结尾，则返回 `true`；如果只是一个前缀，则返回 `false`。

以下是具体实现：

```
public boolean contains(String word) {
  Node node = root;
  for (int i = 0; i < word.length(); i++) {
    char ch = word.charAt(i);
    node = node.getChildren().get(ch);
    if (node == null) {
      return false;
    }
  }
  return node.isWord();
}
```

> **提示：** 查找的复杂度为 $O(n)$，其中 n 代表单词的大小。

从前缀树中删除

最后，让我们尝试从前缀树中删除节点：

① 检验所给定的单词是否属于前缀树的一部分。

② 如果它是前缀树的一部分，删除它即可。

删除操作是按照自下而上的递归方式进行的，并且需要遵循以下规则：

- 如果给定的单词不在前缀树中，那么就会返回 `false`，不会有任何其他操作。
- 如果给定的单词是唯一的（即不是另一个单词的一部分），则删除所有对应的节点并返回 `true`。
- 如果给定的单词是前缀树中另一个长单词的前缀，就将叶节点标志设置为 `false` 并返

回 `false`。

- 如果给定的单词至少有一个前缀单词，则从给定单词的末尾开始删除相应的节点，直到找到最长前缀单词的第一个叶节点（返回 `false`）。

以下是具体实现：

```
public boolean delete(String word) {
  return delete(root, word, 0);
}

private boolean delete(Node node, String word, int position) {
  if (word.length() == position) {
    if (!node.isWord()) {
      return false;
    }
    node.setWord(false);
    return node.getChildren().isEmpty();
  }
  char ch = word.charAt(position);
  Node children = node.getChildren().get(ch);
  if (children == null) {
    return false;
  }
  boolean deleteChildren = delete(children, word, position + 1);
  if (deleteChildren && !children.isWord()) {
    node.getChildren().remove(ch);
    return node.getChildren().isEmpty();
  }
  return false;
}
```

> **提示：** 删除的复杂度是 $O(n)$，其中 n 代表单词大小。

现在，我们可以用以下方法来构建一个前缀树：

```
Trie trie = new Trie();
trie.insert/contains/delete(...);
```

125. 元组（Tuple）

通常，元组是由多个部分组成的数据结构，通常包含两到三个部分。如果需要更多的部分，使用专门的类可能更加适合。

元组是不可变的，通常用于在方法中返回多个结果。如果我们需要在一个方法中返回数组的最小值和最大值，由于方法不能同时返回两个值，因此使用元组是一个简便的解决方案。

但遗憾的是，Java 没有内置的元组功能。不过，Java 提供了 `Map.Entry<K, V>` 来表示 `Map` 中的条目。此外，从 JDK 9 开始，`Map` 接口新增了一个名为 `entry(K k, V v)` 的方法，该方法返回一个不可修改的 `Map.Entry<K, V>`，其中包含给定的键和值。

处理由两个部分组成的元组的方式，如下所示：

```
public static <T> Map.Entry<T, T> array(T[] arr, Comparator<? super T> c) {
  T min = arr[0];
  T max = arr[0];
  for (T elem : arr) {
    if (c.compare(min, elem) > 0) {
      min = elem;
    } else if (c.compare(max, elem) < 0) {
      max = elem;
    }
  }
  return entry(min, max);
}
```

如果将这个方法封装在一个名为 `Bounds` 的类中，我们就可以这样调用它：

```
public class Melon {
  private final String type;
  private final int weight;
  //为了简洁起见，这里省略了构造函数、getter、equals()、hashCode()和toString()方法
}

Melon[] melons = {
  new Melon("Crenshaw", 2000),
  new Melon("Gac", 1200),
  new Melon("Bitter", 2200),
  new Melon("Hami", 800)
};

Comparator<Melon> byWeight = Comparator.comparing(Melon::getWeight);
Map.Entry<Melon, Melon> minmax = Bounds.array(melons, byWeight);
System.out.println("Min: " + minmax1.getKey()); //Hami(800g)
System.out.println("Max: " + minmax1.getValue()); //Bitter(2200g)
```

我们也可以自己实现一个类似的功能。通常，由两个部分组成的元组被称为“对”(`Pair`)，如下所示：

```
public final class Pair<L, R> {
  final L left;
  final R right;

  public Pair(L left, R right) {
    this.left = left;
    this.right = right;
  }

  static <L, R> Pair<L, R> of(L left, R right) {
    return new Pair<>(left, right);
  }

  //为了简洁起见，这里省略了equals()和hashCode()方法
}
```

基于这个 `Pair`，我们可以重新编写计算最小值和最大值的方法，如下所示：

```
public static <T> Pair<T, T> array(T[] arr, Comparator<? super T> c) {
  return Pair.of(min, max);
}
```

126. 并查集

并查集算法是基于**不相交集合**（disjoint-set）数据结构实现的。

不相交集合可以理解为由多个子集（子集中元素互不重叠）构成的集合。下图为由三个子集构成的不相交集合：

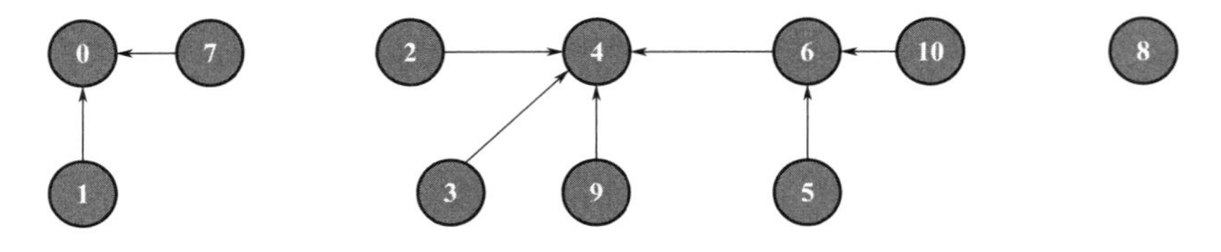

不相交集合的具体实现如下：

- `n` 表示元素的总数，如在上图中，`n` 的值为 11。
- `rank` 是一个初始值为 0 的数组，它用于确定如何合并两个具有多个元素的子集（具有较低 `rank` 的子集将成为具有较高 `rank` 的子集的子节点）。
- `parent` 是一个数组，可以用来构建基于数组的并查集。最初，`parent` 数组的值为 `parent[0] = 0; parent[1] = 1; ... parent[10] = 10;`：

```
public DisjointSet(int n) {
  this.n = n;
  rank = new int[n];
  parent = new int[n];
  initializeDisjointSet();
}
```

总的来说，并查集算法应具备以下功能：

- 将两个子集合并成一个子集。
- 返回给定元素的子集（这对于查找同一子集中的元素非常有用）。

为了在内存中存储不相交集合数据结构，我们可以使用数组来表示。初始时，我们将数组的每个索引都存储为该索引本身（`x[i] = i`）。虽然每个索引可以映射到一些有意义的信息，但这并不是必须的。例如，我们可以将数组形成如图所示的结构（初始时，有 11 个子集，每个元素都是其自身的父元素），如下所示：

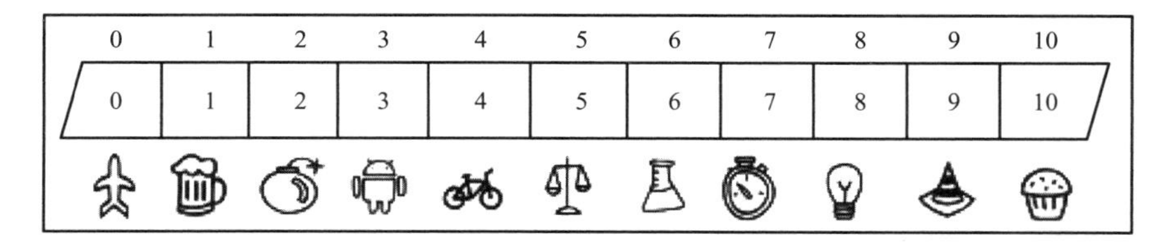

或者，如果我们用数字表示，如下所示：

以下是具体实现：

```
private void initializeDisjointSet() {
  for (int i = 0; i < n; i++) {
    parent[i] = i;
  }
}
```

此外，我们需要通过**并集**操作来定义子集。我们可以用一系列的（父集，子集）对来表示子集。例如，我们可以定义以下三个对：`union(0,1);`、`union(4,9);` 和 `union(6,5);`。每当一个元素（子集）成为另一个元素（子集）的子集时，它会修改其值以体现父级的值，如图所示：

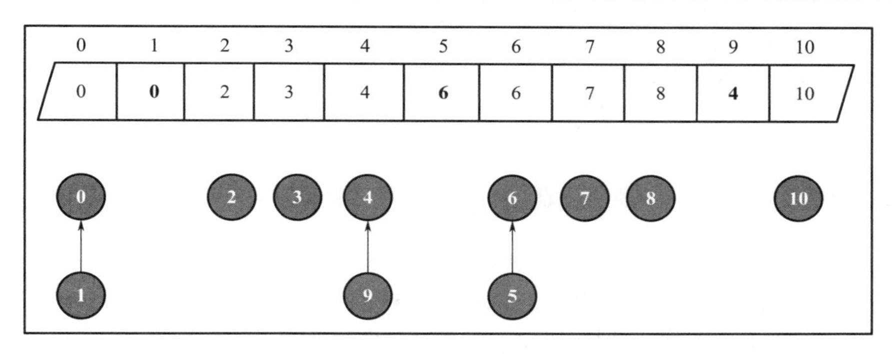

这个过程将一直持续，直到我们定义完所有的子集。例如，我们可以添加更多的并集，如 `union(0, 7)`、`union(4, 3)`、`union(4, 2)`、`union(6, 10)` 和 `union(4, 5)`，如图所示：

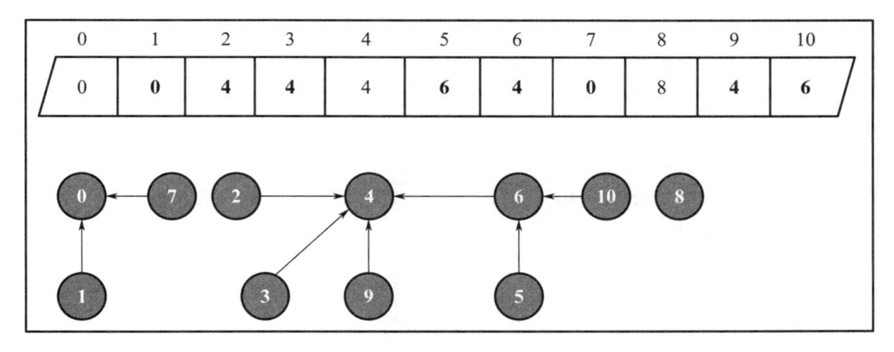

通常建议将较小的子集合并到较大的子集中，而不是反过来。举个例子，我们来看包含数字 4 和数字 5 的子集合并的情况。数字 4 是该子集的父节点，它有三个子节点（数字 2、3 和 9），而数字 5 与数字 0 则是数字 6 的两个子节点。因此，包含数字 5 的子集有三个节点（数字 6、5 和 10），而包含数字 4 的子集有四个节点（数字 4、2、3 和 9）。因此，数字 4 成为数字 6 的父节点，并且也成为数字 5 的隐含父节点。

在代码中，这部分工作由 rank[] 数组完成，其原理如下。

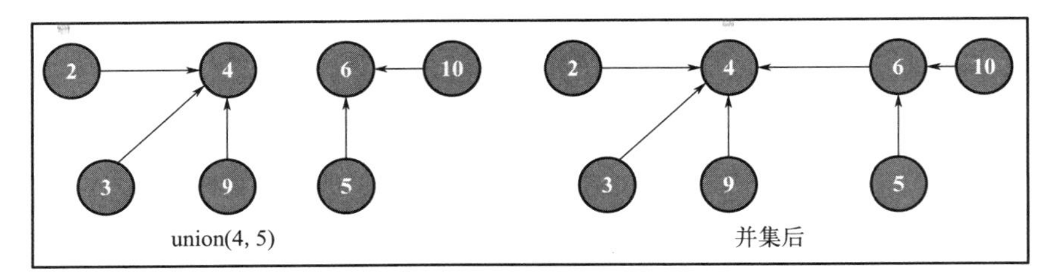

接下来，我们来看一下如何实现查找和合并操作。

实现查找操作

在递归查找给定元素的子集过程中，我们需要沿着父元素遍历子集，直至当前元素是其自身的父元素，即根元素：

```
public int find(int x) {
  if (parent[x] == x) {
    return x;
  } else {
    return find(parent[x]);
  }
}
```

实现并集操作

在执行并集操作时，首先需要获取给定子集的根元素。如果这两个根元素不同，我们就需要根据它们的秩（即 rank 数组中的值）来确定哪一个将成为另一个的父元素。较大的秩将成为父元素。如果它们的秩相同，则选择其中一个，并将其秩增加 1，如下所示：

```
public void union(int x, int y) {
  int xRoot = find(x);
  int yRoot = find(y);
  if (xRoot == yRoot) {
    return;
  }
  if (rank[xRoot] < rank[yRoot]) {
    parent[xRoot] = yRoot;
  } else if (rank[yRoot] < rank[xRoot]) {
    parent[yRoot] = xRoot;
  } else {
    parent[yRoot] = xRoot;
    rank[xRoot]++;
  }
}
```

现在，我们来定义一组互不相交的集合：

```
DisjointSet set = new DisjointSet(11);
set.union(0, 1);
```

```
set.union(4, 9);
set.union(6, 5);
set.union(0, 7);
set.union(4, 3);
set.union(4, 2);
set.union(6, 10);
set.union(4, 5);
```

然后，让我们一起试试看：

```
//Is 4 and 0 friends => false
System.out.println("Is 4 and 0 friends: " + (set.find(0) == set.find(4)));

//Is 4 and 5 friends => true
System.out.println("Is 4 and 5 friends: " + (set.find(4) == set.find(5)));
```

这个算法可以通过压缩元素间的路径来进行优化，如图所示：

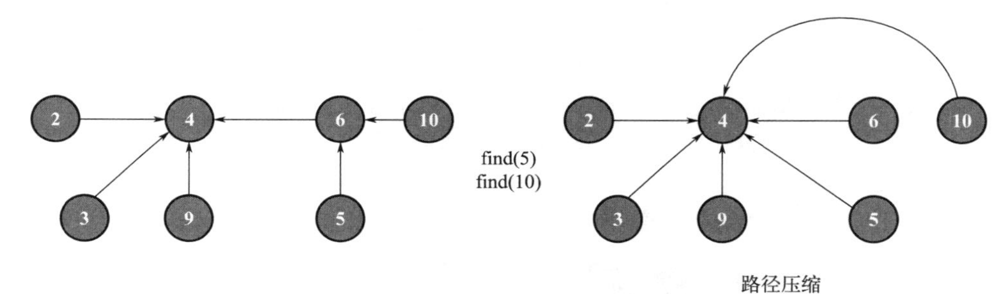

路径压缩

如左图所示，要找到数字 5 的父节点，必须先经过数字 6，然后才能到达数字 4。同样，要找到数字 10 的父节点，也必须先经过数字 6，再到达数字 4。但是在右图中，我们通过直接将数字 5 和数字 10 连接到数字 4，压缩了路径。这样，我们可以直接找到数字 5 和数字 10 的父节点，无需经过中间的元素。

在查找操作中，可以使用路径压缩来简化操作，如下所示：

```
public int find(int x) {
  if (parent[x] != x) {
    return parent[x] = find(parent[x]);
  }
  return parent[x];
}
```

本书的代码库里包含了两个应用程序，一个采用了路径压缩，另一个则没有。

127. 芬威克树或二进制索引树

芬威克树（Fenwick Tree，FT）或二进制索引树（Binary Indexed Tree，BIT）是一种用于存储另一个数组的总和的数组。它们的数组大小与给定的数组相同，每个位置（或节点）存储给定数组某些元素的总和。由于 BIT 存储给定数组的部分和，因此它是一种计算给定索引之间元素总和（范围求和或查询）的高效解决方案，避免了在索引之间循环并计算总和的过程。

BIT 可以在 $O(n)$ 或者 $O(nlogn)$ 的时间复杂度内构建。显然，我们更希望在线性时间内构建，因此让我们来看看如何实现。我们从原始数组开始，即从数组下标表示的索引开始，如下所示：

$$3_{(1)},1_{(2)},5_{(3)},8_{(4)},12_{(5)},9_{(6)},7_{(7)},13_{(8)},0_{(9)},3_{(10)},1_{(11)},4_{(12)},9_{(13)},0_{(14)},11_{(15)},5_{(16)} \quad (1)$$

BIT 的构思基于最低有效位（Least Significant Bit，LSB）概念。也就是说，当我们处理索引为 a 的元素时，我们需要找到其正上方的值，其索引为 b，其中 $b = a + \text{LSB}(a)$。为了使用该算法，数组的索引为 0 的值必须为 0。因此，我们操作的数组应如下所示：

$$0_{(0)},3_{(1)},1_{(2)},5_{(3)},8_{(4)},12_{(5)},9_{(6)},7_{(7)},13_{(8)},0_{(9)},3_{(10)},1_{(11)},4_{(12)},9_{(13)},0_{(14)},11_{(15)},5_{(16)} \quad (2)$$

现在，我们按照算法的步骤，使用总和来填充BIT数组。我们先在索引0处填入0。接着，我们使用公式 $b = a + \text{LSB}(a)$ 计算余下的总和，并将结果填入 BIT 数组，如下所示：

（1）$a = 1$：如果 $a = 1 = 00001_2$，那么 $b = 00001_2 + 00001_2 = 1 + 1 = 2 = 00010_2$。我们说 2 是负责 a（即 1）的。因此，在 BIT 中，在索引 1 处，我们存储值 3，在索引 2 处，我们存储值 3 + 1 = 4 的总和。

（2）$a = 2$：如果 $a = 2 = 00010_2$，则 $b = 00010_2 + 00010_2 = 2 + 2 = 4 = 00100_2$。我们说 4 是对 a（即 2）负责。因此，在 BIT 中，在索引 4 处，我们存储值 sum，即 8 + 4 = 12。

（3）$a = 3$：如果 $a = 3 = 00011_2$，那么 $b = 00011_2 + 00001_2 = 3 + 1 = 4 = 00100_2$。我们说 4 对于 a（即 3）负责。因此，在 BIT 中，我们在索引 4 处存储值和，即 12 + 5 = 17。

（4）$a = 4$：如果 $a = 4 = 00100_2$，则 $b = 00100_2 + 00100_2 = 4 + 4 = 8 = 01000_2$。我们说 8 对 a（即 4）负责。因此，在 BIT 中，我们在索引 8 处存储值 sum，即 13 + 17 = 30。

该算法将以相同的方式继续，直到二进制索引树完成，如图所示：

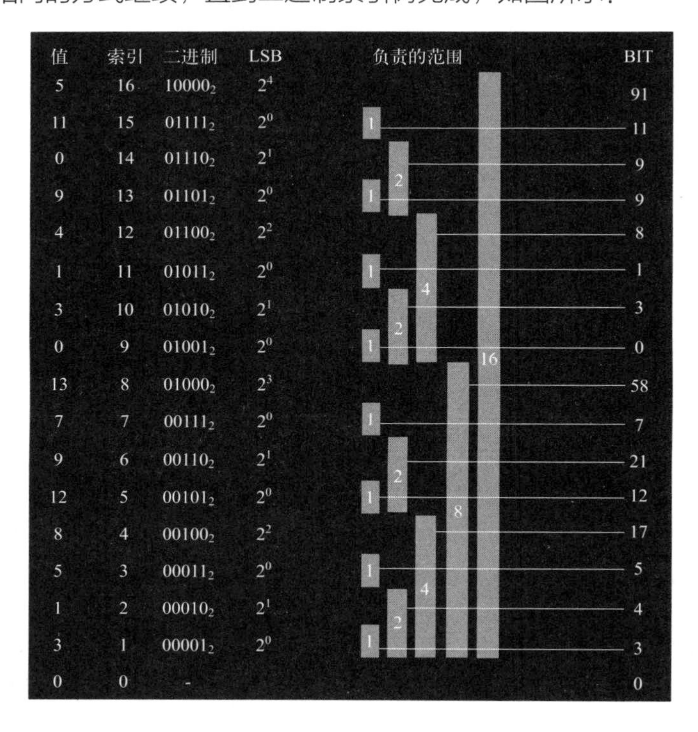

> **提示：** 如果计算出的指数点超出了范围，则可以简单地忽略它。

以下是具体实现：

```
public class FenwickTree {
  private final int n;
  private long[] tree;

  //...

  public FenwickTree(long[] values) {
    values[0] = 0L;
    this.n = values.length;
    tree = values.clone();
    for (int i = 1; i < n; i++) {
      int parent = i + lsb(i);
      if (parent < n) {
        tree[parent] += tree[i];
      }
    }
  }

  private static int lsb(int i) {
    return i & -i;
    //或者
    //return Integer.lowestOneBit(i);
  }

  //...
}
```

现在，BIT 已经准备就绪，我们可以开始进行更新和区间查询了。

举个例子，如果我们要对某个区间进行求和，就需要先获取该区间，然后将区间内的数值相加。为了更好地理解这个过程，可以看一下图中右侧的几个示例：

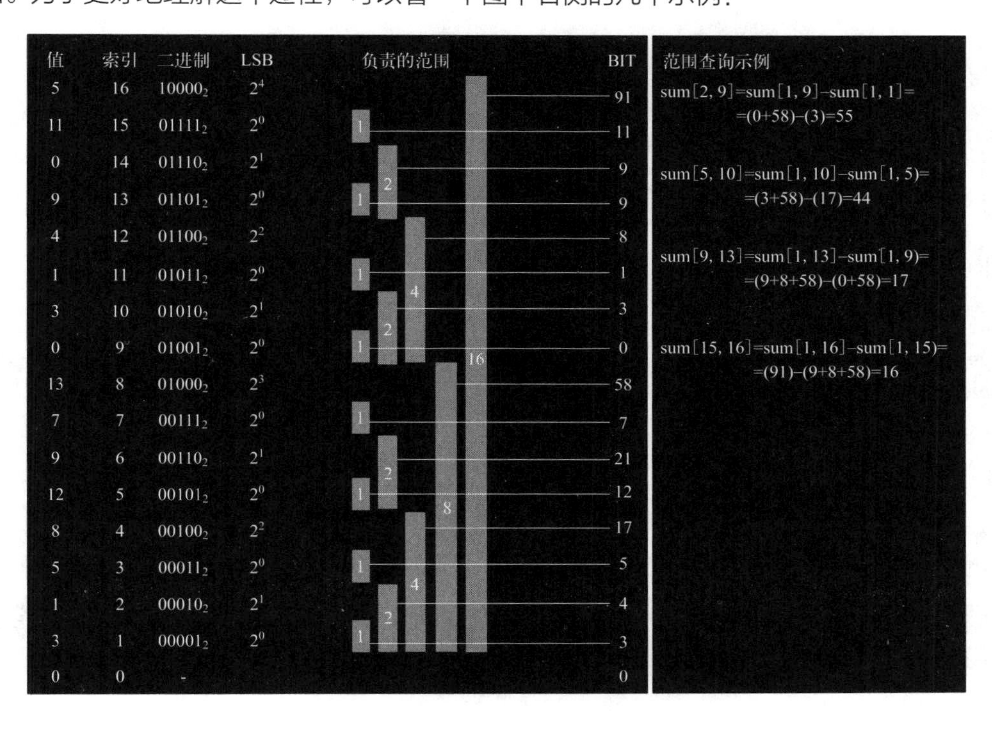

以下是具体实现：

```
public long sum(int left, int right) {
  return prefixSum(right) - prefixSum(left - 1);
}

private long prefixSum(int i) {
  long sum = 0L;
  while (i != 0) {
    sum += tree[i];
    i &= ~lsb(i); //或者i -= lsb(i);
  }
  return sum;
}
```

此外，我们也可以增加一个新的值：

```
public void add(int i, long v) {
  while (i < n) {
    tree[i] += v;
    i += lsb(i);
  }
}
```

我们还可以为特定的索引设置一个新的值：

```
public void set(int i, long v) {
  add(i, v - sum(i, i));
}
```

接下来，我们再用数组来初始化 BIT 对象，如下所示：

```
FenwickTree tree = new FenwickTree(new long[] {
  0, 3, 1, 5, 8, 12, 9, 7, 13, 0, 3, 1, 4, 9, 0, 11, 5
});
```

以下是具体的调用方式：

```
long sum29 = tree.sum(2, 9); //55
tree.set(4, 3);
tree.add(4, 5);
```

128. 布隆过滤器

布隆过滤器是一种快速高效、内存利用率高的数据结构，可通过概率的方式回答“给定集合中是否存在值 X？”这一问题。

通常情况下，当数据集十分庞大时，这种算法将尤为实用，因为大多数搜索算法都会受到内存和速度的限制。

由于布隆过滤器的数据结构依赖于位数组（如 `java.util.BitSet`），因此它能够高效地利用内存并快速运行。在初始化时，该数组的所有位都会被设置为 `0` 或 `false`。

位数组是布隆过滤器的核心组成部分之一，另一个主要组成部分则是哈希函数（通常会包括一个或多个）。这些哈希函数的理想特点是两两独立且均匀分布，同时速度也非常快。Murmur、fnv 系列和 HashMix 等哈希函数在一定程度上可以满足这些要求，因此在布隆过滤器中被广泛使用。

在向布隆过滤器中添加元素时，我们需要对该元素进行哈希操作（使用所有可用的哈希函数），然后将这些哈希的索引在位数组中标记为 `1` 或 `true`。以下是具体实现：

```
private BitSet bitset; //位数组
private static final Charset CHARSET = StandardCharsets.UTF_8;

//...

public void add(T element) {
  add(element.toString().getBytes(CHARSET));
}

public void add(byte[] bytes) {
  int[] hashes = hash(bytes, numberOfHashFunctions);
  for (int hash : hashes) {
    bitset.set(Math.abs(hash % bitSetSize), true);
  }
  numberOfAddedElements++;
}
```

现在，当我们查找一个元素时，我们使用相同的哈希函数来传递该元素，并检查结果值是否在位数组中被标记为 `1` 或 `true`。如果没有，那么该元素肯定不在集合中；但如果有，那么我们则认为该元素应该是在集合中的。然而，这并不是百分之百确定，因为可能存在另一个元素或元素组合已经将那些位翻转，导致出现错误的答案，即所谓的假阳性（false positives）。

以下是具体实现：

```
private BitSet bitset; //位数组
private static final Charset CHARSET = StandardCharsets.UTF_8;

//...

public boolean contains(T element) {
  return contains(element.toString().getBytes(CHARSET));
}

public boolean contains(byte[] bytes) {
  int[] hashes = hash(bytes, numberOfHashFunctions);
  for (int hash : hashes) {
    if (!bitset.get(Math.abs(hash % bitSetSize))) {
```

```
      return false;
    }
  }
  return true;
}
```

如下图所示，我们可以使用一个长度为 11 的二进制位数组和三个哈希函数来表示布隆过滤器。此时，我们已经添加了两个元素：

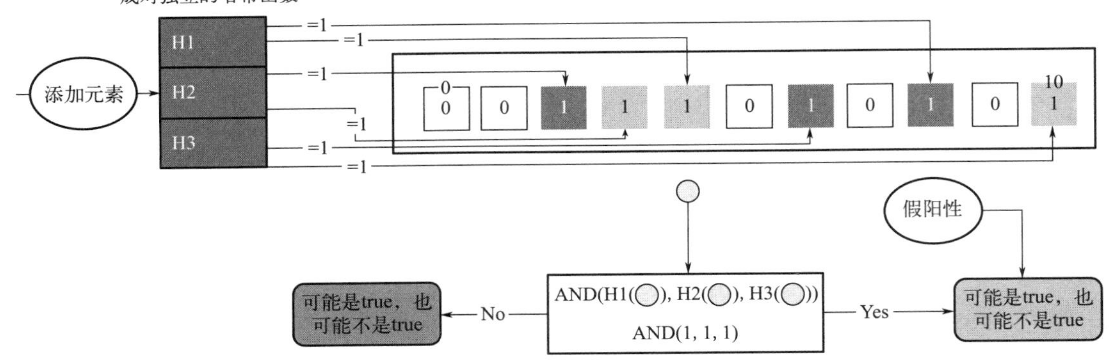

显然，我们希望尽可能减少假阳性的数量。虽然我们无法完全消除它们，但我们仍然可以通过调整位数组大小、哈希函数数量和集合元素数量来降低它们的发生概率。

以下数学公式可助你构建最优的布隆过滤器：

- 根据 m、k 和 p 进行估算，可以计算出过滤器中的项数：

```
n = ceil(m / (-k / log(1 - exp(log(p) / k))));
```

- 假阳性概率是介于 0 到 1 之间的数字，也可以表示为 1 ~ p 中的数值：

```
p = pow(1 - exp(-k / (m / n)), k);
```

- 过滤器的位数（也可以 `KB`、`KiB`、`MB`、`Mb`、`GiB` 等方式表示）：

```
m = ceil((n * log(p)) / log(1 / pow(2, log(2))));
```

- 可以根据 m 和 n 估算出哈希函数数量：

```
k = round((m / n) * log(2));
```

> **提示：** 一般来说，较大的过滤器相较于较小的过滤器具有更低的假阳性。同时，增加哈希函数的数量能减少假阳性，但这会导致过滤器运行速度变慢并且容易迅速填满。布隆过滤器的性能表现为 $O(h)$，其中 h 代表哈希函数的数量。

在本书附带的代码库中，包含了一个使用基于 SHA-256 和 murmur 哈希函数实现的布隆过滤器，读者可以自行下载完整代码。

小结

本章主要介绍了 30 个关于数组、集合等数据结构的问题。虽然数组和集合问题在日常工作中比较常见，但本章还涵盖了一些冷门但功能强大的数据结构，包括芬威克树、并查集和前缀树等。

另外，也欢迎下载本章相关的代码，以便查看结果和获取更多详细信息。

第 6 章

Java I/O 路径、文件、缓存、扫描和格式化

本章包括 20 个 Java 文件 I/O 相关的问题。通过操作、轮询、监听文件流路径，以及介绍读写文本文件 / 二进制文件的有效方式，本章将涵盖 Java 开发者日常可能遇到的绝大多数 I/O 相关问题。这些知识，将为你解决相关问题提供思路。

问题

本章将使用如下问题来测试你对 Java I/O 编程的掌握程度。在开始之前，强烈推荐你先尝试独立解决每个问题，再去网上搜索解决方案和下载示例代码：

129. **创建文件路径**：通过不同类型文件路径创建文件（例如，绝对路径、相对路径等）。

130. **变换文件路径**：转换文件路径（例如，把一个文件路径转换为字符串、URI、文件等类型）。

131. **拼接文件路径**：拼接（组合）文件路径。定义一个固定路径，并向其附加不同路径（或是使用其他路径替换该路径的一部分）。

132. **通过两个路径创建相对路径**：通过两个给定路径获取一个相对路径（从一个路径到另一个路径的相对路径）。

133. **比较文件路径**：对比给定的文件路径。

134. **轮询路径**：访问一个目录下的全部子路径和文件。然后通过名称搜索文件，删除、复制文件夹。

135. **监听路径**：监听发生在给定路径下的修改（例如，创建、删除和覆盖）。

136. **流式获取文件文本内容**：将给定文件的文本内容转成流。

137. **在文件树中搜索文件或文件夹**：在给定文件目录中搜索特定的文件或文件夹。

138. **高效读写文本文件**：使用不同方式高效读写一个文本文件。

139. **高效读写二进制文件**：使用不同方式高效读写一个二进制文件。

140. **大文件搜索**：在一个大文件中搜索给定字符串。

141. **将一个 JSON/CSV 文件作为一个对象读取**：将一个给定 JSON/CSV 文件读取为一个对象（POJO）。

142. **处理临时文件和文件夹：** 处理临时文件和文件夹。
143. **过滤文件：** 自定义过滤文件。
144. **判断两个文件是否不匹配：** 从字节粒度判断两个文件是否不匹配。
145. **循环字节缓冲区：** 实现循环字节缓冲区。
146. **标记解析文件：** 使用不同方式来标记解析一个文件的文本内容。
147. **将格式化输出直接写入文件：** 将给定数字（整数和浮点数）格式化后写入文件。
148. **使用 Scanner：** 展示 Scanner 的功能。

解决方案

下面将介绍上述问题的解决方案。通常，这些问题的正确解决方法是不止一种的。需要注意的是，书中的代码和思路讲解仅包括了最关键的部分，你可以访问 https://github.com/PacktPublishing/Java-Coding-Problems 下载完整的代码以获取更多细节，还可以尝试运行这些示例代码。

129. 创建文件路径

从 JDK 7 开始，我们可以通过 NIO.2 API 创建文件。更准确地说，我们可以通过 `Path` 和 `Paths` API 创建文件路径。`Path` 类通常用于表示系统相关的文件路径。路径字符串常包括如下信息：

- 文件名称。
- 目录列表。
- 操作系统定义的文件分隔符（例如，在 Solaris 和 Linux 系统中为正斜杠 `/`，在微软 Windows 系统中为反斜杠 `\`）。
- 其他合法的字符，比如 `.` 表示当前目录，而 `..` 表示上级目录。

> **提示：** `Path` 类适用于不同文件系统（`FileSystem`）的文件，可以使用不同存储位置（`FileStore` 是底层存储）。

定义一个路径的通用方案是调用 `Paths` 类的一个 `get` 方法，另一个解决方案则是依赖 `FileSystems.getDefault().getPath()` 方法。

一个 `Path` 对象属于一个文件系统——文件系统以易于检索的方式，在一个或者多个磁盘驱动器上存储和组织文件或其他格式的媒体文件。我们可以通过 `java.nio.file.FileSystems` 的 `final` 类获取文件系统，该类用于获取 `ava.nio.file.FileSystem` 的实例。JVM 的默认 `FileSystem` 对象（通常为操作系统的默认文件系统）可以通过 `FileSystems().getDefault()` 方法获取。一旦我们知道文件系统和文件（或目录 / 文件夹）的位置，我们就可以为它创建一个 `Path` 对象。

创建一个 `Path` 对象的另一种方式则是通过统一资源定位符（URI）。Java 通过 `URI` 类来包装一个 `URI`，因此我们可以通过 `URI.create(String uri)` 方法从一个字符串中获取一个 `URI` 对象。此外，`Paths` 类提供了一个 `get()` 方法，该方法获取一个 `URI` 对象参数并返回相应的 `Path`。

从 JDK 11 开始，我们可以使用另外两个方法来创建 `Path` 对象。一个是把 `URI` 转成

Path，另一个则是把路径字符串或一系列字符串作为路径字符串连接后转换为 Path 对象。

在接下来的章节里，我们将探讨创建路径的各种方法。

创建文件存储根目录的相对路径

一个文件存储根目录（例如，C:/）的相对路径必须以文件分隔符开头。在下面这个例子中，如果当前文件存储根目录是 C，那么其绝对路径就是 C:\learning\packt\JavaModernChallenge.pdf：

```
Path path = Paths.get("/learning/packt/JavaModernChallenge.pdf");
Path path = Paths.get("/learning", "packt/JavaModernChallenge.pdf");
Path path = Path.of("/learning/packt/JavaModernChallenge.pdf");
Path path = Path.of("/learning", "packt/JavaModernChallenge.pdf");
Path path = FileSystems.getDefault()
  .getPath("/learning/packt", "JavaModernChallenge.pdf");
Path path = FileSystems.getDefault()
  .getPath("/learning/packt/JavaModernChallenge.pdf");
Path path = Paths.get(
  URI.create("file:///learning/packt/JavaModernChallenge.pdf"));
Path path = Path.of(
  URI.create("file:///learning/packt/JavaModernChallenge.pdf"));
```

创建当前文件夹的相对路径

当我们要创建一个当前文件夹的相对路径时，该路径不应该以文件分隔符开头。下例中，如果当前文件夹是根目录 C 下名为 book 的目录，那么下面代码返回的绝对路径就应该是 C:\books\learning\packt\JavaModernChallenge.pdf：

```
Path path = Paths.get("learning/packt/JavaModernChallenge.pdf");
Path path = Paths.get("learning", "packt/JavaModernChallenge.pdf");
Path path = Path.of("learning/packt/JavaModernChallenge.pdf");
Path path = Path.of("learning", "packt/JavaModernChallenge.pdf");
Path path = FileSystems.getDefault()
  .getPath("learning/packt", "JavaModernChallenge.pdf");
Path path = FileSystems.getDefault()
  .getPath("learning/packt/JavaModernChallenge.pdf");
```

创建绝对路径

要创建绝对路径，我们可以通过显式指定包括当前文件或文件夹的根目录和其他子目录来实现。让我们通过下面的例子来了解一下（C:\learning\packt\JavaModernChallenge.pdf）:

```
Path path = Paths.get("C:/learning/packt", "JavaModernChallenge.pdf");
Path path = Paths.get(
  "C:", "learning/packt", "JavaModernChallenge.pdf");
Path path = Paths.get(
  "C:", "learning", "packt", "JavaModernChallenge.pdf");
Path path = Paths.get("C:/learning/packt/JavaModernChallenge.pdf");
Path path = Paths.get(
```

```
  System.getProperty("user.home"), "downloads", "chess.exe");
Path path = Path.of(
  "C:", "learning/packt", "JavaModernChallenge.pdf");
Path path = Path.of(
  System.getProperty("user.home"), "downloads", "chess.exe");
Path path = Paths.get(URI.create(
  "file:///C:/learning/packt/JavaModernChallenge.pdf"));
Path path = Path.of(URI.create(
  "file:///C:/learning/packt/JavaModernChallenge.pdf"));
```

通过快捷方式创建路径

我们应该都用过快捷方式符号 `.`（当前路径）和 `..`（上级路径）。这种路径可以通过 `normalize()` 方法标准化，以消除冗余，如 `.` 和 `directory/..`：

```
Path path = Paths.get(
  "C:/learning/packt/chapters/../JavaModernChallenge.pdf")
  .normalize();
Path path = Paths.get(
  "C:/learning/./packt/chapters/../JavaModernChallenge.pdf")
  .normalize();
Path path = FileSystems.getDefault()
  .getPath("/learning/./packt", "JavaModernChallenge.pdf")
  .normalize();
Path path = Path.of(
  "C:/learning/packt/chapters/../JavaModernChallenge.pdf")
  .normalize();
Path path = Path.of(
  "C:/learning/./packt/chapters/../JavaModernChallenge.pdf")
  .normalize();
```

> **提示：** 在没有标准化的情况下，路径的冗余部分不会被移除。

我们可以基于 `FileSystems.getDefault().getPath()` 方法，或是 `File.separator`（基于当前操作系统的默认文件分隔符）和 `File.listRoots()`（可用的文件系统根目录）的组合，来创建出完美契合当前操作系统的路径。对于相对路径，我们可以参考如下示例：

```
private static final String FiLE_SEPARATOR = File.separator;
```

或是依赖 `getSeparator()` 方法：

```
private static final String FiLE_SEPARATOR
  = FileSystems.getDefault().getSeparator();
//当前文件夹的相对路径
Path path = Paths.get("learning",
  "packt", "JavaModernChallenge.pdf");
Path path = Path.of("learning"
  "packt", "JavaModernChallenge.pdf");
Path path = Paths.get(String.join(FiLE_SEPARATOR, "learning",
  "packt", "JavaModernChallenge.pdf"));
```

```
Path path = Path.of(String.join(FiLE_SEPARATOR, "learning",
  "packt", "JavaModernChallenge.pdf"));
//文件存储根目录的相对路径
Path path = Paths.get(FiLE_SEPARATOR + "learning",
  "packt", "JavaModernChallenge.pdf");
Path path = Path.of(FiLE_SEPARATOR + "learning",
  "packt", "JavaModernChallenge.pdf");
```

对于绝对路径，我们也可以采用相同操作：

```
Path path = Paths.get(File.listRoots()[0] + "learning",
  "packt", "JavaModernChallenge.pdf");
Path path = Path.of(File.listRoots()[0] + "learning",
  "packt", "JavaModernChallenge.pdf");
```

我们也可以通过 `FileSystems` 方法获取根目录列表：

```
FileSystems.getDefault().getRootDirectories()
```

130. 变换文件路径

在各种应用程序中，我们经常会遇到需要将文件路径转换为 `String`、`URI`、`File` 等类型的操作。让我们以如下文件路径为例：

```
Path path = Paths.get("/learning/packt", "JavaModernChallenge.pdf");
```

若使用 JDK 7 和 NIO.2 API，该如何将上述 `Path` 对象转换为 `String`、`URI`、绝对路径、真实路径（real path）或是文件呢？

• 通过调用（显式调用或是自动调用）`Path.toString()` 方法，可轻易地将一个 `Path` 对象转为一个 `String` 对象。注意，如果当前路径是通过 `FileSystem.getPath()` 方法获取的，那么 `toString()` 方法返回的路径字符串可能会和用于创建路径的初始字符串存在差异：

```
//\learning\packt\JavaModernChallenge.pdf
String pathToString = path.toString();
```

• 通过 `Path.toURI()` 方法可将 `Path` 对象转为 `URI` 对象（浏览器格式）。其返回的 `URI` 对象包装了一个可以在 web 浏览器地址栏中使用的路径字符串：

```
//file:///D:/learning/packt/JavaModernChallenge.pdf
URI pathToURI = path.toUri();
```

假如我们希望将 `URI` / `URL` 显示的文件名提取为 `Path` 对象（这是一个常见场景），我们可以通过以下代码片段实现：

```
//JavaModernChallenge.pdf
URI uri = URI.create(
  "https://www.learning.com/packt/JavaModernChallenge.pdf");
Path URIToPath = Paths.get(uri.getPath()).getFileName();
```

```
//JavaModernChallenge.pdf
URL url = new URL(
  "https://www.learning.com/packt/JavaModernChallenge.pdf");
Path URLToPath = Paths.get(url.getPath()).getFileName();
```

• 通过 `Path.toAbsolutePath()` 方法可将相对路径 `Path` 对象转为绝对路径 `Path` 对象。如果当前 `Path` 对象已经是绝对路径了，那么该方法会返回相同的调用结果：

```
//D:\learning\packt\JavaModernChallenge.pdf
Path pathToAbsolutePath = path.toAbsolutePath();
```

• 通过 `Path.toRealPath()` 方法可将一个 `Path` 对象转换为一个真实路径，方法返回的结果依赖于具体实现。如果目标文件不存在，那么方法会抛出 `IOException` 异常。一般情况下，调用此方法会返回一个无冗余元素（标准化）的绝对路径。该方法会接收一个参数，用于指导如何处理软链接（symbolic links）。默认情况下，如果当前文件系统支持软链接，那么该方法会尝试去解析它们；如果用户希望忽略软链接，那么传入 `LinkOption.NOFOLLOW_LINKS` 常量即可。此外，路径名称元素将代表着路径和文件的真实名称。

比如下例，你可以试着思考以下 `Path` 对象调用该方法的返回结果（注意我们有意添加了几个冗余元素，并将 `PACKT` 文件夹大写）：

```
Path path = Paths.get(
  "/learning/books/../PACKT/./", "JavaModernChallenge.pdf");
//D:\learning\packt\JavaModernChallenge.pdf
Path realPath = path.toRealPath(LinkOption.NOFOLLOW_LINKS);
```

• 通过 `Path.toFile()` 方法可将一个 `Path` 对象转为一个文件。反之，若要把一个文件转成 `Path` 对象，我们可以通过 `File.toPath()` 方法实现：

```
File pathToFile = path.toFile();
Path fileToPath = pathToFile.toPath();
```

131. 拼接文件路径

拼接（或是组合）文件路径意味着你需要定义一个固定的根路径，并在其中附加或替换部分路径（例如，用另一个文件名替换当前的文件名）。通常来说，当我们想要基于一个共享且固定的部分公共路径来创建新路径时，这是一个便捷的技术。

上述操作可以通过 NIO.2 API 的 `Path.resolve()` 和 `Path.resolveSibling()` 方法实现。

来看下如下固定根路径：

```
Path base = Paths.get("D:/learning/packt");
```

假设我们想获取两本书的 `Path` 对象：

```
//D:\learning\packt\JBossTools3.pdf
Path path = base.resolve("JBossTools3.pdf");
//D:\learning\packt\MasteringJSF22.pdf
Path path = base.resolve("MasteringJSF22.pdf");
```

可以使用该功能轮询一组文件；例如，我们来轮询一组书籍的 String[]：

```
Path basePath = Paths.get("D:/learning/packt");
String[] books = {
  "Book1.pdf", "Book2.pdf", "Book3.pdf"
};
for (String book : books) {
  Path nextBook = basePath.resolve(book);
  System.out.println(nextBook);
}
```

有时固定根路径也会包含文件名称：

```
Path base = Paths.get("D:/learning/packt/JavaModernChallenge.pdf");
```

这次，我们通过 resolveSibling 方法将当前文件名称（(JavaModernChallenge.pdf）替换为另一个名称。该方法根据当前路径的父路径，解析给定路径。具体如下所示：

```
//D:\learning\packt\MasteringJSF22.pdf
Path path = base.resolveSibling("MasteringJSF22.pdf");
```

如果考虑到 Path.getParent() 方法，并结合 resolve() 和 resolveSibling() 方法的话，我们可以创建更复杂的路径，具体如下所示：

```
//D:\learning\publisher\MyBook.pdf
Path path = base.getParent().resolveSibling("publisher")
  .resolve("MyBook.pdf");
```

resolve()/resolveSibling() 方法有两种使用风格：resolve(String other)/resolveSibling(String other) 和 resolve(Path other) / resolveSibling(Path other)。

132. 通过两个路径创建相对路径

通过两个路径创建一个相对路径是 Path.relativize() 方法的职责之一。

简单来说，返回的相对路径（Path.relativize() 方法返回）从一个路径开始，到另一个路径结束。这是一个很有用的功能，它使得我们可以在不同路径中使用基于以往路径解析得到的相对路径来导航。

来看下如下两个路径：

```
Path path1 = Paths.get("JBossTools3.pdf");
Path path2 = Paths.get("JavaModernChallenge.pdf");
```

注意，JBossTools3.pdf 和 JavaModernChallenge.pdf 在同级目录下。这意味着我们可以通过向上推一级然后向下降一级的方式，来实现从一个文件导航到另一个文件。导航功能实现示例如下所示：

```
//..\JavaModernChallenge.pdf
Path path1ToPath2 = path1.relativize(path2);
```

```
//..\JBossTools3.pdf
Path path2ToPath1 = path2.relativize(path1);
```

另一个常见例子是包含同一根路径元素的情况：

```
Path path3 = Paths.get("/learning/packt/2003/JBossTools3.pdf");
Path path4 = Paths.get("/learning/packt/2019");
```

可见 `path3` 和 `path4` 有相同的根路径元素 `/learning`。如果想要从 `path3` 导航到 `path4`，我们需要向上推两个层级再下降一个层级。相对的，如果想要从 `path4` 导航到 `path3`，我们需要向上推一个层级再下降两个层级。来看下如下代码：

```
//..\..\2019
Path path3ToPath4 = path3.relativize(path4);
//..\2003\JBossTools3.pdf
Path path4ToPath3 = path4.relativize(path3);
```

> **提示：**`relativize` 方法要求两个路径必须包含同一根路径元素。但是实现这一要求也不能保证方法运行成功，因为相对路径的构建依赖于具体实现。

133. 比较文件路径

本小节提供了判断两个文件路径是否相同的几种方法。这一问题的重点，在于我们可以针对不同的目标，以不同的方式来验证文件路径是否相同。

假设我们有如下三个路径（建议在你电脑上创建 `path3`）：

```
Path path1 = Paths.get("/learning/packt/JavaModernChallenge.pdf");
Path path2 = Paths.get("/LEARNING/PACKT/JavaModernChallenge.pdf");
Path path3 = Paths.get("D:/learning/packt/JavaModernChallenge.pdf");
```

接下来，我们将尝试几种比较文件路径的方法。

Path.equals()

`path1` 和 `path2` 是否相等？ `path2` 和 `path3` 是否相等？如果我们通过 `Path.equals()` 方法测试验证，一个可能的结果是 `path1` 等于 `path2`，但是 `path2` 不等于 `path3`。

```
boolean path1EqualsPath2 = path1.equals(path2); //true
boolean path2EqualsPath3 = path2.equals(path3); //false
```

`Path.equals()` 方法是遵循 `Object.equals()` 规范的。虽然该方法并不直接访问文件系统，但是相等性判断依赖于文件系统实现。比如，有些文件系统的实现会区分大小写，而有些则不会。

表示相同文件或文件夹的路径

然而，上述结果可能并不是我们期望的。因为如果这两个文件（或文件夹）确实指向同一文件，那么显然说它们是相等的才更符合常识。我们可以通过 `Files.isSameFile()` 方法来实现这一目的，该方法分为两个步骤实现：

首先，该方法调用 `Path.equals()` 方法，如果该方法返回 `true`，那么比较的路径就是相同的，没有下一步操作。

其次，如果 `Path.equals()` 方法返回 `false`，那么原方法会判断两个路径是否对应着相同的文件或文件夹（依赖于文件系统实现，该操作可能会打开 / 访问两个文件，所以这些文件都必须存在，否则会抛出 `IOException` 异常）。

```
//true
boolean path1IsSameFilePath2 = Files.isSameFile(path1, path2);
//true
boolean path1IsSameFilePath3 = Files.isSameFile(path1, path3);
//true
boolean path2IsSameFilePath3 = Files.isSameFile(path2, path3);
```

字典顺序比较

如果你想比较路径的字典顺序，我们可以基于 `Path.compareTo()` 方法实现（该功能可以用于排序）。

该方法会返回如下信息：

- 如果路径相同，则返回 0。
- 如果第一个路径字典顺序小于参数路径，则返回小于 0 的负值。
- 如果第一个路径字典顺序大于参数路径，则返回大于 0 的正值。

```
int path1compareToPath2 = path1.compareTo(path2); //0
int path1compareToPath3 = path1.compareTo(path3); //24
int path2compareToPath3 = path2.compareTo(path3); //24
```

注意，你可能会获取到与上面示例不同的结果。此外，在你的业务逻辑中，重要的是方法的含义而非方法的返回值（例如，编写 `if (path1compareToPath3 > 0) { ... }` 类似写法，并避免 `if (path1compareToPath3 == 24) { ... }` 类似写法）。

部分比较

我们可以通过 `Path.startsWith()` 和 `Path.endsWith()` 方法实现部分比较。通过这些方法，我们可以验证当前路径是否以给定路径开始 / 结束：

```
boolean sw = path1.startsWith("/learning/packt"); //true
boolean ew = path1.endsWith("JavaModernChallenge.pdf"); //true
```

134. 轮询路径

我们有几种不同轮询（或是访问）路径的方案，其中一种是使用 NIO.2 API 提供的 `FileVisitor` 接口。

该接口提供了一组方法，用于表示轮询给定路径的检查点。通过重载这些检查点，我们可以实现对轮询过程的干涉。我们可以处理当前访问的文件或文件夹，并通过 `FileVisitResult`

枚举决定下一步会发生什么。该枚举包含以下常量：

- CONTINUE：遍历过程将正常进行（访问下一个文件，文件夹，跳过失败等）。
- SKIP_SIBLINGS：遍历过程将继续，但是会跳过当前文件或文件夹的同级目录。
- SKIP_SUBTREE：遍历过程将继续，但是会跳过当前文件夹的内容。
- TERMINATE：遍历过程会被中止。

FileVisitor 提供的方法如下：

- FileVisitResult visitFile(T file, BasicFileAttributes attrs) throws IOException：每个被访问的文件或文件夹自动调用。
- FileVisitResult preVisitDirectory(T dir, BasicFileAttributes attrs) throws IOException：文件夹在访问其内容前自动调用。
- FileVisitResult postVisitDirectory(T dir, IOException exc) throws IOException：在访问文件夹内容（包括子路径）后，或是在轮询文件夹内容期间遇到 I/O 错误，或是访问被程序中止，则会自动调用。
- FileVisitResult visitFileFailed(T file, IOException exc) throws IOException：当文件因为各种原因无法访问时自动调用（例如，文件被设置了禁止读取，或是文件夹无法打开）。

到目前为止，一切都很好！让我们看几个实际例子。

文件夹的细粒度遍历

实现 FileVisitor 接口要求我们重载它的四个方法。然而，NIO.2 API 提供了该接口一个名为 SimpleFileVisitor 的简单内置实现。对于简单场景来说，扩展这个类比实现 FileVisitor 方便得多，因为它允许我们只重载必要的方法。

例如，假设我们将电子课程存储在 D:/learning 文件夹的子目录中，然后我们想通过 FileVisitor API 访问每个子文件夹。如果在子文件夹的迭代过程中遇到错误，我们只需要抛出异常报告即可。

为了实现该功能，我们需要重载 postVisitDirectory() 方法，具体如下所示：

```
class PathVisitor extends SimpleFileVisitor<Path> {
  @Override
  public FileVisitResult postVisitDirectory(
      Path dir, IOException ioe) throws IOException {
    if (ioe != null) {
      throw ioe;
    }
    System.out.println("Visited directory: " + dir);
    return FileVisitResult.CONTINUE;
  }
}
```

为了使用 PathVisitor 类，我们需要设置路径并调用一次 Files.walkFileTree() 方法（这里使用 walkFileTree() 方法来获取起始文件或文件夹和对应的 FileVisitor 类），具体如下所示：

```
Path path = Paths.get("D:/learning");
PathVisitor visitor = new PathVisitor();
Files.walkFileTree(path, visitor);
```

通过运行上述代码，我们会看到如下输出：

```
Visited directory: D:\learning\books\ajax
Visited directory: D:\learning\books\angular
//...
```

通过名称搜索文件

在电脑上搜索一个特定文件是一个常见场景。我们通常会依赖操作系统提供的工具或是其他工具来搜索特定文件，但是如果我们想将这个操作程序化（例如，我们想编写一个有特殊功能的文件搜索工具），那么 `FileVisitor` 会帮助我们以非常简单的方式实现这一目的。该应用其他示例如下：

```
public class SearchFileVisitor implements FileVisitor {
  private final Path fileNameToSearch;
  private boolean fileFound;

  //...

  private boolean search(Path file) throws IOException {
    Path fileName = file.getFileName();
    if (fileNameToSearch.equals(fileName)) {
      System.out.println("Searched file was found: " +
        fileNameToSearch + " in " + file.toRealPath().toString());
      return true;
    }
    return false;
  }
}
```

让我们看下主要检查点以及通过名称搜索文件的具体实现：

• `visitFile()` 方法是我们主要的检查点。如果我们有权限，就可以查询当前访问文件的名称、扩展名、属性等信息。这些信息用于和目标文件的相同信息进行比对。例如，我们比较了文件名称，如果匹配的话，我们就终止搜索过程。但是如果我们想搜索更多的文件（假设我们知道这里有不止一个文件），那么我们可以继续搜索过程：

```
@Override
public FileVisitResult visitFile(
  Object file, BasicFileAttributes attrs) throws IOException {
  fileFound = search((Path) file);
  if (!fileFound) {
    return FileVisitResult.CONTINUE;
  } else {
    return FileVisitResult.TERMINATE;
  }
}
```

> **提示**：`visitFile()` 方法不能用于搜索文件夹，我们可以使用 `preVisitDirectory()` 或 `postVisitDirectory()` 方法来替代。

- `visitFileFailed()` 方法是第二个重要的检查点。当该方法被调用时，我们就知道在访问当前文件过程中出现了问题。一般来说，我们倾向于忽略这些问题并继续搜索过程，因为停止搜索过程是无意义的：

```
@Override
public FileVisitResult visitFileFailed(
  Object file, IOException ioe) throws IOException {
  return FileVisitResult.CONTINUE;
}
```

为了启动搜索过程，我们需要通过 `Files.walkFileTree()` 方法来实现。这次我们指定了搜索的起点（例如，所有根路径），用于搜索的设置项（例如，支持软链接），访问的最大目录层级（例如，`Integer.MAX_VALUE`），以及 `FileVisitor`（例如，`SearchFileVisitor`）：

```
Path searchFile = Paths.get("JavaModernChallenge.pdf");
SearchFileVisitor searchFileVisitor
  = new SearchFileVisitor(searchFile);
EnumSet opts = EnumSet.of(FileVisitOption.FOLLOW_LINKS);
Iterable<Path> roots = FileSystems.getDefault().getRootDirectories();
for (Path root: roots) {
  if (!searchFileVisitor.isFileFound()) {
    Files.walkFileTree(root, opts,
      Integer.MAX_VALUE, searchFileVisitor);
  }
}
```

如果你查看本书所配代码的话，你会发现该搜索方案会以递归方式遍历电脑的所有根路径。若稍作修改，该示例还可按文件扩展名、格式进行搜索，或是通过文本检索文件内容。

删除文件夹

在尝试删除一个文件夹之前，我们需要删除它的全部文件。这是一个非常重要的设定，因为它不允许我们直接调用 `delete()` / `deleteIfExists()` 方法来删除一个包含文件的文件夹。该问题的一个优雅解决方案是依赖如下的 `FileVisitor` 实现：

```
public class DeleteFileVisitor implements FileVisitor {
  //...
  private static boolean delete(Path file) throws IOException {
    return Files.deleteIfExists(file);
  }
}
```

让我们看下删除一个文件夹的主要检查点：

- `visitFile()` 方法是从给定文件夹或子文件夹删除每个文件的最佳选择（如果一个文件不能被删除，那么我们直接跳到下一个文件即可。当然最终还是要根据你的需求来调整代码）：

```
@Override
public FileVisitResult visitFile(
  Object file, BasicFileAttributes attrs) throws IOException {
  delete((Path) file);
  return FileVisitResult.CONTINUE;
}
```

- 只有在一个文件夹为空时我们才能删除它，那么 postVisitDirectory() 方法就是去做这件事的最佳选择（我们忽略了任意可能的 IO 异常，不过可以根据需求调整代码。例如，在文件夹不能删除时，在日志打印文件夹的名称或是抛出异常终止程序）：

```
@Override
public FileVisitResult postVisitDirectory(
  Object dir, IOException ioe) throws IOException {
  delete((Path) dir);
  return FileVisitResult.CONTINUE;
}
```

对于 visitFileFailed() 和 preVisitDirectory() 方法，我们直接返回 CONTINUE。

想要删除 D:/learning 下所有文件夹，我们可以如下方式调用 DeleteFileVisitor：

```
Path directory = Paths.get("D:/learning");
DeleteFileVisitor deleteFileVisitor = new DeleteFileVisitor();
EnumSet opts = EnumSet.of(FileVisitOption.FOLLOW_LINKS);
Files.walkFileTree(directory, opts,
  Integer.MAX_VALUE, deleteFileVisitor);
```

> **提示：** 通过组合 SearchFileVisitor 和 DeleteFileVisitor，我们可以实现一个搜索并删除的应用。

复制文件夹

我们可以通过 Path copy(Path source, Path target, CopyOption options) throws IOException 方法实现复制文件功能。该方法通过指定复制执行的可选项参数，实现复制一个文件到目标文件。

通过组合 copy() 方法和一个自定义 FileVisitor，我们可以复制一个完整的文件夹（包括其全部内容）。下面是自定义 FileVisitor 的代码：

```
public class CopyFileVisitor implements FileVisitor {
  private final Path copyFrom;
  private final Path copyTo;
  //...
  private static void copySubTree(
      Path copyFrom, Path copyTo) throws IOException {
    Files.copy(copyFrom, copyTo,
      REPLACE_EXISTING, COPY_ATTRIBUTES);
  }
}
```

让我们看下复制一个文件夹功能实现的主要检查点（注意，我们可能会复制任何可复制的内容，且应避免抛出异常。读者可以根据需求自行调整代码）:

• 在拷贝源文件夹的任意文件之前，我们需要先拷贝源文件夹本身。拷贝源文件夹（文件夹是否为空均有可能）会生成一个空的目标文件夹。`preVisitDirectory()` 方法是完成这项操作的最佳选择:

```
@Override
public FileVisitResult preVisitDirectory(
  Object dir, BasicFileAttributes attrs) throws IOException {
  Path newDir = copyTo.resolve(
    copyFrom.relativize((Path) dir));
  try {
    Files.copy((Path) dir, newDir,
      REPLACE_EXISTING, COPY_ATTRIBUTES);
  } catch (IOException e) {
    System.err.println("Unable to create "
      + newDir + " [" + e + "]");
    return FileVisitResult.SKIP_SUBTREE;
  }
  return FileVisitResult.CONTINUE;
}
```

• `visitFile()` 方法是完成拷贝每个文件的最佳选择:

```
@Override
public FileVisitResult visitFile(
  Object file, BasicFileAttributes attrs) throws IOException {
  try {
    copySubTree((Path) file, copyTo.resolve(
      copyFrom.relativize((Path) file)));
  } catch (IOException e) {
    System.err.println("Unable to copy "
      + copyFrom + " [" + e + "]");
  }
  return FileVisitResult.CONTINUE;
}
```

• 我们也可以选择保留源文件夹的属性。在所有文件都拷贝完成后，我们才可以通过 `postVisitDirectory()` 实现该操作（例如，我们可以保留源文件夹的上次修改时间）:

```
@Override
public FileVisitResult postVisitDirectory(
  Object dir, IOException ioe) throws IOException {
  Path newDir = copyTo.resolve(
    copyFrom.relativize((Path) dir));
  try {
    FileTime time = Files.getLastModifiedTime((Path) dir);
    Files.setLastModifiedTime(newDir, time);
  } catch (IOException e) {
```

```
    System.err.println("Unable to preserve
      the time attribute to: " + newDir + " [" + e + "]");
  }
  return FileVisitResult.CONTINUE;
}
```

• 如果一个文件无法被访问，则会调用 `visitFileFailed()` 方法。这是一个检测循环链接并报告异常的好时机。通过遵循链接（`FOLLOW_LINKS`），我们会遇到文件树和父文件夹形成循环链接的情况。`visitFileFailed()` 方法会在遇到这些情况时通过抛出 `FileSystemLoopException` 来上报：

```
@Override
public FileVisitResult visitFileFailed(
  Object file, IOException ioe) throws IOException {
  if (ioe instanceof FileSystemLoopException) {
    System.err.println("Cycle was detected: " + (Path) file);
  } else {
    System.err.println("Error occured, unable to copy:"
      + (Path) file + " [" + ioe + "]");
  }
  return FileVisitResult.CONTINUE;
}
```

让我们拷贝 `D:/learning/packt` 文件夹到 `D:/e-courses` 目录下：

```
Path copyFrom = Paths.get("D:/learning/packt");
Path copyTo = Paths.get("D:/e-courses");
CopyFileVisitor copyFileVisitor
  = new CopyFileVisitor(copyFrom, copyTo);
EnumSet opts = EnumSet.of(FileVisitOption.FOLLOW_LINKS);
Files.walkFileTree(copyFrom, opts, Integer.MAX_VALUE,
  copyFileVisitor);
```

> **提示：** 通过组合 `CopyFileVisitor` 和 `DeleteFileVisitor`，我们可以快速创建一个移动文件夹的应用。在本书所配的代码中，也提供了一个完整移动文件夹的例子（通过上述内容，这个例子应该很容易理解，在此不再展开介绍）。
> 在记录文件相关信息时（例如，处理抛出异常时）需要慎重，因为这些信息（例如文件名称、路径、属性）可能包含可被恶意利用的敏感信息。

从 JDK 8 开始，`Files` 类增加了两个 `walk()` 方法。这些方法返回一个由 `Path` 懒加载填充的流。它通过给定的最大深度和可选项来从给出的起始根文件遍历整个文件树：

```
public static Stream<Path> walk(
  Path start, FileVisitOption... options)
  throws IOException
public static Stream<Path> walk(
  Path start, int maxDepth, FileVisitOption... options)
  throws IOException
```

如下例所示，我们从 `D:/learning/books/cdi` 开始遍历 `D:/learning` 下的全部路径：

```
Path directory = Paths.get("D:/learning");
Stream<Path> streamOfPath = Files.walk(
  directory, FileVisitOption.FOLLOW_LINKS);
streamOfPath.filter(e -> e.startsWith("D:/learning/books/cdi"))
  .forEach(System.out::println);
```

接下来，让我们来计算一下某个文件夹（如 `D:/learning`）的字节大小：

```
long folderSize = Files.walk(directory)
  .filter(f -> f.toFile().isFile())
  .mapToLong(f -> f.toFile().length())
  .sum();
```

> **提示：** 该方法是弱一致性，在轮询过程中它不会冻结文件树。文件树的潜在更新可能被反映出来，也可能不反映。

135. 监听路径

监听路径修改是现场安全的目标之一，该操作可以通过 JDK 7 NIO.2 低级别 `WatchService` API 实现。

简单来说，一个路径的修改监听主要包括以下两个步骤：

① 为不同的事件类型注册要监听的文件（或是文件夹）。

② 当 `WatchService` 检测到一个注册的事件类型，它会单独运行一个线程来处理，因此监听服务不会被锁住。

在 API 级别，起点是 `WatchService` 接口。在不同的操作系统 / 文件系统中，该接口会表现出不同的作用。

该接口与两个重要类一起工作。它们一起提供了一个将监听功能添加到特定上下文（例如面向文件系统）的便捷方法：

- `Watchable`：实现该接口的任意对象都会是一个可监听（watchable）对象，因此它可以监听修改（如 `Path`）。
- `StandardWatchEventKinds`：该类定义了标准的事件类型（可以注册以接收通知的事件类型）：
  - `ENTRY_CREATE`：创建路径实体。
  - `ENTRY_DELETE`：删除路径实体。
  - `ENTRY_MODIFY`：修改路径实体。该事件被认为是基于特定平台的修改，但是实际上文件内容的任何修改都应该触发该事件类型。
  - `OVERFLOW`：表示可能已丢失或废弃的特殊事件。

`WatchService` 被称为 watcher，其可用于监听 `Watchable`。在如下例子中，`WatchService` 通过 `FileSystem` 类创建并监听注册路径。

监听文件夹的修改

让我们从一个空方法开始，该方法获取被监听修改的文件夹的 `Path` 类作为参数：

```
public void watchFolder(Path path)
  throws IOException, InterruptedException {
  //...
}
```

`WatchService` 在给定文件夹发生 `ENTRY_CREATE`、`ENTRY_DELETE`、`ENTRY_MODIFY` 中任意类型事件时会通知我们。为了实现该功能，我们需要执行如下步骤：

① 创建`WatchService`用于监听文件系统——该操作可以通过`FileSystem.newWatchService()`方法实现，如下所示：

```
WatchService watchService
  = FileSystems.getDefault().newWatchService();
```

② 注册需要通知的事件类型——该操作可以通过 `Watchable.register()` 实现：

```
path.register(watchService,
  StandardWatchEventKinds.ENTRY_CREATE,
  StandardWatchEventKinds.ENTRY_MODIFY,
  StandardWatchEventKinds.ENTRY_DELETE);
```

> **提示**：对于每个监听对象，我们接收一个注册令牌作为 `WatchKey` 实例（watch key）。在注册时我们会接收 watch key，但是 `WatchService` 在每次事件被触发时都会返回相关的 `WatchKey` 实例。

③ 我们只需要等接下来的事件，该操作是一个无限循环（当事件发生时，watcher 负责将对应的 watch key 入队，方便后续检索，并将其状态改为 signaled）：

```
while (true) {
  //处理传入的事件类型
}
```

④ 检索一个 watch key（至少有三种方法）：

- `poll()`：返回队列中的下一个密钥并移除（如果队列没有密钥，则返回 `null`）。
- `poll(long timeout, TimeUnit unit)`：返回队列中的下一个密钥并移除，如果队列没有密钥，则等待指定时间后重试。如果队列仍然没有可用密钥，则返回 `null`。
- `take()`：返回队列中的下一个密钥并移除，如果队列没有密钥，则会一直等待直到有一个密钥入队或是循环被停止：

```
WatchKey key = watchService.take();
```

⑤ 检索这个 watch key 的挂起事件。一个处于 signaled 状态的 watch key 至少有一个挂起事件；我们可以通过 `WatchKey.pollEvents()` 方法检索并移除这个 watch key 的全部事件（每个事件都对应着一个 `WatchEvent` 实例）：

```
for (WatchEvent<?> watchEvent : key.pollEvents()) {
  //...
}
```

⑥ 检索事件类型的相关信息。对于每个事件，我们都可以获取不同信息。例如，事件类型、发生次数，以及上下文特定信息（例如，导致事件发生的文件名等），这些信息都将有助于对事件的处理。

```
Kind<?> kind = watchEvent.kind();
WatchEvent<Path> watchEventPath = (WatchEvent<Path>)
watchEvent;
Path filename = watchEventPath.context();
```

⑦ 重置 watch key。一个 watch key 可能处于 ready（创建时的初始状态）、signaled 或是 invalid 状态。一旦 watch key 进入 signaled 状态，它会保持现状直到我们调用 `reset()` 方法，该方法尝试将其恢复到就绪状态以接受事件的状态。如果从 signaled 到 ready 状态的转换成功，`reset()` 方法返回 `true`；否则返回 `false`，证明 watch key 失效。如果一个 watch key 不再活跃，则进入 invalid 状态（显式调用 watch key 的 `close` 方法，关闭监听者，删除监听路径等都可能导致不再活跃）：

```
boolean valid = key.reset();
if (!valid) {
      break;
}
```

> **提示**：当只有一个处于 invalid 状态的 watch key 时，就没必要停留在无限循环中了。我们可以直接调用 `break` 来跳出循环。

⑧ 最后我们来关闭 watcher，该操作可以通过显式调用 `WatchService` 的 `close()` 方法，或是依赖 `try-with-resources` 实现，相关代码如下：

```
try (WatchService watchService
  = FileSystems.getDefault().newWatchService()) {
      //...
}
```

本书所配的代码将这些代码片段粘贴到一个名为 `FolderWatcher` 的类中，形成一个能上报在指定路径上发生创建、删除、修改事件的 watcher。

为了监听 `D:/learning/packt` 路径，我们只需要调用 `watchFolder()` 方法：

```
Path path = Paths.get("D:/learning/packt");
FolderWatcher watcher = new FolderWatcher();
watcher.watchFolder(path);
```

运行该程序，会展示如下信息：

```
Watching: D:\learning\packt
```

现在我们可以在该文件夹下创建、删除或是修改文件并检查通知。例如，如果我们复制粘贴一个名为 resources.txt 的文件，输出如下：

```
ENTRY_CREATE -> resources.txt
ENTRY_MODIFY -> resources.txt
```

在使用之后，别忘了停止程序，因为理论上它会无限运行下去。

除了这个应用程序，本书附带的源码还提供了两个额外的应用程序。其一是视频捕获系统的模拟，另一个则是打印机托盘监视器的模拟。基于本章节所学知识，这两个应用程序会很好理解，因此不再展开介绍。

136. 流式获取文件文本内容

通过 JDK 8 提供的 `Files.lines()` 和 `BufferedReader.lines()` 方法，我们可以把一个文件的文本内容转为流。

`Stream<String> Files.lines(Path path, Charset cs)` 方法可以将一个文件的全部文本逐行获取为一个 `Stream`。当流被消费时，该操作会延迟进行。在执行终端流操作期间，文件的内容不应该被修改，否则可能获取到未知结果。

让我们看一个读取 `D:/learning/packt/resources.txt` 文件内容并在屏幕上输出的例子（注意我们在一个 `try-with-resources` 块中运行代码，这样关闭流时文件也会关闭）：

```
private static final String FILE_PATH
  = "D:/learning/packt/resources.txt";
//...
try (Stream<String> filesStream = Files.lines(
    Paths.get(FILE_PATH), StandardCharsets.UTF_8)) {
  filesStream.forEach(System.out::println);
} catch (IOException e) {
  //如果不需要处理IOException异常，则应该删除这里的catch块
}
```

`BufferedReader` 类提供了一个相似的无参方法：

```
try (BufferedReader brStream = Files.newBufferedReader(
  Paths.get(FILE_PATH), StandardCharsets.UTF_8)) {
  brStream.lines().forEach(System.out::println);
} catch (IOException e) {
  //如果不需要处理IOException异常，则应该删除这里的catch块
}
```

137. 在文件树中搜索文件或文件夹

很多时候我们都需要在一个文件树中搜索文件或文件夹。多亏了 JDK 8 提供的 `Files.find()` 方法，使得相关处理方便了很多。

`Files.find()` 方法返回一个 `Stream<Path>`，它用于匹配提供的查找约束，并延迟填充路径。

```
public static Stream<Path> find(
  Path start,
```

```
    int maxDepth,
    BiPredicate<Path, BasicFileAttributes> matcher,
    FileVisitOption... options
) throws IOException
```

该方法的作用和 `walk()` 方法相似，它会从给定路径（`start`）开始在最大给定深度（`maxDepth`）内轮询文件树。在轮询当前文件树过程中，该方法会应用给定的谓词（`matcher`）。通过该谓词，我们指定了最终流中每个文件需要匹配的约束。另外，我们还可以选择定义一组可选配置（`options`）。

```
Path startPath = Paths.get("D:/learning");
```

让我们来看几个旨在阐明该方法用法的例子：

• 查找所有以 `.properties` 扩展名结尾的文件，并执行如下 `symbolic links`：

```
Stream<Path> resultAsStream = Files.find(
  startPath,
  Integer.MAX_VALUE,
  (path, attr) -> path.toString().endsWith(".properties"),
  FileVisitOption.FOLLOW_LINKS
);
```

• 查找所有以 `application` 开头的常规文件：

```
Stream<Path> resultAsStream = Files.find(
  startPath,
  Integer.MAX_VALUE,
  (path, attr) -> attr.isRegularFile() &amp;&amp;
  path.getFileName().toString().startsWith("application")
);
```

• 查找所有于 2019 年 3 月 16 号之后创建的目录：

```
Stream<Path> resultAsStream = Files.find(
  startPath,
  Integer.MAX_VALUE,
  (path, attr) -> attr.isDirectory() &amp;&amp;
  attr.creationTime().toInstant()
  .isAfter(LocalDate.of(2019, 3, 16).atStartOfDay()
  .toInstant(ZoneOffset.UTC))
);
```

如果我们希望将这些约束表示为一个表达式（例如正则表达式），那么我们可以使用 `PathMatcher` 接口。该接口提供了 `matches(Path path)` 方法，用于判断给定路径是否与此匹配器的模式相匹配。

`FileSystem` 的实现通过 `FileSystem.getPathMatcher(String syntaxPattern)` 方法支持 glob 和 regex 语法（也可能支持其他语法）。约束表现为 `syntax:pattern` 形式。

基于 `PathMatcher`，我们可以编写广泛覆盖约束的辅助方法。例如，以下方法仅获取符

合形如 `syntax:pattern` 的给定约束的文件：

```
public static Stream<Path> fetchFilesMatching(
    Path root, String syntaxPattern) throws IOException {
  final PathMatcher matcher
    = root.getFileSystem().getPathMatcher(syntaxPattern);
  return Files.find(root, Integer.MAX_VALUE, (path, attr)
    -> matcher.matches(path) &amp;&amp; !attr.isDirectory());
}
```

通过 `glob` 语法查找所有 Java 文件的方法如下：

```
Stream<Path> resultAsStream
  = fetchFilesMatching(startPath, "glob:**/*.java");
```

如果我们想要列出当前文件夹下全部文件（不需要任何约束且只有一层深度），可以通过 `Files.list()` 方法实现，参考示例如下：

```
try (Stream<Path> allfiles = Files.list(startPath)) {
  //...
}
```

138. 高效读写文本文件

在 Java 中，如何选择正确途径来高效读取文件是件麻烦的事。为了更好地理解下面例子，让我们假定平台的默认字符集是 UTF-8。当然，我们可以通过 `Charset.defaultCharset()` 方法来获取平台默认字符集。

首先我们需要从 Java 的角度区分二进制数据和文本文件。处理二进制数据是 `InputStream` 和 `OutputStream` 这两个抽象类的工作。而对于二进制数据的流文件，我们则使用 `FileInputStream` 和 `FileOutputStream` 这两个一次读写一个字节（8 比特）的类。而对于特殊的二进制数据，我们也有专门的类来处理（比如对于音频文件，我们使用 `AudioInputStream` 类来替代 `FileInputStream` 进行处理）。

虽然这些类在处理原始二进制数据时表现出色，但是它们并不适合处理文本文件，因为其速度慢且可能产生错误的输出。如果我们把这些类流式处理文本文件的过程，当作从文本文件每次读取一个字节并处理（写一个字节也需要同样冗长的流程）的话，就容易理解多了。此外，如果一个字符超过一个字节的话，我们可能会看到一些奇怪字符。换句话说，编解码超过 8 比特的字符集（例如，拉丁文、中文等）可能会产生意料外的输出。

比如，假设我们使用 UTF-16 存储了如下中文诗歌：

```
Path chineseFile = Paths.get("chinese.txt");
```

```
<<水调歌头·重上井冈山>>
久有凌云志
重上井冈山
千里来寻故地
//...
```

然而，下面的代码不会输出我们期望的结果：

```
try (InputStream is = new FileInputStream(chineseFile.toString())) {
  int i;
  while ((i = is.read()) != -1) {
    System.out.print((char) i);
  }
}
```

所以为了修复它，我们需要定义合适的字符集。当 `InputStream` 不支持当前字符集时，我们可以选择 `InputStreamReader`（或是 `OutputStreamReader`）。该类用于将原始字节流转为字符流，并支持我们指定字符集：

```
try (InputStreamReader isr = new InputStreamReader(
  new FileInputStream(chineseFile.toFile()),
  StandardCharsets.UTF_16)) {
  int i;
  while ((i = isr.read()) != -1) {
    System.out.print((char) i);
  }
}
```

事情已经回到正轨，但是仍然很慢！当前应用可以一次读取多个字节（取决于字符集）并使用指定的字符集解码为字符。但是字节一多仍然很慢。

`InputStreamReader` 是原始二进制数据流和字符流之间的桥梁，但是 Java 也提供了 `FileReader` 类，其目标是直接处理文本文件提供的字符流。

对于文本文件，我们有一个称之为 `FileReader`（写操作为 `FileWriter`）的专属类。该类每次读取 2 或 4 个字节（依赖于使用的字符集）。事实上，在 JDK 11 之前，`FileReader` 只能使用平台默认字符集，不支持指定字符集。这对我们不利，因为如下代码不能产生期望的输出：

```
try (FileReader fr = new FileReader(chineseFile.toFile())) {
  int i;
  while ((i = fr.read()) != -1) {
    System.out.print((char) i);
  }
}
```

但是从 JDK 11 开始，`FileReader` 类提供了两个新的支持指定字符集的构造方法：

- `FileReader(File file, Charset charset)`
- `FileReader(String fileName, Charset charset)`

现在我们可以重写代码并获取期望输出：

```
try (FileReader frch = new FileReader(
  chineseFile.toFile(), StandardCharsets.UTF_16)) {
  int i;
  while ((i = frch.read()) != -1) {
```

```
    System.out.print((char) i);
  }
}
```

一次读取 2 或 4 个字节比读取一个要好，但是它仍然很慢。此外，在之前的方案里，我们使用一个 `int` 来存储检索到的 `char`，然后我们需要显式地将其转化为 `char` 来展示。也就是说，从输入文件检索获取的 `char` 都会转为 `int`，然后再转换为 `char`。

这个场景下我们引出了缓冲流（buffering streams）。思考一下我们在观看在线视频时会发生什么。当我们观看视频时，浏览器会提前缓冲传入的字节。通过这种方式，我们可以获取流畅的体验，因为我们可以从缓冲区中读取字节，并避免在观看过程中由于可能的网络传输问题导致的中断：

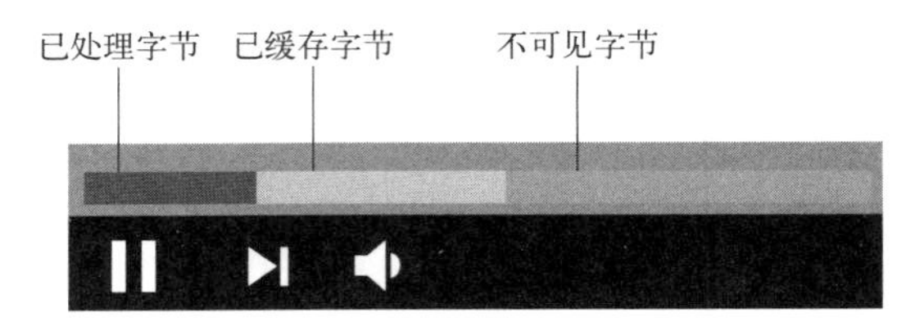

处理原始二进制流的 `BufferedInputStream`、`BufferedOutputStream` 类和处理字节流的 `BufferedReader` 和 `BufferedWriter` 类应用了相同的原理。核心思路就是在处理之前缓存数据。这次 `FileReader` 将数据持续返回给 `BufferedReader` 直至到达行尾（例如 `\n` 或 `\n\r`），`BufferedReader` 则使用 RAM 存储缓存数据：

```
try (BufferedReader br = new BufferedReader(
  new FileReader(chineseFile.toFile(), StandardCharsets.UTF_16))) {
  String line;
  //持续缓冲并打印
  while ((line = br.readLine()) != null) {
    System.out.println(line);
  }
}
```

所以我们现在每次读取一整行来替代每次读取 2 个字节，这样速度就快多了。这是一个真正高效读取文本文件的方式。

> **提示：**为了进一步优化，我们可以通过专门的构造方法设置缓冲区大小。

需要注意，`BufferedReader` 类可以在独立数据源的情况下知道如何创建并处理输入数据内容的缓存。在上文例子中，数据源是 `FileReader`，也就是一个文件，但是相同的 `BufferedReader` 可以缓存不同数据源的数据（如网络、文件、控制台、打印机、传感器等）。最后我们读取我们缓存的内容。

上文例子揭示了在 Java 中读取文本文件的主要方法。从 JDK 8 开始，我们可以使用一组新的方法来简化操作。比如我们也可以通过 `Files.newBufferedReader(Path path, Charset cs)` 方法来创建一个 `BufferedReader`：

```
try (BufferedReader br = Files.newBufferedReader(
    chineseFile, StandardCharsets.UTF_16)) {
  String line;
  while ((line = br.readLine()) != null) {
    System.out.println(line);
  }
}
```

对于 `BufferedWriter`，我们可以使用 `Files.newBufferedWriter()`。这些方法的优点在于它们直接支持 `Path`。

想把一个文本文件内容转为 `Stream<T>` 的话，可以参阅“136. 流式获取文件文本内容”小节。

以下是另一种有效的解决方案：

```
try (BufferedReader br = new BufferedReader(new InputStreamReader(
  new FileInputStream(chineseFile.toFile()),
  StandardCharsets.UTF_16))) {
  String line;
  while ((line = br.readLine()) != null) {
    System.out.println(line);
  }
}
```

将文本文件读入内存

`Files` 类提供了两个可以将完整文本文件读入内存的方法。其一是 `List<String> readAllLines(Path path, Charset cs)`：

```
List<String> lines = Files.readAllLines(
  chineseFile, StandardCharsets.UTF_16);
```

此外，我们可以通过 `Files.readString(Path path, Charset cs)` 方法将全部内容读到一个字符串中：

```
String content = Files.readString(chineseFile,
  StandardCharsets.UTF_16);
```

这些方法对于较小文件来说很方便，但是对于大文件它们并不是一个好选择。试图将大文件读入内存容易引发 `OutOfMemoryError`，同时也显然会消耗大量内存。所以对于大型文件（例如 200 GB），我们可以使用内存映射文件（`MappedByteBuffer`）。`MappedByteBuffer` 允许我们将大型文件看作超大数组，并执行创建修改等操作。它们看起来像是存储在内存中，但是其实并不是。所有操作都发生在内存（native memory）级别：

```
//或使用Files.newByteChannel()
try (FileChannel fileChannel = (FileChannel.open(chineseFile,
    EnumSet.of(StandardOpenOption.READ)))) {
  MappedByteBuffer mbBuffer = fileChannel.map(
```

```
        FileChannel.MapMode.READ_ONLY, 0, fileChannel.size());
    if (mbBuffer != null) {
        String bufferContent
            = StandardCharsets.UTF_16.decode(mbBuffer).toString();
        System.out.println(bufferContent);
        mbBuffer.clear();
    }
}
```

对于大型文件，建议使用固定大小的缓冲区，具体如下所示：

```
private static final int MAP_SIZE = 5242880; //5 MB的bytes表现形式
try (FileChannel fileChannel = (FileChannel.open(chineseFile,
        EnumSet.of(StandardOpenOption.READ)))) {
    int position = 0;
    long length = fileChannel.size();
    while (position < length) {
        long remaining = length - position;
        int bytestomap = (int) Math.min(MAP_SIZE, remaining);
        MappedByteBuffer mbBuffer = fileChannel.map(
            MapMode.READ_ONLY, position, bytestomap);
            //...
            //对当前的缓冲区进行操作
            position += bytestomap;
    }
}
```

> **提示：** JDK 14 中支持了 non-volatile 特性的 `MappedByteBuffers`。

写文本文件

对于每个专门用于读文本文件的类 / 方法（如 `BufferedReader` 和 `readString()`），Java 提供了对应的写文本文件类 / 方法（如 `BufferedWriter` 和 `writeString()`）。下面是通过 `BufferedWriter` 写文本文件的例子：

```
Path textFile = Paths.get("sample.txt");
try (BufferedWriter bw = Files.newBufferedWriter(
    textFile, StandardCharsets.UTF_8, StandardOpenOption.CREATE,
    StandardOpenOption.WRITE)) {
    bw.write("Lorem ipsum dolor sit amet, ... ");
    bw.newLine();
    bw.write("sed do eiusmod tempor incididunt ...");
}
```

将一个 `Iterable` 写入文本文件的便捷方法是使用 `Files.write(Path path, Iterable<? extends CharSequence> lines, Charset cs, OpenOption... options)`。例如，我们将一个文本 list 写入到一个文本文件（列表中每个原始都会写为文件的一行）：

```
List<String> linesToWrite = Arrays.asList("abc", "def", "ghi");
Path textFile = Paths.get("sample.txt");
```

```
Files.write(textFile, linesToWrite, StandardCharsets.UTF_8,
  StandardOpenOption.CREATE, StandardOpenOption.WRITE);
```

接下来，我们需要使用`Files.writeString(Path path, CharSequence csq, OpenOption... options)`方法将一个字符串写入文件：

```
Path textFile = Paths.get("sample.txt");
String lineToWrite = "Lorem ipsum dolor sit amet, ...";
Files.writeString(textFile, lineToWrite, StandardCharsets.UTF_8,
  StandardOpenOption.CREATE, StandardOpenOption.WRITE);
```

> **提示：** 我们可以通过 `StandardOpenOption` 控制如何打开一个文件。在上述例子中，如果文件不存在则会被创建（`CREATE`），并以写权限方式（`WRITE`）打开。然而打开文件还有很多其他可选项（例如，`APPEND`、`DELETE_ON_CLOSE` 等）。

最后，我们可以以如下方式通过 `MappedByteBuffer` 去写一个文本文件（该操作在写大型文本文件时也很有效）：

```
Path textFile = Paths.get("sample.txt");
CharBuffer cb = CharBuffer.wrap("Lorem ipsum dolor sit amet, ...");
try (FileChannel fileChannel = (FileChannel) Files.newByteChannel(
    textFile, EnumSet.of(StandardOpenOption.CREATE,
    StandardOpenOption.READ, StandardOpenOption.WRITE))) {
  MappedByteBuffer mbBuffer = fileChannel
    .map(FileChannel.MapMode.READ_WRITE, 0, cb.length());
  if (mbBuffer != null) {
    mbBuffer.put(StandardCharsets.UTF_8.encode(cb));
  }
}
```

139. 高效读写二进制文件

在“138. 高效读写文本文件”中，我们提到了缓冲流（为了更清晰地理解，请在阅读本小节前先阅读“138”）。它在处理二进制文件时也一样有效，所以我们直接通过几个例子来学习。

来看一下下面几个二进制文件和它们的字节大小：

```
Path binaryFile = Paths.get(
  "build/classes/modern/challenge/Main.class");
int fileSize = (int) Files.readAttributes(
  binaryFile, BasicFileAttributes.class).size();
```

我们可以通过 `FileInputStream`（它没有使用缓冲）将文件内容读到一个 `byte[]` 中：

```
final byte[] buffer = new byte[fileSize];
try (InputStream is = new FileInputStream(binaryFile.toString())) {
  int i;
  while ((i = is.read(buffer)) != -1) {
    System.out.print("\nReading ... ");
  }
}
```

然而，上面例子并不怎么高效。在将 `buffer.length` 长度的字节从输入流读取到一个 byte 数组时，我们可以通过 `BufferedInputStream` 高效实现，具体操作如下：

```
final byte[] buffer = new byte[fileSize];
try (BufferedInputStream bis = new BufferedInputStream(
  new FileInputStream(binaryFile.toFile()))) {
  int i;
  while ((i = bis.read(buffer)) != -1) {
    System.out.print("\nReading ... " + i);
  }
}
```

`FileInputStream` 也可以通过 `Files.newInputStream()` 方法获取。该方法的优点在于它们直接支持 `Path`：

```
final byte[] buffer = new byte[fileSize];
try (BufferedInputStream bis = new BufferedInputStream(
  Files.newInputStream(binaryFile))) {
  int i;
  while ((i = bis.read(buffer)) != -1) {
    System.out.print("\nReading ... " + i);
  }
}
```

如果文件过大，缓冲区无法设置容纳文件内容的大小，一个合适的方案是使用 `read()` 方法持续将内容读到一个较小的固定尺寸的缓冲区（如 512 字节），具体内容如下：

- `read(byte[] b)`
- `read(byte[] b, int off, int len)`
- `readNBytes(byte[] b, int off, int len)`
- `readNBytes(int len)`

> **提示：** 无参的 `read()` 方法会从输入流中逐个字节读取。这是最低效的方式，尤其是在不使用缓冲区的情况下。

如果我们的目标是将输入流读作一个 byte 数组，可以通过 `ByteArrayInputStream`（它使用内部缓冲区，所以它不需要使用 `BufferedInputStream`）实现：

```
final byte[] buffer = new byte[fileSize];
try (ByteArrayInputStream bais = new ByteArrayInputStream(buffer)) {
  int i;
  while ((i = bais.read(buffer)) != -1) {
    System.out.print("\nReading ... ");
  }
}
```

上述方式很适合处理原始二进制数据，但是有时候，我们的二进制文件包括真实数据（例如，整数、浮点数等）。在这些情况下，`DataInputStream` 和 `DataOutputStream` 提供了便捷的方法来处理读写这些真实数据类型。假设我们有一个包含浮点数的 `data.bin` 文件，我们可以以如下方式高效读取它：

```
Path dataFile = Paths.get("data.bin");
try (DataInputStream dis = new DataInputStream(
  new BufferedInputStream(Files.newInputStream(dataFile)))) {
  while (dis.available() > 0) {
    float nr = dis.readFloat();
    System.out.println("Read: " + nr);
  }
}
```

> **提示：** 这两个类只是 Java 提供的 data filters 中的两个。如果了解 data filters 的概述的话，请查看 `FilterInputStream` 的子类。此外，`Scanner` 类也是处理读取真实数据类型的一个好选择，可阅读"148. 使用 Scanner"以了解更多信息。

将二进制文件读到内存中

我们可以通过 `Files.readAllBytes()` 将一个完整的二进制文件读到内存中：

```
byte[] bytes = Files.readAllBytes(binaryFile);
```

`InputStream` 类也有一个类似方法。

这些方法对于处理较小文件很方便，但是面对大文件时它们就不是个好选择了。试图将大文件读入内存容易引发 OOM 错误，同时也显然会消耗大量内存。所以对于大型文件（例如 200 GB），我们可以使用内存映射文件（`MappedByteBuffer`）。`MappedByteBuffer` 允许我们将大型文件看作超大数组，并执行创建修改等操作。它们看起来像是存储在内存中，但是其实并不是。所有操作都发生在本地内存级别：

```
try (FileChannel fileChannel = (FileChannel.open(binaryFile,
    EnumSet.of(StandardOpenOption.READ)))) {
  MappedByteBuffer mbBuffer = fileChannel.map(
    FileChannel.MapMode.READ_ONLY, 0, fileChannel.size());
  System.out.println("\nRead: " + mbBuffer.limit() + " bytes");
}
```

对于大型文件，建议使用固定大小的缓冲区遍历获取，具体如下所示：

```
private static final int MAP_SIZE = 5242880; //5 MB的bytes表现形式
try (FileChannel fileChannel = FileChannel.open(
    binaryFile, StandardOpenOption.READ)) {
  int position = 0;
  long length = fileChannel.size();
  while (position < length) {
    long remaining = length - position;
    int bytestomap = (int) Math.min(MAP_SIZE, remaining);
    MappedByteBuffer mbBuffer = fileChannel.map(
      MapMode.READ_ONLY, position, bytestomap);
      //...
```

```
        //对当前的缓冲区进行操作
        position += bytestomap;
    }
}
```

写二进制文件

写二进制文件的一个有效方式是使用 `BufferedOutputStream`。例如，我们可以以如下方式将一个 `byte[]` 写入一个文件：

```
final byte[] buffer...;
Path classFile = Paths.get(
  "build/classes/modern/challenge/Main.class");
try (BufferedOutputStream bos = newBufferedOutputStream(
    Files.newOutputStream(classFile, StandardOpenOption.CREATE,
    StandardOpenOption.WRITE))) {
  bos.write(buffer);
}
```

> **提示：**如果你逐个字节写入的话，可以使用 `write(int b)` 方法。但是如果你想写入一块数据的话，则要使用 `write(byte[] b, int off, int len)` 方法。

将一个 `byte[]` 写入文件的便捷方式是使用 `Files.write(Path path, byte[] bytes, OpenOption... options)`。例如，我们将上面缓冲区的内容写入文件：

```
Path classFile = Paths.get(
  "build/classes/modern/challenge/Main.class");
Files.write(classFile, buffer,
  StandardOpenOption.CREATE, StandardOpenOption.WRITE);
```

我们可以通过如下方式使用 `MappedByteBuffer` 写一个二进制文件（该方法在写大型文本文件时依然有效）：

```
Path classFile = Paths.get(
  "build/classes/modern/challenge/Main.class");
try (FileChannel fileChannel = (FileChannel) Files.newByteChannel(
    classFile, EnumSet.of(StandardOpenOption.CREATE,
    StandardOpenOption.READ, StandardOpenOption.WRITE))) {
  MappedByteBuffer mbBuffer = fileChannel
    .map(FileChannel.MapMode.READ_WRITE, 0, buffer.length);
  if (mbBuffer != null) {
    mbBuffer.put(buffer);
  }
}
```

最后，如果我们想写一部分真实数据（不是原始二进制数据）的话，我们可以使用 `DataOutputStream`。该类提供了 `writeFoo()` 方法来处理不同类型的数据。例如，我们写入几个浮点数到文件中：

```
Path floatFile = Paths.get("float.bin");
try (DataOutputStream dis = new DataOutputStream(
  new BufferedOutputStream(Files.newOutputStream(floatFile)))) {
  dis.writeFloat(23.56f);
  dis.writeFloat(2.516f);
  dis.writeFloat(56.123f);
}
```

140. 大文件搜索

在文件中搜索某个字符串并统计其出现次数是一个常见场景，而尽可能快地完成操作则是强需求，特别是文件非常大的时候（例如 200 GB 的文件）。

注意，如下实现中我们设定字符串 `11` 在字符串 `111` 中只出现一次，而非两次。更多细节可以参考第 1 章的“17. 计算字符串中子串的出现次数”。

```
private static int countStringInString(String string, String tofind) {
  return string.split(Pattern.quote(tofind), -1).length - 1;
}
```

说到这里，让我们看下解决该问题的几个方法。

基于 BufferedReader 的解决方案

在上述章节中我们已经知道 `BufferedReader` 在处理文本文件时非常有效，同时我们也可以使用它来读取大文件。在读取文件时，对于通过 `BufferedReader.readLine()` 获取的每一行，我们都需要调用 `countStringInString()` 方法来统计搜索字符串出现的次数：

```
public static int countOccurrences(Path path, String text, Charset ch)
  throws IOException {
  int count = 0;
  try (BufferedReader br = Files.newBufferedReader(path, ch)) {
    String line;
    while ((line = br.readLine()) != null) {
      count += countStringInString(line, text);
    }
  }
  return count;
}
```

基于 `Files.readAllLines()` 的解决方案

如果内存（RAM）不是问题的话，我们可以将整个文件读到内存中（通过 `Files.readAllLines()`）并处理。将整个文件维持在内存中可以支持并行处理，因此如果硬件可以支持并行处理的话，可以尝试使用 `parallelStream()`，具体如下所示：

```
public static int countOccurrences(
    Path path, String text, Charset ch) throws IOException {
```

```
  return Files.readAllLines(path, ch)
    .parallelStream()
    .mapToInt((p) -> countStringInString(p, text))
    .sum();
}
```

> **提示：**如果使用 `parallelStream()` 没有任何收益的话，我们可以直接切换到 `stream()`。这只是一个基准测试问题。

基于 `Files.lines()` 的解决方案

我们也可以通过 `Files.lines()` 去获取流。这次，我们将文件读取为一个延迟流 `Stream<String>`。如果我们可以利用并行处理的话（基准测试显示有更好的性能），那么就可以通过调用 `parallel()` 方法来并行处理流 `Stream<String>`：

```
public static int countOccurrences(Path path, String text, Charset ch)
  throws IOException {
  return Files.lines(path, ch).parallel()
    .mapToInt((p) -> countStringInString(p, text))
    .sum();
}
```

基于 Scanner 的解决方案

从 JDK 9 开始，`Scanner` 类提供了一个方法 `Stream<String> tokens()`，可以返回分隔符标记的流。如果我们把将要搜索的文本作为 `Scanner` 的分隔符，并对通过 `tokens()` 分隔后的流返回实体进行计数，就可以得到正确结果：

```
public static long countOccurrences(
  Path path, String text, Charset ch) throws IOException {
  long count;
  try (Scanner scanner = new Scanner(path, ch)
      .useDelimiter(Pattern.quote(text))) {
    count = scanner.tokens().count() - 1;
  }
  return count;
}
```

> **提示：**JDK 10 对 `Scanner` 的构造方法增加了显式指定字符集支持。

基于 `MappedByteBuffer` 的解决方案

我们讨论的最后一个方案是基于 JAVA NIO.2 提供的 `MappedByteBuffer` 和 `MappedByteBuffer`。该方案通过给定文件的 `FileChannel` 打开一个内存映射的字节缓冲区 (`MappedByteBuffer`)。我们通过获取的字节缓冲区去查询和搜索字符串匹配的内容（该字符串会转换为一个 byte 数组并逐字节搜索）。

对于小文件，直接将整个文件加载到内存会快很多。对于大文件乃至超大文件，分块加载处理文件则会更快（例如，每块为 5 MB）。我们每次加载一个文件块，都需要统计字符串出现的次数，并存储统计结果传给下个文件块。我们重复这个过程直到遍历整个文件。

让我们来看看下面的代码实现（查看本书附带的源代码以获得完整的代码）：

```
private static final int MAP_SIZE = 5242880; //5 MB的bytes表现形式
public static int countOccurrences(
    Path path, String text) throws IOException {
  final byte[] texttofind = text.getBytes(StandardCharsets.UTF_8);
  int count = 0;
  try (FileChannel fileChannel = FileChannel.open(
      path, StandardOpenOption.READ)) {
    int position = 0;
    long length = fileChannel.size();
    while (position < length) {
      long remaining = length - position;
      int bytestomap = (int) Math.min(MAP_SIZE, remaining);
      MappedByteBuffer mbBuffer = fileChannel.map(
        MapMode.READ_ONLY, position, bytestomap);
      int limit = mbBuffer.limit();
      int lastSpace = -1;
      int firstChar = -1;
      while (mbBuffer.hasRemaining()) {
        //为了简洁起见，省略了一些代码
        //...
      }
    }
  }
  return count;
}
```

由于文件直接读到操作系统内存中而非加载到 JVM 中，所以该方案执行速度非常快。该操作发生在内存级别，也称为操作系统级别。注意，该实现只在 UTF-8 字符集生效，但是它也可以修改以适配其他字符集。

141. 将一个 JSON/CSV 文件作为一个对象读取

当前 JSON 文件和 CSV 文件已经广泛使用。读取（反序列化）JSON / CSV 文件已经是一项日常工作，它通常发生在业务逻辑的开头；而写（序列化）JSON / CSV 文件也是一项常见工作，它通常发生在业务逻辑的结尾。在读写文件之间，应用会把数据读取为对象。

将一个 JSON 文件作为一个对象读 / 写

让我们从三个典型的类 JSON 格式的文本文件开始：

Raw JSON

```
{"type": "Gac", "weight": 2000}
{"type": "Hami", "weight": 1200}
```

melons_raw.json

Array-like JSON

```
[{
        "type": "Gac",
        "weight": 2000
}, {
        "type": "Hami",
        "weight": 1200
}]
```

melons_array.json

Map-like JSON

```
{
    "A": {
            "type": "Gac",
            "weight": 2000
    },
    "B": {
            "type": "Hami",
            "weight": 1200
    }
}
```

melons_map.json

在 `melons_raw.json` 中，每行都有一条 JSON 实体。每行都是 JSON 文件的一部分，它和前一行相互独立但是具有相同的格式。而在 `melons_array.json` 中，我们有一个 JSON 数组。在 `melons_map.json` 中，我们有一个形如 Java Map 的 JSON。

如下代码给每个文件生成了一个 `Path` 对象：

```
Path pathArray = Paths.get("melons_array.json");
Path pathMap = Paths.get("melons_map.json");
Path pathRaw = Paths.get("melons_raw.json");
```

现在让我们了解三个可用于将这些文件内容读取为 `Melon` 实例的库：

```
public class Melon {
  private String type;
  private int weight;
  //为了简洁起见，这里省略了getter和setter方法
}
```

使用 JSON-B

Java EE 8 提供了一个类似 JAXB 的 JSON 规范声明：JSON-B（JSR-367），兼容 JAXB 和其他 Java EE / SE API。Jakarta EE 则将 Java EE 8 JSON（P 和 B）带到了下一个版本，通过 `javax.json.bind.Jsonb` 和 `javax.json.bind.JsonbBuilder` 类发布其 API：

```
Jsonb jsonb = JsonbBuilder.create();
```

对于反序列化，我们使用 `Jsonb.fromJson()`；而对于序列化，则使用 `Jsonb.toJson()`：

- 将 `melons_array.json` 读取为 `Melon` 的 `Array`：

```
Melon[] melonsArray = jsonb.fromJson(Files.newBufferedReader(
  pathArray, StandardCharsets.UTF_8), Melon[].class);
```

- 将 `melons_array.json` 读取为 `Melon` 的 `List` 集合：

```
List<Melon> melonsList
  = jsonb.fromJson(Files.newBufferedReader(
    pathArray, StandardCharsets.UTF_8), ArrayList.class);
```

- 将 `melons_map.json` 读取为 `Melon` 的 `Map` 集合：

```
Map<String, Melon> melonsMap
```

```
  = jsonb.fromJson(Files.newBufferedReader(
    pathMap, StandardCharsets.UTF_8), HashMap.class);
```

- 将 `melons_raw.json` 逐行读入一个 `Map` 中：

```
Map<String, String> stringMap = new HashMap<>();
try (BufferedReader br = Files.newBufferedReader(
    pathRaw, StandardCharsets.UTF_8)) {
  String line;
  while ((line = br.readLine()) != null) {
    stringMap = jsonb.fromJson(line, HashMap.class);
    System.out.println("Current map is: " + stringMap);
  }
}
```

- 将 `melons_raw.json` 逐行读取为 `Melon` 实例：

```
try (BufferedReader br = Files.newBufferedReader(
    pathRaw, StandardCharsets.UTF_8)) {
  String line;
  while ((line = br.readLine()) != null) {
    Melon melon = jsonb.fromJson(line, Melon.class);
    System.out.println("Current melon is: " + melon);
  }
}
```

- 将一个对象写入 JSON 文件（`melons_output.json`）：

```
Path path = Paths.get("melons_output.json");
jsonb.toJson(melonsMap, Files.newBufferedWriter(path,
  StandardCharsets.UTF_8, StandardOpenOption.CREATE,
    StandardOpenOption.WRITE));
```

使用 Jackson

Jackson 是一个流行且高速的专用于处理 JSON 数据（序列化 / 反序列化）的库。Jackson API 依赖 `com.fasterxml.jackson.databind.ObjectMapper` 实现。让我们使用 Jackson 再来看下上面的例子：

```
ObjectMapper mapper = new ObjectMapper();
```

对于反序列化，我们使用 `ObjectMapper.readValue()`，而对于序列化则使用 `ObjectMapper.writeValue()`：

- 将 `melons_array.json` 读取为 `Melon` 的 `Array`：

```
Melon[] melonsArray
  = mapper.readValue(Files.newBufferedReader(
    pathArray, StandardCharsets.UTF_8), Melon[].class);
```

• 将 `melons_array.json` 读取为 `Melon` 的 `List` 集合：

```
List<Melon> melonsList
  = mapper.readValue(Files.newBufferedReader(
    pathArray, StandardCharsets.UTF_8), ArrayList.class);
```

• 将 `melons_map.json` 读取为 `Melon` 的 `Map` 集合：

```
Map<String, Melon> melonsMap
  = mapper.readValue(Files.newBufferedReader(
    pathMap, StandardCharsets.UTF_8), HashMap.class);
```

• 将 `melons_raw.json` 逐行读入一个 `Map` 中：

```
Map<String, String> stringMap = new HashMap<>();
try (BufferedReader br = Files.newBufferedReader(
  pathRaw, StandardCharsets.UTF_8)) {
  String line;
  while ((line = br.readLine()) != null) {
    stringMap = mapper.readValue(line, HashMap.class);
    System.out.println("Current map is: " + stringMap);
  }
}
```

• 将 `melons_raw.json` 逐行读取为 `Melon` 实例：

```
try (BufferedReader br = Files.newBufferedReader(
      pathRaw, StandardCharsets.UTF_8)) {
      String line;
      while ((line = br.readLine()) != null) {
        Melon melon = mapper.readValue(line, Melon.class);
        System.out.println("Current melon is: " + melon);
      }
}
```

• 将一个对象写入 JSON 文件（`melons_output.json`）：

```
Path path = Paths.get("melons_output.json");
  mapper.writeValue(Files.newBufferedWriter(path,
    StandardCharsets.UTF_8, StandardOpenOption.CREATE,
    StandardOpenOption.WRITE), melonsMap);
```

使用 Gson

Gson 则是另一个高速的专用于处理 JSON 数据处理（序列化 / 反序列化）的库。在 Maven 项目中，我们可以在 `pom.xml` 中将其添加为一个依赖。其 API 通过 `com.google.gson.Gson` 类提供，详见示例代码文件。

将一个 CSV 文件作为一个对象读取

下面是一个常见的 CSV 文件（每行数据使用逗号分隔）：

```
melon.csv
CSV
Gaac,2000
Hemi,1500
Cantaloupe,800
Golden Prize,2300
Crenshaw,3000
```

反序列化 CSV 文件的一个简单高效方案是使用 `BufferedReader` 和 `String.split()` 方法。我们通过 `BufferedReader.readLine()` 方法读取文件每行数据，并通过 `String.split()` 通过逗号分隔符进行切割。返回结果可以使用一个 `List<String>` 存储。最终结果将会是一个 `List<List<String>>` 集合：

```
public static List<List<String>> readAsObject(
  Path path, Charset cs, String delimiter) throws IOException {
  List<List<String>> content = new ArrayList<>();
  try (BufferedReader br = Files.newBufferedReader(path, cs)) {
    String line;
    while ((line = br.readLine()) != null) {
      String[] values = line.split(delimiter);
      content.add(Arrays.asList(values));
    }
  }
  return content;
}
```

如果 CSV 数据和 POJO 实体具有关联关系（例如，CSV 文件是一组 `Melon` 实例序列化的结果），那么我们可以对其进行反序列化，相关代码如下所示：

```
public static List<Melon> readAsMelon(
  Path path, Charset cs, String delimiter) throws IOException {
  List<Melon> content = new ArrayList<>();
  try (BufferedReader br = Files.newBufferedReader(path, cs)) {
    String line;
    while ((line = br.readLine()) != null) {
      String[] values = line.split(Pattern.quote(delimiter));
      content.add(new Melon(values[0], Integer.valueOf(values[1])));
    }
  }
  return content;
}
```

> **提示：** 对于复杂的 CSV 文件，建议还是使用专门处理 CSV 的库（例如，OpenCSV、Apache Commons CSV、Super CSV 等）。

142. 处理临时文件和文件夹

Java NIO.2 API 提供了处理临时文件 / 文件夹的支持。例如，我们可以以如下方式轻松找到临时文件 / 文件夹的默认位置：

```
String defaultBaseDir = System.getProperty("java.io.tmpdir");
```

在 Windows 系统中，临时文件夹的默认位置通常是 `C:\Temp`、`%Windows%\Temp` 或 `Local Settings\Temp`（该路径往往通过 `TEMP` 这一环境变量控制）下的各用户临时目录。在 Liunx/Unix 系统中，全局临时路径则是 `/tmp` 和 `/var/tmp`。上面的代码会根据当前操作系统返回对应的默认位置。

接下来，我们将学习如何创建临时文件和文件夹。

创建临时文件或文件夹

我们可以通过使用 `Path createTempDirectory(Path dir, String prefix, FileAttribute<?>... attrs)` 方法创建一个临时文件夹。这是 `File` 类中的一个静态方法，我们可以以如下方式使用它：

- 在操作系统默认位置创建一个不带前缀的临时文件夹：

```
//C:\Users\Anghel\AppData\Local\Temp\8083202661590940905
Path tmpNoPrefix = Files.createTempDirectory(null);
```

- 在操作系统默认位置创建一个带自定义前缀的临时文件夹：

```
//C:\Users\Anghel\AppData\Local\Temp\logs_5825861687219258744
String customDirPrefix = "logs_";
Path tmpCustomPrefix
  = Files.createTempDirectory(customDirPrefix);
```

- 在自定义位置创建一个带自定义前缀的临时文件夹：

```
//D:\tmp\logs_10153083118282372419
Path customBaseDir
  = FileSystems.getDefault().getPath("D:/tmp");
String customDirPrefix = "logs_";
Path tmpCustomLocationAndPrefix
  = Files.createTempDirectory(customBaseDir, customDirPrefix);
```

我们可以通过 `Path createTempFile(Path dir, String prefix, String suffix, FileAttribute<?>... attrs)` 方法创建一个临时文件，该方法是 `File` 类的一个静态方法，我们可以以如下方式使用它：

- 在操作系统默认位置创建一个无前后缀的临时文件：

```
//C:\Users\Anghel\AppData\Local\Temp\16106384687161465188.tmp
Path tmpNoPrefixSuffix = Files.createTempFile(null, null);
```

- 在操作系统默认位置创建一个带自定义前后缀的临时文件：

```
//C:\Users\Anghel\AppData\Local\Temp\log_402507375350226.txt
String customFilePrefix = "log_";
String customFileSuffix = ".txt";
Path tmpCustomPrefixAndSuffix
  = Files.createTempFile(customFilePrefix, customFileSuffix);
```

- 在自定义位置创建一个带自定义前后缀的临时文件：

```
//D:\tmp\log_13299365648984256372.txt
Path customBaseDir
  = FileSystems.getDefault().getPath("D:/tmp");
String customFilePrefix = "log_";
String customFileSuffix = ".txt";
Path tmpCustomLocationPrefixSuffix = Files.createTempFile(
  customBaseDir, customFilePrefix, customFileSuffix);
```

在了解创建方法之后，我们将探讨各种删除临时文件和文件夹的方法。

通过关闭钩子（shutdown-hook）删除临时文件或文件夹

我们可以通过操作系统或者其他专业工具来删除一个临时文件或文件夹。然而有时候，我们需要根据不同的设计考虑，编程实现删除一个临时文件或文件夹。

一个解决方案是基于 shutdown-hook 机制，通过 `Runtime.getRuntime().addShutdownHook()` 方法实现。当我们想要在 JVM 关闭前完成某些特定任务（例如，清理任务）时，该机制会很有用。它会以一个 Java 线程方式实现，在 JVM 关闭时，shutdown-hook 会被执行并调用其 `run()` 方法。具体代码如下所示：

```
Path customBaseDir = FileSystems.getDefault().getPath("D:/tmp");
String customDirPrefix = "logs_";
String customFilePrefix = "log_";
String customFileSuffix = ".txt";

try {
  Path tmpDir = Files.createTempDirectory(
    customBaseDir, customDirPrefix);
  Path tmpFile1 = Files.createTempFile(
    tmpDir, customFilePrefix, customFileSuffix);
  Path tmpFile2 = Files.createTempFile(
    tmpDir, customFilePrefix, customFileSuffix);

  Runtime.getRuntime().addShutdownHook(new Thread() {
    @Override
    public void run() {
      try (DirectoryStream<Path> ds
           = Files.newDirectoryStream(tmpDir)) {
        for (Path file : ds) {
          Files.delete(file);
        }
        Files.delete(tmpDir);
      } catch (IOException e) {
        //...
      }
    }
  });
```

```
  //模拟一些对临时文件的操作，直到其被删除
  Thread.sleep(10000);
} catch (IOException | InterruptedException e) {
  //...
}
```

提示： 在异常或者强制终止的情况下（如 JVM 崩溃、触发终端操作等），关闭钩子（shutdown-hook）将不会被执行。它在所有线程结束或者当调用 `System.exit(0)` 时运行。而如果出现错误（例如操作系统关闭），则可能在完成前就被强制停止，因此建议尽快运行。另外，我们还可以通过使用 `Runtime.halt()` 来立即停止 JVM 进程，该方法将直接忽视所有的关闭钩子。

通过 deleteOnExit() 删除临时文件或文件夹

删除临时文件或文件夹的另一个解决方案是通过 `File.deleteOnExit()` 方法实现。通过调用该方法，我们可以注册某个文件或文件夹的删除操作。该删除操作会在 JVM 关闭时执行：

```
Path customBaseDir = FileSystems.getDefault().getPath("D:/tmp");
String customDirPrefix = "logs_";
String customFilePrefix = "log_";
String customFileSuffix = ".txt";

try {
  Path tmpDir = Files.createTempDirectory(
    customBaseDir, customDirPrefix);
  System.out.println("Created temp folder as: " + tmpDir);
  Path tmpFile1 = Files.createTempFile(
    tmpDir, customFilePrefix, customFileSuffix);
  Path tmpFile2 = Files.createTempFile(
    tmpDir, customFilePrefix, customFileSuffix);

  try (DirectoryStream<Path> ds = Files.newDirectoryStream(tmpDir)) {
    tmpDir.toFile().deleteOnExit();
    for (Path file: ds) {
      file.toFile().deleteOnExit();
    }
  } catch (IOException e) {
    //...
  }

  //模拟一些对临时文件的操作，直到其被删除
  Thread.sleep(10000);
} catch (IOException | InterruptedException e) {
  //...
}
```

提示： 当应用程序关联少量临时文件或文件夹时，建议只使用该方法（`deleteOnExit()`）。该方法可能消耗较多内存（每个临时资源注册删除方法时都消耗内存）且这些内存在 JVM 终止前可能不会被释放。注意，每个临时资源都需要调用该方法来注册，并且删除顺序和注册顺序相反（例如，我们必须先注册一个临时文件夹，才能注册其内容）。

通过 DELETE_ON_CLOSE 删除临时文件

删除临时文件的另一个解决方案则是 StandardOpenOption.DELETE_ON_CLOSE（它会在流关闭时删除文件）。例如，下面代码通过 createTempFile() 方法创建了一个临时文件，打开一个缓冲写入流并显式指定了 DELETE_ON_CLOSE：

```
Path customBaseDir = FileSystems.getDefault().getPath("D:/tmp");
String customFilePrefix = "log_";
String customFileSuffix = ".txt";
Path tmpFile = null;

try {
  tmpFile = Files.createTempFile(
    customBaseDir, customFilePrefix, customFileSuffix);
} catch (IOException e) {
  //...
}

try (BufferedWriter bw = Files.newBufferedWriter(tmpFile,
    StandardCharsets.UTF_8, StandardOpenOption.DELETE_ON_CLOSE)) {
  //模拟一些对临时文件的操作，直到其被删除
  Thread.sleep(10000);
} catch (IOException | InterruptedException e) {
  //...
}
```

提示： 该方法可用于任何文件，不限于临时资源。

143. 过滤文件

通过 Path 类过滤文件是一个常见操作。例如，我们只想要特定类型的文件、特定名称格式的文件、今天修改过的文件等。

通过 Files.newDirectoryStream() 过滤

在不使用任何过滤器的条件下，我们可以直接通过 Files.newDirectoryStream(Path dir) 方法轮询一个文件夹内容（一层深度）。该方法返回一个流 DirectoryStream<Path>，我们可以通过它来轮询一个目录下的全部实体：

```
Path path = Paths.get("D:/learning/books/spring");
try (DirectoryStream<Path> ds = Files.newDirectoryStream(path)) {
  for (Path file: ds) {
    System.out.println(file.getFileName());
  }
}
```

如果我们想增加一个过滤器来完善当前代码，有至少两种选择。其一是通过 newDirectoryStream() 方法的 newDirectoryStream(Path dir, String glob) 用法来

实现。除了 `Path` 对象，该方法还通过使用 `glob` 语法接收一个过滤器。例如，我们想筛选出 `D:/learning/books/spring` 文件夹下 PNG、JPG 和 BMP 类型的文件：

```
try (DirectoryStream<Path> ds =
    Files.newDirectoryStream(path, "*.{png,jpg,bmp}")) {
  for (Path file: ds) {
    System.out.println(file.getFileName());
  }
}
```

如果 `glob` 不能实现我们需求的话，那么就应该使用 `newDirectoryStream()` 的另一种用法 `newDirectoryStream(Path dir, DirectoryStream.Filter<? super Path> filter)` 来获取一个过滤器了。首先，我们定义一个筛选超出 10 MB 文件的过滤器：

```
DirectoryStream.Filter<Path> sizeFilter
  = new DirectoryStream.Filter<>() {

  @Override
  public boolean accept(Path path) throws IOException {
    return (Files.size(path) > 1024 * 1024 * 10);
  }
};
```

这部分也可以用函数式编程实现：

```
DirectoryStream.Filter<Path> sizeFilter
  = p -> (Files.size(p) > 1024 * 1024 * 10);
```

然后我们以如下方式实现这个过滤器：

```
try (DirectoryStream<Path> ds =
    Files.newDirectoryStream(path, sizeFilter)) {
  for (Path file: ds) {
    System.out.println(file.getFileName() + " " +
      Files.readAttributes(file, BasicFileAttributes.class).size()
      + " bytes");
  }
}
```

让我们再看几个可以使用该技术实现的过滤器：

- 以下是一个用户自定义筛选文件夹的过滤器：

```
DirectoryStream.Filter<Path> folderFilter
  = new DirectoryStream.Filter<>() {

  @Override
  public boolean accept(Path path) throws IOException {
    return (Files.isDirectory(path, NOFOLLOW_LINKS));
  }
};
```

• 以下是一个用户自定义筛选今天有修改的文件过滤器：

```
DirectoryStream.Filter<Path> todayFilter
  = new DirectoryStream.Filter<>() {

  @Override
  public boolean accept(Path path) throws IOException {
    FileTime lastModified = Files.readAttributes(path,
      BasicFileAttributes.class).lastModifiedTime();

    LocalDate lastModifiedDate = lastModified.toInstant()
      .atOffset(ZoneOffset.UTC).toLocalDate();
    LocalDate todayDate = Instant.now()
      .atOffset(ZoneOffset.UTC).toLocalDate();
    return lastModifiedDate.equals(todayDate);
  }
};
```

• 以下是一个用户自定义筛选隐藏文件或文件夹的过滤器：

```
DirectoryStream.Filter<Path> hiddenFilter
  = new DirectoryStream.Filter<>() {

  @Override
  public boolean accept(Path path) throws IOException {
    return (Files.isHidden(path));
  }
};
```

在后续内容中，我们将探讨各种过滤文件的方法。

通过 `FilenameFilter` 过滤

`FilenameFilter` 接口也可以用于从一个文件夹过滤文件。首先，我们需要定义一个过滤器（例如，如下筛选 PDF 类型文件的过滤器）：

```
String[] files = path.toFile().list(new FilenameFilter() {

  @Override
  public boolean accept(File folder, String fileName) {
    return fileName.endsWith(".pdf");
  }
});
```

以下是函数式编程实现：

```
FilenameFilter filter = (File folder, String fileName)
  -> fileName.endsWith(".pdf");
```

让我们进一步精简代码：

```
FilenameFilter filter = (f, n) -> n.endsWith(".pdf");
```

为了使用这个过滤器，我们需要将其传给重载的 `File.list(FilenameFilter filter)` 方法或是 `File.listFiles(FilenameFilter filter)` 方法：

```
String[] files = path.toFile().list(filter);
```

获取的文件数组只包含类型为 PDF 的文件名。

> **提示：** 为了将返回结果以 `File[]` 方式返回，我们需要调用 `listFiles()` 方法而非 `list()` 方法。

通过 `FileFilter` 过滤

`FileFilter` 是另一个用于过滤文件和文件夹的接口。例如，仅筛选文件夹：

```
File[] folders = path.toFile().listFiles(new FileFilter() {

  @Override
  public boolean accept(File file) {
    return file.isDirectory();
  }
});
```

我们也可以通过函数式编程实现：

```
File[] folders = path.toFile().listFiles((File file)
  -> file.isDirectory());
```

让我们进一步精简代码：

```
File[] folders = path.toFile().listFiles(f -> f.isDirectory());
```

此外，我们也可以通过成员的方法引用来实现：

```
File[] folders = path.toFile().listFiles(File::isDirectory);
```

144. 判断两个文件是否不匹配

处理该问题的方案就是比较两个文件的内容（逐字节比对）直到遇到首个不匹配的字节或是到达文件末尾。

我们来看下如下 4 个文本文件：

This is a file for testing mismatches between two files!	This is a file for testing mismatches between two files!	This is a file for testing mismatches between two files!	This is a file for testing mismatches between two files.
file1.txt	**file2.txt**	**file3.txt**	**file4.txt**

只有前两个文件（`file1.txt` 和 `file2.txt`）是相同的，其他任何比较都应该显示至少一处不同。

解决方式之一就是使用 `MappedByteBuffer`，该方案相当快速且易于实现。我们只需要打开两个 `FileChannels` 并逐字节比对，直到发现有不同的字节或是到达文件末尾。如果两个文件字节长度不相同，那么我们就可以断定这两个问题不同并直接返回：

```
private static final int MAP_SIZE = 5242880; //5 MB的bytes表现形式

public static boolean haveMismatches(Path p1, Path p2)
    throws IOException {
  try (FileChannel channel1 = (FileChannel.open(p1,
      EnumSet.of(StandardOpenOption.READ)))) {
    try (FileChannel channel2 = (FileChannel.open(p2,
        EnumSet.of(StandardOpenOption.READ)))) {

      long length1 = channel1.size();
      long length2 = channel2.size();
      if (length1 != length2) {
        return true;
      }
      int position = 0;
      while (position < length1) {
        long remaining = length1 - position;
        int bytestomap = (int) Math.min(MAP_SIZE, remaining);
        MappedByteBuffer mbBuffer1 = channel1.map(
          MapMode.READ_ONLY, position, bytestomap);
        MappedByteBuffer mbBuffer2 = channel2.map(
          MapMode.READ_ONLY, position, bytestomap);
        while (mbBuffer1.hasRemaining()) {
          if (mbBuffer1.get() != mbBuffer2.get()) {
            return true;
          }
        }
        position += bytestomap;
      }
    }
  }
  return false;
}
```

提示： JDK 14 中支持了 non-volatile 特性的 `MappedByteBuffers`。

从 JDK 12 开始，`Files` 类增加了一个专门用于指出两个文件之间不同的新方法。方法签名如下：

```
public static long mismatch (Path path, Path path2) throws IOException
```

该方法找出并返回两个文件内容中第一个不同的字节位置。如果两个文件不存在不同处，那么就返回 `-1`：

```
long mismatches12 = Files.mismatch(file1, file2); //-1
long mismatches13 = Files.mismatch(file1, file3); //51
long mismatches14 = Files.mismatch(file1, file4); //60
```

145. 循环字节缓冲区

Java NIO.2 API 提供了一个名为 `java.nio.ByteBuffer` 的字节缓冲区实现，简单来说，它是一个字节数组（`byte[]`），由一组专门用于处理该数组的方法所修饰（例如，`get()`、`put()` 等）。而循环缓冲区（环形缓冲区或是循环队列）是一个首尾相连的固定大小的缓冲区。下图展示了循环队列的样子：

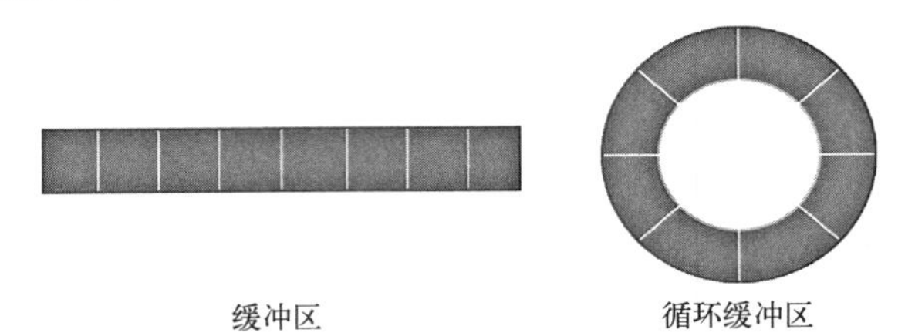

一个循环缓冲区基于一个预分配的数组实现（提前分配好大小），但是有些情况需要其具备重新分配容量大小的功能。而它的元素被写入 / 添加到尾部（tail），然后从头部（head）移除 / 读取，如图所示：

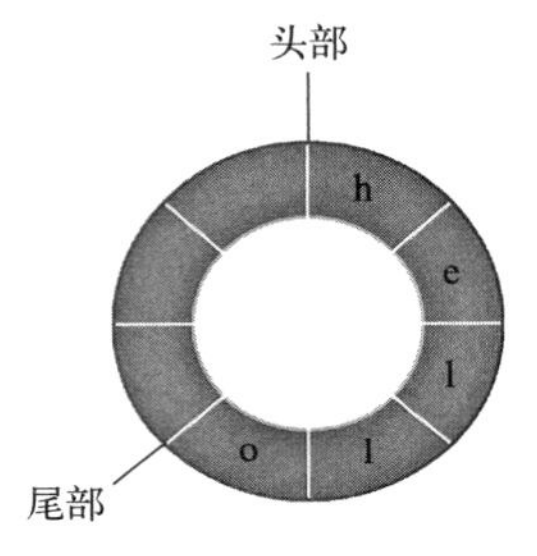

对于主要操作，即读操作（获取操作）和写操作（添加操作），循环缓冲区维护了一个指针（一个读指针和一个写指针）。两个指针都添加了缓冲区大小这一属性。这样我们就可以找出有多少元素可以读取，以及有多少空闲槽位可以随时写入。该操作的空间复杂度是 $O(1)$。

循环字节缓冲区是一个由字节构成的循环缓冲区，它可以支持字符或是其他类型，这正是我们想要实现的内容。我们可以从编写如下缓冲区的示例代码开始：

```
public class CircularByteBuffer {

  private int capacity;
  private byte[] buffer;
  private int readPointer;
  private int writePointer;
  private int available;

  CircularByteBuffer(int capacity) {
    this.capacity = capacity;
    buffer = new byte[capacity];
  }

  public synchronized int available() {
    return available;
  }
```

```
    public synchronized int capacity() {
      return capacity;
    }

    public synchronized int slots() {
      return capacity - available;
    }

    public synchronized void clear() {
      readPointer = 0;
      writePointer = 0;
      available = 0;
    }

    //...
}
```

现在我们来看看添加（写操作）新字节和读取（读操作）已有字节操作。例如，我们可以如下方式表示一个大小为 8 的循环字节缓冲区：

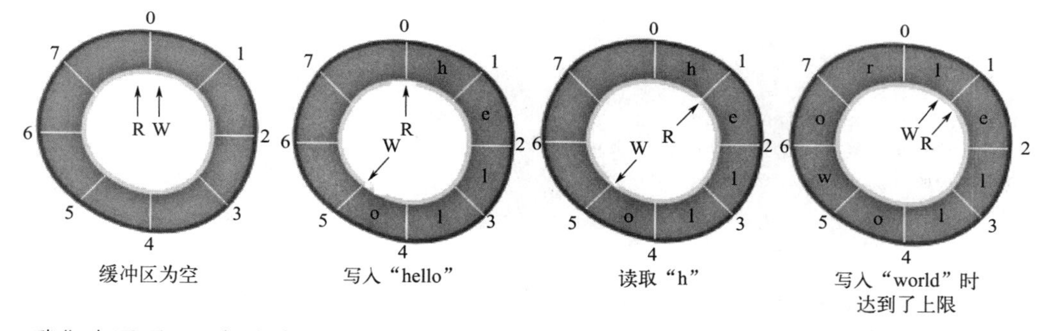

我们来看看下面每步会发生什么：

① 该循环字节缓冲区是空的，两个指针目前都指在槽位 0（第一个槽位）。

② 将“hello”对应的 5 个字节放入缓冲区。`readPointer` 仍在原位，但是 `writePointer` 会指向槽位 5。

③ 读取“h”对应的字节，所以 `readPointer` 移到槽位 1。

④ 将“world”的字节添加到缓冲区中。该单词由 5 个字节组成，但是我们在不扩大缓冲区大小的情况下只有 4 个空闲槽位。这意味着我们只能写入“worl”的对应字符。

然后我们再来看下图的场景：

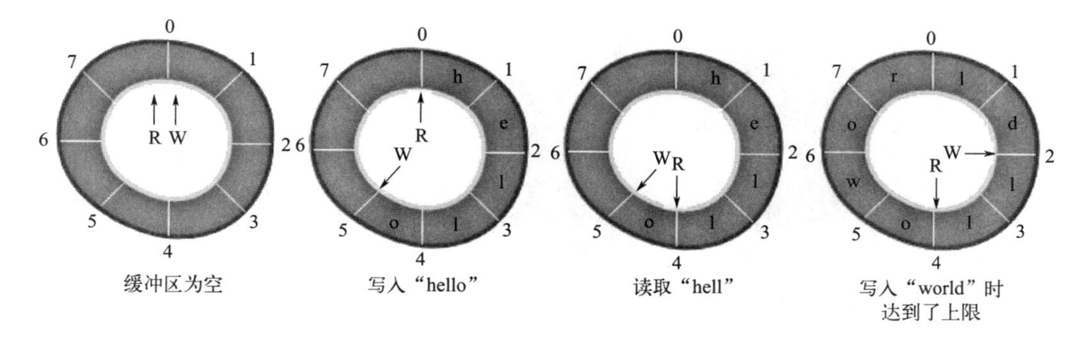

从左到右的操作步骤如下：

① 前两步和之前一致。

② 我们获取了“hell”的字节，所以 `readPointer` 移动到了槽位 4。

③ 最后，我们将“world”的字节写入到了缓冲区中。这次该单词可以全部放入缓冲区中，`writePointer` 移动到了槽位 2。

基于该流程，我们可以方便地实现一个方法，即将一个字节放入缓冲区中并将另一个字节从缓冲区中读取，具体如下所示：

```
public synchronized boolean put(int value) {
  if (available == capacity) {
    return false;
  }
  buffer[writePointer] = (byte) value;
  writePointer = (writePointer + 1) % capacity;
  available++;
  return true;
}

public synchronized int get() {
  if (available == 0) {
    return -1;
  }
  byte value = buffer[readPointer];
  readPointer = (readPointer + 1) % capacity;
  available--;
  return value;
}
```

如果我们看过 Java NIO.2 `ByteBuffer` API 的话，会注意到它提供了 `get()` 和 `put()` 方法的几种不同风格。例如，我们可以将一个 `byte[]` 传参给 `get()` 方法，该方法会从缓冲区读取对应长度的元素返回给该 `byte[]`。这些元素会从缓冲区当前 `readPointer` 位置开始读取，移动指定偏移量后写入到给定 `byte[]` 中。

下图展示了一个 `writePointer` 大于 `readPointer` 的例子：

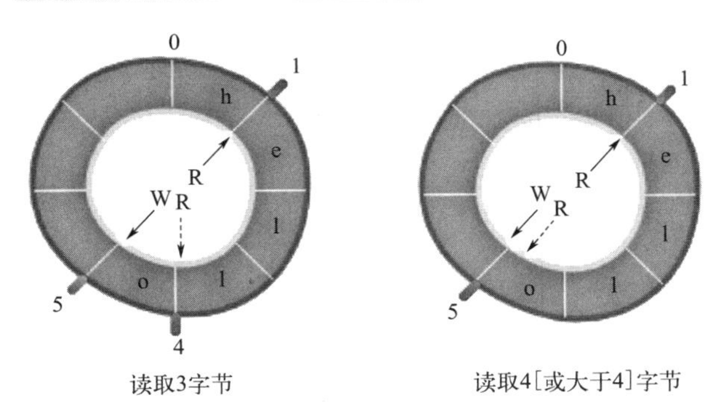

读取3字节　　读取4[或大于4]字节

在左侧图中，我们读取了 3 个字节，该操作将 `readPointer` 从其原始槽位 1 移动到了槽位 4。在右侧图中，我们读取了 4 个（或者大于 4 个）字节，由于当前只有 4 个空闲字节，所以 `readPointer` 仍然从其原始操作移动到 `writePointer` 的相同槽位（槽位 5）。

接下来我们分析下 writePointer 小于 readPointer 的情况：

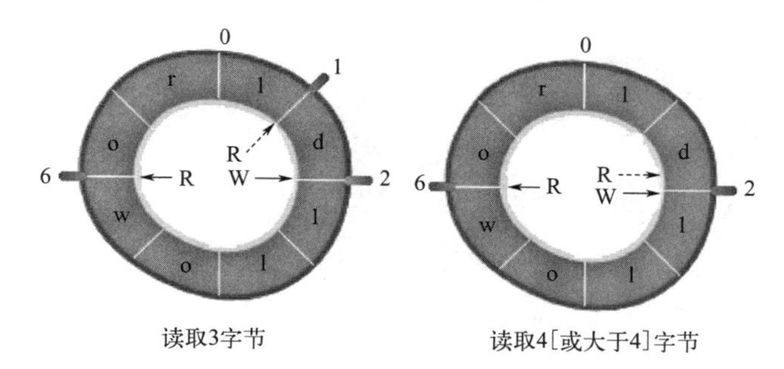

读取3字节　　读取4[或大于4]字节

在左侧图中，我们读取 3 个字节。该操作将 readPointer 从其原始槽位 6 移动到了槽位 1。在右侧图中，我们读取了 4 个（或者大于 4 个）字节。该操作将 readPointer 从其原始槽位 6 移动到了槽位 2（和 writePointer 相同槽位）。

参考这两个用例，接下来我们可以编写一个 get() 方法用于从缓冲区拷贝一组字节到给定 byte[] 中，具体如下所示（该方法尝试从缓冲区读取 len 个字节，并从给定偏移量 offset 开始写入给定 byte[]）：

```
public synchronized int get(byte[] dest, int offset, int len) {

  if (available == 0) {
    return 0;
  }
  int maxPointer = capacity;
  if (readPointer < writePointer) {
    maxPointer = writePointer;
  }

  int countBytes = Math.min(maxPointer - readPointer, len);
  System.arraycopy(buffer, readPointer, dest, offset, countBytes);
  readPointer = readPointer + countBytes;

  if (readPointer == capacity) {
    int remainingBytes = Math.min(len - countBytes, writePointer);
    if (remainingBytes > 0) {
      System.arraycopy(buffer, 0, dest,
        offset + countBytes, remainingBytes);
      readPointer = remainingBytes;
      countBytes = countBytes + remainingBytes;
    } else {
      readPointer = 0;
    }
  }
  available = available - countBytes;
  return countBytes;
}
```

现在我们来看下如何把给定的 byte[] 放入缓冲区。这些元素从给定 byte[] 的指定偏移量开始读取，从当前 writePointer 位置写入缓冲区。下面图片展示了一个 writePointer

大于 `readPointer` 的例子：

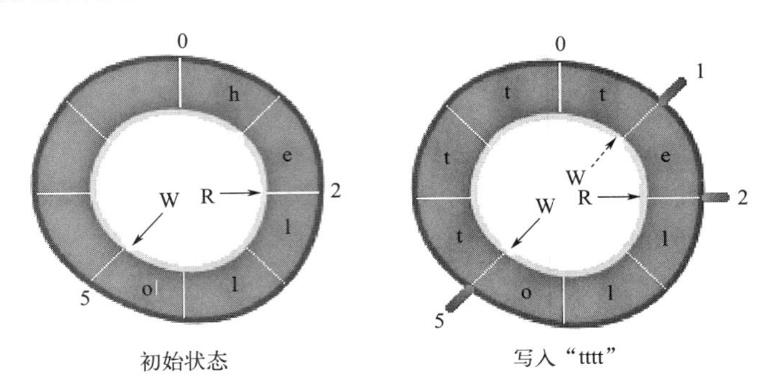

在左侧图中，缓冲区处于初始状态，`readPointer` 指向槽位 2，而 `writePointer` 指向槽位 5。在写入 4 个（右侧图）字节后，我们可以看到 `readPointer` 不受影响，而 `writePointer` 则指向了槽位 1。

另一个用例则是 `readPointer` 大于 `writePointer`：

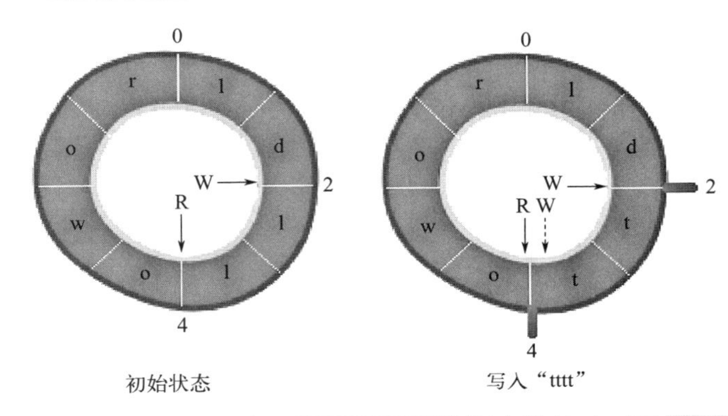

在左侧图中，缓冲区处于初始状态。`readPointer` 指向槽位 4，而 `writePointer` 指向槽位 2。在写入 4 个（右侧图）字节后，我们可以看到 `readPointer` 不受影响，而 `writePointer` 则指向了槽位 4。此时只有 2 个字节被成功写入，这是因为我们在写入全部 4 个字节前就已经到达了缓冲区的最大容量。

基于这两个用例，接下来我们可以编写一个 `put()` 方法用于从给定 `byte[]` 数组中拷贝一组字节到缓冲区中，具体如下所示（该方法尝试从给定 `byte[]` 的指定偏移量开始读取 `len` 个字节，并从当前 `writePointer` 位置写入缓冲区）：

```
public synchronized int put(byte[] source, int offset, int len) {

  if (available == capacity) {
    return 0;
  }
  int maxPointer = capacity;
  if (writePointer < readPointer) {
    maxPointer = readPointer;
  }

  int countBytes = Math.min(maxPointer - writePointer, len);
```

```
  System.arraycopy(source, offset, buffer, writePointer, countBytes);
  writePointer = writePointer + countBytes;

  if (writePointer == capacity) {
    int remainingBytes = Math.min(len - countBytes, readPointer);
    if (remainingBytes > 0) {
      System.arraycopy(source, offset + countBytes,
        buffer, 0, remainingBytes);
      writePointer = remainingBytes;
      countBytes = countBytes + remainingBytes;
    } else {
      writePointer = 0;
    }
  }
  available = available + countBytes;
  return countBytes;
}
```

正如我们之前所提，有时我们需要重新调整缓冲区大小。例如，我们可能想调用 `resize()` 方法来将其大小加倍。总的来说，这意味着将当前可用字节（原始）拷贝到一个新的两倍大小的缓冲区：

```
public synchronized void resize() {

  byte[] newBuffer = new byte[capacity * 2];
  if (readPointer < writePointer) {
    System.arraycopy(buffer, readPointer, newBuffer, 0, available);
  } else {
    int bytesToCopy = capacity - readPointer;
    System.arraycopy(buffer, readPointer, newBuffer, 0, bytesToCopy);
    System.arraycopy(buffer, 0, newBuffer, bytesToCopy, writePointer);
  }

  buffer = newBuffer;
  capacity = buffer.length;
  readPointer = 0;
  writePointer = available;
}
```

读者可以查看本书附带源码来了解它是如何完整运行的。

146. 标记解析文件

文件内容并不总是能以立即处理的方式接收，并且其往往需要一些额外步骤来为处理做准备。通常情况下，我们需要标记解析文件并从不同的数据结构中提取信息（数组、列表、映射表等）。

以 `clothes.txt` 文件为例：

```
Path path = Paths.get("clothes.txt");
```

其内容如下所示：

```
Top|white\10/XXL&amp;Swimsuit|black\5/L
Coat|red\11/M&amp;Golden Jacket|yellow\12/XLDenim|Blue\22/M
```

该文件包含一些服装数据，且其明细由 `&` 字符分隔。一条数据的格式如下所示：

```
article name | color \ no. available items / size
```

该文件采用了几种不同的分隔符（如 `&`、`|`、`\` 和 `/`）以及一个独特的格式。

现在让我们看下把这个文件内容提取并解析为一个 `List` 的几种方案。我们可以在一个通用类 `FileTokenizer` 中收集这些信息。

一种方案是通过 `String.split()` 方法将数据收集到一个 `List` 中。简单说，我们需要逐行读取文件并使用 `String.split()` 处理每一行。然后通过 `List.addAll()` 方法将每行解析结果收集到一个 `List` 里面：

```java
public static List<String> get(Path path,
    Charset cs, String delimiter) throws IOException {

  String delimiterStr = Pattern.quote(delimiter);
  List<String> content = new ArrayList<>();

  try (BufferedReader br = Files.newBufferedReader(path, cs)) {

    String line;
    while ((line = br.readLine()) != null) {
      String[] values = line.split(delimiterStr);
      content.addAll(Arrays.asList(values));
      //也可以使用Collectors.toList()来替代Arrays.asList()
    }
  }
  return content;
}
```

通过 `&` 分隔符调用该方法会生成如下输出：

```
[Top|white\10/XXL, Swimsuit|black\5/L, Coat|red\11/M, Golden
Jacket|yellow\12/XL, Denim|Blue\22/M]
```

此外，我们也可以通过 `Files.lines()` 来延迟处理文件内容：

```java
public static List<String> get(Path path,
    Charset cs, String delimiter) throws IOException {

  try (Stream<String> lines = Files.lines(path, cs)) {

    return lines.map(l -> l.split(Pattern.quote(delimiter)))
      .flatMap(Arrays::stream)
      .collect(Collectors.toList());
  }
}
```

对于较小文件，我们可以直接将其加载到内存并做相应处理：

```
Files.readAllLines(path, cs).stream()
  .map(l -> l.split(Pattern.quote(delimiter)))
  .flatMap(Arrays::stream)
  .collect(Collectors.toList());
```

另一个方案则是通过 JDK 8 的 `Pattern.splitAsStream()` 方法。该方法从给定输入序列创建流。为了便于处理多种情况，这次我们通过 `Collectors.joining(“;”)` 来收集结果列表：

```
public static List<String> get(Path path,
    Charset cs, String delimiter) throws IOException {

  Pattern pattern = Pattern.compile(Pattern.quote(delimiter));
  List<String> content = new ArrayList<>();

  try (BufferedReader br = Files.newBufferedReader(path, cs)) {
    String line;
    while ((line = br.readLine()) != null) {
      content.add(pattern.splitAsStream(line)
        .collect(Collectors.joining(";")));
    }
  }
  return content;
}
```

然后通过 `&` 分隔符来调用该方法：

```
List<String> tokens = FileTokenizer.get(
  path, StandardCharsets.UTF_8, "&amp;");
```

输出结果如下：

```
[Top|white\10/XXL;Swimsuit|black\5/L, Coat|red\11/M;Golden
Jacket|yellow\12/XL, Denim|Blue\22/M]
```

到目前为止，我们提供的方案都是通过单个分隔符来处理获得结果列表。但对于本例，我们可能需要处理多种分隔符。例如，假设我们想获取如下输出（列表形式）：

```
[Top, white, 10, XXL, Swimsuit, black, 5, L, Coat, red, 11, M, Golden
Jacket, yellow, 12, XL, Denim, Blue, 22, M]
```

为了获取该列表，我们需要处理多种分隔符（如 `&`、`|`、`\` 和 `/`）。该操作可以通过向 `String.split()` 方法传入一个形如（`x|y`）的正则表达式完成：

```
public static List<String> getWithMultipleDelimiters(
    Path path, Charset cs, String... delimiters) throws IOException {

  String[] escapedDelimiters = new String[delimiters.length];
```

```
    Arrays.setAll(escapedDelimiters, t -> Pattern.quote(delimiters[t]));
    String delimiterStr = String.join("|", escapedDelimiters);
    List<String> content = new ArrayList<>();

    try (BufferedReader br = Files.newBufferedReader(path, cs)) {

      String line;
      while ((line = br.readLine()) != null) {
        String[] values = line.split(delimiterStr);
        content.addAll(Arrays.asList(values));
      }
    }
    return content;
  }
```

使用分隔符（如 `&`、`|`、`\`、`/`）调用该方法并获取我们所需结果：

```
List<String> tokens = FileTokenizer.getWithMultipleDelimiters(
  path, StandardCharsets.UTF_8,
  new String[] {"&amp;", "|", "\\", "/"});
```

到目前为止，一切都很顺利！上述方案都是基于 `String.split()` 和 `Pattern.splitAsStream()` 实现的。此外，也可使用 `StringTokenizer` 类（它性能表现不佳，所以谨慎使用），该类提供了两个方法 `hasMoreElements()` 和 `nextToken()`，可通过一个分隔符去处理一个（或是多个）给定字符串：

```
public static List<String> get(Path path,
    Charset cs, String delimiter) throws IOException {

  StringTokenizer st;
  List<String> content = new ArrayList<>();

  try (BufferedReader br = Files.newBufferedReader(path, cs)) {

    String line;
    while ((line = br.readLine()) != null) {
      st = new StringTokenizer(line, delimiter);
      while (st.hasMoreElements()) {
        content.add(st.nextToken());
      }
    }
  }

  return content;
}
```

它还可以和 `Collectors` 一起使用：

```
public static List<String> get(Path path,
    Charset cs, String delimiter) throws IOException {
```

```
    List<String> content = new ArrayList<>();

    try (BufferedReader br = Files.newBufferedReader(path, cs)) {

      String line;
      while ((line = br.readLine()) != null) {
        content.addAll(Collections.list(
          new StringTokenizer(line, delimiter)).stream()
            .map(t -> (String) t)
            .collect(Collectors.toList()));
      }
    }
    return content;
  }
```

我们想使用多个分隔符时，可以通过 `//` 来分隔：

```
public static List<String> getWithMultipleDelimiters(
    Path path, Charset cs, String... delimiters) throws IOException {

    String delimiterStr = String.join("//", delimiters);
    StringTokenizer st;
    List<String> content = new ArrayList<>();

    try (BufferedReader br = Files.newBufferedReader(path, cs)) {

      String line;
      while ((line = br.readLine()) != null) {
        st = new StringTokenizer(line, delimiterStr);
        while (st.hasMoreElements()) {
          content.add(st.nextToken());
        }
      }
    }
    return content;
}
```

> **提示：** 为了更好的性能和正则表达式支持（这意味着更好的灵活性），建议使用 `String.split()` 而非 `StringTokenizer`。对于同类问题，也可以参考“148. 使用 Scanner”。

147. 将格式化输出直接写入文件

假设我们有 10 个数字（整数或浮点数），然后我们想把它们以优雅的格式（有缩进、对齐、小数位数，这样可以具备可读性和实用性）写入文件。

我们首次尝试先以如下方式写入文件（没有任何格式化处理）：

```
Path path = Paths.get("noformatter.txt");

try (BufferedWriter bw = Files.newBufferedWriter(path,
```

```
    StandardCharsets.UTF_8, StandardOpenOption.CREATE,
    StandardOpenOption.WRITE)) {

  for (int i = 0; i < 10; i++) {
    bw.write("| " + intValues[i] + " | " + doubleValues[i] + " | ");
    bw.newLine();
  }
}
```

上述代码的输出类似于下图左侧所示：

当前效果

```
| 78910 | 0.9276730641526881 |
| 83222 | 0.28423903775300785 |
| 5593 | 0.866538798997145 |
| 57329 | 0.9145723363689985 |
| 61443 | 0.41527451214386724 |
| 9043 | 0.8442927124583571 |
| 474 | 0.9159122616950742 |
| 45763 | 0.04448867226365116 |
| 26671 | 0.4648636732351614 |
| 24096 | 0.12870733626570974 |
```

预期效果

```
|  78910 | 0.928 |
|  83222 | 0.284 |
|   5593 | 0.867 |
|  57329 | 0.915 |
|  61443 | 0.415 |
|   9043 | 0.844 |
|    474 | 0.916 |
|  45763 | 0.044 |
|  26671 | 0.465 |
|  24096 | 0.129 |
```

然而我们想要的是上图右侧的效果。为了实现该目的，我们需要使用 `String.format()` 方法。该方法允许我们以如下模式指定字符串的格式化规则：

```
%[flags][width][.precision]conversion-character
```

现在我们来看下该模式的每个组成部分都是什么：

- `[flags]` 是一个可选项，由修改输出的标准方法组成。通常被用于格式化整数和浮点数。
- `[width]` 是一个可选项，用于设置输出的字段宽度（写入输出的最小字符数）。
- `[.precision]` 是一个可选项，用于指定浮点数的精度位数（或是从字符串中提取的子串长度）。
- `conversion-character` 是必选项，用于指定参数如何格式化。最常用的转换字符如下：
  - `s`：用于格式化字符串。
  - `d`：用于格式化十进制整数。
  - `f`：用于格式化浮点数。
  - `t`：用于格式化日期 / 时间。

> **提示：** 我们可以使用 `%n` 作为行分隔符。

了解了格式化的规则后，我们可以以如下方式获取我们想要的内容（`%6s` 用于处理整数，`%.3f` 用于处理浮点数）：

```
Path path = Paths.get("withformatter.txt");

try (BufferedWriter bw = Files.newBufferedWriter(path,
    StandardCharsets.UTF_8, StandardOpenOption.CREATE,
    StandardOpenOption.WRITE)) {

  for (int i = 0; i < 10; i++) {
```

```
    bw.write(String.format("| %6s | %.3f |",
      intValues[i], doubleValues[i]));
    bw.newLine();
  }
}
```

另一个解决方案则是通过 `Formatter` 类处理。该类专门用于格式化字符串，并使用和 `String.format()` 相同的格式化规则。它提供了一个 `format()` 方法，我们可以使用它来重写上面的代码：

```
Path path = Paths.get("withformatter.txt");
try (Formatter output = new Formatter(path.toFile())) {
  for (int i = 0; i < 10; i++) {
    output.format("| %6s | %.3f |%n", intValues[i], doubleValues[i]);
  }
}
```

如果只设置整数的格式化规则会如何呢？

```
78,910 bytes
83,222 bytes
 5,593 bytes
57,329 bytes
61,443 bytes
 9,043 bytes
   474 bytes
45,763 bytes
26,671 bytes
24,096 bytes
```

好吧，我们可以通过使用 `DecimalFormat` 和一个字符串规则来实现它，具体如下所示：

```
Path path = Paths.get("withformatter.txt");
DecimalFormat formatter = new DecimalFormat("###,### bytes");

try (Formatter output = new Formatter(path.toFile())) {

  for (int i = 0; i < 10; i++) {
    output.format("%12s%n", formatter.format(intValues[i]));
  }
}
```

148. 使用 Scanner

`Scanner` 提供了一个从字符串、文件、控制台等解析文本的 API。该解析过程包括标记处理给定输出并返回所需内容（如整数、浮点数、高精度浮点数等）。默认情况下，`Scanner` 通过空格（默认分隔符）解析给定文本，并通过一组 `nextFoo()` 方法（如 `next()`、`nextLine()`、`nextInt()` 和 `nextDouble()` 等）输出解析结果。

> **提示：** 对于同类问题，也可以参考“146. 标记解析文件”。

假设我们有一个包含以空格分隔的浮点数的文件（`doubles.txt`），如图所示：

doubles.txt

```
23.4556 1.23 4.55 2.33
5.663 956.34343 23.2333
0.3434 0.788
```

如果我们想要将该文本转为高精度浮点数，可以读取并通过一段代码来将其解析转换为高精度浮点数。或是以如下方式通过 `Scanner` 和它的 `nextDouble()` 方法实现：

```
try (Scanner scanDoubles = new Scanner(
  Path.of("doubles.txt"), StandardCharsets.UTF_8)) {

  while (scanDoubles.hasNextDouble()) {
    double number = scanDoubles.nextDouble();
    System.out.println(number);
  }
}
```

上述代码输出结果如下所示：

```
23.4556
1.23
...
```

但有时，文件可能包含不同类型的混合信息。例如，下图文件（`people.txt`）包含由不同分隔符（逗号和分号）分隔的字符串和整数：

people.txt

```
Matt,Kyle,23,San Franciso;
Darel,Der,50,New York;Sandra,Hui,40,Dallas;
Leonard,Vurt,43,Bucharest;Mark,Seil,19,Texas;Ulm,Bar,43,Kansas
```

`Scanner` 还提供了一个 `useDelimiter()` 方法，该方法接收 `String` 或是 `Pattern` 类型的参数以指定正则表达式的分隔符：

```
try (Scanner scanPeople = new Scanner(Path.of("people.txt"),
    StandardCharsets.UTF_8).useDelimiter(";|,")) {

  while (scanPeople.hasNextLine()) {
    System.out.println("Name: " + scanPeople.next().trim());
    System.out.println("Surname: " + scanPeople.next());
    System.out.println("Age: " + scanPeople.nextInt());
    System.out.println("City: " + scanPeople.next());
  }
}
```

该方法输出结果如下：

```
Name: Matt
Surname: Kyle
Age: 23
City: San Francisco
...
```

从 JDK 9 开始，`Scanner` 提供了一个名为 `tokens()` 的新方法。该方法从 `Scanner` 返回一个分隔符分隔的令牌字符串的流。例如，我们使用该方法来解析 `people.txt` 文件并在控制台打印，具体如下所示：

```
try (Scanner scanPeople = new Scanner(Path.of("people.txt"),
    StandardCharsets.UTF_8).useDelimiter(";|,")) {

  scanPeople.tokens().forEach(t -> System.out.println(t.trim()));
}
```

上面方法的执行结果如下所示：

```
Matt
Kyle
23
San Francisco
...
```

我们也可以选择使用空格拼接令牌字符串：

```
try (Scanner scanPeople = new Scanner(Path.of("people.txt"),
    StandardCharsets.UTF_8).useDelimiter(";|,")) {

  String result = scanPeople.tokens()
    .map(t -> t.trim())
    .collect(Collectors.joining(" "));
}
```

提示： 在“140. 大文件搜索”中，有一个示例说明了如何使用此方法搜索文件中的某段文本。

上述方法执行结果如下：

```
Matt Kyle 23 San Francisco Darel Der 50 New York ...
```

基于 `tokens()` 方法，JDK 9 还提供了一个 `findAll()` 方法。该方法可以方便地找出所有符合指定正则表达式（以 `String` 或 `Pattern` 形式提供）的令牌字符串。我们可以以如下方式使用并返回一个 `Stream<MatchResult>` 流：

```
try (Scanner sc = new Scanner(Path.of("people.txt"))) {

  Pattern pattern = Pattern.compile("4[0-9]");
  List<String> ages = sc.findAll(pattern)
    .map(MatchResult::group)
    .collect(Collectors.toList());

  System.out.println("Ages: " + ages);
}
```

上述代码可从所有令牌字符串中查询出处于 40 到 49 岁之间的年龄，即 40、43 和 43。

如果我们想解析控制台提供的输入，那么 `Scanner` 是一个方便的处理方式：

```
Scanner scanConsole = new Scanner(System.in);

String name = scanConsole.nextLine();
String surname = scanConsole.nextLine();
int age = scanConsole.nextInt();
//int类型不能包含"\n"换行符
//所以我们需要下一行代码来消耗掉"\n"换行符
scanConsole.nextLine();
String city = scanConsole.nextLine();
```

> **提示：** 注意，对于数字输入（通过 `nextInt()`、`nextFloat()` 等读取），我们也需要处理换行符（在我们按下回车键时触发）。由于 `Scanner` 在解析一个数字时不会获取该字符，所以该字符会落到下一个令牌字符串中。如果我们不通过 `nextLine()` 方法来处理它，那么从该处开始，输入将变得不对齐，并会导致 `InputMismatchException` 异常或是过早结束。JDK 10 开始引入了支持指定字符集的 `Scanner` 构造函数。

下面让我们来看看 `Scanner` 和 `BufferedReader` 之间的区别。

Scanner 与 BufferedReader

那么，我们应该使用 `Scanner` 还是 `BufferedReader` 呢？如果我们想要解析文件的话，`Scanner` 是个好选择；其他情况 `BufferedReader` 就会更合适。对比两者的话，我们会发现如下差异：

- `BufferedReader` 比 `Scanner` 更快，因为它不执行任何解析操作。
- `BufferedReader` 在读取方面表现出色，而 `Scanner` 在解析方面表现出色。
- 默认情况下，`BufferedReader` 使用 8KB 的缓冲区，而 `Scanner` 使用 1KB 的缓冲区。
- `BufferedReader` 适合读取长字符串，而 `Scanner` 更适合短字符串的处理。
- `BufferedReader` 是同步方法，而 `Scanner` 不是。
- `Scanner` 可以使用 `BufferedReader`，但是反过来就不行了。示例代码如下：

```
try (Scanner scanDoubles = new Scanner(Files.newBufferedReader(
  Path.of("doubles.txt"), StandardCharsets.UTF_8))) {
  //...
}
```

小结

在本章中，我们探讨了各类与 I/O 相关的问题。从操作、轮询、监听流文件路径，到高效处理读写文本文件和二进制文件的方式。

另外，也欢迎下载本章相关的代码，以便查看结果和获取更多详细信息。

第 7 章 Java 反射类、接口、构造函数、方法和字段

本章包括 17 个 Java 反射 API 的相关问题，从那些经典问题，如检查和实例化 Java 组件（模块、包、类、接口、超类、构造函数、方法、注解、数组等），到 JDK 11 引入的合成构造函数和基于嵌套的访问控制，据此提供了对 Java 反射 API 的全面介绍。看完本章后，Java 反射 API 在你面前将再无任何秘密，你可以给你的同事秀下反射都可以做什么。

问题

本章将用如下问题来测试你使用 Java 反射 API 的编程能力。在开始之前，强烈推荐你先尝试独立解决每个问题，再去网上搜索解决方案和下载示例代码：

149. **检查包**：检查 Java 包信息，比如检查包名、类列表等。

150. **检查类和超类**：检查类和超类的例子（例如，通过类名、修饰符、接口实现、构造函数、方法和字段来获取 `Class`）。

151. **通过反射构造函数实例化**：通过反射创建实例。

152. **获取参数上的注解**：编写程序获取参数上的注解。

153. **获取合成构造函数**：通过反射获取类的合成构造函数。

154. **检查可变参数**：检查一个方法是否有可变参数。

155. **检查默认方法**：检查一个方法是否为默认方法。

156. **通过反射实现基于嵌套的访问控制**：通过反射实现嵌套访问控制方式。

157. **面向 getter 和 setter 使用反射**：通过反射调用 getter/setter 方法，以及通过反射生成 getter/setter 方法。

158. **反射与注解**：通过反射获取不同类型注解（包注解、类注解、方法注解、参数注解等）。

159. **调用实例方法**：通过反射调用实例方法。

160. **获取静态方法**：通过反射获取给定类的静态方法列表，并调用其中的一个方法。

161. **获取方法、字段、异常的泛型**：通过反射获取给定方法、字段、异常的泛型类型。

162. **获取公共字段和私有字段**：通过反射获取给定类的公共字段和私有字段。

163. **处理数组**：通过反射对数组进行操作。

164. **检查模块**：通过反射检查 Java 模块（Java 9 及以上版本引入）。

165. **动态代理**：使用动态代理检查给定接口方法的调用次数。

解决方案

下面将介绍上述问题的解决方案。通常，这些问题的正确解决方法是不止一种的。需要注意的是，书中的代码和思路讲解仅包括了最关键的部分，你可以访问 https://github.com/PacktPublishing/Java-Coding-Problems 下载完整的代码以获取更多细节，还可以尝试运行这些示例代码。

149. 检查包

当我们需要获取特定包信息的时候，需要重点关注 `java.lang.Package` 类。通过这个类，我们可以获取包的名称、供应商、版本等信息。

这个类通常用于获取某个类实例的包名。来看个例子，如下代码用于获取 `Integer` 类的包名：

```
Class clazz = Class.forName("java.lang.Integer");
Package packageOfClazz = clazz.getPackage();
//java.lang
String packageNameOfClazz = packageOfClazz.getName();
```

接下来则是获取 `File` 类的包名：

```
File file = new File(".");
Package packageOfFile = file.getClass().getPackage();
//java.io
String packageNameOfFile = packageOfFile.getName();
```

> **提示：** 如果我们想获取当前类的包名，可以在一个非静态的上下文中，使用 `this.getClass().getPackage().getName()` 方法获取包名。

但是如果我们只是想快速列出当前类加载器下的所有包，可以通过如下方式，使用 `getPackages()` 方法来实现：

```
Package[] packages = Package.getPackages();
```

通过使用 `getPackages()` 方法，我们可以列出当前类加载器及其父类以指定前缀开头的所有包：

```
public static List<String> fetchPackagesByPrefix(String prefix) {
  return Arrays.stream(Package.getPackages())
    .map(Package::getName)
    .filter(n -> n.startsWith(prefix))
    .collect(Collectors.toList());
}
```

如果这个方法存在于一个名为 `Packages` 的实体类中，那么我们可以以如下方式调用它：

```
List<String> packagesSamePrefix
  = Packages.fetchPackagesByPrefix("java.util");
```

你会看到和如下相似的输出：

```
java.util.function, java.util.jar, java.util.concurrent.locks,
java.util.spi, java.util.logging, ...
```

接下来，我们来看看如何列出来当前类加载器下面某个包的全部类。

获取包下面的类

我们可能想要列出当前应用下某个包里面的全部类（如 `modern.challenge` 包），或是列出我们依赖库下某个包的全部类（如 `commons-lang-2.4.jar`）。

包下面的封装类有可能被归档到 Jar 中，也有可能未被归档。为了覆盖这两种情况，我们需要判断指定包是否存在于 Jar 中。这时候可以使用 `ClassLoader.getSystemClassLoader().getResource(package_path)` 方法加载资源并检查返回的资源 URL。如果包不存在于 Jar 中，返回的资源 URL 将会以 `file:` 协议开头，如下例（当前包为 `modern.challenge`）：

```
file:/D:/Java%20Modern%20Challenge/Code/Chapter%207/Inspect%20packages/build/classes/
modern/challenge
```

如果包存在于 Jar 中（如 `org.apache.commons.lang3.builder`），URL 将会以 `jar:` 协议开头，如下例：

```
jar:file:/D:/.../commonslang3-3.9.jar!/org/apache/commons/lang3/builder
```

因为 JAR 中的包 URL 会以 `jar:` 开头，我们可以通过如下方法，来区分包是否存在于 JAR 中：

```
private static final String JAR_PREFIX = "jar:";
public static List<Class<?>> fetchClassesFromPackage(String packageName) throws
URISyntaxException, IOException {
  List<Class<?>> classes = new ArrayList<>();
  String packagePath = packageName.replace('.', '/');
  URL resource = ClassLoader.getSystemClassLoader().getResource(packagePath);
  if (resource != null) {
    if (resource.toString().startsWith(JAR_PREFIX)) {
      classes.addAll(fetchClassesFromJar(resource, packageName));
    } else {
      File file = new File(resource.toURI());
      classes.addAll(fetchClassesFromDirectory(file, packageName));
    }
  } else {
    throw new RuntimeException("Resource not found for package: " + packageName);
  }
  return classes;
}
```

如此看来，如果指定包存在于 JAR 中，我们就可以通过调用 fetchClassesFromJar() 方法来获取它；否则的话，则可以通过 fetchClassesFromDirectory() 方法来获取。顾名思义，它们是用来从 JAR 或者目录中提取指定包。

这两个方法主要在那些“面条式代码”中使用，用于识别那些以 .class 为扩展名的文件。每个类都通过 Class.forName() 来传递，以确保它的返回类型是 Class 而非 String。这两个方法均可以在本书的示例代码文件中找到。

我们应该如何列出来那些不在系统类加载器中的包的所属类呢？比如一个外部 JAR 中的包。一种比较简单的方法是通过 URLClassLoader 实现，这个类可以通过 URL 路径从 JAR 文件或者目录中加载类资源。下例只展示了处理 JAR 包的方式，不过在目录中执行此操作也非常明了。

现在基于给定路径，我们需要获取所有 JAR 并以 URL[] 形式返回（需要定义 URLClassLoader）。我们可以通过 Files.find() 方法来遍历给定路径并获取所有的 JAR 文件：

```
public static URL[] fetchJarsUrlsFromClasspath(Path classpath)
        throws IOException {
    List<URL> urlsOfJars = new ArrayList<>();
    List<File> jarFiles = Files.find(
            classpath,
            Integer.MAX_VALUE,
            (path, attr) -> !attr.isDirectory() &&
                    path.toString().toLowerCase().endsWith(JAR_EXTENSION))
            .map(Path::toFile)
            .collect(Collectors.toList());
    for (File jarFile: jarFiles) {
        try {
            urlsOfJars.add(jarFile.toURI().toURL());
        } catch (MalformedURLException e) {
            logger.log(Level.SEVERE, "Bad URL for{0} {1}",
                    new Object[] {
                        jarFile, e
                    });
        }
    }
    return urlsOfJars.toArray(URL[]::new);
}
```

注意，现在我们从给定路径开始扫描所有子路径，在设计中我们很容易将搜索深度参数化。现在让我们从 tomcat8/lib 路径下提取全部 JAR（不需要为此安装 tomcat，只需要使用任意包括这些 JAR 的本地目录并做下适当修改即可）：

```
URL[] urls = Packages.fetchJarsUrlsFromClasspath(Path.of("D:/tomcat8/lib"));
```

接下来我们来初始化 URLClassLoader：

```
URLClassLoader urlClassLoader = new URLClassLoader(urls, Thread.currentThread().
getContextClassLoader());
```

该操作会基于给定 URL 构建一个新的 URLClassLoader 对象，并使用当前的类加载器来委派（第二个参数也可以为空）。我们当前的 URL 数组仅指向 JAR 文件，但是通常而言，任意 `jar:` 格式的 URL 指向一个 JAR 文件，以 `/` 结尾的 `file:` 格式的 URL 指向一个目录。

`tomcat8/lib` 目录下有一个名为 `tomcat-jdbc.jar` 的 JAR 文件，在这个 JAR 中，有个名为 `org.apache.tomcat.jdbc.pool` 的包，让我们来列出这个包下的所有类：

```
List<Class<?>> classes =
Packages.fetchClassesFromPackage("org.apache.tomcat.jdbc.pool", urlClassLoader);
```

`fetchClassesFromPackage()` 方法可以帮助便捷地扫描 `URLClassLoader` 下的 URL 数组，并获取给定包下面的类。读者可下载示例代码文件并查看该方法的源码。

检查模块中的包

如果我们使用 Java 9 的模块化技术，包会存在于模块中。举例说明，如果我们有一个名为 `Manager` 的类，它所在的包名为 `com.management`，这个包所在的模块名为 `org.tournament`，那么我们可以以如下方式获取这个模块的所有包：

```
Manager mgt = new Manager();
Set<String> packages = mgt.getClass().getModule().getPackages();
```

另外，如果我们想要创建一个类，可以使用如下的 `Class.forName()` 风格：

```
Class<?> clazz = Class.forName(mgt.getClass().getModule(), "com.management.Manager");
```

需要注意的是，每个模块在磁盘上都有着对应的同名目录。例如，`org.tournament` 模块在硬盘上会有一个同名文件夹。此外，每个模块都可以映射为一个同名的单独 JAR 文件（例如 `org.tournament.jar`）。记住这些要点，改编本节相关代码会变得相当容易（列出某个模块下某个包的全部类）。

150. 检查类和超类

通过使用 Java 反射 API，我们可以检查一个类的细节，如对象的类名、修饰符、构造方法、方法、字段、接口实现等。

假设我们有如下的 `Pair` 类：

```
public final class Pair<L, R> extends Tuple implements Comparable {
  final L left;
  final R right;

  public Pair(L left, R right) {
    this.left = left;
    this.right = right;
  }

  public class Entry<L, R> {}

  //...
}
```

然后假设我们有一个对象实例：

```
Pair pair = new Pair(1, 1);
```

现在，让我们使用反射来获取 Pair 类的名称。

通过实例获取 Pair 类的名称

通过 Pair 类的一个实例（一个对象），我们可以调用 getClass 方法来获取它的类名称；当然我们也可以下例所用的 Class.getName()、getSimpleName() 和 getCanonicalName() 方法来实现：

```
Class<?> clazz = pair.getClass();
//modern.challenge.Pair
System.out.println("Name: " + clazz.getName());
//Pair
System.out.println("Simple name: " + clazz.getSimpleName());
//modern.challenge.Pair
System.out.println("Canonical name: " + clazz.getCanonicalName());
```

> **提示：** 匿名类没有简单标准的名称。

需要注意的是，getSimpleName() 方法返回的是类的非限定名称。相应的，我们可以用如下方式获取类的完整名称：

```
Class<Pair> clazz = Pair.class;
Class<?> clazz = Class.forName("modern.challenge.Pair");
```

获取 Pair 类修饰符

为了获取类中的描述符（public、protected、private、final、static、abstract 和 interface），我们可以调用 Class.getModifiers() 方法。该方法返回一个 int 值，对应着不同修饰符的标志位。为了解码返回结果，我们可以参考如下方式使用 Modifier 类：

```
int modifiers = clazz.getModifiers();
System.out.println("Is public? "
  + Modifier.isPublic(modifiers)); //true
System.out.println("Is final? "
  + Modifier.isFinal(modifiers)); //true
System.out.println("Is abstract? "
  + Modifier.isAbstract(modifiers)); //false
```

获取 Pair 类实现的接口

为了获取类中直接实现的接口或是对象表示的接口，我们可以调用 Class.getInterfaces() 方法。该方法返回一个数组。因为 Pair 类实现了一个单接口（Comparable），返回数组将只包含一个元素：

```
Class<?>[] interfaces = clazz.getInterfaces();
//interface java.lang.Comparable
System.out.println("Interfaces: " + Arrays.toString(interfaces));
//Comparable
System.out.println("Interface simple name: " + interfaces[0].getSimpleName());
```

获取 Pair 类的构造方法

我们可以通过 `Class.getConstructors()` 方法来获取类的公开构造方法。这个方法的返回结果类型是 `Constructor<?>[]`：

```
Constructor<?>[] constructors = clazz.getConstructors();
//public modern.challenge.Pair(java.lang.Object,java.lang.Object)
System.out.println("Constructors: " + Arrays.toString(constructors));
```

> **提示：**为了获取所有声明的构造方法（如 `private` 和 `protected` 构造方法），可以调用 `getDeclaredConstructors()` 方法实现。当我们想获取一个特定的构造方法时，可以通过调用 `getConstructor (Class<?>... parameterTypes)` 或是 `getDeclaredConstructor (Class<?>... parameterTypes)` 方法实现。

获取 Pair 类字段

一个类的全部字段都可以通过 `Class.getDeclaredFields()` 方法获取，该方法返回一个 `Field` 类型的数组：

```
Field[] fields = clazz.getDeclaredFields();
//final java.lang.Object modern.challenge.Pair.left
//final java.lang.Object modern.challenge.Pair.right
System.out.println("Fields: " + Arrays.toString(fields));
```

如果只是想获取字段的名字，我们可以通过如下简单方式实现：

```
public static List<String> getFieldNames(Field[] fields) {
  return Arrays.stream(fields)
    .map(Field::getName)
    .collect(Collectors.toList());
}
```

以下方法用于仅获取这些字段的名字：

```
List<String> fieldsName = getFieldNames(fields);
//left, right
System.out.println("Fields names: " + fieldsName);
```

我们可以通过一个名为 `Object get(Object obj)` 的通用方法和一组 `getFoo()` 方法来获取字段值（详情请查阅文档）。`obj` 参数表示静态字段或是实例字段。举例说明，假设有一个 `ProcedureOutputs` 类，它有一个名为 `callableStatement` 的私有字段，该字

段类型为 `CallableStatement`。让我们通过 `Field.get()` 方法来访问这个字段，并判断 `CallableStatement` 是否为关闭状态：

```
ProcedureOutputs procedureOutputs = storedProcedure.unwrap(ProcedureOutputs.class);
Field csField = procedureOutputs.getClass().getDeclaredField("callableStatement");
csField.setAccessible(true);
CallableStatement cs = (CallableStatement) csField.get(procedureOutputs);
System.out.println("Is closed? " + cs.isClosed());
```

> **提示：** 要获取公共字段，使用 `getFields()` 方法就可以了。对于查找指定的字段，建议使用 `getField(String fieldName)` 或是 `getDeclaredField(String name)` 方法。

获取 Pair 类的方法

一个类的公共方法可以通过 `Class.getMethods()` 方法访问。该方法会返回一个 `Method` 数组：

```
Method[] methods = clazz.getMethods();
//public boolean modern.challenge.Pair.equals(java.lang.Object)
//public int modern.challenge.Pair.hashCode()
//public int modern.challenge.Pair.compareTo(java.lang.Object)
//...
System.out.println("Methods: " + Arrays.toString(methods));
```

如果想获取方法的名称，我们可以使用下面的方式来实现：

```
public static List<String> getMethodNames(Method[] methods) {
  return Arrays.stream(methods)
    .map(Method::getName)
    .collect(Collectors.toList());
}
```

现在，我们只获取方法的名称：

```
List<String> methodsName = getMethodNames(methods);
//equals, hashCode, compareTo, wait, wait,
//wait, toString, getClass, notify, notifyAll
System.out.println("Methods names: " + methodsName);
```

> **提示：** 想要获取全部声明的方法（包括 `private` 和 `protected`），我们可以使用 `getDeclaredMethods()` 方法。如果想获取一个特定的方法，可以使用 `getMethod(String name, Class<?>... parameterTypes)` 或是 `getDeclaredMethod(String name, Class<?>... parameterTypes)`。

获取 Pair 类的模块

如果使用 JDK 9 的模块化技术的话，包会存在于模块中。`Pair` 类不是一个模块，但是我们可以通过 JDK 9 的 `Class.getModule()` 方法来便捷获取类的模块（如果这个类不存在于一个模块中，该方法会返回空值）:

```
//因为Pair不在模块中，所以这里module为空
Module module = clazz.getModule();
```

获取 Pair 类的超类

`Pair` 类继承了 `Tuple` 类，因此 `Tuple` 类是 `Pair` 类的超类。我们通过调用 `Class.getSuperclass()` 方法来获取它，如下:

```
Class<?> superClass = clazz.getSuperclass();
//modern.challenge.Tuple
System.out.println("Superclass: " + superClass.getName());
```

获取指定类型的名字

从 JDK 8 开始，我们可以通过 `getTypeName()` 方法获取一个描述指定类型信息的字符串。这个方法返回的字符串和 `getName()`、`getSimpleName()`、`getCanonicalName()` 这些方法中的一个或者多个相同:

- 对于基本类型，这三个方法都会返回相同的字符串:

```
System.out.println("Type: " + int.class.getTypeName()); //int
```

- 对于 `Pair` 类，`getName()` 和 `getCanonicalName()` 方法会返回相同的字符串:

```
//modern.challenge.Pair
System.out.println("Type name: " + clazz.getTypeName());
```

- 对于内部类（比如 `Pair` 类中的 `Entry` 类），`getName()` 方法会返回相同的字符串:

```
//modern.challenge.Pair$Entry
System.out.println("Type name: "
  + Pair.Entry.class.getTypeName());
```

- 对于匿名类，会返回和 `getName()` 方法相同的字符串:

```
Thread thread = new Thread() {
  public void run() {
    System.out.println("Child Thread");
  }
};
//modern.challenge.Main$1
System.out.println("Anonymous class type name: "
  + thread.getClass().getTypeName());
```

- 对于数组，会返回和 `getCanonicalName()` 方法相同的字符串:

```
Pair[] pairs = new Pair[10];
```

```
//modern.challenge.Pair[]
System.out.println("Array type name: " + pairs.getClass().getTypeName());
```

获取类的描述字符串

从 JDK 8 起，我们可以通过 `Class.toGenericString()` 方法来获取一个类的简要描述（包括修饰符、名称、类型参数等）。让我们看几个例子：

```
//public final class modern.challenge.Pair<L,R>
System.out.println("Description of Pair: "
  + clazz.toGenericString());
//public abstract interface java.lang.Runnable
System.out.println("Description of Runnable: "
  + Runnable.class.toGenericString());
//public abstract interface java.util.Map<K,V>
System.out.println("Description of Map: "
  + Map.class.toGenericString());
```

获取类的类型描述字符串

从 JDK 12 开始，我们可以通过 `Class.descriptorString()` 方法获取类的一个类型描述字符串：

```
//Lmodern/challenge/Pair;
System.out.println("Type descriptor of Pair: "
  + clazz.descriptorString());
//Ljava/lang/String;
System.out.println("Type descriptor of String: "
  + String.class.descriptorString());
```

获取数组的 component 类型

JDK 12 提供了一个只针对数组的方法 `Class<?> componentType()`。该方法会返回数组元素的类型，如下面两个例子所示：

```
Pair[] pairs = new Pair[10];
String[] strings = new String[] {"1", "2", "3"};
//class modern.challenge.Pair
System.out.println("Component type of Pair[]: "
  + pairs.getClass().componentType());
//class java.lang.String
System.out.println("Component type of String[]: "
  + strings.getClass().componentType());
```

获取类的数组类型（以 Pair 方式描述）

从 JDK 12 开始，我们可以通过 `Class.arrayType()` 方法获取一个类的数组类型，其数组元素类型为给定类：

```
Class<?> arrayClazz = clazz.arrayType();
//modern.challenge.Pair<L,R>[]
System.out.println("Array type: " + arrayClazz.toGenericString());
```

151. 通过反射构造函数实例化

我们可以使用 Java 反射 API，调用 `Constructor.newInstance()` 方法来实例化一个类。其有四个构造方法：

```
public class Car {
  private int id;
  private String name;
  private Color color;

  public Car() {}

  public Car(int id, String name) {
    this.id = id;
    this.name = name;
  }

  public Car(int id, Color color) {
    this.id = id;
    this.color = color;
  }

  public Car(int id, String name, Color color) {
    this.id = id;
    this.name = name;
    this.color = color;
  }

  //为了简洁起见，这里省略了getter和setter方法
}
```

一个 `Car` 实例可以通过四个构造方法中的任意一个创建。`Constructor` 类提供了一个公共方法，通过构造方法的参数类型来映射到所匹配的构造方法，并返回一个 `Constructor` 对象。该方法名称为 `getConstructor(Class<?>... parameterTypes)`。

让我们依次调用上面的构造方法：

```
Class<Car> clazz = Car.class;
Constructor<Car> emptyCnstr = clazz.getConstructor();
Constructor<Car> idNameCnstr = clazz.getConstructor(int.class, String.class);
Constructor<Car> idColorCnstr = clazz.getConstructor(int.class, Color.class);
Constructor<Car> idNameColorCnstr = clazz.getConstructor(int.class, String.class,
Color.class);
```

接下来，`Constructor.newInstance(Object... initargs)` 方法可以返回对应构造方法所创建的 `Car` 的一个实例：

```
Car carViaEmptyCnstr = emptyCnstr.newInstance();
Car carViaIdNameCnstr = idNameCnstr.newInstance(1, "Dacia");
Car carViaIdColorCnstr = idColorCnstr.newInstance(1, new Color(0, 0, 0));
Car carViaIdNameColorCnstr = idNameColorCnstr.newInstance(1, "Dacia", new Color(0, 0, 0));
```

现在，让我们通过反射来实例化一个私有构造方法。

通过私有构造方法实例化类

Java 反射 API 也可以用来通过类的私有构造方法来实例化。例如，假设我们有一个名为 `Cars` 的工具类。遵循最佳实践，我们将其定义为 `final`，并通过一个私有构造方法来禁止实例化：

```
public final class Cars {
  private Cars() {}
  //static members
}
```

我们可以通过 `Class.getDeclaredConstructor()` 方法获取其构造方法：

```
Class<Cars> carsClass = Cars.class;
Constructor<Cars> emptyCarsCnstr = carsClass.getDeclaredConstructor();
```

因为调用的构造方法为私有权限，所以在此实例中调用 `newInstance()` 方法将抛出 `IllegalAccessException`。然而，Java 反射允许我们通过标记方法 `Constructor.setAccessible()` 来修改权限级别。这一次，实例化操作按照我们预期执行了：

```
emptyCarsCnstr.setAccessible(true);
Cars carsViaEmptyCnstr = emptyCarsCnstr.newInstance();
```

为了阻止这种操作，建议在私有化构造方法中抛出如下错误：

```
public final class Cars {
  private Cars() {
    throw new AssertionError("Cannot be instantiated");
  }
  //static members
}
```

这样的话，实例化的尝试将会抛出 `AssertionError` 而失败。

从 JAR 中实例化一个类

假设我们在 `D:/Java Modern Challenge/Code/lib/` 文件夹下有一个 Guava JAR，然后我们想创建一个 `CountingInputStream` 类的实例，并从一个文件读取一个字节。

首先，我们定义一个 Guava JAR 的 URL 数组，如下所示：

```
URL[] classLoaderUrls = new URL[] {
  new URL("file:///D:/Java Modern Challenge/Code/lib/guava-16.0.1.jar")
};
```

接下来，我们定义这个 URL 数组的 `URLClassLoader`：

```
URLClassLoader urlClassLoader = new URLClassLoader(classLoaderUrls);
```

然后我们来加载目标类（`CountingInputStream` 是一个用于计算从 `InputStream` 中读取的字节数量的类）:

```
Class<?> cisClass =
urlClassLoader.loadClass("com.google.common.io.CountingInputStream");
```

目标类一旦被加载，我们就可以获取它的构造方法（`CountingInputStream` 只有一个基于给定 `InputStream` 的构造方法）:

```
Constructor<?> constructor
  = cisClass.getConstructor(InputStream.class);
```

下面，我们可以通过这个构造方法创建一个 `CountingInputStream` 的实例：

```
Object instance = constructor.newInstance(
  new FileInputStream(Path.of("test.txt").toFile()));
```

为了确定返回实例是可操作的，让我们来调用它的两个方法（`read()` 方法用于即时读取一个字节，`getCount()` 方法返回读取的字节数）:

```
Method readMethod = cisClass.getMethod("read");
Method countMethod = cisClass.getMethod("getCount");
```

最后，让我们读取一个字节并查看 `getCount()` 方法的返回值：

```
readMethod.invoke(instance);
Object readBytes = countMethod.invoke(instance);
System.out.println("Read bytes (should be 1): " + readBytes); //1
```

有用的代码片段

作为奖励，让我们看一下在使用反射和构造函数时通常需要的几个代码片段。

首先，让我们获取可用的构造方法数量：

```
Class<Car> clazz = Car.class;
Constructor<?>[] cnstrs = clazz.getConstructors();
System.out.println("Car class has " + cnstrs.length + " constructors"); //4
```

接下来，让我们看下这四个构造方法分别有几个参数：

```
for (Constructor<?> cnstr : cnstrs) {
  int paramCount = cnstr.getParameterCount();
  System.out.println("\nConstructor with " + paramCount + " parameters");
}
```

为了获取构造方法的每个参数细节信息，我们可以调用 `Constructor.getParameters()`。

该方法返回一个 `Parameter` 数组（这个类从 JDK 8 开始加入，它提供了一组完整方法用于分析参数）:

```
for (Constructor<?> cnstr : cnstrs) {
  Parameter[] params = cnstr.getParameters();
  //...
}
```

如果我们只是想知道参数的类型，那么使用 `Constructor.getParameterTypes()` 即可:

```
for (Constructor<?> cnstr : cnstrs) {
  Class<?>[] typesOfParams = cnstr.getParameterTypes();
  //...
}
```

152. 获取参数上的注解

从 JDK 8 开始，我们可以使用显式 `receiver` 参数。这主要意味着我们可以声明一个实例方法，接受带有 `this` 关键字的包装类型的参数。

通过显式 `receiver` 参数，我们可以给 `this` 添加类型注解。举例说明，假设我们有如下的注解:

```
@Target({ElementType.TYPE_USE})
@Retention(RetentionPolicy.RUNTIME)
public @interface Ripe {}
```

让我们使用它来给 `Melon` 类的 `eat()` 方法中的 `this` 关键字标记注解:

```
public class Melon {
  //...
  public void eat(@Ripe Melon this) {}
  //...
}
```

换句话说，如果 `Melon` 实例代表一个成熟的甜瓜，我们才能调用 `eat()` 方法:

```
Melon melon = new Melon("Gac", 2000);
//只有瓜熟了才行
melon.eat();
```

我们可以通过 JDK 8 提供的 `java.lang.reflect.Executable.getAnnotatedReceiverType()` 方法通过反射来获取显式 `receiver` 参数上的注解。这个方法在 `Constructor` 和 `Method` 这两个类中也可以见到。我们可以以如下方式使用它:

```
Class<Melon> clazz = Melon.class;
Method eatMethod = clazz.getDeclaredMethod("eat");
AnnotatedType annotatedType = eatMethod.getAnnotatedReceiverType();
```

```
//modern.challenge.Melon
System.out.println("Type: " + annotatedType.getType().getTypeName());
//[@modern.challenge.Ripe()]
System.out.println("Annotations: " + Arrays.toString(annotatedType.getAnnotations()));
//[interface java.lang.reflect.AnnotatedType]
System.out.println("Class implementing interfaces: " +
Arrays.toString(annotatedType.getClass().getInterfaces()));
AnnotatedType annotatedOwnerType = annotatedType.getAnnotatedOwnerType();
//null
System.out.println("\nAnnotated owner type: " + annotatedOwnerType);
```

153. 获取合成构造函数

通过使用 synthetic 结构，我们可以理解几乎所有由编译器添加的结构。更准确地说，考虑到 Java 语法规范：任何由 Java 编译器引入的、没有相应源码的结构都应该被标记为 synthetic，其中不包括默认构造方法、类初始化方法、枚举类的值和 `valueOf()` 方法。

当前有几种不同的 `synthetic` 结构（例如字段、方法和构造方法），让我们看一个 synthetic 字段的例子。首先假设我们有如下的类：

```
public class Melon {
  //...
  public class Slice {}
  //...
}
```

注意，我们有一个名为 `Slice` 的内部类。当代码被编译后，编译器会对这个类做修改，添加一个用于和顶层类关联的 synthetic 字段。这个 synthetic 字段可以帮助我们从嵌套类访问封闭类成员。

为了检查 synthetic 字段的存在，让我们获取所有声明字段并计数：

```
Class<Melon.Slice> clazzSlice = Melon.Slice.class;
Field[] fields = clazzSlice.getDeclaredFields();
//1
System.out.println("Number of fields: " + fields.length);
```

注意，即使我们没有显式声明任何字段，仍有一个字段被打印出来。让我们看下它是否是 synthetic 字段并查看它的名称：

```
//true
System.out.println("Is synthetic: " + fields[0].isSynthetic());
//this$0
System.out.println("Name: " + fields[0].getName());
```

> **提示：** 我们也可以通过 `Method.isSynthetic()` 或是 `Constructor.isSynthetic()` 方法来检查一个方法或是构造方法是否为 synthetic。

现在我们再来看看 bridge 方法。这些方法也是 synthetic 方法，它们的目标是用于处理泛型的**类型擦除**（type-erasure）。如下例所示的 `Melon` 类：

```
public class Melon implements Comparator<Melon> {
  @Override
  public int compare(Melon m1, Melon m2) {
    return Integer.compare(m1.getWeight(), m2.getWeight());
  }
  //...
}
```

接下来，我们实现 `Comparator` 接口并重写 `compare()` 方法。此外，我们显式指定了 `compare()` 方法需要接收 2 个 `Melon` 实例作为参数。编辑器会执行类型擦除，并创建一个需要接收 2 个对象参数的新方法，具体如下所示：

```
public int compare(Object m1, Object m2) {
  return compare((Melon) m1, (Melon) m2);
}
```

这个方法就是所谓的 synthetic bridge 方法。我们无法直接看到这个方法，但是 Java 反射 API 可以做到：

```
Class<Melon> clazz = Melon.class;
Method[] methods = clazz.getDeclaredMethods();
Method compareBridge = Arrays.asList(methods).stream()
  .filter(m -> m.isSynthetic() && m.isBridge())
  .findFirst()
  .orElseThrow();
//public int modern.challenge.Melon.compare(
//java.lang.Object, java.lang.Object)
System.out.println(compareBridge);
```

154. 检查可变参数

在 Java 中，如果一个方法签名包含了可变参数类型的参数，那它就可以接收可变数量的参数。

例如，`plantation()` 方法可以接收一个如 `Seed... seeds` 的可变数量的参数：

```
public class Melon {
  //...
  public void plantation(String type, Seed...seeds) {}
  //...
}
```

Java 反射 API 可以通过 `Method.isVarArgs()` 方法来判断一个方法是否支持可变数量的参数，具体如下所示：

```
Class<Melon> clazz = Melon.class;
Method[] methods = clazz.getDeclaredMethods();
for (Method method : methods) {
```

```
    System.out.println("Method name: " + method.getName()
      + " varargs? " + method.isVarArgs());
  }
```

你将会看到类似输出：

```
Method name: plantation, varargs? true
Method name: getWeight, varargs? false
Method name: toString, varargs? false
Method name: getType, varargs? false
```

155. 检查默认方法

Java 8 通过默认方法增强了接口的范畴。这些方法写在接口内部，并有默认的方法实现。举例说明，`Slicer` 接口有一个名为 `slice()` 的默认方法：

```
public interface Slicer {
  public void type();
  default void slice() {
    System.out.println("slice");
  }
}
```

这样的话，`Slicer` 的任意实现都需要实现 `type` 方法，但是它们可以选择是否重写 `slice()` 方法或是依赖方法的默认实现。

Java 反射 API 可以通过 `Method.isDefault()` 标记方法来辨别默认方法：

```
Class<Slicer> clazz = Slicer.class;
Method[] methods = clazz.getDeclaredMethods();
for (Method method : methods) {
  System.out.println("Method name: " + method.getName() + ", is default? " +
method.isDefault());
}
```

我们会看到如下输出：

```
Method name: type, is default? false
Method name: slice, is default? true
```

156. 通过反射实现基于嵌套的访问控制

在 JDK 11 的特性里面，可以看到几个 hotspots 相关特性（字节码级别的修改）。其中一个特性是 JEP 181，也称作基于嵌套的访问控制（嵌套模型）。简单来说，嵌套模型定义了一个新的访问控制上下文，它允许那些嵌套类（逻辑上是代码实体的一部分，但是使用不同类文件编译）可以直接访问各自的私有成员变量，而不需要编译器插入 accessibility-broadening bridge 方法来实现。

换句话说，嵌套模型允许嵌套类编译成不同的类文件，但是仍属于同一个封闭类。这样可以允许在不使用 synthetic/bridge 方法的前提下，访问各自的私有成员变量。如下例代码：

```
public class Car {
  private String type = "Dacia";

  public class Engine {
    private String power = "80 hp";

    public void addEngine() {
      System.out.println("Add engine of " + power
        + " to car of type " + type);
    }
  }
}
```

让我们在 JDK 10 中对 `Car.class` 运行 `javap`（允许分析字节码的 Java 类反解析工具）。下面的屏幕截图突出展示了这段代码的重要部分：

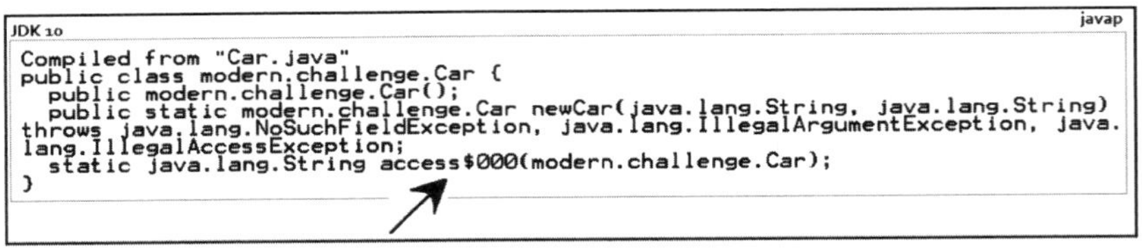

```
JDK 10                                                              javap
Compiled from "Car.java"
public class modern.challenge.Car {
  public modern.challenge.Car();
  public static modern.challenge.Car newCar(java.lang.String, java.lang.String)
throws java.lang.NoSuchFieldException, java.lang.IllegalArgumentException, java.
lang.IllegalAccessException;
  static java.lang.String access$000(modern.challenge.Car);
}
```

正如我们所见，为了从 `Engine.addEngine()` 方法中访问封闭类的 `Car.type` 字段，Java 修改了代码，加入了一个名为 `access$000()` 的桥接（bridge）私有方法。注意，这个方法是合成生成的，所以它可以通过反射来使用 `Method.isSynthetic()` 和 `Method.isBridge()` 方法查看到。

我们可以看到（或是感知到）虽然 `Car`（外部类）和 `Engine`（嵌套类）都属于同一个类，它们也会被编译成不同的文件（`Car.class` 和 `Car$Engine.class`）。根据这个情况，我们的期望就是外部类和嵌套类可以互相访问各自的私有成员变量。

但是对于不同文件来说，这个期望本是不可能的事情。为了实现这一目的，Java 增加了一个 synthetic bridge `package-private` 方法：`access$000()`。

然而 Java 11 提供了嵌套访问控制上下文，它使得外部类和嵌套类可以互相访问私有成员变量。这样一来，外部类和嵌套类链接到两个属性并构成一个嵌套（我们称之为 nestmates）。其主要实现原理，即嵌套类链接到 `NestMembers` 属性，外部类则链接到 `NestHost` 属性。这样就不会生成额外的 synthetic 方法。

从下图中，我们可以看到在 JDK 11 中针对 `Car.class` 执行 `javap` 的结果（注意 `NestMembers` 属性）：

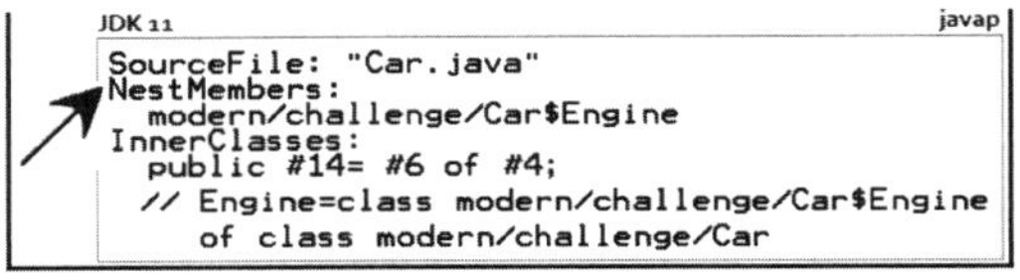

```
JDK 11                                          javap
SourceFile: "Car.java"
NestMembers:
  modern/challenge/Car$Engine
InnerClasses:
  public #14= #6 of #4;
  // Engine=class modern/challenge/Car$Engine
     of class modern/challenge/Car
```

下图则展示了在 JDK 11 中针对 `Car$Engine.class` 执行 `javap` 的结果（注意 `NestHost` 属性）：

```
JDK 11                                                          javap
SourceFile: "Car.java"
NestHost: class modern/challenge/Car
InnerClasses:
  public #21= #9 of #29;
  // Engine=class modern/challenge/Car$Engine of class
     modern/challenge/Car
```

通过反射 API 访问

没有嵌套访问控制的话，反射的能力是受限的。例如，在 JDK 11 之前，下面的代码片段会抛出 `IllegalAccessException` 异常：

```
Car newCar = new Car();
Engine engine = newCar.new Engine();
Field powerField = Engine.class.getDeclaredField("power");
powerField.set(engine, power);
```

我们可以通过显式调用 `powerField.setAccessible(true)` 来允许访问：

```
//...
Field powerField = Engine.class.getDeclaredField("power");
powerField.setAccessible(true);
powerField.set(engine, power);
//...
```

从 JDK 11 开始，就不再需要调用 `setAccessible()` 方法了。

此外，JDK 11 提供了三个方法用于增强 Java 反射 API 对嵌套的支持，这些方法是 `Class.getNestHost()`、`Class.getNestMembers()` 和 `Class.isNestmateOf()`。

让我们来看看 `Melon` 类和几个嵌套类的例子（`Slice`、`Peeler` 和 `Juicer`）：

```
public class Melon {
  //...
  public class Slice {
    public class Peeler {}
  }
  public class Juicer {}
  //...
}
```

然后来分别给它们定义一个 `Class`：

```
Class<Melon> clazzMelon = Melon.class;
Class<Melon.Slice> clazzSlice = Melon.Slice.class;
Class<Melon.Juicer> clazzJuicer = Melon.Juicer.class;
Class<Melon.Slice.Peeler> clazzPeeler = Melon.Slice.Peeler.class;
```

为了查看每个类的 `NestHost`，我们需要调用 `Class.getNestHost()`：

```
//class modern.challenge.Melon
Class<?> nestClazzOfMelon = clazzMelon.getNestHost();
//class modern.challenge.Melon
```

```
Class<?> nestClazzOfSlice = clazzSlice.getNestHost();
//class modern.challenge.Melon
Class<?> nestClazzOfPeeler = clazzPeeler.getNestHost();
//class modern.challenge.Melon
Class<?> nestClazzOfJuicer = clazzJuicer.getNestHost();
```

我们需要额外注意两件事。首先，注意 `Melon` 类的 `NestHost` 属性就是 `Melon` 自己；其次，注意 `Peeler` 类的 `NestHost` 属性还是 `Melon`，而非 `Slice`。因为 `Peeler` 只是 `Slice` 的一个内部类，我们可能会认为它的 `NestHost` 是 `Slice`，但是这个假设是不正确的。

现在让我们列出每个类的 `NestMembers` 属性：

```
Class<?>[] nestMembersOfMelon = clazzMelon.getNestMembers();
Class<?>[] nestMembersOfSlice = clazzSlice.getNestMembers();
Class<?>[] nestMembersOfJuicer = clazzJuicer.getNestMembers();
Class<?>[] nestMembersOfPeeler = clazzPeeler.getNestMembers();
```

它们均会返回相同的 `NestMembers` 属性：

```
[class modern.challenge.Melon,
 class modern.challenge.Melon$Juicer,
 class modern.challenge.Melon$Slice,
 class modern.challenge.Melon$Slice$Peeler]
```

最后，让我们检查嵌套类（nestmates）：

```
boolean melonIsNestmateOfSlice = clazzMelon.isNestmateOf(clazzSlice); //true
boolean melonIsNestmateOfJuicer = clazzMelon.isNestmateOf(clazzJuicer); //true
boolean melonIsNestmateOfPeeler = clazzMelon.isNestmateOf(clazzPeeler); //true
boolean sliceIsNestmateOfJuicer = clazzSlice.isNestmateOf(clazzJuicer); //true
boolean sliceIsNestmateOfPeeler = clazzSlice.isNestmateOf(clazzPeeler); //true
boolean juicerIsNestmateOfPeeler = clazzJuicer.isNestmateOf(clazzPeeler); //true
```

157. 面向 getter 和 setter 使用反射

简要提醒一下，getter 和 setter（也称为访问器）是用于访问类的字段（例如，私有变量）的方法。

下面，我们先来看看如何获取已有的 getter 和 setter 方法。之后，我们还会使用反射生成缺失的 getter 和 setter 方法。

获取 getter 和 setter 方法

需要说明的是，我们有几种不同方式来通过反射获取 getter 和 setter 方法。下面来假设我们想要获取 `Melon` 类的 getter 和 setter 方法：

```
public class Melon {
  private String type;
  private int weight;
  private boolean ripe;
```

```
    //...

    public String getType() {
      return type;
    }

    public void setType(String type) {
      this.type = type;
    }

    public int getWeight() {
      return weight;
    }

    public void setWeight(int weight) {
      this.weight = weight;
    }

    public boolean isRipe() {
      return ripe;
    }

    public void setRipe(boolean ripe) {
      this.ripe = ripe;
    }

    //...
}
```

让我们看看如何实现通过反射获取一个类的全部声明方法（比如通过 `Class.getDeclaredMethods()`）。首先，轮询 `Method[]` 并根据 getter 和 setter 方法去过滤（如判断以 `get/set` 前缀开头，返回 `void` 或是特定类型等）。

另一个方法则是通过反射获取类的全部声明字段（比如通过 `Class.getDeclaredFields()`）。先轮询 `Field[]`，使用 `Class.getDeclaredMethod()` 方法通过传递字段名称（以 `get/set/is` 开头，首字母大写）和字段类型（针对 setter 方法）来尝试获取 getter 和 setter 方法。

还有一个更优雅的方案，那就是使用 `PropertyDescriptor` 和 `Introspector`。这些 API 可以在 `java.beans.*` 包中找到，它们是专门用于处理 Java Bean 的。

> **提示：**这两个类提供的很多功能都依赖背后的反射实现。

`PropertyDescriptor` 类可以通过使用 `getReadMethod()` 方法返回读取对应 Java Bean 属性的方法。相应的，它也可以通过 `getWriteMethod()` 方法返回用于修改对应 Java Bean 属性的方法。依赖这两个方法，我们可以以如下方式获取 `Melon` 类的 getter 和 setter 方法：

```
for (PropertyDescriptor pd :
    Introspector.getBeanInfo(Melon.class).getPropertyDescriptors()) {
  if (pd.getReadMethod() != null && !"class".equals(pd.getName())) {
    System.out.println(pd.getReadMethod());
  }
```

```
  if (pd.getWriteMethod() != null && !"class".equals(pd.getName())) {
    System.out.println(pd.getWriteMethod());
  }
}
```

具体输出如下：

```
public boolean modern.challenge.Melon.isRipe()
public void modern.challenge.Melon.setRipe(boolean)
public java.lang.String modern.challenge.Melon.getType()
public void modern.challenge.Melon.setType(java.lang.String)
public int modern.challenge.Melon.getWeight()
public void modern.challenge.Melon.setWeight(int)
```

接下来，假设我们有如下 `Melon` 实例：

```
Melon melon = new Melon("Gac", 1000);
```

然后我们想调用 `getType()` 这个 getter 方法：

```
//返回类型是Gac
Object type = new PropertyDescriptor("type", Melon.class)
  .getReadMethod()
  .invoke(melon);
```

接下来则是调用 `setWeight()` 这个 setter 方法：

```
//将Gac的重量设为2000
new PropertyDescriptor("weight", Melon.class)
  .getWriteMethod().invoke(melon, 2000);
```

访问不存在的属性将会抛出 `IntrospectionException` 异常：

```
try {
  Object shape = new PropertyDescriptor("shape", Melon.class)
    .getReadMethod()
    .invoke(melon);
  System.out.println("Melon shape: " + shape);
} catch (IntrospectionException e) {
  System.out.println("Property not found: " + e);
}
```

生成 getter 和 setter 方法

假设 `Melon` 类有三个字段（`type`、`weight` 和 `ripe`）且只定义了 `type` 的 getter 方法和 `ripe` 的 setter 方法：

```
public class Melon {
  private String type;
  private int weight;
```

```
  private boolean ripe;
  //...
  public String getType() {
    return type;
  }
  public void setRipe(boolean ripe) {
    this.ripe = ripe;
  }
  //...
}
```

为了生成缺失的 getter 和 setter 方法，我们需要先识别它们。下述方案对给定的类的声明字段做了轮询，我们假设 `foo` 字段有如下情况，则说明该字段没有 getter 方法：

- 没有 `get/isFoo()` 方法；
- 返回值类型和字段类型不同；
- 参数数量不为 0。

对于每个缺失的 getter 方法，合适的解决方案是在一个 map 中添加一个包含字段名和字段类型的 entry：

```
private static Map<String, Class<?>> fetchMissingGetters(Class<?> clazz) {
  Map<String, Class<?>> getters = new HashMap<>();
  Field[] fields = clazz.getDeclaredFields();
  String[] names = new String[fields.length];
  Class<?>[] types = new Class<?>[fields.length];
  Arrays.setAll(names, i -> fields[i].getName());
  Arrays.setAll(types, i -> fields[i].getType());
  for (int i = 0; i < names.length; i++) {
    String getterAccessor = fetchIsOrGet(names[i], types[i]);
    try {
      Method getter = clazz.getDeclaredMethod(getterAccessor);
      Class<?> returnType = getter.getReturnType();
      if (!returnType.equals(types[i]) || getter.getParameterCount() != 0) {
        getters.put(names[i], types[i]);
      }
    } catch (NoSuchMethodException ex) {
      getters.put(names[i], types[i]);
      //打印异常
    }
  }
  return getters;
}
```

接下来，我们轮询给定类的声明字段，假设 `foo` 字段有如下情况，这说明该字段没有 setter 方法：

- 该字段未被 `final` 修饰；
- 没有 `setFoo()` 方法；
- 方法返回值为 `void`；

- 方法有且只有一个参数；
- 参数类型和字段类型相同；
- 如果参数名称是可见的，那它和字段名相同。

对于每个缺失的 setter 方法，合适的解决方案是在一个 map 中添加一个包含字段名和类型的 entry：

```
private static Map<String, Class<?>> fetchMissingSetters(Class<?> clazz) {
  Map<String, Class<?>> setters = new HashMap<>();
  Field[] fields = clazz.getDeclaredFields();
  String[] names = new String[fields.length];
  Class<?>[] types = new Class<?>[fields.length];
  Arrays.setAll(names, i -> fields[i].getName());
  Arrays.setAll(types, i -> fields[i].getType());

  for (int i = 0; i < names.length; i++) {
    Field field = fields[i];
    boolean finalField = !Modifier.isFinal(field.getModifiers());
    if (finalField) {
      String setterAccessor = fetchSet(names[i]);
      try {
        Method setter = clazz.getDeclaredMethod(setterAccessor, types[i]);
        if (setter.getParameterCount() != 1 ||
!setter.getReturnType().equals(void.class)) {
          setters.put(names[i], types[i]);
          continue;
        }
        Parameter parameter = setter.getParameters()[0];
           if ((parameter.isNamePresent() && !parameter.getName().equals(names[i])) ||
!parameter.getType().equals(types[i])) {
          setters.put(names[i], types[i]);
        }
      } catch (NoSuchMethodException ex) {
        setters.put(names[i], types[i]);
        //打印异常
      }
    }
  }

  return setters;
}
```

到目前为止，我们知道哪些字段没有 getter 和 setter 方法。它们的名称和类型存储在一个 map 中，让我们轮询这个 map 并生成对应的 getter 方法：

```
public static StringBuilder generateGetters(Class<?> clazz) {
  StringBuilder getterBuilder = new StringBuilder();
  Map<String, Class<?>> accessors = fetchMissingGetters(clazz);
  for (Entry<String, Class<?>> accessor: accessors.entrySet()) {
    Class<?> type = accessor.getValue();
```

```
    String field = accessor.getKey();
    String getter = fetchIsOrGet(field, type);
    getterBuilder.append("\npublic ")
      .append(type.getSimpleName()).append(" ")
      .append(getter)
      .append("() {\n")
      .append("\treturn ")
      .append(field)
      .append(";\n")
      .append("}\n");
  }
  return getterBuilder;
}
```

接下来让我们生成 setter 方法:

```
public static StringBuilder generateSetters(Class<?> clazz) {
  StringBuilder setterBuilder = new StringBuilder();
  Map<String, Class<?>> accessors = fetchMissingSetters(clazz);
  for (Entry<String, Class<?>> accessor : accessors.entrySet()) {
    Class<?> type = accessor.getValue();
    String field = accessor.getKey();
    String setter = fetchSet(field);
    setterBuilder.append("\npublic void ")
      .append(setter)
      .append("(").append(type.getSimpleName()).append(" ")
      .append(field).append(") {\n")
      .append("\tthis.")
      .append(field).append(" = ")
      .append(field)
      .append(";\n")
      .append("}\n");
  }
  return setterBuilder;
}
```

前面的解决方案依赖于下面的三个简单辅助方法，代码非常直观:

```
private static String fetchIsOrGet(String name, Class<?> type) {
  return "boolean".equalsIgnoreCase(type.getSimpleName()) ?
    "is" + uppercase(name) : "get" + uppercase(name);
}

private static String fetchSet(String name) {
  return "set" + uppercase(name);
}

private static String uppercase(String name) {
  return name.substring(0, 1).toUpperCase() + name.substring(1);
}
```

现在让我们在 `Melon` 类中调用它：

```
Class<?> clazz = Melon.class;
StringBuilder getters = generateGetters(clazz);
StringBuilder setters = generateSetters(clazz);
```

生成的 getter 和 setter 方法在如下输出显示：

```
public int getWeight() {
  return weight;
}

public boolean isRipe() {
  return ripe;
}

public void setWeight(int weight) {
  this.weight = weight;
}

public void setType(String type) {
  this.type = type;
}
```

158. 反射与注解

Java 反射 API 中有很多和 Java 注解相关，让我们来看下检查不同类型注解（如包、类和方法）的几种方案。

需要注意的是，所有主要的支持注解（如 `Package`、`Constructot`、`Class`、`Method` 和 `Field`）的反射 API 类都关联了一组处理注解的通用方法。这些通用方法包括：

- `getAnnotations()`：返回一个给定组件（artifact）的全部注解；
- `getDeclaredAnnotations()`：返回一个给定组件直接关联的全部注解；
- `getAnnotation()`：根据类型返回一个注解；
- `getDeclaredAnnotation()`：根据类型返回一个和给定组件直接关联的注解（JDK 8）；
- `getDeclaredAnnotationsByType()`：根据类型获取和给定组件直接关联的全部注解（JDK 8）；
- `isAnnotationPresent()`：如果给定的组件存在一个特定类型的注解，则返回 `true`。

> **提示：** `getAnnotatedReceiverType()` 方法已经在“152. 获取参数上的注释”中提及并介绍。

在下一节，我们来了解下如何去检查包、类、方法等的注解。

检查包注解

在下图中，包注解添加到了 `package-info.java` 中。也就是说 `modern.challenge` 包被 `@Packt` 注解所修饰：

```
@Packt
package modern.challenge;
```

检查包注解的一个简单方案，是从它的一个类开始。例如，在当前包下（modern.challenge）有 Melon 类，因此我们可以通过如下方式获取这个包的全部注解：

```
Class<Melon> clazz = Melon.class;
Annotation[] pckgAnnotations = clazz.getPackage().getAnnotations();
```

通过 Arrays.toString() 打印的 Annotation[] 结果如下：

```
[@modern.challenge.Packt()]
```

检查类注解

Melon 类有一个 @Fruit 注解：

```
@Fruit(name = "melon", value = "delicious")
public class Melon extends @Family Cucurbitaceae
        implements @ByWeight Comparable {
```

我们可以通过 getAnnotations() 方法来获取全部注解：

```
Class<Melon> clazz = Melon.class;
Annotation[] clazzAnnotations = clazz.getAnnotations();
```

通过 Arrays.toString() 方法打印的返回数组显示如下：

```
[@modern.challenge.Fruit(name="melon", value="delicious")]
```

为了访问某个注解的名称和值，我们可以进行类型强制转换，如下：

```
Fruit fruitAnnotation = (Fruit) clazzAnnotations[0];
System.out.println("@Fruit name: " + fruitAnnotation.name());
System.out.println("@Fruit value: " + fruitAnnotation.value());
```

或是使用 getDeclaredAnnotation() 方法通过正确的注解类型来直接获取：

```
Fruit fruitAnnotation = clazz.getDeclaredAnnotation(Fruit.class);
```

检查方法注解

让我们检查 Melon 类中 eat() 方法的 @Ripe 注解：

```
@Ripe(true)
public void eat() throws @Runtime IllegalStateException {
}
```

首先，让我们获取全部声明的注解，然后再把其恢复为 @Ripe 注解：

```
Class<Melon> clazz = Melon.class;
Method methodEat = clazz.getDeclaredMethod("eat");
Annotation[] methodAnnotations = methodEat.getDeclaredAnnotations();
```

通过 Arrays.toString() 方法打印的数组展示如下:

```
[@modern.challenge.Ripe(value=true)]
```

然后我们将 methodAnnotations[0] 转换为 Ripe 类型:

```
Ripe ripeAnnotation = (Ripe) methodAnnotations[0];
System.out.println("@Ripe value: " + ripeAnnotation.value());
```

还有一种选择，我们可以直接使用正确的注解类型，通过 getDeclaredAnnotation() 方法来获取:

```
Ripe ripeAnnotation = methodEat.getDeclaredAnnotation(Ripe.class);
```

检查抛出异常的注解

为了检查抛出异常的注解，我们需要调用 getAnnotatedExceptionTypes() 方法:

```
@Ripe(true)
public void eat() throws @Runtime IllegalStateException {
}
```

该方法返回抛出的异常类型，包括那些被注解修饰的异常:

```
Class<Melon> clazz = Melon.class;
Method methodEat = clazz.getDeclaredMethod("eat");
AnnotatedType[] exceptionsTypes = methodEat.getAnnotatedExceptionTypes();
```

通过 Arrays.toString() 方法打印的返回数组结果如下:

```
[@modern.challenge.Runtime() java.lang.IllegalStateException]
```

可以按照如下方式完成第一个异常类型的提取:

```
//class java.lang.IllegalStateException
System.out.println("First exception type: "
  + exceptionsTypes[0].getType());
```

可以按照如下方式完成第一个异常类型上的注解获取:

```
//[@modern.challenge.Runtime()]
System.out.println("Annotations of the first exception type: "
  + Arrays.toString(exceptionsTypes[0].getAnnotations()));
```

检查返回类型的注解

为了检查方法返回值的注解，我们需要调用 getAnnotatedReturnType() 方法:

```
public @Shape("oval") List<Seed> seeds() {
    return Collections.emptyList();
}
```

该方法返回给定方法中被注解修饰的返回类型：

```
Class<Melon> clazz = Melon.class;
Method methodSeeds = clazz.getDeclaredMethod("seeds");
AnnotatedType returnType = methodSeeds.getAnnotatedReturnType();
//java.util.List<modern.challenge.Seed>
System.out.println("Return type: " + returnType.getType().getTypeName());
//[@modern.challenge.Shape(value="oval")]
System.out.println("Annotations of the return type: " +
Arrays.toString(returnType.getAnnotations()));
```

检查方法参数的注解

我们可以通过调用 `getParameterAnnotations()` 来检查方法参数的注解：

```
public void slice(@Ripe(true) @Shape("square") int noOfSlices) {
}
```

该方法按照声明顺序返回一个包含参数注解的矩阵（二维数组）：

```
Class<Melon> clazz = Melon.class;
Method methodSlice = clazz.getDeclaredMethod("slice", int.class);
Annotation[][] paramAnnotations = methodSlice.getParameterAnnotations();
```

我们可以通过 `getParameterTypes()` 方法来实现获取每个参数的类型和上面的注解（当前例子中，我们有一个 `int` 参数和两个注解）。因为这个方法也按声明顺序实现，我们可以按照如下方式获取一些信息：

```
Class<?>[] parameterTypes = methodSlice.getParameterTypes();
int i = 0;
for (Annotation[] annotations : paramAnnotations) {
  Class parameterType = parameterTypes[i++];
  System.out.println("Parameter: " + parameterType.getName());
  for (Annotation annotation : annotations) {
    System.out.println("Annotation: " + annotation);
    System.out.println("Annotation name: " +
annotation.annotationType().getSimpleName());
  }
}
```

具体输出如下：

```
Parameter type: int
Annotation: @modern.challenge.Ripe(value=true)
Annotation name: Ripe
Annotation: @modern.challenge.Shape(value="square")
Annotation name: Shape
```

检查字段上的注解

对于一个字段，我们可以通过 `getDeclaredAnnotations()` 方法来获取它的注解：

```
@Unit
private final int weight;
```

代码如下：

```
Class<Melon> clazz = Melon.class;
Field weightField = clazz.getDeclaredField("weight");
Annotation[] fieldAnnotations = weightField.getDeclaredAnnotations();
```

可以通过如下方式来获取 `@Unit` 注解的值：

```
Unit unitFieldAnnotation = (Unit) fieldAnnotations[0];
System.out.println("@Unit value: " + unitFieldAnnotation.value());
```

或者也可以通过 `getDeclaredAnnotation` 方法来直接获取正确注解类型的值：

```
Unit unitFieldAnnotation = weightField.getDeclaredAnnotation(Unit.class);
```

检查超类的注解

为了检查超类的注解，我们需要调用 `getAnnotatedSuperclass()` 方法：

```
@Fruit(name = "melon", value = "delicious")
public class Melon extends @Family Cucurbitaceae
        implements @ByWeight Comparable {
```

该方法返回被注解修饰的超类类型：

```
Class<Melon> clazz = Melon.class;
AnnotatedType superclassType = clazz.getAnnotatedSuperclass();
```

然后我们来获取一些具体信息：

```
//modern.challenge.Cucurbitaceae
System.out.println("Superclass type: "
  + superclassType.getType().getTypeName());
//[@modern.challenge.Family()]
System.out.println("Annotations: "
  + Arrays.toString(superclassType.getDeclaredAnnotations()));
System.out.println("@Family annotation present: "
  + superclassType.isAnnotationPresent(Family.class)); //true
```

检查接口的注解

为了检查接口实现的注解，我们需要调用 `getAnnotatedInterfaces()` 方法：

```
@Fruit(name = "melon", value = "delicious")
public class Melon extends @Family Cucurbitaceae
        implements @ByWeight Comparable {
```

该方法返回被注解修饰的接口类型：

```
Class<Melon> clazz = Melon.class;
AnnotatedType[] interfacesTypes = clazz.getAnnotatedInterfaces();
```

通过 `Arrays.toString()` 方法打印的数组结果如下：

```
[@modern.challenge.ByWeight() java.lang.Comparable]
```

可以通过如下方式来提取第一个接口的类型：

```
//interface java.lang.Comparable
System.out.println("First interface type: "
  + interfacesTypes[0].getType());
```

我们还可以通过如下方式来获取第一个接口的注解类型：

```
//[@modern.challenge.ByWeight()]
System.out.println("Annotations of the first interface type: "
  + Arrays.toString(interfacesTypes[0].getAnnotations()));
```

通过类型获取注解

当一个组件有多个相同类型注解的时候，我们可以通过 `getAnnotationsByType()` 方法来获取它们。对于一个类，我们可以使用如下方式处理：

```
Class<Melon> clazz = Melon.class;
Fruit[] clazzFruitAnnotations = clazz.getAnnotationsByType(Fruit.class);
```

获取一个声明的注解

我们可以使用如下的例子，来尝试直接从某个组件（artifact）上获取单个声明的注解：

```
Class<Melon> clazz = Melon.class;
Method methodEat = clazz.getDeclaredMethod("eat");
Ripe methodRipeAnnotation = methodEat.getDeclaredAnnotation(Ripe.class);
```

159. 调用实例方法

假设我们有如下的 `Melon` 类：

```
public class Melon {

  //...

  public Melon() {}

  public List<Melon> cultivate(String type, Seed seed, int noOfSeeds) {
    System.out.println("The cultivate() method was invoked ...");
    return Collections.nCopies(noOfSeeds, new Melon("Gac", 5));
  }

  //...
}
```

我们的目标是通过 Java 反射 API 调用 `cultivate()` 方法并获取返回值。

首先，我们通过 `Method.getDeclaredMethod()` 方法来获取 `cultivate()` 方法，并作为一个 `Method` 对象返回。然后我们需要把这个方法的名称（本例中为 `cultivate()`）和正确的参数类型（`String`、`Seed` 和 `int`）传递给 `getDeclaredMethod()` 方法。`getDeclaredMethod()` 的第二个参数是一个 `Class<?>` 类型的可变参数，因此它在面对无参方法时为空，在如下例子中则是一个参数类型的队列：

```
Method cultivateMethod = Melon.class.getDeclaredMethod(
  "cultivate", String.class, Seed.class, int.class);
```

接下来，让我们获取 `Melon` 类的一个实例。因为我们想要调用一个实例方法，所以我们先需要一个实例。通过依赖 `Melon` 类的空构造方法和 Java 反射 API，我们可以参考如下方式实现实例方法调用：

```
List<Melon> cultivatedMelons = (List<Melon>) cultivateMethod.invoke(
  instanceMelon, "Gac", new Seed(), 10);
```

最后，来关注下 `Method.invoke()` 方法。我们的主要工作是将调用 `cultivate()` 方法的实例和一些参数值传给该方法：

```
List<Melon> cultivatedMelons = (List<Melon>) cultivateMethod.invoke(
  instanceMelon, "Gac", new Seed(), 10);
```

以下信息说明调用成功：

```
The cultivate() method was invoked ...
```

此外，如果我们通过 `System.out.println()` 方法打印调用方法的返回值，会看到如下结果：

```
[Gac(5g), Gac(5g), Gac(5g), ...]
```

我们刚才通过反射“培育”了十个甜瓜（gac）。

160. 获取静态方法

假设我们有如下的 `Melon` 类：

```
public class Melon {
  //...
  public void eat() {}
  public void weighsIn() {}
  public static void cultivate(Seed seeds) {
    System.out.println("The cultivate() method was invoked ...");
  }
  public static void peel(Slice slice) {
    System.out.println("The peel() method was invoked ...");
  }
  //为了简洁起见，这里省略了getter、setter和toString()方法
}
```

该类有两个静态方法：`cultivate()` 和 `peel()`。让我们获取两个方法放到 `List<Method>` 里面。

该问题的解决方案包括两个主要步骤：

① 获取给定类的全部可见方法；

② 从中通过 `Modifier.isStatic()` 方法来过滤出来被 `static` 修饰的方法。

示例代码如下：

```
List<Method> staticMethods = new ArrayList<>();
Class<Melon> clazz = Melon.class;
Method[] methods = clazz.getDeclaredMethods();
for (Method method : methods) {
  if (Modifier.isStatic(method.getModifiers())) {
    staticMethods.add(method);
  }
}
```

通过 `System.out.println()` 方法打印的结果如下：

```
[public static void modern.challenge.Melon.peel(modern.challenge.Slice),
 public static void modern.challenge.Melon.cultivate(modern.challenge.Seed)]
```

接下来，我们想要调用这两个方法其中的一个方法。

比如，我们来调用 `peel()` 方法（注意我们传递的是 `null` 而非实例，因为静态方法不需要传递实例）：

```
Method method = clazz.getMethod("peel", Slice.class);
method.invoke(null, new Slice());
```

以下信息说明 `peel()` 方法调用成功：

```
The peel() method was invoked ...
```

161. 获取方法、字段和异常的泛型

假设我们有如下 `Melon` 类（下面只列出了和问题相关部分代码）：

```
public class Melon<E extends Exception>
  extends Fruit<String, Seed> implements Comparable<Integer> {
  //...
  private List<Slice> slices;
  //...
  public List<Slice> slice() throws E {
    //...
  }
  public Map<String, Integer> asMap(List<Melon> melons) {
    //...
  }
  //...
}
```

Melon 类包括和几个不同 artifacts 关联的泛型。注意，超类、接口、类、方法和字段的泛型类型都是 ParameterizedType 实例。对每个 ParameterizedType 实例，我们需要通过 ParameterizedType.getActualTypeArguments() 方法来获取参数的真实类型。我们可以迭代请求该方法返回的 Type[] 来获取每个参数的信息，相关代码如下：

```
public static void printGenerics(Type genericType) {
  if (genericType instanceof ParameterizedType) {
    ParameterizedType type = (ParameterizedType) genericType;
    Type[] typeOfArguments = type.getActualTypeArguments();
    for (Type typeOfArgument: typeOfArguments) {
      Class classTypeOfArgument = (Class) typeOfArgument;
      System.out.println("Class of type argument: "
          + classTypeOfArgument);
      System.out.println("Simple name of type argument: "
          + classTypeOfArgument.getSimpleName());
    }
  }
}
```

现在，让我们看看该如何处理方法的泛型。

方法的泛型

以下将通过获取 slice() 和 asMap() 方法的泛型来举例说明。这项工作可以通过 Method.getGenericReturnType() 方法来完成，具体代码如下：

```
Class<Melon> clazz = Melon.class;
Method sliceMethod = clazz.getDeclaredMethod("slice");
Method asMapMethod = clazz.getDeclaredMethod("asMap", List.class);
Type sliceReturnType = sliceMethod.getGenericReturnType();
Type asMapReturnType = asMapMethod.getGenericReturnType();
```

现在，我们来调用 printGenerics(sliceReturnType) 方法，具体输出如下：

```
Class of type argument: class modern.challenge.Slice
Simple name of type argument: Slice
```

然后，调用 printGenerics(asMapReturnType) 方法的输出如下：

```
Class of type argument: class java.lang.String
Simple name of type argument: String
Class of type argument: class java.lang.Integer
Simple name of type argument: Integer
```

通过如下方式，可以通过 Method.getGenericParameterTypes() 方法获取方法的泛型参数：

```
Type[] asMapParamTypes = asMapMethod.getGenericParameterTypes();
```

接下来，我们对每个类型（每个泛型参数）调用 printGenerics() 方法：

```
for (Type paramType: asMapParamTypes) {
  printGenerics(paramType);
}
```

输出如下（当前只有单个泛型参数：`List<Melon>`）：

```
Class of type argument: class modern.challenge.Melon
Simple name of type argument: Melon
```

字段的泛型

对于字段来说（如 `slices`），我们可以参考如下方式调用 `Field.getGenericType()` 方法来获取泛型：

```
Field slicesField = clazz.getDeclaredField("slices");
Type slicesType = slicesField.getGenericType();
```

调用 `printGenerics(slicesType)` 方法会得到如下输出：

```
Class of type argument: class modern.challenge.Slice
Simple name of type argument: Slice
```

超类的泛型

在当前类调用 `getGenericSuperclass()` 方法可以获取它的超类的泛型：

```
Type superclassType = clazz.getGenericSuperclass();
```

调用 `printGenerics(superclassType)` 会得到如下输出：

```
Class of type argument: class java.lang.String
Simple name of type argument: String
Class of type argument: class modern.challenge.Seed
Simple name of type argument: Seed
```

接口的泛型

在当前类调用 `getGenericInterfaces()` 方法，我们可以获取它接口实现的泛型：

```
Type[] interfacesTypes = clazz.getGenericInterfaces();
```

接下来，我们对每个 `Type` 对象调用 `printGenerics()` 方法，输出结果如下（当前有单个接口：`Comparable<Integer>`）：

```
Class of type argument: class java.lang.Integer
Simple name of type argument: Integer
```

异常的泛型

异常的泛型均是 `TypeVariable` 或是 `ParameterizedType` 的具体实例化。这一次，我们会使用如下的辅助方法来对基于 `TypeVariable` 的泛型进行信息提取和打印：

```
public static void printGenericsOfExceptions(Type genericType) {
  if (genericType instanceof TypeVariable) {
    TypeVariable typeVariable = (TypeVariable) genericType;
    GenericDeclaration genericDeclaration = typeVariable.getGenericDeclaration();
    System.out.println("Generic declaration: " + genericDeclaration);
    System.out.println("Bounds: ");
    for (Type type: typeVariable.getBounds()) {
      System.out.println(type);
    }
  }
}
```

有了这个辅助方法，我们可以通过 `getGenericExceptionTypes()` 方法将一个方法抛出的异常传给它。如果这个异常是一个类型变量（`TypeVariable`）或是参数化类型（`ParameterizedType`），那么就创建它；否则就跳过：

```
Type[] exceptionsTypes = sliceMethod.getGenericExceptionTypes();
```

接下来，我们对每个 `Type` 对象调用 `printGenerics()` 方法：

```
for (Type paramType: exceptionsTypes) {
  printGenericsOfExceptions(paramType);
}
```

输出结果如下：

```
Generic declaration: class modern.challenge.Melon
Bounds: class java.lang.Exception
```

> **提示：** 一般来说，打印泛型的信息并没有多少意义。因此，请根据你的需求来调整上面的辅助方法。例如，收集它们的信息并以 `List`、`Map` 等形式返回。

162. 获取公共字段和私有字段

我们可以通过 `Modifier.isPublic()` 和 `Modifier.isPrivate()` 来解决这个问题。

假设我们有一个带有 2 个公共字段和 2 个私有字段的 `Melon` 类：

```
public class Melon {
  private String type;
  private int weight;
  public Peeler peeler;
  public Juicer juicer;
  //...
}
```

首先，我们通过 `getDeclaredFields()` 方法来获取该类对应的 `Field[]` 数组：

```
Class<Melon> clazz = Melon.class;
Field[] fields = clazz.getDeclaredFields();
```

上面获取的 `Field[]` 有四个字段。接下来，我们轮询这个数组，并对每个字段使用 `Modifier.isPublic()` 和 `Modifier.isPrivate()` 方法进行识别：

```
List<Field> publicFields = new ArrayList<>();
List<Field> privateFields = new ArrayList<>();
for (Field field : fields) {
  if (Modifier.isPublic(field.getModifiers())) {
    publicFields.add(field);
  }
  if (Modifier.isPrivate(field.getModifiers())) {
    privateFields.add(field);
  }
}
```

`publicFields` 列表只包括公共字段，`privateFields` 列表也只包含私有字段。如果我们通过 `System.out.println()` 方法打印这两个列表，输出如下：

```
Public fields:
[public modern.challenge.Peeler modern.challenge.Melon.peeler,
 public modern.challenge.Juicer modern.challenge.Melon.juicer]
Private fields:
[private java.lang.String modern.challenge.Melon.type,
 private int modern.challenge.Melon.weight]
```

163. 处理数组

Java 反射 API 包含一个名为 `java.lang.reflect.Array` 的专门处理数组的类。

例如，下面的代码片段创建了一个 `int` 数组。第一个参数说明了这个数组的任意元素应该是什么类型，第二个参数表示这个数组的长度。所以，我们通过 `Array.newInstance()` 方法创建了一个包括 10 个整数的数组：

```
int[] arrayOfint = (int[]) Array.newInstance(int.class, 10);
```

通过 Java 反射，我们可以更改一个数组的内容。有一个通用的 `set()` 方法和一堆 `setFoo()` 方法（如 `setInt()` 和 `setFloat()`）。通过如下代码，我们给从 0 到 100 下标的元素设置值：

```
Array.setInt(arrayOfint, 0, 100);
```

我们可以通过 `get()` 和 `getFoo()` 方法来获取一个数组的某个值（这些方法接收数组和下标作为参数，并返回对应下标元素的值）：

```
int valueIndex0 = Array.getInt(arrayOfint, 0);
```

如下代码展示了如何获取一个数组的 `Class`：

```
Class<?> stringClass = String[].class;
Class<?> clazz = arrayOfint.getClass();
```

我们还可以通过 `getComponentType()` 方法获取数组类型：

```
//int
Class<?> typeInt = clazz.getComponentType();
//java.lang.String
Class<?> typeString = stringClass.getComponentType();
```

164. 检查模块

Java 9 通过 Java 平台模块系统增加了一个名为模块的概念。简单来说，一个模块就是通过该模块管理的一组包（例如，该模块决定哪些包可以在模块外可见）。

某个带有两个模块的应用，其结构如下：

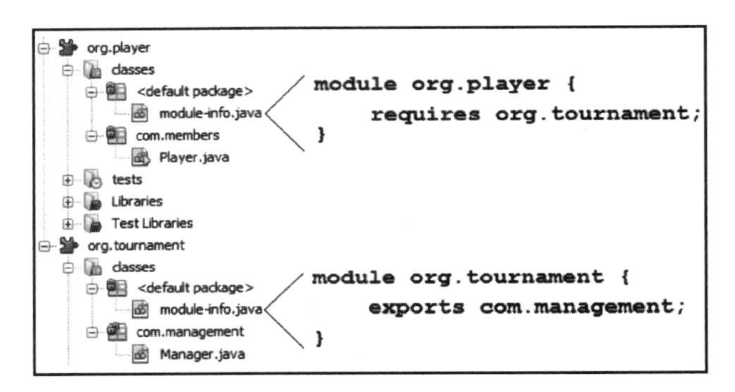

当前有两个模块：`org.player` 和 `org.tournament`。`org.player` 模块需要引用 `org.tournament` 模块，而 `org.tournament module` 可以导出 `com.management` 包。

Java 反射 API 通过 `java.lang.Module` 类（在 `java.base` 模块中）展现一个模块。通过 Java 反射 API，我们可以获取模块信息或是修改模块内容。

首先，按照以下两个例子，我们创建一个 `Module` 类的实例：

```
Module playerModule = Player.class.getModule();
Module managerModule = Manager.class.getModule();
```

我们可以通过 `Module.getName()` 方法来获取某个模块名称：

```
//org.player
System.out.println("Class 'Player' is in module: "
  + playerModule.getName());
//org.tournament
System.out.println("Class 'Manager' is in module: "
  + managerModule.getName());
```

对于一个 `Module` 类的实例，我们可以调用其方法来获取不同信息。例如，我们可以判断一个模块是否被命名，是否被导出，或是是否打开了某个包：

```
boolean playerModuleIsNamed = playerModule.isNamed(); //true
boolean managerModuleIsNamed = managerModule.isNamed(); //true
boolean playerModulePnExported = playerModule.isExported("com.members"); //false
boolean managerModulePnExported = managerModule.isExported("com.management"); //true
boolean playerModulePnOpen = playerModule.isOpen("com.members"); //false
boolean managerModulePnOpen = managerModule.isOpen("com.management"); //false
```

除了获取模块信息外，`Module` 类还允许我们修改一个模块。例如，`org.player` 模块不能将 `com.members` 包导出到 `org.tournament` 模块，我们可以来快速验证下。

```
boolean before = playerModule.isExported(
  "com.members", managerModule); //false
```

但是我们可以通过反射来修改这个模块使其支持导出。我们可以通过 `Module.addExports()` 方法（同类方法包括 `addOpens()`、`addReads()` 和 `addUses()`）实现这个导出功能：

```
playerModule.addExports("com.members", managerModule);
```

现在我们再来验证下：

```
boolean after = playerModule.isExported(
  "com.members", managerModule); //true
```

一个模块也可以利用它的描述符。`ModuleDescriptor` 类可以作为一个模块的操作起点：

```
ModuleDescriptor descriptorPlayerModule
  = playerModule.getDescriptor();
```

举例说明，我们可以使用如下方式获取这个模块的包：

```
Set<String> pcks = descriptorPlayerModule.packages();
```

165. 动态代理

动态代理技术可用于支持属于横切关注点（Cross Cutting-Concern,CCC）类别的不同功能的实现。CCC 聚焦处理那些替代核心功能的辅助功能，如数据库连接管理、事务管理（如 Spring 的 `@Transactional`）、安全、日志等。

更准确地说，Java 反射提供一个名为 `java.lang.reflect.Proxy` 的类，它的主要目的是在运行时为创建接口的动态实现提供支持。`Proxy` 反映了具体接口在运行时的实现。

我们可以把 `Proxy` 看成一个前置的装饰器，它将我们的调用传给正确的方法。同时，`Proxy` 可以选择在委托调用前对过程进行干预。

在下图中，动态代理依赖一个单独类（`InvocationHandler`）和一个单独方法（`invoke()`）实现：

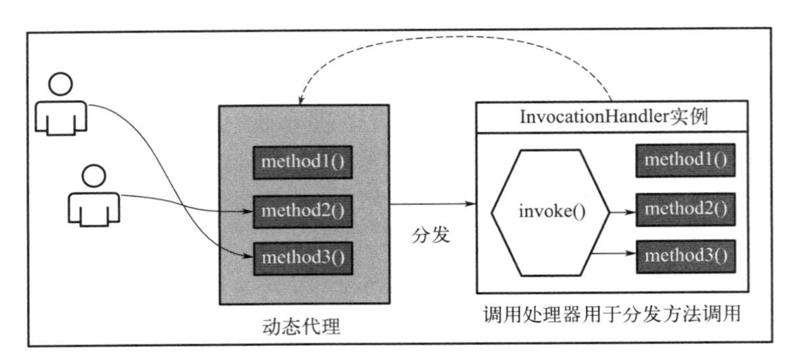

图中的流程可以被描述成如下步骤：

① 执行人（actors）通过公开的动态代理调用所需方法（如我们想要调用 `List.add()` 方法，就需要通过一个动态代理调用它，而非直接调用）。

② 动态代理会把对方法的调用分发给一个 `InvocationHandler` 的实例（每个代理实例都有一个相关联的调用处理器）。

③ 被分发的调用将作为一个包含代理对象、要调用的方法（作为一个 `Method` 实例）和方法参数数组的三元组，命中 `invoke()` 方法。

④ `InvocationHandler` 对象会运行额外的可选功能（如 CCC），并调用响应的方法。

⑤ `InvocationHandler` 会将调用结果作为一个 object 返回。

回顾这个流程，可以说是动态代理通过单个类（`InvocationHandler`）的单个方法（`invoke()`）来维持了对任意类的多个方法调用。

实现一个动态代理

让我们写一个动态代理，来计算某个 `List` 的方法被调用的次数。

一个动态代理可以通过 `Proxy.newProxyInstance()` 方法来创建，`newProxyInstance()` 方法会接收如下三个参数：

- `ClassLoader`：用于加载动态代理类；
- `Class<?>[]`：一个待实现的接口数组；
- `InvocationHandler`：用于处理需要被调用方法的调用处理器。

如下例所示：

```
List<String> listProxy = (List<String>) Proxy.newProxyInstance(
  List.class.getClassLoader(), new Class[] {List.class}, invocationHandler);
```

这个代码片段返回 `List` 接口的一个动态实现。此外，所有通过这个代理的调用请求都会被分发到这个 `invocationHandler` 实例上。

`InvocationHandler` 实现的一个框架代码如下所示：

```
public class DummyInvocationHandler implements InvocationHandler {
  @Override
  public Object invoke(Object proxy, Method method, Object[] args)
      throws Throwable {
    //...
  }
}
```

因为我们想要统计 `List` 的方法被调用的次数，我们需要存储所有方法签名和它们各自对应的调用次数。该操作可以通过 `CountingInvocationHandler` 的构造方法实例化的 `Map` 来存储，具体代码如下（这是我们的 `InvocationHandler` 实现，`invocationHandler` 是它的一个实例）：

```
public class CountingInvocationHandler implements InvocationHandler {
  private final Map<String, Integer> counter = new HashMap<>();
  private final Object targetObject;

  public CountingInvocationHandler(Object targetObject) {
    this.targetObject = targetObject;
    for (Method method : targetObject.getClass().getDeclaredMethods()) {
      this.counter.put(method.getName() + Arrays.toString(method.getParameterTypes()), 0);
    }
  }
  //...
}
```

`targetObject` 字段记录了 `List` 接口的实现（也就是 `ArrayList`）。

然后我们使用如下方式创建了一个 `CountingInvocationHandler` 实例：

```
CountingInvocationHandler invocationHandler
  = new CountingInvocationHandler(new ArrayList<>());
```

`invoke()` 方法可以方便地用于使用指定参数调用方法并统计调用次数：

```
@Override
public Object invoke(Object proxy, Method method, Object[] args)
    throws Throwable {
  Object resultOfinvocation = method.invoke(targetObject, args);
  counter.computeIfPresent(method.getName()
    + Arrays.toString(method.getParameterTypes()), (k, v) -> ++v);
  return resultOfinvocation;
}
```

最后，我们暴露一个返回给定方法调用次数的方法：

```
public Map<String, Integer> countOf(String methodName) {
  Map<String, Integer> result = counter.entrySet().stream()
    .filter(e -> e.getKey().startsWith(methodName + "["))
    .filter(e -> e.getValue() != 0)
    .collect(Collectors.toMap(Entry::getKey, Entry::getValue));
  return result;
}
```

书中提供的代码将这些代码片段整合到一个名为 `CountingInvocationHandler` 的类中。

现在，我们可以使用 `listProxy()` 来调用这些方法，具体如下：

```
listProxy.add("Adda");
listProxy.add("Mark");
```

```
listProxy.add("John");
listProxy.remove("Adda");
listProxy.add("Marcel");
listProxy.remove("Mark");
listProxy.add(0, "Akiuy");
```

接下来我们看下 `add()` 方法和 `remove()` 方法被调用了多少次：

```
//{add[class java.lang.Object]=4, add[int, class java.lang.Object]=1}
invocationHandler.countOf("add");
//{remove[class java.lang.Object]=2}
invocationHandler.countOf("remove");
```

> **提示：** 因为 `add()` 方法可以通过它的两个方法签名去调用，所以存储结果的 `Map` 会包含 2 个 `entry`。

小结

在本章中，我们已经详细了解了类、接口、构造方法、方法、字段、注解等的相关问题，希望读者能形成对 Java 反射 API 相关知识的全面认知。

读者可以下载本章的相关应用代码来查看运行结果和更多细节。

第 8 章 函数式编程：基础与设计模式

本章包括 11 个和 Java 函数式编程相关的问题。首先我们将从零开始了解生成函数式接口的完整过程，然后还将使用函数式编程来解释一套基于 GoF 的设计模式。

通过本章的学习，你将通晓函数式编程，并具备使用函数式编程编写一系列常用设计模式的能力，以及利用函数式接口编写代码。

问题

本章将用如下问题来测试你对函数式编程的掌握程度。笔者强烈推荐你先尝试独立解决每个问题，再去查看本书中的解决方案和下载示例代码：

166. **编写函数式接口**：通过一组有意义的示例，从零开始实现函数式接口开发。
167. **Lambda 简介**：解释什么是 Lambda 表达式。
168. **实现环绕执行模式**：通过 Lambda 实现环绕执行模式。
169. **实现工厂模式**：通过 Lambda 实现工厂模式。
170. **实现策略模式**：通过 Lambda 实现策略模式。
171. **实现模板方法模式**：通过 Lambda 实现模板方法模式。
172. **实现观察者模式**：通过 Lambda 实现观察者模式。
173. **实现贷出模式**：通过 Lambda 实现贷出模式。
174. **实现装饰器模式**：通过 Lambda 实现装饰器模式。
175. **实现级联建造者模式**：通过 Lambda 实现级联建造者模式。
176. **实现命令模式**：通过 Lambda 实现命令模式。

解决方案

下面将介绍上述问题的解决方案。通常，这些问题的正确解决方法是不止一种的。需要注意的是，书中的代码和思路讲解仅包括了最关键的部分，你可以访问 https://github.com/PacktPublishing/Java-Coding-Problems 下载完整的代码以获取更多细节，还可以尝试运行这些示例代码。

166. 编写函数式接口

在这个解决方案中，我们会强调函数式接口和其他几种选择在用途和可用性上的对比。我们将研究如何迭代一个函数式接口的代码，使其从简单粗暴的实现变为灵活易扩展的实现。为此，我们来看看下面的 `Melon` 类：

```
public class Melon {
  private final String type;
  private final int weight;
  private final String origin;

  public Melon(String type, int weight, String origin) {
    this.type = type;
    this.weight = weight;
    this.origin = origin;
  }

  //为简洁起见，我们省略了getters、toString()等方法
}
```

假设我们有一个客户，我们称他为马克。他想要创办一个甜瓜售卖的业务，我们根据他的描述确定了上面的类。他的主要目标是实现一个库存应用来支持他的想法和决策，所以这个应用必须基于商业需求并能持续迭代。在下面章节中，我们每天会查看一次该应用的开发诉求。

第一天（通过类型过滤甜瓜）

第一天，马克要求我们提供一个按照类型过滤甜瓜的功能。为了实现该功能，我们创建了一个名为 `Filters` 的通用类，并实现了一个静态方法，它接收一个甜瓜的列表和一个用于过滤的类型作为参数。实现方法非常简单：

```
public static List<Melon> filterByType(
  List<Melon> melons, String type) {
  List<Melon> result = new ArrayList<>();
  for (Melon melon: melons) {
    if (melon != null && type.equalsIgnoreCase(melon.getType())) {
      result.add(melon);
    }
  }
  return result;
}
```

现在我们可以方便地通过类型过滤甜瓜，具体代码如下所示：

```
List<Melon> bailans = Filters.filterByType(melons, "Bailan");
```

第二天（通过指定重量过滤甜瓜）

马克对之前过滤的结果表示满意，他又要求我们实现另一个根据指定重量过滤甜瓜的功能

（如找出全部 1200 克的甜瓜）。我们刚才为甜瓜类型实现了一个类似的过滤器，所以我们可以再为特定重量的甜瓜实现一个新的静态方法，具体如下所示：

```
public static List<Melon> filterByWeight(
  List<Melon> melons, int weight) {
  List<Melon> result = new ArrayList<>();
  for (Melon melon: melons) {
    if (melon != null && melon.getWeight() == weight) {
      result.add(melon);
    }
  }
  return result;
}
```

该方法和 `filterByType()` 很类似，只是它有不同的条件和过滤器。作为开发者，我们逐渐意识到，如果继续当前操作的话，`Filters` 类最终会充斥着大量由重复代码和不同条件构成的方法。我们当前面临情况和样板代码案例非常相近。

第三天（通过类型和重量过滤甜瓜）

事情开始变得更糟了。马克要求我们增加一个按照类型和重量过滤甜瓜的功能，而且要尽快实现！然而我们都知道，最快的方法就是最糟糕的实现，来看下它到底有多糟糕：

```
public static List<Melon> filterByTypeAndWeight(
  List<Melon> melons, String type, int weight) {
  List<Melon> result = new ArrayList<>();
  for (Melon melon: melons) {
    if (melon != null && type.equalsIgnoreCase(melon.getType())
        && melon.getWeight() == weight) {
      result.add(melon);
    }
  }
  return result;
}
```

在我们看来，该方案是不可接受的。如果我们只是简单粗暴地增加一个新的过滤方法，代码会变得既难以维护又容易出错。

第四天（将行为作为参数）

开会讨论下！我们不能像这样继续添加更多过滤器了；继续这样过滤我们能想到的每个属性的话，最终会得到一个超级巨大的 `Filter` 类，伴随着大量复杂且携带超多参数和繁多样板代码方法。

我们面临的最主要问题是，我们把不同行为封装到了样板代码中。所以我们最好只编写一次样板代码，把行为作为参数推送。通过这种方式，我们可以把任意条件 / 标准的选择封装为行为并按需处理。这样代码会更加清晰、灵活、易维护，还能以更少的参数实现。

这种方式被称作**行为参数化**，如图所示：

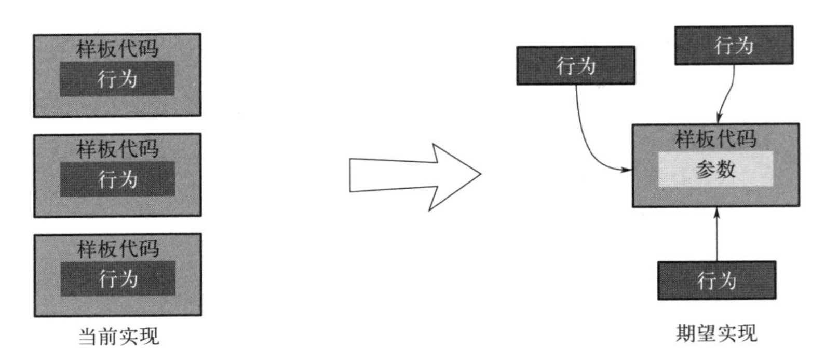

如果我们把每个条件 / 标准的选择看作一种行为，那么把每个行为看作一个接口的实现就非常直观了。从根本上说，所有这些行为都有着共同点——一个条件 / 标准的选择和一个 `boolean` 类型返回值（也称作谓词）。在一个接口上下文中，我们可以按如下方式编写一个接口约定：

```
public interface MelonPredicate {
  boolean test(Melon melon);
}
```

接下来，我们可以编写 `MelonPredicate` 接口的多种实现。例如，下面的代码实现了筛选 `Gac` 类型的甜瓜：

```
public class GacMelonPredicate implements MelonPredicate {
  @Override
  public boolean test(Melon melon) {
    return "gac".equalsIgnoreCase(melon.getType());
  }
}
```

另一个示例则是筛选所有重量超过 5000 克的甜瓜：

```
public class HugeMelonPredicate implements MelonPredicate {
  @Override
  public boolean test(Melon melon) {
    return melon.getWeight() > 5000;
  }
}
```

该技术有个专门的名字——策略模式。根据 GoF 的说法，它实现了“定义了一系列的算法，并将每一个算法封装起来，而且使它们可以相互替换，让算法独立于使用它的客户而独立变化”。

因此，我们主要的实现思路就是在运行时动态选择算法的行为。`MelonPredicate` 接口统一了所有专门用于选择甜瓜的算法，每个算法实现其实都是一种策略。

现在我们有了策略，但还没有能接收一个 `MelonPredicate` 参数的方法。所以我们需要一个如图所示的 `filterMelons()` 方法：

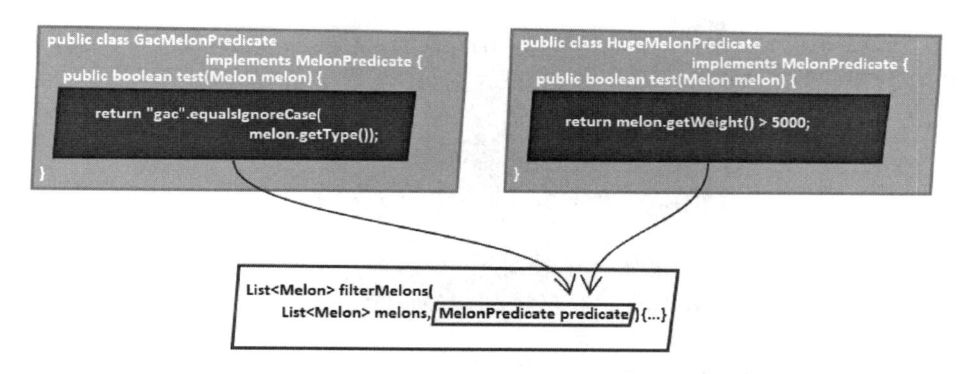

因此，我们需要一个单一参数和多种行为。以下是 `filterMelons()` 方法的源码：

```
public static List<Melon> filterMelons(
  List<Melon> melons, MelonPredicate predicate) {
  List<Melon> result = new ArrayList<>();
  for (Melon melon: melons) {
    if (melon != null && predicate.test(melon)) {
      result.add(melon);
    }
  }
  return result;
}
```

这样就好很多了！我们可以以如下方式使用不同行为来重复利用该方法（在这里，我们传递了 `GacMelonPredicate` 和 `HugeMelonPredicate`）：

```
List<Melon> gacs = Filters.filterMelons(
  melons, new GacMelonPredicate());
List<Melon> huge = Filters.filterMelons(
  melons, new HugeMelonPredicate());
```

第五天（再实现 100 个过滤器）

马克又过来要求我们再实现 100 个过滤器。这次，我们可以从容地完成这项任务，但是我们仍然要编写 100 个策略 / 类来针对每个选择标准去实现 `MelonPredicate` 接口。此外，我们还需要创建这些策略的实例并将它们传递给 `filterMelons()` 方法。

上述工作意味着大量代码和时间投入，为了优化工作，我们可以基于 Java 匿名类实现。换句话说，声明并实例化没有名字的类将生成如下结果：

```
List<Melon> europeans = Filters.filterMelons(
  melons, new MelonPredicate() {
    @Override
    public boolean test(Melon melon) {
      return "europe".equalsIgnoreCase(melon.getOrigin());
    }
  }
);
```

上述代码取得了一些进展，但效果有限，因为我们仍然需要编写大量代码。接下来查看下图中的高亮代码部分（这部分代码会在每个行为实现中重复）：

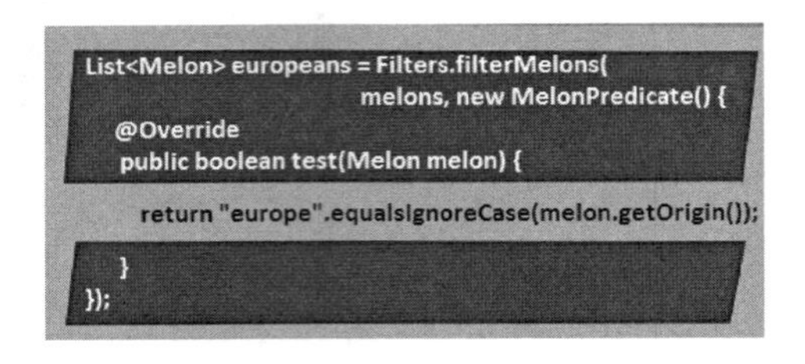

```
List<Melon> europeans = Filters.filterMelons(
                        melons, new MelonPredicate() {
    @Override
    public boolean test(Melon melon) {
        return "europe".equalsIgnoreCase(melon.getOrigin());
    }
});
```

但是这块代码并不友好。匿名类看起来比较复杂、奇怪且不完整，尤其是对于新手而言。

第六天（使用 Lambda 实现匿名类）

新的一天，新的想法！任何智能 IDE 都可以帮我们指明前进道路。例如，NetBeans IDE 会提示我们这个匿名类可以使用 Lambda 表达式实现。具体可见下方截图：

```
21   This anonymous inner class creation can be turned into a lambda expression.
     ----
22   (Alt-Enter shows hints)
            List<Melon> europeans = Filters
                   .filterMelons(melons, new MelonPredicate() {
               ...
```

提示信息已经相当清楚了——这种内部匿名类的创建可以转为 Lambda 表达式实现。在这里我们可以手动转换或是直接让 IDE 替我们转换。

最终结果如下所示：

```
List<Melon> europeansLambda = Filters.filterMelons(
  melons, m -> "europe".equalsIgnoreCase(m.getOrigin()));
```

这样看起来就好多了！ Java 8 Lambda 表达式在这里立功了！现在，我们可以一种灵活、快速、简洁，且可读性和可维护性良好的方式来实现马克要的过滤器了。

第七天（抽象 List 类型）

马克带来了一些好消息——他将扩大业务范围，除甜瓜外会也售卖其他水果。听起来很不错，但是我们当前只支持 `Melon` 实例。

那么，我们应该如何支持其他水果呢？还有多少种水果？如果马克决定开始销售如蔬菜等其他种类商品该怎么办呢？我们不能只是简单地为每一个需求去创建一个谓词，否则就回到起点了。

显而易见的方案是对 `List` 的元素类型做抽象。我们从定义一个名为 `Predicate` 的新接口开始（从名称中删除掉 `Melon`）：

```
@FunctionalInterface
public interface Predicate<T> {
  boolean test(T t);
}
```

接下来，我们重写 `filterMelons()` 方法并将其重命名为 `filter()`：

```
public static <T> List<T> filter(
  List<T> list, Predicate<T> predicate) {
  List<T> result = new ArrayList<>();
  for (T t: list) {
    if (t != null && predicate.test(t)) {
      result.add(t);
    }
  }
  return result;
}
```

现在，我们可以编写 `Melon` 的过滤器了：

```
List<Melon> watermelons = Filters.filter(
  melons, (Melon m) -> "Watermelon".equalsIgnoreCase(m.getType()));
```

我们也可以用同样方式处理数字：

```
List<Integer> numbers = Arrays.asList(1, 13, 15, 2, 67);
List<Integer> smallThan10 = Filters
  .filter(numbers, (Integer i) -> i < 10);
```

对比最初和当前实现。其中的巨大差异得益于函数式接口和 Lambda 表达式。你注意到 `Predicate` 接口上的 `@FunctionalInterface` 注解了吗？很好，这是一个用于标记函数式接口的信息注解类型。如果标记的接口不是函数式接口，则会发生错误。

从概念上讲，一个函数式接口有且只有一个抽象方法。此外，我们定义的 `Predicate` 接口其实在 Java 8 中已经存在了，那就是 `java.util.function.Predicate` 接口。`java.util.function` 包有着超过 40 个类似接口，因此在定义一个新的接口前，建议先查看下这个包的内容。大多数时候，六个标准内置的函数式接口都可以胜任。这些接口详情如下所示：

- `Predicate<T>`
- `Consumer<T>`
- `Supplier<T>`
- `Function<T, R>`
- `UnaryOperator<T>`
- `BinaryOperator<T>`

函数式接口和 Lambda 表达式是一对很好的组合。Lambda 表达式提供了对函数式接口中抽象方法的直接内联实现的支持。简单来说，整个表达式被视为函数式接口的具体实现，相关示例代码如下：

```
Predicate<Melon> predicate = (Melon m)
  -> "Watermelon".equalsIgnoreCase(m.getType());
```

167. Lambda 简介

研究 Lambda 表达式的话，我们会发现它由三个主要部分组成：

- 箭头左侧是 Lambda 体使用到的参数。上图内容是 `FilenameFilter.accept (File folder, String fileName)` 的参数。
- 箭头右侧则是 Lambda 体，这个例子是用于判断当前文件夹是否可以读取并且文件名是否以 `.pdf` 后缀结尾。
- 箭头只是 Lambda 体和参数的分隔符。

这个 Lambda 表达式的匿名类版本如下：

```
FilenameFilter filter = new FilenameFilter() {
  @Override
  public boolean accept(File folder, String fileName) {
    return folder.canRead() && fileName.endsWith(".pdf");
  }
};
```

现在如果我们对比 Lambda 实现和其匿名类版本的话，可以得出如下结论：Lambda 表达式是一个简洁的匿名函数，可以作为方法参数传递或是保存在变量中。我们也可用下图的 4 个单词来描述其特点：

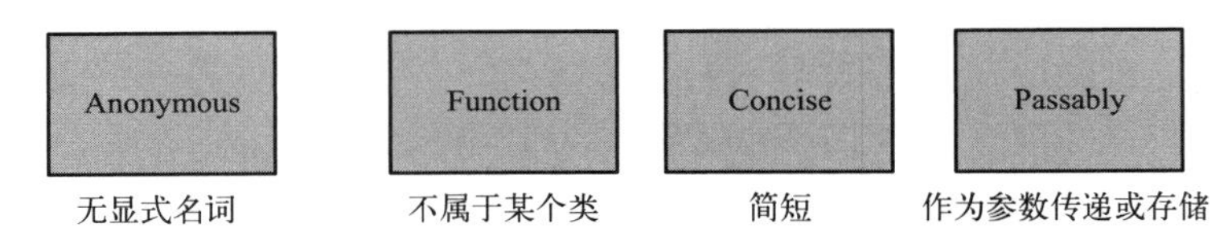

Lambda 也支持行为参数化，这是它的一个巨大优点。最后，请记住 Lambda 只用于函数式接口的上下文中。

168. 实现环绕执行模式

环绕执行模式旨在消除那些描述具体任务的样板代码。例如，某个针对文件的任务需要和一组打开关闭文件的代码紧密关联。

一般而言，环绕执行模式适用于那些发生在一个资源开启 - 关闭的生命周期内的任务。例如，假设我们有一个 `Scanner` 类，第一个任务就是从一个文件中读取一个 `double` 值：

```
try (Scanner scanner = new Scanner(
    Path.of("doubles.txt"), StandardCharsets.UTF_8)) {
  if (scanner.hasNextDouble()) {
    double value = scanner.nextDouble();
  }
}
```

接下来则是打印所有 `double` 值：

```
try (Scanner scanner = new Scanner(
  Path.of("doubles.txt"), StandardCharsets.UTF_8)) {
```

```
    while (scanner.hasNextDouble()) {
      System.out.println(scanner.nextDouble());
    }
  }
```

下图显示了和这两个任务都紧密相关的样板代码：

```
try (Scanner scanner = new Scanner(
            Path.of("doubles.txt"), StandardCharsets.UTF_8)) {
}
```

为了避免这些样板代码，环绕执行模式基于行为参数化（更多细节可见“166. 编写函数式接口”），实现了如下步骤：

① 第一步是定义一个和 `Scanner -> double` 签名所匹配的函数式接口，该接口可能会抛出 `IOException`：

```
      public static double read(ScannerDoubleFunction snf)
    throws IOException {
  try (Scanner scanner = new Scanner(
    Path.of("doubles.txt"), StandardCharsets.UTF_8)) {
    return snf.readDouble(scanner);
  }
}
```

声明函数式接口只是该方案的一半。

② 到目前为止，我们可以编写 `Scanner->double` 类型的 Lambda 表达式，但是我们还需要一个接收并执行它的方法。为此，我们来看下 `Doubles` 这一工具类中的下述方法：

```
public static double read(ScannerDoubleFunction snf)
      throws IOException {
  try (Scanner scanner = new Scanner(
    Path.of("doubles.txt"), StandardCharsets.UTF_8)) {
    return snf.readDouble(scanner);
  }
}
```

传递给 `read()` 方法的 Lambda 表达式会在该函数体内部执行。当我们传递这个 Lambda 表达式的时候，其实是提供了 `readDouble()` 这一抽象方法的一个直接内联实现，也被视为函数式接口 `ScannerDoubleFunction` 的一个实例。因此我们可以调用 `readDouble()` 方法以获取期望结果。

③ 现在，我们可以 Lambda 形式方便传递我们的任务，并重复利用 `read ()` 方法。来看个例子，假设我们的任务由如下两个静态方法实现（本次练习要求以简洁代码实现，避免大块 Lambda 表达式）：

```
private static double getFirst(Scanner scanner) {
  if (scanner.hasNextDouble()) {
      return scanner.nextDouble();
  }
```

```
    return Double.NaN;
  }

  private static double sumAll(Scanner scanner) {
    double sum = 0.0d;
    while (scanner.hasNextDouble()) {
        sum += scanner.nextDouble();
    }
    return sum;
  }
```

④ 以上面两个任务为例（当然我们也可以编写其他任务），让我们将它们传递给 `read ()` 方法：

```
double singleDouble
      = Doubles.read((Scanner sc) -> getFirst(sc));
double sumAllDoubles
      = Doubles.read((Scanner sc) -> sumAll(sc));
```

可见，环绕执行模式对于消除打开或关闭资源（I/O 操作）的特定样板代码非常有用。

169. 实现工厂模式

简而言之，工厂模式允许我们在不暴露实例化过程给调用者的情况下创建不同实例对象。这样我们就可以隐藏复杂或敏感的对象创建过程，只暴露一个直观易用的对象工厂给到调用者。

工厂模式的一个经典实现是依赖于 `switch()` 实现，具体如下所示：

```
public static Fruit newInstance(Class<?> clazz) {
  switch (clazz.getSimpleName()) {
    case "Gac":
      return new Gac();
    case "Hami":
      return new Hami();
    case "Cantaloupe":
      return new Cantaloupe();
    default:
      throw new IllegalArgumentException(
        "Invalid clazz argument: " + clazz);
  }
}
```

在这个例子中，`Gac`、`Hami` 和 `Cantaloupe` 都是 `Fruit` 接口的实现，且都有一个空构造方法。如果该方法存在于一个名为 `MelonFactory` 的工具类中，我们可以如下方式调用：

```
Gac gac = (Gac) MelonFactory.newInstance(Gac.class);
```

然而，函数式编程允许我们通过方法引用技术来引用其构造方法。这意味着我们可以通过引入 `Gac` 的空构造方法来定义一个 `Supplier<Fruit>`：

```
Supplier<Fruit> gac = Gac::new;
```

那么 `Hami`、`Cantaloupe` 等怎么处理呢？一个简单方式是把它们全部放到一个 `Map` 中（注意这里没有哪类甜瓜被实例化，它们都是延迟方法引用）：

```
private static final Map<String, Supplier<Fruit>> MELONS
  = Map.of("Gac", Gac::new, "Hami", Hami::new,
    "Cantaloupe", Cantaloupe::new);
```

接下来，我们可以使用这个映射（map）来重写 `newInstance()` 方法：

```
public static Fruit newInstance(Class<?> clazz) {
  Supplier<Fruit> supplier = MELONS.get(clazz.getSimpleName());
  if (supplier == null) {
    throw new IllegalArgumentException(
      "Invalid clazz argument: " + clazz);
  }
  return supplier.get();
}
```

直接调用方代码：

```
Gac gac = (Gac) MelonFactory.newInstance(Gac.class);
```

但这样就有个明显的问题：构造方法不可能总是空方法。例如，下面的 `Melon` 类就只提供了一个带有三个参数的构造方法：

```
public class Melon implements Fruit {
  private final String type;
  private final int weight;
  private final String color;

  public Melon(String type, int weight, String color) {
    this.type = type;
    this.weight = weight;
    this.color = color;
  }
}
```

我们无法通过一个空构造方法来创建这个类的实例。但是如果我们定义一个支持三个参数并带返回值的函数式接口，那么事情就回到正轨了：

```
@FunctionalInterface
public interface TriFunction<T, U, V, R> {
  R apply(T t, U u, V v);
}
```

这次，如下代码将试图获得一个带有三个参数的构造方法，参数类型分别为 `String`、`Integer` 和 `String`：

```
private static final
TriFunction<String, Integer, String, Melon> MELON = Melon::new;
```

`Melon` 类对应的 `newInstance()` 方法，如下所示：

```
public static Fruit newInstance(
  String name, int weight, String color) {
  return MELON.apply(name, weight, name);
}
```

我们可以通过如下方法创建一个 `Melon` 实例：

```
Melon melon = (Melon) MelonFactory.newInstance("Gac", 2000, "red");
```

完美！现在我们通过函数式接口获得了 `Melon` 的一个工厂。

170. 实现策略模式

经典策略模式其实非常简单，它包含代表一组算法（策略）的一个接口和若干接口实现（每个实现都对应着一个策略）。

例如下面的接口统一了从给定字符串删除字符的策略：

```
public interface RemoveStrategy {
  String execute(String s);
}
```

首先，我们来定义一个从字符串中删除数字的策略：

```
public class NumberRemover implements RemoveStrategy {
  @Override
  public String execute(String s) {
    return s.replaceAll("\\d", "");
  }
}
```

接下来，我们定义一个从字符串中删除空白字符串的策略：

```
public class WhitespacesRemover implements RemoveStrategy {
  @Override
  public String execute(String s) {
    return s.replaceAll("\\s", "");
  }
}
```

最后，我们定义一个作为策略入口的工具类：

```
public final class Remover {
  private Remover() {
    throw new AssertionError("Cannot be instantiated");
  }

  public static String remove(String s, RemoveStrategy strategy) {
    return strategy.execute(s);
  }
}
```

这是一个简单且经典的策略模式实现。如果我们想要移除一个字符串中的数字，可以如下方式实现：

```
String text = "This is a text from 20 April 2050";
String noNr = Remover.remove(text, new NumberRemover());
```

但我们真的需要 `NumberRemover` 和 `WhitespacesRemover` 这两个类吗？我们需要在后续的策略中不停地写类似代码吗？显然答案是否定的。再来看下我们的接口：

```
@FunctionalInterface
public interface RemoveStrategy {
  String execute(String s);
}
```

这次我们添加了 `@FunctionalInterface` 注解。因为 `RemoveStrategy` 只定义了一个抽象方法，所以它可以作为函数式接口。

在这个函数式接口的上下文中我们可以做什么呢？回答显然是 Lambda 表达式。更进一步看，我们在这个场景可以使用 Lambda 做什么呢？它可以移除那些样板代码（在本例中，指的是封装策略的类），并将策略封装在其函数体中：

```
String noNr = Remover.remove(text, s -> s.replaceAll("\\d", ""));
String noWs = Remover.remove(text, s -> s.replaceAll("\\s", ""));
```

这就是通过 Lambda 来实现策略模式的方法。

171. 实现模板方法模式

模板方法是 GoF 提供的一个经典策略，它允许我们在方法中编写算法框架，并将该算法的某些具体步骤放到客户端子类实现。

例如，制作比萨包括三个主要步骤：准备面团，添加配料，烤比萨。所有比萨的第一步和最后一步都可以看成是相同的（固定步骤），但是不同种类比萨的第二步（可变步骤）不同。

如果我们通过模板方法模式来实现的话，那么则需要如下代码（`make()` 方法对应着模板方法，包括安排好顺序的固定步骤和可变步骤）：

```
public abstract class PizzaMaker {
  public void make(Pizza pizza) {
    makeDough(pizza);
    addTopIngredients(pizza);
    bake(pizza);
  }

  private void makeDough(Pizza pizza) {
    System.out.println("Make dough");
  }

  private void bake(Pizza pizza) {
    System.out.println("Bake the pizza");
  }
```

```
  public abstract void addTopIngredients(Pizza pizza);
}
```

固定步骤已经有了默认实现，而可变步骤则对应着一个名为 `addTopIngredients()` 的抽象方法，该方法会在当前类的子类中实现。例如，一个那不勒斯比萨可以如下方式实现：

```
public class NeapolitanPizza extends PizzaMaker {
  @Override
  public void addTopIngredients(Pizza p) {
    System.out.println("Add: fresh mozzarella, tomatoes,
      basil leaves, oregano, and olive oil ");
  }
}
```

一个希腊比萨则如下所示：

```
public class GreekPizza extends PizzaMaker {
  @Override
  public void addTopIngredients(Pizza p) {
    System.out.println("Add: sauce and cheese");
  }
}
```

所以每类比萨都需要一个新的类来重载 `addTopIngredients()` 方法。最后，我们还可以这种方式来制作比萨：

```
Pizza nPizza = new Pizza();
PizzaMaker nMaker = new NeapolitanPizza();
nMaker.make(nPizza);
```

该方式的缺点在于样板代码和冗长。然而我们可以使用 Lambda 表达式来实现可变步骤的模板方法，在具体情况中，我们需要选择正确的函数式接口。在本例中，我们可以如下方式通过一个 `Consumer` 实现：

```
public class PizzaLambda {
  public void make(Pizza pizza, Consumer<Pizza> addTopIngredients) {
    makeDough(pizza);
    addTopIngredients.accept(pizza);
    bake(pizza);
  }

  private void makeDough(Pizza p) {
    System.out.println("Make dough");
  }

  private void bake(Pizza p) {
    System.out.println("Bake the pizza");
  }
}
```

至此，我们不再需要定义子类（不再需要 `NeapolitanPizza`、`GreekPizza` 和其他类），只需要通过一个 Lambda 表达式传递可变步骤即可。让我们做一个西西里比萨：

```
Pizza sPizza = new Pizza();
new PizzaLambda().make(sPizza, (Pizza p)
  -> System.out.println("Add: bits of tomato, onion,
    anchovies, and herbs "));
```

万事大吉！不再需要样板代码了。Lambda 极大改进了解决方案。

172. 实现观察者模式

简单来说，观察者模式基于一个在特定事件发生时自动通知其订阅者（ observers ）的对象（ subject ）实现。

例如，消防站总部就是“对象”，地方消防站就是“订阅者”。当火灾发生时，消防站总部通知全部地方消防站并发送火灾发生地址给它们。每个“订阅者”都分析接收到的地址并基于不同的规则来决定是否去灭火。

所有地方消防站通过一个名为 `FireObserver` 的接口组织起来。该方法只定义了一个由消防站总部（subject）调用的抽象方法：

```
public interface FireObserver {
  void fire(String address);
}
```

每个地方消防站（observer）都实现了它的接口，并在 `fire()` 方法实现中确定是否去灭火。假设我们有三个地方消防站（`Brookhaven`、`Vinings` 和 `Decatur`）：

```
public class BrookhavenFireStation implements FireObserver {
  @Override
  public void fire(String address) {
    if (address.contains("Brookhaven")) {
      System.out.println(
        "Brookhaven fire station will go to this fire");
    }
  }
}

public class ViningsFireStation implements FireObserver {
  //这里使用了和上面相同的代码，来支持ViningsFireStation类的功能
}

public class DecaturFireStation implements FireObserver {
  //这里使用了和上面相同的代码，来支持DecaturFireStation类的功能
}
```

现在我们需要注册这些订阅者（observers）以获取对象（subject）的通知。每个地方消防站都需要作为一个订阅者（observer）注册到消防站总部上（subject）。为了实现该功能，我们声明了另一个定义对象（subject）如何注册并通知其订阅者（observers）的接口：

```
public interface FireStationRegister {
  void registerFireStation(FireObserver fo);
```

```
  void notifyFireStations(String address);
}
```

最后，我们来实现消防站总部（subject）:

```
public class FireStation implements FireStationRegister {
  private final List<FireObserver> fireObservers = new ArrayList<>();

  @Override
  public void registerFireStation(FireObserver fo) {
    if (fo != null) {
      fireObservers.add(fo);
    }
  }

  @Override
  public void notifyFireStations(String address) {
    if (address != null) {
      for (FireObserver fireObserver: fireObservers) {
        fireObserver.fire(address);
      }
    }
  }
}
```

现在，让我们把三个地方消防站（observers）注册到消防站总部（subject）:

```
FireStation fireStation = new FireStation();
fireStation.registerFireStation(new BrookhavenFireStation());
fireStation.registerFireStation(new DecaturFireStation());
fireStation.registerFireStation(new ViningsFireStation());
```

然后，当火灾发生时，消防站总部将通知所有已注册的地方消防站:

```
fireStation.notifyFireStations(
  "Fire alert: WestHaven At Vinings 5901 Suffex Green Ln Atlanta");
```

这样，观察者模式就实现了。

该方式又是样板代码的一个典型例子。每个地方消防站都需要创建一个新的类并实现 `fire()` 方法。

然而，Lambda 可以再次帮助我们！因为 `FireObserver` 接口只有一个抽象方法，所以它也可以是一个函数式接口:

```
@FunctionalInterface
public interface FireObserver {
  void fire(String address);
}
```

该函数式接口是 `Fire.registerFireStation()` 方法的一个参数。在这种情况下，我们可以向该方法传递一个 Lambda 表达式，而非地方消防站的一个实例。这个 lambda 体会包含其行为，因此我们可以删除掉之前的地方消防站相关类，并使用 Lambda 表达式，代码如下:

```
fireStation.registerFireStation((String address) -> {
  if (address.contains("Brookhaven")) {
    System.out.println(
      "Brookhaven fire station will go to this fire");
  }
});

fireStation.registerFireStation((String address) -> {
  if (address.contains("Vinings")) {
    System.out.println("Vinings fire station will go to this fire");
  }
});

fireStation.registerFireStation((String address) -> {
  if (address.contains("Decatur")) {
    System.out.println("Decatur fire station will go to this fire");
  }
});
```

很好！再也没有烦人的样板代码了。

173. 实现贷出模式

在本节中，我们将讨论贷出模式的实现。假设我们有一个包含三个数字（如 double 类型的数字）的文件，每个数字都是一个公式的系数。例如，数字 x、y、z 是以下两个公式的系数：$x+y-z$ 和 $x-y*\mathrm{sqrt}(z)$。当然，我们也可以编写其他公式。

在这点上，我们应能意识到，该场景听起来很适合行为参数化。这次我们没有使用自定义的函数式接口，而是使用一个名为 Function<T, R> 的内置函数式接口。该函数式接口表示接收一个参数并生成返回结果的功能，其抽象方法签名是 R apply(T t)。

该函数式接口会作为一个实现贷出模式的静态方法的参数。让我们把该方法放到一个名为 Formula 的类中：

```
public class Formula {
  //...
  public static double compute(
    Function<Formula, Double> f) throws IOException {
    //...
  }
}
```

注意，Formula 类中声明的 compute() 方法接收一个 Formula -> Double 形式的 Lambda 表达式。让我们来看下 compute() 方法的完整源码：

```
public static double compute(
  Function<Formula, Double> f) throws IOException {
  Formula formula = new Formula();
  double result = 0.0 d;
  try {
    result = f.apply(formula);
```

```
  } finally {
    formula.close();
  }
  return result;
}
```

这里需要强调三点。首先，当我们创建 `Formula` 的一个实例时，我们其实是打开了文件的一个新的 `Scanner`（可以查看该类的私有构造方法）:

```
public class Formula {
  private final Scanner scanner;
  private double result;

  private Formula() throws IOException {
    result = 0.0d;
    scanner = new Scanner(
      Path.of("doubles.txt"), StandardCharsets.UTF_8);
  }

  //...
}
```

其次，当我们执行 Lambda 表达式的时候，实际上调用了 `Formula` 的一系列实例方法用于计算（应用公式）。这些方法均返回 `Formula` 实例，而应该被调用的示例方法则在 lambda 体中定义。

我们只需要如下计算方法即可，当然我们也可以增加更多计算方法:

```
public Formula add() {
  if (scanner.hasNextDouble()) {
    result += scanner.nextDouble();
  }
  return this;
}

public Formula minus() {
  if (scanner.hasNextDouble()) {
    result -= scanner.nextDouble();
  }
  return this;
}

public Formula multiplyWithSqrt() {
  if (scanner.hasNextDouble()) {
    result *= Math.sqrt(scanner.nextDouble());
  }
  return this;
}
```

因为该运算方法（公式）的返回值是一个 `double`，我们需要提供一个返回最终结果的终止（Terminal）方法:

```
public double result() {
  return result;
}
```

最后，我们关闭 `Scanner` 并重置结果。该操作发生在私有 `close()` 方法中：

```
private void close() {
  try (scanner) {
    result = 0.0d;
  }
}
```

这些代码片段已经收录到本书示例代码文件中一个名为 `Formula` 的类中。

你还记得我们的公式吗？即 $x+y-z$ 和 $x-y*\text{sqrt}(z)$ 这两个公式，第一个公式可以如下方式实现：

```
double xPlusYMinusZ = Formula.compute((sc)
  -> sc.add().add().minus().result());
```

第二个公式则可以如下方式实现：

```
double xMinusYMultiplySqrtZ = Formula.compute((sc)
  -> sc.add().minus().multiplyWithSqrt().result());
```

现在我们只需要关注公式，而不需要再为开启关闭文件烦恼了。此外，流式 API 允许我们构建任意公式并可以方便添加更多操作。

174. 实现装饰器模式

装饰器模式更倾向于组合而非继承；因此，它是子类技术的一个优雅替代方案。通过它，我们可以从一个基础对象开始，以动态方式添加附加功能。

例如，我们使用该模式去“修饰”一个蛋糕。修饰过程不会改变蛋糕本身——它只是添加了一些坚果、奶油、水果等配料。

下图说明了我们将实现的内容：

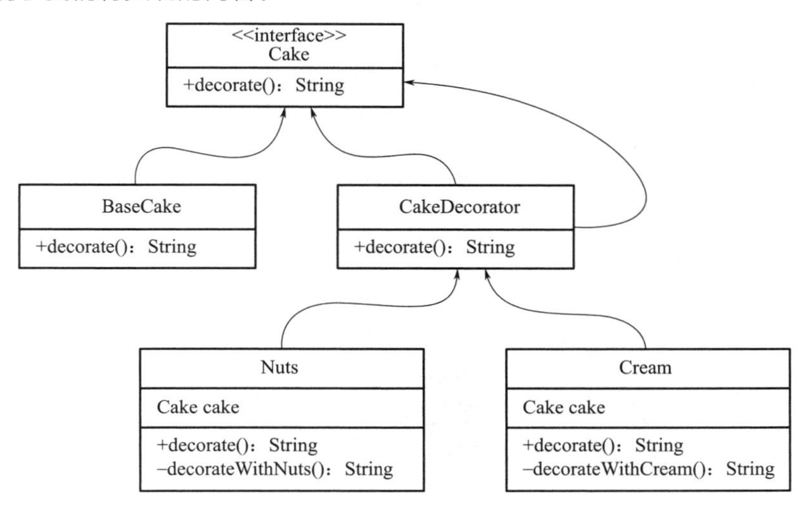

首先，我们创建一个名为 Cake 的接口：

```
public interface Cake {
  String decorate();
}
```

接下来，我们通过 BaseCake 类实现该接口：

```
public class BaseCake implements Cake {
  @Override
  public String decorate() {
    return "Base cake ";
  }
}
```

然后，我们为这个 Cake 创建一个抽象类 CakeDecorator。该类的主要目标是调用给定 Cake 的 decorate() 方法：

```
public class CakeDecorator implements Cake {
  private final Cake cake;

  public CakeDecorator(Cake cake) {
    this.cake = cake;
  }

  @Override
  public String decorate() {
    return cake.decorate();
  }
}
```

接下来，我们来实现装饰器。每个装饰器都继承了 CakeDecorator 类并修改 decorate() 以添加对应装饰功能。例如，Nuts 装饰器如下所示：

```
public class Nuts extends CakeDecorator {
  public Nuts(Cake cake) {
    super(cake);
  }

  @Override
  public String decorate() {
    return super.decorate() + decorateWithNuts();
  }

  private String decorateWithNuts() {
    return "with Nuts ";
  }
}
```

为了简洁起见，我们跳过了 Cream 装饰器。然而，可以直观看出这个装饰器会和 Nuts 装饰器高度相似。所以，我们又有了样板代码。

现在，我们创建一个以坚果和奶油装饰的 `Cake`，如下所示：

```
Cake cake = new Nuts(new Cream(new BaseCake()));
//装饰了奶油和坚果的蛋糕
System.out.println(cake.decorate());
```

这是装饰器模式的一种经典实现。现在，我们来看下 Lambda 实现，该方式可以大幅减少代码，尤其是在我们有大量装饰器的时候。

这次我们将 `Cake` 接口转换为如下的类：

```
public class Cake {
  private final String decorations;

  public Cake(String decorations) {
    this.decorations = decorations;
  }

  public Cake decorate(String decoration) {
    return new Cake(getDecorations() + decoration);
  }

  public String getDecorations() {
    return decorations;
  }
}
```

这里的核心是 `decorate()` 方法。该方法主要用于将给定的装饰物传给已有装饰物并返回一个新的 `Cake`。

在另一个例子里，我们来看下 `java.awt.Color` 类，它有一个名为 `brighter()` 的方法。该方法创建了一个比当前 `Color` 更明亮的 `Color` 版本。类似的，`decorate()` 方法也创建了一个比当前 `Cake` 装饰物更多的 `Cake` 版本。

此外，我们不需要为装饰器编写单独的类，我们可以直接通过 Lambda 表达式将装饰器传递给 `CakeDecorator`：

```
public class CakeDecorator {
  private Function<Cake, Cake> decorator;

  public CakeDecorator(Function<Cake, Cake>... decorations) {
    reduceDecorations(decorations);
  }

  public Cake decorate(Cake cake) {
    return decorator.apply(cake);
  }

  private void reduceDecorations(
      Function<Cake, Cake>... decorations) {
    decorator = Stream.of(decorations)
```

```
      .reduce(Function.identity(), Function::andThen);
  }
}
```

该类主要做了如下两件事：

- 在构造方法中，它调用了 `reduceDecorations()` 方法。该方法通过 `Stream.reduce()` 和 `Function.andThen()` 方法链接需要传递的 `Function`。最终结果为由给定 `Function` 数组组成的单个 `Function`。
- 当组合 `Function` 的 `apply()` 方法被 `decorate()` 方法调用时，它将会逐个去运行给定的函数。由于给定数组中每个 `Function` 都是装饰器，所以也可以说组合 `Funciton` 逐个运行装饰器。

让我们创建一个由坚果和奶油装饰的 `Cake`：

```
CakeDecorator nutsAndCream = new CakeDecorator(
  (Cake c) -> c.decorate(" with Nuts"),
  (Cake c) -> c.decorate(" with Cream"));
Cake cake = nutsAndCream.decorate(new Cake("Base cake"));
//装饰了奶油和坚果的蛋糕
System.out.println(cake.getDecorations());
```

完毕！读者可以考虑运行本书所配代码并查看对应输出。

175. 实现级联建造者模式

在第 2 章的“51. 使用建造者模式编写不可变类”中，我们已经讨论过该模式。这里建议先回顾相关内容。

在我们的工具箱中就有建造者模式的经典实现。假设我们想编写一个邮寄包裹的类，主要工作是设置收件人的姓名、地址和包裹内容，然后寄出包裹。

我们可以通过建造者模式和 Lambda 实现该功能，如下所示：

```
public final class Delivery {
  public Delivery firstname(String firstname) {
    System.out.println(firstname);
    return this;
  }

  //对于lastname、address和content，处理方式类似
  public static void deliver(Consumer<Delivery> parcel) {
    Delivery delivery = new Delivery();
    parcel.accept(delivery);
    System.out.println("\nDone ...");
  }
}
```

为了邮寄一个包裹，我们可以使用一个简单的 Lambda 表达式：

```
Delivery.deliver(d -> d.firstname("Mark")
  .lastname("Kyilt")
```

```
    .address("25 Street, New York")
    .content("10 books"));
```

显然，Consumer<Delivery> 参数有助于我们使用 Lambda 表达式。

176. 实现命令模式

简而言之，命令模式用于将一个请求封装成一个对象。我们可以在不知道命令本身或命令的接受方的情况下传递此对象。

该模式的一个经典实现会包括几个类。在本问题中，需要使用到如下类：

- Command 接口负责执行一个特定操作（在本例中，可能的操作包括移动、拷贝和删除）。该接口的具体实现为 CopyCommand、MoveCommand 和 DeleteCommand。
- IODevice 接口定义了可支持的操作（move ()、copy () 和 delete ()）。HardDisk 类是 IODevice 的一个具体实现，并代表接收方。
- Sequence 类是命令的调用方，并且它需要知道如何执行一个给定命令。调用方可以不同方式进行操作，但是在本例中，我们只需记录命令并在 runSequence () 方法被调用时批量执行它们。

命令模式原理如图所示：

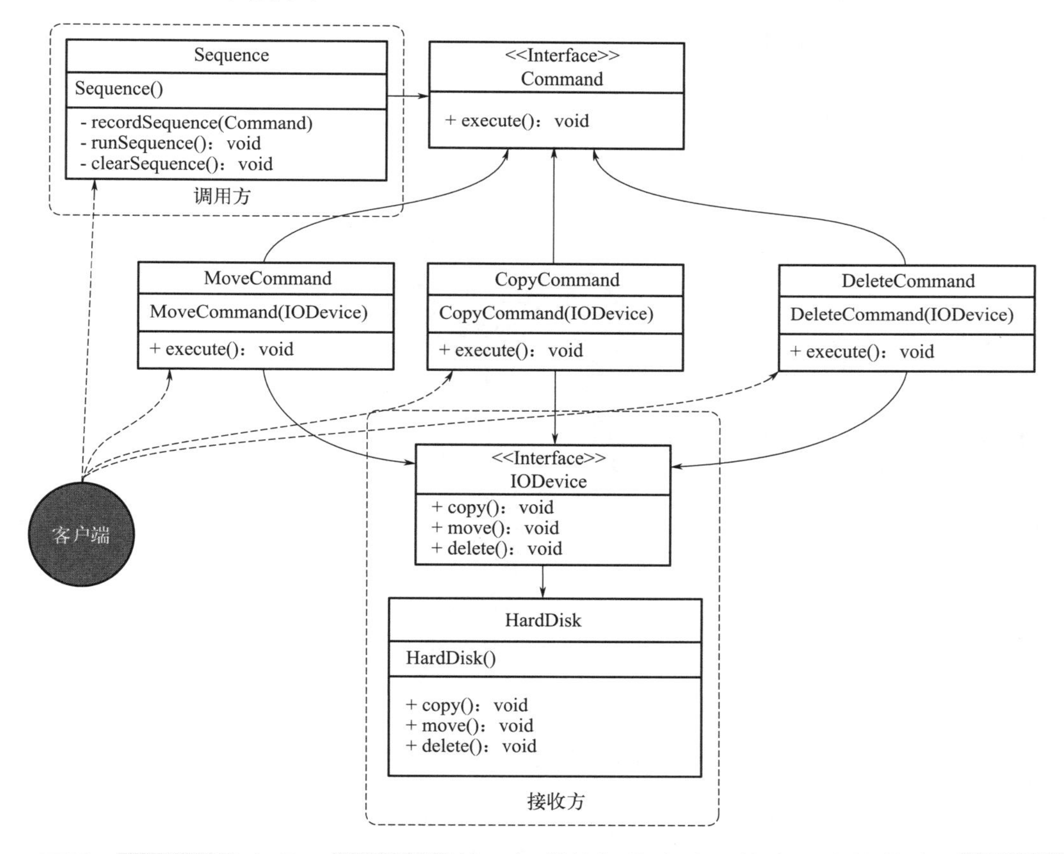

可见，HardDisk 实现了 IODevice 接口提供的操作方法。作为一个接收方，HardDisk 负责在一个具体命令调用 execute() 方法时运行对应的实际操作。IODevice 源码如下所示：

```
public interface IODevice {
  void copy();
  void delete();
  void move();
}
```

HardDisk 是 IODevice 接口的一个具体实现：

```
public class HardDisk implements IODevice {

  @Override
  public void copy() {
    System.out.println("Copying ...");
  }

  @Override
  public void delete() {
    System.out.println("Deleting ...");
  }

  @Override
  public void move() {
    System.out.println("Moving ...");
  }
}
```

所有具体的命令类都需要实现 Command 接口：

```
public interface Command {
  public void execute();
}

public class DeleteCommand implements Command {
  private final IODevice action;

  public DeleteCommand(IODevice action) {
    this.action = action;
  }

  @Override
  public void execute() {
    action.delete()
  }
}
```

以同样方式，我们也可实现 CopyCommand 和 MoveCommand。为了简洁起见，此处不再展示具体代码。

此外，Sequence 类扮演着调用方角色。调用方知道如何执行给定的命令，但是它对命令的具体实现一无所知（它只知道命令的接口）。在该类中，我们将命令记录到一个 List 中，并在 runSequence() 方法被调用时批量执行这些命令：

```
public class Sequence {
  private final List<Command> commands = new ArrayList<>();

  public void recordSequence(Command cmd) {
    commands.add(cmd);
  }

  public void runSequence() {
    commands.forEach(Command::execute);
  }

  public void clearSequence() {
    commands.clear();
  }
}
```

实践出真知。让我们在 `HardDisk` 上执行一批操作：

```
HardDisk hd = new HardDisk();
Sequence sequence = new Sequence();
sequence.recordSequence(new CopyCommand(hd));
sequence.recordSequence(new DeleteCommand(hd));
sequence.recordSequence(new MoveCommand(hd));
sequence.recordSequence(new DeleteCommand(hd));
sequence.runSequence();
```

显然，这里还是有很多样板代码。看看这些命令类，我们真的需要它们吗？如果我们意识到 `Command` 接口其实就是一个函数式接口的话，我们就可以移除它的具体实现，转而通过 Lambda 传递具体行为（命令类只是一组行为，所以它们可以通过 Lambda 表达），如下所示：

```
HardDisk hd = new HardDisk();
Sequence sequence = new Sequence();
sequence.recordSequence(hd::copy);
sequence.recordSequence(hd::delete);
sequence.recordSequence(hd::move);
sequence.recordSequence(hd::delete);
sequence.runSequence();
```

小结

通过 Lambda 来减少乃至消除样板代码是一种可以用于各种设计模式和场景的技术。而你所积累的知识，可以在未来处理相关案例时为你提供坚实的基础。

读者可以下载本章的相关应用代码来查看运行结果和更多细节。

第 9 章 函数式编程：进阶

本章包括 22 个 Java 函数式编程的进阶问题。在本章我们会重点关注流的经典操作（如 `filter` 和 `map`）相关问题，并讨论无限流、null-safe 流和默认方法这些内容。而本章的完整问题列表还会涵盖分组、分区、收集器（包括 JDK 12 的 `teeing()` 收集器和自定义收集器开发）这些内容。此外，我们也会针对 `takeWhile()`、`dropWhile()`、组合函数、谓词、比较器、Lambda 表达式的验证和调试等其他热门问题展开讨论。

读者在完成上一章和本章的学习后，就可以准备在生产应用中去使用函数式编程了。以下问题将为你提供广泛的用例，其中包括极端和易犯错的案例。

问题

本章将用如下问题来测试你对函数式编程的掌握程度。笔者强烈推荐你先尝试独立解决每个问题，然后再去看本书中的解决方案和下载示例代码：

177. **测试高阶函数**：编写几个单元测试来测试高阶函数。

178. **测试使用 Lambda 表达式的方法**：编写几个单元测试来测试使用 Lambda 的方法。

179. **调试 Lambda 表达式**：展示调试 Lambda 表达式的方法。

180. **过滤流中的非 0 元素**：编写一个流管道（stream pipeline），用来过滤流中的非零元素。

181. **无限流、`takeWhile()` 和 `dropWhile()`**：编写几个处理无限流的代码示例，另外，再使用 `takeWhile` 和 `dropWhile` API 来编写几个示例。

182. **映射流中的元素**：编写几个通过 `Map()` 和 `flatMap()` 方法映射流的例子。

183. **找出流中的元素**：从流中找出不同的元素。

184. **匹配流中元素**：在流中匹配不同的元素。

185. **流中的 sum、max 和 min 操作**：通过基本类型的流和 `Stream.reduce()` 方法来计算给定流的和、最大值和最小值。

186. **收集流的返回结果**：将流返回的结果收集到 list、map 和 set 中。

187. **连接流的返回结果**：将流的返回结果连接为一个字符串（`String`）。

188. **聚合收集器**：展示聚合收集器（summarization collectors）的使用。

189. **分组（grouping）**：使用 `groupingBy()` 收集器进行操作。

190. **分区（partitioning）**：使用 `partitioningBy()` 收集器进行操作。

191. **filtering、flattening 和 mapping 收集器**：举例说明 `filtering`、`flattening` 和 `mapping` 收集器的用法。

192. **teeing**：实现对两个收集器返回结果的合并（JDK 12 的 `Collectors.teeing()`）。

193. **编写自定义收集器**：实现一个自定义收集器。

194. **方法引用**：编写一个方法引用的示例。

195. **并行处理流**：简要概述并行流处理，为 `parallelStream()`、`parallel()` 和 `spliterator()` 方法分别提供至少一个例子。

196. **null-safe 流**：基于一个元素或是一组元素返回一个 null-safe 流。

197. **组合方法、谓词和比较器**：实现几个组合方法（composing function）、谓词（predicate）和比较器（comparator）的例子。

198. **默认方法**：编写一个包含默认方法的接口。

解决方案

下面将介绍上述问题的解决方案。通常，这些问题的正确解决方法是不止一种的。需要注意的是，书中的代码和思路讲解仅包括了最关键的部分，你可以访问 https://github.com/PacktPublishing/Java-Coding-Problems 下载完整的代码以获取更多细节，还可以尝试运行这些示例代码。

177. 测试高阶函数

高阶函数是一个专用术语，用于描述一个返回值为函数或者接收函数作为参数的函数。据此，在一个 Lambda 表达式的上下文中测试高阶函数应该覆盖以下两个主要场景：

- 测试接收 Lambda 表达式作为参数的方法
- 测试返回函数式接口的方法

我们将在接下来的内容中学习这两个测试。

测试接收 Lambda 表达式作为参数的方法

对于该测试，可以通过向该方法传入不同的 Lambda 表达式来完成。假设我们有如下的函数式接口：

```
@FunctionalInterface
public interface Replacer<String> {
  String replace(String s);
}
```

另外，假设我们有一个方法把 `String -> String` 类型的 Lambda 表达式作为参数，具体如下所示：

```
public static List<String> replace(
  List<String> list, Replacer<String> r) {

  List<String> result = new ArrayList<>();
  for (String s : list) {
```

```
    result.add(r.replace(s));
  }
  return result;
}
```

现在，我们来为这个方法写一个单元测试（JUnit），测试中会使用两个 Lambda 表达式：

```
@Test
public void testReplacer() throws Exception {
  List<String> names = Arrays.asList(
    "Ann a 15", "Mir el 28", "D oru 33");
  List<String> resultWs = replace(
    names, (String s) -> s.replaceAll("\\s", ""));
  List<String> resultNr = replace(
    names, (String s) -> s.replaceAll("\\d", ""));
  assertEquals(Arrays.asList(
    "Anna15", "Mirel28", "Doru33"), resultWs);
  assertEquals(Arrays.asList(
    "Ann a ", "Mir el ", "D oru "), resultNr);
}
```

测试返回函数式接口的方法

测试一个返回函数式接口的方法等同于测试这个函数式接口的行为。因此我们来看如下方法：

```
public static Function<String, String> reduceStrings(
  Function<String, String> ...functions) {
  Function<String, String> function = Stream.of(functions)
    .reduce(Function.identity(), Function::andThen);
  return function;
}
```

现在，我们按照如下方式来测试返回的 `Function<String, String>` 的行为：

```
@Test
public void testReduceStrings() throws Exception {
  Function<String, String> f1 = (String s) -> s.toUpperCase();
  Function<String, String> f2 = (String s) -> s.concat(" DONE");
  Function<String, String> f = reduceStrings(f1, f2);
  assertEquals("TEST DONE", f.apply("test"));
}
```

178. 测试使用 Lambda 表达式的方法

我们先测试一个未封装在方法中的 Lambda 表达式。例如，以下 Lambda 表达式和一个字段（用于重用）关联，我们想测试下它的逻辑：

```
public static final Function<String, String> firstAndLastChar
  = (String s) -> String.valueOf(s.charAt(0))
    + String.valueOf(s.charAt(s.length() - 1));
```

现在我们来考虑通过一个 Lambda 表达式生成一个函数式接口的实例。然后，我们可以通过如下代码来测试这个实例的行为：

```
@Test
public void testFirstAndLastChar() throws Exception {
  String text = "Lambda";
  String result = firstAndLastChar.apply(text);
  assertEquals("La", result);
}
```

> **提示：** 另一个解决方案则是将 Lambda 表达式封装在一个方法调用中，并编写这个方法调用的单元测试。

通常，Lambda 表达式只在方法内部使用。所以在大多数情况下，测试包含 Lambda 表达式的方法是可以接受的。但是有些情况下，我们想要测试 Lambda 表达式其本身。这个问题的一个解决方案包含如下三个主要步骤：

① 将 Lambda 表达式提取到一个静态方法中；

② 通过一个方法引用来替换当前 Lambda 表达式；

③ 测试这个静态方法。

例如，对于下面的方法：

```
public List<String> rndStringFromStrings(List<String> strs) {
  return strs.stream()
    .map(str -> {
      Random rnd = new Random();
      int nr = rnd.nextInt(str.length());
      String ch = String.valueOf(str.charAt(nr));
      return ch;
    })
    .collect(Collectors.toList());
}
```

我们的目标是测试这个方法内部的 Lambda 表达式：

```
str -> {
  Random rnd = new Random();
  int nr = rnd.nextInt(str.length());
  String ch = String.valueOf(str.charAt(nr));
  return ch;
}
```

现在让我们来应用上面的三个步骤

① 将 Lambda 表达式提取到一个静态方法中：

```
public static String extractCharacter(String str) {
  Random rnd = new Random();
  int nr = rnd.nextInt(str.length());
  String chAsStr = String.valueOf(str.charAt(nr));
  return chAsStr;
}
```

② 使用对应的方法引用来替换 Lambda 表达式:

```
public List<String> rndStringFromStrings(List<String> strs) {
  return strs.stream()
    .map(StringOperations::extractCharacter)
    .collect(Collectors.toList());
}
```

③ 测试这个静态方法（其实就是测试 Lambda 表达式）:

```
@Test
public void testRndStringFromStrings() throws Exception {
  String str1 = "Some";
  String str2 = "random";
  String str3 = "text";
  String result1 = extractCharacter(str1);
  String result2 = extractCharacter(str2);
  String result3 = extractCharacter(str3);
  assertEquals(result1.length(), 1);
  assertEquals(result2.length(), 1);
  assertEquals(result3.length(), 1);
  assertThat(str1, containsString(result1));
  assertThat(str2, containsString(result2));
  assertThat(str3, containsString(result3));
}
```

> **提示:** 建议避免使用包含多行代码的 Lambda 表达式。这样的话，通过使用上文所提到的技术，Lambda 表达式会变得易于测试。

179. 调试 Lambda 表达式

想要调试 Lambda 表达式的话，我们有至少三种解决方案:

- 检查堆栈信息;
- 打日志;
- 依赖 IDE 的支持（例如，NetBeans、Eclipse 和 IntelliJ IDEA 都内置或通过插件支持调试 Lambda 表达式。

让我们把注意力放到前两个方案上。因为依赖 IDE 的支持是一个非常庞大且细节的问题，它不在本书的讨论范围内。

当错误发生在 Lambda 表达式或是流管道（stream pipeline）内部时，其所对应的堆栈信息可能是相当令人困惑的。比如以下代码:

```
List<String> names = Arrays.asList("anna", "bob", null, "mary");
names.stream()
  .map(s -> s.toUpperCase())
  .collect(Collectors.toList());
```

由于第三个元素是 `null`，我们会得到一个 `NullPointerException`，且流管道中定义的整个调用序列会被展示出来，如图所示：

```
Exception in thread "main" java.lang.NullPointerException
        at modern.challenge.Main.lambda$main$5(Main.java:28)
        at java.base/java.util.stream.ReferencePipeline$3$1.accept(ReferencePipeline.java:195)
        at java.base/java.util.Spliterators$ArraySpliterator.forEachRemaining(Spliterators.java:948)
        at java.base/java.util.stream.AbstractPipeline.copyInto(AbstractPipeline.java:484)
        at java.base/java.util.stream.AbstractPipeline.wrapAndCopyInto(AbstractPipeline.java:474)
        at java.base/java.util.stream.ReduceOps$ReduceOp.evaluateSequential(ReduceOps.java:913)
        at java.base/java.util.stream.AbstractPipeline.evaluate(AbstractPipeline.java:234)
        at java.base/java.util.stream.ReferencePipeline.collect(ReferencePipeline.java:578)
        at modern.challenge.Main.main(Main.java:29)
```

方框标注的行告诉我们，这个 `NullPointerException` 发生在名为 `lambda$main$5` 的 Lambda 表达式内部。这个名字是编译器生成的，因为 Lambda 表达式并没有名字。而且，我们并不知道具体哪个元素为空。

因此，我们可以得出结论：Lambda 或是流管道内部错误对应的堆栈信息并不是很直观。

或者我们可以尝试通过日志记录输出。该方案可以帮助我们调试流内部的一组操作序列，我们可以通过 `forEach()` 方法来实现：

```
List<String> list = List.of("anna", "bob",
  "christian", "carmen", "rick", "carla");

list.stream()
  .filter(s -> s.startsWith("c"))
  .map(String::toUpperCase)
  .sorted()
  .forEach(System.out::println);
```

我们会得到如下输出：

```
CARLA
CARMEN
CHRISTIAN
```

在一些场景中，这个技巧会非常有用。当然，我们注意到 `forEach()` 是一个终止（terminal）操作，因此流会被消费。因为一个流只能被消费一次，这可能是个问题。

此外，如果我们向列表中添加一个 `null` 值，那么输出将再次变得混乱。

一个更好的选择是使用 `peek()` 方法。这是一个中间操作，它对当前元素执行特定操作并将其转发到管道（pipeline）的下一个操作。下图展示了 `peek()` 是如何工作的：

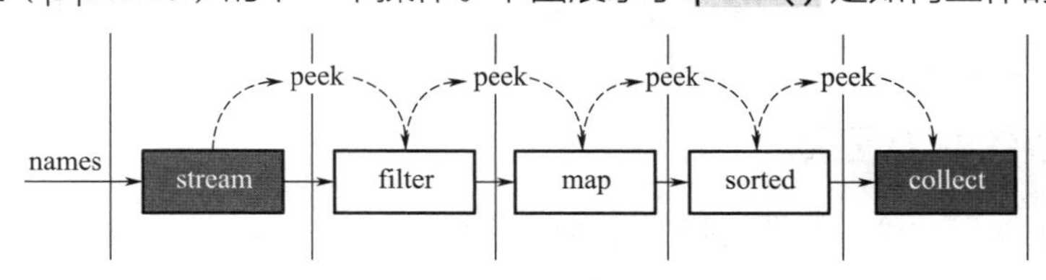

让我们来查看它的代码：

```
System.out.println("After:");

names.stream()
  .peek(p -> System.out.println("\tstream(): " + p))
  .filter(s -> s.startsWith("c"))
  .peek(p -> System.out.println("\tfilter(): " + p))
  .map(String::toUpperCase)
  .peek(p -> System.out.println("\tmap(): " + p))
  .sorted()
  .peek(p -> System.out.println("\tsorted(): " + p))
  .collect(Collectors.toList());
```

以下是我们可能获取的一个输出示例：

```
After:
        stream(): anna
        stream(): bob
        stream(): christian
        filter(): christian
        map(): CHRISTIAN
        stream(): carmen
        filter(): carmen
        map(): CARMEN
        stream(): rick
        stream(): carla
        filter(): carla
        map(): CARLA
        sorted(): CARLA
        sorted(): CARMEN
        sorted(): CHRISTIAN
```

现在，让我们故意向队列中添加一个 `null` 值，然后再运行它：

```
List<String> names = Arrays.asList("anna", "bob",
  "christian", null, "carmen", "rick", "carla");
```

将 `null` 值添加到队列后，我们会获得如下输出：

```
After:
        stream(): anna
        stream(): bob
        stream(): christian
        filter(): christian
        map(): CHRISTIAN
        stream(): null
Exception in thread "main" java.lang.NullPointerException
        at modern.challenge.Main.lambda$main$1(Main.java:16)
        ...
```

这次我们可以看到在调用 `stream()` 方法后出现了 `null` 值。因为 `stream` 是第一个操作，所以我们可以方便地找出存在于队列内容中的错误。

180. 过滤流中的非 0 元素

在第 8 章的“166. 编写函数式接口”里，我们通过一个名为 `Predicate` 的函数式接口

定义了一个 `filter` 方法。而 Java Stream API 已经有了这样一个方法，该函数式接口名为 `java.util.function.Predicate`。

假设我们有如下的整数 `List`：

```
List<Integer> ints = Arrays.asList(1, 2, -4, 0, 2, 0, -1, 14, 0, -1);
```

将这个队列转为流并提取非 0 元素，该操作可以通过如下代码完成：

```
List<Integer> result = ints.stream()
  .filter(i -> i != 0)
  .collect(Collectors.toList());
```

获取的结果队列会包含如下元素：1, 2, -4, 2, -1, 14, -1

下图展示了 `filter()` 方法是如何在流内部工作的：

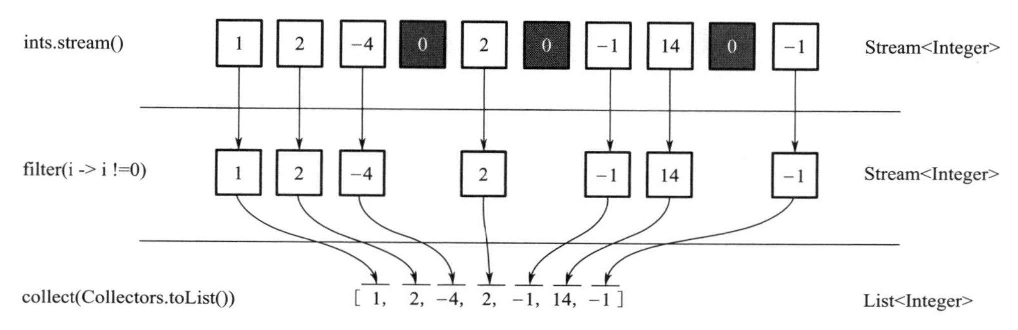

注意，对于一些常见操作，Java Stream API 已经提供了开箱即用的内部操作，因此不需要提供 `Predicate`。其中部分操作如下所示：

- `distinct()`：移除流中重复元素。
- `skip(n)`：丢弃前 n 个元素。
- `limit(s)`：将流截断为不超过 s 长度。
- `sorted()`：通过自然顺序对流进行排序。
- `sorted(Comparator<? super T> comparator)`：通过给定 `Comparator` 对流进行排序。

让我们将这些操作和一个 `filter()` 放到一个例子中。我们会过滤 0 值，过滤重复值，跳过为 1 的值，将剩下的流截断为 2 个元素，再将它们通过自然顺序排序：

```
List<Integer> result = ints.stream()
  .filter(i -> i != 0)
  .distinct()
  .skip(1)
  .limit(2)
  .sorted()
  .collect(Collectors.toList());
```

结果队列会包含如下两个元素：-4 和 2。

下图展示了这个流管道内部是如何工作的：

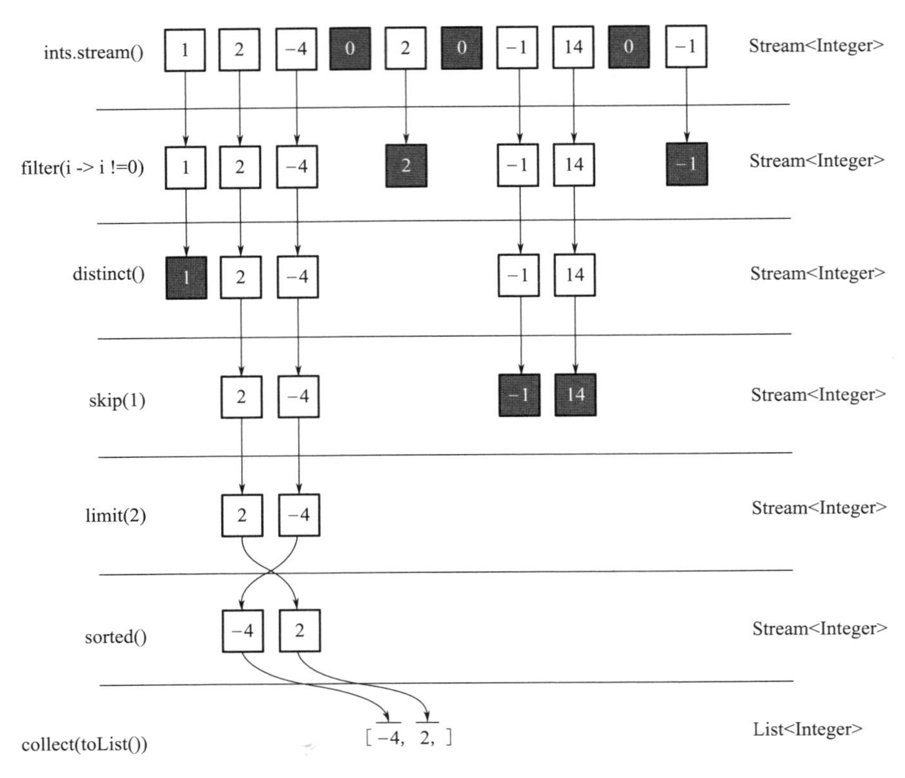

当 `filter()` 操作需要一个复杂 / 复合或是长条件时，建议将其提取到一个辅助静态方法中，并使用方法引用。因此，需要避免类似如下操作：

```
List<Integer> result = ints.stream()
  .filter(value -> value > 0 && value < 10 && value % 2 == 0)
  .collect(Collectors.toList());
```

你应该倾向如下操作（`Numbers` 是包含辅助方法的类）：

```
List<Integer> result = ints.stream()
  .filter(Numbers::evenBetween0And10)
  .collect(Collectors.toList());

private static boolean evenBetween0And10(int value) {
  return value > 0 && value < 10 && value % 2 == 0;
}
```

181. 无限流、`takeWhile()` 和 `dropWhile()`

在本问题的第一部分，我们会讨论无限流。在第二部分，我们会讨论 `takeWhile()` 和 `dropWhile()` 的 API。

无限流是一个不停创建数据的流。因为流是延迟进行的，所以它们可以是无限的。更准确地说，创建一个无限流是通过一个中间操作完成的，因此在管道（pipeline）的一个终止（terminal）操作被执行之前，不会有任何数据被创建。

例如，如下代码理论上可以一直执行下去。因为缺少约束限制，这种情况可以通过 `forEach()` 这一终止操作触发：

```
Stream.iterate(1, i -> i + 1)
  .forEach(System.out::println);
```

Java Stream API 允许我们以多种方式创建和操作无限流，稍后将对此展开介绍。

此外，根据定义的 encounter order，流可以是有序或是无序的。一个流是否有 encounter order，取决于数据源和中间操作。例如，以一个 `List` 为数据源的流是有序的，因为 `List` 有其内部顺序。而以一个 `Set` 为数据源的流则是无序的，因为 `Set` 不能保证顺序。一些中间操作（例如 `sorted`）可能会把一个无序流转变为有序的，而一些终止操作（例如 `forEach()`）则可能忽略流的确定顺序。

> **提示：** 通常来说，有序流的性能不受排序操作的影响，但是对于应用操作来说，流是否有序可能会显著影响到并行流的性能。

注意不要把 `Collection.stream().forEach()` 和 `Collection.forEach()` 混淆。`Collection.forEach()` 方法可以依赖集合的迭代器（如果有的话）来实现排序，但是 `Collection.stream().forEach()` 不能定义排序。例如，我们可以通过 `list.forEach()` 方法多次迭代一个 `List`，以插入顺序处理元素；与此同时，`list.parallelStream().forEach()` 方法每次运行都可能会产出一个不同的结果。通常，如果我们不需要流操作，那么可以通过 `Collection.forEach()` 方法来迭代一个集合。

我们可以通过 `BaseStream.unordered()` 方法将有序流转为无序流，如下所示：

```
List<Integer> list
  = Arrays.asList(1, 4, 20, 15, 2, 17, 5, 22, 31, 16);
Stream<Integer> unorderedStream = list.stream()
  .unordered();
```

无限有序流

我们可以通过 `Stream.iterate(T seed, UnaryOperator<T> f)` 方法来获得一个无限有序流。生成的流会从指定的 seed 开始，并通过将 `f` 方法应用于前一个元素（例如，第 `n` 个元素是 `f(n-1)`）来持续生成元素。

例如，一个形如 $1, 2, 3, \cdots, n$ 的整数流可以通过如下方式生成：

```
Stream<Integer> infStream = Stream.iterate(1, i -> i + 1);
```

此外，我们还可以将这个流用于各种目的。例如，让我们通过它来获取前 10 个偶数的队列：

```
List<Integer> result = infStream
  .filter(i -> i % 2 == 0)
  .limit(10)
  .collect(Collectors.toList());
```

`List` 内容如下（该无限流会创建元素 1, 2, 3, …, 20，但是只有如下元素和我们的过滤器匹配，直到达到 10 个元素的限制）：

```
2, 4, 6, 8, 10, 12, 14, 16, 18, 20
```

> **提示：** 注意 `limit ()` 这一中间操作的存在，其存在是强制性的；否则，代码会无休止地运行下去。我们必须显式放弃流；换句话说，我们必须显式指定有多少个和我们过滤器匹配的元素会被收集到最终的队列中。一旦达到限制，这个无限流就会被抛弃。

但是如果我们不想要前 10 个偶数组成的队列，而是 10 以内的偶数（或是其他限制）队列，那么从 JDK 9 开始，我们可以通过 `Stream.iterate()` 这一新特性来实现该行为。该特性允许我们将一个 `hasNext` 谓词直接嵌入到流声明中（`iterate(T seed, Predicate<? super T> hasNext, UnaryOperator<T> next)`）。一旦 `hasNext` 谓词返回 `false`，流就会终止：

```
Stream<Integer> infStream = Stream.iterate(
  1, i -> i <= 10, i -> i + 1);
```

这次我们可以移除掉 `limit()` 这个中间操作，因为 `hasNext` 谓词施加了 10 个元素的限制：

```
List<Integer> result = infStream
  .filter(i -> i % 2 == 0)
  .collect(Collectors.toList());
```

生成的 `List` 如下（根据 `hasNext` 谓词，无限流虽然会创建 1, 2, 3, …, 10 这些元素，但是只有如下 5 个元素匹配我们的过滤器）：

```
2, 4, 6, 8, 10
```

当然，我们可以通过结合 `Stream.iterate()` 和 `limit()` 来形成更为复杂的场景。例如，下例中的流会不停创建新元素，直到 `i -> i<= 10` 失败为止。因为我们使用的是随机值，所以 `hasNext` 谓词返回 `false` 的时刻是不确定的：

```
Stream<Integer> infStream = Stream.iterate(
  1, i -> i <= 10, i -> i + i % 2 == 0
  ? new Random().nextInt(20) : -1 * new Random().nextInt(10));
```

该流的一个可能的输出如下所示：

```
1, -5, -4, -7, -4, -2, -8, -8, ..., 3, 0, 4, -7, -6, 10, ...
```

现在，如下管道将通过 `infStream` 收集最多 25 个由我们创建的数字：

```
List<Integer> result = infStream
  .limit(25)
  .collect(Collectors.toList());
```

当前可见，该无限流可以在两个场景被丢弃。如果 `hasNext` 谓词在我们收集 25 个元素之前就返回 `false`，那么我们获得此时已收集的元素（小于 25 个）；而如果 `hasNext` 谓词在我们收集 25 个元素前没有返回 `false`，那么 `limit()` 操作则会丢弃该流的剩余部分。

伪随机值组成的无限流

如果我们想通过伪随机值创建无限流，可以通过 `Random` 的方法实现，如 `ints()`、`longs()` 和 `doubles()`。例如，一个由伪随机偶数组成的无限流可以如下方式声明（生成的整数会在 [1, 100) 范围内）：

```
IntStream rndInfStream = new Random().ints(1, 100);
```

我们可以通过这个流获取由 10 个伪随机偶数组成的队列：

```
List<Integer> result = rndInfStream
  .filter(i -> i % 2 == 0)
  .limit(10)
  .boxed()
  .collect(Collectors.toList());
```

输出可能如下：

```
8, 24, 82, 42, 90, 18, 26, 96, 86, 86
```

对于这种方式，很难说明在上面的队列生成之前，到底生成了多少个数字。

`ints()` 的另一种使用风格是 `ints(long streamSize, int randomNumberOrigin, int randomNumberBound)`。第一个参数允许我们指定应该生成多少个伪随机值。例如，流会在下面的代码中在 [1, 100) 范围内精准生成 10 个值：

```
IntStream rndInfStream = new Random().ints(10, 1, 100);
```

我们可以如下方式获取这 10 个值中的偶数：

```
List<Integer> result = rndInfStream
  .filter(i -> i % 2 == 0)
  .boxed()
  .collect(Collectors.toList());
```

输出可能如下：

```
80, 28, 60, 54
```

我们可以使用此示例作为生成随机定长字符串的基础，如下所示：

```
IntStream rndInfStream = new Random().ints(20, 48, 126);
String result = rndInfStream
  .mapToObj(n -> String.valueOf((char) n))
  .collect(Collectors.joining());
```

输出可能如下：

```
AIW?F1obl3KPKMItqY8>
```

> **提示：** `Stream.ints()` 提供了另外两种使用风格：一个不接收任何参数（由整数组成的无限流），另一个则接收一个表示应生成元素个数的参数，即 `ints(long streamSize)`。

无限连续无序流

我们可以使用 `Stream.generate(Supplier<? extends T> s)` 方法创建一个无限连续无序流。在这个情况下，每个元素都由提供的 `Supplier` 生成。它适用于生成常数流、随机元素流等。

例如，假设我们有个简单方法来生成由 8 个字符组成的密码：

```
private static String randomPassword() {
  String chars = "abcd0123!@#$";
  return new SecureRandom().ints(8, 0, chars.length())
    .mapToObj(i -> String.valueOf(chars.charAt(i)))
    .collect(Collectors.joining());
}
```

接下来，我们希望定义一个返回随机密码的无限连续无序流（`Main` 是包含上文方法的类）：

```
Supplier<String> passwordSupplier = Main::randomPassword;
Stream<String> passwordStream = Stream.generate(passwordSupplier);
```

此时，`passwordStream` 可以无限创建密码。让我们创建 10 个这样的密码：

```
List<String> result = passwordStream
  .limit(10)
  .collect(Collectors.toList());
```

输出可能如下：

```
213c1b1c, 2badc$21, d33321d$, @a0dc323, 3!1aa!dc, 0a3##@3!, $!b2#1d@,
0@0#dd$#, cb$12d2@, d2@@cc@d
```

当谓词返回真时获取

从 JDK 9 开始，添加到 `Stream` 类的最有用的方法之一是 `takeWhile(Predicate<? super T> predicate)`。该方法提供两个不同的行为，如下所示：

- 如果流是有序的，它将返回一个由从该流中获取的符合给定谓词的最长前缀组成的流。
- 如果流是无序的，且流中某些元素（但并不是全部）匹配给定谓词，那么该操作的行为是非确定性的；它可以方便获取匹配元素的任意子集（包括空集合）。

对于有序流来说，元素最长前缀是流中符合给定谓词元素的一个相邻序列。

> **提示：** 注意 `takeWhile()` 会在给定谓词返回 `false` 时丢弃剩余流。

例如，以如下方式获取由 10 个整数组成的列表：

```
List<Integer> result = IntStream
  .iterate(1, i -> i + 1)
  .takeWhile(i -> i <= 10)
  .boxed()
  .collect(Collectors.toList());
```

我们会获得如下输出：

```
1, 2, 3, 4, 5, 6, 7, 8, 9, 10
```

我们也可以获取一个由随机偶数组成的列表，直到出现第一个小于 50 的值：

```
List<Integer> result = new Random().ints(1, 100)
  .filter(i -> i % 2 == 0)
  .takeWhile(i -> i >= 50)
  .boxed()
  .collect(Collectors.toList());
```

我们甚至可以在 `takeWhile()` 方法中把谓词组合起来：

```
List<Integer> result = new Random().ints(1, 100)
  .takeWhile(i -> i % 2 == 0 && i >= 50)
  .boxed()
  .collect(Collectors.toList());
```

输出可能如下（也可能是空）：

```
64, 76, 54, 68
```

思考一下，如何获取一个由随机密码组成的 `List`，直到遇到第一个不包含 `!` 字符的密码？基于上文的辅助方法，我们可以如下方式实现：

```
List<String> result = Stream.generate(Main::randomPassword)
  .takeWhile(s -> s.contains("!"))
  .collect(Collectors.toList());
```

输出可能如下（也可能是空）：

```
0!dac!3c, 2!$!b2ac, 1d12ba1!
```

现在，假设我们有一个由整数组成的无序流，用如下代码获取该流中一个由小于等于 10 的元素组成的子集：

```
Set<Integer> setOfints = new HashSet<>(
  Arrays.asList(1, 4, 3, 52, 9, 40, 5, 2, 31, 8));
List<Integer> result = setOfints.stream()
  .takeWhile(i -> i<= 10)
  .collect(Collectors.toList());
```

输出可能如下（记住，对于无序流来说，结果是不确定的）：

```
1, 3, 4
```

当谓词返回真时丢弃

从 JDK 9 开始，我们可以使用 `Stream.dropWhile(Predicate<? super T> predicate)` 方法，该方法和 `takeWhile()` 正好相反，它没有在给定谓词返回 `false` 时获取元素，而是在给定谓词返回 `false` 丢弃元素，并将其余元素收集到返回流中：

- 如果当前流是有序的，在满足给定谓词的最长前缀元素被丢弃后，它返回一个由当前流的剩余元素组成的新流。

• 如果当前流是无序的，且流的部分元素（但是不是全部元素）和给定谓词相匹配，那么该操作产生的行为是不确定的；它可以方便地丢弃所匹配元素的任何子集（包括空集）。

在有序流的前提下，元素最长前缀是一个流中和给定谓词匹配的元素的连续序列。

例如，让我们在删除前 10 个整数后，再收集 5 个整数：

```
List<Integer> result = IntStream
  .iterate(1, i -> i + 1)
  .dropWhile(i -> i <= 10)
  .limit(5)
  .boxed()
  .collect(Collectors.toList());
```

这段代码会始终提供如下输出：

```
11, 12, 13, 14, 15
```

我们也可以获取一个由 5 个大于 50 的随机偶数组成的 `List`（至少这是我们希望这段代码实现的功能）：

```
List<Integer> result = new Random().ints(1, 100)
  .filter(i -> i % 2 == 0)
  .dropWhile(i -> i < 50)
  .limit(5)
  .boxed()
  .collect(Collectors.toList());
```

其输出可能如下

```
78, 16, 4, 94, 26
```

但为什么会有 16 和 4 呢？它们是偶数，但是并不大于 50！好吧，它们之所以出现，是因为它们出现在第一个导致谓词失败的元素之后。总的来说，当元素小于 50 时我们执行丢弃元素操作（`dropWhile(i -> i<50)`）。而 78 这个值会导致谓词失败，所以 `dropWhile` 终止了当前任务。接下来，所有生成元素都会被收集到结果中，直到 `limit(5)` 操作被触发。

让我们来看一个类似的陷阱。我们想要获取由 5 个包含 `!` 字符的随机密码组成的 `List`（至少这是我们希望这段代码实现的功能）：

```
List<String> result = Stream.generate(Main::randomPassword)
  .dropWhile(s -> !s.contains("!"))
  .limit(5)
  .collect(Collectors.toList());
```

输出可能如下：

```
bab2!3dd, c2@$1acc, $c1c@cb@, !b21$cdc, #b103c21
```

又一次，我们发现有些密码并不包含 `!` 字符。密码 `bab2!3dd` 会导致谓词失败并生成最终结果（List），接下来生成的 4 个密码会被加入到结果中，而不受 `dropWhile()` 影响。

现在假设我们有一个由整数组成的无序流，如下代码丢弃了小于等于 10 的元素，并保留了剩余部分：

```
Set<Integer> setOfints = new HashSet<>(
  Arrays.asList(5, 42, 3, 2, 11, 1, 6, 55, 9, 7));
List<Integer> result = setOfints.stream()
  .dropWhile(i -> i <= 10)
  .collect(Collectors.toList());
```

输出可能如下（记住，对于无序流来说，返回结果总是不确定的）：

```
55, 7, 9, 42, 11
```

如果所有元素都和给定谓词匹配的话，那么 `takeWhile()` 会获取全部元素，而 `dropWhile()` 会丢弃全部元素（无论当前流是否有序）。另一方面，如果没有元素和给定谓词匹配的话，那么 `takeWhile()` 则不会获取任何元素（返回一个空流），`dropWhile()` 也不会丢弃任何元素（返回当前流）。

> **提示**：建议避免在并行流的中使用 `take/dropWhile()`，因为它们属于开销高昂的操作，尤其是对于有序流来说。如果情况允许，可以使用 `BaseStream.unordered()` 方法来移除排序约束。

182. 映射流中的元素

对流中元素做映射是一个用于对元素进行转换（transform）的中间操作。具体操作方法为将给定方法应用到每个元素，并在一个新的 `Stream` 中收集结果（例如，将一个 `Stream<String>` 转换为一个 `Stream<Integer>`，或是将一个 `Stream<String>` 转换为另一个 `Stream<String>` 等）。

使用 `Stream.map()`

最简单的方式，是调用 `Stream.map(Function<? super T,? extends R> mapper)` 方法来将一个 `mapper` 方法应用到当前流的每个元素上。该操作返回一个新的 `Stream`，而不会覆盖掉原始 `Stream`。

假设我们有如下的 `Melon` 类：

```
public class Melon {
  private String type;
  private int weight;
  //为了简洁起见，这里省略了getter、setter、equals()、hashCode()和toString()方法
}
```

我们还需要有个 `List<Melon>`：

```
List<Melon> melons = Arrays.asList(
  new Melon("Gac", 2000),
  new Melon("Hami", 1600),
  new Melon("Gac", 3000),
```

```
  new Melon("Apollo", 2000),
  new Melon("Horned", 1700)
);
```

接下来，我们想只提取这些瓜的类型到另一个 `List<String>` 列表中。

为了实现该功能，我们需要使用 `map()` 方法，如下所示：

```
List<String> melonNames = melons.stream()
  .map(Melon::getType)
  .collect(Collectors.toList());
```

输出会包含如下甜瓜类型：

```
Gac, Hami, Gac, Apollo, Horned
```

下图描述了 `map()` 在本例中是如何工作的：

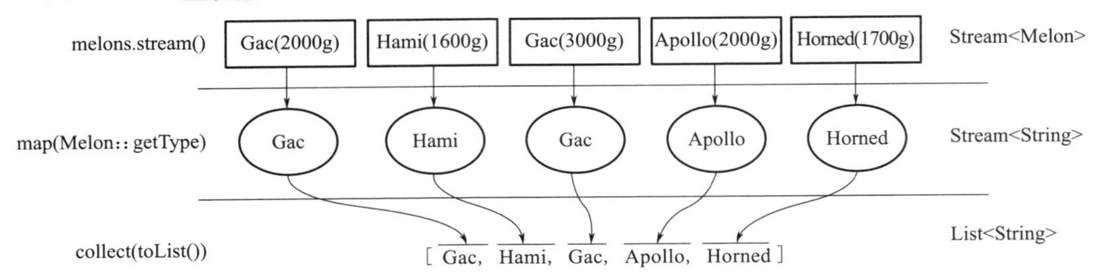

可以看到 `map()` 方法接收了一个 `Stream<Melon>`，并输出一个 `Stream<String>`。每个 `Melon` 对象都被传给了 `map()` 方法，该方法提取了甜瓜的类型（一个 `String` 对象）并使用另一个 `Stream` 来存储。

我们也可以类似方式提取甜瓜的重量。由于重量是整型，`map()` 方法会返回一个 `Stream<Integer>`：

```
List<Integer> melonWeights = melons.stream()
  .map(Melon::getWeight)
  .collect(Collectors.toList());
```

输出会包含如下重量信息：

```
2000, 1600, 3000, 2000, 1700
```

> **提示：** 除了 `map()`、`Stream` 类还提供了针对基本类型的使用风格，如 `mapToInt()`、`mapToLong()` 和 `mapToDouble()`。这些方法返回 `int` 基本类型的专用流（`IntStream`）、`long` 基本类型的专用流（`LongStream`）和 `double` 基本类型的专用流（`DoubleStream`）。

虽然 `map()` 可以通过一个 `Function` 将 `Stream` 中的元素映射为一个新的 `Stream`，但是它并不能实现如下操作：

```
List<Melon> lighterMelons = melons.stream()
  .map(m -> m.setWeight(m.getWeight() - 500))
  .collect(Collectors.toList());
```

因为 `setWeight()` 方法返回空，所以上述代码并不会生效。为了使其能正常执行，我们需要使其返回 `Melon`，但是这就意味着我们需要添加一些冗余代码（如 `return`）：

```
List<Melon> lighterMelons = melons.stream()
  .map(m -> {
    m.setWeight(m.getWeight() - 500);
    return m;
  })
  .collect(Collectors.toList());
```

对此，你可以考虑使用 `peek()`。`peek()` 意味着观察而不修改数据，但是它可以用于改变状态，如下所示：

```
List<Melon> lighterMelons = melons.stream()
  .peek(m -> m.setWeight(m.getWeight() - 500))
  .collect(Collectors.toList());
```

本次输出会包含如下甜瓜（这次看起来是正确的）：

```
Gac(1500g), Hami(1100g), Gac(2500g), Apollo(1500g), Horned(1200g)
```

该操作比使用 `map()` 看起来清晰多了。调用 `setWeight()` 明显意味着我们计划去修改状态，但是官方文档要求传递给 `peek()` 的 `Consumer` 必须是一个 non-interfering 操作（不修改原有流的数据）。

因为对于连续流（比如上文中的流）来说，破坏预期的操作仍然可以是受控的，不至于产生副作用；然而对于并行流管道（parallel stream pipelines）来说，这个问题可能就会变得复杂起来。

该功能可以在元素由上游操作提供的任何时间和任何线程中调用，因此如果该功能修改了共享状态，则需要提供对应的同步机制。

通常，在使用 `peek()` 修改状态之前，需要再三思考。另外需要意识到，该实践是一个颇具争议的问题，被归结为不良实践乃至反例。

使用 `Stream.flatMap()`

正如我们所见，`map()` 用于将一系列元素打包进一个 `Stream`。

这意味着 `map()` 操作可以生成流，如 `Stream<String []>`、`Stream<List<String>>`、`Stream<Set<String>>` 乃至 `Stream<Stream<R>>`。

但问题是，这些类型的流不支持诸如 `sum()`、`distinct()` 和 `filter()` 等流操作去正确执行（或者说，以我们期望方式执行）。

例如，来看看如下的 `Melon` 数组：

```
Melon[][] melonsArray = {
  {new Melon("Gac", 2000), new Melon("Hami", 1600)},
  {new Melon("Gac", 2000), new Melon("Apollo", 2000)},
  {new Melon("Horned", 1700), new Melon("Hami", 1600)}
};
```

我们可以通过 `Arrays.stream()` 方法来获取该数组并将其包装在一个流中，具体如下述代码所示：

```
Stream<Melon[]> streamOfMelonsArray = Arrays.stream(melonsArray);
```

> **提示：** 有多种方式来获取数组组成的流。例如，如果我们有一个字符串 `s`，那么 `map(s -> s.split(""))` 会返回一个 `Stream<String[]>`。

现在，我们可能认为要获取 `Melon` 的不同实例，通过调用 `distinct()` 就足矣，具体如下所示：

```
streamOfMelonsArray
  .distinct()
  .collect(Collectors.toList());
```

但是它并不会生效，因为 `distinct()` 并不会找出不同的 `Melon` 实例，而是会找出不同的 `Melon []` 数组，因为这才是我们从流中获取到的内容。

此外，当前例子中返回的结果是 `Stream<Melon[]>` 类型，而不是 `Stream<Melon>` 类型。其最终会把 `Stream<Melon[]>` 收集成一个 `List<Melon[]>`。

我们该如何解决这个问题呢？

我们可能会考虑使用 `Arrays.stream()` 来把 `Melon[]` 转为 `Stream<Melon>`：

```
streamOfMelonsArray
  .map(Arrays::stream) //Stream<Stream<Melon>>
  .distinct()
  .collect(Collectors.toList());
```

再一次的，`map()` 操作并未如我们所愿。这是因为调用 `Arrays.stream()` 方法会对每个给定 `Melon[]` 返回对应的 `Stream<Melon>`。然而，`map()` 返回的是一个元素流，所以它将调用 `Arrays.stream()` 返回的结果再包装成一个流，因此最终返回结果是一个 `Stream<Stream<Melon>>`。

所以这次，我们使用 `distinct()` 方法尝试检测不同的 `Stream<Melon>` 元素：

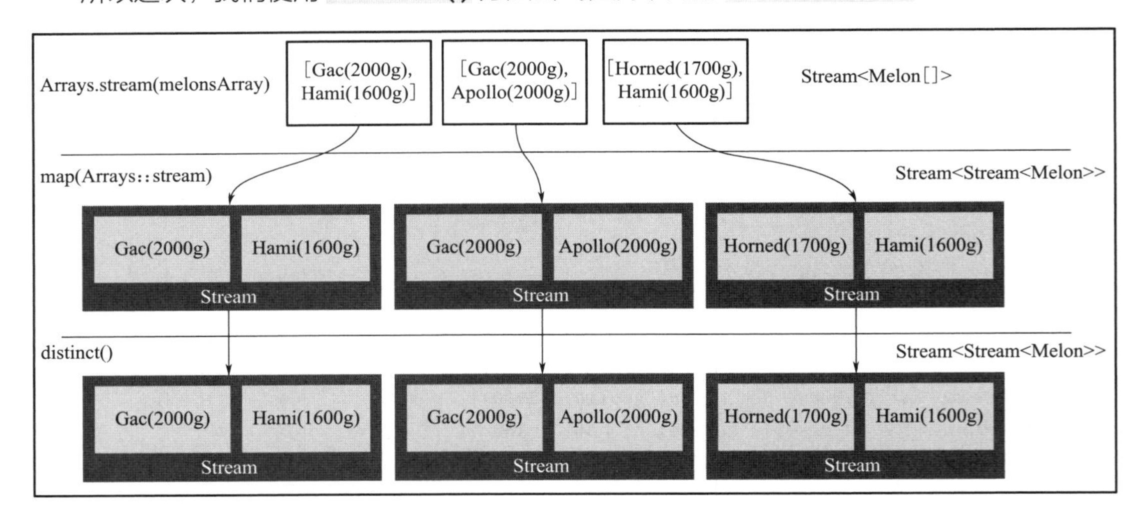

为了解决这个问题，我们需要使用 `flatMap()`。下图描述了 `flatMap()` 内部是如何工作的：

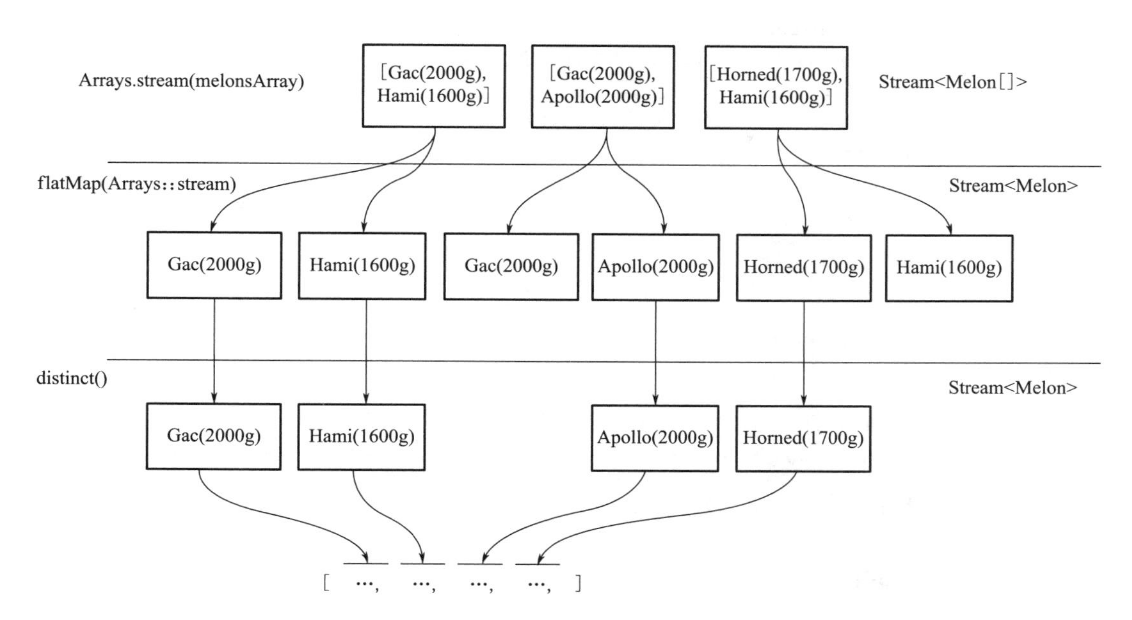

和 `map()` 不同，该方法将所有独立的流打平（flattening）到一个流后返回。因此所有数组都会写入到一个相同的流中：

```
streamOfMelonsArray
  .flatMap(Arrays::stream) //Stream<Melon>
  .distinct()
  .collect(Collectors.toList());
```

这段代码的输出会包含通过 `Melon.equals()` 方法区分的不同甜瓜：

```
Gac(2000g), Hami(1600g), Apollo(2000g), Horned(1700g)
```

现在再来看另一个问题，我们从如下的一个 `List<List<String>>` 开始：

```
List<List<String>> melonLists = Arrays.asList(
  Arrays.asList("Gac", "Cantaloupe"),
  Arrays.asList("Hami", "Gac", "Apollo"),
  Arrays.asList("Gac", "Hami", "Cantaloupe"),
  Arrays.asList("Apollo"),
  Arrays.asList("Horned", "Hami"),
  Arrays.asList("Hami")
);
```

我们来尝试从这个列表中获取甜瓜的不同名称。想要把数组转为流的话，可以使用 `Arrays.stream()`，而对于集合来说，我们可以使用 `Collection.stream()`。因此，我们可以如下方式进行第一次尝试：

```
melonLists.stream()
  .map(Collection::stream)
  .distinct();
```

但是基于上述问题，我们已经确信这段代码不会正常执行，因为 `map()` 方法会返回

`Stream<Stream<String>>`。解决方案则是使用 `flatMap()`，具体如下所示：

```
List<String> distinctNames = melonLists.stream()
  .flatMap(Collection::stream)
  .distinct()
  .collect(Collectors.toList());
```

输出如下：

```
Gac, Cantaloupe, Hami, Apollo, Horned
```

> **提示：** 除了 `flatMap()` 外，`Stream` 类还提供了针对基本类型的使用风格，如 `flatMapToInt()`、`flatMapToLong()` 和 `flatMapToDouble()`。这些方法返回 `int` 基本类型的专用流（`IntStream`）、`long` 基本类型的专用流（`LongStream`）和 `double` 基本类型的专用流（`DoubleStream`）。

183. 找出流中的元素

除了使用 `filter()` 外（它允许我们使用谓词从流中过滤元素），我们还可以使用 `findAny()` 和 `findFirst()` 来从流中获取一个元素。

假设我们把如下列表包装到流中：

```
List<String> melons = Arrays.asList(
  "Gac", "Cantaloupe", "Hami", "Gac", "Gac",
  "Hami", "Cantaloupe", "Horned", "Hami", "Hami");
```

findAny()

`findAny()` 方法从流中返回一个任意（非确定）元素。例如，如下代码将从给定列表中返回一个元素：

```
Optional<String> anyMelon = melons.stream()
  .findAny();
if (!anyMelon.isEmpty()) {
  System.out.println("Any melon: " + anyMelon.get());
} else {
  System.out.println("No melon was found");
}
```

> **提示：** 注意每次执行并不能保证都返回相同的元素，尤其是在处理并行流的情况下。

我们也可以将 `findAny()` 和其他操作结合使用，来看下面的例子：

```
String anyApollo = melons.stream()
  .filter(m -> m.equals("Apollo"))
  .findAny()
  .orElse("nope");
```

这次返回结果会是 `nope`，列表中没有 `Apollo`，所以 `filter()` 操作会返回一个空的流。接下来，`findAny()` 也会返回一个空的流，所以 `orElse()` 方法会以指定字符串 `nope` 作为最终结果返回。

findFirst()

`findAny()` 会返回任意元素，而 `findFirst()` 则会返回流中第一个元素。显然，当我们只关注流中第一个元素时该方法是相当有用的（例如，比赛的获胜者应该是参赛者的有序列表的第一个元素）。

> **提示：** 然而，如果流是无序的，那么任何元素都可能被返回。根据文档说明，流可以是有序也可以是无序的，这依赖于它的数据源和中间操作。对于并行流来说，这一规则也同样适用。

现在，假设我们想获取列表中的第一个甜瓜：

```
Optional<String> firstMelon = melons.stream()
  .findFirst();
if (!firstMelon.isEmpty()) {
  System.out.println("First melon: " + firstMelon.get());
} else {
  System.out.println("No melon was found");
}
```

输出如下所示：

```
First melon: Gac
```

我们也可以将 `findFirst()` 和其他操作结合使用，来看下面的例子：

```
String firstApollo = melons.stream()
  .filter(m -> m.equals("Apollo"))
  .findFirst()
  .orElse("nope");
```

这次返回结果会是 `nope`，因为 `filter()` 操作会生成一个空的流。

下面是另一个和整数相关的问题（只需要根据右边的注释快速了解流程即可）：

```
List<Integer> ints = Arrays.asList(4, 8, 4, 5, 5, 7);

int result = ints.stream()
  .map(x -> x * x - 1) //23, 63, 23, 24, 24, 48
  .filter(x -> x % 2 == 0) //24, 24, 48
  .findFirst() //24
  .orElse(-1);
```

184. 匹配流中元素

为了匹配 `Stream` 中特定元素，我们可以通过如下方法实现：

```
anyMatch()
noneMatch()
allMatch()
```

这些方法都会接收一个 Predicate 作为参数，并返回一个 boolean 类型的结果。

> **提示：** 这三个操作依赖于短路（short-circuiting）技术。换句话说，可能在处理完整个流之前，就能返回结果。例如，如果 allMatch () 匹配结果为 false（给定谓词的执行结果为 false），那么就没必要继续执行下去了，最终结果就会是 false。

假设我们把如下列表包装到流中：

```
List<String> melons = Arrays.asList(
  "Gac", "Cantaloupe", "Hami", "Gac", "Gac", "Hami",
  "Cantaloupe", "Horned", "Hami", "Hami");
```

现在让我们来尝试回答如下问题：

- 有元素和 Gac 字符串匹配吗？来看下如下代码：

```
boolean isAnyGac = melons.stream()
  .anyMatch(m -> m.equals("Gac")); //true
```

- 有元素和 Apollo 字符串匹配吗？来看下如下代码：

```
boolean isAnyApollo = melons.stream()
  .anyMatch(m -> m.equals("Apollo")); //false
```

它们对应一类常见问题：流中是否有元素和给定谓词匹配？

- 没有元素和 Gac 字符串匹配吗？来看下如下代码：

```
boolean isNoneGac = melons.stream()
  .noneMatch(m -> m.equals("Gac")); //false
```

- 没有元素和 Apollo 字符串匹配吗？来看下如下代码：

```
boolean isNoneApollo = melons.stream()
  .noneMatch(m -> m.equals("Apollo")); //true
```

而这两个则对应另一类常见问题：流中没有元素和给定谓词匹配吗？

- 全部全素都和 Gac 字符串匹配吗？来看下如下代码：

```
boolean areAllGac = melons.stream()
  .allMatch(m -> m.equals("Gac")); //false
```

- 所有元素都大于 2 吗？来看下如下代码：

```
boolean areAllLargerThan2 = melons.stream()
  .allMatch(m -> m.length() > 2);
```

上述两个问题则对应于：流中全部元素都和给定谓词匹配吗？

185. 流中的 sum、max 和 min 操作

假设我们有如下的 `Melon` 类：

```
public class Melon {
  private String type;
  private int weight;
  //为了简洁起见，这里省略了getter、setter、equals()、hashCode()和toString()方法
}
```

假设我们把如下由 `Melon` 组成的列表包装到流中：

```
List<Melon> melons = Arrays.asList(
  new Melon("Gac", 2000),
  new Melon("Hami", 1600),
  new Melon("Gac", 3000),
  new Melon("Apollo", 2000),
  new Melon("Horned", 1700)
);
```

让我们通过 `sum()`、`min()` 和 `max()` 这些终止操作去处理 `Melon` 类。

sum ()、min() 和 max() 的终止操作

现在，让我们结合当前流的元素来表达如下查询功能：

- 我们应该如何计算这些甜瓜的总重量（`sum()`）？
- 最重的甜瓜是哪个（`max()`）？
- 最轻的甜瓜是哪个（`min()`）？

为了计算这些甜瓜的总重量，我们需要把全部重量进行加和操作。对于特定基本类型的流（`IntStream`、`LongStream` 等），Java Stream API 提供名为 `sum` 的终止操作。见名知义，这个方法会把流中元素进行加和：

```
int total = melons.stream()
  .mapToInt(Melon::getWeight)
  .sum();
```

除了 `sum()`，我们还有 `max()` 和 `min()` 这两个终止操作。显然，`max()` 会返回流中最大值，而 `min()` 则相反：

```
int max = melons.stream()
  .mapToInt(Melon::getWeight)
  .max()
  .orElse(-1);

int min = melons.stream()
  .mapToInt(Melon::getWeight)
  .min()
  .orElse(-1);
```

> **提示:** `max()` 和 `min()` 操作返回一个 `OptionalInt`（和 `OptionalLong` 类似）。如果最大值或者最小值无法计算得出（例如，面对一个空流），那么我们选择返回 `-1`。因为我们是在计算重量，它们都是正数，所以返回 `-1` 是有意义的。但是不要把这个当成一个规则，在其他例子中，我们应该返回其他的值，或者使用 `orElseGet()` / `orElseThrow()` 来作为更优选择。

对于非基本类型，请查看本章的“188 聚合收集器”。接下来，我们将学习规约操作。

规约（reducing）

`sum()`、`max()` 和 `min()` 被认为是规约的特例。对于规约，我们指的是基于两种主要描述的抽象：

- 获取一个初始值（`T`）;
- 获取一个操作符 `BinaryOperator<T>` 来组合两个元素并生成一个新的值。

规约操作可以通过一个名为 `reduce()` 的终止操作来完成，它遵循了该抽象并定义了两种方法签名（第二个不使用初始值）:

- T reduce(T identity, BinaryOperator accumulator)
- Optional reduce(BinaryOperator accumulator)

就像上文提到的，我们可以通过 `reduce()` 这一终止操作来计算元素的和，如下所示（初始值为 0，Lambda 表达式为 `(m1, m2) -> m1 + m2)`）:

```
int total = melons.stream()
  .map(Melon::getWeight)
  .reduce(0, (m1, m2) -> m1 + m2);
```

下图揭示了 `reduce()` 操作是如何工作的：

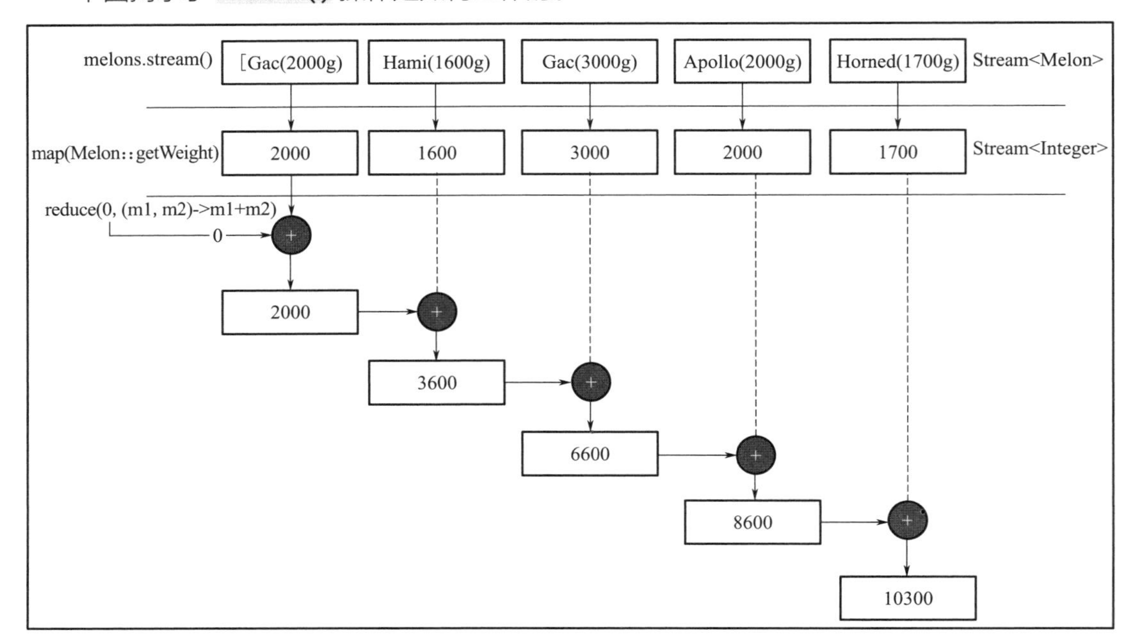

明白 `reduce()` 操作到底是如何工作的了吗？让我们看下如看步骤以梳理该问题：

① 首先，0 是 Lambda 表达式的第一个参数（`m1`），而 2000 则是从流中获取并作为第二个参数（`m2`）。0 + 2000 计算得出 2000，它成为新的累积值。

② 接下来，Lambda 表达式基于当前累积值和下一个元素（1600）再次被调用，得到下一个累积值 3600。

③ 再一次，Lambda 表达式基于当前累积值和下一个元素（3000）再次被调用，得到 6600。

④ 如果我们再一次重复该操作，Lambda 表达式基于当前累积值和下一个元素（2000）再次被调用，得到 8600。

⑤ 最后一次，Lambda 表达式基于 8600 和流中最后一个元素 1700 被调用，得到最终结果 10300。

最大值和最小值也可以类似方式计算得出：

```
int max = melons.stream()
  .map(Melon::getWeight)
  .reduce(Integer::max)
  .orElse(-1);

int min = melons.stream()
  .map(Melon::getWeight)
  .reduce(Integer::min)
  .orElse(-1);
```

使用 `reduce()` 的优点是我们可以通过简单传入另一个 Lambda 表达式来轻松改变计算。例如，我们可以快速使用乘积代替求和，如下所示：

```
List<Double> numbers = Arrays.asList(1.0d, 5.0d, 8.0d, 10.0d);
double total = numbers.stream()
  .reduce(1.0 d, (x1, x2) -> x1 * x2);
```

然而，请注意那些可能导致意外结果的情况。例如，如果我们想计算给定数字的调和平均数，因为 Java 没有提供一个开箱即用的规约特例，所以我们只能依赖 `reduce()`，如下所示：

```
List<Double> numbers = Arrays.asList(1.0d, 5.0d, 8.0d, 10.0d);
```

调和平均数计算公式如下所示：

$$H = \frac{n}{\frac{1}{x_1} + \frac{1}{x_2} + \cdots + \frac{1}{x_n}} = \frac{n}{\sum_{i=1}^{n} \frac{1}{x_i}} = \left(\frac{\sum_{i=1}^{n} x_i^{-1}}{n} \right)^{-1}$$

在本例中，n 是列表的长度，而 H 应为 2.80701。`reduce()` 的一个简单应用会如下所示：

```
double hm = numbers.size() / numbers.stream()
  .reduce((x1, x2) -> (1.0d / x1 + 1.0d / x2))
  .orElseThrow();
```

计算结果将是 3.49809。这表明我们的计算出了问题。在第一步中，我们计算了 1.0/1.0 + 1.0/5.0 = 1.2。接下来，我们希望计算 1.2 + 1.0/1.8，但是实际上计算是 1.0/1.2 + 1.0/1.8。显然这不是我们想要的结果。

我们可以通过使用 `mapToDouble()` 来解决这个问题，如下所示：

```
double hm = numbers.size() / numbers.stream()
  .mapToDouble(x -> 1.0d / x)
  .reduce((x1, x2) -> (x1 + x2))
  .orElseThrow();
```

这次会得到正确结果 2.80701。

186. 收集流的返回结果

假设我们有如下 `Melon` 类：

```
public class Melon {
  private String type;
  private int weight;
  //为了简洁起见，这里省略了getter、setter、equals()、hashCode()和toString()方法
}
```

并假设我们有由 `Melon` 组成的 `List`：

```
List<Melon> melons = Arrays.asList(new Melon("Crenshaw", 2000),
  new Melon("Hami", 1600), new Melon("Gac", 3000),
  new Melon("Apollo", 2000), new Melon("Horned", 1700),
  new Melon("Gac", 3000), new Melon("Cantaloupe", 2600));
```

通常来说，一个流管道（stream pipeline）会以流中元素的某个摘要结束。换句话说，我们需要将这些结果收集到诸如 `List`、`Set` 或是 `Map` 的某个数据结构中（以及它们的实现）。

为了完成该任务，我们需要使用 `Stream.collect(Collector<? super T,A,R> collector)` 方法。该方法接收一个 `java.util.stream.Collector` 或是自定义 `Collector` 作为参数。

最常用的收集器方法如下：

- `toList()`
- `toSet()`
- `toMap()`
- `toCollection()`

这些方法很容易做到见名知义。让我们看看下面几个例子：

- 过滤重量超过 1000 克的甜瓜，并将结果通过 `toList()` 和 `toCollection()` 收集到一个 `List` 中：

```
List<Integer> resultToList = melons.stream()
  .map(Melon::getWeight)
  .filter(x -> x >= 1000)

  .collect(Collectors.toList());
```

```
List<Integer> resultToList = melons.stream()
  .map(Melon::getWeight)
  .filter(x -> x >= 1000)
  .collect(Collectors.toCollection(ArrayList::new));
```

`toCollection()` 方法的参数是一个 `Supplier`，用于提供一个新的空集合，以插入返回结果。

- 过滤重量超过 1000 克的甜瓜，并将去重后的结果通过 `toSet()` 和 `toCollection()` 收集到一个 `Set` 中：

```
Set<Integer> resultToSet = melons.stream()
  .map(Melon::getWeight)
  .filter(x -> x >= 1000)
  .collect(Collectors.toSet());

Set<Integer> resultToSet = melons.stream()
  .map(Melon::getWeight)
  .filter(x -> x >= 1000)
  .collect(Collectors.toCollection(HashSet::new));
```

- 过滤重量超过 1000 克的甜瓜，收集去重结果，并通过 `toCollection()` 方法以升序顺序排序放到一个 `Set` 中：

```
Set<Integer> resultToSet = melons.stream()
  .map(Melon::getWeight)
  .filter(x -> x >= 1000)
  .collect(Collectors.toCollection(TreeSet::new));
```

- 找出不重复的甜瓜，并将结果通过 `toMap()` 收集到 `Map<String, Integer>` 中：

```
Map<String, Integer> resultToMap = melons.stream()
  .distinct()
  .collect(Collectors.toMap(Melon::getType,
  Melon::getWeight));
```

`toMap()` 的两个参数代表一个 mapping 方法，用于生成对应的键值对（如果两个 `Melon` 有相同的键，它会抛出一个 `java.lang.IllegalStateException` 重复键异常）。

- 找出不重复的甜瓜，并通过 `toMap()` 方法，使用随机 key（如果生成了两个相同 key，则会抛出 `java.lang.IllegalStateException`）将结果存储到 `Map<Integer, Integer>` 中：

```
Map<Integer, Integer> resultToMap = melons.stream()
  .distinct()
  .map(x -> Map.entry(
    new Random().nextInt(Integer.MAX_VALUE), x.getWeight()))
  .collect(Collectors.toMap(Entry::getKey, Entry::getValue));
```

- 通过 `toMap()` 将 `Melon` 收集到 map 中，并在出现重复键冲突时选择已有值（旧值），以避免 `java.lang.IllegalStateException`：

```
Map<String, Integer> resultToMap = melons.stream()
  .collect(Collectors.toMap(Melon::getType, Melon::getWeight,
    (oldValue, newValue) -> oldValue));
```

`toMap()` 方法的最后一个参数是一个 merge 方法，用于在相同键冲突时处理相关 value，正如提供给 `Map.merge(Object, Object, BiFunction)` 的那样。

显然，选择新值可以通过 `(oldValue, newValue) -> newValue` 处理。

- 将上述例子放到一个有序 map 里面（例如，通过重量排序）：

```
Map<String, Integer> resultToMap = melons.stream()
  .sorted(Comparator.comparingInt(Melon::getWeight))
  .collect(Collectors.toMap(Melon::getType, Melon::getWeight,
    (oldValue, newValue) -> oldValue,
      LinkedHashMap::new));
```

`toMap()` 的最后一个参数是一个 `Supplier`，用于提供一个新的空集合，以插入返回结果。在本例中，`Supplier` 需要在排序操作后保证顺序，因为 `HashMap` 不能保证按插入顺序排序，所以我们选择了 `LinkedHashMap`。

- 通过 `toMap()` 收集最常出现的单词：

```
String str = "Lorem Ipsum is simply
  Ipsum Lorem not simply Ipsum";

  Map<String, Integer> mapOfWords = Stream.of(str)
    .map(w -> w.split("\\s+"))
    .flatMap(Arrays::stream)
    .collect(Collectors.toMap(
      w -> w.toLowerCase(), w -> 1, Integer::sum));
```

> **提示：** 除了 `toList()`、`toMap()`、`toSet()`，`Collectors` 类还向不可修改和并发集合提供了其它收集器，如 `toUnmodifiableList()`、`toConcurrentMap()` 等。

187. 连接流的返回结果

假设我们有如下 `Melon` 类：

```
public class Melon {
  private String type;
  private int weight;
  //为了简洁起见，这里省略了getter、setter、equals()、hashCode()和toString()方法
}
```

并假设我们有由 `Melon` 组成的 `List`：

```
List<Melon> melons = Arrays.asList(
  new Melon("Crenshaw", 2000),
  new Melon("Hami", 1600),
  new Melon("Gac", 3000),
```

```
    new Melon("Apollo", 2000),
    new Melon("Horned", 1700),
    new Melon("Gac", 3000),
    new Melon("Cantaloupe", 2600)
);
```

在之前的问题中，我们讨论了 `Collectors` 的内置 Stream API。在本例中，我们可以使用 `Collectors.joining()` 将流中元素以出现顺序拼接到一个字符串中，它们可以使用分隔符、前缀、后缀，或是更复杂的 `joining()` 特性 `String joining(CharSequence delimiter, CharSequence prefix, CharSequence suffix)`。

假如我们只是想把甜瓜的名称以无分隔符方式连接起来（排序并移除重复名称）：

```
String melonNames = melons.stream()
  .map(Melon::getType)
  .distinct()
  .sorted()
  .collect(Collectors.joining());
```

我们会获取如下输出：

```
ApolloCantaloupeCrenshawGacHamiHorned
```

一个更好的方案是增加一个分隔符，比如一个逗号和一个空格：

```
String melonNames = melons.stream()
  //...
  .collect(Collectors.joining(", "));
```

我们会获取如下输出：

```
Apollo, Cantaloupe, Crenshaw, Gac, Hami, Horned
```

我们还可以给输出添加一个前缀和后缀：

```
String melonNames = melons.stream()
  .collect(Collectors.joining(", ",
    "Available melons: ", " Thank you!"));
```

我们会获取如下输出：

```
Available melons: Apollo, Cantaloupe, Crenshaw, Gac, Hami, Horned Thank you!
```

188. 聚合收集器

假设我们有如下 `Melon` 类（属性为类型和重量）和一个由 `Melon` 组成的 `List`：

```
List<Melon> melons = Arrays.asList(
  new Melon("Crenshaw", 2000),
  new Melon("Hami", 1600),
```

```
    new Melon("Gac", 3000),
    new Melon("Apollo", 2000),
    new Melon("Horned", 1700),
    new Melon("Gac", 3000),
    new Melon("Cantaloupe", 2600)
);
```

Java Stream API 将 count、sum、min、average 和 max 这些操作称之为聚合（summarization）。在 `Collectors` 类中，提供了专门用于执行聚合操作的方法。

我们将在下述内容中了解这些操作。

求合

假设我们想要对甜瓜重量进行求和，我们已经在“185. 流中的 sum、max 和 min 操作”中通过基本类型流实现了该操作。现在，让我们通过 `summingInt(ToIntFunction<? super T> mapper)` 收集器来再做一次：

```
int sumWeightsGrams = melons.stream()
  .collect(Collectors.summingInt(Melon::getWeight));
```

可见，`Collectors.summingInt()` 是一个工厂方法，其接收一个将对象转为 int 用于求和的方法来作为参数。它返回的收集器通过 `collect()` 方法来执行聚合操作。下图说明了 `summingInt()` 是如何工作的：

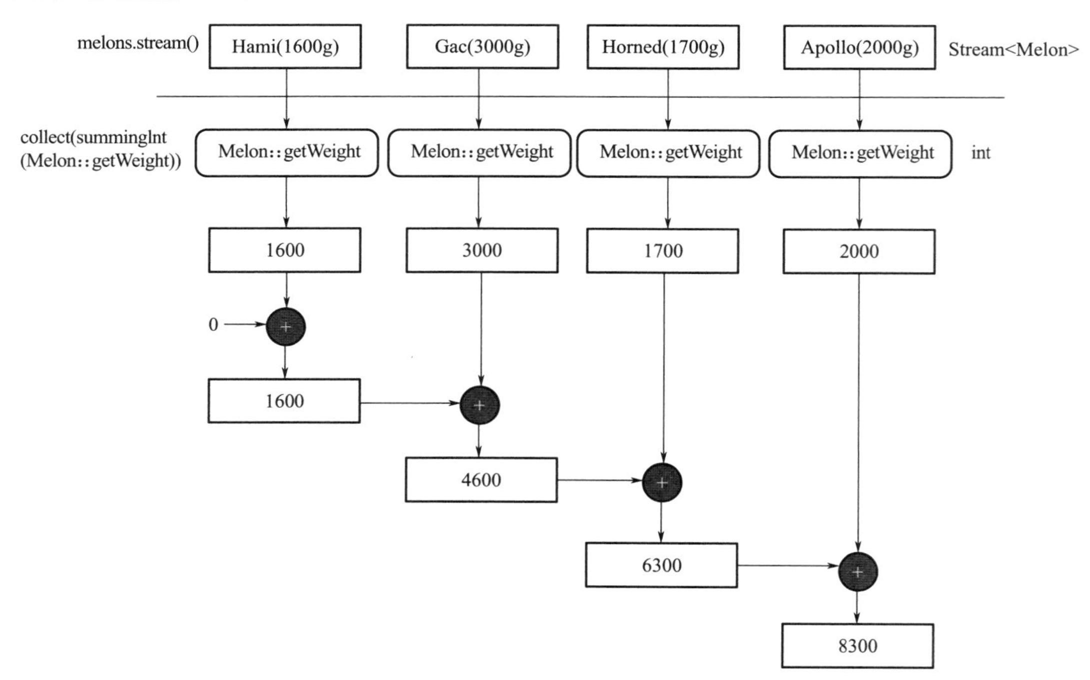

在遍历当前流时，每个重量属性（`Melon::getWeight`）都会被映射为数字，该数字会被添加到一个从初始值 0 开始的累加器中。

除了 `summingInt()`，我们还有 `summingLong()` 和 `summingDouble()`。如“计算甜瓜一

共有多少千克重”这个问题，就可以通过 `summingDouble()` 来完成，如下所示：

```
double sumWeightsKg = melons.stream()
  .collect(Collectors.summingDouble(
    m -> (double) m.getWeight() / 1000.0d));
```

如果我们只是要一个以千克为单位的结果，则仍可先以克为单位进行累加，如下所示：

```
double sumWeightsKg = melons.stream()
  .collect(Collectors.summingInt(Melon::getWeight)) / 1000.0d;
```

因为聚合（summarizations）实际上也是规约（reduction）操作，且 `Collectors` 类也提供了 `reducing()` 方法。显然，该方法有更广泛的用途，它通过如下三种风格允许我们传入不同类型的 Lambda 表达式：

- reducing(BinaryOperator op)
- reducing(T identity, BinaryOperator op)
- reducing(U identity, Function<? super T,? extends U> mapper, BinaryOperator op)

`reducing()` 参数是相当简单的，包括规约的标识符（以及没有输入元素时的返回值），一个应用到每个输入值的 mapping 方法，和一个用于对映射值做规约操作的方法。

例如，让我们使用 `reducing()` 方法重写上面的代码。注意我们从 0 开始求和，通过映射（mapping）方法将克转为千克，然后通过一个 Lambda 表达式对值（计算得到的千克值）进行规约操作：

```
double sumWeightsKg = melons.stream()
  .collect(Collectors.reducing(0.0,
    m -> (double) m.getWeight() / 1000.0d, (m1, m2) -> m1 + m2));
```

或者，我们也可以在结尾再执行千克的转换操作：

```
double sumWeightsKg = melons.stream()
  .collect(Collectors.reducing(0,
    m -> m.getWeight(), (m1, m2) -> m1 + m2)) / 1000.0d;
```

> **提示：**当没有合适的内置函数来解决问题时，我们可以依赖 `reducing()`，请把 `reducing()` 看作一个通用的聚合方法。

求平均

如何计算甜瓜的平均重量呢？针对这个问题，我们有 `Collectors.averagingInt()`、`averagingLong()` 和 `averagingDouble()` 可以使用：

```
double avgWeights = melons.stream()
  .collect(Collectors.averagingInt(Melon::getWeight));
```

计数

统计一个文本块中有多少个单词是一个常见问题，它可以通过 `count()` 解决：

```
String str = "Lorem Ipsum is simply dummy text ...";

long numberOfWords = Stream.of(str)
  .map(w -> w.split("\\s+"))
  .flatMap(Arrays::stream)
  .filter(w -> w.trim().length() != 0)
  .count();
```

现在我们来统计流中有多少个超过 3000 克的 `Melon`：

```
long nrOfMelon = melons.stream()
  .filter(m -> m.getWeight() == 3000)
  .count();
```

我们可以使用 `counting()` 工厂方法返回的收集器：

```
long nrOfMelon = melons.stream()
  .filter(m -> m.getWeight() == 3000)
  .collect(Collectors.counting());
```

我们也可以使用 `reducing()` 这一笨拙方法：

```
long nrOfMelon = melons.stream()
  .filter(m -> m.getWeight() == 3000)
  .collect(Collectors.reducing(0L, m -> 1L, Long::sum));
```

最大值和最小值

在“185. 流中的 sum，max 和 min 操作”中，我们已经通过 `min()` 和 `max()` 方法计算了最大值和最小值。这次，我们通过 `Collectors.maxBy()` 和 `Collectors.minBy()` 方法来计算最重和最轻的 `Melon`。这些收集器获取一个从流中比较元素的 `Comparator` 作为参数，并返回一个 `Optional`（如果流为空的话，`Optional` 也为空）。

```
Comparator<Melon> byWeight = Comparator.comparing(Melon::getWeight);

Melon heaviestMelon = melons.stream()
  .collect(Collectors.maxBy(byWeight))
  .orElseThrow();

Melon lightestMelon = melons.stream()
  .collect(Collectors.minBy(byWeight))
  .orElseThrow();
```

在本例中，如果流为空，则会抛出 `NoSuchElementException`。

在单个操作中支持多种算子

有没有办法在一个单一操作中获取计数、求和、平均值、最大值和最小值呢？

当然有！当我们需要两个或者更多的操作时，我们可以使用 `Collectors.summarizingInt()`、

summarizingLong() 和 summarizingDouble()。这些方法分别将相关操作包装到 IntSummaryStatistics、LongSummaryStatistics 和 DoubleSummaryStatistics 中，如下所示：

```
IntSummaryStatistics melonWeightsStatistics = melons
  .stream().collect(Collectors.summarizingInt(Melon::getWeight));
```

打印该对象会生成如下输出：

```
IntSummaryStatistics{count=7, sum=15900, min=1600,
 average=2271.428571, max=3000}
```

对于每个操作，我们都有专门的 getter 方法：

```
int max = melonWeightsStatistics.getMax()
```

189. 分组（grouping）

假设我们有如下 Melon 类和一个 Melon 组成的 List：

```
public class Melon {
  enum Sugar {
    LOW, MEDIUM, HIGH, UNKNOWN
  }

  private final String type;
  private final int weight;
  private final Sugar sugar;

  //为了简洁起见，这里省略了getter、setter、equals()、hashCode()和toString()方法
}

List<Melon> melons = Arrays.asList(
  new Melon("Crenshaw", 1200),
  new Melon("Gac", 3000),
  new Melon("Hami", 2600),
  new Melon("Hami", 1600),
  new Melon("Gac", 1200),
  new Melon("Apollo", 2600),
  new Melon("Horned", 1700),
  new Melon("Gac", 3000),
  new Melon("Hami", 2600)
);
```

Java Stream API 通过 Collectors.groupingBy() 提供了类似 SQL GROUP BY 子句的功能。

SQL GROUP BY 子句是针对数据库表工作的，而 Collectors.groupingBy() 则是针对流中元素工作。

换句话说，groupingBy() 方法能够对于有某些特征的元素进行分组。在流和函数式编程

出现之前，这类工作需要通过一堆繁杂、冗长且易错的代码对集合进行操作。从 Java 8 开始，我们可以使用分组收集器（grouping collector）。

下面我们将了解单层分组和多层分组，首先从单层分组开始。

单层分组

所有的分组收集器（grouping collector）都有一个分类方法（该方法用于将流中元素分类到不同组中）。重点是，这是 `Function<T, R>` 函数式接口的一个实例。

流中每个元素（`T` 类型）都会传递给这个方法，并返回一个分类对象（`R` 类型）。所有返回的 `R` 类型对应着一个 `Map<K, V>` 的 key（`K`），而每个分组都是这个 `Map<K, V>` 中的一个值。

换句话说，key（`K`）是分类函数返回的值，而 value（`V`）则是流中具有该分类值（`K`）的一个元素列表。所以最终结果是 `Map<K, List<T>>` 类型。下例或许能帮助你理解这段内容。

这个例子使用了 `groupingBy()` 的最简单的风格，即 `groupingBy(Function<? super T,? extends K> classifier)`。

那么，来对 `Melon` 通过类型进行分组吧：

```
Map<String, List<Melon>> byTypeInList = melons.stream()
  .collect(groupingBy(Melon::getType));
```

输出如下所示：

```
{
  Crenshaw = [Crenshaw(1200 g)],
  Apollo = [Apollo(2600 g)],
  Gac = [Gac(3000 g), Gac(1200 g), Gac(3000 g)],
  Hami = [Hami(2600 g), Hami(1600 g), Hami(2600 g)],
  Horned = [Horned(1700 g)]
}
```

我们也可以对 `Melon` 通过重量进行分组：

```
Map<Integer, List<Melon>> byWeightInList = melons.stream()
  .collect(groupingBy(Melon::getWeight));
```

输出如下所示：

```
{
  1600 = [Hami(1600 g)],
  1200 = [Crenshaw(1200 g), Gac(1200 g)],
  1700 = [Horned(1700 g)],
  2600 = [Hami(2600 g), Apollo(2600 g), Hami(2600 g)],
  3000 = [Gac(3000 g), Gac(3000 g)]
}
```

分组操作如图所示。准确来说，下图是当 `Gac(1200g)` 传递给分组函数（`Melon::getWeight`）时的快照：

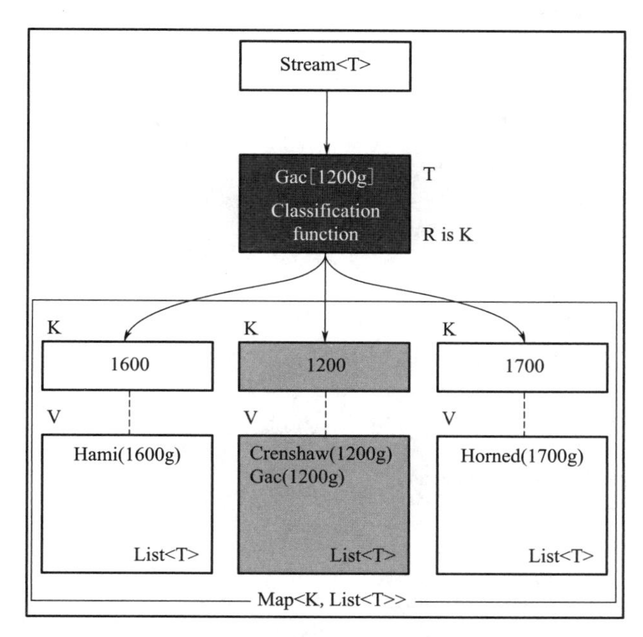

所以在这个甜瓜分类的例子中，键是 `Melon` 的重量，而值则是符合重量的 `Melon` 对象的列表。

> **提示：** 分类函数可以为方法引用或是任意 Lambda 表达式。

上述方式的一个问题在于会获取重复对象，这是因为我们将值收集到了一个 `List` 中（例如 `3000=[Gac(3000g), Gac(3000g)`）。不过我们可以使用 `groupingBy()` 的另一个特性来解决这个问题，那就是 `groupingBy(Function<? super T,? extends K> classifier, Collector<? super T,A,D> downstream)`。

这次我们可以指定期望的下游收集器作为第二个参数。因此除了分类函数外，我们又有了一个下游收集器。如果我们希望拒绝重复值，我们可以使用 `Collectors.toSet()`，具体如下所示：

```
Map<String, Set<Melon>> byTypeInSet = melons.stream()
  .collect(groupingBy(Melon::getType, toSet()));
```

输出如下所示：

```
{
  Crenshaw = [Crenshaw(1200 g)],
  Apollo = [Apollo(2600 g)],
  Gac = [Gac(1200 g), Gac(3000 g)],
  Hami = [Hami(2600 g), Hami(1600 g)],
  Horned = [Horned(1700 g)]
}
```

我们也可以将这种方式应用到重量上：

```
Map<Integer, Set<Melon>> byWeightInSet = melons.stream()
  .collect(groupingBy(Melon::getWeight, toSet()));
```

输出会如下所示：

```
{
  1600 = [Hami(1600 g)],
  1200 = [Gac(1200 g), Crenshaw(1200 g)],
  1700 = [Horned(1700 g)],
  2600 = [Hami(2600 g), Apollo(2600 g)],
  3000 = [Gac(3000 g)]
}
```

当然，在本例中我们也可以使用 `distinct()`：

```
Map<String, List<Melon>> byTypeInList = melons.stream()
  .distinct()
  .collect(groupingBy(Melon::getType));
```

按重量计算也是这样：

```
Map<Integer, List<Melon>> byWeightInList = melons.stream()
  .distinct()
  .collect(groupingBy(Melon::getWeight));
```

好了，现在没有重复值了，但是结果仍然是无序的。如果能对这个 map 按照键排序那就好多了，但是默认的 `HashMap` 在这里没有排序的功能。如果我们使用 `TreeMap` 来替代默认的 `HashMap` 的话，那么当前问题就可以解决。我们可以使用 `groupingBy()` 的另一个特性来完成这项工作，即 `groupingBy(Function<? super T, ? extends K> classifier, Supplier<M> mapFactory, Collector<? super T, A, D> downstream)`。

该特性的第二个参数允许我们提供一个 `Supplier` 对象，它用于提供一个新的空 `Map`，以插入生成结果：

```
Map<Integer, Set<Melon>> byWeightInSetOrdered = melons.stream()
  .collect(groupingBy(Melon::getWeight, TreeMap::new, toSet()));
```

现在输出也是有序的了：

```
{
  1200 = [Gac(1200 g), Crenshaw(1200 g)],
  1600 = [Hami(1600 g)],
  1700 = [Horned(1700 g)],
  2600 = [Hami(2600 g), Apollo(2600 g)],
  3000 = [Gac(3000 g)]
}
```

下面我们创建一个由 100 个甜瓜的重量组成的 `List<Integer>`：

```
List<Integer> allWeights = new ArrayList<>(100);
```

我们想把这个列表按 10 个重量一组分割为 10 个列表。简单来说，我们依然可以通过分组来实现，具体如下所示（我们也可以将其应用到 `parallelStream()` 上）：

```
final AtomicInteger count = new AtomicInteger();
Collection<List<Integer>> chunkWeights = allWeights.stream()
  .collect(Collectors.groupingBy(c -> count.getAndIncrement() / 10))
  .values();
```

现在，让我们来解决另一个问题。默认情况下，`Stream<Melon>` 会被分割为一组 `List<Melon>`。但是我们应该如何操作才能把 `Stream<Melon>` 切割为一组 `List<String>` 呢（每个列表都持有甜瓜的种类，而非甜瓜实例）?

一般情况下，转换流中元素是 `map()` 的工作。但是在 `groupingBy()` 里，则是 `Collectors.mapping()` 的工作（更多细节可以参考“191.filtering、flattening 和 mapping 收集器”）:

```
Map<Integer, Set<String>> byWeightInSetOrdered = melons.stream()
  .collect(groupingBy(Melon::getWeight, TreeMap::new,
    mapping(Melon::getType, toSet())));
```

这次，我们获得了和期望完全一致的结果:

```
{
  1200 = [Crenshaw, Gac],
  1600 = [Hami],
  1700 = [Horned],
  2600 = [Apollo, Hami],
  3000 = [Gac]
}
```

到目前为止，一切都很完美！现在我们需要注意 `groupingBy()` 提供的三种风格中有两种都接收了一个收集器作为参数（如 `toSet()`），这个参数可以是任意收集器。例如，我们想要按类型对甜瓜进行分组并计数。对于这项工作，`Collectors.counting()` 会非常有用（更多细节可见“188. 聚合收集器”）:

```
Map<String, Long> typesCount = melons.stream()
  .collect(groupingBy(Melon::getType, counting()));
```

输出如下所示:

```
{Crenshaw=1, Apollo=1, Gac=3, Hami=3, Horned=1}
```

我们也可以按重量进行分组:

```
Map<Integer, Long> weightsCount = melons.stream()
  .collect(groupingBy(Melon::getWeight, counting()));
```

输出如下所示:

```
{1600=1, 1200=2, 1700=1, 2600=3, 3000=2}
```

我们可以通过类型来对分组求出最轻和最重的甜瓜吗？当然可以！可以通过 `Collectors.minBy()` 和 `maxBy()` 来实现，正如我们在“188. 聚合收集器”中做的那样:

```
Map<String, Optional<Melon>> minMelonByType = melons.stream()
  .collect(groupingBy(Melon::getType,
    minBy(comparingInt(Melon::getWeight))));
```

输出如下所示（注意 `minBy()` 返回一个 `Optional`）:

```
{
  Crenshaw = Optional[Crenshaw(1200 g)],
  Apollo = Optional[Apollo(2600 g)],
  Gac = Optional[Gac(1200 g)],
  Hami = Optional[Hami(1600 g)],
  Horned = Optional[Horned(1700 g)]
}
```

我们也可以通过 `maxMelonByType()` 来实现:

```
Map<String, Optional<Melon>> maxMelonByType = melons.stream()
  .collect(groupingBy(Melon::getType,
    maxBy(comparingInt(Melon::getWeight))));
```

输出如下所示（注意 `maxBy()` 返回一个 `Optional`）:

```
{
  Crenshaw = Optional[Crenshaw(1200 g)],
  Apollo = Optional[Apollo(2600 g)],
  Gac = Optional[Gac(3000 g)],
  Hami = Optional[Hami(2600 g)],
  Horned = Optional[Horned(1700 g)]
}
```

> **提示:** `minBy()` 和 `maxBy()` 这两个收集器接收一个 `Comparator` 作为参数。在这些例子中，我们使用了内置的 `Comparator.comparingInt()` 方法。从 JDK 8 开始，`java.util.Comparator` 添加了几个新的比较器，包括 `thenComparing()` 这一链式比较器。

这里的问题是最好能去掉 `Optioanl` 对结果的包装。更普遍来说，这类问题的目标是将收集器返回的结果适配为其他类型。

对此，我们有 `collectingAndThen(Collector<T, A, R> downstream, Function<R, RR> finisher)` 这一工厂方法。该方法接收一个用于处理下游收集器（`finisher`）的最终返回结果的函数，使用方式可以参考如下代码:

```
Map<String, Integer> minMelonByType = melons.stream()
  .collect(groupingBy(Melon::getType,
    collectingAndThen(minBy(comparingInt(Melon::getWeight)),
      m -> m.orElseThrow().getWeight())));
```

输出如下:

```
{Crenshaw=1200, Apollo=2600, Gac=1200, Hami=1600, Horned=1700}
```

我们也可以使用 `maxMelonByType()`：

```
Map<String, Integer> maxMelonByType = melons.stream()
  .collect(groupingBy(Melon::getType,
    collectingAndThen(maxBy(comparingInt(Melon::getWeight)),
      m -> m.orElseThrow().getWeight())));
```

输出如下：

```
{Crenshaw=1200, Apollo=2600, Gac=3000, Hami=2600, Horned=1700}
```

我们也可以把甜瓜按类型分组到 `Map<String, Melon []>` 中，这次我们还是使用 `collectingandThen()`，相关代码如下：

```
Map<String, Melon[]> byTypeArray = melons.stream()
  .collect(groupingBy(Melon::getType, collectingAndThen(
    Collectors.toList(), l -> l.toArray(Melon[]::new))));
```

或者，我们也可以创建一个泛型收集器并调用它，如下所示：

```
private static <T> Collector<T, ?, T[]>
    toArray(IntFunction<T[]> func) {
  return Collectors.collectingAndThen(
    Collectors.toList(), l -> l.toArray(func.apply(l.size())));
}

Map<String, Melon[]> byTypeArray = melons.stream()
  .collect(groupingBy(Melon::getType, toArray(Melon[]::new)));
```

多层分组

上文中我们提到了 `groupingBy()` 的三种风格中的两种都会接收一个收集器作为参数，而且它可以是任意收集器，其中自然也包括 `groupingBy()`。

通过将 `groupingBy()` 传给 `groupingBy()`，我们可以获取一个 *n* 层分组，或者说多层分组。重点是，我们会拥有 *n* 层的分类函数。

以如下由 `Melon` 组成的列表为例：

```
List<Melon> melonsSugar = Arrays.asList(
  new Melon("Crenshaw", 1200, HIGH),
  new Melon("Gac", 3000, LOW),
  new Melon("Hami", 2600, HIGH),
  new Melon("Hami", 1600),
  new Melon("Gac", 1200, LOW),
  new Melon("Cantaloupe", 2600, MEDIUM),
  new Melon("Cantaloupe", 3600, MEDIUM),
  new Melon("Apollo", 2600, MEDIUM),
  new Melon("Horned", 1200, HIGH),
  new Melon("Gac", 3000, LOW),
  new Melon("Hami", 2600, HIGH)
);
```

列表中每个 `Melon` 都有类型、重量和含糖量。首先，我们想要通过含糖量（`LOW`、`MEDIUM`、

`HIGH` 或是 `UNKNOWN`（默认值））对甜瓜进行分组。接下来，我们想要通过重量对甜瓜进行分组。该操作可以通过两层分组实现，如下所示：

```
Map<Sugar, Map<Integer, Set<String>>> bySugarAndWeight =
  melonsSugar.stream()
    .collect(groupingBy(Melon::getSugar,
      groupingBy(Melon::getWeight, TreeMap::new,
        mapping(Melon::getType, toSet()))));
```

输出如下所示：

```
{
  MEDIUM = {
    2600 = [Apollo, Cantaloupe], 3600 = [Cantaloupe]
  },
  HIGH = {
    1200 = [Crenshaw, Horned], 2600 = [Hami]
  },
  UNKNOWN = {
    1600 = [Hami]
  },
  LOW = {
    1200 = [Gac], 3000 = [Gac]
  }
}
```

我们现在知道了 Crenshaw 和 Horned 重 1200 克且有高含糖量，而 Hami 重 2600 克，也有高含糖量。

我们甚至可以通过表格形式展现数据，如下表所示：

含糖量 / 重量	LOW	MEDIUM	HIGH	UNKNOWN
2600		Apollo Cantaloupe	Hami	
3600		Cantaloupe		
1200	Gac		Crenshaw Horned	
1600				Hami
3000	Gac			

190. 分区（partitioning）

分区操作是一种通过谓词将流切分为两个分组的分组操作（一个分组对应 `true`，而另一个对应 `false`）。对应 `true` 的分组存储流中通过谓词的元素，而对应 `false` 的分组则存储剩余元素（未通过谓词的元素）。

这里的谓词是分区操作的分类函数，也被叫做分区函数。因为谓词会返回一个布尔值，所以分区操作会返回一个 `Map<Boolean, V>`。

假设我们有如下 `Melon` 和一个 `Melon` 组成的 `List`：

```
public class Melon {
  private final String type;
```

```
  private int weight;
  //为了简洁起见，这里省略了getter、setter、equals()、hashCode()和toString()方法
}

List<Melon> melons = Arrays.asList(
  new Melon("Crenshaw", 1200),
  new Melon("Gac", 3000),
  new Melon("Hami", 2600),
  new Melon("Hami", 1600),
  new Melon("Gac", 1200),
  new Melon("Apollo", 2600),
  new Melon("Horned", 1700),
  new Melon("Gac", 3000),
  new Melon("Hami", 2600)
);
```

分区操作是通过 `Collectors.partitioningBy()` 实现的。该方法有两种使用风格，一种仅接收一个参数，即 `partitioningBy(Predicate<? super T> predicate)`。例如，重量超过 2000 克且不去重的甜瓜分区可以如下方式获取：

```
Map<Boolean, List<Melon>> byWeight = melons.stream()
  .collect(partitioningBy(m -> m.getWeight() > 2000));
```

输出如下：

```
{
  false=[Crenshaw(1200g), Hami(1600g), Gac(1200g), Horned(1700g)],
  true=[Gac(3000g), Hami(2600g), Apollo(2600g), Gac(3000g), Hami(2600g)]
}
```

提示：相比过滤操作，分区操作的优点在于其可以同时保留流元素的两个列表。

下图说明了 `partitioningBy()` 内部是如何工作的：

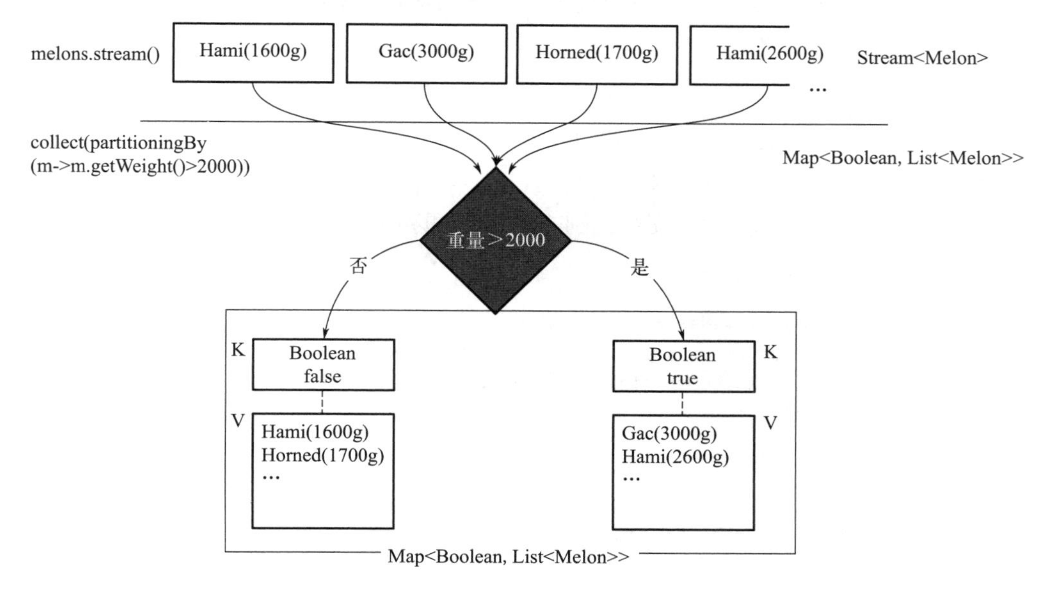

如果我们不想要重复值的话，我们可以使用 `partitioningBy()` 的另一种风格，即 `partitioningBy(Predicate<? super T>predicate, Collector<? super T, A, D> downstream)`。它的第二个参数允许我们指定一个 `Collector` 来实现对下游元素的去重：

```
Map<Boolean, Set<Melon>> byWeight = melons.stream()
  .collect(partitioningBy(m -> m.getWeight() > 2000, toSet()));
```

如下输出不会包含重复值：

```
{
  false=[Horned(1700g), Gac(1200g), Crenshaw(1200g), Hami(1600g)],
  true=[Gac(3000g), Hami(2600g), Apollo(2600g)]
}
```

当然，在本例中，也可以使用 `distinct()` 实现：

```
Map<Boolean, List<Melon>> byWeight = melons.stream()
  .distinct()
  .collect(partitioningBy(m -> m.getWeight() > 2000));
```

或使用其他收集器，如 `counting()` 来统计这两个分组的元素个数：

```
Map<Boolean, Long> byWeightAndCount = melons.stream()
  .collect(partitioningBy(m -> m.getWeight() > 2000, counting()));
```

输出如下所示：

```
{false=4, true=5}
```

我们也可以去统计不重复的元素数量：

```
Map<Boolean, Long> byWeight = melons.stream()
  .distinct()
  .collect(partitioningBy(m -> m.getWeight() > 2000, counting()));
```

这次输出如下：

```
{false=4, true=3}
```

最后需要说明的是，正如我们在“189. 分组”中介绍的，`partitioningBy()` 方法也可以和 `collectingandThen()` 组合使用。例如，让我们以重量是否超过 2000 克为条件对甜瓜进行分组，并求出每组最重的甜瓜：

```
Map<Boolean, Melon> byWeightMax = melons.stream()
  .collect(partitioningBy(m -> m.getWeight() > 2000,
    collectingAndThen(maxBy(comparingInt(Melon::getWeight)),
      Optional::get)));
```

输出如下：

```
{false=Horned(1700g), true=Gac(3000g)}
```

191. filtering、flattening 和 mapping 收集器

假设我们有如下 `Melon` 和一个 `Melon` 组成的 `List`：

```
public class Melon {
  private final String type;
  private final int weight;
  private final List<String> pests;
  //为了简洁起见，这里省略了getter、setter、equals()、hashCode()和toString()方法
}

List<Melon> melons = Arrays.asList(
  new Melon("Crenshaw", 2000),
  new Melon("Hami", 1600),
  new Melon("Gac", 3000),
  new Melon("Hami", 2000),
  new Melon("Crenshaw", 1700),
  new Melon("Gac", 3000),
  new Melon("Hami", 2600)
);
```

Java Stream API 提供了 `filtering()`、`flatMapping()` 和 `mapping()` 方法，在多级规约（reduction）中它们格外有用（例如在处理 `groupingBy()` 和 `partitioningBy()` 的下游时）。

理论上，`filtering()` 的目标与 `filter()` 相同，`flatMapping()` 的目标与 `flatMap()` 相同，而 `mapping()` 的目标与 `map()` 相同。

`filtering()`

用户需求：我想要获取所有超过 2000 克的甜瓜并以类型对其进行分组。而对于每个类型，将它们放到合适的容器中（这里已经为每个类型都提供了一个容器，只需要检查容器标签即可）。

通过使用 `filtering(Predicate<? super T> predicate, Collector<? super T, A, R> downstream)`，我们可以对当前收集器的每个元素应用谓词，并在下游 collector 中累积输出。

所以，想要对超过 2000 克的甜瓜按类型进行分组的话，我们可以编写如下的流管道（stream pipeline）：

```
Map<String, Set<Melon>> melonsFiltering = melons.stream()
  .collect(groupingBy(Melon::getType,
    filtering(m -> m.getWeight() > 2000, toSet())));
```

输出如下（每个 `Set<Melon>` 都是一个容器）：

```
{Crenshaw=[], Gac=[Gac(3000g)], Hami=[Hami(2600g)]}
```

注意当前并没有超过 2000 克的 Crenshaw 甜瓜，所以 `filtering()` 会把该类型映射为一个空 set（容器）。现在，让我们通过 `filter()` 来重写该功能：

```
Map<String, Set<Melon>> melonsFiltering = melons.stream()
  .filter(m -> m.getWeight() > 2000)
  .collect(groupingBy(Melon::getType, toSet()));
```

因为 `filter()` 不会对那些谓词执行失败的元素进行 mapping 操作，所以输出会如下内容：

```
{Gac=[Gac(3000g)], Hami=[Hami(2600g)]}
```

另一个用户需求：这次我们只关注 Hami 类型的甜瓜。当前有 2 个容器：一个存放重量小于等于 2000 克的 Hami 甜瓜，而另一个则存放重量超过 2000 克的 Hami 甜瓜。

Filtering 操作也可以和 `partitioningBy()` 搭配使用。为了对重量超过 2000 克的甜瓜进行分区，并通过一个特定类型（本例中为 Hami）进行过滤，我们需要执行如下代码：

```
Map<Boolean, Set<Melon>> melonsFiltering = melons.stream()
  .collect(partitioningBy(m -> m.getWeight() > 2000,
    filtering(m -> m.getType().equals("Hami"), toSet())));
```

输出如下所示：

```
{false=[Hami(1600g), Hami(2000g)], true=[Hami(2600g)]}
```

使用 `filter()` 也可以获取相同结果：

```
Map<Boolean, Set<Melon>> melonsFiltering = melons.stream()
  .filter(m -> m.getType().equals("Hami"))
  .collect(partitioningBy(m -> m.getWeight() > 2000, toSet()));
```

输出如下：

```
{false=[Hami(1600g), Hami(2000g)], true=[Hami(2600g)]}
```

mapping()

用户需求：对每个甜瓜类型，我们都希望有一个按升序排序的重量列表。

通过使用 `mapping(Function<? super T, ? extends U> mapper, Collector<? super U, A, R> downstream)`，我们可以对当前收集器的每个元素都应用一个映射（mapping）方法，并在下游收集器积累输出。

例如，为了通过类型对甜瓜重量进行分组，我们可以编写如下代码实现：

```
Map<String, TreeSet<Integer>> melonsMapping = melons.stream()
  .collect(groupingBy(Melon::getType,
    mapping(Melon::getWeight, toCollection(TreeSet::new))));
```

输出如下所示：

```
{Crenshaw=[1700, 2000], Gac=[3000], Hami=[1600, 2000, 2600]}
```

另一个用户需求：我们希望获取两个列表，其中一个包含重量小于等于 2000 克的甜瓜类型，另一个则包含其他甜瓜类型。

我们可以通过如下代码，对重量超过 2000 克的甜瓜进行分组且只收集它们的类型：

```
Map<Boolean, Set<String>> melonsMapping = melons.stream()
  .collect(partitioningBy(m -> m.getWeight() > 2000,
    mapping(Melon::getType, toSet())));
```

输出如下所示：

```
{false=[Crenshaw, Hami], true=[Gac, Hami]}
```

flatMapping()

为了快速了解如何将流打平（flattening），建议读者先阅读“182. 映射流中的元素”。

现在来假设我们有如下甜瓜列表（注意我们还添加了害虫的名称）：

```
List<Melon> melonsGrown = Arrays.asList(
  new Melon("Honeydew", 5600,
    Arrays.asList("Spider Mites", "Melon Aphids", "Squash Bugs")),
  new Melon("Crenshaw", 2000,
    Arrays.asList("Pickleworms")),
  new Melon("Crenshaw", 1000,
    Arrays.asList("Cucumber Beetles", "Melon Aphids")),
  new Melon("Gac", 4000,
    Arrays.asList("Spider Mites", "Cucumber Beetles")),
  new Melon("Gac", 1000,
    Arrays.asList("Squash Bugs", "Squash Vine Borers"))
);
```

用户需求：对于每类甜瓜，希望提供它们的害虫列表。

那么，让我们来对甜瓜按类型进行分组，并收集它们的害虫数据。每种甜瓜都可能没有，或有一种至多种害虫，因为我们希望输出 `Map<String, List<String>>` 类型数据。我们先尝试使用 `mapping()`：

```
Map<String, List<List<String>>> pests = melonsGrown.stream()
  .collect(groupingBy(Melon::getType,
    mapping(m -> m.getPests(), toList())));
```

显然这种方式不太行，因为它的返回结果是 `Map<String, List<List<String>>>` 类型。

另一种依赖 `mapping` 的简单方式如下：

```
Map<String, List<List<String>>> pests = melonsGrown.stream()
  .collect(groupingBy(Melon::getType,
    mapping(m -> m.getPests().stream(), toList())));
```

显然这种方式也不太行，因为它的返回结果是 `Map<String, List<Stream<String>>>` 类型。

是时候来认识下 `flatMapping()` 了。通过使用 `flatMapping(Function<? super T, ? extends Stream<? extends U>> mapper, Collector<? super U, A, R> downstream)`，

我们可以把 **flatMapping** 方法应用到当前收集器的每个元素，并在下游收集器积累输出：

```
Map<String, Set<String>> pestsFlatMapping = melonsGrown.stream()
  .collect(groupingBy(Melon::getType,
    flatMapping(m -> m.getPests().stream(), toSet())));
```

本次输出如下所示，格式终于看起来正确了：

```
{
  Crenshaw = [Cucumber Beetles, Pickleworms, Melon Aphids],
  Gac = [Cucumber Beetles, Squash Bugs, Spider Mites,
    Squash Vine Borers],
  Honeydew = [Squash Bugs, Spider Mites, Melon Aphids]
}
```

另一个用户需求：我想要两个列表，一个包含重量超过 2000 克的甜瓜上的害虫，另一个包含剩余甜瓜上的害虫。

我们可以如下方式对重量超过 2000 克的甜瓜进行分区并收集它的害虫：

```
Map<Boolean, Set<String>> pestsFlatMapping = melonsGrown.stream()
  .collect(partitioningBy(m -> m.getWeight() > 2000,
    flatMapping(m -> m.getPests().stream(), toSet())));
```

输出如下所示：

```
{
  false = [Cucumber Beetles, Squash Bugs, Pickleworms,
   Melon Aphids, Squash Vine Borers],
  true = [Squash Bugs, Cucumber Beetles, Spider Mites,
   Melon Aphids]
}
```

192. teeing

从 JDK 12 开始，我们可以通过 `Collectors.teeing()` 来合并两个收集器的结果：

• `public static <T, R1, R2, R> Collector<T, ?, R> teeing (Collector<? super T, ?, R1> downstream1, Collector<? super T, ?, R2> downstream2, BiFunction<? super R1, ? super R2, R> merger)`：

其返回结果是由两个传入的下游（downstream）收集器组成的收集器。每个传给最终收

集器的元素都被两个下游收集器所处理，且它们的结果通过指定的 `BiFunction` 被合并为最终的结果：

来看个经典问题：下面的类仅存储了一个整数流的元素个数与它们的和：

```
public class CountSum {
  private final Long count;
  private final Integer sum;

  public CountSum(Long count, Integer sum) {
    this.count = count;
    this.sum = sum;
  }
  //...
}
```

我们可以通过 `teeing()` 方法获取该信息，如下所示：

```
CountSum countsum = Stream.of(2, 11, 1, 5, 7, 8, 12)
  .collect(Collectors.teeing(
    counting(),
    summingInt(e -> e),
    CountSum::new));
```

这里我们将两个收集器（`counting()` 和 `summingInt()`）应用到流中每个元素上，并将结果合并为一个 `CountSum` 实例：

```
CountSum{count=7, sum=46}
```

来看另一个问题。这次，`MinMax` 类存储了一个整数流的最大值和最小值：

```
public class MinMax {
  private final Integer min;
  private final Integer max;

  public MinMax(Integer min, Integer max) {
    this.min = min;
    this.max = max;
  }

  //...
}
```

现在，我们可以如下方式获取信息：

```
MinMax minmax = Stream.of(2, 11, 1, 5, 7, 8, 12)
  .collect(Collectors.teeing(
    minBy(Comparator.naturalOrder()),
    maxBy(Comparator.naturalOrder()),
    (Optional<Integer> a, Optional<Integer> b)
      -> new MinMax(a.orElse(Integer.MIN_VALUE),
    b.orElse(Integer.MAX_VALUE))));
```

这里我们将两个收集器（minBy() 和 maxBy()）应用到流中每个元素上，并将结果合并为一个 MinMax 实例：

```
MinMax{min=1, max=12}
```

最后，来看看如下的 Melon 类和由 Melon 实例构成的 List：

```
public class Melon {
  private final String type;
  private final int weight;

  public Melon(String type, int weight) {
    this.type = type;
    this.weight = weight;
  }
  //...
}

List<Melon> melons = Arrays.asList(
  new Melon("Crenshaw", 1200),
  new Melon("Gac", 3000),
  new Melon("Hami", 2600),
  new Melon("Hami", 1600),
  new Melon("Gac", 1200),
  new Melon("Apollo", 2600),
  new Melon("Horned", 1700),
  new Melon("Gac", 3000),
  new Melon("Hami", 2600)
);
```

这里的目标是计算这些甜瓜的总重量并列举出来，我们可以把该目标转为如下的类：

```
public class WeightsAndTotal {
  private final int totalWeight;
  private final List<Integer> weights;

  public WeightsAndTotal(int totalWeight, List<Integer> weights) {
    this.totalWeight = totalWeight;
    this.weights = weights;
  }
}
```

该问题的解决方案是使用 Collectors.teeing()，如下所示：

```
WeightsAndTotal weightsAndTotal = melons.stream()
  .collect(Collectors.teeing(
    summingInt(Melon::getWeight),
    mapping(m -> m.getWeight(), toList()),
    WeightsAndTotal::new));
```

这次，我们使用了 summingInt() 和 mapping() 这两个收集器。输出如下：

```
WeightsAndTotal {
  totalWeight = 19500,
  weights = [1200, 3000, 2600, 1600, 1200, 2600, 1700, 3000, 2600]
}
```

193. 编写自定义收集器

假设我们有如下的 `Melon` 类和由 `Melon` 实例构成的 `List`：

```
public class Melon {
  private final String type;
  private final int weight;
  private final List<String> grown;
  //为了简洁起见，这里省略了getter、setter、equals()、hashCode()和toString()方法
}

List<Melon> melons = Arrays.asList(
  new Melon("Crenshaw", 1200),
  new Melon("Gac", 3000),
  new Melon("Hami", 2600),
  new Melon("Hami", 1600),
  new Melon("Gac", 1200),
  new Melon("Apollo", 2600),
  new Melon("Horned", 1700),
  new Melon("Gac", 3000),
  new Melon("Hami", 2600)
);
```

在“190. 分区（partitioning）”中，我们了解了如何使用 `partitioningBy()` 这个收集器来对重量超过 2000 克且含重复值的甜瓜进行分区：

```
Map<Boolean, List<Melon>> byWeight = melons.stream()
  .collect(partitioningBy(m -> m.getWeight() > 2000));
```

现在，我们来考虑下如何通过一个专用的自定义收集器来获取相同的结果。

首先需要说明的是，编写自定义收集器并不是一项日常工作，但是了解如何实现它，有时可能很有用。内置的 Java `Collector` 接口一般为如下格式：

```
public interface Collector<T, A, R> {
    Supplier<A> supplier();
  BiConsumer<A, T> accumulator();
  BinaryOperator<A> combiner();
  Function<A, R> finisher();
  Set<Characteristics> characteristics();
  //...
}
```

为了编写一个自定义收集器，我们有必要了解 `T`、`A` 和 `R` 所代表的含义。具体解释如下：

- `T` 代表流中元素的类型（被收集的元素）。
- `A` 代表在收集过程中使用的对象类型。这类对象一般被称为累积器（accumulator），

其可将流元素累积在一个可变结果容器（mutable result container）内。

- R 代表收集过程之后的对象类型（最终结果）。

收集器可以将 accumulator 作为最终结果返回，或是对 accumulator 执行一个可选的转换操作来获取最终结果（该操作完成从中间累加类型 A 到最终结果类型 R 的转换）。

对本例来说，T 就是 Melon、A 是 Map<Boolean, List<Melon>>、R 是 Map<Boolean, List<Melon>>。该收集器通过 Function.identity() 将 accumulator 自身作为最终结果返回。也就是说，我们可以以如下方式启动我们的自定义收集器：

```
public class MelonCollector implements
  Collector<Melon, Map<Boolean, List<Melon>>,
    Map<Boolean, List<Melon>>> {
  //...
}
```

所以，一个 Collector 由四个方法指定。这些方法共同实现了把累积的实体写入到一个可变的结果容器中，并可选地对结果执行最终转换。这些方法如下：

- supplier()：创建一个新的空可变结果容器
- accumulator()：将新数据元素合并到可变结果容器中
- combiner()：将两个可变结果容器组合为一个
- finisher()：对可变结果容器执行一个可选的最终转换操作，以获取最终结果

此外，收集器的特性在最后一个方法 characteristics() 中定义。Set<Characteristics> 可能的取值为如下三个值：

- UNORDERED：在最终结果中，并不关注累积 / 收集的元素顺序。
- CONCURRENT：流元素可以通过多个线程以并发方式累积 [最终收集器会对流执行一个并行的规约（reduction）操作，流的并发处理生成的容器会被组合为一个单独的结果容器，数据源本身应该是无序的或存在 UNORDERED 标识]。
- IDENTITY_FiNISH：表示 accumulator 本身就是最终结果（简单来说，我们可以把 A 强转为 R）；在这种情况下，finisher() 不会被调用。

提供者——Supplier<A> supplier();

supplier() 的职责是返回（每次调用都触发）一个空可变结果容器的 Supplier。

在本例中，结果容器为 Map<Boolean, List<Melon>> 类型，所以我们可以如下方式实现 supplier()：

```
@Override
public Supplier<Map<Boolean, List<Melon>>> supplier() {
  return () -> {
    return new HashMap<Boolean, List<Melon>> () {
      {
        put(true, new ArrayList<>());
        put(false, new ArrayList<>());
      }
    };
  };
}
```

在并行执行时，该方法可能被多次调用。

累积元素—— `BiConsumer<A, T> accumulator();`

`accumulator()` 方法会返回执行规约操作的函数，也就是 `BiConsumer`，它是一个接收两个输入参数且不返回任何结果的操作。第一个输入参数为当前的结果容器规约操作到目前为止的结果），而第二个输入参数为流中当前元素。该方法通过累积被遍历的元素或是其转换结果来修改结果容器。在本例中，`accumulator()` 将当前遍历的元素添加到两个 `ArrayLists` 之一：

```
@Override
public BiConsumer<Map<Boolean, List<Melon>>, Melon> accumulator() {
  return (var acc, var melon) -> {
    acc.get(melon.getWeight() > 2000).add(melon);
  };
}
```

完成最后的转换—— `Function<A, R> finisher();`

`finisher()` 返回在累积阶段结束时应用的函数。当该方法被调用时，流中再没有任何元素需要被遍历，所有累积元素都会从中间累积类型 `A` 转换到最终结果类型 `R`。如果不需要转换操作，那么我们就直接返回中间结果（accumulator 本身）：

```
@Override
public Function<Map<Boolean, List<Melon>>,
    Map<Boolean, List<Melon>>> finisher() {
  return Function.identity();
}
```

并行执行收集器—— `BinaryOperator<A> combiner();`

如果流被并行处理的话，那么不同线程（accumulator）会生成子结果容器。最后，这些子结果会被合并为一个完整结果，这就是 `combiner()` 的工作。在本例中，`combiner()` 方法需要将第二个哈希表中的两个列表的全部元素添加到第一个哈希表中，以合并两个哈希表：

```
@Override
public BinaryOperator<Map<Boolean, List<Melon>>> combiner() {
  return (var map, var addMap) -> {
    map.get(true).addAll(addMap.get(true));
    map.get(false).addAll(addMap.get(false));
    return map;
  };
}
```

返回最终结果—— `Function<A, R> finisher();`

最终结果会通过 `finisher()` 方法计算得出。在本例中，因为 accumulator 不需要进一步的转换工作，所以我们只需返回 `Function.identity()` 即可。

```
@Override
public Function<Map<Boolean, List<Melon>>,
    Map<Boolean, List<Melon>>> finisher() {
  return Function.identity();
}
```

特性——Set<Characteristics> characteristics();

最后，我们标明当前收集器为 `IDENTITY_FiNISH` 和 `CONCURRENT`：

```
@Override
public Set<Characteristics> characteristics() {
  return Set.of(IDENTITY_FiNISH, CONCURRENT);
}
```

本例相关代码可在示例代码文件中一个名为 `MelonCollector` 的类中找到。

测试

`MelonCollector` 可以通过 `new` 关键字使用，如下所示：

```
Map<Boolean, List<Melon>> melons2000 = melons.stream()
  .collect(new MelonCollector());
```

我们会得到如下输出：

```
{
  false = [Crenshaw(1200 g), Hami(1600 g),
   Gac(1200 g), Horned(1700 g)],
  true = [Gac(3000 g), Hami(2600 g), Apollo(2600 g),
   Gac(3000 g), Hami(2600 g)]
}
```

我们也可以通过 `parallelStream()` 来使用它：

```
Map<Boolean, List<Melon>> melons2000 = melons.parallelStream()
  .collect(new MelonCollector());
```

如果我们使用 `combiner()` 方法，输出会是如下内容：

```
{false = [], true = [Hami(2600g)]}
 ForkJoinPool.commonPool - worker - 7
 //...
{false = [Horned(1700g)], true = []}
 ForkJoinPool.commonPool - worker - 15
{false = [Crenshaw(1200g)], true = [Gac(3000g)]}
 ForkJoinPool.commonPool - worker - 9
 //...
{false = [Crenshaw(1200g), Hami(1600g), Gac(1200g), Horned(1700g)],
 true = [Gac(3000g), Hami(2600g), Apollo(2600g),
 Gac(3000g), Hami(2600g)]}
```

通过 collect() 来自定义收集

对于一个 IDENTITY_FiNISH 收集操作，我们有多种方式来获取一个自定义收集器。其中一种方式可以通过如下方法实现：

```
<R> R collect(Supplier<R> supplier, BiConsumer<R,? super T>
  accumulator, BiConsumer<R,R> combiner)
```

collect() 的这种使用风格非常适合我们处理一个 IDENTITY_FiNISH 收集操作，并且我们还能为该操作提供 supplier、accumulator 和 combiner。

来看下面几个例子：

```
List<String> numbersList = Stream.of("One", "Two", "Three")
  .collect(ArrayList::new, ArrayList::add,
    ArrayList::addAll);

Deque<String> numbersDeque = Stream.of("One", "Two", "Three")
  .collect(ArrayDeque::new, ArrayDeque::add,
    ArrayDeque::addAll);

String numbersString = Stream.of("One", "Two", "Three")
  .collect(StringBuilder::new, StringBuilder::append,
    StringBuilder::append).toString();
```

你可以使用这些例子来找出更多适合用于这里的 JDK 类（类方法签名的方法引用适合作为 collect() 的参数）。

194. 方法引用

假设我们有如下的 Melon 类和由 Melon 实例构成的 List：

```
public class Melon {
  private final String type;
  private int weight;

  public static int growing100g(Melon melon) {
    melon.setWeight(melon.getWeight() + 100);
    return melon.getWeight();
  }

  //为了简洁起见，这里省略了getter、setter、equals()、hashCode()和toString()方法
}

List<Melon> melons = Arrays.asList(
  new Melon("Crenshaw", 1200), new Melon("Gac", 3000),
  new Melon("Hami", 2600), new Melon("Hami", 1600));
```

简单来说，方法引用是 Lambda 表达式的缩写版本。它是一个通过名称调用方法的技术，而非描述如何调用方法。其主要优点在于可读性好。方法引用的编写形式是把目标引用放到分隔符 :: 之前，方法名放到其后。以下介绍全部四种方法引用。

静态方法的方法引用

我们通过一个名为 `growing100g()` 的静态方法来将上述列表中的甜瓜进行分组：

• 无方法引用：

```
melons.forEach(m -> Melon.growing100g(m));
```

• 方法引用：

```
melons.forEach(Melon::growing100g);
```

实例方法的方法引用

假设我们定义了一个基于 `Melon` 的 `Comparator`：

```
public class MelonComparator implements Comparator {
  @Override
  public int compare(Object m1, Object m2) {
    return Integer.compare(((Melon) m1).getWeight(),
      ((Melon) m2).getWeight());
  }
}
```

下面来看下如何进行引用：

• 无方法引用：

```
MelonComparator mc = new MelonComparator();
List<Melon> sorted = melons.stream()
  .sorted((Melon m1, Melon m2) -> mc.compare(m1, m2))
  .collect(Collectors.toList());
```

• 方法引用

```
List<Melon> sorted = melons.stream()
  .sorted(mc::compare)
  .collect(Collectors.toList());
```

当然，我们也可以调用 `Integer.compare()`（注意，上面是引用特定对象的实例方法，当前是引用特定类型的任意对象的实例方法，属于两种方法引用）：

• 无方法引用：

```
List<Integer> sorted = melons.stream()
  .map(m -> m.getWeight())
  .sorted((m1, m2) -> Integer.compare(m1, m2))
  .collect(Collectors.toList());
```

• 方法引用：

```
List<Integer> sorted = melons.stream()
  .map(m -> m.getWeight())
```

```
    .sorted(Integer::compare)
    .collect(Collectors.toList());
```

构造方法的方法引用

可以通过 `new` 关键字来引用一个构造方法，如下所示：

```
BiFunction<String, Integer, Melon> melonFactory = Melon::new;
Melon Hami1300 = melonFactory.apply("Hami", 1300);
```

更多构造方法的方法引用的细节和例子可以参考上文“169. 实现工厂模式”。

195. 并行处理流

简单来说，并行处理流对应操作包含如下三个步骤：

① 将流中元素分为多块；

② 在不同的独立线程中处理每块元素；

③ 将处理结果合并为一个完整结果。

这三个步骤通过默认的 `ForkJoinPool` 方法在后台执行，相关内容将在第 10 章和第 11 章讨论。

通常，并行处理只能应用于具备 stateless（某个元素状态不会影响到其他元素）、non-interfering（数据源不受影响）和 associative（结果不受操作顺序影响）特性的操作。

假设我们想统计一个由 `double` 组成的列表的和：

```
Random rnd = new Random();
List<Double> numbers = new ArrayList<>();
for (int i = 0; i < 1_000_000; i++) {
  numbers.add(rnd.nextDouble());
}
```

我们也可以直接使用流来处理：

```
DoubleStream.generate(() -> rnd.nextDouble())
  .limit(1_000_000)
```

在顺序执行的方式中，我们可以如下方式实现：

```
double result = numbers.stream()
  .reduce((a, b) -> a + b)
  .orElse(-1d);
```

该操作可能会在单个核上以后台方式运行（即使我们机器有多个核），如图所示：

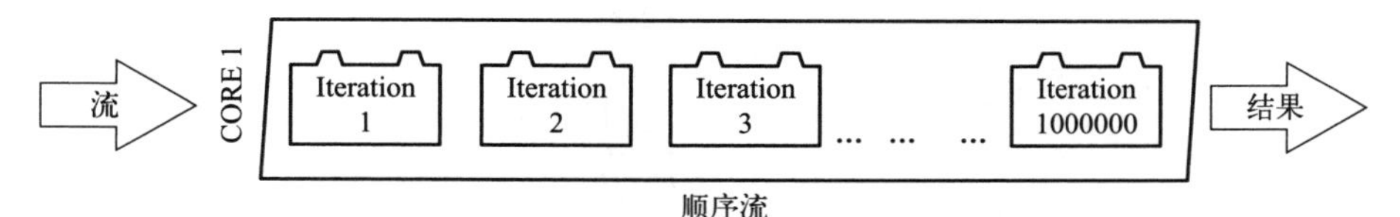

当前问题很适合使用并行化来处理，所以我们调用 `parallelStream()` 而非 `stream()`，如下所示：

```
double result = numbers.parallelStream()
  .reduce((a, b) -> a + b)
  .orElse(-1d);
```

一旦我们调用 `parallelStream()`，Java 就会使用多个线程来处理流。我们也可以通过 `parallel()` 方法来实现并行化：

```
double result = numbers.stream()
  .parallel()
  .reduce((a, b) -> a + b)
  .orElse(-1d);
```

这次，处理操作通过 fork/join 执行，如图所示（每个核都分配了一个线程）：

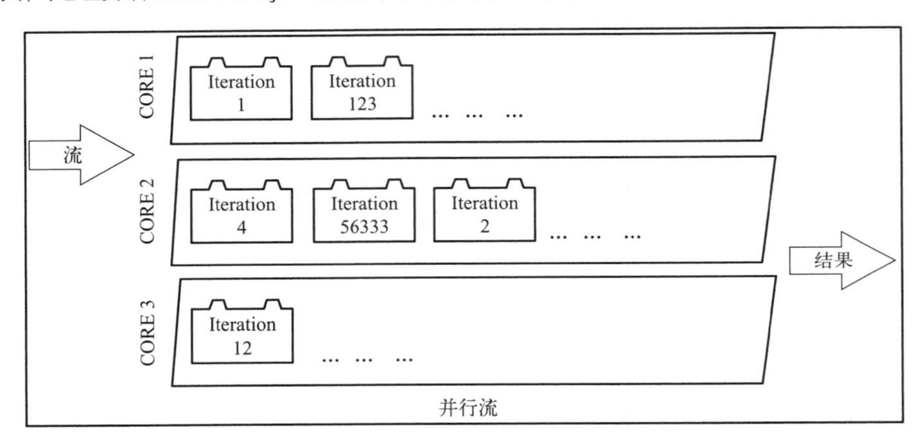

在 `reduce()` 的上下文中，并行化可以通过如下形式描述：

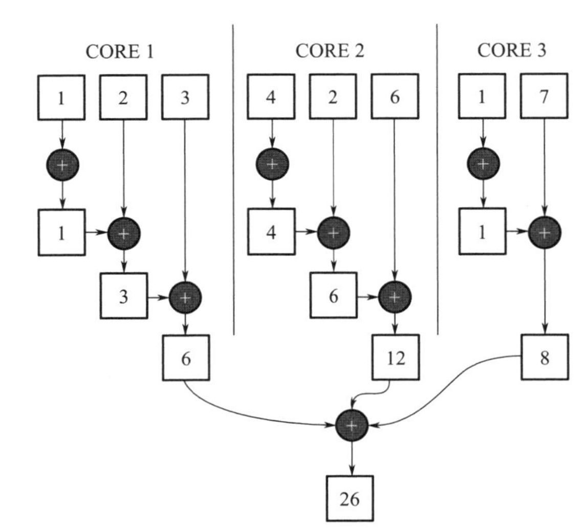

默认情况下，Java `ForkJoinPool` 会尽可能获取和处理器一样多的线程，如下所示：

```
int noOfProcessors = Runtime.getRuntime().availableProcessors();
```

我们可以全局化地控制线程数量（所有并行流都会使用它），如下所示：

```
System.setProperty(
  "java.util.concurrent.ForkJoinPool.common.parallelism", "10");
```

或者，我们可以控制单个并行流的线程数据，如下所示：

```
ForkJoinPool customThreadPool = new ForkJoinPool(5);
double result = customThreadPool.submit(
  () -> numbers.parallelStream()
    .reduce((a, b) -> a + b))
  .get()
  .orElse(-1d);
```

控制线程数量是一项重要决定。尝试基于环境去设置合适的线程数量并非易事，大多数情况下，默认设置（线程数 = 处理器数）就是最优选。

> **提示：** 虽然该问题很适合使用并行化，但是这并不意味着并行处理就是“银弹”。我们应该在基准测试和对比串行处理和并行处理之后，再来决定是否使用并行处理。一般而言，对于大数据集来说，并行处理会是更优选择。

但千万不要陷入一个误区，以为线程数量越多就代表着执行越快。应避免出现如下情况（下面的数字是在一台 8 核机器上运行的指标）：

```
5 threads (~40 ms)
20 threads (~50 ms)
100 threads (~70 ms)
1000 threads (~ 250 ms)
```

Spliterators

Java `Spliterator` 接口 [也称作可分割迭代器（splittable iterator）] 是一个用于并行遍历数据源元素（如一个集合或流）的接口。该接口定义了如下方法：

```
public interface Spliterator<T> {
  boolean tryAdvance(Consumer<? super T> action);
  Spliterator<T> trySplit();
  long estimateSize();
  int characteristics();
}
```

来看一个由 10 个整数组成的列表：

```
List<Integer> numbers = Arrays.asList(1, 2, 3, 4, 5, 6, 7, 8, 9, 10);
```

我们可以为该列表获取一个如下所示的 `Spliterator` 接口：

```
Spliterator<Integer> s1 = numbers.spliterator();
```

我们也可以相同方式处理流：

```
Spliterator<Integer> s1 = numbers.stream().spliterator();
```

为了跳转到（遍历）第一个元素，我们需要调用 **tryAdvance()** 方法，如下所示：

```
s1.tryAdvance(e
  -> System.out.println("Advancing to the
    first element of s1: " + e));
```

我们会获得如下输出：

```
Advancing to the first element of s1: 1
```

Spliterator 可以通过 **estimateSize()** 方法来获取剩余需要遍历元素的预估数量，如下所示：

```
System.out.println("\nEstimated size of s1: " + s1.estimateSize());
```

我们会获取如下输出（我们已经遍历了一个元素，现在还有 9 个元素待遍历）：

```
Estimated size of s1: 9
```

我们可以使用 **Spliterator** 接口的 **trySplit()** 方法将其一分为二，返回结果会是另一个 **Spliterator** 接口：

```
Spliterator<Integer> s2 = s1.trySplit();
```

下面来检测它们的元素数，以了解 **trySplit()** 的作用：

```
System.out.println("Estimated size s1: " + s1.estimateSize());
System.out.println("Estimated size s2: " + s2.estimateSize());
```

我们会获取如下输出：

```
Estimated size s1: 5
Estimated size s2: 4
```

我们可以使用 **forEachRemaining()** 方法来打印 **s1** 和 **s2** 的全部元素，如下所示：

```
s1.forEachRemaining(System.out::println); //6, 7, 8, 9, 10
s2.forEachRemaining(System.out::println); //2, 3, 4, 5
```

Spliterator 接口为其特性定义了一组常量：**CONCURRENT(4096)**、**DISTINCT(1)**、**IMMUTABLE(1024)**、**NONNULL(256)**、**ORDERED(16)**、**SIZED(64)**、**SORTED(4)** 和 **SUBSIZED(16384)**。我们可以通过 **characteristics()** 方法打印其特性，如下所示：

```
System.out.println(s1.characteristics()); //16464
System.out.println(s2.characteristics()); //16464
```

使用 **hasCharacteristics()** 来验证其是否呈现某个特性会更简单：

```
if (s1.hasCharacteristics(Spliterator.ORDERED)) {
  System.out.println("ORDERED");
}
if (s1.hasCharacteristics(Spliterator.SIZED)) {
  System.out.println("SIZED");
}
```

编写一个自定义 Spliterator

显然，编写一个自定义 `Spliterator` 不是一项日常工作。但是假设我们正在处理一个项目，由于某些原因，我们需要处理包含表意字符（CJKV，即 Chinese、Japanese、Korean 和 Vietnamese 的缩写）和非表意字符的字符串。我们希望并行处理这些字符串，处理要求是仅在表意字符位置对其进行拆分。

显然，默认的 `Spliterator` 无法实现我们的需求，因此我们需要自定义一个。为了实现它，我们需要实现 `Spliterator` 接口并完成相关方法的实现。在本书示例代码文件中你可以找到相关代码实现，在阅读本章节剩余部分时，建议打开 `IdeographicSpliterator` 的源代码并粘贴进来。

代码实现的重中之重是 `trySplit()` 方法。现在，我们尝试将当前字符串一分为二并持续遍历它，直到找到一个表意字符。出于检查目的，我们添加了如下的日志打印：

```
System.out.println("Split successfully at character: "
  + str.charAt(splitPosition));
```

现在来处理一个包含表意字符的字符串：

```
String str = "Character Information字Development and Maintenance"
  + "Project盤for e-Government MojiJoho-Kiban事Project";
```

接下来为这个字符串创建一个并行流，并使用 `IdeographicSpliterator` 来完成该任务：

```
Spliterator<Character> spliterator = new IdeographicSpliterator(str);
Stream<Character> stream = StreamSupport.stream(spliterator, true);
//强制使用spliterator来完成该项工作
stream.collect(Collectors.toList());
```

一个可能的输出如下，它表示拆分操作只发生在表意字符位置：

```
Split successfully at character:盤
Split successfully at character:事
```

196. null-safe 流

处理一个元素可能为空也可能不为空的流的时候，我们可以使用 `Optional.ofNullable()` 来解决，或是 JDK 9 提供的更佳方案，`Stream.ofNullable()`：

```
static <T> Stream<T> ofNullable(T t)
```

该方法接收单个元素（`T`）并返回包含该元素的顺序流（`Stream<T>`）；而如果该元素为空的话则返回一个空的流。

例如，我们编写一个简单方法来包装调用 `Stream.ofNullable()`，如下所示：

```
public static <T> Stream<T> elementAsStream(T element) {
  return Stream.ofNullable(element);
}
```

如果该方法存在于一个名为 `AsStreams` 的工具类（utility）中，那么我们可以进行如下多次调用：

```
//0
System.out.println("Null element: "
  + AsStreams.elementAsStream(null).count());
//1
System.out.println("Non null element: "
  + AsStreams.elementAsStream("Hello world").count());
```

注意，当我们传入 `null` 时，我们获取了一个空的流（`count()` 方法会返回 0）。

而如果传入元素是一个集合的时候，事情开始变得有意思起来。举个例子，假设我们有如下列表（注意这个列表包含几个 `null` 值）：

```
List<Integer> ints = Arrays.asList(5, null, 6, null, 1, 2);
```

接下来我们编写一个当 T 为集合时返回 `Stream<T>` 的方法：

```
public static <T> Stream<T> collectionAsStreamWithNulls(
    Collection<T> element) {
  return Stream.ofNullable(element).flatMap(Collection::stream);
}
```

如果我们传入 `null` 值来调用该方法，那么我们会获得一个空的流：

```
//0
System.out.println("Null collection: "
  + AsStreams.collectionAsStreamWithNulls(null).count());
```

现在，如果我们传入当前列表并调用，我们会获取一个 `Stream<Integer>`：

```
//6
System.out.println("Non-null collection with nulls: "
  + AsStreams.collectionAsStreamWithNulls(ints).count());
```

注意这个流有 6 个元素（传入列表的全部元素）：5，null，6，null，1 和 2。

如果我们知道这个集合本身不为 `null`，但是它可能包含 `null` 值，那么我们可以编写另一个方法，如下所示：

```
public static <T> Stream<T> collectionAsStreamWithoutNulls(
    Collection<T> collection) {
```

```
  return collection.stream().flatMap(e -> Stream.ofNullable(e));
}
```

这次，如果集合本身为 `null` 的话，代码会抛出一个 `NullPointerException` 异常。而如果传入我们的列表的话，返回结果会是一个不带 `null` 值的 `Stream<Integer>`。

```
//4
System.out.println("Non-null collection without nulls: "
  + AsStreams.collectionAsStreamWithoutNulls(ints).count());
```

返回的流只有4个元素：5，6，1和2。

最后，如果集合本身可能为 `null` 且可能包含 `null` 值的话，如下方法可以完成该工作并返回一个 null-safe 流：

```
public static <T> Stream<T> collectionAsStream(
    Collection<T> collection) {
  return Stream.ofNullable(collection)
    .flatMap(Collection::stream)
    .flatMap(Stream::ofNullable);
}
```

如果我们传入 `null`，那么我们会获取一个空的流：

```
//0
System.out.println(
  "Null collection or non-null collection with nulls: "
  + AsStreams.collectionAsStream(null).count());
```

如果传入我们的列表，我们会获得一个不带 `null` 值的 `Stream<Integer>`：

```
//4
System.out.println(
  "Null collection or non-null collection with nulls: "
  + AsStreams.collectionAsStream(ints).count());
```

197. 组合方法、谓词和比较器

组合（或是链接）方法、谓词和比较器可支持我们编写能一起应用的复合条件。

组合谓词

假设我们有如下 `Melon` 和一个 `Melon` 组成的 `List`：

```
public class Melon {
  private final String type;
  private final int weight;
  //为了简洁起见，这里省略了getter、setter、equals()、hashCode()和toString()方法
}
```

```
List<Melon> melons = Arrays.asList(
  new Melon("Gac", 2000),
  new Melon("Horned", 1600),
  new Melon("Apollo", 3000),
  new Melon("Gac", 3000),
  new Melon("Hami", 1600)
);
```

Predicate 接口提供了三个方法用于接收一个 Predicate 并生成一个增强后的 Predicate。这些方法为 and()、or() 和 negate()。

例如，假设我们想要过滤重量超过 2000 克的甜瓜，那么我们可以编写如下 Predicate：

```
Predicate<Melon> p2000 = m -> m.getWeight() > 2000;
```

现在，如果我们想要增强这个 Predicate 来获取通过 p2000 谓词且为 Gac 或 Apollo 类型的甜瓜，那么可以使用 and() 和 or() 方法来完成这项工作，如下所示:

```
Predicate<Melon> p2000GacApollo
  = p2000.and(m -> m.getType().equals("Gac"))
    .or(m -> m.getType().equals("Apollo"));
```

按照从左到右顺序可以写成 a && (b || c) 形式，具体含义如下:

```
a is m -> m.getWeight() > 2000
b is m -> m.getType().equals("Gac")
c is m -> m.getType().equals("Apollo")
```

显然，我们可以相同方法添加更多条件。

让我们把这个 Predicate 传给 filter() 方法:

```
//Apollo(3000g), Gac(3000g)
List<Melon> result = melons.stream()
  .filter(p2000GacApollo)
  .collect(Collectors.toList());
```

现在，假设我们想获取上述组合谓词的否定，那么将这个谓词重写为 !a&& !b && !c 或是其他对应表达形式会是一项繁重工作。一个更优方案是调用 negate() 方法，如下所示:

```
Predicate<Melon> restOf = p2000GacApollo.negate();
```

把其传给 filter()：

```
//Gac(2000g), Horned(1600g), Hami(1600g)
List<Melon> result = melons.stream()
  .filter(restOf)
  .collect(Collectors.toList());
```

从 JDK 11 开始，我们可以通过把一个 Predicate 作为参数传递给 not() 方法来实现对其否定的效果。例如，让我们通过使用 not() 方法过滤所有重量小于等于 2000 克的甜瓜:

```
Predicate<Melon> pNot2000 = Predicate.not(m -> m.getWeight() > 2000);
//Gac(2000g), Horned(1600g), Hami(1600g)
List<Melon> result = melons.stream()
  .filter(pNot2000)
  .collect(Collectors.toList());
```

组合比较器

假设我们有和“组合谓词”相同的 `Melon` 类和由 `Melon` 组成的列表。

现在通过 `Comparator.comparing()` 来对这个列表进行排序：

```
Comparator<Melon> byWeight = Comparator.comparing(Melon::getWeight);
//Horned(1600g), Hami(1600g), Gac(2000g), Apollo(3000g), Gac(3000g)
List<Melon> sortedMelons = melons.stream()
  .sorted(byWeight)
  .collect(Collectors.toList());
```

我们也可以通过类型对这个列表进行排序：

```
Comparator<Melon> byType = Comparator.comparing(Melon::getType);
//Apollo(3000g), Gac(2000g), Gac(3000g), Hami(1600g), Horned(1600g)
List<Melon> sortedMelons = melons.stream()
  .sorted(byType)
  .collect(Collectors.toList());
```

如果想要反转排序顺序，只需要调用 `reversed()` 即可：

```
Comparator<Melon> byWeight
  = Comparator.comparing(Melon::getWeight).reversed();
```

接下来，假设我们想要通过重量和类型对这个列表进行排序，换句话说，当两个甜瓜重量相同时（例如，`Horned(1600g)`、`Hami(1600g))`），它们应该通过类型进行排序（例如，`Hami(1600g))`、`Horned(1600g)`）。一个直接的方式如下所示：

```
//Apollo(3000g), Gac(2000g), Gac(3000g), Hami(1600g), Horned(1600g)
List<Melon> sortedMelons = melons.stream()
  .sorted(byWeight)
  .sorted(byType)
  .collect(Collectors.toList());
```

显然，获取的结果不是我们想要的，因为这些比较器没有作用到同一个列表上。`byWeight` 比较器作用的是原始列表，而 `byType` 比较器作用的是 `byWeight` 的输出。简单来说，`byType` 使得 `byWeight` 失效了。

解决方案是使用 `Comparator.thenComparing()` 方法，该方法允许我们链接比较器：

```
Comparator<Melon> byWeightAndType
  = Comparator.comparing(Melon::getWeight)
    .thenComparing(Melon::getType);
```

```
//Hami(1600g), Horned(1600g), Gac(2000g), Apollo(3000g), Gac(3000g)
List<Melon> sortedMelons = melons.stream()
  .sorted(byWeightAndType)
  .collect(Collectors.toList());
```

thenComparing() 当前风格是接收一个 Function 作为参数。这个 Funtion 用于获取 Comparable 的排序关键字，返回的 Comparator 只会在前一个 Comparator 遇到两个相等对象时才会被应用。

thenComparing() 的另一种风格则是获取一个 Comparator 作为参数：

```
Comparator<Melon> byWeightAndType =
  Comparator.comparing(Melon::getWeight)
    .thenComparing(Comparator.comparing(Melon::getType));
```

来看下面由 Melon 组成的 List：

```
List<Melon> melons = Arrays.asList(
  new Melon("Gac", 2000),
  new Melon("Horned", 1600),
  new Melon("Apollo", 3000),
  new Melon("Gac", 3000),
  new Melon("Hami", 1600)
);
```

我们故意给最后一个甜瓜设置了一个错误，它的类型这次是小写的。如果我们应用 byWeightAndType 比较器，输出会是如下所示：

```
Horned(1600g), Hami(1600g), ...
```

作为一个词典式的顺序比较器，byWeightAndType 将 Horned 置于 Hami 之前。因此，以大小写不敏感的风格来对类型排序会很有用。该问题的一个优雅解决方法是基于 thenComparing() 的另一种风格解决，它允许我们传入一个 Function 和 Comparator 作为参数。传入的 Function 用于获取 Comparable 的排序关键字，而给定 Comparator 则用于对排序关键字进行比较：

```
Comparator<Melon> byWeightAndType =
  Comparator.comparing(Melon::getWeight)
    .thenComparing(Melon::getType, String.CASE_INSENSITIVE_ORDER);
```

这次，我们会获取如下结果（事情回到了正轨）：

```
Hami(1600g), Horned(1600g),...
```

> **提示：** 对于 int、long 和 double 类型，我们提供了 comparingInt()、comparingLong()、comparingDouble()、thenComparingInt()、thenComparingLong() 和 thenComparingDouble() 方法。Comparing() 和 thenComparing() 方法具有相同的使用风格。

组合方法

通过 `Function` 接口表示的 Lambda 表达式可以通过 `Function.andThen()` 和 `Function.compose()` 方法组合。

`andThen(Function<? super R,? extends V> after)` 返回一个组合 `Funtion`，它以如下步骤工作：

- 对其输入应用这个方法；
- 对上一步的结果应用 `after` 方法。

来看下面的例子：

```
Function<Double, Double> f = x -> x * 2;
Function<Double, Double> g = x -> Math.pow(x, 2);
Function<Double, Double> gf = f.andThen(g);
double resultgf = gf.apply(4d); //64.0
```

在本例中，`f` 方法调用其输入（4），`f` 的执行结果为 8（`f(4) = 4 * 2`）。这个结果是第二个方法 `g` 的输入，而 `g` 的执行结果为 64（`g(8) = Math.pow(8, 2)`）。下图描述了 `1`、`2`、`3` 和 `4` 这四个输入的工作流程：

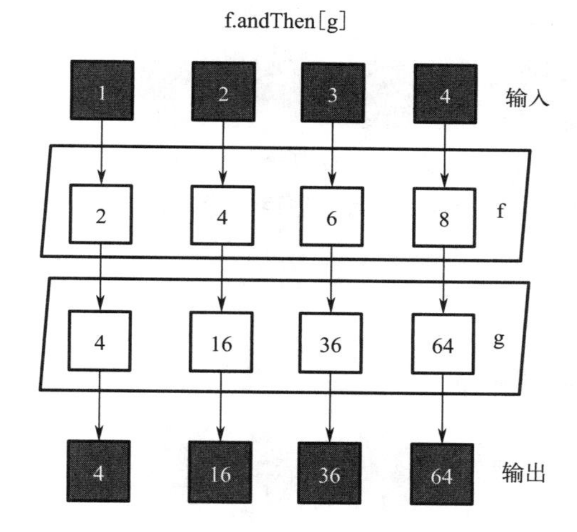

当前使用 `Function.and Then()` 的结果为 `g(f(x))`，而使用 `Function.compose()` 的话，我们可以构建出 `f(g(x))` 这一相反的结果。也就是说，`Function.compose()` 会先执行参数方法 (before function)，再执行调用者方法（after function）。

```
double resultfg = fg.apply(4d); //32.0
```

在本例调用 Function. compose() 时，我们先针对输入（4）调用 `g` 这个参数方法，其产生的结果为 16（`g(4) = Math.pow(4, 2))`）。然后再针对运行结果调用 `f` 这个调用者方法，运行结果为 32（`f(16) = 16 * 2`）。下图描述了 `1`、`2`、`3` 和 `4` 这四个输入的工作流程：

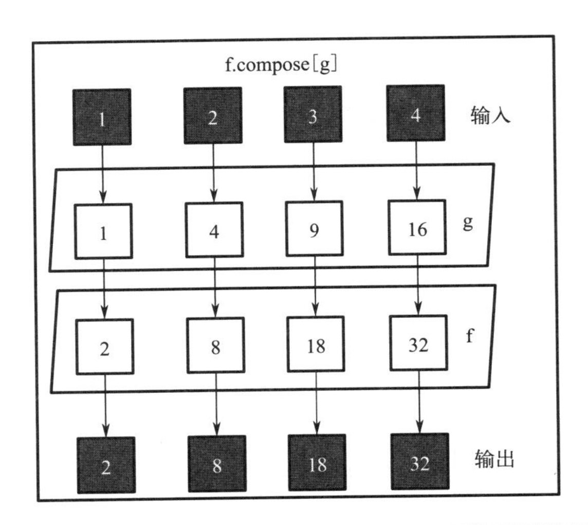

基于相同原理，我们可以开发一个应用，通过组合使用 `addIntroduction()`、`addBody()` 和 `addConclusion()` 方法来编辑一篇文章。请读者查看本书所配源码来了解其具体实现。

我们也可以使用组合功能来简单调整当前代码，以编写其他管道（pipeline）。

198. 默认方法

Java 8 的默认方法主要是为接口提供支持，使其形成一个抽象的约定（仅包含抽象方法）。该特性对那些编写库并希望以兼容方式迭代 API 的人来说相当有用。通过默认方法，一个接口可以在不中断现有实现的情况下得到增强。

默认方法直接在接口中实现，并由默认关键字识别。例如，如下接口定义了一个名为 `area()` 的抽象方法和一个名为 `perimeter()` 的默认方法：

```
public interface Polygon {
  public double area();
  default double perimeter(double... segments) {
    return Arrays.stream(segments)
      .sum();
  }
}
```

因为所有多边形（如正方形）的周长都是各边之和，所以我们直接在接口中用默认方法实现它。而另一方面，不同多边形的面积公式可能大不相同，所以给它一个默认方法并没有多少用。

现在，让我们定义一个实现 `Polygon` 接口的类，名为 `Square`。它的目标是通过周长来计算正方形的面积：

```
public class Square implements Polygon {
  private final double edge;

  public Square(double edge) {
    this.edge = edge;
  }
```

```
  @Override
  public double area() {
    return Math.pow(perimeter(edge, edge, edge, edge) / 4, 2);
  }
}
```

其他多边形（如三角形和矩形）也可以实现 Polygon 接口，并通过默认方法先得到的周长，然后再去计算面积。

然而，在某些情况下，我们可能需要重写默认方法的默认实现。例如，Square 可以如下方式重写 perimeter() 方法：

```
@Override
public double perimeter(double... segments) {
  return segments[0] * 4;
}
```

我们可以如下方式调用：

```
@Override
public double area() {
  return Math.pow(perimeter(edge) / 4, 2);
}
```

小结

本章内容涵盖了无限流、null-safe 流和默认方法。具体包括分组（grouping）、分区（partitioning）、收集器（collectors）、JDK 12 提供的 teeing() 收集器，以及编写自定义收集器。还涉及了 takeWhile()，dropWhile()，组合函数、谓词和比较器，测试和调试 Lambda 表达式等内容。

读者可以下载本章的相关代码来查看运行结果和更多细节。

第 10 章 并发：线程池、Callable 接口以及同步器

本章包含了涉及 Java 并发的 14 个问题。我们从几个涉及线程生命周期、对象和类级别的锁的基础问题开始，然后讨论关于 Java 线程池的一系列问题，包含 JDK 8 实现的工作窃取（work-stealing）线程池。之后，我们会花点精力研究 `Callable` 和 `Future`。最后，我们将探究 Java 有关同步器的一些问题 [例如屏障（barrier）、信号量（semaphore）和交换器（exchanger）]。通过本章的学习，你应该可以熟悉 Java 并发的主要内容并准备好处理一些高级问题了。

问题

以下问题可用于测试你的并发编程能力。在查看解决方案和下载示例代码之前，强烈建议你先尝试独立解决这些问题：

199. **线程生命周期状态**：编写多个程序获取线程的每个生命周期状态。

200. **对象级锁与类级锁的对比**：编写多个示例通过线程同步来对比对象级锁和类级锁。

201. **Java 中的线程池**：对 Java 中的线程池做一个简要的概述。

202. **单线程的线程池**：模拟一条装配线，这条装配线使用两名工人分别检查和包装灯泡。

203. **拥有固定线程数量的线程池**：模拟一条装配线，装配线上使用多名工人检查和包装灯泡。

204. **带缓存和调度的线程池**：模拟一条装配线，装配线上按需使用工人数。例如，自动适配需要的包装工人数（增加或者减少），用于应对检查工产生的吞吐量。

205. **工作窃取（work-stealing）线程池**：基于工作窃取线程池编写一个模拟装配线的程序，用来检查和包装灯泡。具体要求为检查工作在白天进行，包装工作在晚上进行。检查过程每天会产生 1500 万个灯泡的队列。

206. **Callable 和 Future**：使用 `Callable` 和 `Future` 来模拟一条检查和包装灯泡的装配线。

207. **调用多个 Callable 任务**：模拟一条检查和包装灯泡的装配线。具体要求为：检查灯

泡在白天进行，而包装灯泡在晚上进行。检查灯泡的进程会产生一个 100 个灯泡的队列。包装灯泡的进程应该立刻包装并返回所有的灯泡。换句话说，在模拟程序里我们应该同时提交所有的 `Callable` 任务并等待它们全部完成。

208. 锁存器（latch）：基于 `CountDownLatch` 模拟服务器的启动过程。服务器内部的服务启动完成被视为服务器启动完成。服务可以并发启动且互相不依赖。

209. 屏障（barrier）：基于 `CyclicBarrier` 模拟服务器的启动过程。服务器内部的服务启动完成被视为服务器启动完成。服务可以准备好同时启动（这很耗时），但它们相互依赖地运行。因此，一旦它们准备好启动，就必须同时启动它们。

210. 交换器（exchanger）：使用 `Exchanger` 模拟一条使用两个工人进行灯泡检查和包装的生产线。在这条生产线上，一个工人（检查工）检查灯泡并将它们放入篮子中。当篮子满了的时候，工人将这个篮子交给另一个工人（包装工）并从他那里拿到一个空篮子。重复该过程，直到装配线停止。

211. 信号量（semaphore）：使用 `Semaphore` 模拟理发店一天的业务情况。具体要求为：这家理发店同时只能为最多三个人服务（只有三个座位）。当顾客们来到理发店，他们会试图找寻找座位。在理发师完成服务后，座位上的顾客会释放座位。如果顾客到达理发店时三个座位都坐满了，他们必须等待一定的时间。如果这段时间过去后仍然没有座位空出，他们将离开理发店。

212. 移相器（phaser）：使用 `Phaser` 来模拟服务器启动过程的三个阶段。服务器在其五个内部服务启动后被视为启动完成。在第一阶段，我们需要并行启动三个服务。在第二阶段，我们需要并行启动另外两个服务（只有前三个已经在运行时才能启动这些服务）。在第三阶段，服务器执行最终的签到并被认为启动完成。

解决方案

下面将介绍上述问题的解决方案。通常，这些问题的正确解决方法是不止一种的。需要注意的是，书中的代码和思路讲解仅包括了最关键的部分，你可以访问 https://github.com/PacktPublishing/Java-Coding-Problems 下载完整的代码以获取更多细节，还可以尝试运行这些示例代码。

199. 线程生命周期状态

Java 线程的状态通过 `Thread.State` 枚举表示。Java 线程的可能状态如图所示：

线程不同的生命周期状态如下：

- NEW 状态
- RUNNABLE 状态
- BLOCKED 状态
- WAITING 状态
- TIMED_WAITING 状态
- TERMINATED 状态

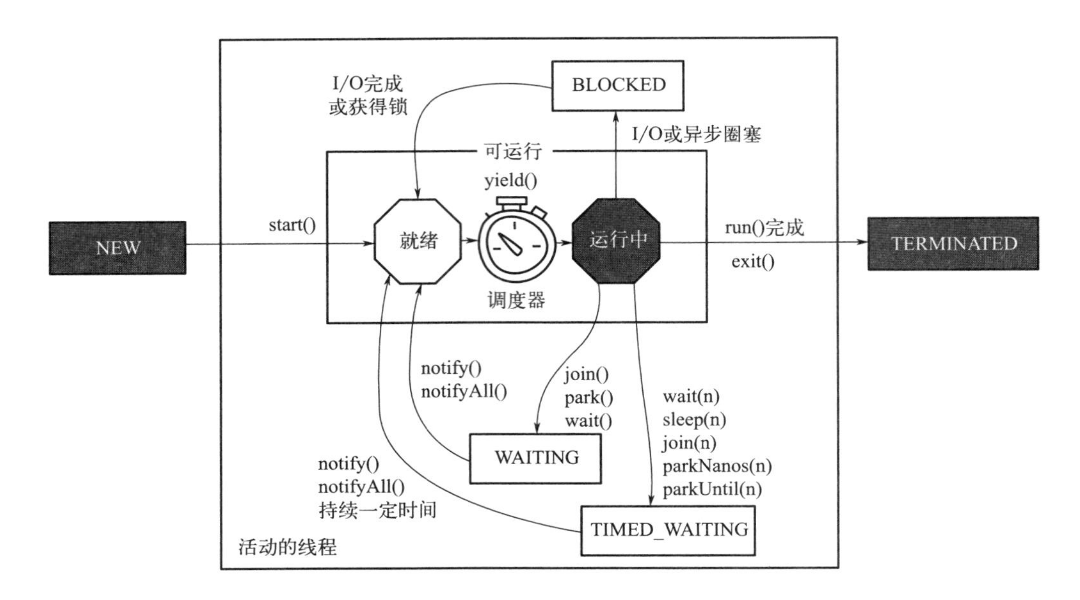

NEW 状态

新创建且没有启动的 Java 线程处于 NEW 状态（线程的构造函数创建完成的线程处在 NEW 状态）。在 `start()` 函数被调用前它都处于这个状态。本书配套的代码中，包含几个代码片段，通过不同的构造技术（包括 Lambda 表达式）展示了这种状态。以下代码是其中一种构造方法：

```
public class NewThread {
  public void newThread() {
    Thread t = new Thread(() -> {});
    System.out.println("NewThread: " + t.getState()); //NEW
  }
}

NewThread nt = new NewThread();
nt.newThread();
```

RUNNABLE 状态

从 NEW 到 RUNNABLE 状态的转换是通过调用 `start()` 方法实现的。在这种状态下，线程可以运行或准备运行。当它准备好运行时，一个线程正在等待 JVM 线程调度程序分配所需的资源和运行时间。一旦处理器可用，线程调度程序将运行线程。

以下代码段在调用 `start()` 之后打印了线程的状态，正常应该打印出 RUNNABLE。但因为线程调度的内部机制，这点不能完全保证：

```
public class RunnableThread {

  public void runnableThread() {
    Thread t = new Thread(() -> {});
    t.start();
```

```
    //RUNNABLE
    System.out.println("RunnableThread : " + t.getState());
  }
}

RunnableThread rt = new RunnableThread();
rt.runnableThread();
```

BLOCKED状态

当一个线程尝试执行I/O任务或者被同步操作阻塞的时候，它会进入BLOCKED状态。例如一个线程`t1`尝试进入已经被另一个线程`t2`访问的同步代码段，那么`t1`在能获取到这个锁之前就一直处于BLOCKED状态。

以下代码片段展示了这种情况：

① 创建两个线程：`t1`和`t2`。

② 通过`start()`方法启动`t1`：

- `t1`将执行`run()`方法并获得同步方法`syncMethod()`的锁。
- `syncMethod()`会使`t1`永远保持在其中运行，因为它是一个无限循环。

③ 2秒后（任意时长），通过`start()`方法启动`t2`：

- `t2`将执行`run()`代码并最终进入BLOCKED状态，因为它无法获得`syncMethod()`的锁。

代码段如下：

```
public class BlockedThread {

  public void blockedThread() {

    Thread t1 = new Thread(new SyncCode());
    Thread t2 = new Thread(new SyncCode());

    t1.start();
    Thread.sleep(2000);
    t2.start();
    Thread.sleep(2000);

    System.out.println("BlockedThread t1: "
      + t1.getState() + "(" + t1.getName() + ")");
    System.out.println("BlockedThread t2: "
      + t2.getState() + "(" + t2.getName() + ")");

    System.exit(0);
  }

  private static class SyncCode implements Runnable {

    @Override
    public void run() {
```

```
      System.out.println("Thread " + Thread.currentThread().getName()
        + " is in run() method");
      syncMethod();
    }

    public static synchronized void syncMethod() {
      System.out.println("Thread " + Thread.currentThread().getName()
        + " is in syncMethod() method");

      while (true) {
        //t1将永远留在这里，因此t2被阻塞
      }
    }
  }
}

BlockedThread bt = new BlockedThread();
bt.blockedThread();
```

以下为可能的输出（线程名可能有所不同）:

```
Thread Thread-0 is in run() method
Thread Thread-0 is in syncMethod() method
Thread Thread-1 is in run() method
BlockedThread t1: RUNNABLE(Thread-0)
BlockedThread t2: BLOCKED(Thread-1)
```

WAITING 状态

等待（没有超时时间）另一个线程（`t2`）完成的线程（`t1`）处于 WAITING 状态。

以下代码片段展示了这种情况:

① 创建一个线程 `t1`。

② 通过 `start()` 方法启动 `t1` 线程。

③ 在 `t1` 的 `run()` 方法中:

- 创建另一个线程 `t2`。
- 通过 `start()` 方法启动 `t2`。
- 在 `t2` 在运行的时候，调用 `t2.join()` ——因为 `t2` 需要合入（join）`t1`（或者说，`t1` 需要等待 `t2` 死亡），则 `t1` 的状态为 WAITING。

④ 在 `t2` 的 `run()` 方法中，打印 `t1` 的状态，应该是 `WAITING`（在打印 `t1` 的状态时，`t2` 正在运行，因而 `t1` 在等待）。

代码段如下:

```
public class WaitingThread {

  public void waitingThread() {
    new Thread(() -> {
      Thread t1 = Thread.currentThread();
```

```
        Thread t2 = new Thread(() -> {
          try {
            Thread.sleep(2000);
            System.out.println("WaitingThread t1: " + t1.getState()); //WAITING
          } catch (InterruptedException e) {
            e.printStackTrace();
          }
        });

        t2.start();

        t2.join();

      }).start();
    }
  }

  WaitingThread wt = new WaitingThread();
  wt.waitingThread();
```

TIMED_WAITING 状态

当线程 `t1` 在一个明确的时间段内等待线程 `t2` 结束的时候，线程 `t1` 处于 TIMED_WAITING 状态。

以下代码片段展示了这种情况：

① 创建一个线程 `t1`。

② 通过 `start()` 方法启动 `t1`。

③ 在 `t1` 的 `run()` 方法中，休眠 2 秒（任意时长）。

④ 当 `t1` 在运行的时候，主线程打印 `t1` 的状态——应该是 TIMED_WAITING，因为 `t1` 在 `sleep()` 中，2 秒后到期。

代码段如下：

```
public class TimedWaitingThread {

  public void timedWaitingThread() {
    Thread t = new Thread(() -> {
      Thread.sleep(2000);
    });

    t.start();

    Thread.sleep(500);

    System.out.println("TimedWaitingThread t: "
      + t.getState()); //TIMED_WAITING
  }
}
```

```
TimedWaitingThread twt = new TimedWaitingThread();
twt.timedWaitingThread();
```

TERMINATED 状态

成功完成其工作或异常中断的线程处于 TERMINATED 状态。这很容易模拟，如下面的代码片段所示（应用程序的主线程打印线程 `t` 的状态——当这种情况发生时，线程 `t` 已经完成了它的工作）:

```
public class TerminatedThread {

  public void terminatedThread() {
    Thread t = new Thread(() -> {});
    t.start();

    Thread.sleep(1000);

    System.out.println("TerminatedThread t: "
      + t.getState()); //TERMINATED
  }
}

TerminatedThread tt = new TerminatedThread();
tt.terminatedThread();
```

为了编写线程安全的类，我们可以考虑以下技术:

- 无状态（没有实例和静态变量的类）。
- 有状态，但状态不共享（例如，通过 `Runnable`、`ThreadLocal` 等使用实例变量）。
- 有状态，但是不可变状态（immutable state）。
- 使用消息传递（例如，作为 Akka 框架）。
- 使用同步块（`synchronized`）。
- 使用易失变量（`volatile`）。
- 使用 `java.util.concurrent` 包中的数据结构。
- 使用同步器（例如 `CountDownLatch` 和 `Barrier`）。
- 使用 `java.util.concurrent.locks` 包中的锁。

200. 对象级锁与类级锁的对比

在 Java 中，标记为同步（`synchronized`）的代码块一次只可以由一个线程执行。由于 Java 是一个多线程环境（它支持并发），它需要一种同步机制来避免并发环境的一些问题（例如死锁和内存一致性）。

线程可以在对象级别或类级别获取锁。

在对象级别锁定

可以通过将非静态（non-static）代码块或非静态方法（为该方法对象加锁的对象）标记为 `synchronized` 来实现对象级别的锁定。在以下示例中，一次只允许一个线程在给定的类实例上执行同步的方法 / 块：

- 同步方法的情况：

```
public class ClassOll {
  public synchronized void methodOll() {
    //...
  }
}
```

- 同步代码块的例子：

```
public class ClassOll {
  public void methodOll() {
    synchronized(this) {
      //...
    }
  }
}
```

- 另一个同步代码块的例子：

```
public class ClassOll {

  private final Object ollLock = new Object();

  public void methodOll() {
    synchronized(ollLock) {
      //...
    }
  }
}
```

在类级别锁定

为了保护静态数据，可以通过使用 `synchronized` 来标记静态方法 / 块，或获取 `.class` 的引用来实现类级别的锁定。在以下示例中，运行时一次只允许包含可用实例之一的一个线程执行同步块：

- `synchronized static` 方法：

```
public class ClassCll {

  public synchronized static void methodCll() {
    //...
  }
}
```

- `.class` 上的同步块和锁：

```
public class ClassCll {

  public void method() {
```

```
    synchronized(ClassCll.class) {
      //...
    }
  }
}
```

- 在其他静态对象上的同步代码块和锁：

```
public class ClassCll {

  private final static Object aLock = new Object();

  public void method() {
    synchronized(aLock) {
      //...
    }
  }
}
```

须知

以下是一些暗含同步的常见情况：

- 两个线程可以并行执行同一个类的一个同步静态（synchronized static）方法和一个非静态方法（参见代码文件中 `P200_ObjectVsClassLevelLocking` 应用的 `OllAndCll` 类）。这是合理的，因为两个线程获取的是不同对象的锁。
- 两个线程不能同时执行同一个类的两个不同的同步静态方法（或相同的同步静态方法）（参见代码文件中 `P200_ObjectVsClassLevelLocking` 应用的 `TwoCll` 类）。这将无法工作，因为第一个线程获取了类级锁。以下组合会输出：`staticMethod1(): Thread-0`，因此，只有一个静态同步方法被其中一个线程执行：

```
TwoCll instance1 = new TwoCll();
TwoCll instance2 = new TwoCll();
```

- 两条线程，两个实例：

```
new Thread(() -> {
  instance1.staticMethod1();
}).start();

new Thread(() -> {
  instance2.staticMethod2();
}).start();
```

- 两条线程，一个实例：

```
new Thread(() -> {
  instance1.staticMethod1();
}).start();
```

```
new Thread(() -> {
  instance1.staticMethod2();
}).start();
```

- 两个线程可以同时执行非同步（non-synchronized）、同步静态（synchronized static）和同步非静态（synchronized non-static）方法（参见代码文件中 `P200_ObjectVsClassLevelLocking` 应用的 `OllCllAndNoLock` 类）。
- 在同一个类中，如果两个同步方法需要使用相同的锁，那么在一个方法中调用另一个方法是安全的。这种情况能工作是因为 `synchronized` 是可重入的（因为是基于同一个锁，第一个方法获取的锁也会在第二个方法中使用）。参见代码文件中 `P200_ObjectVsClassLevelLocking` 应用的 `TwoSyncs` 类。

> **提示：** 通常而言，`synchronized` 关键字只能用于静态和非静态方法（非构造函数）或代码块。避免同步非 `final` 字段和字符的字面量（string literals）（通过 `new` 创建的 `String` 实例是没问题的）。

201. Java 中的线程池

线程池是可用于执行任务的线程集合。线程池负责管理其线程的创建、分配和生命周期，并有助于提高性能。现在，我们来聊聊执行器（executor）。

Executor

在 `java.util.concurrent` 包中，有一系列接口专门用于执行任务。最简单的一个叫做 `Executor`。该接口开放了一个名为 `execute(Runnable command)` 的方法。以下是使用此方法执行单个任务的示例：

```
public class SimpleExecutor implements Executor {
  @Override
  public void execute(Runnable r) {
    new Thread(r).start();
  }
}

SimpleExecutor se = new SimpleExecutor();
se.execute(() -> {
  System.out.println("Simple task executed via Executor interface");
});
```

ExecutorService

`ExecutorService` 是一个更复杂和全面的接口，它提供了更多的方法。这是 `Executor` 的丰富化版本。Java 附带了一个成熟的 `ExecutorService` 实现，名为 `ThreadPoolExecutor`。这是一个可以用一系列参数实例化的线程池，如下：

```
ThreadPoolExecutor(
  int corePoolSize,
```

```
  int maximumPoolSize,
  long keepAliveTime,
  TimeUnit unit,
  BlockingQueue<Runnable> workQueue,
  ThreadFactory threadFactory,
  RejectedExecutionHandler handler
)
```

以下是对前面代码中每个实参的简短描述：

- `corePoolSize`：保留在池中的线程数，即使它们处于空闲状态（除非设置了 `allowCoreThreadTimeOut`）。
- `maximumPoolSize`：允许的最大线程数。
- `keepAliveTime`：当线程空闲到这个时间之后，将被从池中移除（这些线程是超过 `corePoolSize` 的空闲线程）。
- `unit`：`keepAliveTime` 参数的时间单位。
- `workQueue`：一个用于保存正在执行的 `Runnable` 实例的队列（仅指由 `execute()` 方法提交的 `Runnable` 任务）。
- `threadFactory`：当执行器创建一个新线程时会使用这个工厂。
- `handler`：当 `ThreadPoolExecutor` 由于饱和而无法执行 `Runnable` 时，也就是当线程边界和队列容量已满时（例如 `workQueue` 具有固定大小并且还设置了 `maximumPoolSize`），这个处理程序（`handler`）会得到程序的控制和决定权。

为了能优化池的大小，我们需要收集以下信息：

- CPU 个数（`Runtime.getRuntime().availableProcessors()`）。
- 目标 CPU 使用率（范围值，[0, 1]）。
- 等待时长（W）。
- 运算时长（C）。

以下公式可帮助我们确定池的最佳大小：

线程数 =CPU 个数 * 目标 CPU 使用率 *（1+W/C）

> **提示：**通常而言，对于计算密集型任务（通常是小型任务），最好使用等于处理器数量或处理器数量 +1 的线程数对线程池进行基准测试（以防止潜在的暂停）。对于耗时和阻塞型任务（例如 I/O），最好用更大的池，因为线程在高频调度情况下无法使用。另外还要注意与其他池（例如数据库连接池、网络套接字连接池）的干扰。

来看一个关于 `ThreadPoolExecutor` 的示例：

```
public class SimpleThreadPoolExecutor implements Runnable {

  private final int taskId;

  public SimpleThreadPoolExecutor(int taskId) {
    this.taskId = taskId;
  }

  @Override
```

```
    public void run() {
      Thread.sleep(2000);
      System.out.println("Executing task " + taskId
        + " via " + Thread.currentThread().getName());
    }

    public static void main(String[] args) {

      BlockingQueue<Runnable> queue = new LinkedBlockingQueue<>(5);
      final AtomicInteger counter = new AtomicInteger();

      ThreadFactory threadFactory = (Runnable r) -> {
        System.out.println("Creating a new Cool-Thread-"
          + counter.incrementAndGet());

        return new Thread(r, "Cool-Thread-" + counter.get());
      };

      RejectedExecutionHandler rejectedHandler
          = (Runnable r, ThreadPoolExecutor executor) -> {
        if (r instanceof SimpleThreadPoolExecutor) {
          SimpleThreadPoolExecutor task=(SimpleThreadPoolExecutor) r;
          System.out.println("Rejecting task " + task.taskId);
        }
      };

      ThreadPoolExecutor executor = new ThreadPoolExecutor(10, 20, 1,
        TimeUnit.SECONDS, queue, threadFactory, rejectedHandler);

      for (int i = 0; i < 50; i++) {
        executor.execute(new SimpleThreadPoolExecutor(i));
      }

      executor.shutdown();
      executor.awaitTermination(
        Integer.MAX_VALUE, TimeUnit.MILLISECONDS);
    }
}
```

`main()` 方法生成 50 个 `Runnable` 实例。每个 `Runnable` 休眠 2 秒并打印一条消息。工作队列（`workQueue`）限制为五个 `Runnable` 实例，核心池大小（`corePoolSize`）为 10，最大线程数（`maximumPoolSize`）为 20，空闲超时（`keepAliveTime`）为 1 秒。可能的输出如下所示：

```
Creating a new Cool-Thread-1
...
Creating a new Cool-Thread-20
Rejecting task 25
...
```

```
Rejecting task 49
Executing task 22 via Cool-Thread-18
...
Executing task 12 via Cool-Thread-2
```

ScheduledExecutorService

ScheduledExecutorService 是 ExecutorService 的一种实现，它可以安排任务在指定的延迟后去执行，或者定期执行。ScheduledExecutorService 提供了一些方法，例如 schedule()、scheduleAtFixedRate() 以及 scheduleWithFixedDelay()。schedule() 用于执行一次性任务，scheduleAtFixedRate() 和 scheduleWithFixedDelay() 用于执行周期性任务。

基于 Executors 的线程池

更进一步，我们引入辅助类 Executors。Executors 类通过以下方法公开几种类型的线程池：

- newSingleThreadExecutor()：这是一个只管理一个线程的线程池，队列长度无限，一次只执行一个任务：

```
ExecutorService executor
  = Executors.newSingleThreadExecutor();
```

- newCachedThreadPool()：这是一个按需新建或线程者移除空闲线程（空闲 60 秒）的线程池；核心池大小为 0，最大的池大小为 Integer.MAX_VALUE（这个线程池在需求增加时扩展，在需求减少时收缩）：

```
ExecutorService executor = Executors.newCachedThreadPool();
```

- newFixedThreadPool()：这是一个拥有固定线程数且队列无限的线程池，这会产生无限超时的效果（核心池大小和最大池大小等于指定大小）：

```
ExecutorService executor = Executors.newFixedThreadPool(5);
```

- newWorkStealingThreadPool()：这是一个基于工作窃取算法（work-stealing algorithm）的线程池（它充当 fork/join 框架之上的一层）：

```
ExecutorService executor = Executors.newWorkStealingPool();
```

- newScheduledThreadPool()：可以调度命令，使其在指定延迟后运行或周期运行的线程池（我们可以指定核心池的大小）：

```
ScheduledExecutorService executor
  = Executors.newScheduledThreadPool(5);
```

202. 单线程的线程池

为了展示单线程线程池的工作原理，让我们编写一个程序来模拟一条灯泡装配线，该装配线上的两个工人分别负责检验和包装灯泡。在检验（checking）时，工人会测试灯泡是否能点亮。在包装（packing）时，工人将经过验证的灯泡放入盒子中。这种流程几乎在所有工厂中都很常见。

两个工人的工作如下：

- 所谓的生产者（或检查者）负责测试每个灯泡，查看灯泡能否点亮。
- 所谓的消费者（或包装者）负责将每个检查过的灯泡装入盒子。

这种问题非常适合下图所示的生产者 - 消费者（producer-consumer）设计模式：

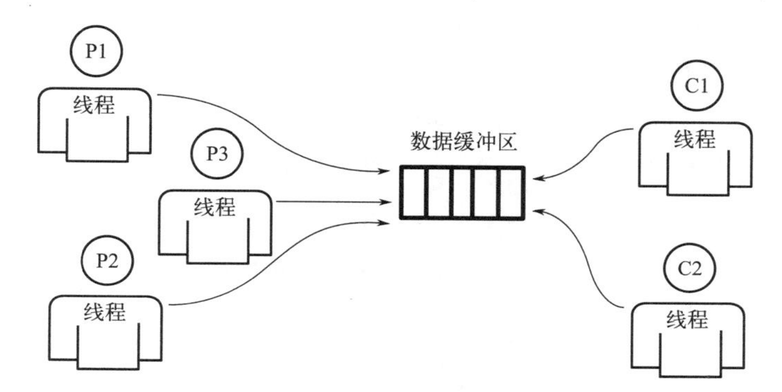

通常，在这种模式中，生产者和消费者通过一个队列进行通信（生产者向队列中放入数据，消费者从队列中取出数据）。这个队列被称作**数据缓冲区**（data buffer）。当然，根据流程设计，其他数据结构也可以起到数据缓冲区的作用。

接下来，让我们看看如何实现“生产者等待消费者就绪”的模式，以及“生产者不等待消费者就绪”的模式。

生产者等待消费者就绪

当装配线启动，生产者会逐个检查传送过来的灯泡，而消费者则包装它们（每个灯泡一个盒子）。这个流程一直持续到装配线停止。下图是**生产者**（producer）和**消费者**（consumer）之间流程的直观呈现：

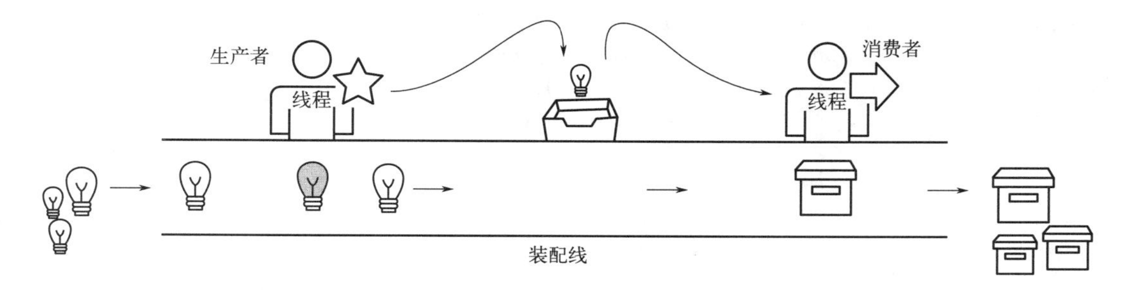

我们可以将装配线视为这个工厂的助手，因此可以将其实现为助手类或工具类［当然，它也可以轻松切换为非静态（non-static）实现，所以请根据你的案例按需选择实现方式］：

```
public final class AssemblyLine {

  private AssemblyLine() {
    throw new AssertionError("There is a single assembly line!");
  }
  //...
}
```

当然，有很多方法可以实现这个场景，但我们更感兴趣的是使用 Java 的 ExecutorService，更准确地说是 Executors.newSingleThreadExecutor()。这个方法会产生一个使用单个工作线程操作一个无边界队列的 Executor。

我们只有两个工人，所以我们可以使用两个 Executor 实例（一个 Executor 将启动生产者，另一个将启动消费者）。因此，生产者将是一个线程，而消费者将是另一个线程：

```
private static ExecutorService producerService;
private static ExecutorService consumerService;
```

由于生产者和消费者是好朋友，他们决定基于一个简单的场景来工作：

- 生产者会检查一个灯泡，只有当消费者不忙时才将其传递给消费者（如果消费者忙，生产者会等待一段时间，直到消费者有空）。
- 直到生产者设法将当前灯泡传递给消费者后，生产者才会检查下一个灯泡。
- 消费者将尽快包装每个传入的灯泡。

TransferQueue 或 SynchronousQueue 适用于此场景，它们执行与上述场景非常相似的过程。让我们使用 TransferQueue。这是一个 BlockingQueue，生产者可以在其中等待消费者接收元素。BlockingQueue 的实现是线程安全的：

```
private static final TransferQueue<String> queue
  = new LinkedTransferQueue<>();
```

生产者和消费者之间的工作流程是**先进先出**类型（第一个检查的灯泡被第一个包装），因此 LinkedTransferQueue 是一个不错的选择。

一旦装配线启动，生产者将不断地检查灯泡，因此我们可以将其实现为一个类，如下所示：

```
private static final int MAX_PROD_TIME_MS = 5 * 1000;
private static final int MAX_CONS_TIME_MS = 7 * 1000;
private static final int TIMEOUT_MS = MAX_CONS_TIME_MS + 1000;
private static final Random rnd = new Random();
private static volatile boolean runningProducer;
//...
private static class Producer implements Runnable {

  @Override
  public void run() {
    while (runningProducer) {
      try {
        String bulb = "bulb-" + rnd.nextInt(1000);
```

```
        Thread.sleep(rnd.nextInt(MAX_PROD_TIME_MS));

        boolean transfered = queue.tryTransfer(bulb,
          TIMEOUT_MS, TimeUnit.MILLISECONDS);

        if (transfered) {
          logger.info(() -> "Checked: " + bulb);
        }
      } catch (InterruptedException ex) {
        Thread.currentThread().interrupt();
        logger.severe(() -> "Exception: " + ex);
        break;
      }
    }
  }
}
```

因此，生产者通过 `tryTransfer()` 方法将已完成检查的灯泡传输给消费者。此方法会尝试在超时之前将灯泡传输给消费者。

> **提示：** 避免使用 `transfer()` 方法，它可能会无限期地阻塞线程。

为了模拟生产者检查灯泡所花费的时间，相应的线程将休眠 0 到 5 之间的随机秒数（5 秒是检查灯泡所需的最长时间）。如果消费者在此时间后仍不可用，生产者将花费更多时间（在 `tryTransfer()` 中）等待直到消费者可用或超时结束。

对于消费者，使用另一个类实现，如下所示：

```
private static volatile boolean runningConsumer;
//...
private static class Consumer implements Runnable {

  @Override
  public void run() {
    while (runningConsumer) {
      try {
        String bulb = queue.poll(
          MAX_PROD_TIME_MS, TimeUnit.MILLISECONDS);

        if (bulb != null) {
          Thread.sleep(rnd.nextInt(MAX_CONS_TIME_MS));
          logger.info(() -> "Packed: " + bulb);
        }
      } catch (InterruptedException ex) {
        Thread.currentThread().interrupt();
        logger.severe(() -> "Exception: " + ex);
        break;
      }
    }
  }
}
```

消费者可以通过 `queue.take()` 方法从生产者那里拿到灯泡。此方法检索并删除此队列的头部，如有必要，等待直到有灯泡可用。或者它可以调用 `poll()` 方法，在该方法中检索并删除队列的头部，或者如果此队列为空，则返回 `null`。但这两个方法在此处都不适用，原因如下：如果生产者不可用，消费者可能会停留在 `take()` 方法中；另一方面，如果队列为空（生产者现在正在检查当前灯泡），则将非常快速地一次又一次地调用 `poll()` 方法，从而导致伪重复调用。对此的解决方案是使用 `poll(long timeout, TimeUnit unit)`。此方法检索并删除此队列的头部，或者在必要情况下会先等待指定的时间直到有灯泡可用。只有在等待时间结束后队列依旧为空时，它才会返回 `null`。

为了模拟消费者花费在包装灯泡上的时间，相应的线程将休眠 0 到 7 之间的随机秒数（7 秒是包装灯泡所需的最长时间）。

启动生产者和消费者是一项非常简单的任务，在名为 `startAssemblyLine()` 的方法中完成，如下所示：

```
public static void startAssemblyLine() {

  if (runningProducer || runningConsumer) {
    logger.info("Assembly line is already running ...");
    return;
  }

  logger.info("\n\nStarting assembly line ...");
  logger.info(() -> "Remaining bulbs from previous run: \n"
    + queue + "\n\n");

  runningProducer = true;
  producerService = Executors.newSingleThreadExecutor();
  producerService.execute(producer);

  runningConsumer = true;
  consumerService = Executors.newSingleThreadExecutor();
  consumerService.execute(consumer);
}
```

停止装配线则是一个微妙的过程，可以通过不同的场景来解决。其核心是，当装配线停止时，生产者应该把当前灯泡作为最后一个灯泡检查，且消费者必须将其包装好。生产者可能不得不等待消费者包装好当前的灯泡，然后才能转送最后一个灯泡。最后，消费者还必须包装好这个灯泡。

为了遵循这种场景，我们需要首先停止生产者，然后再停止消费者：

```
public static void stopAssemblyLine() {

  logger.info("Stopping assembly line ...");

  boolean isProducerDown = shutdownProducer();
  boolean isConsumerDown = shutdownConsumer();

  if (!isProducerDown || !isConsumerDown) {

    logger.severe("Something abnormal happened during shutting down the assembling line!");
```

```
      System.exit(0);
    }

    logger.info("Assembling line was successfully stopped!");
  }

  private static boolean shutdownProducer() {
    runningProducer = false;
    return shutdownExecutor(producerService);
  }

  private static boolean shutdownConsumer() {
    runningConsumer = false;
    return shutdownExecutor(consumerService);
  }
```

最后，我们给生产者和消费者足够的时间正常停止（不中断线程）。这发生在 `shutdownExecutor()` 方法中，如下所示：

```
  private static boolean shutdownExecutor(ExecutorService executor) {

    executor.shutdown();

    try {
      if (!executor.awaitTermination(TIMEOUT_MS * 2,
          TimeUnit.MILLISECONDS)) {
        executor.shutdownNow();
        return executor.awaitTermination(TIMEOUT_MS * 2,
          TimeUnit.MILLISECONDS);
      }

      return true;
    } catch (InterruptedException ex) {
      executor.shutdownNow();
      Thread.currentThread().interrupt();
      logger.severe(() -> "Exception: " + ex);
    }

    return false;
  }
```

我们做的第一件事是将 `runningProducer` 静态变量设置为 `false`。这将中断 `while (runningProducer)` 循环，因此这将产生最后检查的灯泡。此外，我们为生产者启动关闭过程。

对于消费者，我们要做的第一件事是将 `runningConsumer` 静态变量设置为 `false`。这将中断 `while(runningConsumer)` 循环，因此这将产生最后包装的灯泡。此外，我们为消费者启动关闭过程。

让我们看看装配线可能的执行情况（运行 10 秒）：

```
  AssemblyLine.startAssemblyLine();
  Thread.sleep(10 * 1000);
  AssemblyLine.stopAssemblyLine();
```

可能的输出如下：

```
Starting assembly line ...
...
[2019-04-14 07:39:40] [INFO] Checked: bulb-89
[2019-04-14 07:39:43] [INFO] Packed: bulb-89
...
Stopping assembly line ...
...
[2019-04-14 07:39:53] [INFO] Packed: bulb-322
Assembling line was successfully stopped!
```

> **提示：** 一般来说，如果停止装配线需要很长时间（就像它被阻塞了一样），那么可能说明生产者和消费者的数量和 / 或生产和消费时间之间的比例可能存在不平衡。你可能需要添加或减少生产者或消费者。

生产者不等待消费者就绪

如果生产者检查灯泡的速度比消费者包装灯泡的速度快，那么他们很可能会决定采用以下工作流程：

- 生产者将逐个检查灯泡并将它们排入队列。
- 消费者将从队列中获取并包装灯泡。

由于消费者比生产者慢，队列将持有已检查但未包装的灯泡（我们可以假设队列为空的可能性很小）。在下图中，我们有生产者、消费者和用于存储已检查但未包装的灯泡的队列：

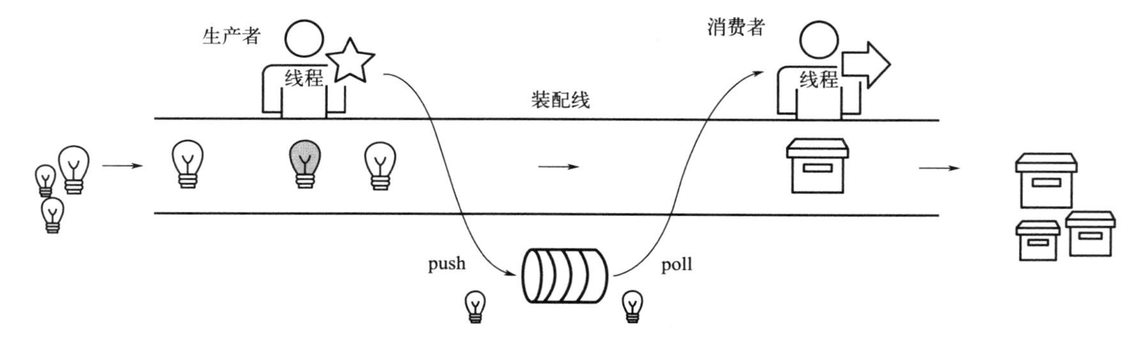

我们可以通过 `ConcurrentLinkedQueue`（或 `LinkedBlockingQueue`）来模拟这种场景。这是一个基于链接节点的无限制且线程安全的队列：

```java
private static final Queue<String> queue
  = new ConcurrentLinkedQueue<>();
```

为了将灯泡推入队列，生产者会调用 `offer()` 方法：

```java
queue.offer(bulb);
```

另一方面，消费者使用 `poll()` 方法从队列中处理灯泡（由于消费者比生产者慢，`poll()` 方法返回 `null` 的情况应该很少见）：

```
String bulb = queue.poll();
```

让我们第一次启动装配线 10 秒。这将输出以下内容：

```
Starting assembly line ...
...
[2019-04-14 07:44:58] [INFO] Checked: bulb-827
[2019-04-14 07:44:59] [INFO] Checked: bulb-257
[2019-04-14 07:44:59] [INFO] Packed: bulb-827
...
Stopping assembly line ...
...
[2019-04-14 07:45:08] [INFO] Checked: bulb-369
[2019-04-14 07:45:09] [INFO] Packed: bulb-690
...
Assembling line was successfully stopped!
```

此时，装配线已停止，在队列中，我们有以下内容（这些灯泡已检查，但未包装）：

```
[ bulb-968 , bulb-782 , bulb-627 , bulb-886, ...]
```

我们重新启动装配线并检查突出显示的行，这表明消费者从他们停止的地方恢复了工作：

```
Starting assembly line ...
[2019-04-14 07:45:12] [INFO ] Packed: bulb-968
[2019-04-14 07:45:12] [INFO ] Checked: bulb-812
[2019-04-14 07:45:12] [INFO ] Checked: bulb-470
[2019-04-14 07:45:14] [INFO ] Packed: bulb-782
[2019-04-14 07:45:15] [INFO ] Checked: bulb-601
[2019-04-14 07:45:16] [INFO ] Packed: bulb-627
...
```

203. 拥有固定线程数量的线程池

这里复用了“202. 单线程线程池”中的场景。这次装配线使用了三个生产者和两个消费者，如图所示：

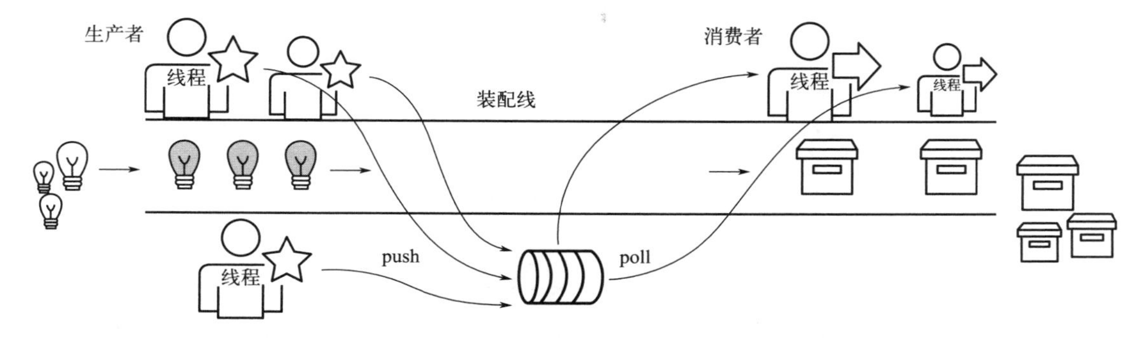

我们可以通过 `Executors.newFixedThreadPool(int nThreads)` 来模拟固定数量的生产者和消费者。我们为每个生产者（同样也为每个消费者）分配一个线程，因此代码非常简单：

```
private static final int PRODUCERS = 3;
private static final int CONSUMERS = 2;
private static final Producer producer = new Producer();
private static final Consumer consumer = new Consumer();
private static ExecutorService producerService;
private static ExecutorService consumerService;
//...
producerService = Executors.newFixedThreadPool(PRODUCERS);
for (int i = 0; i < PRODUCERS; i++) {
  producerService.execute(producer);
}

consumerService = Executors.newFixedThreadPool(CONSUMERS);
for (int i = 0; i < CONSUMERS; i++) {
  consumerService.execute(consumer);
}
```

生产者用来添加已检查灯泡的队列可以是 `LinkedTransferQueue` 或 `ConcurrentLinkedQueue` 等类型。

基于 `LinkedTransferQueue` 和 `ConcurrentLinkedQueue` 的完整源码可以在本书配套的代码中找到。

204. 带缓存和调度的线程池

此处复用了“202. 单线程的线程池”中的场景。这一次，我们假设生产者（或多个生产者）在不超过 1 秒的时间内检查 1 个灯泡。此外，消费者（包装工）最多需要 10 秒来包装灯泡。生产者和消费者消耗的时间可以按如下方式模拟：

```
private static final int MAX_PROD_TIME_MS = 1 * 1000;
private static final int MAX_CONS_TIME_MS = 10 * 1000;
```

显然，在这种情况下，一个消费者无法面对传入的流量。用于存储已检查但未包装的灯泡队列将不断增长。生产者添加灯泡到这个队列的速度比消费者获取的速度快得多。因此，需要更多的消费者，如下图：

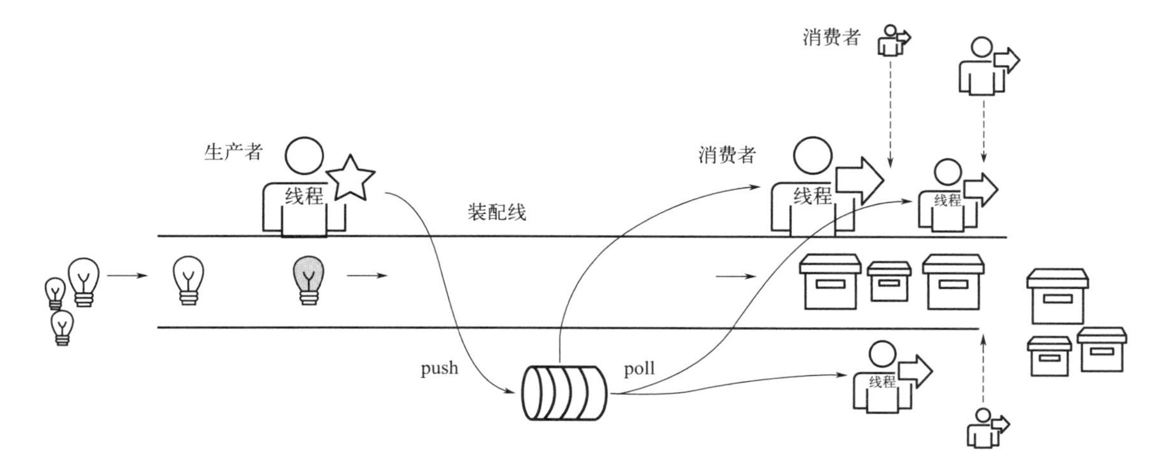

由于这里只有一个生产者，我们可以使用 `Executors.newSingleThreadExecutor()`：

```
private static volatile boolean runningProducer;
private static ExecutorService producerService;
private static final Producer producer = new Producer();
//...
public static void startAssemblyLine() {
  //...
  runningProducer = true;
  producerService = Executors.newSingleThreadExecutor();
  producerService.execute(producer);
  //...
}
```

除 `extraProdTime` 变量外，`Producer` 与前面问题的实现几乎相同：

```
private static int extraProdTime;
private static final Random rnd = new Random();
//...
private static class Producer implements Runnable {

  @Override
  public void run() {
    while (runningProducer) {
      try {
        String bulb = "bulb-" + rnd.nextInt(1000);
        Thread.sleep(rnd.nextInt(MAX_PROD_TIME_MS) + extraProdTime);
        queue.offer(bulb);

        logger.info(() -> "Checked: " + bulb);
      } catch (InterruptedException ex) {
        Thread.currentThread().interrupt();
        logger.severe(() -> "Exception: " + ex);
        break;
      }
    }
  }
}
```

`extraProdTime` 变量初始值 0。当我们需要减慢生产者时会需要它：

```
Thread.sleep(rnd.nextInt(MAX_PROD_TIME_MS) + extraProdTime);
```

高速运行一段时间后，生产者会感到疲倦，需要更多时间来检查每个灯泡。如果生产者放慢生产速度，消费者的数量也应该减少。

当生产者高速运行时，我们需要更多的消费者（包装工）。但是多少合适？使用固定数量的消费者（`newFixedThreadPool()`）会带来至少两个缺点：

- 如果生产者在某个时刻放慢速度，一些消费者将无所事事。
- 如果生产者变得更有效率，就需要更多的消费者来处理传入的流量。

因此，我们应该根据生产者效率调整消费者的数量。

对于这种任务，我们可以使用 `Executors.newCachedThreadPool()`。带缓冲区的线程池将重复利用现有线程并根据需要创建新线程（添加更多消费者）。如果线程在 60 秒内未被使用，则线程将被终止并从缓冲区中删除（移除消费者）。

让我们从只启用一个活跃的消费者开始：

```
private static volatile boolean runningConsumer;
private static final AtomicInteger
  nrOfConsumers = new AtomicInteger();
private static final ThreadGroup threadGroup
  = new ThreadGroup("consumers");
private static final Consumer consumer = new Consumer();
private static ExecutorService consumerService;
//...
public static void startAssemblyLine() {
  //...
  runningConsumer = true;
  consumerService = Executors
    .newCachedThreadPool((Runnable r) -> new Thread(threadGroup, r));
  nrOfConsumers.incrementAndGet();
  consumerService.execute(consumer);
  //...
}
```

因为我们希望能够查看某一时刻有多少线程（消费者）处于活跃状态，所以我们通过自定义 `ThreadFactory` 将它们添加到 `ThreadGroup` 中：

```
consumerService = Executors
  .newCachedThreadPool((Runnable r) -> new Thread(threadGroup, r));
```

之后，我们将能够使用以下代码获取活跃的消费者数量：

```
threadGroup.activeCount();
```

了解了活跃消费者的数量后，再结合当前灯泡队列的大小，我们就可以确定是否需要更多消费者。

消费者的实现如下：

```
private static class Consumer implements Runnable {

  @Override
  public void run() {

    while (runningConsumer && queue.size() > 0
        || nrOfConsumers.get() == 1) {
      try {
        String bulb = queue.poll(MAX_PROD_TIME_MS
          + extraProdTime, TimeUnit.MILLISECONDS);
```

```
        if (bulb != null) {
          Thread.sleep(rnd.nextInt(MAX_CONS_TIME_MS));
          logger.info(() -> "Packed: " + bulb + " by consumer: "
            + Thread.currentThread().getName());
        }
      } catch (InterruptedException ex) {
        Thread.currentThread().interrupt();
        logger.severe(() -> "Exception: " + ex);
        break;
      }
    }

    nrOfConsumers.decrementAndGet();
    logger.warning(() -> "### Thread "
      + Thread.currentThread().getName()
      + " is going back to the pool in 60 seconds for now!");
  }
}
```

假设装配线正在运行，只要队列不为空或者它是唯一剩下的消费者（不能有 0 个消费者），消费者就会继续包装灯泡。我们可以理解为，空队列意味着有太多消费者。因此，当一个消费者看到队列为空且它不是唯一工作的消费者时，它就会变得空闲（在 60 秒后，它们将被自动从缓冲区的线程池中删除）。

不要将 `nrOfConsumers` 与 `threadGroup.activeCount()` 混淆。`nrOfConsumers` 变量存储当前正在包装灯泡的消费者（线程）的数量，而 `threadGroup.activeCount()` 代表所有活跃的消费者（线程），包括那些现在不在工作（空闲）并且正等待从缓冲区中被重用或分派的消费者（线程）。

而在一个真实的案例中，主管会监控装配线，当他们发现当前数量的消费者无法面对涌入的流量时，他们会召集更多的消费者加入（最多允许 50 个消费者）。此外，当主管注意到一些消费者无所事事时，也会将消费者派往其他工作。下图是此场景的图形表示：

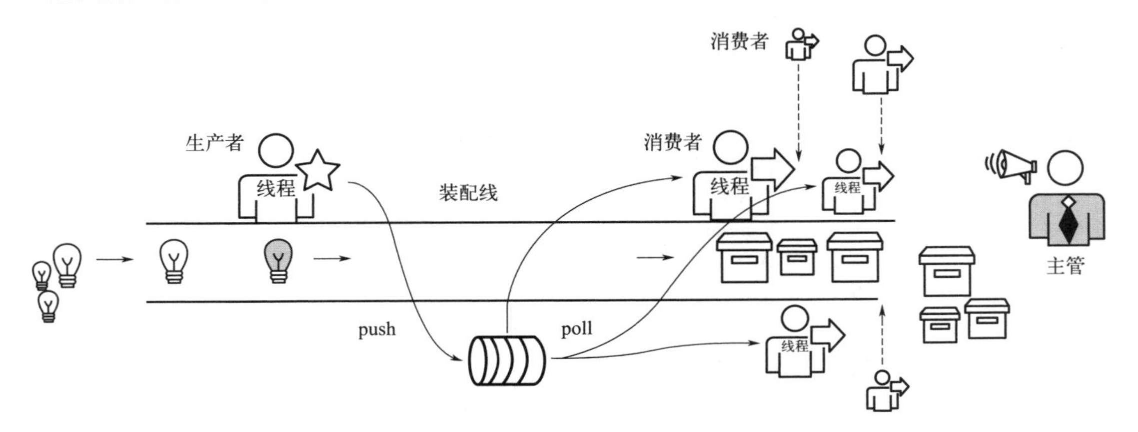

出于测试目的，我们的主管 `newSingleThreadScheduledExecutor()` 将是一个单线程执行器（executor），可以在指定的延迟后运行给定的命令。它还可以定期执行命令：

```
private static final int MAX_NUMBER_OF_CONSUMERS = 50;
private static final int MAX_QUEUE_SIZE_ALLOWED = 5;
private static final int MONITOR_QUEUE_INITIAL_DELAY_MS = 5000;
private static final int MONITOR_QUEUE_RATE_MS = 3000;
private static ScheduledExecutorService monitorService;
//...
private static void monitorQueueSize() {
  monitorService = Executors.newSingleThreadScheduledExecutor();

  monitorService.scheduleAtFixedRate(() -> {
    if (queue.size() > MAX_QUEUE_SIZE_ALLOWED
        && threadGroup.activeCount() < MAX_NUMBER_OF_CONSUMERS) {
      logger.warning("### Adding a new consumer (command) ...");
      nrOfConsumers.incrementAndGet();
      consumerService.execute(consumer);
    }

    logger.warning(() -> "### Bulbs in queue: " + queue.size()
      + " | Active threads: " + threadGroup.activeCount()
      + " | Consumers: " + nrOfConsumers.get()
      + " | Idle: " + (threadGroup.activeCount()
      - nrOfConsumers.get()));
  }, MONITOR_QUEUE_INITIAL_DELAY_MS, MONITOR_QUEUE_RATE_MS,
    TimeUnit.MILLISECONDS);
}
```

我们通过 `scheduleAtFixedRate()` 每 3 秒监控一次装配线，初始延迟为 5 秒。因此，主管每 3 秒检查一次灯泡队列的大小。如果队列中的灯泡多于 5 个且消费者少于 50 个，主管会申请一个新的消费者加入装配线。如果队列中的灯泡小于等于 5 个，或者已经有 50 个消费者，则主管不会采取任何行动。

如果我们现在启动装配线，我们可以看到消费者的数量是如何增加的，直到队列小于 6。可能的快照如下：

```
Starting assembly line ...
[11:53:20] [INFO] Checked: bulb-488
...
[11:53:24] [WARNING] ### Adding a new consumer (command) ...
[11:53:24] [WARNING] ### Bulbs in queue: 7
                     | Active threads: 2
                     | Consumers: 2
                     | Idle: 0
[11:53:25] [INFO] Checked: bulb-738
...
[11:53:36] [WARNING] ### Bulbs in queue: 23
                     | Active threads: 6
                     | Consumers: 6
                     | Idle: 0
...
```

当线程多于需求时，其中一些线程会空闲。如果它们在 60 秒内没有收到工作，它们将被从缓冲区中移除。如果在没有空闲线程时出现了一份工作，则会创建一个新线程。这个过程不断重复，直到我们发现装配线出现平衡。一段时间后，事情开始平静下来，消费者数量将落在一个合适的小范围内（小波动）。发生这种情况是因为生产者以最快 1 个 / 秒的随机速度输出。

一段时间后（如 20 秒后），让我们将生产者的速度减慢 4 秒（现在最快也要 5 秒检查一个灯泡）：

```
private static final int SLOW_DOWN_PRODUCER_MS = 20 * 1000;
private static final int EXTRA_TIME_MS = 4 * 1000;
```

这可以使用另一个 `newSingleThreadScheduledExecutor()` 来实现，如下所示：

```
private static void slowdownProducer() {

  slowdownerService = Executors.newSingleThreadScheduledExecutor();

  slowdownerService.schedule(() -> {
    logger.warning("### Slow down producer ...");
    extraProdTime = EXTRA_TIME_MS;
  }, SLOW_DOWN_PRODUCER_MS, TimeUnit.MILLISECONDS);
}
```

这只在装配线启动后 20 秒会发生一次。由于生产者速度降低了 4 秒，因此不再需要那么多的消费者来维持最多 5 个灯泡的队列。

这显示在输出中，如下所示（注意，在某些时候，只需要一个消费者来处理队列）：

```
...
[11:53:36] [WARNING] ### Bulbs in queue: 23
                       | Active threads: 6
                       | Consumers: 6
                       | Idle: 0
...
[11:53:39] [WARNING] ### Slow down producer ...
...
[11:53:56] [WARNING] ### Thread Thread-5 is going
                         back to the pool in 60 seconds for now!
[11:53:56] [INFO] Packed: bulb-346 by consumer: Thread-2
...
[11:54:36] [WARNING] ### Bulbs in queue: 1
                       | Active threads: 12
                       | Consumers: 1
                       | Idle: 11
...
[11:55:48] [WARNING] ### Bulbs in queue: 3
                       | Active threads: 1
                       | Consumers: 1
                       | Idle: 0
...
Assembling line was successfully stopped!
```

在启动装配线之后启动主管：

```
public static void startAssemblyLine() {
  //...
  monitorQueueSize();
  slowdownProducer();
}
```

本书配套的代码中，提供了完整的应用程序。

> **提示：** 在使用带缓冲区的线程池时，请注意创建的线程数需要考虑到提交的任务数。对于单线程和固定线程池，我们控制创建线程的数量，缓冲区可以判断并创建大量线程。但应注意，不受控制地创建线程可能会很快耗尽资源。因此，在易受过载影响的系统中，最好使用固定线程池。

205. 工作窃取（work-stealing）线程池

让我们关注下包装过程，它应该通过工作窃取线程池来实现。首先，让我们聊一聊什么是工作窃取线程池，我们会通过和经典线程池的比较来讨论。下图描述了经典线程池的工作原理：

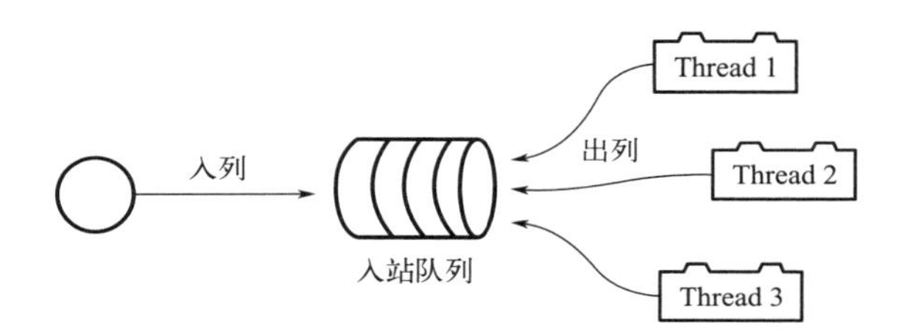

可见，线程池使用内部入站队列（inbound queue）来存储任务。每个线程必须出列一个任务并执行它。这适用于任务比较耗时，且耗时任务数量比较少的情况。然而，如果是大量的小任务（每个任务只需要很少的时间来执行），就会出现很多争用的情况。即使使用无锁队列，该问题也将依然存在。

为了减少争用并提高性能，线程池可以使用工作窃取算法且为每个线程提供一个队列。在这种情况下，所有任务都有一个中央入站队列，每个线程（工作线程）都有一个额外的队列（称为本地任务队列），如图所示：

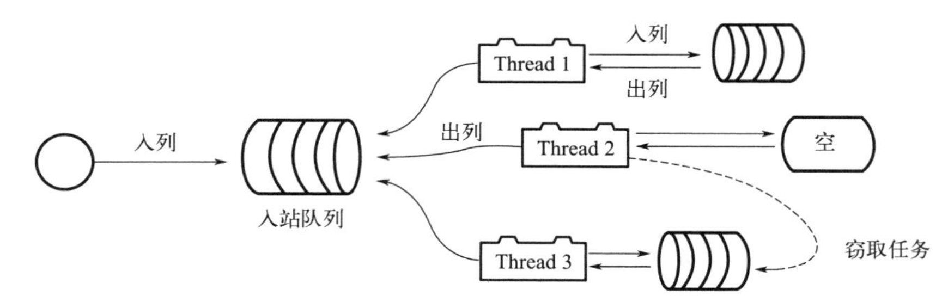

因此，每个线程将从中央队列中取出任务并将它们放入自己的队列中。每个线程都有自己的本地任务队列。此外，当一个线程想要处理一个任务时，它只是简单地从它自己的本地队列中取出一个任务。只要它的本地队列不为空，该线程就会持续处理它的任务而不会打扰其他线程（不与其他线程争用）。当它的本地队列为空时（如上图中 Thread 2 的情况），它会尝试（通过工作窃取算法）从属于其他线程的本地队列中窃取任务（例如，Thread 2 从 Thread 3 窃取任务）。如果它没有发现任何可以窃取的东西，它就会访问共享的中央入站队列。

每个本地队列实际上都是**双端队列**（deque），即可以从两端高效地访问它。线程将其双端队列视为栈，这意味着它将仅从一端入列（添加新任务）和出列（处理任务）。而当一个线程试图从另一个线程的队列中窃取任务时，它会访问另一端（例如，Thread 2 从 Thread 3 队列的另一端窃取任务）。

如果两个线程试图从同一个本地队列中窃取，那么也会发生争用，但通常这点影响应该是微不足道的。

我们刚刚描述的是 JDK 7 中引入的 fork/join 框架，具体还将在“214.fork/join 框架”中进行介绍。从 JDK 8 开始，`Executors` 类增加了一个工作窃取线程池，使用可用处理器的数量作为其目标并行度级别。这可以通过 `Executors.newWorkStealingPool()` 和 `Executors.newWorkStealingPool(int parallelism)` 获得。

让我们看看这个线程池的源码：

```
public static ExecutorService newWorkStealingPool() {

  return new ForkJoinPool(Runtime.getRuntime().availableProcessors(),
    ForkJoinPool.defaultForkJoinWorkerThreadFactory,
      null, true);
}
```

因此，此线程池在内部通过以下构造函数实例化 `ForkJoinPool`：

```
public ForkJoinPool(int parallelism,
  ForkJoinPool.ForkJoinWorkerThreadFactory factory,
  Thread.UncaughtExceptionHandler handler,
  boolean asyncMode)
```

我们将并行级别设置为 `availableProcessors()`，使用默认的线程工厂返回新线程，`Thread.UncaughtExceptionHandler` 传 `null`，`asyncMode` 设置为 `true`。将 `asyncMode` 设置为 `true` 意味着它为 fork 出来且永远不会 join 的任务启用本地**先入先出**（FIFO）调度模式。在使用工作线程处理事件式异步任务的程序中，这种模式可能比默认模式（本地基于栈的模式）更合适。

然而，不要忘记只有当工作线程在它们自己的本地队列中安排新任务时，本地任务队列和工作窃取算法才是有效的。否则，`ForkJoinPool` 只是一个具有额外开销的 `ThreadPoolExecutor`。

当我们直接使用 `ForkJoinPool` 时，可用 `ForkJoinTask`（通常通过 `RecursiveTask` 或 `RecursiveAction`）通知任务在执行期间显式调度新任务。

但由于 `newWorkStealingPool()` 是 `ForkJoinPool` 的更高层次抽象，我们无法通知任务在执行期间显式调度新任务。因此，`newWorkStealingPool()` 将根据我们传递的任务在内部决定如何工作。我们可以尝试对 `newWorkStealingPool()`、`newCachedThreadPool()` 和

`newFixedThreadPool()` 进行比较，看看它们在两种场景下是如何表现的：

- 对于大量小任务。
- 对于少量耗时任务。

接下来，让我们看看针对这两种情况的解决方案。

大量小任务

由于生产者（检查工）和消费者（包装工）不同时工作，我们可以通过一个简单的 for 循环轻松地用 15000000 个灯泡填满队列。这些内容展示在以下代码片段中：

```
private static final Random rnd = new Random();
private static final int MAX_PROD_BULBS = 15_000_000;
private static final BlockingQueue<String> queue
  = new LinkedBlockingQueue<>();
//...
private static void simulatingProducers() {
  logger.info("Simulating the job of the producers overnight ...");
  logger.info(() -> "The producers checked "
    + MAX_PROD_BULBS + " bulbs ...");

  for (int i = 0; i < MAX_PROD_BULBS; i++) {
    queue.offer("bulb-" + rnd.nextInt(1000));
  }
}
```

另外，创建一个默认的工作窃取线程池：

```
private static ExecutorService consumerService
  = Executors.newWorkStealingPool();
```

我们还会使用以下线程池作为比较：

- 一个带缓冲的线程池：

```
private static ExecutorService consumerService
  = Executors.newCachedThreadPool();
```

- 使用可用处理器数作为线程数的固定线程池（默认的工作窃取线程池用处理器数作为并行度级别）：

```
private static final Consumer consumer = new Consumer();
private static final int PROCESSORS
  = Runtime.getRuntime().availableProcessors();
private static ExecutorService consumerService
  = Executors.newFixedThreadPool(PROCESSORS);
```

然后，让我们启动 15000000 个小任务：

```
for (int i = 0; i < queueSize; i++) {
  consumerService.execute(consumer);
}
```

`Consumer` 包装了一个简单的 `queue.poll()` 操作，因此它应该运行得非常快，如以下代码片段所示：

```
private static class Consumer implements Runnable {

  @Override
  public void run() {
    String bulb = queue.poll();

    if (bulb != null) {
      //nothing
    }
  }
}
private static class Consumer implements Runnable {

  @Override
  public void run() {
    String bulb = queue.poll();

    if (bulb != null) {
      //这里什么也不做
    }
  }
}
```

下图展示了运行 10 次收集到的数据：

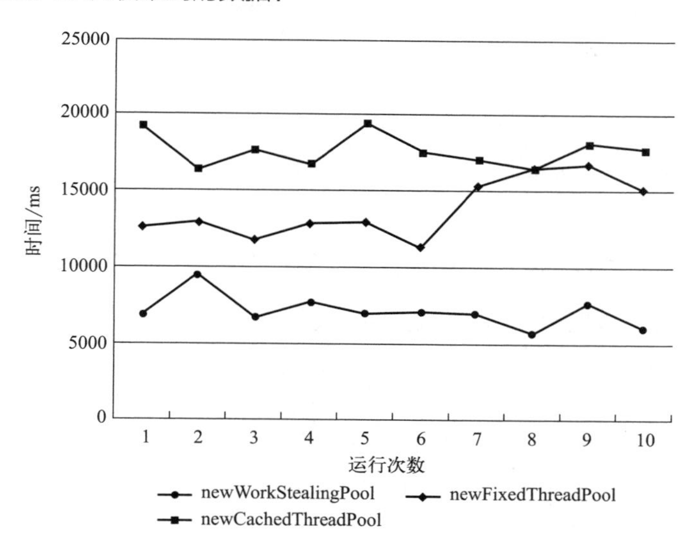

即使这不是专业的基准测试，我们也可以看到工作窃取线程池获得了最好的成绩，而缓冲线程轮询的成绩最差。

少量耗时任务

相对于使用 15000000 个灯泡填充一个队列，此处我们用 1000000 个灯泡填充 15 个队列。

```
private static final int MAX_PROD_BULBS = 15_000_000;
private static final int CHUNK_BULBS = 1_000_000;
private static final Random rnd = new Random();
private static final Queue<BlockingQueue<String>> chunks
  = new LinkedBlockingQueue<>();

//...

private static Queue<BlockingQueue<String>> simulatingProducers() {
  logger.info("Simulating the job of the producers overnight ...");
  logger.info(() -> "The producers checked "
    + MAX_PROD_BULBS + " bulbs ...");

  int counter = 0;
  while (counter < MAX_PROD_BULBS) {
    BlockingQueue chunk = new LinkedBlockingQueue<>(CHUNK_BULBS);

    for (int i = 0; i < CHUNK_BULBS; i++) {
      chunk.offer("bulb-" + rnd.nextInt(1000));
    }

    chunks.offer(chunk);
    counter += CHUNK_BULBS;
  }

  return chunks;
}
```

然后让我们用以下代码启动 15 个任务：

```
while (!chunks.isEmpty()) {
  Consumer consumer = new Consumer(chunks.poll());
  consumerService.execute(consumer);
}
```

以下代码中，每个 `Consumer` 循环处理 1000000 个灯泡：

```
private static class Consumer implements Runnable {

  private final BlockingQueue<String> bulbs;

  public Consumer(BlockingQueue<String> bulbs) {
    this.bulbs = bulbs;
  }

  @Override
  public void run() {
    while (!bulbs.isEmpty()) {
      String bulb = bulbs.poll();
      if (bulb != null) {}
    }
  }
}
```

下图展示了运行 10 次收集到的数据：

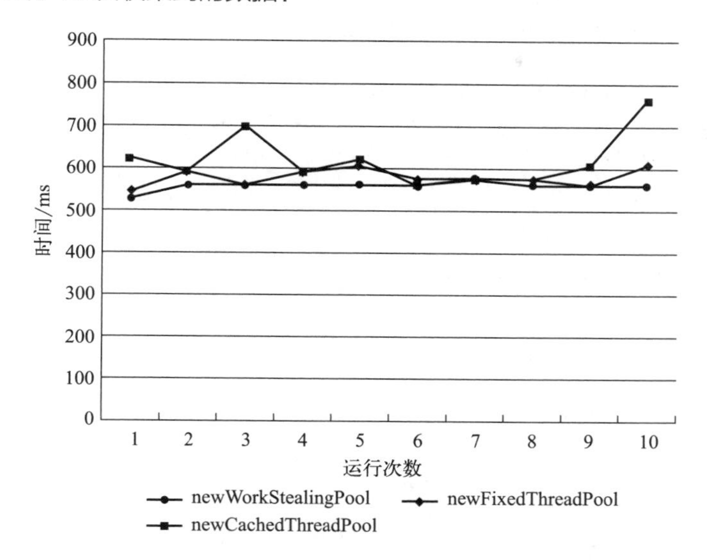

这次，工作窃取线程池运行的状况和普通线程池一样。

206. `Callable` 和 `Future`

这个问题复用了“202. 单线程线程池”中的场景。我们希望有单一的生产者和消费者遵循以下场景：

① 一个自动化系统会发送一个请求给生产者，告知：检查这个灯泡，如果灯泡正常就把它返回给我，否则告诉我灯泡哪里有问题。

② 自动化系统等待生产者检查灯泡。

③ 当自动化系统接收到检查完的灯泡，它会将灯泡传递给消费者（包装工），然后重复该过程。

④ 如果灯泡有缺陷，生产者会抛出异常（`DefectBulbException`），自动化系统将检查引发问题的原因。

下图描述了这种情况：

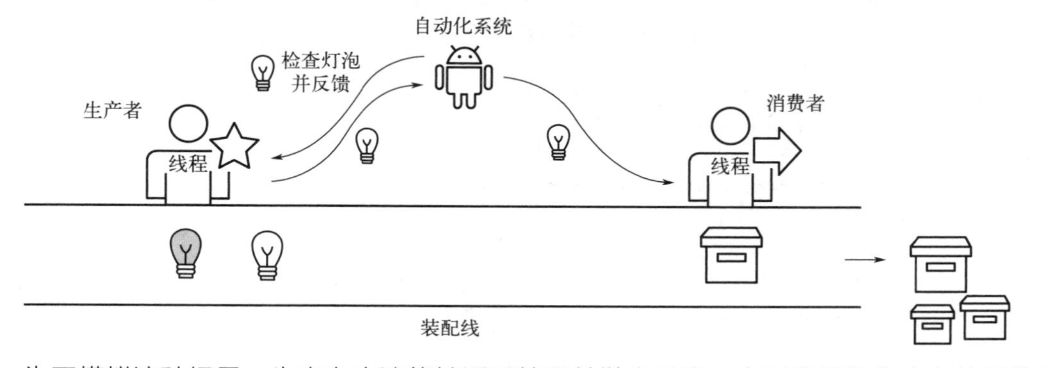

为了模拟这种场景，生产者应该能够返回结果并抛出异常。由于我们的生产者使用的是 `Runnable` 接口，它无法同时做到这两种情况。不过 Java 定义了一个名为 `Callable` 的接口。这是一个函数式接口，带有一个名为 `call()` 的方法。对比 `Runnable` 的 `run()` 方法，

`call()` 方法可以返回结果甚至抛出异常，`V call() throws Exception`。

这意味着生产者（检查工）的代码可以这样写：

```
private static volatile boolean runningProducer;
private static final int MAX_PROD_TIME_MS = 5 * 1000;
private static final Random rnd = new Random();

//...

private static class Producer implements Callable {
  private final String bulb;

  private Producer(String bulb) {
    this.bulb = bulb;
  }

  @Override
  public String call()
      throws DefectBulbException, InterruptedException {
    if (runningProducer) {
      Thread.sleep(rnd.nextInt(MAX_PROD_TIME_MS));
      if (rnd.nextInt(100) < 5) {
        throw new DefectBulbException("Defect: " + bulb);
      } else {
        logger.info(() -> "Checked: " + bulb);
      }
      return bulb;
    }
    return "";
  }
}
```

执行器（executor）服务可以通过 `submit()` 方法向 `Callable` 提交一个任务，但它不知道提交任务的结果何时可用。因此，`Callable` 立即返回一个名为 `Future` 的特殊类型。异步计算的结果由 `Future` 获取——我们可以在任务结束时通过 `Future` 获取到结果。从概念上讲，我们可以将 `Future` 视为 JavaScript 的 `Promise`，或者将其视为将在稍后时间点完成的计算结果。现在，让我们创建一个 `Producer` 并将其提交给 `Callable`：

```
String bulb = "bulb-" + rnd.nextInt(1000);
Producer producer = new Producer(bulb);

Future<String> bulbFuture = producerService.submit(producer);
//这行马上执行
```

由于 `Callable` 立即返回一个 `Future` 对象，我们可以在等待提交任务结果的同时执行其他任务（如果此任务完成，`isDone()` 标志方法返回 `true`）：

```
while (!future.isDone()) {
  System.out.println("Do something else ...");
}
```

可以使用阻塞方法 `Future.get()` 来获取 `Future` 的结果。此方法会阻塞，直到结果可用或指定的超时结束（如果在超时之前结果不可用，则会抛出 `TimeoutException`）：

```
String checkedBulb = bulbFuture.get(
  MAX_PROD_TIME_MS + 1000, TimeUnit.MILLISECONDS);

//this line executes only after the result is available
//这行只会在结果已经就绪后执行
```

一旦结果就绪，我们就可以将其传递给 `Consumer` 并向 `Producer` 提交另一个任务。只要消费者和生产者在运行，这个循环就会重复。代码如下：

```
private static void automaticSystem() {

  while (runningProducer && runningConsumer) {
    String bulb = "bulb-" + rnd.nextInt(1000);

    Producer producer = new Producer(bulb);
    Future<String> bulbFuture = producerService.submit(producer);
    //...
    String checkedBulb = bulbFuture.get(
      MAX_PROD_TIME_MS + 1000, TimeUnit.MILLISECONDS);

    Consumer consumer = new Consumer(checkedBulb);
    if (runningConsumer) {
      consumerService.execute(consumer);
    }
  }
  //...
}
```

`Consumer` 仍然是一个 `Runnable` 接口的实例，因此它不能返回结果或抛出异常：

```
private static final int MAX_CONS_TIME_MS = 3 * 1000;
//...
private static class Consumer implements Runnable {

  private final String bulb;

  private Consumer(String bulb) {
    this.bulb = bulb;
  }

  @Override
  public void run() {
    if (runningConsumer) {
      try {
        Thread.sleep(rnd.nextInt(MAX_CONS_TIME_MS));
        logger.info(() -> "Packed: " + bulb);
      } catch (InterruptedException ex) {
```

```
            Thread.currentThread().interrupt();
            logger.severe(() -> "Exception: " + ex);
          }
        }
      }
    }
```

最后，我们需要启动这个自动化系统。代码如下：

```
public static void startAssemblyLine() {
  //...
  runningProducer = true;
  consumerService = Executors.newSingleThreadExecutor();

  runningConsumer = true;
  producerService = Executors.newSingleThreadExecutor();

  new Thread(() -> {
    automaticSystem();
  }).start();
}
```

注意，我们不想阻塞主线程，因此我们在一个新线程中启动这个自动化系统。这样主线程就可以控制装配线的启停过程。

让我们运行装配线几分钟以收集一些输出：

```
Starting assembly line ...
[08:38:41] [INFO ] Checked: bulb-879
...
[08:38:52] [SEVERE ] Exception: DefectBulbException: Defect: bulb-553
[08:38:53] [INFO ] Packed: bulb-305
...
```

工作完成！让我们来处理最后一个话题。

取消 Future

`Future` 是可以被取消的。取消 `Future` 可以通过 `cancel(boolean mayInterruptIfRunning)` 方法完成。如果我们给 `cancel` 函数传入 `true`，执行任务的线程将被中断，否则，线程可能会完成任务。如果任务被成功取消，此方法返回 `true`，否则返回 `false`（通常是因为它已经正常完成）。以下示例为如果运行时间超过 1 秒，取消任务：

```
long startTime = System.currentTimeMillis();

Future<String> future = executorService.submit(() -> {
  Thread.sleep(3000);

  return "Task completed";
});
```

```
while (!future.isDone()) {
  System.out.println("Task is in progress ...");
  Thread.sleep(100);

  long elapsedTime = (System.currentTimeMillis() - startTime);

  if (elapsedTime > 1000) {
    future.cancel(true);
  }
}
```

如果任务在正常完成之前被取消，`isCancelled()` 方法将返回 `true`：

```
System.out.println("Task was cancelled: " + future.isCancelled()
  + "\nTask is done: " + future.isDone());
```

输出将如下所示：

```
Task is in progress ...
Task is in progress ...
...
Task was cancelled: true
Task is done: true
```

以下是其他的一些示例：

• 同时使用 `Callable` 和 Lambda 表达式：

```
Future<String> future = executorService.submit(() -> {
  return "Hello to you!";
});
```

• 通过 `Executors.callable(Runnable task)` 获取返回 `null` 的 `Callable` 实例：

```
Callable<Object> callable = Executors.callable(() -> {
  System.out.println("Hello to you!");
});

Future<Object> future = executorService.submit(callable);
```

• 通过 `Executors.callable(Runnable task, T result)` 获取一个结果（`T`）的 `Callable` 实例：

```
Callable<String> callable = Executors.callable(() -> {
  System.out.println("Hello to you!");
}, "Hi");

Future<String> future = executorService.submit(callable);
```

207. 调用多个 Callable 任务

由于生产者（检查工）不会与消费者（包装工）同时工作，我们可以通过 `for` 循环在队列中添加 100 个已检查的灯泡来模拟他们的工作：

```
private static final BlockingQueue<String> queue
  = new LinkedBlockingQueue<>();
//...
private static void simulatingProducers() {

  for (int i = 0; i < MAX_PROD_BULBS; i++) {
    queue.offer("bulb-" + rnd.nextInt(1000));
  }
}
```

现在，消费者必须将每个灯泡包装好并返回。这意味着 `Consumer` 是一个 `Callable` 的实例：

```
private static class Consumer implements Callable {

  @Override
  public String call() throws InterruptedException {
    String bulb = queue.poll();

    Thread.sleep(100);

    if (bulb != null) {
      logger.info(() -> "Packed: " + bulb + " by consumer: "
        + Thread.currentThread().getName());

      return bulb;
    }

    return "";
  }
}
```

但请记住，我们应该提交所有 `Callable` 任务并等待它们全部完成。这可以通过 `ExecutorService.invokeAll()` 方法来实现。此方法接受任务集合（`Collection<? extends Callable<T>>`）作为参数并返回 `Future` 实例的列表（`List<Future<T>>`）。在 `Future` 的所有实例完成之前，对 `Future.get()` 的任何调用都将被阻塞。

所以，我们先建立一个 100 个任务的列表：

```
private static final Consumer consumer = new Consumer();
//...
List<Callable<String>> tasks = new ArrayList<>();
for (int i = 0; i < queue.size(); i++) {
  tasks.add(consumer);
}
```

然后，执行所有这些任务并获取 Future 的列表：

```
private static ExecutorService consumerService
  = Executors.newWorkStealingPool();
//...
List<Future<String>> futures = consumerService.invokeAll(tasks);
```

最后，处理（在本例中只是显示）结果：

```
for (Future<String> future : futures) {
  String bulb = future.get();
  logger.info(() -> "Future done: " + bulb);
}
```

请注意，对 future.get() 语句的第一次调用会被阻塞，直到所有的 Future 实例都完成为止。这将产生以下输出：

```
[12:06:41] [INFO] Packed: bulb-595 by consumer: ForkJoinPool-1-worker-9
...
[12:06:42] [INFO] Packed: bulb-478 by consumer: ForkJoinPool-1-worker-15
[12:06:43] [INFO] Future done: bulb-595
...
```

有时，我们想提交多个任务并等待其中任何一个完成。这可以通过 ExecutorService.invokeAny() 来实现。与 invokeAll() 完全一样，此方法接受任务集合（Collection<? extends Callable<T>>）作为参数。但它只返回最快任务的结果（不是一个 Future）并取消所有其他尚未完成的任务，例如：

```
String bulb = consumerService.invokeAny(tasks);
```

如果你不想等到所有的 Future 完成，可以执行以下操作：

```
int queueSize = queue.size();
List<Future<String>> futures = new ArrayList<>();
for (int i = 0; i < queueSize; i++) {
  futures.add(consumerService.submit(consumer));
}

for (Future<String> future: futures) {
  String bulb = future.get();
  logger.info(() -> "Future done: " + bulb);
}
```

以上代码不会一直阻塞到所有任务完成（任一任务完成都会解除阻塞）。请查看以下输出示例：

```
[12:08:56] [INFO ] Packed: bulb-894 by consumer: ForkJoinPool-1-worker-7
[12:08:56] [INFO ] Future done: bulb-894
[12:08:56] [INFO ] Packed: bulb-953 by consumer: ForkJoinPool-1-worker-5
```

208. 锁存器（latch）

锁存器（latch）是一种 Java 同步器，它允许一个或多个线程等待其他线程中的一系列事件完成。它从给定的计数器（通常表示应等待的事件数）开始，每个完成的事件负责递减计数器。当计数器达到零时，所有等待的线程都可以恢复运行，这是锁存器的最终状态。锁存器不能被重置或重用，因为等待的事件只能发生一次。下图分四个步骤显示了一个带三个线程的锁存器是如何工作的：

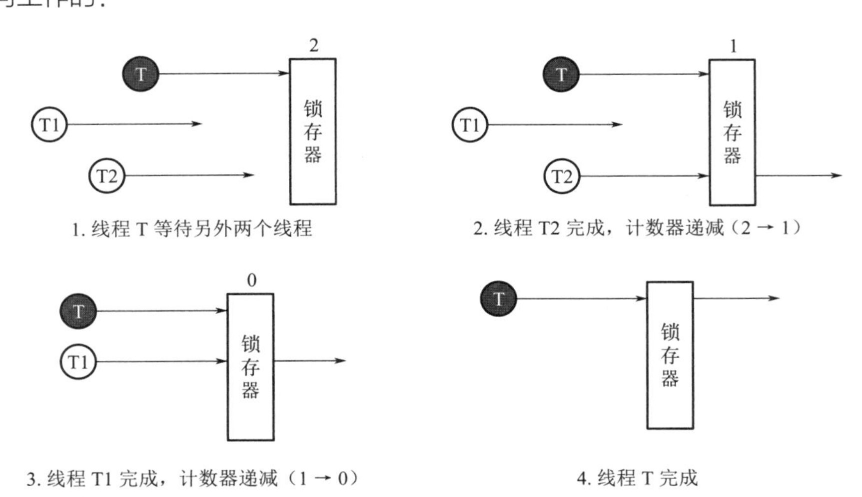

在 API 术语中，锁存器通过 `java.util.concurrent.CountDownLatch` 实现。

在 `CountDownLatch` 构造函数中，初始计数器被设置为一个整型值。例如，一个计数器等于 `3` 的 `CountDownLatch` 可以如下定义：

```
CountDownLatch latch = new CountDownLatch(3);
```

所有调用 `await()` 方法的线程都将被阻塞，直到计数器达到零。因此，一个想要在锁存器到达最终状态之前被阻塞的线程需要调用 `await()`。每个完成的事件都可以调用 `countDown()` 方法，此方法将计数器递减。在计数器变为零之前，调用 `await()` 的线程一直被阻塞。

锁存器可以用于解决很多问题。现在，让我们关注模拟启动服务器过程的问题。服务器在其内部服务启动后即被认为启动完成。服务可以并发启动并且相互独立。启动服务器是一个需要一段时间的过程，需要我们启动该服务器的所有底层服务。因此，完成和验证服务器启动的线程应该等到该服务器中所有其他线程中的服务（事件）启动完成。假设我们有三个服务，我们可以写一个 `ServerService` 类如下：

```
public class ServerInstance implements Runnable {

  private static final Logger logger =
    Logger.getLogger(ServerInstance.class.getName());

  private final CountDownLatch latch = new CountDownLatch(3);

  @Override
```

```
  public void run() {
    logger.info("The server is getting ready to start ");
    logger.info("Starting services ...\n");

    long starting = System.currentTimeMillis();

    Thread service1 = new Thread(
      new ServerService(latch, "HTTP Listeners"));
    Thread service2 = new Thread(
      new ServerService(latch, "JMX"));
    Thread service3 = new Thread(
      new ServerService(latch, "Connectors"));

    service1.start();
    service2.start();
    service3.start();

    try {
      latch.await();
      logger.info(() -> "Server has successfully started in "
        + (System.currentTimeMillis() - starting) / 1000
        + " seconds");
    } catch (InterruptedException ex) {
      Thread.currentThread().interrupt();
      //打印异常
    }
  }
}
```

首先，我们定义一个计数器为3的`CountDownLatch`。其次，我们在三个不同的线程中启动服务。最后，我们通过`await()`阻塞这个线程。现在，下面的类通过随机休眠来模拟服务的启动过程：

```
public class ServerService implements Runnable {

  private static final Logger logger =
    Logger.getLogger(ServerService.class.getName());

  private final String serviceName;
  private final CountDownLatch latch;
  private final Random rnd = new Random();

  public ServerService(CountDownLatch latch, String serviceName) {
    this.latch = latch;
    this.serviceName = serviceName;
  }

  @Override
  public void run() {
```

```
    int startingIn = rnd.nextInt(10) * 1000;

    try {
      logger.info(() -> "Starting service '" + serviceName + "' ...");

      Thread.sleep(startingIn);

      logger.info(() -> "Service '" + serviceName
        + "' has successfully started in "
        + startingIn / 1000 + " seconds");

    } catch (InterruptedException ex) {
      Thread.currentThread().interrupt();
      //打印异常
    } finally {
      latch.countDown();
      logger.info(() -> "Service '" + serviceName + "' running ...");
    }
  }
}
```

每个成功启动（或失败）的服务都会通过 `countDown()` 递减锁存器。一旦计数器达到零，服务器就被认为已启动。让我们启动它：

```
Thread server = new Thread(new ServerInstance());
server.start();
```

可能的输出如下：

```
[08:49:17] [INFO] The server is getting ready to start

[08:49:17] [INFO] Starting services ...
[08:49:17] [INFO] Starting service 'JMX' ...
[08:49:17] [INFO] Starting service 'Connectors' ...
[08:49:17] [INFO] Starting service 'HTTP Listeners' ...

[08:49:22] [INFO] Service 'HTTP Listeners' started in 5 seconds
[08:49:22] [INFO] Service 'HTTP Listeners' running ...
[08:49:25] [INFO] Service 'JMX' started in 8 seconds
[08:49:25] [INFO] Service 'JMX' running ...
[08:49:26] [INFO] Service 'Connectors' started in 9 seconds
[08:49:26] [INFO] Service 'Connectors' running ...

[08:49:26] [INFO] Server has successfully started in 9 seconds
```

> **提示：** 为了避免无尽的等待，`CountDownLatch` 类有一个能接受超时的 `await()` 方法，`await(long timeout, TimeUnit unit)`。如果在计数达到零之前等待时间结束，则此方法返回 `false`。

209. 屏障（barrier）

屏障（barrier）是一个 Java 同步器，它会让一组线程［称为参与者（parties）］到达一个共同的障碍点，该组线程在屏障处等待彼此相遇。就像一群朋友选定了一个集合点，当他们都达到了这个集合点，他们就会一起继续前进。直到所有人都到达集合点或者他们觉得等得太久了，他们才会离开。

此同步器适用于需要将任务拆分为子任务的问题。每个子任务在不同的线程中运行并等待其余线程。当所有线程都完成时，它们会将它们的结果合并为一个结果。

下图显示了具有三个线程的屏障流示例：

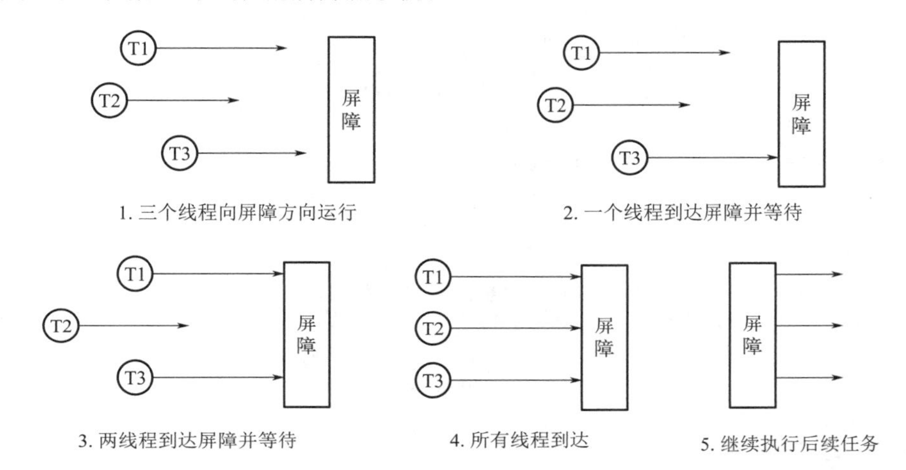
T1
T2
T3
屏障
1. 三个线程向屏障方向运行
2. 一个线程到达屏障并等待
3. 两线程到达屏障并等待
4. 所有线程到达
5. 继续执行后续任务

在 API 术语中，屏障通过使用 `java.util.concurrent.CyclicBarrier` 实现。`CyclicBarrier` 可以通过两种构造函数构造：

- 其中之一允许我们指定参与者的个数（参数为一个整数）。
- 另一个允许我们添加一个所有各方都到达屏障后允许发生的动作（参数为 `Runnable`）。

此动作在参与者中的所有线程都到达，且在释放任何线程之前执行。

当线程到达屏障处等待时，它只需调用 `await()` 方法。此方法可以无限期地等待或直到指定的超时［如果指定的超时已过或线程被中断，则该线程被释放并抛出 `TimeoutException`，屏障被视为损坏（broken），屏障处的所有等待线程都被释放并抛出 `BrokenBarrierException`］。我们可以通过 `getParties()` 方法来找出有多少线程需要突破这个屏障，而通过 `getNumberWaiting()` 方法可以找出目前多少线程在屏障处等待。

> **提示：**`await()` 方法返回的整数值表示当前线程的到达索引，这个索引值为从 `getParties()-1` 开始依次递减的值。若该值为 `0`，则表示该线程最后到达。

假设我们要启动一个服务器。服务器在其内部服务启动后被认为启动完成。服务可以同时准备启动（这很耗时），但它们是相互依赖运行的，因此，一旦它们准备好启动，就必须同时启动它们。

所以，每个服务都可以在一个单独的线程中做启动准备工作。一旦准备好启动，线程将在屏障处等待其余的服务。当所有服务都准备好启动时，它们越过屏障并开始运行。让我们考虑一种有三个服务的情况，对此，`CyclicBarrier` 可以定义如下：

```
Runnable barrierAction
  = () -> logger.info("Services are ready to start ...");
CyclicBarrier barrier = new CyclicBarrier(3, barrierAction);
```

接下来让我们通过三个线程为服务做准备:

```
public class ServerInstance implements Runnable {

  private static final Logger logger
    = Logger.getLogger(ServerInstance.class.getName());

  private final Runnable barrierAction
    = () -> logger.info("Services are ready to start ...");

  private final CyclicBarrier barrier
    = new CyclicBarrier(3, barrierAction);

  @Override
  public void run() {
    logger.info("The server is getting ready to start ");
    logger.info("Starting services ...\n");

    long starting = System.currentTimeMillis();

    Thread service1 = new Thread(
      new ServerService(barrier, "HTTP Listeners"));
    Thread service2 = new Thread(
      new ServerService(barrier, "JMX"));
    Thread service3 = new Thread(
      new ServerService(barrier, "Connectors"));

    service1.start();
    service2.start();
    service3.start();

    try {
      service1.join();
      service2.join();
      service3.join();

      logger.info(() -> "Server has successfully started in "
        + (System.currentTimeMillis() - starting) / 1000
        + " seconds");
    } catch (InterruptedException ex) {
      Thread.currentThread().interrupt();
      logger.severe(() -> "Exception: " + ex);
    }
  }
}
```

ServerService 负责为每个服务的启动做准备，并通过调用 await() 在屏障处阻塞线程：

```
public class ServerService implements Runnable {

  private static final Logger logger =
    Logger.getLogger(ServerService.class.getName());

  private final String serviceName;
  private final CyclicBarrier barrier;
  private final Random rnd = new Random();

  public ServerService(CyclicBarrier barrier, String serviceName) {
    this.barrier = barrier;
    this.serviceName = serviceName;
  }

  @Override
  public void run() {

    int startingIn = rnd.nextInt(10) * 1000;

    try {
      logger.info(() -> "Preparing service '"
        + serviceName + "' ...");

      Thread.sleep(startingIn);
      logger.info(() -> "Service '" + serviceName
        + "' was prepared in " + startingIn / 1000
        + " seconds (waiting for remaining services)");

      barrier.await();

      logger.info(() -> "The service '" + serviceName
        + "' is running ...");
    } catch (InterruptedException ex) {
      Thread.currentThread().interrupt();
      logger.severe(() -> "Exception: " + ex);
    } catch (BrokenBarrierException ex) {
      logger.severe(() -> "Exception ... barrier is broken! " + ex);
    }
  }
}
```

现在，运行它：

```
Thread server = new Thread(new ServerInstance());
server.start();
```

以下是一个可能的输出（注意线程是如何被释放以越过屏障的）：

```
[10:38:34] [INFO] The server is getting ready to start
```

```
[10:38:34] [INFO] Starting services ...
[10:38:34] [INFO] Preparing service 'Connectors' ...
[10:38:34] [INFO] Preparing service 'JMX' ...
[10:38:34] [INFO] Preparing service 'HTTP Listeners' ...

[10:38:35] [INFO] Service 'HTTP Listeners' was prepared in 1 seconds
(waiting for remaining services)
[10:38:36] [INFO] Service 'JMX' was prepared in 2 seconds
(waiting for remaining services)
[10:38:38] [INFO] Service 'Connectors' was prepared in 4 seconds
(waiting for remaining services)

[10:38:38] [INFO] Services are ready to start ...

[10:38:38] [INFO] The service 'Connectors' is running ...
[10:38:38] [INFO] The service 'HTTP Listeners' is running ...
[10:38:38] [INFO] The service 'JMX' is running ...

[10:38:38] [INFO] Server has successfully started in 4 seconds
```

> **提示:** `CyclicBarrier` 是可循环使用的，因为它可以重置和重用。为此，需要在释放所有等待屏障的线程后调用 `reset()` 方法，否则将抛出 `BrokenBarrierException`。当屏障处于损坏（broken）状态时，调用 `isBroken()` 标志方法返回 `true`。

210. 交换器（exchanger）

交换器（exchanger）是一种 Java 同步器，它允许两个线程在交换点或同步点交换对象。

这种同步器主要是起到了屏障的作用。两个线程在屏障处相互等待，当两个线程都到达屏障后，双方交换一个对象，并继续它们的正常任务。

下图分四个步骤描述了交换器的流程：

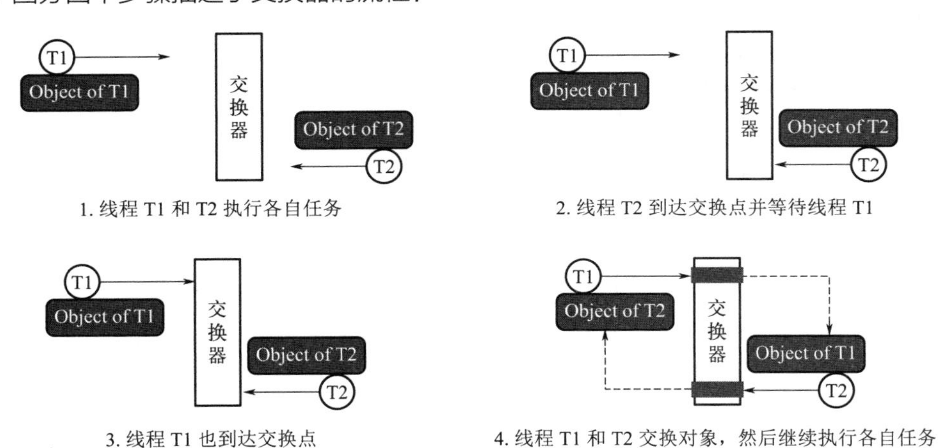

在 API 术语中，交换器通过 `java.util.concurrent.Exchanger` 公开。

可以通过一个空的构造函数创建一个 `Exchanger`，并公开两个 `exchange()` 方法：

- 一个方法只接受它提供的对象。

• 另一个方法还接受一个超时时长（在另一个线程进入交换器之前，如果指定的等待时间结束，将抛出 `TimeoutException`）。

还记得我们的灯泡装配线吗？现在，我们假设生产者（检查工）将检查过的灯泡添加到篮子中（`List<String>`）。当篮子装满时，生产者与消费者（包装工）交换得到一个空篮子（另一个 `List<String>`）。只要装配线在运行，该过程就会重复。

下图展示了此流程：

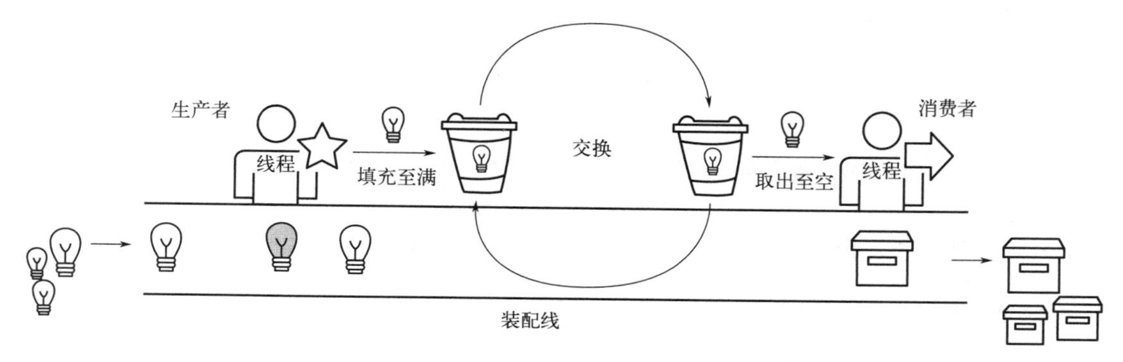

为此，首先我们需要 `Exchanger`：

```
private static final int BASKET_CAPACITY = 5;
//...
private static final Exchanger<List<String>> exchanger = new Exchanger<>();
```

生产者装满篮子并在交换点等待消费者：

```
private static final int MAX_PROD_TIME_MS = 2 * 1000;
private static final Random rnd = new Random();
private static volatile boolean runningProducer;

//...

private static class Producer implements Runnable {

  private List<String> basket = new ArrayList<>(BASKET_CAPACITY);

  @Override
  public void run() {

    while (runningProducer) {
      try {
        for (int i = 0; i < BASKET_CAPACITY; i++) {

          String bulb = "bulb-" + rnd.nextInt(1000);
          Thread.sleep(rnd.nextInt(MAX_PROD_TIME_MS));
          basket.add(bulb);

          logger.info(() -> "Checked and added in the basket: " + bulb);
        }
```

```
        logger.info("Producer: Waiting to exchange baskets ...");

        basket = exchanger.exchange(basket);
      } catch (InterruptedException ex) {
        Thread.currentThread().interrupt();
        logger.severe(() -> "Exception: " + ex);
        break;
      }
    }
  }
}
```

另一边，消费者在交换点等待从生产者那里接收装满灯泡的篮子，并用一个空的篮子作为交换。此外，在生产者再次填充篮子的同时，消费者包装其所接收的篮子中的灯泡。完成后，消费者将再次前往交换点等待另一个装满的篮子。所以，`Consumer` 可以写成这样：

```
private static final int MAX_CONS_TIME_MS = 5 * 1000;
private static final Random rnd = new Random();
private static volatile boolean runningConsumer;
//...
private static class Consumer implements Runnable {

  private List<String> basket = new ArrayList<>(BASKET_CAPACITY);

  @Override
  public void run() {
    while (runningConsumer) {
      try {
        logger.info("Consumer: Waiting to exchange baskets ...");
        basket = exchanger.exchange(basket);
        logger.info(() -> "Consumer: Received the following bulbs: " + basket);

        for (String bulb: basket) {
          if (bulb != null) {
            Thread.sleep(rnd.nextInt(MAX_CONS_TIME_MS));
            logger.info(() -> "Packed from basket: " + bulb);
          }
        }

        basket.clear();
      } catch (InterruptedException ex) {
        Thread.currentThread().interrupt();
        logger.severe(() -> "Exception: " + ex);
        break;
      }
    }
  }
}
```

为简洁起见，这里省略了部分代码。现在，让我们看看可能的输出：

```
Starting assembly line ...
[13:23:13] [INFO] Consumer: Waiting to exchange baskets ...
[13:23:15] [INFO] Checked and added in the basket: bulb-606

[13:23:18] [INFO] Producer: Waiting to exchange baskets ...
[13:23:18] [INFO] Consumer: Received the following bulbs:
[bulb-606, bulb-251, bulb-102, bulb-454, bulb-280]
[13:23:19] [INFO] Checked and added in the basket: bulb-16

[13:23:21] [INFO] Packed from basket: bulb-606
```

211. 信号量（semaphore）

信号量（semaphore）也是一种 Java 同步器，它允许我们控制在同一时间访问某个资源的线程数。从概念上讲，这种同步器管理着一组**许可**（permits）（类似于令牌）。需要访问资源的线程必须从同步器获得许可。在线程完成其对该资源的工作后，它必须通过将许可返回给信号量来释放许可，以便另一个线程可以获取它。线程可以立即获得许可（如果许可是空闲的），也可以等待一定时间，或者等到许可变为空闲。此外，一个线程可以一次性获取和释放多个许可；一个线程即使没有获得许可也可以释放许可，这将使信号量额外增加一个许可。因此，信号量可以一个许可数开始，以另一个许可数结束。

在 API 术语中，信号量由 `java.util.concurrent.Semaphore` 表示。

创建一个信号量简单到只需要调用它的两个构造函数之一：

- `public Semaphore(int permits)`
- `public Semaphore(int permits, boolean fair)`

在竞争中，一个公平的 `Semaphore` 会确保以先进先出（FIFO）的方式授予许可。

可以使用 `acquire()` 方法获取许可。其用法如下：

- 没有参数的情况下，此方法将从该信号量获取一个许可，它会一直阻塞，直到一个许可可用或者线程被中断。
- 要获得多个许可，请使用 `acquire (int permits)`。
- 要尝试获取许可并立即返回标志值，请使用 `tryAcquire()` 或 `tryAcquire(int permits)`。
- 希望在给定的等待时间内（并且当前线程未被中断）获得可用的许可，请使用 `tryAcquire(int permits, long timeout, TimeUnit unit)`。
- 通过调用 `acquireUninterruptibly()` 和 `acquireUninterruptibly(int permits)`，可通过阻塞的方式等待获取可用许可。
- 要释放许可，请使用 `release()`。

现在，我们假设一家理发店有三个座位，并以先进先出的方式为顾客提供服务。一位顾客最多花 5 秒来等待一个座位。最后，它释放获得的座位。查看以下代码以了解如何获取和释放座位：

```
public class Barbershop {

  private static final Logger logger =
```

```
    Logger.getLogger(Barbershop.class.getName());

  private final Semaphore seats;

  public Barbershop(int seatsCount) {
    this.seats = new Semaphore(seatsCount, true);
  }

  public boolean acquireSeat(int customerId) {
    logger.info(() -> "Customer #" + customerId
      + " is trying to get a seat");

    try {
      boolean acquired = seats.tryAcquire(
        5 * 1000, TimeUnit.MILLISECONDS);

      if (!acquired) {
        logger.info(() -> "Customer #" + customerId
          + " has left the barbershop");

        return false;
      }

      logger.info(() -> "Customer #" + customerId + " got a seat");

      return true;
    } catch (InterruptedException ex) {
      Thread.currentThread().interrupt();
      logger.severe(() -> "Exception: " + ex);
    }

    return false;
  }

  public void releaseSeat(int customerId) {
    logger.info(() -> "Customer #" + customerId
      + " has released a seat");
    seats.release();
  }
}
```

如果在这 5 秒内没有空出座位，则此人离开理发店。另一方面，理发师为成功就座的顾客提供服务（这将花费 0 到 10 之间的随机秒数）。最后，顾客释放座位。代码可以这样写：

```
public class BarbershopCustomer implements Runnable {

  private static final Logger logger =
    Logger.getLogger(BarbershopCustomer.class.getName());
  private static final Random rnd = new Random();

  private final Barbershop barbershop;
  private final int customerId;
```

```
  public BarbershopCustomer(Barbershop barbershop, int customerId) {
    this.barbershop = barbershop;
    this.customerId = customerId;
  }

  @Override
  public void run() {

    boolean acquired = barbershop.acquireSeat(customerId);

    if (acquired) {
      try {
        Thread.sleep(rnd.nextInt(10 * 1000));
      } catch (InterruptedException ex) {
        Thread.currentThread().interrupt();
        logger.severe(() -> "Exception: " + ex);
      } finally {
        barbershop.releaseSeat(customerId);
      }
    } else {
      Thread.currentThread().interrupt();
    }
  }
}
```

假设有 10 位顾客来到这家理发店：

```
Barbershop bs = new Barbershop(3);

for (int i = 1; i <= 10; i++) {
  BarbershopCustomer bc = new BarbershopCustomer(bs, i);
  new Thread(bc).start();
}
```

可能的输出片段如下：

```
[16:36:17] [INFO] Customer #10 is trying to get a seat
[16:36:17] [INFO] Customer #5 is trying to get a seat
[16:36:17] [INFO] Customer #7 is trying to get a seat
[16:36:17] [INFO] Customer #5 got a seat
[16:36:17] [INFO] Customer #10 got a seat
[16:36:19] [INFO] Customer #10 has released a seat
...
```

> **提示：** 许可不是基于线程获得的。这意味着线程 `T1` 可以从 `Semaphore` 获取许可，而线程 `T2` 可以释放它。当然，开发人员需要负责管理这个流程。

212. 移相器（phaser）

移相器（phaser）是一种灵活的 Java 同步器，它在以下环境中结合了 `CyclicBarrier`

和 `CountDownLatch` 的功能：

- 移相器由一个或多个相位组成，这些相位（phase）作为动态数量的参与者（线程）的屏障。
- 在移相器生命周期中，同步参与者（线程）的数量可以动态修改。我们可以注册 / 注销参与者。
- 当前注册的各参与者必须在当前相位（屏障）处等待，然后才能进入下一步执行（下一相位）——这和 `CyclicBarrier` 的情况一样。
- 移相器的每个相位都可以通过从 0 开始的相应数字 / 索引来标识。如第一个相位为 0，下一相位为 1，再下一相位为 2，依此类推，直到 `Integer.MAX_VALUE`。
- 移相器在其任何相位中都可以有三种类型的参与者：已注册（registered）、已到达（arrived）（这些是在当前相位 / 屏障处等待的已注册参与者）和未到达（unarrived）（这些是正在前往当前相位的注册参与者）。
- 参与者动态计数器分为三种：已注册参与者计数器、已到达参与者计数器和未到达参与者计数器。当所有参与者都到达当前相位（已注册参与者数量等于已到达参与者数量）时，移相器将进入下一相位。
- 我们还可以选择在进入下一个相位前（当所有参与者到达这个相位 / 屏障）执行一个动作（一段代码）。
- 移相器有一个终止状态。已注册参与者的计数不受终止状态影响，但终止后，所有同步方法将立即返回，不等待进入另一个相位。同样，终止时尝试注册无效。

在下图中，我们可以看到一个移相器在相位 0 中有四个已注册参与者，在相位 1 中有三个已注册参与者。我们还有一些需要进一步讨论的 API 风格：

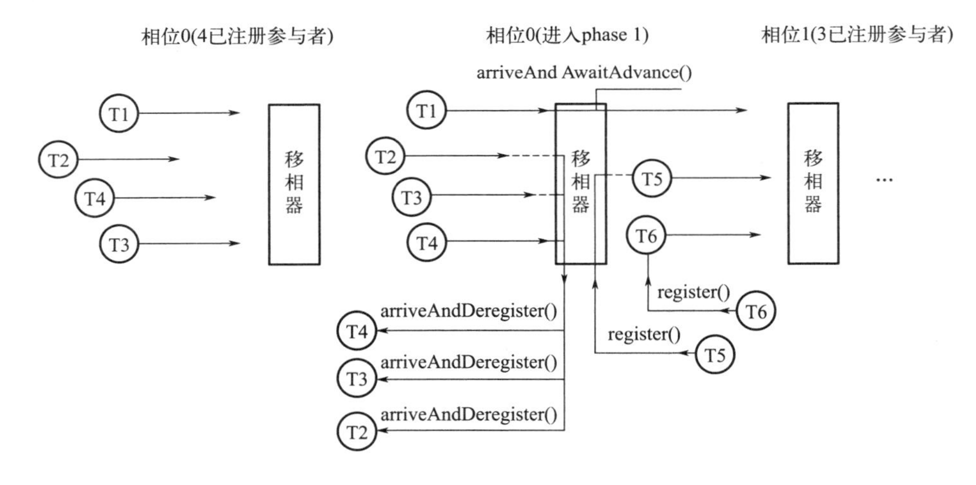

> **提示：**通常，我们可将参与者理解为线程（一个参与者 = 一个线程），但是移相器不会实现一个参与者和指定线程的关联关系。移相器只是清点和管理已注册和已注销参与者的数量。

在 API 术语中，移相器由 `java.util.concurrent.Phaser` 表示。

`Phaser` 可以创建为零个参与者，即通过空构造函数明确参与者数量，或采用带整数参数的构造函数 `Phaser(int parties)`。`Phaser` 也可以通过 `Phaser(Phaser parent)` 或 `Phaser(Phaser parent, int parties)` 指定父级。通常启动 `Phaser` 时只有一个参与者，称为控制者（controller）或控制方（control-party），这是很常见的。而且，这类参与者在Phaser生命周期中寿命最长。

一个参与者可以随时通过register()方法进行注册（在上图中，在相位0和相位1之间，我们注册了T5和T6）。我们还可以通过bulkRegister(int parties)注册大量的参与者。

一个参与者可以通过arriveAndDeregister()注销，而无需等待其他参与者。此方法允许参与者到达当前屏障（Phaser）并注销，而无需等待其他参与者到达（在上图中，T4、T3和T2参与者被一一注销）。每个被注销的参与者都会使已注册参与者的数量减1。

为了能到达当前相位（屏障）并等待其他参与者到达，我们需要调用arriveAndAwait-Advance()方法。此方法会阻塞，直到所有注册参与者都到达当前相位。一旦最后一个注册参与者到达当前相位，所有参与者将进入此Phaser的下一相位。

另外，当所有注册参与者都到达当前相位时，我们可以选择通过重写onAdvance()方法或onAdvance(int phase, int registeredParties)方法来运行特定的操作。如果我们想要触发Phaser的终止，此方法需要返回一个为真的布尔值。此外，我们可以通过forceTermination()强制终止，然后我们可以通过标志方法isTerminated()对其进行测试。重写onAdvance()方法需要我们继承Phaser类（通常通过匿名类）。

现在，我们应该有足够的细节来解决我们的问题了。接下来，我们要模拟一个服务器的启动过程，启动过程包含Phaser控制的三个阶段。在其五个内部服务启动后，服务器被认为已启动并正在运行。在第一阶段，我们需要同时启动三个服务。在第二阶段，我们需要同时启动另外两个服务（只有前三个服务已经在运行时才能启动）。在第三阶段，服务器执行最终的签到并被认为启动完成。

因此，管理服务器启动过程的线程（参与者）可以被认为是控制其余线程（参与者）的线程。这意味着我们可以创建Phaser并通过这个Phaser的构造函数注册此控制线程（或控制者）：

```
public class ServerInstance implements Runnable {

  private static final Logger logger =
    Logger.getLogger(ServerInstance.class.getName());

  private final Phaser phaser = new Phaser(1) {

    @Override
    protected boolean onAdvance(int phase, int registeredParties) {
      logger.warning(() -> "Phase:" + phase
        + " Registered parties: " + registeredParties);

      return registeredParties == 0;
    }
  };
  //...
}
```

我们使用匿名类创建此Phaser对象并重写其onAdvance()方法，以定义其操作的两个主要目的：

• 打印当前阶段的快速状态和已注册参与者数量。

- 如果没有更多注册参与者，则触发 Phaser 终止。

每当所有的当前已注册参与者到达当前屏障（当前相位）的时候，这个方法都会被调用。

管理服务器服务的线程需要启动这些服务并从 Phaser 中注销自己。因此，每个服务都在一个单独的线程中启动，该线程将在其作业结束时通过 arriveAndDeregister() 注销自己。为此，我们可以使用以下实现了 Runnable 接口的类：

```
public class ServerService implements Runnable {

  private static final Logger logger =
    Logger.getLogger(ServerService.class.getName());

  private final String serviceName;
  private final Phaser phaser;
  private final Random rnd = new Random();

  public ServerService(Phaser phaser, String serviceName) {
    this.phaser = phaser;
    this.serviceName = serviceName;
    this.phaser.register();
  }

  @Override
  public void run() {

    int startingIn = rnd.nextInt(10) * 1000;

    try {
      logger.info(() -> "Starting service '" + serviceName + "' ...");
      Thread.sleep(startingIn);
      logger.info(() -> "Service '" + serviceName
        + "' was started in " + startingIn / 1000
        + " seconds (waiting for remaining services)");
    } catch (InterruptedException ex) {
      Thread.currentThread().interrupt();
      logger.severe(() -> "Exception: " + ex);
    } finally {
      phaser.arriveAndDeregister();
    }
  }
}
```

现在，控制线程可以触发 service1、service2 和 service3 的启动过程。此过程在以下方法中实现：

```
private void startFirstThreeServices() {

  Thread service1 = new Thread(
    new ServerService(phaser, "HTTP Listeners"));
  Thread service2 = new Thread(
```

```
    new ServerService(phaser, "JMX"));
  Thread service3 = new Thread(
    new ServerService(phaser, "Connectors"));

  service1.start();
  service2.start();
  service3.start();

  phaser.arriveAndAwaitAdvance(); //初始阶段
}
```

请注意，在此方法的末尾，我们调用了 `phaser.arriveAndAwaitAdvance()`。这是控制参与者（control-party）用来等待其他已注册参与者到达的。其余的已注册参与者（`service1`、`service2` 和 `service3`）被一个一个注销，直到控制参与者是 `Phaser` 中唯一剩下的。此刻，是时候进入下一相位了。因此，控制参与者是唯一进入下一阶段的参与者。

和以上实现类似，控制线程可以触发 `service4` 和 `service5` 的启动流程。此过程在以下方法中实现：

```
private void startNextTwoServices() {
  Thread service4 = new Thread(
    new ServerService(phaser, "Virtual Hosts"));
  Thread service5 = new Thread(
    new ServerService(phaser, "Ports"));

  service4.start();
  service5.start();

  phaser.arriveAndAwaitAdvance(); //第一阶段
}
```

最后，在这五个服务启动后，控制线程执行最后一次检查，该检查过程在以下方法中通过 `Thread.sleep()` 替代实现。请注意，在此动作结束时，已完成启动服务器的控制线程从 `Phaser` 中注销了自己。发生这种情况时，意味着不再有已注册参与者，`Phaser` 会随着 `onAdvance()` 方法返回 `true` 而终止：

```
private void finalCheckIn() {
  try {
    logger.info("Finalizing process (should take 2 seconds) ...");
    Thread.sleep(2000);
  } catch (InterruptedException ex) {
    Thread.currentThread().interrupt();
    logger.severe(() -> "Exception: " + ex);
  } finally {
    phaser.arriveAndDeregister(); //第二阶段
  }
}
```

控制线程的工作就是按正确的顺序调用前面三个方法。这里为简洁起见，一些由日志组成的代码没有贴出来。该问题的完整源代码，可以在本书的配套代码中找到。

> **提示：**任何时候，我们都可以通过 `getRegisteredParties()` 查询到已注册参与者数，通过 `getArrivedParties()` 查询已到达参与者数，通过 `getUnarrivedParties()` 查询未到达参与者数。此外，你可能还需要了解 `arrive()`、`awaitAdvance(int phase)` 和 `awaitAdvanceInterruptibly(int phase)` 方法。

小结

本章概述了 Java 并发的主要内容，可以为你进入下一章做好准备。我们讨论了关于线程生命周期、对象级和类级锁、线程池以及 `Callable` 和 `Future` 的几个基本问题。

下载本章应用程序以查看结果以及更多的代码细节。

第 11 章 并发：深入探讨

本章包含13个Java并发相关问题，涵盖fork/join框架、`CompletableFuture`、`ReentrantLock`、`ReentrantReadWriteLock`、`StampedLock`、原子变量（atomic variables）、任务取消、可中断方法、thread-local和死锁（deadlock）等内容。并发是每一位开发人员的必修课，尤其在求职面试中颇受重视，这也是为什么上一章和本章如此重要的原因。完成本章阅读后，你将对并发有相当的了解。

问题

请使用以下问题来测试你的并发编程能力。我强烈推荐你在翻看解决方案和下载示例程序前，自己试一试每个问题：

213. **可中断方法**：举例说明处理可中断方法的最佳解决方案。

214. **fork/join 框架**：基于fork/join框架来对列表的元素求和；计算给定位置的斐波那契数（例如，$F_{12}=144$）。另外，编写一个程序来展示`CountedCompleter`的用法。

215. **fork/join 框架和 `compareAndSetForkJoinTaskTag()`**：使用fork/join框架实现一组只应执行一次的相互依赖的任务（例如，Task D依赖于Task C和Task B，但Task C也依赖于Task B；因此，Task B必须只执行一次，而不是两次）。

216. **`CompletableFuture`**：使用`CompletableFuture`编写几段代码来举例说明异步编程。

217. **组合多个 `CompletableFuture` 实例**：举例说明将多个`CompletableFuture`对象组合在一起的不同解决方案。

218. **优化忙等待**：尝试通过`onSpinWait()`优化忙等待。

219. **任务的取消**：尝试使用易变（`volatile`）变量来保存进程的取消状态。

220. **线程局部存储（`ThreadLocal`）**：举例说明`ThreadLocal`的用法。

221. **原子变量**：使用多线程接口（`Runnable`）计算1到1000000之间整数的个数。

222. **可重入锁（`ReentrantLock`）**：使用`ReentrantLock`将整数从1递增到1000000。

223. **可重入读写锁（`ReentrantReadWriteLock`）**：通过`ReentrantReadWriteLock`模拟读写过程的编排。

224. **邮戳锁（`StampedLock`）**：通过`StampedLock`模拟读写过程的编排。

225. 死锁（哲学家就餐问题）：解决著名的“哲学家就餐问题”中可能出现的死锁（循环等待或致命拥抱）。

解决方案

下面将介绍上述问题的解决方案。通常，这些问题的正确解决方法是不止一种的。需要注意的是，书中的代码和思路讲解仅包括了最关键的部分，你可以访问 https://github.com/PacktPublishing/Java-Coding-Problems 下载完整的代码以获取更多细节，还可以尝试运行这些示例代码。

213. 可中断方法

可中断方法是指可能抛出 `InterruptedException` 的阻塞方法，例如 `Thread.sleep()`、`BlockingQueue.take()`、`BlockingQueue.poll(long timeout, TimeUnit unit)` 等。被阻塞的线程通常处于 BLOCKED、WAITING 或 TIMED_WAITING 状态，如果它被中断，该方法会尝试尽快抛出 `InterruptedException`。

由于 `InterruptedException` 是一个受检异常，我们必须捕获它和 / 或抛出它。也就是说，如果我们的方法调用了一个会抛出 `InterruptedException` 的方法，就必须做好处理这个异常的准备。如果我们可以抛出它（将异常传播给调用者），那么它就不再是我们的任务了，而调用者必须进一步处理它。因此，让我们专注于必须捕获它的情况。当我们的代码在无法抛出异常的 `Runnable` 内部运行时，就会出现这种情况。

让我们从一个简单的例子开始。尝试通过 `poll(long timeout, TimeUnit unit)` 从 `BlockingQueue` 中获取一个元素可以这样写：

```
try {
  queue.poll(3000, TimeUnit.MILLISECONDS);
} catch (InterruptedException ex) {
  ...
  logger.info(() -> "Thread is interrupted? "
    + Thread.currentThread().isInterrupted());
}
```

尝试从队列中获取（poll）元素可能会触发 `InterruptedException`。存在一个 3000 毫秒的窗口，线程可以在其中被中断。在发生中断的情况下（如 `Thread.interrupt()`），我们可能会认为在 `catch` 块中调用 `Thread.currentThread().isInterrupted()` 将返回 `true`。毕竟，我们当前处于 `InterruptedException` 的 `catch` 块中，所以这么想也是合理的。但实际上，它会返回 `false`，答案在 `poll(long timeout, TimeUnit unit)` 方法的源码中，如下：

```
public E poll(long timeout, TimeUnit unit)
    throws InterruptedException {
  E e = xfer(null, false, TIMED, unit.toNanos(timeout));
  if (e != null || !Thread.interrupted())
    return e;
  throw new InterruptedException();
}
```

更准确地说，答案在第 4 行。如果线程被中断，则 `Thread.interrupted()` 将返回 `true` 并转到第 6 行（`throw new InterruptedException()`）。但是除了测试外，如果当前线程被中断，`Thread.interrupted()` 会清除线程的中断状态。仔细查看以下对中断线程的一系列调用：

```
Thread.currentThread().isInterrupted(); //true
Thread.interrupted() //true
Thread.currentThread().isInterrupted(); //false
Thread.interrupted() //false
```

请注意 `Thread.currentThread().isInterrupted()` 会测试此线程是否已被中断（但不影响中断状态）。

回到案例上，线程被中断是因为我们捕获了 `InterruptedException`，但是中断状态被 `Thread.interrupted()` 清除了。这也意味着该代码的调用者不会感知到中断。

我们有责任遵守规范，通过调用 `interrupt()` 方法来恢复中断状态。这样，我们代码的调用者就可以看到所发生的中断并采取相应行动。正确的代码可能如下：

```
try {
  queue.poll(3000, TimeUnit.MILLISECONDS);
} catch (InterruptedException ex) {
  ...
  Thread.currentThread().interrupt(); //恢复中断状态
}
```

> **提示：** 通常而言，在捕获 `InterruptedException` 后，不要忘记通过调用 `Thread.currentThread().interrupt()` 来恢复中断状态。

现在我们来解决一个忘记恢复中断状态的问题。我们假设一个 `Runnable` 实例，只要当前线程不被中断就会一直运行（如 `while (!Thread.currentThread().isInterrupted()) { ... }`）。

在每次迭代中，如果当前线程的中断状态为 `false`，那么我们尝试从 `BlockingQueue` 中获取一个元素。以下是实现代码：

```
Thread thread = new Thread(() -> {

  //创建一个用于测试的队列
  TransferQueue<String> queue = new LinkedTransferQueue<>();

  while (!Thread.currentThread().isInterrupted()) {
    try {
      logger.info(() -> "For 3 seconds the thread "
        + Thread.currentThread().getName()
        + " will try to poll an element from queue ...");

      queue.poll(3000, TimeUnit.MILLISECONDS);
    } catch (InterruptedException ex) {
      logger.severe(() -> "InterruptedException! The thread "
```

```
        + Thread.currentThread().getName() + " was interrupted!");
      Thread.currentThread().interrupt();
    }
  }

  logger.info(() -> "The execution was stopped!");
});
```

作为调用者（另一个线程），我们启动上面的线程，休眠 1.5 秒（只是为了给这个线程时间进入 `poll()` 方法），然后我们中断它。代码如下：

```
thread.start();
Thread.sleep(1500);
thread.interrupt();
```

这将导致产生 `InterruptedException` 异常。异常被记录，中断状态被恢复。

下一步，`while` 语句评估到 `Thread.currentThread().isInterrupted()` 为 `false` 然后退出循环。结果输出如下：

```
[18:02:43] [INFO] For 3 seconds the thread Thread-0
                  will try to poll an element from queue ...

[18:02:44] [SEVERE] InterruptedException!
                    The thread Thread-0 was interrupted!

[18:02:45] [INFO] The execution was stopped!
```

现在，让我们注释掉恢复中断状态的代码：

```
} catch (InterruptedException ex) {
  logger.severe(() -> "InterruptedException! The thread "
    + Thread.currentThread().getName() + " was interrupted!");

  //注意下一行被注释掉了
  //Thread.currentThread().interrupt();
}
```

这一次，`while` 块将永远运行，因为它的检测条件总是被评估为 `true`。

代码无法对中断进行操作，所以输出将变成下面的样子：

```
[18:05:47] [INFO] For 3 seconds the thread Thread-0
                  will try to poll an element from queue ...

[18:05:48] [SEVERE] InterruptedException!
                    The thread Thread-0 was interrupted!

[18:05:48] [INFO] For 3 seconds the thread Thread-0
                  will try to poll an element from queue ...
```

> **提示：** 通常而言，当我们吞掉一个中断（不恢复中断状态）的时候，唯一可以接受的情况是我们可以控制整个调用栈（如 `extend Thread`）。否则，捕获 `InterruptedException` 的代码块还是需要包含 `Thread.currentThread().interrupt()`。

214. fork/join 框架

我们之前在第 10 章的“205. 工作窃取（work-stealing）线程池”中已经对 fork/join 框架有过介绍了。fork/join 框架主要用于接受一个大任务（通常，我们理解的大是指数据量很大）并将其递归拆分（fork）为可以并行执行的较小任务（子任务）。最后，在完成所有子任务后，它们的结果将合并（join）为一个结果。

下图是 fork-join 流程的直观表达：

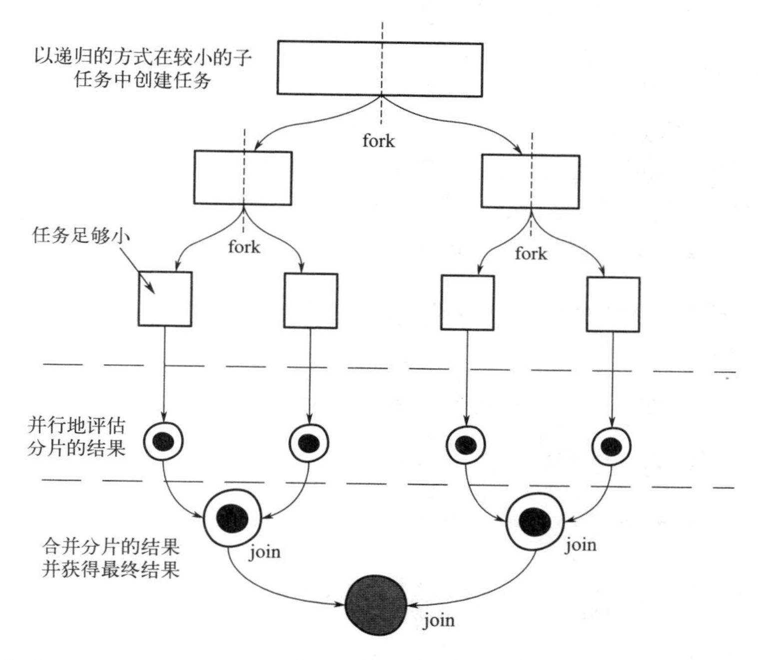

在 API 术语中，fork/join 可以通过 `java.util.concurrent.ForkJoinPool` 创建。

在 JDK 8 之前，推荐的方法需要使用一个公共静态变量，如下所示：

```
public static ForkJoinPool forkJoinPool = new ForkJoinPool();
```

从 JDK 8 开始，我们可以这样做：

```
ForkJoinPool forkJoinPool = ForkJoinPool.commonPool();
```

创建它们自己的池的并行操作，会引起在单个 JVM 上产生太多池线程的情况，以上两种方法都能避免这种糟糕的状况。

> **提示：** 对于自定义 `ForkJoinPool`，依赖于此类的构造函数。JDK 9 加入了一个更全面的 `ForkJoinPool`（详情见文档）。

`ForkJoinPool` 对象可操作任务，`ForkJoinPool` 中执行的基本任务类型是 `ForkJoinTask<V>`。

更准确地说，是执行以下任务：

- `RecursiveAction` 用于无返回值类型（void）的任务；
- `RecursiveTask<V>` 用于需要返回值的任务；
- `CountedCompleter<T>` 用于需要记住待处理任务计数的任务。

所有三种类型的任务都有一个名为 `compute()` 的抽象方法，用以实现任务逻辑。

可以通过以下方式将任务提交到 `ForkJoinPool`：

- `execute()` 和 `submit()`；
- 通过 `invoke()` 来拆分任务并等待结果；
- 通过 `invokeAll()` 来拆分一组任务（例如一个集合）；
- `fork()` 用于在池中安排异步执行此任务，`join()` 用于在完成时返回计算结果。

让我们从一个通过 `RecursiveTask` 解决的问题开始吧。

通过 RecursiveTask 求和

为了演示框架的拆分（fork）行为，让我们假设我们有一列数字，我们想对它们求和。为此，我们使用 `createSubtasks()` 方法，在列表大于指定的 `THRESHOLD` 情况下，递归拆分（fork）它。每个任务都添加到 `List<SumRecursiveTask>` 中。最后，这个列表通过 `invokeAll(Collection<T> tasks)` 方法提交给 `ForkJoinPool`。以下代码实现了以上的内容：

```
public class SumRecursiveTask extends RecursiveTask<Integer> {

  private static final Logger logger
    = Logger.getLogger(SumRecursiveTask.class.getName());

  private static final int THRESHOLD = 10;

  private final List<Integer> worklist;

  public SumRecursiveTask(List<Integer> worklist) {
    this.worklist = worklist;
  }

  @Override
  protected Integer compute() {
    if (worklist.size() <= THRESHOLD) {
      return partialSum(worklist);
    }

    return ForkJoinTask.invokeAll(createSubtasks())
      .stream()
      .mapToInt(ForkJoinTask::join)
      .sum();
  }

  private List<SumRecursiveTask> createSubtasks() {

    List<SumRecursiveTask> subtasks = new ArrayList<>();
```

```
    int size = worklist.size();

    List<Integer> worklistLeft
      = worklist.subList(0, (size + 1) / 2);
    List<Integer> worklistRight
      = worklist.subList((size + 1) / 2, size);

    subtasks.add(new SumRecursiveTask(worklistLeft));
    subtasks.add(new SumRecursiveTask(worklistRight));

    return subtasks;
  }

  private Integer partialSum(List<Integer> worklist) {

    int sum = worklist.stream()
      .mapToInt(e -> e)
      .sum();

    logger.info(() -> "Partial sum: " + worklist + " = "
      + sum + "\tThread: " + Thread.currentThread().getName());

    return sum;
  }
}
```

为了能测试代码，我们需要一个列表和一个 `ForkJoinPool` 对象，如下所示：

```
ForkJoinPool forkJoinPool = ForkJoinPool.commonPool();

Random rnd = new Random();
List<Integer> list = new ArrayList<>();

for (int i = 0; i < 200; i++) {
  list.add(1 + rnd.nextInt(10));
}

SumRecursiveTask sumRecursiveTask = new SumRecursiveTask(list);
Integer sumAll = forkJoinPool.invoke(sumRecursiveTask);

logger.info(() -> "Final sum: " + sumAll);
```

可能的输出如下：

```
[15:17:06] Partial sum: [1, 3, 6, 6, 2, 5, 9] = 32
ForkJoinPool.commonPool-worker-9

[15:17:06] Partial sum: [1, 9, 9, 8, 9, 5] = 41
ForkJoinPool.commonPool-worker-7
[15:17:06] Final sum: 1084
```

通过 RecursiveAction 计算斐波那契数

斐波那契数列是遵循以下公式的序列，通常表示为 F_n：

$$F_0=0, F_1=1, F_n=F_{n-1}+F_{n-2}\,(n>1)$$

开头的几个斐波那契数是:

0, 1, 1, 2, 3, 5, 8, 13, 21, 34, 55, 89, 144, ...

通过 RecursiveAction 实现斐波那契数列可以按如下方式完成:

```java
public class FibonacciRecursiveAction extends RecursiveAction {

  private static final Logger logger =
    Logger.getLogger(FibonacciRecursiveAction.class.getName());
  private static final long THRESHOLD = 5;
  private long nr;

  public FibonacciRecursiveAction(long nr) {
    this.nr = nr;
  }

  @Override
  protected void compute() {

    final long n = nr;

    if (n <= THRESHOLD) {
      nr = fibonacci(n);
    } else {
      nr = ForkJoinTask.invokeAll(createSubtasks(n))
        .stream()
        .mapToLong(x -> x.fibonacciNumber())
        .sum();
    }
  }

  private List<FibonacciRecursiveAction> createSubtasks(long n) {

    List<FibonacciRecursiveAction> subtasks = new ArrayList<>();

    FibonacciRecursiveAction fibonacciMinusOne
      = new FibonacciRecursiveAction(n - 1);
    FibonacciRecursiveAction fibonacciMinusTwo
      = new FibonacciRecursiveAction(n - 2);

    subtasks.add(fibonacciMinusOne);
    subtasks.add(fibonacciMinusTwo);

    return subtasks;
  }

  private long fibonacci(long n) {
    logger.info(() -> "Number: " + n
      + " Thread: " + Thread.currentThread().getName());
```

```
    if (n <= 1) {
      return n;
    }

    return fibonacci(n - 1) + fibonacci(n - 2);
  }

  public long fibonacciNumber() {
    return nr;
  }
}
```

为了测试代码，我们需要以下 ForkJoinPool 对象：

```
ForkJoinPool forkJoinPool = ForkJoinPool.commonPool();

FibonacciRecursiveAction fibonacciRecursiveAction
  = new FibonacciRecursiveAction(12);
forkJoinPool.invoke(fibonacciRecursiveAction);

logger.info(() -> "Fibonacci: "
  + fibonacciRecursiveAction.fibonacciNumber());
```

F_{12} 的输出如下：

```
[15:40:46] Number: 5 Thread: ForkJoinPool.commonPool-worker-3
[15:40:46] Number: 5 Thread: ForkJoinPool.commonPool-worker-13
[15:40:46] Number: 4 Thread: ForkJoinPool.commonPool-worker-3
[15:40:46] Number: 4 Thread: ForkJoinPool.commonPool-worker-9
...
[15:40:49] Number: 0 Thread: ForkJoinPool.commonPool-worker-7
[15:40:49] Fibonacci: 144
```

使用 CountedCompleter

CountedCompleter 是 JDK 8 新增的一种 ForkJoinTask 类型。

CountedCompleter 的工作是记住等待完成的任务数（仅此而已）。我们可以通过 setPendingCount() 设置等待完成计数，或者通过调用函数 addToPendingCount(int delta) 以显式增量递增这个值。通常，我们会在拆分任务之前调用这些方法（例如，如果我们需要拆分两次，那么我们会根据情况调用 addToPendingCount(2) 或 setPendingCount(2)）。

在 compute() 方法中，我们通过 tryComplete() 或 propagateCompletion() 减少待完成计数。当调用 tryComplete() 方法时，待完成计数为零或者调用无条件的 complete() 方法，则 onCompletion() 方法会被调用。propagateCompletion() 方法与 tryComplete() 类似，但它不调用 onCompletion()。

CountedCompleter 可以选择返回一个计算值。为此，我们必须重写 getRawResult() 方法以返回一个值。

以下代码通过 CountedCompleter 对列表的所有值汇总求和：

```
public class SumCountedCompleter extends CountedCompleter<Long> {

  private static final Logger logger
    = Logger.getLogger(SumCountedCompleter.class.getName());
  private static final int THRESHOLD = 10;
  private static final LongAdder sumAll = new LongAdder();

  private final List<Integer> worklist;

  public SumCountedCompleter(
      CountedCompleter<Long> c, List<Integer> worklist) {
    super(c);
    this.worklist = worklist;
  }

  @Override
  public void compute() {
    if (worklist.size() <= THRESHOLD) {
      partialSum(worklist);
    } else {
      int size = worklist.size();

      List<Integer> worklistLeft
        = worklist.subList(0, (size + 1) / 2);
      List<Integer> worklistRight
        = worklist.subList((size + 1) / 2, size);

      addToPendingCount(2);
      SumCountedCompleter leftTask
        = new SumCountedCompleter(this, worklistLeft);
      SumCountedCompleter rightTask
        = new SumCountedCompleter(this, worklistRight);

      leftTask.fork();
      rightTask.fork();
    }

    tryComplete();
  }

  @Override
  public void onCompletion(CountedCompleter<?> caller) {
    logger.info(() -> "Thread complete: "
      + Thread.currentThread().getName());
  }

  @Override
  public Long getRawResult() {
    return sumAll.sum();
  }

  private Integer partialSum(List<Integer> worklist) {
    int sum = worklist.stream()
      .mapToInt(e -> e)
      .sum();
```

```
    sumAll.add(sum);

    logger.info(() -> "Partial sum: " + worklist + " = "
      + sum + "\tThread: " + Thread.currentThread().getName());

    return sum;
  }
}
```

现在，让我们看看可能的调用和输出：

```
ForkJoinPool forkJoinPool = ForkJoinPool.commonPool();
Random rnd = new Random();
List<Integer> list = new ArrayList<>();

for (int i = 0; i < 200; i++) {
  list.add(1 + rnd.nextInt(10));
}

SumCountedCompleter sumCountedCompleter
  = new SumCountedCompleter(null, list);
forkJoinPool.invoke(sumCountedCompleter);

logger.info(() -> "Done! Result: "
  + sumCountedCompleter.getRawResult());
```

输出如下：

```
[11:11:07] Partial sum: [7, 7, 8, 5, 6, 10] = 43
 ForkJoinPool.commonPool-worker-7
[11:11:07] Partial sum: [9, 1, 1, 6, 1, 2] = 20
 ForkJoinPool.commonPool-worker-3
...
[11:11:07] Thread complete: ForkJoinPool.commonPool-worker-15
[11:11:07] Done! Result: 1159
```

215. fork/join 框架和 compareAndSetForkJoinTaskTag()

现在，我们已经熟悉了 fork/join 框架，让我们来看另一个问题。这次让我们假设我们有一套相互依赖的 `ForkJoinTask` 对象。下图可以被认为是一个用例：

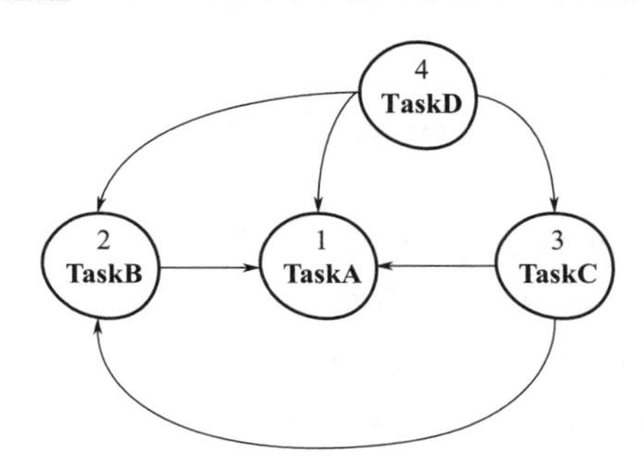

以下是对上图的描述：

- TaskD 有三个依赖项：TaskA、TaskB 和 TaskC。
- TaskC 有两个依赖项：TaskA 和 TaskB。
- TaskB 有一个依赖项：TaskA。
- TaskA 没有依赖关系。

如下是具体的实现：

```
ForkJoinPool forkJoinPool = ForkJoinPool.commonPool();

Task taskA = new Task("Task-A", new Adder(1));
Task taskB = new Task("Task-B", new Adder(2), taskA);
Task taskC = new Task("Task-C", new Adder(3), taskA, taskB);
Task taskD = new Task("Task-D", new Adder(4), taskA, taskB, taskC);

forkJoinPool.invoke(taskD);
```

`Adder` 是一个简单的 `Callable` 接口的实现。这个实现在每个任务中只应该执行一次（因此，TaskD、TaskC、TaskB 和 TaskA 中的每一个都只会执行一次）。`Adder` 的初始实现代码如下：

```
private static class Adder implements Callable {

  private static final AtomicInteger result = new AtomicInteger();

  private Integer nr;

  public Adder(Integer nr) {
    this.nr = nr;
  }

  @Override
  public Integer call() {
    logger.info(() -> "Adding number: " + nr
      + " by thread:" + Thread.currentThread().getName());

    return result.addAndGet(nr);
  }
}
```

我们已经知道如何将 fork/join 框架用于具有非循环和 / 或不可重复（或者我们不关心它们是否重复）依赖项的任务。但是如果我们以这种方式实现，那么这个 `Callable` 接口的实现将在每个任务中被调用多次。例如，TaskA 显示为其他三个任务的依赖项，因此 `Callable` 的实现将被调用三次。而我们只想要一次。

在 JDK 8 中为 `ForkJoinPool` 添加的一个非常方便的功能是提供 `short` 类型的原子标记：

- `short getForkJoinTaskTag()`：返回这个任务的标记。
- `short setForkJoinTaskTag(short newValue)`：为这个任务设置标记值并返回旧值。
- `boolean compareAndSetForkJoinTaskTag(short expect, short update)`：如果当

前值等于 expect 的值并更改为新的 update 的值，并返回 true。

也就是说，compareAndSetForkJoinTaskTag() 允许我们将一个任务标记为 VISITED。一旦被标记为 VISITED，这个任务将不会再被执行。让我们看看下面的代码片段：

```
public class Task<Integer> extends RecursiveTask<Integer> {

  private static final Logger logger
    = Logger.getLogger(Task.class.getName());
  private static final short UNVISITED = 0;
  private static final short VISITED = 1;

  private Set<Task<Integer>> dependencies = new HashSet<>();

  private final String name;
  private final Callable<Integer> callable;

  public Task(String name, Callable<Integer> callable,
      Task<Integer> ...dependencies) {
    this.name = name;
    this.callable = callable;
    this.dependencies = Set.of(dependencies);
  }

  @Override
  protected Integer compute() {
    dependencies.stream()
      .filter((task) -> (task.updateTaskAsVisited()))
      .forEachOrdered((task) -> {
        logger.info(() -> "Tagged: " + task + "("
          + task.getForkJoinTaskTag() + ")");

      task.fork();
    });

    for (Task task : dependencies) {
      task.join();
    }

    try {
      return callable.call();
    } catch (Exception ex) {
      logger.severe(() -> "Exception: " + ex);
    }

    return null;
  }

  public boolean updateTaskAsVisited() {
    return compareAndSetForkJoinTaskTag(UNVISITED, VISITED);
  }
```

```
    @Override
    public String toString() {
      return name + " | dependencies=" + dependencies + "}";
    }
  }
```

可能的输出如下：

```
[10:30:53] [INFO] Tagged: Task-B(1)
[10:30:53] [INFO] Tagged: Task-C(1)
[10:30:53] [INFO] Tagged: Task-A(1)
[10:30:53] [INFO] Adding number: 1
                  by thread:ForkJoinPool.commonPool-worker-3
[10:30:53] [INFO] Adding number: 2
                  by thread:ForkJoinPool.commonPool-worker-3
[10:30:53] [INFO] Adding number: 3
                  by thread:ForkJoinPool.commonPool-worker-5
[10:30:53] [INFO] Adding number: 4
                  by thread:main
[10:30:53] [INFO] Result: 10
```

216. CompletableFuture

JDK 8 通过使用 `CompletableFuture` 增强了 `Future`，这使其在异步编程领域向前迈出了重要的一步。`Future` 的主要局限是：

- 它不能明确地完成。
- 它不支持对运行结果进行一些回调操作。
- 它们不能链接或组合以获得复杂的异步流水线。
- 它不提供异常处理。

`CompletableFuture` 没有这些限制。一个简单但没什么用处的 `CompletableFuture` 可以这样写：

```
CompletableFuture<Integer> completableFuture
  = new CompletableFuture<>();
```

结果可以通过阻塞的 `get()` 方法获得。

```
completableFuture.get();
```

除此之外，让我们看几个在电子商务平台环境中运行异步任务的示例。我们将在辅助类 `CustomerAsyncs` 中添加这些示例。

运行异步任务且没有返回值（返回 void）

用户的需求：为指定客户打印订单。

由于打印是一个不需要返回结果的过程，因此可使用 `runAsync()`。此方法可以异步运行任务并且不返回结果。换句话说，它接受一个 `Runnable` 对象并返回 `CompletableFuture<Void>`，代码如下：

```
public static void printOrder() {

  CompletableFuture<Void> cfPrintOrder
      = CompletableFuture.runAsync(new Runnable() {

    @Override
    public void run() {
      logger.info(() -> "Order is printed by: "
        + Thread.currentThread().getName());
      Thread.sleep(500);
    }
  });

  cfPrintOrder.get(); //阻塞到订单打印完成
  logger.info("Customer order was printed ...\n");
}
```

我们也可以用 Lambda 表达式编写：

```
public static void printOrder() {

  CompletableFuture<Void> cfPrintOrder
      = CompletableFuture.runAsync(() -> {

    logger.info(() -> "Order is printed by: "
      + Thread.currentThread().getName());
    Thread.sleep(500);
  });

  cfPrintOrder.get(); //阻塞到订单打印完成
  logger.info("Customer order was printed ...\n");
}
```

运行一个异步任务并返回一个结果

用户的需求：获取指定客户的订单摘要。

这次，异步任务必须返回一个结果，因此 `runAsync()` 方法不适用。`supplyAsync()` 可胜任这一工作。`supplyAsync()` 接受 `Supplier<T>` 并返回 `CompletableFuture<T>`。`T` 是通过 `get()` 方法从该 `Supplier` 对象获得的结果的类型，具体实现如下：

```
public static void fetchOrderSummary() {

  CompletableFuture<String> cfOrderSummary
      = CompletableFuture.supplyAsync(() -> {

    logger.info(() -> "Fetch order summary by: "
      + Thread.currentThread().getName());
    Thread.sleep(500);
```

```
    return "Order Summary #93443";
  });

  //等待摘要就绪，会阻塞
  String summary = cfOrderSummary.get();
  logger.info(() -> "Order summary: " + summary + "\n");
}
```

通过明确的线程池运行异步任务并返回结果

用户的需求：获取指定客户的订单摘要。

与前面的示例一样，默认情况下，异步任务会通过从全局的 ForkJoinPool.commonPool() 获得的线程执行。通过简单地记录 Thread.currentThread().getName()，我们可以看到一些类似 ForkJoinPool.commonPool-worker-3 的内容。

但是我们也可以使用明确的自定义 Executor 线程池。所有能够运行异步任务的 CompletableFuture 方法都提供一种方式支持使用 Executor。

这里有一个使用单线程池的例子：

```
public static void fetchOrderSummaryExecutor() {

  ExecutorService executor = Executors.newSingleThreadExecutor();

  CompletableFuture<String> cfOrderSummary
    = CompletableFuture.supplyAsync(() -> {

    logger.info(() -> "Fetch order summary by: "
      + Thread.currentThread().getName());
    Thread.sleep(500);

    return "Order Summary #91022";
  }, executor);

  //等待摘要就绪，会阻塞
  String summary = cfOrderSummary.get();
  logger.info(() -> "Order summary: " + summary + "\n");
  executor.shutdownNow();
}
```

设置一个回调用来处理异步任务的结果并返回一个结果

用户的需求：获取一个指定客户的订单发票，然后计算总数并签名。

对于这类问题，光靠阻塞的 get() 方法很难解决。我们需要的是一个回调方法，在 CompletableFuture 的结果就绪的时候被自动调用。

所以，我们不想等到结果。当发票准备好时（这是 CompletableFuture 的结果），需要一个回调方法来计算总数，然后，另一个回调应该给它签名。这可以通过 thenApply() 方法来实现。

thenApply() 方法可用于在 CompletableFuture 的结果到达时对其进行处理和转换。它以 Function<T, R> 作为参数。让我们看看它是怎么工作的：

```
public static void fetchInvoiceTotalSign() {

  CompletableFuture<String> cfFetchInvoice
      = CompletableFuture.supplyAsync(() -> {

    logger.info(() -> "Fetch invoice by: "
      + Thread.currentThread().getName());
    Thread.sleep(500);

    return "Invoice #3344";
  });

  CompletableFuture<String> cfTotalSign = cfFetchInvoice
    .thenApply(o -> o + " Total: $145")
    .thenApply(o -> o + " Signed");

  String result = cfTotalSign.get();
  logger.info(() -> "Invoice: " + result + "\n");
}
```

或者我们可以像下面这样把它串起来：

```
public static void fetchInvoiceTotalSign() {

  CompletableFuture<String> cfTotalSign
      = CompletableFuture.supplyAsync(() -> {

    logger.info(() -> "Fetch invoice by: "
      + Thread.currentThread().getName());
    Thread.sleep(500);

    return "Invoice #3344";
  }).thenApply(o -> o + " Total: $145")
    .thenApply(o -> o + " Signed");

  String result = cfTotalSign.get();
  logger.info(() -> "Invoice: " + result + "\n");
}
```

> **提示：** 也可尝试使用 applyToEither() 和 applyToEitherAsync()。当目前阶段或另一个给定阶段以正常方式完成时，这两个方法返回一个新的完成阶段，该阶段将结果作为所提供函数的参数进行执行。

设置一个回调用来处理异步任务的结果且没有返回值（返回 void）

用户的需求：获取指定客户的订单并打印。

通常，不返回结果的回调会充当异步流水线的最终操作。

这种行为可以通过 thenAccept() 方法获得。它接受 Consumer<T> 作为参数并返回 CompletableFuture<Void>。该方法可以对 CompletableFuture 的结果进行处理和转换，但不返回结果。因此，它可以接受一个订单（这是 CompletableFuture 的结果）并打印它，如以下代码片段所示：

```
public static void fetchAndPrintOrder() {

  CompletableFuture<String> cfFetchOrder
      = CompletableFuture.supplyAsync(() -> {

    logger.info(() -> "Fetch order by: "
      + Thread.currentThread().getName());
    Thread.sleep(500);

    return "Order #1024";
  });

  CompletableFuture<Void> cfPrintOrder = cfFetchOrder.thenAccept(
    o -> logger.info(() -> "Printing order " + o +
      " by: " + Thread.currentThread().getName()));

  cfPrintOrder.get();
  logger.info("Order was fetched and printed \n");
}
```

更简洁的版本如下：

```
public static void fetchAndPrintOrder() {

  CompletableFuture<Void> cfFetchAndPrintOrder
      = CompletableFuture.supplyAsync(() -> {

    logger.info(() -> "Fetch order by: "
      + Thread.currentThread().getName());
    Thread.sleep(500);

    return "Order #1024";
  }).thenAccept(
    o -> logger.info(() -> "Printing order " + o + " by: "
      + Thread.currentThread().getName()));

  cfFetchAndPrintOrder.get();
  logger.info("Order was fetched and printed \n");
}
```

提示： 推荐再了解下 acceptEither() 和 acceptEitherAsync() 方法。

设置一个回调在异步任务后运行且没有返回值（返回 void）

用户的需求：交付订单并通知客户。

通知客户应在交付订单后完成。比如发送“亲爱的客户，你的订单已于今天交付”这样的短信，因此通知任务不需要了解订单的任何信息。这些类型的任务可以通过 `thenRun()` 来完成。此方法接受 `Runnable` 接口实例并返回 `CompletableFuture<Void>`。让我们看它如何工作：

```
public static void deliverOrderNotifyCustomer() {

  CompletableFuture<Void> cfDeliverOrder
      = CompletableFuture.runAsync(() -> {

    logger.info(() -> "Order was delivered by: "
      + Thread.currentThread().getName());
    Thread.sleep(500);
  });

  CompletableFuture<Void> cfNotifyCustomer
    = cfDeliverOrder.thenRun(() -> logger.info(
      () -> "Dear customer, your order has been delivered today by:"
        + Thread.currentThread().getName()));

  cfNotifyCustomer.get();
  logger.info(() -> "Order was delivered and customer was notified \n");
}
```

> **提示：** 为了进一步并行化，`thenApply()`、`thenAccept()` 和 `thenRun()` 方法存在对应的 `thenApplyAsync()`、`thenAcceptAsync()` 和 `thenRunAsync()`。其中的每一个都可以使用全局的 `ForkJoinPool.commonPool()` 或自定义的线程池（`Executor`）。`thenApply/Accept/Run()` 与之前执行 `CompletableFuture` 任务的线程相同（或在主线程中执行），而与之相对的 `thenApplyAsync/AcceptAsync/RunAsync()` 可能在不同的线程中执行（来自 `ForkJoinPool.commonPool()` 或自定义的线程池（`Executor`））。

通过 exceptionally() 处理异步任务的异常

用户的需求：计算订单总额。如果出现问题，则抛出 `IllegalStateException` 异常。

以下截图举例说明了异常是如何在异步流水线中传播的；方框中的代码在该点发生异常时不执行：

```
CompletableFuture.supplyAsync(() -> {
     // Code prone to exception
     return "result1";
}).thenApply(r1 -> {
     // Code prone to exception
     return "result2";
}).thenApply(r2 -> {
     // Code prone to exception
     return "result3";
}).thenAccept(r3 -> {
     // Code prone to exception
});
```

supplyAsync()发生异常时，这部分代码不执行

```
CompletableFuture.supplyAsync(() -> {
     // Code prone to exception
     return "result1";
}).thenApply(r1 -> {
     // Code prone to exception
     return "result2";
}).thenApply(r2 -> {
     // Code prone to exception
     return "result3";
}).thenAccept(r3 -> {
     // Code prone to exception
});
```

第一个thenApply()发生异常时，这部分代码不执行

以下截图展示了 thenApply() 和 thenAccept() 中的异常：

```
CompletableFuture.supplyAsync(() -> {
    // Code prone to exception
    return "result1";
}).thenApply(r1 -> {
    // Code prone to exception
    return "result2";
}).thenApply(r2 -> {
    // Code prone to exception
    return "result3";
}).thenAccept(r3 -> {
    // Code prone to exception
});
```

第二个thenApply()发生异常时，这部分代码不执行

```
CompletableFuture.supplyAsync(() -> {
    // Code prone to exception
    return "result1";
}).thenApply(r1 -> {
    // Code prone to exception
    return "result2";
}).thenApply(r2 -> {
    // Code prone to exception
    return "result3";
}).thenAccept(r3 -> {
    // Code prone to exception
});
```

thenAccept()发生异常时，这部分代码不执行

可见，在 supplyAsync() 中，如果发生异常，则不会调用之后的任何回调。当然，我们会在接下来的部分解决这个异常。同样的规则适用于每个回调。如果异常发生在第一个 thenApply()，那么后面的 thenApply() 和 thenAccept() 将不会被调用。

如果计算订单总数的尝试以 IllegalStateException 结束，那么我们可以使用 exceptionally() 回调，这让我们有机会恢复。这个方法需要传入一个 Function<Throwable, ? extends T>，并返回一个 CompletionStage<T>，也就是一个 CompletableFuture。让我们看看它如何工作：

```
public static void fetchOrderTotalException() {

  CompletableFuture<Integer> cfTotalOrder
    = CompletableFuture.supplyAsync(() -> {

  logger.info(() -> "Compute total: "
    + Thread.currentThread().getName());

  int surrogate = new Random().nextInt(1000);
  if (surrogate < 500) {
    throw new IllegalStateException(
      "Invoice service is not responding");
  }

  return 1000;
  }).exceptionally(ex -> {
    logger.severe(() -> "Exception: " + ex
      + " Thread: " + Thread.currentThread().getName());

    return 0;
  });

  int result = cfTotalOrder.get();
  logger.info(() -> "Total: " + result + "\n");
}
```

在异常的情况下，输出如下：

```
Compute total: ForkJoinPool.commonPool-worker-3
Exception: java.lang.IllegalStateException: Invoice service
           is not responding Thread: ForkJoinPool.commonPool-worker-3
Total: 0
```

让我们来看看另一个问题：

用户问题：获取发票，计算总数，然后签名。如果出现问题，则抛出 `IllegalStateException` 并停止处理。

如果我们使用 `supplyAsync()` 获取发票，使用 `thenApply()` 计算总数并使用另一个 `thenApply()` 签名，那么我们可能认为正确的实现如下：

```
public static void fetchInvoiceTotalSignChainOfException()
    throws InterruptedException, ExecutionException {

  CompletableFuture<String> cfFetchInvoice
      = CompletableFuture.supplyAsync(() -> {

    logger.info(() -> "Fetch invoice by: "
    + Thread.currentThread().getName());

    int surrogate = new Random().nextInt(1000);
    if (surrogate < 500) {
      throw new IllegalStateException(
        "Invoice service is not responding");
    }

    return "Invoice #3344";
  }).exceptionally(ex -> {
    logger.severe(() -> "Exception: " + ex
      + " Thread: " + Thread.currentThread().getName());

    return "[Invoice-Exception]";
  }).thenApply(o -> {
    logger.info(() -> "Compute total by: "
      + Thread.currentThread().getName());

    int surrogate = new Random().nextInt(1000);
    if (surrogate < 500) {
      throw new IllegalStateException(
        "Total service is not responding");
    }

    return o + " Total: $145";
  }).exceptionally(ex -> {
    logger.severe(() -> "Exception: " + ex
      + " Thread: " + Thread.currentThread().getName());

    return "[Total-Exception]";
  }).thenApply(o -> {
```

```
    logger.info(() -> "Sign invoice by: "
      + Thread.currentThread().getName());

    int surrogate = new Random().nextInt(1000);
    if (surrogate < 500) {
      throw new IllegalStateException(
        "Signing service is not responding");
    }

    return o + " Signed";
  }).exceptionally(ex -> {
    logger.severe(() -> "Exception: " + ex
      + " Thread: " + Thread.currentThread().getName());

    return "[Sign-Exception]";
  });

  String result = cfFetchInvoice.get();
  logger.info(() -> "Result: " + result + "\n");
}
```

那么，这里的问题是我们也许需要面对以下的输出：

```
[INFO] Fetch invoice by: ForkJoinPool.commonPool-worker-3
[SEVERE] Exception: java.lang.IllegalStateException: Invoice service
         is not responding Thread: ForkJoinPool.commonPool-worker-3
[INFO] Compute total by: ForkJoinPool.commonPool-worker-3
[INFO] Sign invoice by: ForkJoinPool.commonPool-worker-3
[SEVERE] Exception: java.lang.IllegalStateException: Signing service
         is not responding Thread: ForkJoinPool.commonPool-worker-3
[INFO] Result: [Sign-Exception]
```

即使取不到发票，我们也会继续计算总数并签字。显然，这是没有意义的。如果无法获取发票，或者无法计算总数，那么应中止该过程。当我们可以恢复并继续时，此实现可能很合适，但它绝对不适合当前的场景。对于当前场景，需要以下实现：

```
public static void fetchInvoiceTotalSignException()
    throws InterruptedException, ExecutionException {

  CompletableFuture<String> cfFetchInvoice
  = CompletableFuture.supplyAsync(() -> {

    logger.info(() -> "Fetch invoice by: "
      + Thread.currentThread().getName());

    int surrogate = new Random().nextInt(1000);
    if (surrogate < 500) {
      throw new IllegalStateException(
        "Invoice service is not responding");
    }
```

```
    return "Invoice #3344";
  }).thenApply(o -> {
    logger.info(() -> "Compute total by: "
      + Thread.currentThread().getName());

    int surrogate = new Random().nextInt(1000);
    if (surrogate < 500) {
      throw new IllegalStateException(
        "Total service is not responding");
    }

    return o + " Total: $145";
  }).thenApply(o -> {
    logger.info(() -> "Sign invoice by: "
      + Thread.currentThread().getName());

    int surrogate = new Random().nextInt(1000);
    if (surrogate < 500) {
      throw new IllegalStateException(
        "Signing service is not responding");
    }

    return o + " Signed";
  }).exceptionally(ex -> {
    logger.severe(() -> "Exception: " + ex
      + " Thread: " + Thread.currentThread().getName());

    return "[No-Invoice-Exception]";
  });

  String result = cfFetchInvoice.get();
  logger.info(() -> "Result: " + result + "\n");
}
```

这次，在任何隐含的 `CompletableFuture` 中发生的一个异常都会停止整个过程。可能的输出如下：

```
[INFO ] Fetch invoice by: ForkJoinPool.commonPool-worker-3
[SEVERE] Exception: java.lang.IllegalStateException: Invoice service
         is not responding Thread: ForkJoinPool.commonPool-worker-3
[INFO ] Result: [No-Invoice-Exception]
```

从 JDK 12 开始，异常情况可以通过 `exceptionallyAsync()` 进一步并行化，它可以使用与导致异常的代码相同的线程，或来自给定线程池（`Executor`）的线程。这里有一个例子：

```
public static void fetchOrderTotalExceptionAsync() {

  ExecutorService executor = Executors.newSingleThreadExecutor();

  CompletableFuture<Integer> totalOrder
```

```
    = CompletableFuture.supplyAsync(() -> {

  logger.info(() -> "Compute total by: "
    + Thread.currentThread().getName());

  int surrogate = new Random().nextInt(1000);
  if (surrogate < 500) {
    throw new IllegalStateException(
      "Computing service is not responding");
  }

  return 1000;
}).exceptionallyAsync(ex -> {
  logger.severe(() -> "Exception: " + ex
    + " Thread: " + Thread.currentThread().getName());

  return 0;
}, executor);

int result = totalOrder.get();
logger.info(() -> "Total: " + result + "\n");
executor.shutdownNow();
}
```

输出显示导致异常的代码是由名为 `ForkJoinPool.commonPool-worker-3` 的线程执行的，而异常处理代码是由给定线程池中的名为 `pool-1-thread-1` 的线程执行的：

```
Compute total by: ForkJoinPool.commonPool-worker-3
Exception: java.lang.IllegalStateException: Computing service is
           not responding Thread: pool-1-thread-1
Total: 0
```

JDK 12 的 exceptionallyCompose()

用户的需求：通过打印服务获取打印机的 IP 或在出现错误时切换到备用打印机的 IP。换言之，当某一步骤出现异常时，需要使用相应的异常处理函数来提供一个结果，用以生成该步骤调用的结果。

我们有 `CompletableFuture`，可以获取由打印服务管理的打印机的 IP。如果服务没有响应，那么它会抛出一个异常，如下所示：

```
CompletableFuture<String> cfServicePrinterIp
    = CompletableFuture.supplyAsync(() -> {

  int surrogate = new Random().nextInt(1000);
  if (surrogate < 500) {
    throw new IllegalStateException(
      "Printing service is not responding");
  }
```

```
    return "192.168.1.0";
});
```

我们还有提供备用打印机 IP 的 `CompletableFuture`：

```
CompletableFuture<String> cfBackupPrinterIp
    = CompletableFuture.supplyAsync(() -> {

    return "192.192.192.192";
});
```

现在，如果打印服务不可用，那么我们应该使用备用打印机。这可以通过 JDK 12 的 `exceptionallyCompose()` 来完成，如下所示：

```
CompletableFuture<Void> printInvoice
  = cfServicePrinterIp.exceptionallyCompose(th -> {

    logger.severe(() -> "Exception: " + th
      + " Thread: " + Thread.currentThread().getName());

    return cfBackupPrinterIp;
}).thenAccept((ip) -> logger.info(() -> "Printing at: " + ip));
```

调用 `printInvoice.get()` 可能会显示以下结果之一：

- 如果打印服务可用：

```
[INFO] Printing at: 192.168.1.0
```

- 如果打印服务不可用：

```
[SEVERE] Exception: java.util.concurrent.CompletionException ...
[INFO] Printing at: 192.192.192.192
```

为了进一步并行化，我们可以考虑 `exceptionallyComposeAsync()`。

通过 `handle()` 处理异步任务的异常

用户的需求：计算订单总额。如果出现问题，则抛出一个 `IllegalStateException`。

有时即使没有发生异常，我们也希望执行异常代码块。这类似于 `try-catch` 块的 `finally`，此时可以使用 `handle()` 回调来实现。无论是否发生异常都会调用此方法，并且在某种程度上类似于 `catch` + `finally`。它使用一个函数来计算返回的 CompletionStage 的值，`BiFunction<? super T, Throwable, ? extends U>` 并返回 `CompletionStage<U>`（U 是函数的返回类型）。

看看它如何工作：

```
public static void fetchOrderTotalHandle() {

  CompletableFuture<Integer> totalOrder
```

```
    = CompletableFuture.supplyAsync(() -> {

    logger.info(() -> "Compute total by: "
      + Thread.currentThread().getName());

    int surrogate = new Random().nextInt(1000);
    if (surrogate < 500) {
      throw new IllegalStateException(
        "Computing service is not responding");
    }

    return 1000;
  }).handle((res, ex) -> {
    if (ex != null) {
      logger.severe(() -> "Exception: " + ex
        + " Thread: " + Thread.currentThread().getName());

      return 0;
    }

    if (res != null) {
      int vat = res * 24 / 100;
      res += vat;
    }

    return res;
  });

  int result = totalOrder.get();
  logger.info(() -> "Total: " + result + "\n");
}
```

请注意 `res` 将为 `null`；否则，如果发生异常，`ex` 将为 `null`。

如果我们需要在产生异常的情况下也能完成，那么可以通过 `completeExceptionally()` 继续，如下例所示：

```
CompletableFuture<Integer> cf = new CompletableFuture<>();
...
cf.completeExceptionally(new RuntimeException("Ops!"));
...
cf.get(); //ExecutionException : RuntimeException
```

可以通过 `cancel()` 方法取消执行并抛出 `CancellationException` 异常：

```
CompletableFuture<Integer> cf = new CompletableFuture<>();
...
//参数设置成true或false都不重要
cf.cancel(true/false);

cf.get(); //CancellationException
```

显式地完成一个 CompletableFuture

CompletableFuture 可以使用 complete(T value)、completeAsync(Supplier<? extends T> supplier) 和 completeAsync(Supplier<? extends T> supplier, Executor executor) 显式地完成。T 是 get() 的返回值。这里有一个创建 CompletableFuture 并立即返回它的方法。本例中另一个线程负责执行一些税费计算并用相应的结果完成 CompletableFuture：

```
public static CompletableFuture<Integer> taxes() {

  CompletableFuture<Integer> completableFuture
    = new CompletableFuture<>();

  new Thread(() -> {
    int result = new Random().nextInt(100);
    Thread.sleep(10);

    completableFuture.complete(result);
  }).start();

  return completableFuture;
}
```

那么，让我们调用这个方法：

```
logger.info("Computing taxes ...");

CompletableFuture<Integer> cfTaxes = CustomerAsyncs.taxes();

while (!cfTaxes.isDone()) {
  logger.info("Still computing ...");
}

int result = cfTaxes.get();
logger.info(() -> "Result: " + result);
```

可能的输出如下：

```
[14:09:40] [INFO ] Computing taxes ...
[14:09:40] [INFO ] Still computing ...
[14:09:40] [INFO ] Still computing ...
...
[14:09:40] [INFO ] Still computing ...
[14:09:40] [INFO ] Result: 17
```

如果我们已经知道了 CompletableFuture 的结果，那么我们可以调用 completedFuture(U value)，如下例所示：

```
CompletableFuture<String> completableFuture
  = CompletableFuture.completedFuture("How are you?");
```

```
String result = completableFuture.get();
logger.info(() -> "Result: " + result); //结果: How are you?
```

> **提示**：此外，你也可考虑使用并查看 `whenComplete()` 和 `whenCompleteAsync()` 的相关文档。

217. 组合多个 CompletableFuture 实例

在大多数情况下，可以使用以下方法组合 `CompletableFuture` 实例：

- `thenCompose()`
- `thenCombine()`
- `allOf()`
- `anyOf()`

通过组合 `CompletableFuture` 实例，我们可以构造复杂的异步解决方案。这样，多个 `CompletableFuture` 实例可以组合它们的力量来实现共同的目标。

通过 thenCompose() 组合

假设我们在名为 `CustomerAsyncs` 的辅助类中有以下两个 `CompletableFuture` 实例：

```
private static CompletableFuture<String>
    fetchOrder(String customerId) {

  return CompletableFuture.supplyAsync(() -> {
    return "Order of " + customerId;
  });
}

private static CompletableFuture<Integer> computeTotal(String order) {

  return CompletableFuture.supplyAsync(() -> {
    return order.length() + new Random().nextInt(1000);
  });
}
```

现在，我们想要获取某个客户的订单，一旦订单可用，我们就希望计算该订单的总额。这意味着我们需要调用 `fetchOrder()`，然后调用 `computeTotal()`。我们可以通过 `thenApply()` 来做到这一点：

```
CompletableFuture<CompletableFuture<Integer>> cfTotal
  = fetchOrder(customerId).thenApply(o -> computeTotal(o));

int total = cfTotal.get().get();
```

显然，这不是一个简便的解决方案，因为结果是 `CompletableFuture<CompletableFuture<Integer>>` 类型。为了避免嵌套 `CompletableFuture` 实例，我们可以使用 `thenCompose()`，如下所示：

```
CompletableFuture<Integer> cfTotal
  = fetchOrder(customerId).thenCompose(o -> computeTotal(o));

int total = cfTotal.get();

//e.g., Total: 734
logger.info(() -> "Total: " + total);
```

> **提示：**当我们需要从一连串的 `CompletableFuture` 实例获得一个打平的结果，我们可以使用 `thenCompose()`。通过这种方式，我们能避免 `CompletableFuture` 实例的嵌套。

可以使用 `thenComposeAsync()` 获得进一步的并行化。

通过 `thenCombine()` 组合

`thenCompose()` 可用于链接两个有依赖关系的 `CompletableFuture` 实例，而 `thenCombine()` 可用于链接两个独立的 `CompletableFuture` 实例。当两个 `CompletableFuture` 实例都完成时，我们可以继续接下来的任务。

让我们假设有以下两个 `CompletableFuture` 实例：

```
private static CompletableFuture<Integer> computeTotal(String order) {

  return CompletableFuture.supplyAsync(() -> {
    return order.length() + new Random().nextInt(1000);
  });
}

private static CompletableFuture<String> packProducts(String order) {

  return CompletableFuture.supplyAsync(() -> {
    return "Order: " + order
      + " | Product 1, Product 2, Product 3, ... ";
  });
}
```

为了交付客户订单，我们需要计算总额（用于开具发票）并包装订购的产品。这两个动作可以并行完成。最后，我们交付包含产品和发票的包裹。可以按如下方式通过 `thenCombine()` 实现这一点：

```
CompletableFuture<String> cfParcel = computeTotal(order)
  .thenCombine(packProducts(order), (total, products) -> {
    return "Parcel-[" + products + " Invoice: $" + total + "]";
  });

String parcel = cfParcel.get();

//e.g. Delivering: Parcel-[Order: #332 | Product 1, Product 2,
//Product 3, ... Invoice: $314]
logger.info(() -> "Delivering: " + parcel);
```

提供给 thenCombine() 的回调函数将在两个 CompletableFuture 实例完成后被调用。

如果我们只需要在两个 CompletableFuture 实例正常完成（这个和另一个）时做一些事情，那么我们可以使用 thenAcceptBoth() 方法。此方法返回一个新的 CompletableFuture，它以两个结果作为给出操作的参数进行执行。这两个结果对应了给定需要执行的两个步骤（它们必须能正常执行完成）。这里有一个例子：

```
CompletableFuture<Void> voidResult = CompletableFuture
  .supplyAsync(() -> "Pick")
  .thenAcceptBoth(CompletableFuture.supplyAsync(() -> " me"),
    (pick, me) -> System.out.println(pick + me));
```

如果不需要这两个 CompletableFuture 实例的结果，则更推荐使用 runAfterBoth()。

通过 allOf() 组合

假设我们想要下载以下发票列表：

```
List<String> invoices = Arrays.asList("#2334", "#122", "#55");
```

这可以看作是一系列可以并行完成的独立任务，所以我们可以使用 CompletableFuture 来完成它，如下所示：

```
public static CompletableFuture<String>
    downloadInvoices(String invoice) {

  return CompletableFuture.supplyAsync(() -> {
    logger.info(() -> "Downloading invoice: " + invoice);

    return "Downloaded invoice: " + invoice;
  });
}

CompletableFuture<String>[] cfinvoices = invoices.stream()
  .map(CustomerAsyncs::downloadInvoices)
  .toArray(CompletableFuture[]::new);
```

这个时候，我们有一组 CompletableFuture 实例，因此有一组异步计算。此外，我们希望并行运行所有计算。这可以使用 allOf(CompletableFuture<?>... cfs) 方法来完成。结果由一个 CompletableFuture<Void> 构成，如下所示：

```
CompletableFuture<Void> cfDownloaded
  = CompletableFuture.allOf(cfinvoices);
cfDownloaded.get();
```

显然，allOf() 的结果不是很有用。我们拿 CompletableFuture<Void> 有什么用？当我们需要这个并行操作中涉及的每个计算的结果时，肯定会出现很多问题，所以我们需要一个解决方案来获取结果，而不是依赖于 CompletableFuture<Void>。

我们可以通过 thenApply() 来解决这个问题，如下：

```
List<String> results = cfDownloaded.thenApply(e -> {
  List<String> downloaded = new ArrayList<>();

  for (CompletableFuture<String> cfinvoice: cfinvoices) {
    downloaded.add(cfinvoice.join());
  }

  return downloaded;
}).get();
```

> **提示:** `join()` 方法和 `get()` 方法类似，区别在于如果相关的 `CompletableFuture` 以异常结束，它会抛出一个非受检异常（unchecked exception）。

由于我们在所有涉及的 `CompletableFuture` 完成后才调用 `join()`，因此不会有阻塞点。返回的 `List<String>` 包含调用 `downloadInvoices()` 方法获得的结果，如下所示：

```
Downloaded invoice: #2334
Downloaded invoice: #122
Downloaded invoice: #55
```

通过 anyOf() 组合

假设我们想为客户组织一次抽奖活动：

```
List<String> customers = Arrays.asList(
  "#1", "#4", "#2", "#7", "#6", "#5"
);
```

我们可以通过定义以下简单方法来开始解决这个问题：

```
public static CompletableFuture<String> raffle(String customerId) {

  return CompletableFuture.supplyAsync(() -> {
    Thread.sleep(new Random().nextInt(5000));

    return customerId;
  });
}
```

现在，我们可以创建一个 `CompletableFuture<String>` 实例的数组，如下所示：

```
CompletableFuture<String>[] cfCustomers = customers.stream()
  .map(CustomerAsyncs::raffle)
  .toArray(CompletableFuture[]::new);
```

为了找到中奖者，我们要并行运行 `cfCustomers`，第一个完成的 `CompletableFuture` 就是赢家。由于 `raffle()` 方法会阻塞随机的秒数，因此将随机选择获胜者。我们对其余的 `CompletableFuture` 实例不感兴趣，因此应在选出获胜者后会立即结束它们。

这是一个 `anyOf(CompletableFuture<?>... cfs)` 类型的工作。当任何相关的 `CompletableFuture` 实例完成时，它返回一个新的已完成的 `CompletableFuture`。让我们看看它如何工作：

```
CompletableFuture<Object> cfWinner
  = CompletableFuture.anyOf(cfCustomers);

Object winner = cfWinner.get();

//比如Winner: #2
logger.info(() -> "Winner: " + winner);
```

> **提示：** 注意依赖于 `CompletableFuture` 返回不同类型结果的场景。由于 `anyOf()` 返回 `CompletableFuture<Object>`，因此很难知道首先完成的 `CompletableFuture` 的类型。

218. 优化忙等待

忙等待（busy waiting）技术 [也称为忙循环（busy-looping）或自旋（spinning）] 由检查条件（通常是标志条件）的循环构成。例如，以下循环等待服务启动：

```
private volatile boolean serviceAvailable;
...
while (!serviceAvailable) {}
```

Java 9 引入了 `Thread.onSpinWait()` 方法。它是一个向 JVM 提示以下代码处于自旋循环的热点：

```
while (!serviceAvailable) {
  Thread.onSpinWait();
}
```

> **提示：** Intel SSE2 的 PAUSE 指令就是出于这种原因而提供的。想了解更多细节，可参考 Intel 的官方文档。也可以看看以下链接：https://www.intel.com/content/www/us/en/developer/articles/technical/a-common-construct-to-avoid-the-contention-of-threads-architecture-agnostic-spin-wait-loops.html.

如果我们在一个上下文中添加这个 `while` 循环，那么我们将获得以下类：

```
public class StartService implements Runnable {

  private volatile boolean serviceAvailable;

  @Override
  public void run() {
  System.out.println("Wait for service to be available ...");

    while (!serviceAvailable) {
```

```
      //添加一个自旋等待提示（要求处理器优化资源）
      //如果底层的硬件支持这种提示，这里应该会执行得更好
      Thread.onSpinWait();
    }

    serviceRun();
  }

  public void serviceRun() {
    System.out.println("Service is running ...");
  }

  public void setServiceAvailable(boolean serviceAvailable) {
    this.serviceAvailable = serviceAvailable;
  }
}
```

而且，我们可以很容易地测试它（但 `onSpinWait()` 没有能直观观测到的效果）:

```
StartService startService = new StartService();
new Thread(startService).start();

Thread.sleep(5000);

startService.setServiceAvailable(true);
```

219. 任务的取消

取消是一种常用技术，用于强行停止或完成当前正在运行的任务。被取消的任务不会自然完成。取消应该对已经完成的任务没有影响。可以将其视为 GUI 的“取消”按钮。

Java 没有提供抢占方式来停止线程。因此，要取消任务，通常的做法是依赖使用标志条件的循环。任务负责定期检查这个标志，当发现标志被设置时，应该尽快停止。下面的代码就是这样一个例子:

```
public class RandomList implements Runnable {
  private volatile boolean cancelled;
  private final List<Integer> randoms = new CopyOnWriteArrayList<>();
  private final Random rnd = new Random();

  @Override
  public void run() {
    while (!cancelled) {
      randoms.add(rnd.nextInt(100));
    }
  }

  public void cancel() {
    cancelled = true;
  }
```

```
  public List<Integer> getRandoms() {
    return randoms;
  }
}
```

这里的关键是 `canceled` 变量。注意这里的变量被定义为 `volatile`（一种轻量级同步机制）。对于 `volatile` 类型的变量，它不会被线程缓存，且对它的操作不会在内存中重新排序；因此，线程看不到其旧值。任何读 `volatile` 字段的线程只会看到最新写入的值。这正是我们将取消操作，传达给对此操作感兴趣的、所有正在运行的线程所需要的。下图描述了易失（volatile）和非易失（non-volatile）的工作原理：

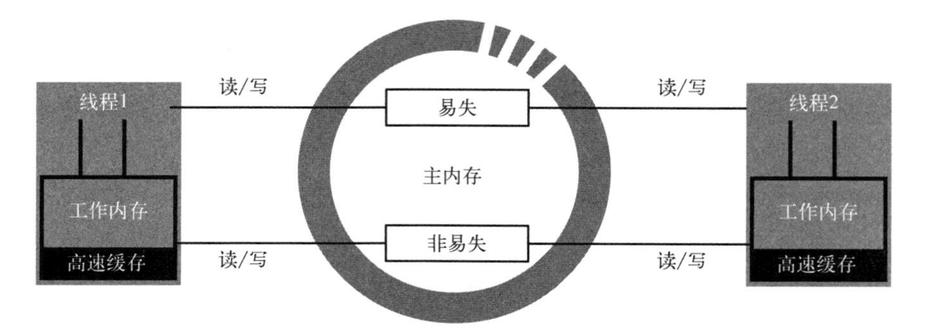

请注意，`volatile` 变量不适合读取 - 修改 - 写入（read-modify-write）的场景。对于此类场景，我们将依赖原子变量（例如 `AtomicBoolean`、`AtomicInteger`、`AtomicReference` 等）。

现在，让我们提供一个简单的代码片段，用于取消在 `RandomList` 中实现的任务：

```
RandomList rl = new RandomList();

ExecutorService executor = Executors.newFixedThreadPool(10);

for (int i = 0; i < 100; i++) {
  executor.execute(rl);
}

Thread.sleep(100);

rl.cancel();

System.out.println(rl.getRandoms());
```

220. 线程局部存储（`ThreadLocal`）

Java 线程共享相同的内存，但有时我们需要为每个线程提供专属内存。对此，Java 提供 `ThreadLocal` 可用来分别为每个线程存储和读取值。`ThreadLocal` 的单个实例可以存储和读取多个线程的值。如果线程 A 将 x 值、线程 B 将 y 值存储在同一个 `ThreadLocal` 实例中，那么之后，线程 A 读取 x 值，线程 B 读取 y 值。

Java 的 `ThreadLocal` 通常用于以下两个场景：

- 可以用来保存每个线程（per-thread）的独享实例（保证线程安全和内存效率）。
- 可以用来提供线程级别的上下文（context）。

让我们看看具体场景中的问题。

每个线程（per-thread）的独享实例

假设我们有一个使用 `StringBuilder` 类型的全局变量的单线程应用程序。为了将该程序改造成多线程的，我们不得不处理 `StringBuilder`，它不是线程安全的。对此，我们有几种方法，例如同步和 `StringBuffer`，或其他方法。不过，我们也可以使用 `ThreadLocal`。这里的主要思想是为每个线程提供一个单独的 `StringBuilder`。使用 `ThreadLocal`，我们可以这样做：

```
private static final ThreadLocal<StringBuilder>
    threadLocal = new ThreadLocal<>() {

  @Override
  protected StringBuilder initialValue() {
    return new StringBuilder("ThreadSafe ");
  }
};
```

当前线程局部存储变量的初始值是通过 `initialValue()` 方法设置的。在 Java 8 中，这可以通过 `withInitial()` 重写如下：

```
private static final ThreadLocal<StringBuilder> threadLocal
    = ThreadLocal.<StringBuilder> withInitial(() -> {

  return new StringBuilder("Thread-safe ");
});
```

使用 `get()` 和 `set()` 实现在 `ThreadLocal` 上工作。对 `set()` 的每次调用，都将给定值存储在只有当前线程可以访问的内存区域中。稍后，调用 `get()` 将从该区域读取值。此外，一旦作业完成，建议通过在 `ThreadLocal` 实例上调用 `remove()` 或 `set(null)` 方法来避免内存泄漏。

让我们看一个在 `Runnable` 实例中使用 `ThreadLocal` 的例子：

```
public class ThreadSafeStringBuilder implements Runnable {

  private static final Logger logger =
    Logger.getLogger(ThreadSafeStringBuilder.class.getName());
  private static final Random rnd = new Random();

  private static final ThreadLocal<StringBuilder> threadLocal
      = ThreadLocal.<StringBuilder> withInitial(() -> {

    return new StringBuilder("Thread-safe ");
  });
```

```
  @Override
  public void run() {
    logger.info(() -> "-> " + Thread.currentThread().getName()
      + " [" + threadLocal.get() + "]");

    Thread.sleep(rnd.nextInt(2000));

    //threadLocal.set(new StringBuilder(
    //Thread.currentThread().getName()));
    threadLocal.get().append(Thread.currentThread().getName());

    logger.info(() -> "-> " + Thread.currentThread().getName()
      + " [" + threadLocal.get() + "]");

    threadLocal.set(null);
    //threadLocal.remove();

    logger.info(() -> "-> " + Thread.currentThread().getName()
      + " [" + threadLocal.get() + "]");
  }
}
```

然后，让我们在多个线程中测试它：

```
ThreadSafeStringBuilder threadSafe = new ThreadSafeStringBuilder();

for (int i = 0; i < 3; i++) {
  new Thread(threadSafe, "thread-" + i).start();
}
```

输出显示每个线程都是访问自己的 `StringBuilder`：

```
[14:26:39] [INFO] -> thread-1 [Thread-safe ]
[14:26:39] [INFO] -> thread-0 [Thread-safe ]
[14:26:39] [INFO] -> thread-2 [Thread-safe ]
[14:26:40] [INFO] -> thread-0 [Thread-safe thread-0]
[14:26:40] [INFO] -> thread-0 [null]
[14:26:41] [INFO] -> thread-1 [Thread-safe thread-1]
[14:26:41] [INFO] -> thread-1 [null]
[14:26:41] [INFO] -> thread-2 [Thread-safe thread-2]
[14:26:41] [INFO] -> thread-2 [null]
```

提示： 在上述场景中，也可以使用 `ExecutorService`。

下面是为每个线程提供 JDBC 连接（JDBC Connection）的另一段代码：

```
private static final ThreadLocal<Connection> connections
    = ThreadLocal.<Connection> withInitial(() -> {

  try {
```

```
      return DriverManager.getConnection("jdbc:mysql://...");
    } catch (SQLException ex) {
      throw new RuntimeException("Connection acquisition failed!", ex);
    }
  });

  public static Connection getConnection() {
    return connections.get();
  }
```

线程级别的上下文（context）

假设我们有如下的 `Order` 类：

```
public class Order {

  private final int customerId;

  public Order(int customerId) {
    this.customerId = customerId;
  }

  //为了简洁起见，这里省略了getter和toString()方法
}
```

我们再写 `CustomerOrder` 类，如下：

```
public class CustomerOrder implements Runnable {

  private static final Logger logger
    = Logger.getLogger(CustomerOrder.class.getName());
  private static final Random rnd = new Random();

  private static final ThreadLocal<Order>
    customerOrder = new ThreadLocal<>();

  private final int customerId;

  public CustomerOrder(int customerId) {
    this.customerId = customerId;
  }

  @Override
  public void run() {
    logger.info(() -> "Given customer id: " + customerId
      + " | " + customerOrder.get()
      + " | " + Thread.currentThread().getName());

    customerOrder.set(new Order(customerId));
```

```
    try {
      Thread.sleep(rnd.nextInt(2000));
    } catch (InterruptedException ex) {
      Thread.currentThread().interrupt();
      logger.severe(() -> "Exception: " + ex);
    }

    logger.info(() -> "Given customer id: " + customerId
      + " | " + customerOrder.get()
      + " | " + Thread.currentThread().getName());

    customerOrder.remove();
  }
}
```

对于每一个 `customerId`，都有一个可控的专用线程：

```
CustomerOrder co1 = new CustomerOrder(1);
CustomerOrder co2 = new CustomerOrder(2);
CustomerOrder co3 = new CustomerOrder(3);

new Thread(co1).start();
new Thread(co2).start();
new Thread(co3).start();
```

因此，每个线程都会修改 `CustomerOrder` 的某个实例（每个实例都有一个特定的线程）。

`run()` 方法使用 `set()` 方法获取给定 `customerId` 的订单，并将其存储在 `ThreadLocal` 变量中。可能的输出如下：

```
[14:48:20] [INFO]
 Given customer id: 3 | null | Thread-2
[14:48:20] [INFO]
 Given customer id: 2 | null | Thread-1
[14:48:20] [INFO]
 Given customer id: 1 | null | Thread-0

[14:48:20] [INFO]
 Given customer id: 2 | Order{customerId=2} | Thread-1
[14:48:21] [INFO]
 Given customer id: 3 | Order{customerId=3} | Thread-2
[14:48:21] [INFO]
 Given customer id: 1 | Order{customerId=1} | Thread-0
```

类似上述场景中，要避免使用 `ExecutorService`。因为无法保证每个 `Runnable`（给定的 `customerId`）在每次执行时都由同一个线程处理。这可能会导致诡异的结果。

221. 原子变量

通过 `Runnable` 计算从 1 到 1000000 的数字个数的最笨方法可能如下：

```
public class Incrementator implements Runnable {

  public [static] int count = 0;

  @Override
  public void run() {
    count++;
  }

  public int getCount() {
    return count;
  }
}
```

让我们再准备五个能同时增加 `count` 变量的线程：

```
Incrementator nonAtomicInc = new Incrementator();
ExecutorService executor = Executors.newFixedThreadPool(5);

for (int i = 0; i < 1_000_000; i++) {
  executor.execute(nonAtomicInc);
}
```

但是，如果我们多次运行这段代码，会得到不同的结果，如下所示：

```
997776, 997122, 997681 ...
```

那么，为什么我们得不到预期的结果 1000000 呢？这是因为 `count++` 不是原子操作 / 动作。它由三个原子字节码指令组成：

```
iload_1
iinc 1, 1
istore_1
```

在一个线程中，读取 `count` 的值并将其增加 1，而另一个线程读取到旧值，最终导致错误结果。在多线程应用程序中，调度器可能在任意字节码指令之间停止当前线程的执行，并启动一个新线程，该线程可能处理同一个变量。我们可以通过同步来解决这个问题，或者更好的方案是通过原子变量（atomic variables）来处理。

原子变量类在 `java.util.concurrent.atomic` 包中。它们是包装类，将争用范围限制为单个变量；它们比 Java 同步框架轻量得多，基于**比较并交换**（compare and swap，CAS。现代 CPU 支持这种技术，它将给定内存位置的内容与给定值进行比较并更新，如果当前值等于预期值，则为新值）。这些是原子复合操作，以类似于 `volatile` 的无锁（lock-free）方式影响单个值。最常用的原子变量是纯标量：

- `AtomicInteger`
- `AtomicLong`
- `AtomicBoolean`
- `AtomicReference`

以下几个可用于数组：

- `AtomicIntegerArray`
- `AtomicLongArray`
- `AtomicReferenceArray`

让我们使用 `AtomicInteger` 重写我们的例子：

```
public class AtomicIncrementator implements Runnable {

  public static AtomicInteger count = new AtomicInteger();

  @Override
  public void run() {
    count.incrementAndGet();
  }

  public int getCount() {
    return count.get();
  }
}
```

请注意，我们写的不是 `count++`，而是 `count.incrementAndGet()`。这只是 `AtomicInteger` 提供的方法之一。此方法自动递增变量并返回新值。这次，`count` 将是 1000000。

下表包含 `AtomicInteger` 的几个常用方法。左列为原子操作，而右列为其对应非原子操作：

```
//原子性的
AtomicInteger ai = new AtomicInteger(0);

//非原子性的
int i = 0;
int q = 5;
int r;
int e = 0;
boolean b;
```

原子操作	对应的非原子操作
r = ai.get();	r = i;
ai.set(q);	i = q;
r = ai.incrementAndGet();	r = ++i;
r = ai.getAndIncrement();	r = i++;
r = ai.decrementAndGet();	r = --i;
r = ai.getAndDecrement();	r = i--;
r = ai.addAndGet(q);	i = i + q; r = i;
r = ai.getAndAdd(q);	r = i; i = i + q;
r = ai.getAndSet(q);	r = i; i = q;

b = ai.compareAndSet(e, q);	if (i == e) { i = q;
	return true; } else {
	return false; }

让我们通过原子操作来解决几个问题：

- 通过 `updateAndGet(IntUnaryOperator updateFunction)` 更新数组中的元素

```
//[9, 16, 4, 25]
AtomicIntegerArray atomicArray
  = new AtomicIntegerArray(new int[] {3, 4, 2, 5});

for (int i = 0; i < atomicArray.length(); i++) {
  atomicArray.updateAndGet(i, elem -> elem * elem);
}
```

- 通过 `updateAndGet(IntUnaryOperator updateFunction)` 更新单个整数：

```
//15
AtomicInteger nr = new AtomicInteger(3);
int result = nr.updateAndGet(x -> 5 * x);

Update a single integer via accumulateAndGet(int x,
  IntBinaryOperator accumulatorFunction):

//15
AtomicInteger nr = new AtomicInteger(3);
//x = 3, y = 5
int result = nr.accumulateAndGet(5, (x, y) -> x * y);
```

- 通过 `addAndGet(int delta)` 更新单个整数：

```
//7
AtomicInteger nr = new AtomicInteger(3);
int result = nr.addAndGet(4);
```

- 通过 `compareAndSet(int expectedValue, int newValue)` 更新单个整数：

```
//5, true
AtomicInteger nr = new AtomicInteger(3);
boolean wasSet = nr.compareAndSet(3, 5);
```

从 JDK 9 开始，原子变量类通过 `get/setPlain()`、`get/setOpaque()`、`getAcquire()` 及其同类方法等多种方法变得更丰满了。要了解这些方法，请查看 Doug Lea 的 *Using JDK 9 Memory Order Modes*。

加法器和累加器

根据 Java API 文档，在更新频繁但读取频率较低的多线程应用程序中，建议使用 `LongAdder`、`DoubleAdder`、`LongAccumulator` 和 `DoubleAccumulator`，而不是 `AtomicFoo` 类。对于此类场景，这些类被设计用于优化对线程的使用。

这意味着，我们可以像下面这样使用 `LongAdder`，而不是使用 `AtomicInteger` 来计算从 1 到 1000000 的整数：

```
public class AtomicAdder implements Runnable {

  public static LongAdder count = new LongAdder();

  @Override
  public void run() {
    count.add(1);
  }

  public long getCount() {
    return count.sum();
  }
}
```

或者，我们可以按以下方式使用 `LongAccumulator`：

```
public class AtomicAccumulator implements Runnable {

  public static LongAccumulator count
    = new LongAccumulator(Long::sum, 0);

  @Override
  public void run() {
    count.accumulate(1);
  }

  public long getCount() {
    return count.get();
  }
}
```

`LongAdder` 和 `DoubleAdder` 适用于暗含加法（特定于加法的操作）的场景，而 `LongAccumulator` 和 `DoubleAccumulator` 适用于依赖给定函数对值进行组合的场景。

222. 可重入锁（ReentrantLock）

`Lock` 接口包含一组锁定操作，可通过明确指定的方法来微调锁定过程（它提供比内部锁定更多的控制力）。其中，我们有轮询的、无条件的、限时的、可中断的锁获取方式。基本上，`Lock` 通过额外的能力公开了 `synchronized` 关键字的功能。`Lock` 接口如下所示：

```
public interface Lock {
  void lock();
  void lockInterruptibly() throws InterruptedException;
  boolean tryLock();
  boolean tryLock(long timeout, TimeUnit unit)
    throws InterruptedException;
  void unlock();
  Condition newCondition();
}
```

`Lock` 的实现方案之一是 `ReentrantLock`。可重入锁的作用如下：当线程第一次进入锁时，持有计数设置为 1。在解锁之前，线程可以重新进入锁，每次进入都会使持有计数加 1。

每个解锁请求都会将持有计数减 1，并且当持有计数为 0 时，被锁定的资源将被放开。

ReentrantLock 有和关键字 synchronized 相同的配套能力，其遵循以下的惯用法实现：

```
Lock / ReentrantLock lock = new ReentrantLock();
...
lock.lock();

try {
  ...
} finally {
  lock.unlock();
}
```

> **提示：** 在非公平锁的情况下，线程被授予访问权限的顺序是未指定的。如果锁需要是公平的（优先给等待时间最长的线程），那么需要使用 ReentrantLock(boolean fair) 构造函数。

通过 ReentrantLock 对 1 到 1000000 之间的整数求和可以按如下方式完成：

```
public class CounterWithLock {

  private static final Lock lock = new ReentrantLock();

  private static int count;

  public void counter() {
    lock.lock();

    try {
      count++;
    } finally {
      lock.unlock();
    }
  }
}
```

并且让我们通过多个线程使用它：

```
CounterWithLock counterWithLock = new CounterWithLock();
Runnable task = () -> {
  counterWithLock.counter();
};

ExecutorService executor = Executors.newFixedThreadPool(8);
for (int i = 0; i < 1_000_000; i++) {
  executor.execute(task);
}
```

搞定！

作为奖励，以下代码段提供了一种基于 ReentrantLock.lockInterruptibly() 解决问题的习惯用法。本书配套的代码附带了一个使用 lockInterruptibly() 的示例：

```
Lock / ReentrantLock lock = new ReentrantLock();
public void execute() throws InterruptedException {
  lock.lockInterruptibly();

  try {
    //do something
  } finally {
    lock.unlock();
  }
}
```

如果持有此锁的线程被中断，则抛出 InterruptedException。使用 lock() 替代 lockInterruptibly() 将无法接受中断（请求锁的线程无法被中断）。

此外，以下代码段提供了一种使用 ReentrantLock.tryLock(long timeout, TimeUnit unit) throws InterruptedException 的习惯用法。本书配套的代码也附带了一个示例：

```
Lock / ReentrantLock lock = new ReentrantLock();

public boolean execute() throws InterruptedException {

  if (!lock.tryLock(n, TimeUnit.SECONDS)) {
    return false;
  }

  try {
    //处理一些事情
  } finally {
    lock.unlock();
  }

  return true;
}
```

注意，tryLock() 尝试在指定时间内获取锁。如果这个时间过去了，那么线程将不会获得锁。它不会自动重试。如果线程在尝试获取锁的过程中被中断，则会抛出 InterruptedException 异常。

最后，本书配套的代码附带了一个使用 ReentrantLock.newCondition() 的示例。习惯性的用法如下图所示：

newCondition

```
Lock/ReentrantLock lock = new ReentrantLock();
Condition condition = lock.newCondition();
public void execute() throws InterruptedException {
  lock.lock();
  try {
    ...
    while/if(some_condition) {
      condition.await();
    }
  } finally {
    lock.unlock();
  }
}
```

```
lock.lock();
try {
  condition.signal(All)();
} finally {
  lock.unlock();
}
```

当调用await()时，线程释放锁。在获得继续的信号之后，线程必须再次获取锁。

223. 可重入读写锁（ReentrantReadWriteLock）

通常，同时进行读写（例如读写一个文件）应该基于这两段说明来实现：

- 只要没有写入者，读取者就可以同时读（共享悲观锁）。
- 一次只有一个写入者可写（排他 / 悲观锁定）。

下图左侧描绘了读取者，右侧描绘了写入者：

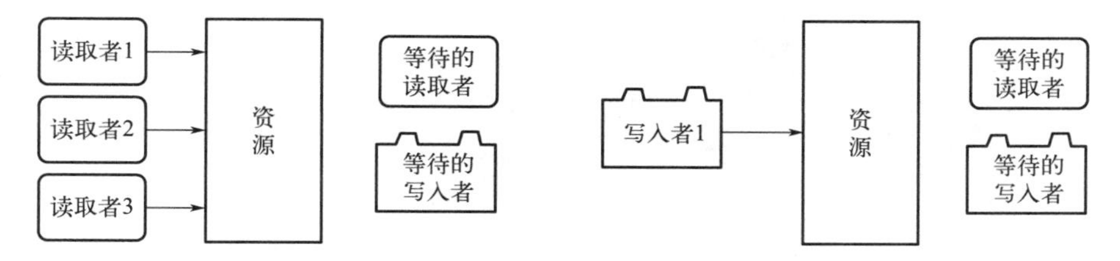

ReentrantReadWriteLock 主要实现了以下行为：

- 为两种锁（读锁和写锁）提供悲观锁语义。
- 如果一些读取者持有读锁而一个写入者想要写锁，那么在写入者释放写锁之前不允许更多的读取者获得读锁。
- 写入者可以获得读锁，读取者不能获得写锁。

> **提示：** 在非公平锁的情况下，线程被授予访问权限的顺序是未指定的。如果锁应该是公平的（优先考虑等待时间最长的线程），则需要使用 ReentrantReadWriteLock(boolean fair) 构造函数。

ReentrantReadWriteLock 的常规用法如下：

```
ReadWriteLock / ReentrantReadWriteLock lock
  = new ReentrantReadWriteLock();
//...
lock.readLock() / writeLock().lock();
try {
  //...
} finally {
  lock.readLock() / writeLock().unlock();
}
```

以下代码提供了一个使用 ReentrantReadWriteLock 实现对一个变量读取和写入整数的用例：

```
public class ReadWriteWithLock {

  private static final Logger logger
    = Logger.getLogger(ReadWriteWithLock.class.getName());
  private static final Random rnd = new Random();

  private static final ReentrantReadWriteLock lock
    = new ReentrantReadWriteLock(true);

  private static final Reader reader = new Reader();
```

```
  private static final Writer writer = new Writer();

  private static int amount;

  private static class Reader implements Runnable {

    @Override
    public void run() {
      if (lock.isWriteLocked()) {
        logger.warning(() -> Thread.currentThread().getName()
          + " reports that the lock is hold by a writer ...");
      }

      lock.readLock().lock();

      try {
        logger.info(() -> "Read amount: " + amount
          + " by " + Thread.currentThread().getName());
      } finally {
        lock.readLock().unlock();
      }
    }
  }

  private static class Writer implements Runnable {

    @Override
    public void run() {
      lock.writeLock().lock();
      try {
        Thread.sleep(rnd.nextInt(2000));
        logger.info(() -> "Increase amount with 10 by "
          + Thread.currentThread().getName());

        amount += 10;
      } catch (InterruptedException ex) {
        Thread.currentThread().interrupt();
        logger.severe(() -> "Exception: " + ex);
      } finally {
        lock.writeLock().unlock();
      }
    }
    ...
  }
}
```

接下来，让我们用两个读取者和四个写入者执行 10 次读取和 10 次写入：

```
ExecutorService readerService = Executors.newFixedThreadPool(2);
ExecutorService writerService = Executors.newFixedThreadPool(4);
```

```
for (int i = 0; i < 10; i++) {
  readerService.execute(reader);
  writerService.execute(writer);
}
```

可能的输出如下：

```
[09:09:25] [INFO] Read amount: 0 by pool-1-thread-1
[09:09:25] [INFO] Read amount: 0 by pool-1-thread-2
[09:09:26] [INFO] Increase amount with 10 by pool-2-thread-1
[09:09:27] [INFO] Increase amount with 10 by pool-2-thread-2
[09:09:28] [INFO] Increase amount with 10 by pool-2-thread-4
[09:09:29] [INFO] Increase amount with 10 by pool-2-thread-3
[09:09:29] [INFO] Read amount: 40 by pool-1-thread-2
[09:09:29] [INFO] Read amount: 40 by pool-1-thread-1
[09:09:31] [INFO] Increase amount with 10 by pool-2-thread-1
```

> **提示：** 在决定使用 `ReentrantReadWriteLock` 之前，要考虑它可能会“饿死”（例如，当写入者被优先考虑时，读取者可能会被“饿死”）。此外，我们无法将读锁升级为写锁（可以从写入者降级为读取者），并且不支持乐观读取。如果这对你很重要，那么可考虑 `StampedLock`，我们将在下一个问题中讨论它。

224. 邮戳锁（StampedLock）

简单来说，`StampedLock` 比 `ReentrantReadWriteLock` 性能更好，支持乐观读，但容易出现死锁。其主要功能是，对锁的请求会返回一个邮戳印记（一个 `long` 值），用于在 `finally` 块中解锁。每次尝试获取锁都会产生一个新的邮戳印记，如果没有可用的锁，它可能会阻塞直到可用。换句话说，如果当前线程持有锁，并试图再次获取锁，则可能会导致死锁。

`StampedLock` 读 / 写过程的编排是通过以下几个方法实现的：

- `readLock()`：非独占地获取锁，必要时阻塞，直到可用。对于尝试以非阻塞获取读锁的情况，我们必须使用 `tryReadLock()`。对于超时阻塞，我们有 `tryReadLock(long time, TimeUnit unit)`。返回的邮戳印记用于 `unlockRead()`。
- `writeLock()`：独占获取锁，必要时阻塞，直到可用。对于尝试以非阻塞获取写锁的情况，我们必须使用 `tryWriteLock()`。对于超时阻塞，我们有 `tryWriteLock(long time, TimeUnit unit)`。返回的邮戳印记用于 `unlockWrite()`。
- `tryOptimisticRead()`：这个方法为 `StampedLock` 添加了一大优点。此方法返回能通过 `validate()` 标志方法验证的邮戳印记。如果锁当前未处于写入模式，则返回的邮戳印记只会为非零。

`readLock()` 和 `writeLock()` 的用法非常简单：

```
StampedLock lock = new StampedLock();
//...
long stamp = lock.readLock() / writeLock();

try {
```

```
  //...
} finally {
  lock.unlockRead(stamp) / unlockWrite(stamp);
}
```

以下代码尝试为 `tryOptimisticRead()` 提供一种习惯用法：

```
StampedLock lock = new StampedLock();

int x; //写入者线程可以修改x变量
//...
long stamp = lock.tryOptimisticRead();
int thex = x;

if (!lock.validate(stamp)) {
  stamp = lock.readLock();

  try {
    thex = x;
  } finally {
    lock.unlockRead(stamp);
  }
}

return thex;
```

在这个惯用法中，在获得乐观读锁后，初始值（`x`）被赋给 `thex` 变量。然后 `validate()` 标志方法用于验证从给定邮戳印记发出以来，邮戳锁未被以排他方式获取过。如果 `validate()` 返回 `false`（相当于在获取乐观锁后线程获取写锁），则读锁会通过阻塞的 `readLock()` 获取到，`x` 被重新赋值。注意，只要有任何写锁，读锁就会阻塞。获取乐观锁允许我们读取值，然后验证这些值是否有任何变化。只要发生变化，我们将不得不经受会阻塞的读锁。

以下代码展示了一个读取和写入整数变量的 `StampedLock` 用例。基本上，我们通过乐观读重新实现了上一个问题的解决方案：

```
public class ReadWriteWithStampedLock {

  private static final Logger logger
    = Logger.getLogger(ReadWriteWithStampedLock.class.getName());
  private static final Random rnd = new Random();

  private static final StampedLock lock = new StampedLock();

  private static final OptimisticReader optimisticReader
    = new OptimisticReader();
  private static final Writer writer = new Writer();

  private static int amount;

  private static class OptimisticReader implements Runnable {
```

```
    @Override
    public void run() {
      long stamp = lock.tryOptimisticRead();

      //如果tryOptimisticRead()获得的邮戳印记无效
      //那么线程尝试获取一个读锁
      if (!lock.validate(stamp)) {
        stamp = lock.readLock();
        try {
          logger.info(() -> "Read amount (read lock): " + amount
            + " by " + Thread.currentThread().getName());
        } finally {
          lock.unlockRead(stamp);
        }
      } else {
        logger.info(() -> "Read amount (optimistic read): " + amount
          + " by " + Thread.currentThread().getName());
      }
    }
  }

  private static class Writer implements Runnable {

    @Override
    public void run() {

      long stamp = lock.writeLock();

      try {
        Thread.sleep(rnd.nextInt(2000));
        logger.info(() -> "Increase amount with 10 by "
          + Thread.currentThread().getName());

        amount += 10;
      } catch (InterruptedException ex) {
        Thread.currentThread().interrupt();
        logger.severe(() -> "Exception: " + ex);
      } finally {
        lock.unlockWrite(stamp);
      }
    }
  }
  ...
}
```

让我们再用两个读取者和四个写入者执行 10 次读取和 10 次写入：

```
ExecutorService readerService = Executors.newFixedThreadPool(2);
ExecutorService writerService = Executors.newFixedThreadPool(4);

for (int i = 0; i < 10; i++) {
```

```
    readerService.execute(optimisticReader);
    writerService.execute(writer);
}
```

可能的输出如下：

```
...
[12:12:07] [INFO] Increase amount with 10 by pool-2-thread-4
[12:12:07] [INFO] Read amount (read lock): 90 by pool-1-thread-2
[12:12:07] [INFO] Read amount (optimistic read): 90 by pool-1-thread-2
[12:12:07] [INFO] Increase amount with 10 by pool-2-thread-1
...
```

从 JDK10 开始，我们可以使用 `isWriteLockStamp()`、`isReadLockStamp()`、`isLockStamp()` 以及 `isOptimisticReadStamp()` 查询邮戳印记的类型。基于类型，我们可以决定使用对应的解锁方法，示例如下：

```
if (StampedLock.isReadLockStamp(stamp)) {
    lock.unlockRead(stamp);
}
```

在本书配套的代码中，有一个用于展示 `tryConvertToWriteLock()` 方法的应用程序。另外，你可能会对使用 `tryConvertToReadLock()` 以及 `tryConvertToOptimisticRead()` 开发应用感兴趣。

225. 死锁（哲学家就餐问题）

什么是死锁？互联网上有关于它的一个著名的笑话。

面试官：跟我解释清楚什么是死锁，我就会雇佣你！

我：雇佣我，我才会跟你解释什么是死锁。

一个简单的死锁可以解释为一个 A 线程持有 L 锁并试图获取 P 锁，同时，有一个 B 线程持有 P 锁并尝试获取 L 锁。这种死锁被称为循环等待。Java 没有死锁检测和解决机制（数据库有），因此死锁对于应用程序来说可能会非常尴尬。死锁可以完全或部分阻塞应用程序，可能导致严重的性能损失、奇怪的行为等。通常，死锁很难调试，解决死锁的唯一方法是重新启动应用程序并希望一切顺利。

哲学家就餐是一个用来说明死锁的著名问题。这个问题描述了五位哲学家围坐在一张桌子旁轮流思考和用餐的情形。为了用餐，哲学家需要两把餐叉拿在手中——左手边的餐叉和右手边的餐叉。但问题在于只有五把餐叉。用餐完后，哲学家将两把餐叉放回桌子上，然后另一位重复相同循环的哲学家拿起它们。当哲学家不用餐时，他 / 她在思考。下图说明了这种情况：

我们的任务是找到解决这个问题的方法，让哲学家们以上述方式思考和吃饭，同时避免被饿死。

我们可以将每个哲学家视为一个 `Runnable` 实例。作为 `Runnable` 实例，每个实例可以在单独的线程中执行。每个哲学家可以拿起放在他左右两边的两把餐叉。如果我们将餐叉表示为一个 `String`，那么我们可以使用以下代码：

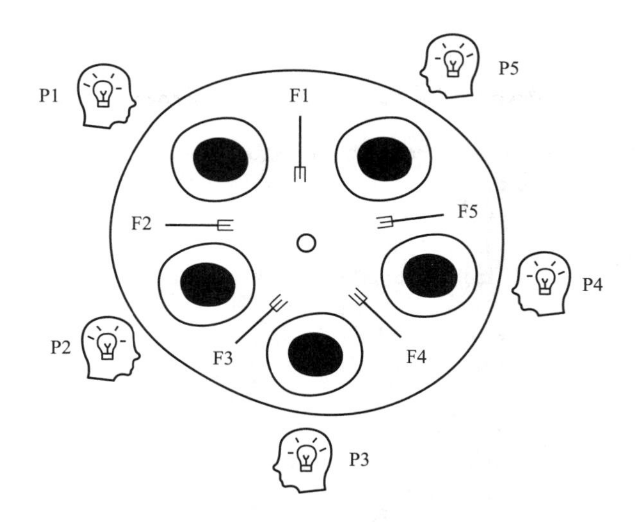


```
public class Philosopher implements Runnable {

  private final String leftFork;
  private final String rightFork;

  public Philosopher(String leftFork, String rightFork) {
    this.leftFork = leftFork;
    this.rightFork = rightFork;
  }

  @Override
  public void run() {
    //接下来会实现
  }
}
```

因此，哲学家可以拿起 `leftFork` 和 `rightFork`。但是由于哲学家共享这些餐叉，哲学家必须获得这两个餐叉上的独占锁。`leftFork` 上有独占锁同时 `rightFork` 上有独占锁，就相当于手里有两把餐叉。在 `leftFork` 和 `rightFork` 上拥有独占锁相当于哲学家用餐。释放两个独占锁，相当于哲学家不吃饭而进行思考。

可以通过 `synchronized` 关键字实现锁定，如以下 `run()` 方法所示：

```
@Override
public void run() {

  while (true) {
    logger.info(() -> Thread.currentThread().getName()
      + ": thinking");
    doIt();

    synchronized(leftFork) {
      logger.info(() -> Thread.currentThread().getName()
        + ": took the left fork (" + leftFork + ")");
```

```
      doIt();

      synchronized(rightFork) {
        logger.info(() -> Thread.currentThread().getName()
          + ": took the right fork (" + rightFork + ") and eating");
        doIt();

        logger.info(() -> Thread.currentThread().getName()
          + ": put the right fork ( " + rightFork
          + ") on the table");
        doIt();
      }

      logger.info(() -> Thread.currentThread().getName()
        + ": put the left fork (" + leftFork
        + ") on the table and thinking");
      doIt();
    }
  }
}
```

一个哲学家从思考开始。过了一会儿，他饿了，所以他试着拿起左边和右边的餐叉。如果成功，他会用餐一段时间。之后，他把叉子放在桌子上，继续思考，直到他再次饿了。其间，另一位哲学家将用餐。

`doIt()` 方法通过随机睡眠模拟所涉及的动作（思考、用餐、拿起和放回餐叉），具体实现如下：

```
private static void doIt() {
  try {
    Thread.sleep(rnd.nextInt(2000));
  } catch (InterruptedException ex) {
    Thread.currentThread().interrupt();
    logger.severe(() -> "Exception: " + ex);
  }
}
```

最后，我们需要餐叉和哲学家，代码如下：

```
String[] forks = {
  "Fork-1", "Fork-2", "Fork-3", "Fork-4", "Fork-5"
};

Philosopher[] philosophers = {
  new Philosopher(forks[0], forks[1]),
  new Philosopher(forks[1], forks[2]),
  new Philosopher(forks[2], forks[3]),
  new Philosopher(forks[3], forks[4]),
  new Philosopher(forks[4], forks[0])
};
```

每个哲学家将运行在一个线程中，如下：

```
Thread threadPhilosopher1
  = new Thread(philosophers[0], "Philosopher-1");
...
Thread threadPhilosopher5
  = new Thread(philosophers[4], "Philosopher-5");

threadPhilosopher1.start();
...
threadPhilosopher5.start();
```

这个实现似乎没问题，甚至可以正常工作一段时间。然而，这个实现迟早会出现阻塞，输出如下：

```
[17:29:21] [INFO] Philosopher-5: took the left fork (Fork-5)
...
//卡住了，后面不再打印新的日志
```

这是一个死锁！每个哲学家手里拿着他的左餐叉（上面施加了独占锁），等待右餐叉上桌（需要释放锁）。显然，这个期望是无法满足的，因为只有五把餐叉，每个哲学家手里都握着一把。

为了避免这种死锁，有一个非常简单的解决方案。我们只需要强迫其中一位哲学家先拿起右边的餐叉。成功拿起右餐叉后，他可以尝试拿起左餐叉，具体实现如下：

```
//原来的代码
new Philosopher(forks[4], forks[0]);

//修改的行用以消除死锁（译注：注意拿起叉子的顺序调换了）
new Philosopher(forks[0], forks[4]);
```

现在，我们可以运行这个程序而不产生死锁了。

小结

以上就是本章全部内容！本章涵盖了有关 fork/join 框架、`CompletableFuture`、`ReentrantLock`、`ReentrantReadWriteLock`、`StampedLock`、原子变量、任务取消、可中断方法、线程局部存储和死锁等问题。

下载本章应用程序以查看结果以及更多的代码细节。

第 12 章 Optional

本章包括 24 个问题，旨在提示你注意使用 `Optional` 的几条规则。本章提出的问题和解决方案基于 Java 语言架构师 Brian Goetz 的定义：

“Optional 旨在为库方法返回类型提供一种有限的机制，在这种情况下，需要一种明确的方式来表示‘无结果’，因为此时使用 null 来表示‘无结果’极有可能导致错误”。

但是即便是有规则的地方也会有例外。因此，不要教条地遵循（或避免）此处介绍的规则（或做法）。一如既往，这取决于具体问题，你必须评估情况，权衡利弊。

你可能还想看看由 Pavel Pscheidl 开发的适用于 Java EE（Jakarta EE）的 CDI 插件 https://github.com/Pscheidl/FortEE。这是一个利用 `Optional` 模式的 Jakarta EE / Java EE 容错防护机制。它的强大在于它的简单性。

问题

以下问题可用于测试你使用 `Optional` 的编程能力。在查看解决方案和下载示例代码之前，强烈建议你先尝试独立解决这些问题：

226. **初始化 `Optional`**：举例说明初始化 `Optional` 的正确和错误方法。

227. **`Optional.get()` 和值丢失**：举例说明 `Optional.get()` 的正确和错误用法。

228. **返回一个预先构造的默认值**：在没有值存在的时候，通过 `Optional.orElse()` 方法设置（或返回）一个预先构造的默认值。

229. **返回一个不存在的默认值**：在没有值存在的时候，通过 `Optional.orElseGet()` 方法设置（或返回）一个不存在的默认值。

230. **抛出 `NoSuchElementException` 异常**：在没有值存在的时候，抛出 `NoSuchElementException` 类型的异常或其他异常。

231. **`Optional` 和 `null` 引用**：例举 `Optional.orElse(null)` 的正确用法。

232. **消费一个存在内容的 `Optional` 类**：通过 `ifPresent()` 和 `ifPresentElse()` 消费一个已经存在的 `Optional` 类。

233. **根据情况返回一个给定的 `Optional` 类（或另一个 `Optional` 类）**：假设我们已有 `Optional`。编写一个使用 `Optional.or()` 来返回这个 `Optional`（如果它的值存在）或另一个 `Optional` 类（如果它的值不存在）的程序。

234. **通过 `orElseFoo()` 链接多个 Lambda 表达式**：举例说明 `orElse()` 和 `orElseFoo()`

避免破坏 Lambda 链的用法。

235. **不要只是为了获取一个值而使用 `Optional`**：举例说明通过链接 `Optional` 的方法以获取某些值为单一目标的不良做法。

236. **不要将 `Optional` 用于字段**：举例说明声明 `Optional` 类型的字段的不良做法。

237. **不要将 `Optional` 用于构造函数的参数**：举例说明将 `Optional` 用于构造函数参数的不良做法。

238. **不要将 `Optional` 用于 `setter` 类方法的参数**：举例说明将 `Optional` 用于 setter 类方法参数的不良做法。

239. **不要将 `Optional` 用于方法的参数**：举例说明将 `Optional` 用于方法参数的不良做法。

240. **不要将 `Optional` 用于返回空的或者 null 的集合或数组**：举例说明使用 `Optional` 返回空 / `null` 集合或数组的不良做法。

241. **避免在集合中使用 `Optional`**：举例说明一个典型的用例和可能的替代方案，以避免在集合中使用 `Optional`。

242. **将 `of()` 和 `ofNullable()` 搞混淆**：举例说明混淆 `Optional.of()` 和 `ofNullable()` 的潜在后果。

243. **`Optional<T>` 与 `OptionalInt`**：举例说明使用非泛型 `OptionalInt` 替代 `Optional<T>` 的用法。

244. **确定 `Optional` 的相等性**：举例说明 `Optional` 类的相等性的断言。

245. **通过 `map()` 和 `flatMap()` 转换值**：编写几段代码例举 `Optional.map()` 和 `flatMap()` 的用法。

246. **通过 `Optional.f ilter()` 过滤值**：举例说明 `Optional.filter()` 的用法，用于根据预定义规则拒绝封装过的值（wrapped values）。

247. **链接 `Optional` 和 `Stream API`**：举例说明 `Optional.stream()` 的用法，用于将 `Optional` API 和 `Stream` API 链接起来。

248. **`Optional` 和识别敏感类操作**：编写一段代码来说明这样一个事实，即在使用 `Optional` 的情况下应避免识别敏感（identity-sensitive）类操作。

249. **在 `Optional` 的内容为空时返回布尔值**：编写两段代码来例举两个方案，用以说明给定的 `Optional` 类为空的情况下返回布尔值（`boolean`）。

解决方案

下面将介绍上述问题的解决方案。通常，这些问题的正确解决方法是不止一种的。需要注意的是，书中的代码和思路讲解仅包括了最关键的部分，你可以访问 https://github.com/PacktPublishing/Java-Coding-Problems 下载完整的代码以获取更多细节，还可以尝试运行这些示例代码。

226. 初始化 `Optional`

应该通过 `Optional.empty()` 而不是 `null` 初始化 `Optional`：

```
//反面案例
Optional<Book> book = null;
```

```
//正面案例
Optional<Book> book = Optional.empty();
```

由于 `Optional` 扮演了一个容器（盒子）的角色，将它初始化成 `null` 没有任何意义。

227. `Optional.get()` 和值丢失

如果我们已经决定调用 `Optional.get()` 来获取包装在 `Optional` 中的值，那么我们不应该这样做：

```
Optional<Book> book = ...; //有可能内容为空

//反面案例
//如果"book"的内容为空，那么以下代码将
//抛出一个java.util.NoSuchElementException异常
Book theBook = book.get();
```

也就是说，在通过 `Optional.get()` 获取值之前，我们需要证实这个值存在。解决方案之一是在调用 `get()` 之前调用 `isPresent()`。这样，我们添加了一个检查，允许我们处理缺失值的情况：

```
Optional<Book> book = ...; //有可能内容为空

//正面案例
if (book.isPresent()) {
  Book theBook = book.get();
  ... //存在"theBook"的情况下，这么做
} else {
  ... //不调用book.get()的情况下，这么做
}
```

> **提示：** 尽管如此，请记住 `isPresent()-get()` 组合的效果并不好，因此应谨慎使用。建议查看下一个问题，它为该组合提供了替代方案。此外，在某些时候，`Optional.get()` 可能会被弃用。

228. 返回一个预先构造的默认值

假设我们有一个方法返回一个基于 `Optional` 的结果。如果 `Optional` 为空，则该方法返回默认值。如果我们考虑前面的问题，那么一个可能的解决方案可以按以下方法编写：

```
public static final String BOOK_STATUS = "UNKNOWN";
//...
//反面案例
public String findStatus() {
  Optional<String> status = ...; //有可能内容为空

  if (status.isPresent()) {
    return status.get();
```

```
  } else {
    return BOOK_STATUS;
  }
}
```

好吧，这不算是一个糟糕的解决方案，但也不是很优雅。更简洁优雅的解决方案是使用 `Optional.orElse()` 方法。当我们想要在 `Optional` 类没有内容的情况下设置或返回默认值时，此方法可用于替换 `isPresent()-get()` 组合。前面的代码片段可以改写成下面的样子：

```
public static final String BOOK_STATUS = "UNKNOWN";
//...
//正面案例
public String findStatus() {
  Optional<String> status = ...; //有可能内容为空
  return status.orElse(BOOK_STATUS);
}
```

> **提示：** 即便相关的 `Optional` 类不空，`orElse()` 也会被计算。也就是说，`orElse()` 总是会被计算，即便它不会被使用到。话虽如此，还是建议仅当参数是预先构造的值时使用 `orElse()`，如此便可减轻潜在的性能损失。下一个问题说明了不宜使用 `orElse()` 的情况。

229. 返回一个不存在的默认值

假设我们有一个方法返回一个基于 `Optional` 的结果。如果 `Optional` 为空，则该方法返回一个需要计算的值。`computeStatus()` 方法会计算这个值：

```
private String computeStatus() {
  //一些用于计算状态的代码
}
```

现在，一个笨拙的解决方案是使用 `isPresent()-get()`，如下所示：

```
//反面案例
public String findStatus() {
  Optional<String> status = ...; //有可能内容为空

  if (status.isPresent()) {
    return status.get();
  } else {
    return computeStatus();
  }
}
```

即便上面的解决方案比较笨拙，但它还是比以下代码中使用 `orElse()` 的方法要好些：

```
//反面案例
public String findStatus() {
  Optional<String> status = ...; //有可能内容为空
```

```
  //即便"status"中存在内容，computeStatus()也会被调用
  return status.orElse(computeStatus());
}
```

在这种情况下，首选方案是使用 `Optional.orElseGet()` 方法。此方法的参数是 `Supplier`，因此仅在 `Optional` 值不存在时执行。这比 `orElse()` 好得多，因为它使我们免于在 `Optional` 值存在时执行不必执行的额外代码。其解决方案如下：

```
//正面案例
public String findStatus() {
  Optional<String> status = ...; //有可能内容为空

  //computeStatus()只会在"status"的内容为空的时候被调用
  return status.orElseGet(this::computeStatus);
}
```

230. 抛出 NoSuchElementException 异常

有时候，如果 `Optional` 内容为空，我们希望抛出一个异常（例如 `NoSuchElementException` 异常）。解决这个问题比较笨拙的方法如下：

```
//反面案例
public String findStatus() {

  Optional<String> status = ...; //有可能内容为空

  if (status.isPresent()) {
    return status.get();
  } else {
    throw new NoSuchElementException("Status cannot be found");
  }
}
```

更优雅的解决方案是使用 `Optional.orElseThrow()` 方法。此方法的签名 `orElseThrow(Supplier<? extends X> exceptionSupplier)`（译注：通过提供 `exceptionSupplier` 参数）允许我们按如下方式给出异常（如果该值存在，则 `orElseThrow()` 将返回它）：

```
//正面案例
public String findStatus() {

  Optional<String> status = ...; //有可能内容为空

  return status.orElseThrow(
    () -> new NoSuchElementException("Status cannot be found"));
}
```

或者，再给另一个 `IllegalStateException` 异常的例子：

```
//正面案例
public String findStatus() {
```

```
  Optional<String> status = ...; //有可能内容为空

  return status.orElseThrow(
    () -> new IllegalStateException("Status cannot be found"));
}
```

从 JDK 10 开始，`Optional` 增加了不带参数的 `orElseThrow()` 风格。此方法隐式抛出 `NoSuchElementException` 异常：

```
//推荐使用（JDK 10+）
public String findStatus() {

  Optional<String> status = ...; //有可能内容为空
  return status.orElseThrow();
}
```

需要注意的是，在生产中抛出不受检异常，却又不附带有意义的消息，不是一个好的做法。

231. `Optional` 和 `null` 引用

在某些情况下，可以通过使用一个接受 `null` 引用的方法来利用 `orElse(null)`。这种情况的一个合适的用法是来自 Java 反射 API 的 `Method.invoke()` 方法（详见第 7 章）。

`Method.invoke()` 的第一个参数表示调用此特定方法的对象实例。如果该方法是静态（static）的，则第一个参数应该为 `null`，因此不需要对象的实例。

设我们有一个名为 `Book` 的类，其辅助方法如下所示。该方法返回一个内容为空的 `Optional` 类（如果给定的方法是静态的）或者一个包含 `Book` 实例的 `Optional` 类（如果给定的方法是非静态的）：

```
private static Optional<Book> fetchBookInstance(Method method) {

  if (Modifier.isStatic(method.getModifiers())) {
    return Optional.empty();
  }
  return Optional.of(new Book());
}
```

调用这个方法非常简单：

```
Method method = Book.class.getDeclaredMethod(...);
Optional<Book> bookInstance = fetchBookInstance(method);
```

此外，如果 `Optional` 为空（意味着该方法是静态的），我们需要将 `null` 传给 `Method.invoke()`；否则，我们传 `Book` 实例。笨拙的解决方案可能会使用 `isPresent()-get()`，如下所示：

```
//反面案例
if (bookInstance.isPresent()) {
  method.invoke(bookInstance.get());
```

```
} else {
  method.invoke(null);
}
```

但本例其实非常适合 `Optional.orElse(null)`。其可将解决方案简化为一行代码：

```
//正面案例
method.invoke(bookInstance.orElse(null));
```

> **提示：** 通常而言，只有在我们使用 `Optional` 并且我们需要一个 `null` 引用的时候我们才应该使用 `orElse(null)`。否则，应该避免使用 `orElse(null)`。

232. 消费一个存在内容的 Optional 类

有时候，我们所需要的仅仅是消费一个存在内容的 `Optional` 类。如果 `Optional` 里头不存在内容则不需要做什么。一个没有任何技巧可言的做法是使用 `isPresent()-get()`，如下所示：

```
//反面案例
public void displayStatus() {
  Optional<String> status = ...; //有可能内容为空

  if (status.isPresent()) {
    System.out.println(status.get());
  }
}
```

更好的解决方案是使用 `ifPresent()`，它以 `Consumer` 作为参数。当我们只需要消耗存在的值的时候，这是 `isPresent()-get()` 的替代方法。代码可以重写如下：

```
//正面案例
public void displayStatus() {
  Optional<String> status = ...; //有可能内容为空
  status.ifPresent(System.out::println);
}
```

但在其他情况下，如果 `Optional` 中不存在内容，那么我们想要执行一个基于空内容的操作。基于 `isPresent()-get()` 的解决方案如下：

```
//反面案例
public void displayStatus() {
  Optional<String> status = ...; //有可能内容为空

  if (status.isPresent()) {
    System.out.println(status.get());
  } else {
    System.out.println("Status not found ...");
  }
}
```

同样，这仍不是最佳选择。我们可以使用 `ifPresentOrElse()`。该方法从 JDK 9 开始引入，类似于 `ifPresent()` 方法；唯一的区别是它也涵盖了 `else` 分支：

```
//正面案例
public void displayStatus() {
  Optional<String> status = ...; //有可能内容为空

  status.ifPresentOrElse(System.out::println,
    () -> System.out.println("Status not found ..."));
}
```

233. 根据情况返回一个给定的 Optional 类（或另一个 Optional 类）

让我们考虑一个方法，它可以返回 `Optional` 类。重点是，此方法计算一个 `Optional` 类，如果它的内容不为空，则它只返回此 `Optional` 类。否则，如果计算出的 `Optional` 类内容为空，那么我们将执行一些其他也会返回 `Optional` 类的操作。

`isPresent()-get()` 可以按以下方式做到（但应该避免这样做）：

```
private final static String BOOK_STATUS = "UNKNOWN";
//...
//反面案例
public Optional<String> findStatus() {
  Optional<String> status = ...; //有可能内容为空
  if (status.isPresent()) {
    return status;
  } else {
    return Optional.of(BOOK_STATUS);
  }
}
```

另外，我们应该避免如下的构造方式：

```
return Optional.of(status.orElse(BOOK_STATUS));
return Optional.of(status.orElseGet(() -> (BOOK_STATUS)));
```

最好的解决方案出现在 JDK 9 及以后版本，它由 `Optional.or()` 方法组成。此方法能够返回描述该值的 `Optional`。或者，它返回由给定 `Supplier` 函数生成的 `Optional`（供给函数能产生用于返回的 `Optional`）：

```
private final static String BOOK_STATUS = "UNKNOWN";
//...
//正面案例
public Optional<String> findStatus() {
  Optional<String> status = ...; //有可能内容为空
  return status.or(() -> Optional.of(BOOK_STATUS));
}
```

234. 通过 orElseFoo() 链接多个 Lambda 表达式

某些特定于 Lambda 表达式的操作返回 `Optional`（例如，`findFirst()`、`findAny()`、 `reduce()` 等）。尝试通过 `isPresent()-get()` 处理这些 `Optional` 类是一种很累赘的解决方案，因为我们必须打破 Lambda 链，并通过 `if-else` 块添加一些条件代码，来考虑恢复链。

以下代码段展示了这种做法：

```
private static final String NOT_FOUND = "NOT FOUND";

List<Book> books...;
//...
//反面案例
public String findFirstCheaperBook(int price) {

  Optional<Book> book = books.stream()
    .filter(b -> b.getPrice()<price)
    .findFirst();

  if (book.isPresent()) {
    return book.get().getName();
  } else {
    return NOT_FOUND;
  }
}
```

更进一步，我们可能会得到如下结果：

```
//反面案例
public String findFirstCheaperBook(int price) {

  Optional<Book> book = books.stream()
    .filter(b -> b.getPrice() < price)
    .findFirst();

  return book.map(Book::getName)
    .orElse(NOT_FOUND);
}
```

使用 `orElse()` 确实比 `isPresent()-get()` 更好。但如果我们直接在 Lambda 链中使用 `orElse()`（和 `orElseFoo()`）并避免打断代码，那就更好了：

```
private static final String NOT_FOUND = "NOT FOUND";
//...
//正面案例
public String findFirstCheaperBook(int price) {

  return books.stream()
    .filter(b -> b.getPrice() < price)
    .findFirst()
    .map(Book::getName)
    .orElse(NOT_FOUND);
}
```

让我们再看一个问题。

这次，有一个作者写过几本书，我们想查看某本书是否出自该作者。如果给出的书不是这个作者写的，那么我们要抛出 NoSuchElementException 异常。

以下是一个非常糟糕的解决方案：

```
//反面案例
public void validateAuthorOfBook(Book book) {
  if (!author.isPresent() ||
      !author.get().getBooks().contains(book)) {
    throw new NoSuchElementException();
  }
}
```

而使用 orElseThrow() 可以非常优雅地解决这个问题：

```
//正面案例
public void validateAuthorOfBook(Book book) {
  author.filter(a -> a.getBooks().contains(book))
    .orElseThrow();
}
```

235. 不要只是为了获取一个值而使用 Optional

这个问题是一系列“不建议使用”问题的开始。这些“不建议使用”问题意在防止对 Optional 的滥用，并给出了一些可以为我们省去很多麻烦的规则。然而，规则也有例外。还是要具体问题具体分析。

在使用 Optional 的情景中，链接方法的目的，通常仅是为了获取一些值。应避免这种做法并使用简单明了的代码。如避免出现以下类似的代码片段：

```
public static final String BOOK_STATUS = "UNKNOWN";

//反面案例
public String findStatus() {
  //获取一个可能为null的status
  String status = ...;
  return Optional.ofNullable(status).orElse(BOOK_STATUS);
}
```

建议使用一个简单的 if-else 块或三元运算符（对于简单情况）：

```
//正面案例
public String findStatus() {
  //获取一个可能为null的status
  String status = null;
  return status == null ? BOOK_STATUS : status;
}
```

236. 不要将 Optional 用于字段

“不建议使用”的问题中还有这样一条：因为 Optional 没有实现 Serializable 序列化接口，所以也不建议用作参数或成员变量。

Optional 类绝对没有计划用作 Java Bean 的字段。所以，不要这样做：

```
//反面案例
public class Book {

  [access_modifier][static][final]
    Optional<String> title;
  [access_modifier][static][final]
    Optional<String> subtitle = Optional.empty();

  //...
}
```

但是可以这样：

```
//正面案例
public class Book {

  [access_modifier][static][final] String title;
  [access_modifier][static][final] String subtitle = "";
  //...
}
```

237. 不要将 Optional 用于构造函数的参数

“不建议使用”问题还包括另一种情况，该情况违背了使用 Optional 的意图。请记住 Optional 代表对象的容器，因此，Optional 增加了另一个抽象层次。换句话说，不正确地使用 Optional 只会添加额外的样板（boilerplate）代码。

看以下展示这个问题的 Optional 用例（此代码违反了前述“不要将 Optional 用于字段”的规则）：

```
//反面案例
public class Book {

  //不能为null
  private final String title;

  //Optional字段，不可能为null
  private final Optional<String> isbn;

  public Book(String title, Optional<String> isbn) {
    this.title = Objects.requireNonNull(title,
      () -> "Title cannot be null");

    if (isbn == null) {
      this.isbn = Optional.empty();
    } else {
      this.isbn = isbn;
    }
```

```
    //或者
    this.isbn = Objects.requireNonNullElse(isbn, Optional.empty());
  }

  public String getTitle() {
    return title;
  }

  public Optional<String> getIsbn() {
    return isbn;
  }
}
```

我们可以通过从字段和构造函数参数中删除 `Optional` 来修复此代码，如下所示：

```
//正面案例
public class Book {

  private final String title; //不能为null
  private final String isbn; //可以为null

  public Book(String title, String isbn) {
    this.title = Objects.requireNonNull(title,
      () -> "Title cannot be null");
    this.isbn = isbn;
  }

  public String getTitle() {
    return title;
  }

  public Optional<String> getIsbn() {
    return Optional.ofNullable(isbn);
  }
}
```

`isbn` 字段的 getter 方法返回 `Optional`。但是不要将此示例视为以这种方式转换所有 getter 的规则。一些 getter 返回集合或数组，在这种情况下，它们更喜欢返回空集合 / 数组而不是 `Optional`。使用此技术请牢记 Brian Goetz（Java 的语言架构师）的声明：

“我认为经常将它用作 getter 的返回值绝对是过度使用。”

—— Brian Goetz

238. 不要将 `Optional` 用于 setter 类方法的参数

“不建议使用”问题还有一个非常诱人的场景，即在 setter 参数中使用 `Optional`。应避免使用以下代码，因为它添加了额外的样板代码，违反了“不要将 `Optional` 用于字段”的规则（检查 `setIsbn()` 方法）：

```
//反面案例
public class Book {
  private Optional<String> isbn;

  public Optional<String> getIsbn() {
    return isbn;
  }

  public void setIsbn(Optional<String> isbn) {
    if (isbn == null) {
      this.isbn = Optional.empty();
    } else {
      this.isbn = isbn;
    }
    //或者
    this.isbn = Objects.requireNonNullElse(isbn, Optional.empty());
  }
}
```

我们可以通过从字段和 setter 的参数中删除 `Optional` 来修复此代码，如下所示：

```
//正面案例
public class Book {
  private String isbn;

  public Optional<String> getIsbn() {
    return Optional.ofNullable(isbn);
  }

  public void setIsbn(String isbn) {
    this.isbn = isbn;
  }
}
```

> **提示：** 通常，这种糟糕的做法通常是在 JPA 实体中用于持久属性（将实体属性映射为 `Optional`）。然而，在域模型实体中使用 `Optional` 是可能的。

239. 不要将 `Optional` 用于方法的参数

这次我们讨论下将 `Optional` 用作方法的参数。

在方法参数中使用 `Optional` 是另一个可能导致代码不必要地复杂化的用例。这种做法会导致（在构造参数的时候）进行空值检测，而不是相信调用者将创建 `Optional` 类，尤其是内容为空的 `Optional` 类。这种不良做法会导致代码混乱，并且仍然容易出现 `NullPointerException` 异常。调用者仍然可以传递 `null`。因此，你最后还是要回过头来检查 `null` 参数。

务必记住 `Optional` 只是另一个对象（一个容器），而且成本不低。`Optional` 消耗的内存是直接引用的 4 倍!

所以，在使用以下类似操作之前请三思：

```
//反面案例
public void renderBook(Format format,
  Optional<Renderer> renderer, Optional<String> size) {

  Objects.requireNonNull(format, "Format cannot be null");

  Renderer bookRenderer = renderer.orElseThrow(
    () -> new IllegalArgumentException("Renderer cannot be empty")
  );

  String bookSize = size.orElseGet(() -> "125 x 200");
  //...
}
```

下述对此方法的调用创建了所需的 `Optional` 类。但显然，其仍可能传递 `null`，并且会导致 `NullPointerException`，但那样的话也意味着你故意破坏了使用 `Optional` 的目的，所以不要用 `Optional` 参数的 `null` 检查来“污染”前面的代码，那将是一个非常糟糕的主意：

```
Book book = new Book();

//反面案例
book.renderBook(new Format(),
  Optional.of(new CoolRenderer()), Optional.empty());

//反面案例
//会导致空指针异常（NPE）
book.renderBook(new Format(),
  Optional.of(new CoolRenderer()), null);
```

我们可以通过移除 `Optional` 类来修复这个问题：

```
//正面案例
public void renderBook(Format format,
  Renderer renderer, String size) {

  Objects.requireNonNull(format, "Format cannot be null");
  Objects.requireNonNull(renderer, "Renderer cannot be null");

  String bookSize = Objects.requireNonNullElseGet(
    size, () -> "125 x 200");
  //...
}
```

这次，对这个方法的调用不会强制创建 `Optional`：

```
Book book = new Book();

//正面案例
book.renderBook(new Format(), new CoolRenderer(), null);
```

提示：当一个方法可以接受可选参数时，建议使用传统方式进行重载，而不要用 `Optional`。

240. 不要将 Optional 用于返回空的或者 null 的集合或数组

在“不建议使用”问题中，还有一类使用 Optional 返回封装空或 null 的集合或数组的问题。

返回封装空或 null 的集合或数组的 Optional 可以由更简洁且轻量级的代码组成，而非下述形式：

```
//反面案例
public Optional<List<Book>> fetchBooksByYear(int year) {
  //获取books可能返回null
  List<Book> books = ...;
  return Optional.ofNullable(books);
}

Optional<List<Book>> books = author.fetchBooksByYear(2021);

//反面案例
public Optional<Book[]> fetchBooksByYear(int year) {
  //获取books可能返回null
  Book[] books = ...;
  return Optional.ofNullable(books);
}

Optional<Book[]> books = author.fetchBooksByYear(2021);
```

我们可以通过删除不必要的 Optional，然后使用空集合（如 Collections.emptyList()、emptyMap() 和 emptySet()）和数组（如 new String[0]）来清理此代码。这是推荐的解决方案：

```
//正面案例
public List<Book> fetchBooksByYear(int year) {
  //获取books可能返回null
  List<Book> books = ...;
  return books == null ? Collections.emptyList() : books;
}

List<Book> books = author.fetchBooksByYear(2021);

//正面案例
public Book[] fetchBooksByYear(int year) {
  //获取books可能返回null
  Book[] books = ...;
  return books == null ? new Book[0] : books;
}

Book[] books = author.fetchBooksByYear(2021);
```

如果你需要区分缺失和空集合 / 数组，则可以为缺失抛出异常。

241. 避免在集合中使用 Optional

在集合中使用 Optional 可能是一种“设计的异味”（design smell）。再花 30 分钟重新评估问题并找到更好的解决方案吧。

上面的提醒是有效的，尤其在决定这样使用 Map 的用例的时候，其背后的原因为：如果没有为某个键值进行映射或者 null 被映射到这个键，则我无法说清楚是因为键值不存在，还是因为值不存在。我可以通过 Optional.ofNullable() 封装这个值，然后达到目标。

但是，如果 Optional<Foo> 的 Map 填充了 null 值、缺少 Optional 值，或者是不包含 Foo 但包含其他内容的 Optional 对象，我们该怎么办？这样不就是将最初的问题嵌套多了一层吗？性能损失如何？使用 Optional 并不是没有代价的，它只是另一个消耗内存用来收集内容的对象。

因此，让我们先来看一个反面案例：

```
private static final String NOT_FOUND = "NOT FOUND";
//...
//反面案例
Map<String, Optional<String>> isbns = new HashMap<>();
isbns.put("Book1", Optional.ofNullable(null));
isbns.put("Book2", Optional.ofNullable("123-456-789"));
//...
Optional<String> isbn = isbns.get("Book1");

if (isbn == null) {
  System.out.println("This key cannot be found");
} else {
  String unwrappedIsbn = isbn.orElse(NOT_FOUND);
  System.out.println("Key found, Value: " + unwrappedIsbn);
}
```

更好更优雅的解决方案可以通过 JDK 8 的 getOrDefault() 做到，如下所示：

```
private static String get(Map<String, String> map, String key) {
  return map.getOrDefault(key, NOT_FOUND);
}

Map<String, String> isbns = new HashMap<>();
isbns.put("Book1", null);
isbns.put("Book2", "123-456-789");
//...

String isbn1 = get(isbns, "Book1"); //null
String isbn2 = get(isbns, "Book2"); //123-456-789
String isbn3 = get(isbns, "Book3"); //NOT FOUND
```

其他解决方案可以通过以下内容实现：

- containsKey() 方法。
- 通过扩展 HashMap 的简单实现。
- JDK 8 的 computeIfAbsent() 方法。

- Apache 的 Commons 框架集合的 DefaultedMap。

可见，总有比在集合中使用 Optional 更好的解决方案。

但是最开始讨论的用例并不是最坏的情况。这里还有两个必须避免的用例：

```
Map<Optional<String>, String> items = new HashMap<>();
Map<Optional<String>, Optional<String>> items = new HashMap<>();
```

242. 将 of() 和 ofNullable() 搞混淆

将 Optional.ofNullable() 错用或混淆为 Optional.of()，或者反之，会导致不可预测的行为甚至触发 NullPointerException 异常。

> **提示：** Optional.of(null) 会抛出 NullPointerException 异常，而 Optional.ofNullable(null) 会产生调用 Optional.empty() 的结果。

如下例所示，它尝试避免抛出 NullPointerException 异常，但失败了：

```
//反面案例
public Optional<String> isbn(String bookId) {
  //对于给出的"bookId"，获取的"isbn"可能为null
  String isbn = ...;
  return Optional.of(isbn); //如果"isbn"为null则会抛出NPE异常
}
```

因为，有可能我们实际上想要使用的是 ofNullable()，如下所示：

```
//正面案例
public Optional<String> isbn(String bookId) {
  //对于给出的"bookId"，获取的"isbn"可能为null
  String isbn = ...;
  return Optional.ofNullable(isbn);
}
```

使用 ofNullable() 而不是 of() 并不是一场灾难，但它确实可能会引起一些混乱并且没有任何价值。请看以下代码：

```
//反面案例
//ofNullable()不会添加任何值
return Optional.ofNullable("123-456-789");

//正面案例
return Optional.of("123-456-789"); //没有NPE的风险
```

还有另一个问题。假设要将一个空的 String 对象转换为一个空的 Optional，我们可能认为正确的解决方案将使用 of()，如下所示：

```
//反面案例
Optional<String> result = Optional.of(str)
  .filter(not(String::isEmpty));
```

但别忘了 String 可能为 null。这个解决方案在空或者非空的字符串上工作正常，但不能用于 null 字符串。因此，Nullable() 为我们提供了正确的解决方案，如下所示：

```
//正面案例
Optional<String> result = Optional.ofNullable(str)
  .filter(not(String::isEmpty));
```

243. Optional<T> 与 OptionalInt

如果没有特别的原因必须使用包装类型（boxed primitives），那么建议避免使用 Optional<T>，转而使用非泛型的 OptionalInt、OptionalLong 或 OptionalDouble 类型。

打包和拆包是昂贵的操作，容易导致性能损失。为了消除这种风险，我们可以使用 OptionalInt、OptionalLong 和 OptionalDouble。这些是对 int、long 和 double 原始类型的包装。

所以避免使用以下（或类似）的解决方案：

```
//反面案例
Optional<Integer> priceInt = Optional.of(50);
Optional<Long> priceLong = Optional.of(50L);
Optional<Double> priceDouble = Optional.of(49.99d);
```

推荐使用以下解决方案：

```
//正面案例
//通过getAsInt()封装
OptionalInt priceInt = OptionalInt.of(50);

//通过getAsLong()封装
OptionalLong priceLong = OptionalLong.of(50L);

//通过getAsDouble()封装
OptionalDouble priceDouble = OptionalDouble.of(49.99d);
```

244. 确定 Optional 的相等性

可以直接给 assertEquals() 提供两个 Optional 对象而不需要拆包出具体值。这是因为 Optional.equals() 比较的是两个被包装的值，而不是 Optional 对象。以下为 Optional.equals() 的源码：

```
@Override
public boolean equals(Object obj) {

  if (this == obj) {
    return true;
  }
  if (!(obj instanceof Optional)) {
    return false;
  }
```

```
  Optional<?> other = (Optional<?>) obj;
  return Objects.equals(value, other.value);
}
```

假设我们有两个 `Optional` 对象：

```
Optional<String> actual = ...;
Optional<String> expected = ...;

//或者
Optional actual = ...;
Optional expected = ...;
```

建议避免这样写：

```
//反面案例
@Test
public void givenOptionalsWhenTestEqualityThenTrue()
    throws Exception {
  assertEquals(expected.get(), actual.get());
}
```

如果 `expected` 和/或 `actual` 是空的，那么 `get()` 方法会抛出一个 `NoSuchElementException` 类型的异常。

最好按以下方法进行测试：

```
//正面案例
@Test
public void givenOptionalsWhenTestEqualityThenTrue()
    throws Exception {
  assertEquals(expected, actual);
}
```

245. 通过 map() 和 flatMap() 转换值

`Optional.map()` 和 `flatMap()` 方法可以方便地转换 `Optional` 值。

`map()` 方法将函数作为参数应用于给定值，然后返回包装在 `Optional` 对象中的结果。`flatMap()` 方法将函数作为参数应用于给定值，然后直接返回结果。

假设有 `Optional<String>`，我们希望将这个字符串从小写转换成大写。一个笨拙的解决方案可以写成下面这样：

```
Optional<String> lowername = ...; //当然也可能为空

//反面案例
Optional<String> uppername;

if (lowername.isPresent()) {
  uppername = Optional.of(lowername.get().toUpperCase());
```

```
} else {
  uppername = Optional.empty();
}
```

一个更传神的解决方案（一行代码）将使用 `Optional.map()`，如下所示：

```
//正面案例
Optional<String> uppername = lowername.map(String::toUpperCase);
```

`map()` 方法也可用于避免破坏 Lambda 链。比如有一个 `List<Book>`，我们想要找到其中第一本低于 50 美元的书，如果存在这样的书，则将其标题更改为大写。同样，一个毫无创意的解决方案如下：

```
private static final String NOT_FOUND = "NOT FOUND";
List<Book> books = Arrays.asList();
//...
//反面案例
Optional<Book> book = books.stream()
  .filter(b -> b.getPrice()<50)
  .findFirst();

String title;
if (book.isPresent()) {
  title = book.get().getTitle().toUpperCase();
} else {
  title = NOT_FOUND;
}
```

而基于 `map()`，我们可以通过以下的 Lambda 链做到：

```
//正面案例
String title = books.stream()
  .filter(b -> b.getPrice() < 50)
  .findFirst()
  .map(Book::getTitle)
  .map(String::toUpperCase)
  .orElse(NOT_FOUND);
```

在以上示例中，`getTitle()` 方法是一个典型的 getter，它以 `String` 形式返回书名。接下来让我们修改这个 getter 以返回 `Optional`：

```
public Optional<String> getTitle() {
  return ...;
}
```

这次，我们不能使用 `map()`，因为将返回 `Optional<Optional<String>>` 而不是 `Optional<String>`。但如果我们使用 `flatMap()`，那么返回的对象将不会再额外包装一层 `Optional` 对象：

```
//正面案例
String title = books.stream()
  .filter(b -> b.getPrice() < 50)
  .findFirst()
  .flatMap(Book::getTitle)
  .map(String::toUpperCase)
  .orElse(NOT_FOUND);
```

所以 `Optional.map()` 会将转换的结果包装到一个 `Optional` 对象中。如结果本身就是 `Optioanl` 自己，那么我们会得到 `Optional<Optional<...>>`。另一方面，`flatMap()` 则不会将结果包装到额外的 `Optional` 对象中。

246. 通过 `Optional.filter()` 过滤值

使用 `Optional.filter()` 接受或拒绝一个被包装的值是一种非常方便的方法，因为它可以在不直接解出被包装的值的情况下完成。我们只需将谓词（条件）作为入参并获得一个 `Optional` 对象（如果条件满足则为初始 `Optional` 对象，如果条件不满足则为空 `Optional` 对象）。

让我们先看看以下用于验证一本书的 ISBN 的一般方法：

```
//反面案例
public boolean validateIsbnLength(Book book) {

  Optional<String> isbn = book.getIsbn();
  if (isbn.isPresent()) {
    return isbn.get().length() > 10;
  }
  return false;
}
```

上面的解决方案需要明确解包出 `Optional` 的值来实现。但如果我们使用 `Optional.filter()`，那么我们不需要直接解包，如下所示：

```
//正面案例
public boolean validateIsbnLength(Book book) {

  Optional<String> isbn = book.getIsbn();
  return isbn.filter((i) -> i.length() > 10)
    .isPresent();
}
```

> **提示：** `Optional.filter()` 对避免打断 Lambda 链也非常有帮助。

247. 链接 `Optional` 和 `Stream` API

从 JDK 9 开始，我们可以通过使用 `Optional.stream()` 方法将 `Optional` 实例当作 `Stream` 使用。当我们必须将 `Optional` 和 `Stream` API 链接起来时，这非常有用。`Optional.`

stream() 方法返回一个包含一个元素的 Stream（Optional 的值）或一个空的 Stream（如果 Optional 没有值）。此外，我们可以使用 Stream API 中可用的所有方法。

假设我们有一个方法用于通过给定的 ISBN 获取书籍（如果没有书能匹配上给出的 ISBN，那么这个方法返回一个空的 Optional 对象）：

```
public Optional<Book> fetchBookByIsbn(String isbn) {
  //通过给定的"isbn"获取书可能返回null
  Book book = ...;
  return Optional.ofNullable(book);
}
```

除此之外，我们循环处理一个 ISBN 列表并返回书籍列表，如下所示（每个 ISBN 通过 fetchBookByIsbn() 方法传递）：

```
//反面案例
public List<Book> fetchBooks(List<String> isbns) {

  return isbns.stream()
    .map(this::fetchBookByIsbn)
    .filter(Optional::isPresent)
    .map(Optional::get)
    .collect(toList());
}
```

焦点在于以下两行代码：

```
.filter(Optional::isPresent)
.map(Optional::get)
```

由于 fetchBookByIsbn() 方法可以返回空的 Optional 类，因此我们必须确保从最终结果中移除它们。为此，我们调用 Stream.filter() 并将 Optional.isPresent() 函数应用于 fetchBookByIsbn() 返回的每个 Optional 对象。因此，过滤后，我们得到了存在值的 Optional 类。此外，我们应用 Stream.map() 方法将这些 Optional 类解包成 Book。最后，我们将 Book 对象收集到 List 中。

不过我们可以通过使用 Optional.stream() 做到相同的事情，而且更优雅，如下所示：

```
//正面案例
public List<Book> fetchBooksPrefer(List<String> isbns) {

  return isbns.stream()
    .map(this::fetchBookByIsbn)
    .flatMap(Optional::stream)
    .collect(toList());
}
```

> **提示：** 实际上，在这种情况下，我们可以使用 Optional.stream() 将 filter() 和 map() 替换为 flatMap()。

为 fetchBookByIsbn() 返回的每个 Optional<Book> 调用 Optional.stream()，将导致 Stream<Book> 要么包含单个 Book 对象，要么不包含任何内容（空流）。如果 Optional<Book> 不包含值（为空），则 Stream<Book> 也为空。使用 flatMap() 而不是 map() 才能避免 Stream<Stream<Book>> 类型的结果。

我们还额外提供一种方法将 Optional 转换成 List，如下所示：

```
public static<T> List<T> optionalToList(Optional<T> optional) {
  return optional.stream().collect(toList());
}
```

248. Optional 和识别敏感类操作

识别敏感（Identity-sensitive）操作包括引用相等性（==）、基于哈希的识别和同步。

Optional 类是一种基于值（value-based）的类，和 LocalDateTime 类似，因此应尽量避免识别敏感类操作。

例如，让我们通过 == 测试两个 Optional 类的相等性：

```
Book book = new Book();
Optional<Book> op1 = Optional.of(book);
Optional<Book> op2 = Optional.of(book);

//反面案例
//op1 == op2返回false，实际期望的是true
if (op1 == op2) {
  System.out.println("op1 is equal with op2, (via ==)");
} else {
  System.out.println("op1 is not equal with op2, (via ==)");
}
```

这会给出以下输出：

```
op1 is not equal with op2, (via ==)
```

由于 op1 和 op2 不是对同一对象的引用，因此它们不相等，即不符合 == 实现。

要比较值，我们需要使用 equals()，如下所示：

```
//正面案例
if (op1.equals(op2)) {
  System.out.println("op1 is equal with op2, (via equals())");
} else {
  System.out.println("op1 is not equal with op2, (via equals())");
}
```

这会给出以下输出：

```
op1 is equal with op2, (via equals())
```

在识别敏感操作的上下文中，永远不要认为 Optional 是一个基于值的类，这样的类不应该用于锁定。更多详细信息，参见 https://rules.sonarsource.com/java/tag/java8/RSPEC-3436：

```
Optional<Book> book = Optional.of(new Book());
synchronized(book) {
  //...
}
```

249. 在 `Optional` 的内容为空时返回布尔值

假设我们有以下示例方法：

```
public static Optional<Cart> fetchCart(long userId) {
  //给定"userId"的购物车可能为null
  Cart cart = ...;
  return Optional.ofNullable(cart);
}
```

现在，我们要编写一个名为 `cartIsEmpty()` 的方法，它调用 `fetchCart()` 方法并返回一个标志，如果获取的购物车为空，则该标志为真。在 JDK 11 之前，我们可以基于 `Optional.isPresent()` 来实现这个方法，如下所示：

```
//反面案例（JDK 11+）
public static boolean cartIsEmpty(long id) {
  Optional<Cart> cart = fetchCart(id);
  return !cart.isPresent();
}
```

该方案能正常工作但表达力不强。我们通过内容的存在来检查是否为空，所以我们需要翻转 `isPresent()` 的结果。

从 JDK 11 开始，`Optional` 类扩充了一个名为 `isEmpty()` 的方法。从名称即可看出，这个标志方法在判断 `Optional` 类没有内容后返回 `true`。所以我们可以将我们的解决方案进一步改进为：

```
//正面案例（JDK 11+）
public static boolean cartIsEmpty(long id) {
  Optional<Cart> cart = fetchCart(id);
  return cart.isEmpty();
}
```

小结

这是本章的最后一个问题。此时，你应该已经了解了正确使用 `Optional` 所需的所有注意事项。

另外，也欢迎下载本章相关的代码，以便查看结果和获取更多详细信息。

第 13 章 HTTP Client 和 WebSocket API

本章包括 20 个涵盖 HTTP Client 和 WebSocket API 的相关问题。

还记得 `HttpUrlConnection` 吗？JDK 11 附带的 HTTP Client API 可以认为是对 `HttpUrlConnection` 的重新发明。HTTP Client API 易于使用并支持 HTTP/2（默认）和 HTTP/1.1。为了向后兼容，当服务器不支持 HTTP/2 时，HTTP Client API 会自动从 HTTP/2 降级到 HTTP 1.1。此外，HTTP Client API 支持同步和异步编程模型，并依赖流来传输数据（响应式流）。它还支持 WebSocket 协议，该协议在实时 Web 应用程序中被使用，以提供具有低开销的客户端 - 服务器通信。

问题

使用以下问题来测试你的 HTTP 客户端和 WebSocket 编程能力。我强烈推荐你在查看解决方案和下载示例程序前自己试一试每个问题：

250. **HTTP/2**：对 HTTP/2 协议进行简要概述。

251. **触发一次异步 `GET` 请求**：使用 HTTP Client API 触发异步 `GET` 请求并显示响应状态码和请求体。

252. **设置一个代理**：使用 HTTP Client API 通过一个代理建立一个连接。

253. **设置 / 获取请求头**：添加请求头到请求中，并获取响应的请求头。

254. **指定 HTTP 方式**：指定 HTTP 请求的方式（例如，`GET`、`POST`、`PUT` 以及 `DELETE`）。

255. **设置请求体**：使用 HTTP Client API 向添加请求体。

256. **设置连接身份认证**：使用 HTTP Client API 通过用户名和密码设置连接身份认证。

257. **设置请求超时**：使用 HTTP Client API 来设置我们想要等待响应的时间（超时）。

258. **设置重定向策略**：使用 HTTP Client API 在需要时自动重定向。

259. **发送同步和异步请求**：在同步和异步模式下发送相同的请求。

260. **处理 cookie**：使用 HTTP Client API 设置 cookie 处理程序。

261. **获取响应信息**：使用 HTTP Client API 获取有关响应的信息（例如：URI、版本、请求头、响应状态码、请求体等）。

262. **处理响应的请求体类型**：举例说明如何通过 `HttpResponse.BodyHandlers` 处理常见的响应请求体的类型。

263. **获取、更新和保存 JSON**：使用 HTTP Client API 获取、更新和保存 JSON。

264. **压缩**：处理被压缩的响应（例如 `.gzip`）。

265. **处理表单数据**：使用 HTTP Client API 提交一个数据表单（`application/x-www-form-urlencoded`）。

266. **下载资源**：使用 HTTP Client API 下载一个资源。

267. **使用 multipart 上传**：使用 HTTP Client API 上传一个资源。

268. **HTTP/2 的服务器端推送**：通过 HTTP Client API 举例说明 HTTP/2 服务器推送功能。

269. **WebSocket**：打开一个与 WebSocket 端点的连接，收集数据 10 秒，然后关闭连接。

解决方案

以下部分描述了上述问题的解决方案。请记住，解决特定问题的正确方法通常不止一种。另外，本章仅展示了解决问题所需的最有趣和最重要的细节，你可以下载示例方案并查看更多的细节和试用这些程序：https://github.com/PacktPublishing/Java-Coding-Problems。

250. HTTP/2

HTTP/2 是一种高效的协议，它显著地改进了 **HTTP/1.1** 协议。从全局看，**HTTP/2** 由两部分组成：

- 框架层（framing layer）：这是 HTTP/2 多路复用的核心能力。
- 数据层（data layer）：包含数据（我们通常称之为 HTTP）。

下图描述了 **HTTP/1.1**（顶部）和 **HTTP/2**（底部）中的通信：

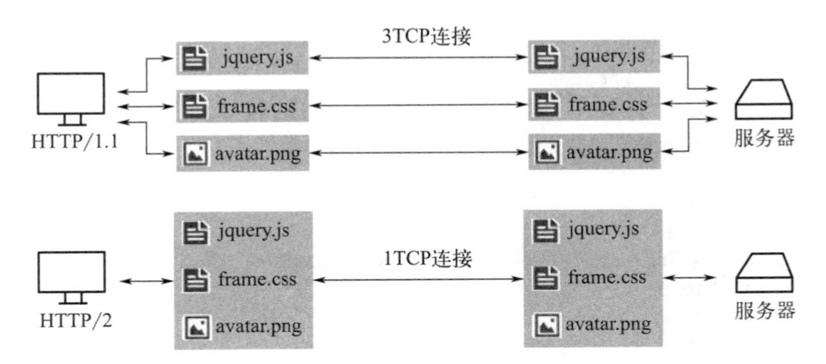

HTTP/2 被服务器和浏览器广泛采用，它对比 **HTTP/1.1** 有以下改进：

- 二进制协议：对人来说的可读性较差，但机器处理更友好，HTTP/2 框架层使用了二进制封装的协议。
- 多路复用：指请求和响应交织在一起。多个请求在同一个连接上同时进行。
- 服务器推送：服务器可以决定向客户端发送额外的资源。
- 与服务器的单一连接：HTTP/2 为每个来源（域）使用单一通信线路（TCP 连接）。
- 请求头压缩：HTTP/2 通过 HPACK 压缩来减少请求头大小，可以显著减少传输的字节数。
- 加密：大部分通过网络传输的数据都是加密的。

251. 触发一次异步 GET 请求

触发异步的 GET 请求可以分为如下三个步骤：

① 创建一个新的 `HttpClient` 对象（`java.net.http.HttpClient`）：

```
HttpClient client = HttpClient.newHttpClient();
```

② 构建一个 `HttpRequest` 对象（`java.net.http.HttpRequest`）并指定请求内容（默认情况下，这是一个 GET 请求）：

```
HttpRequest request = HttpRequest.newBuilder()
  .uri(URI.create("https://reqres.in/api/users/2"))
  .build();
```

> **提示：** 为了设置 URI，我们可以调用 `HttpRequest.newBuilder(URI)` 构造函数或调用 `Builder` 实例上的 `uri(URI)` 方法（就像我们上面所做的那样）。

③ 触发请求并等待响应（`java.net.http.HttpResponse`）。对于同步请求，应用程序会阻塞直到响应完成：

```
HttpResponse<String> response
  = client.send(request, BodyHandlers.ofString());
```

如果我们将这三个步骤组合在一起，并添加在控制台显示响应状态码和请求体的代码，完整的程序如下所示：

```
HttpClient client = HttpClient.newHttpClient();

HttpRequest request = HttpRequest.newBuilder()
  .uri(URI.create("https://reqres.in/api/users/2"))
  .build();

HttpResponse<String> response
  = client.send(request, BodyHandlers.ofString());

System.out.println("Status code: " + response.statusCode());
System.out.println("\n Body: " + response.body());
```

以上代码的可能输出如下：

```
Status code: 200
Body:
{
  "data": {
    "id": 2,
    "email": "janet.weaver@reqres.in",
    "first_name": "Janet",
    "last_name": "Weaver",
    "avatar": "https://s3.amazonaws.com/..."
  }
}
```

HttpRequest 默认使用 HTTP/2 协议。但是，我们也可以通过 `HttpRequest.Builder.version()` 直接设置协议版本。此方法使用的 `HttpClient.Version` 参数有两个常量的枚举数据：`HTTP_2` 和 `HTTP_1_1`。以下展示了一个降级到 HTTP/1.1 的示例：

```
HttpRequest request = HttpRequest.newBuilder()
  .version(HttpClient.Version.HTTP_1_1)
  .uri(URI.create("https://reqres.in/api/users/2"))
  .build();
```

以下是 `HttpClient` 的一些默认设置：

- HTTP/2；
- 没有身份认证；
- 没有连接超时；
- 没有 cookie 处理程序；
- 默认线程池执行器；
- 重定向策略是 `NEVER`；
- 默认代理选择器；
- 默认 SSL 上下文。

我们将在下一节中查看查询参数构建器。

查询参数构建器

使用包含请求参数的 URI 意味着需要对这些参数进行编码。Java 内置的参数编码方法是 `URLEncoder.encode()`。连续编码多个请求参数的代码如下所示：

```
URI uri = URI.create("http://localhost:8080/books?name=" +
  URLEncoder.encode("Games & Fun!", StandardCharsets.UTF_8) +
  "&no=" + URLEncoder.encode("124#442#000", StandardCharsets.UTF_8) +
  "&price=" + URLEncoder.encode("$23.99", StandardCharsets.UTF_8)
);
```

当我们必须处理大量请求参数时，上述写法可能不是很方便。虽然我们可以尝试编写一个辅助方法，通过循环处理请求参数集来隐藏 `URLEncoder.encode()`，但是更好的方案是使用 URI 构建器。

使用 Spring 中的 URI 构建器 `org.springframework.web.util.UriComponentsBuilder` 之后，下面的代码就变得很直观：

```
URI uri = UriComponentsBuilder.newInstance()
  .scheme("http")
  .host("localhost")
  .port(8080)
  .path("books")
  .queryParam("name", "Games & Fun!")
  .queryParam("no", "124#442#000")
  .queryParam("price", "$23.99")
  .build()
  .toUri();
```

对于非 Spring 应用程序，我们可以使用其他 URI 构建器，例如 `urlbuilder` 库（https://github.com/mikaelhg/urlbuilder）。本书配套代码中有一个使用它的示例。

252. 设置一个代理

我们可以通过 `Builder` 方法的 `HttpClient.proxy()` 设置一个代理。`proxy()` 方法需要 `ProxySelector` 类型的参数，这个参数可以是系统全局的代理选择器（通过 `getDefault()` 获得）或者指向给定地址（使用 `InetSocketAddress`）的代理选择器。

假设我们的代理地址是 `proxy.host:80`，我们可以按如下方法设置这个代理：

```
HttpClient client = HttpClient.newBuilder()
  .proxy(ProxySelector.of(new InetSocketAddress("proxy.host", 80)))
  .build();
```

另外，我们也可以设置系统全局代理选择器，如下：

```
HttpClient client = HttpClient.newBuilder()
  .proxy(ProxySelector.getDefault())
  .build();
```

253. 设置 / 获取请求头

`HttpRequest` 和 `HttpResponse` 公开了一套处理请求头的方法。我们将在接下来的部分中了解这些方法。

设置请求头

`HttpRequest.Builder` 类提供三种设置附加请求头信息的方法：

• `header(String name, String value)` 和 `setHeader(String name, String value)`：用于逐个添加请求头，代码如下：

```
HttpRequest request = HttpRequest.newBuilder()
  .uri(...)
  ...
  .header("key_1", "value_1")
  .header("key_2", "value_2")
  ...
  .build();

HttpRequest request = HttpRequest.newBuilder()
  .uri(...)
  ...
  .setHeader("key_1", "value_1")
  .setHeader("key_2", "value_2")
  ...
  .build();
```

> **提示：**`header()` 和 `setHeader()` 的区别在于前者添加指定的请求头，而后者则设置指定的请求头。或者说，`header()` 将给定的值添加到该名称 / 键的值列表中，而 `setHeader()` 会覆盖该名称 / 键的任何先前设置的值。

• `headers(String... headers)`：这个方法用于添加以逗号分隔的请求头，代码如下：

```
HttpRequest request = HttpRequest.newBuilder()
  .uri(...)
  //...
  .headers("key_1", "value_1", "key_2",
  "value_2", "key_3", "value_3", ...)
  //...
  .build();
```

例如，请求头 `Content-Type: application/json` 和 `Referer: https://reqres.in/` 可以直接被添加到被 `https://reqres.in/api/users/2` 这个 URI 触发的请求中，如下：

```
HttpRequest request = HttpRequest.newBuilder()
  .header("Content-Type", "application/json")
  .header("Referer", "https://reqres.in/")
  .uri(URI.create("https://reqres.in/api/users/2"))
  .build();
```

你也可以这么做：

```
HttpRequest request = HttpRequest.newBuilder()
  .setHeader("Content-Type", "application/json")
  .setHeader("Referer", "https://reqres.in/")
  .uri(URI.create("https://reqres.in/api/users/2"))
  .build();
```

最后，你还可以这么做：

```
HttpRequest request = HttpRequest.newBuilder()
  .headers("Content-Type", "application/json",
    "Referer", "https://reqres.in/")
  .uri(URI.create("https://reqres.in/api/users/2"))
  .build();
```

根据目标，可以组合所有三种方法来指定请求头。

获取请求 / 响应的请求头

可以使用 `HttpRequest.headers()` 获取请求头。在 `HttpResponse` 中也有类似的用于获取请求头方法。两个方法都返回一个 `HttpHeaders` 对象。

上述两个方法的用法相同，我们重点介绍如何获取响应请求头，代码如下：

```
HttpResponse<...> response ...
HttpHeaders allHeaders = response.headers();
```

使用 `HttpHeaders.allValues()` 可以获取到请求头的所有值，如下：

```
List<String> allValuesOfCacheControl
  = response.headers().allValues("Cache-Control");
```

如果只需要获取请求头的第一个值，可以使用 HttpHeaders.firstValue()，如下：

```
Optional<String> firstValueOfCacheControl
  = response.headers().firstValue("Cache-Control");
```

> **提示：** 如果请求头的返回值为 Long 型，则需要使用 HttpHeaders.firstValueAsLong()。此方法将需要的请求头的名称作为参数并返回 Optional<Long>。如果无法将指定请求头的值解析为 Long，则会抛出 NumberFormatException 异常。

254. 指定 HTTP 方式

我们可以使用 HttpRequest.Builder 中的以下方法来指定我们的请求使用的 HTTP 方法：

- GET()：这个方法使用 HTTP 的 GET 方法来发送请求，如下例所示：

```
HttpRequest requestGet = HttpRequest.newBuilder()
  .GET() //因为是默认方法，所以可以省略掉
  .uri(URI.create("https://reqres.in/api/users/2"))
  .build();
```

- POST()：这个方法使用 HTTP 的 POST 方法来发送请求，如下例所示：

```
HttpRequest requestPost = HttpRequest.newBuilder()
  .header("Content-Type", "application/json")
  .POST(HttpRequest.BodyPublishers.ofString(
    "{\"name\": \"morpheus\",\"job\": \"leader\"}"))
  .uri(URI.create("https://reqres.in/api/users"))
  .build();
```

- PUT()：这个方法使用 HTTP 的 PUT 方法来发送请求，如下例所示：

```
HttpRequest requestPut = HttpRequest.newBuilder()
  .header("Content-Type", "application/json")
  .PUT(HttpRequest.BodyPublishers.ofString(
    "{\"name\": \"morpheus\",\"job\": \"zion resident\"}"))
  .uri(URI.create("https://reqres.in/api/users/2"))
  .build();
```

- DELETE()：这个方法使用 HTTP 的 DELETE 方法来发送请求，如下例所示：

```
HttpRequest requestDelete = HttpRequest.newBuilder()
  .DELETE()
  .uri(URI.create("https://reqres.in/api/users/2"))
  .build();
```

客户端可以处理所有类型的 HTTP 方法，不只是这些预定义的（GET、POST、PUT 和 DELETE）。想要建立不同方式的 HTTP 请求，我们只需要调用 method()。

以下解决方案触发了一个 HTTP 的 PATCH 请求：

```
HttpRequest requestPatch = HttpRequest.newBuilder()
  .header("Content-Type", "application/json")
```

```
  .method("PATCH", HttpRequest.BodyPublishers.ofString(
    "{\"name\": \"morpheus\",\"job\": \"zion resident\"}"))
  .uri(URI.create("https://reqres.in/api/users/1"))
  .build();
```

如果不需要请求体，我们可以使用 `BodyPublishers.noBody()`。以下解决方案使用 `noBody()` 方法来触发一个 HTTP 的 `HEAD` 请求：

```
HttpRequest requestHead = HttpRequest.newBuilder()
  .method("HEAD", HttpRequest.BodyPublishers.noBody())
  .uri(URI.create("https://reqres.in/api/users/1"))
  .build();
```

对于多个类似的请求，我们可以使用 `copy()` 方法来拷贝构建器，如下代码片段所示：

```
HttpRequest.Builder builder = HttpRequest.newBuilder()
  .uri(URI.create("..."));

HttpRequest request1 = builder.copy().setHeader("...", "...").build();
HttpRequest request2 = builder.copy().setHeader("...", "...").build();
```

255. 设置请求体

可以使用 `HttpRequest.Builder.POST()` 和 `HttpRequest.Builder.PUT()` 来设置请求体，或者使用 `method()`（例如，`method("PATCH", HttpRequest.BodyPublisher)`）。`POST()` 和 `PUT()` 采用 `HttpRequest.BodyPublisher` 类型的参数。`HttpRequest.BodyPublishers` 类提供了多个基于这个接口（`BodyPublisher`）实现的 API，如下：

- `BodyPublishers.ofString()`；
- `BodyPublishers.ofFile()`；
- `BodyPublishers.ofByteArray()`；
- `BodyPublishers.ofinputStream()`。

我们将在接下来的内容中查看这些实现。

通过字符串创建请求体

可以使用 `BodyPublishers.ofString()` 通过字符串创建请求体，如以下代码片段所示：

```
HttpRequest requestBody = HttpRequest.newBuilder()
  .header("Content-Type", "application/json")
  .POST(HttpRequest.BodyPublishers.ofString(
    "{\"name\": \"morpheus\",\"job\": \"leader\"}"))
  .uri(URI.create("https://reqres.in/api/users"))
  .build();
```

如果想指定字符集（`charset`），可以调用 `ofString(String s, Charset charset)`。

通过 InputStream 创建请求体

可以使用 `BodyPublishers.ofinputStream()` 通过 `InputStream` 创建请求体，如以

下代码片段所示（在这里我们使用了 `ByteArrayInputStream`，但是实际上可以支持任何 `InputStream`）：

```
HttpRequest requestBodyOfInputStream = HttpRequest.newBuilder()
  .header("Content-Type", "application/json")
  .POST(HttpRequest.BodyPublishers.ofInputStream(()
    -> inputStream("user.json")))
  .uri(URI.create("https://reqres.in/api/users"))
  .build();

private static ByteArrayInputStream inputStream(String fileName) {

  try (ByteArrayInputStream inputStream = new ByteArrayInputStream(
      Files.readAllBytes(Path.of(fileName)))) {

    return inputStream;
  } catch (IOException ex) {
    throw new RuntimeException("File could not be read", ex);
  }
}
```

为了能延迟创建，`InputStream` 必须作为 `Supplier` 传递。

通过字节数组创建请求体

可以使用 `BodyPublishers.ofByteArray()` 通过字节数组（byte array）创建请求体，如以下代码片段所示：

```
HttpRequest requestBodyOfByteArray = HttpRequest.newBuilder()
  .header("Content-Type", "application/json")
  .POST(HttpRequest.BodyPublishers.ofByteArray(
    Files.readAllBytes(Path.of("user.json"))))
  .uri(URI.create("https://reqres.in/api/users"))
  .build();
```

我们也可以使用 `ofByteArray(byte[] buf, int offset, int length)` 只发送字节数组的一部分。此外，我们还可以使用 `ofByteArrays(Iterable<byte[]> iter)` 通过字节数组的 `Iterable` 提供数据。

通过文件创建请求体

可以使用 `BodyPublishers.ofFile()` 通过文件创建请求体，如以下代码片段所示：

```
HttpRequest requestBodyOfFile = HttpRequest.newBuilder()
  .header("Content-Type", "application/json")
  .POST(HttpRequest.BodyPublishers.ofFile(Path.of("user.json")))
  .uri(URI.create("https://reqres.in/api/users"))
  .build();
```

256. 设置连接身份认证

通常，服务器需要通过用户名和密码完成身份认证。我们可以使用 `Authenticator` 类（协商 HTTP 身份认证的凭据）和 `PasswordAuthentication` 类（用户名和密码的持有者）来实现，如下所示：

```
HttpClient client = HttpClient.newBuilder()
  .authenticator(new Authenticator() {

    @Override
    protected PasswordAuthentication getPasswordAuthentication() {

      return new PasswordAuthentication(
        "username",
        "password".toCharArray());
    }
  })
  .build();
```

此外，客户端可用于发送请求：

```
HttpRequest request = HttpRequest.newBuilder()
  //...
  .build();

HttpResponse<String> response
  = client.send(request, HttpResponse.BodyHandlers.ofString());
```

> **提示：**`Authenticator` 支持不同的身份认证模式（例如，基本（basic）身份认证或摘要（digest）身份认证）。

另一种解决方案是在请求头中添加凭据，如下所示：

```
HttpClient client = HttpClient.newHttpClient();

HttpRequest request = HttpRequest.newBuilder()
  .header("Authorization", basicAuth("username", "password"))
  ...
  .build();

HttpResponse<String> response
  = client.send(request, HttpResponse.BodyHandlers.ofString());

private static String basicAuth(String username, String password) {
  return "Basic " + Base64.getEncoder().encodeToString(
    (username + ":" + password).getBytes());
}
```

在使用 `Bearer` 身份认证（HTTP bearer 令牌）的情况下，我们可以这样做：

```
HttpRequest request = HttpRequest.newBuilder()
  .header("Authorization",
    "Bearer mT8JNMyWCG0D7waCHkyxo0Hm80YBqelv5SBL")
  .uri(URI.create("https://gorest.co.in/public-api/users"))
  .build();
```

我们也可以在 `POST` 的请求体中这么做：

```
HttpClient client = HttpClient.newHttpClient();

HttpRequest request = HttpRequest.newBuilder()
  .header("Content-Type", "application/json")
  .POST(BodyPublishers.ofString("{\"email\":\"eve.holt@reqres.in\",
    \"password\":\"cityslicka\"}"))
  .uri(URI.create("https://reqres.in/api/login"))
  .build();

HttpResponse<String> response
  = client.send(request, HttpResponse.BodyHandlers.ofString());
```

> **提示：** 不同的请求可以使用不同的凭据。此外，`Authenticator` 类提供了一系列有用的方法（例如，`getRequestingSite()`），用来帮助我们找出需要提供哪些数据。在生产系统中，应用程序不应像这些示例中那样以明文形式提供凭据。

257. 设置请求超时

默认情况下，请求是不会超时的（无穷大的超时值）。如果我们想要设置等待响应的时间（超时值），可以调用 `HttpRequest.Builder.timeout()` 方法。此方法使用 `Duration` 类型的参数，可以像下面这样使用：

```
HttpRequest request = HttpRequest.newBuilder()
  .uri(URI.create("https://reqres.in/api/users/2"))
  .timeout(Duration.of(5, ChronoUnit.MILLIS))
  .build();
```

如果超过指定的超时时间，将抛出 `java.net.http.HttpConnectTimeoutException` 异常。

258. 设置重定向策略

当我们尝试访问的资源已移动到其他 URI 时，服务器将返回 `3xx` 范围内的 HTTP 响应状态码和新的 URI 信息。浏览器收到重定向响应（`301`、`302`、`303`、`307` 和 `308`）之后，能够自动向新位置发送另一个请求。

如果我们通过 `followRedirects()` 明确地设置重定向策略，HTTP Client API 可以自动重定向到这个新的 URI，如下所示：

```
HttpClient client = HttpClient.newBuilder()
  .followRedirects(HttpClient.Redirect.ALWAYS)
  .build();
```

如果不想重定向，只需要将常量 `HttpClient.Redirect.NEVER` 传递给 `followRedirects()`（这也是默认值）。

要允许除 HTTPS 的 URL 到 HTTP 的 URL 之外的所有重定向，只需要将常量 `HttpClient.Redirect.NORMAL` 传递给 `followRedirects()`。

当重定向策略未设置为 `ALWAYS` 时，应用程序负责处理重定向。通常，这是通过从 HTTP 的 `Location` 请求头中读取新地址来完成的，如下所示 [以下代码仅在返回的响应状态码为 `301`（永久移动）或 `308`（永久重定向）时才对重定向感兴趣]:

```
int sc = response.statusCode();

if (sc == 301 || sc == 308) { //使用HTTP响应状态码的枚举值
  String newLocation = response.headers()
    .firstValue("Location").orElse("");

  //处理到newLocation的重定向
}
```

通过将请求 URI 与响应 URI 进行比较，可以轻松检测到重定向。如果它们不相同，则发生了重定向:

```
if (!request.uri().equals(response.uri())) {
  System.out.println("The request was redirected to: " + response.uri());
}
```

259. 发送同步和异步请求

可以使用 `HttpClient` 提供的以下两种方法向服务器发送请求:

- `send()`：此方法以同步方式发送请求（这将阻塞直到得到响应或发生超时）。
- `sendAsync()`：此方法以异步方式发送请求（非阻塞）。

我们将在下一节中解释我们可以发送请求的不同方式。

以同步方式发送请求

我们在前面的问题中已经示范过了，所以这里将只为你提供一个简短的代码片段，如下所示:

```
HttpClient client = HttpClient.newHttpClient();

HttpRequest request = HttpRequest.newBuilder()
  .uri(URI.create("https://reqres.in/api/users/2"))
  .build();

HttpResponse<String> response
  = client.send(request, HttpResponse.BodyHandlers.ofString());
```

以异步方式发送请求

为了异步发送请求，HTTP Client API 依赖于在第 11 章中讨论过的 `CompletableFeature`，

以及 sendAsync() 方法，如下所示：

```
HttpClient client = HttpClient.newHttpClient();

HttpRequest request = HttpRequest.newBuilder()
  .uri(URI.create("https://reqres.in/api/users/2"))
  .build();

client.sendAsync(request, HttpResponse.BodyHandlers.ofString())
  .thenApply(HttpResponse::body)
  .exceptionally(e -> "Exception: " + e)
  .thenAccept(System.out::println)
  .get(30, TimeUnit.SECONDS); //或者join()
```

或者，假设在等待响应的同时，我们还想执行其他任务：

```
HttpClient client = HttpClient.newHttpClient();

HttpRequest request = HttpRequest.newBuilder()
  .uri(URI.create("https://reqres.in/api/users/2"))
  .build();

CompletableFuture<String> response
  = client.sendAsync(request, HttpResponse.BodyHandlers.ofString())
    .thenApply(HttpResponse::body)
    .exceptionally(e -> "Exception: " + e);

while (!response.isDone()) {
  Thread.sleep(50);
  System.out.println("Perform other tasks while waiting for the response ...");
}

String body = response.get(30, TimeUnit.SECONDS); //或者join()
System.out.println("Body: " + body);
```

并行发送多个请求

我们如何同时发送多个请求并等到所有响应？

正如我们所知，CompletableFuture 提供 allOf() 方法（详见第 11 章），它可以并行执行任务并等待所有任务完成。返回结果是 CompletableFuture<Void>。

以下代码同时等待四个请求的响应：

```
List<URI> uris = Arrays.asList(
  new URI("https://reqres.in/api/users/2"), //一个用户
  new URI("https://reqres.in/api/users?page=2"), //用户列表
  new URI("https://reqres.in/api/unknown/2"), //资源列表
  new URI("https://reqres.in/api/users/23")); //用户未找到

HttpClient client = HttpClient.newHttpClient();
```

```
List<HttpRequest> requests = uris.stream()
  .map(HttpRequest::newBuilder)
  .map(reqBuilder -> reqBuilder.build())
  .collect(Collectors.toList());

CompletableFuture.allOf(requests.stream()
  .map(req -> client.sendAsync(
    req, HttpResponse.BodyHandlers.ofString())
  .thenApply((res) -> res.uri() + " | " + res.body() + "\n")
  .exceptionally(e -> "Exception: " + e)
  .thenAccept(System.out::println))
  .toArray(CompletableFuture<?>[]::new))
  .join();
```

要收集响应的请求体（例如，保存到 `List<String>` 中），可以考虑使用 `WaitAllResponsesFetchBodiesInList` 类，在本书配套代码中有介绍。

也可以使用自定义的 `Executor` 对象，如下：

```
ExecutorService executor = Executors.newFixedThreadPool(5);

HttpClient client = HttpClient.newBuilder()
  .executor(executor)
  .build();
```

260. 处理 cookie

默认情况下，JDK 11 的 HTTP Client 支持 cookie，但在某些情况下默认支持被禁用，我们可以按如下方式启用它：

```
HttpClient client = HttpClient.newBuilder()
  .cookieHandler(new CookieManager())
  .build();
```

所以，HTTP Client API 允许我们使用 `HttpClient.Builder.cookieHandler()` 方法设置 cookie 处理程序。这个方法需要一个 `CookieManager` 类型的参数。

以下解决方案设置 `CookieManager` 不接受 cookie：

```
HttpClient client = HttpClient.newBuilder()
  .cookieHandler(new CookieManager(null, CookiePolicy.ACCEPT_NONE))
  .build();
```

要接受 cookie，可将 `CookiePolicy` 设置为 `ALL`（接受所有 cookie）或 `ACCEPT_ORIGINAL_SERVER`（仅接受来自原始服务器的 cookie）。

以下解决方案接受所有 cookie 并将它们显示在控制台中（如果任何凭据被报告为无效，则考虑从 https://gorest.co.in/rest-console.html 获取新令牌）：

```
CookieManager cm = new CookieManager();
cm.setCookiePolicy(CookiePolicy.ACCEPT_ALL);
```

```
HttpClient client = HttpClient.newBuilder()
  .cookieHandler(cm)
  .build();

HttpRequest request = HttpRequest.newBuilder()
  .header("Authorization",
    "Bearer mT8JNMyWCG0D7waCHkyxo0Hm80YBqelv5SBL")
  .uri(URI.create("https://gorest.co.in/public-api/users/1"))
  .build();

HttpResponse<String> response
  = client.send(request, HttpResponse.BodyHandlers.ofString());

System.out.println("Status code: " + response.statusCode());
System.out.println("\n Body: " + response.body());

CookieStore cookieStore = cm.getCookieStore();
System.out.println("\nCookies: " + cookieStore.getCookies());
```

查看 `set-cookie` 请求头的方法如下：

```
Optional<String> setcookie
  = response.headers().firstValue("set-cookie");
```

261. 获取响应信息

为了获得有关响应的信息，我们可以使用 `HttpResponse` 类中的方法。这些方法的名称非常直观，因此，下面的代码片段是一目了然的：

```
...
HttpResponse<String> response
  = client.send(request, HttpResponse.BodyHandlers.ofString());

System.out.println("Version: " + response.version());
System.out.println("\nURI: " + response.uri());
System.out.println("\nStatus code: " + response.statusCode());
System.out.println("\nHeaders: " + response.headers());
System.out.println("\n Body: " + response.body());
```

读者还可以浏览官方文档以找到更多有用的方法。

262. 处理响应的请求体类型

可以通过使用 `HttpResponse.BodyHandler` 来处理请求体类型。`HttpRequest.BodyHandlers` 类提供了多个基于（`BodyHandler`）接口实现的 API，如下所示：

- `BodyHandlers.ofByteArray()`；
- `BodyHandlers.ofFile()`；
- `BodyHandlers.ofString()`；
- `BodyHandlers.ofinputStream()`；

• BodyHandlers.ofLines()。

对于以下的请求，让我们查看几套处理响应请求体的解决方案：

```
HttpClient client = HttpClient.newHttpClient();

HttpRequest request = HttpRequest.newBuilder()
  .uri(URI.create("https://reqres.in/api/users/2"))
  .build();
```

我们将在以下部分中了解如何处理不同类型的响应请求体。

将响应请求体作为字符串处理

可以使用 `BodyHandlers.ofString()` 将想要响应的请求体作为字符串处理，相关代码片段如下：

```
HttpResponse<String> responseOfString
  = client.send(request, HttpResponse.BodyHandlers.ofString());

System.out.println("Status code: " + responseOfString.statusCode());
System.out.println("Body: " + responseOfString.body());
```

如果想指定字符集（`charset`），可使用 `ofString(String s, Charset charset)`。

将响应请求体作为文件处理

可以使用 `BodyHandlers.ofFile()` 将响应的请求体作为文件处理，相关代码片段如下：

```
HttpResponse<Path> responseOfFile = client.send(
  request, HttpResponse.BodyHandlers.ofFile(
    Path.of("response.json")));

System.out.println("Status code: " + responseOfFile.statusCode());
System.out.println("Body: " + responseOfFile.body());
```

要指定打开文件的选项，可以调用 `ofFile(Path file, OpenOption... openOptions)`。

将响应请求体作为字节数组处理

可以使用 `BodyHandlers.ofByteArray()` 将响应的请求体作为字节数组处理，相关代码片段如下：

```
HttpResponse<byte[]> responseOfByteArray = client.send(
  request, HttpResponse.BodyHandlers.ofByteArray());

System.out.println("Status code: "
  + responseOfByteArray.statusCode());
System.out.println("Body: "
  + new String(responseOfByteArray.body()));
```

如果想消费字节数组，可以调用 `ofByteArrayConsumer(Consumer<Optional<byte[]>> consumer)`。

将响应请求体作为输入流处理

可以使用 `BodyHandlers.ofinputStream()` 将响应的请求体作为输入流处理，相关代码片段如下：

```
HttpResponse<InputStream> responseOfinputStream = client.send(
  request, HttpResponse.BodyHandlers.ofinputStream());

System.out.println("\nHttpResponse.BodyHandlers.ofinputStream():");
System.out.println("Status code: "
  + responseOfinputStream.statusCode());

byte[] allBytes;

try (InputStream fromIs = responseOfinputStream.body()) {
  allBytes = fromIs.readAllBytes();
}

System.out.println("Body: "
  + new String(allBytes, StandardCharsets.UTF_8));
```

将响应请求体作为字符串流处理

可以使用 `BodyHandlers.ofLines()` 将响应的请求体作为字符串流处理，相关代码片段如下：

```
HttpResponse<Stream<String>> responseOfLines = client.send(
  request, HttpResponse.BodyHandlers.ofLines());

System.out.println("Status code: " + responseOfLines.statusCode());
System.out.println("Body: "
  + responseOfLines.body().collect(toList()));
```

263. 获取、更新和保存 JSON

在前面的问题中，我们将 JSON 数据作为纯文本（字符串）进行处理。HTTP Client API 不提供对 JSON 数据的特殊或专用支持，并将此类数据视为任何其他字符串。

然而，我们习惯于将 JSON 数据表示为 Java 对象（POJO），并在需要时依赖 JSON 和 Java 之间的转换。我们可以在不涉及 HTTP Client API 的情况下编写问题的解决方案。但是，我们也可以使用 `HttpResponse.BodyHandler` 的自定义实现来编写解决方案，它可以使用 JSON 解析器将响应转换为 Java 对象。例如，我们可以使用 JSON-B（详见第 6 章）。

实现 `HttpResponse.BodyHandler` 接口意味着重写 `apply(HttpResponse.ResponseInfo responseInfo)` 方法。使用此方法，我们可以从响应中获取字节并将它们转换为 Java 对象。代码如下：

```
public class JsonBodyHandler<T>
    implements HttpResponse.BodyHandler<T> {

  private final Jsonb jsonb;
  private final Class<T> type;

  private JsonBodyHandler(Jsonb jsonb, Class<T> type) {
    this.jsonb = jsonb;
    this.type = type;
  }

  public static <T> JsonBodyHandler<T>
      jsonBodyHandler(Class<T> type) {
    return jsonBodyHandler(JsonbBuilder.create(), type);
  }

  public static <T> JsonBodyHandler<T> jsonBodyHandler(
      Jsonb jsonb, Class<T> type) {
    return new JsonBodyHandler<>(jsonb, type);
  }

  @Override
  public HttpResponse.BodySubscriber<T> apply(
      HttpResponse.ResponseInfo responseInfo) {

    return BodySubscribers.mapping(BodySubscribers.ofByteArray(),
      byteArray -> this.jsonb.fromJson(
        new ByteArrayInputStream(byteArray), this.type));
  }
}
```

假设我们要操作的 JSON 对象如下所示（这是来自服务的响应）：

```
{
  "data": {
    "id": 2,
    "email": "janet.weaver@reqres.in",
    "first_name": "Janet",
    "last_name": "Weaver",
    "avatar": "https://s3.amazonaws.com/..."
  }
}
```

表示这个 JSON 对象的 Java 对象如下：

```
public class User {

  private Data data;
  private String updatedAt;

  //getters, setters and toString()
}
```

```
public class Data {

  private Integer id;
  private String email;

  @JsonbProperty("first_name")
  private String firstName;

  @JsonbProperty("last_name")
  private String lastName;

  private String avatar;

  //getters, setters and toString()
}
```

现在，让我们看看如何在请求和响应中操作 JSON 对象。

JSON 响应转换为 User 对象

以下代码片段触发一个 **GET** 请求并将返回的 JSON 响应转换为 **User** 对象：

```
Jsonb jsonb = JsonbBuilder.create();
HttpClient client = HttpClient.newHttpClient();

HttpRequest requestGet = HttpRequest.newBuilder()
  .uri(URI.create("https://reqres.in/api/users/2"))
  .build();

HttpResponse<User> responseGet = client.send(
  requestGet, JsonBodyHandler.jsonBodyHandler(jsonb, User.class));

User user = responseGet.body();
```

将 User 对象转换为 JSON 请求

以下代码片段更新了我们在上一小节中获取的用户的电子邮件地址：

```
user.getData().setEmail("newemail@gmail.com");

HttpRequest requestPut = HttpRequest.newBuilder()
  .header("Content-Type", "application/json")
  .uri(URI.create("https://reqres.in/api/users"))
  .PUT(HttpRequest.BodyPublishers.ofString(jsonb.toJson(user)))
  .build();

HttpResponse<User> responsePut = client.send(
  requestPut, JsonBodyHandler.jsonBodyHandler(jsonb, User.class));

User updatedUser = responsePut.body();
```

将新建的 User 对象转换为 JSON 请求

以下代码片段创建一个新用户（响应状态码应为 201）：

```
Data data = new Data();
data.setId(10);
data.setFirstName("John");
data.setLastName("Year");
data.setAvatar("https://johnyear.com/jy.png");

User newUser = new User();
newUser.setData(data);

HttpRequest requestPost = HttpRequest.newBuilder()
  .header("Content-Type", "application/json")
  .uri(URI.create("https://reqres.in/api/users"))
  .POST(HttpRequest.BodyPublishers.ofString(jsonb.toJson(user)))
  .build();

HttpResponse<Void> responsePost = client.send(
  requestPost, HttpResponse.BodyHandlers.discarding());

int sc = responsePost.statusCode(); //201
```

注意，我们通过 `HttpResponse.BodyHandlers.discarding()` 忽略了响应的请求体。

264. 压缩

在服务器上启用 `.gzip` 压缩是一种惯例，能够显著缩短网站的加载时间。但是 JDK 11 的 HTTP Client API 没有利用 `.gzip` 压缩。换言之，HTTP Client API 不请求服务器压缩响应，也不知道如何处理此类响应。要请求被压缩的响应，我们必须发送带有 `.gzip` 值的 `Accept-Encoding` 请求头。该请求头不是由 HTTP Client API 添加的，因此我们将按如下方式添加：

```
HttpClient client = HttpClient.newHttpClient();

HttpRequest request = HttpRequest.newBuilder()
  .header("Accept-Encoding", "gzip")
  .uri(URI.create("https://davidwalsh.name"))
  .build();
```

到目前为止，如果服务器启用了 `gzip` 编码，那么我们将收到一个压缩的响应。为了判断应是否被压缩，我们必须检查 `Encoding` 请求头，如下所示：

```
HttpResponse<InputStream> response = client.send(
  request, HttpResponse.BodyHandlers.ofinputStream());

String encoding = response.headers()
  .firstValue("Content-Encoding").orElse("");

if ("gzip".equals(encoding)) {
```

```
  String gzipAsString = gZipToString(response.body());
  System.out.println(gzipAsString);
} else {
  String isAsString = isToString(response.body());
  System.out.println(isAsString);
}
```

gZipToString() 方法是一个辅助方法，它接受 InputStream 作为参数并将其视为 GZIPInputStream。换句话说，此方法从给定的输入流中读取字节并使用它们创建一个字符串：

```
public static String gzipToString(InputStream gzip)
    throws IOException {

  byte[] allBytes;
  try (InputStream fromIs = new GZIPInputStream(gzip)) {
    allBytes = fromIs.readAllBytes();
  }

  return new String(allBytes, StandardCharsets.UTF_8);
}
```

如果响应没有被压缩，那么 isToString() 则是我们需要的处理方法：

```
public static String isToString(InputStream is) throws IOException {

  byte[] allBytes;
  try (InputStream fromIs = is) {
    allBytes = fromIs.readAllBytes();
  }

  return new String(allBytes, StandardCharsets.UTF_8);
}
```

265. 处理表单数据

JDK 11 的 HTTP Client API 没有内置支持在 POST 请求中使用 x-www-form-urlencoded。这个问题的解决方案是使用自定义的 BodyPublisher 类。

遵守以下规则将使自定义 BodyPublisher 类变得非常简单：

- 数据表示为键值对；
- 每个键值对都是 key = value 的形式；
- 键值对通过 & 字符分隔；
- 键和值需要被正确编码。

由于数据以键值对的形式表示，所以非常便于存储在 Map 中。此外，我们只是循环处理这个 Map 并应用前面的信息，如下所示：

```
public class FormBodyPublisher {

  public static HttpRequest.BodyPublisher ofForm(
```

```
      Map<Object, Object> data) {

    StringBuilder body = new StringBuilder();

    for (Object dataKey : data.keySet()) {
      if (body.length() > 0) {
        body.append("&");
      }

      body.append(encode(dataKey))
        .append("=")
        .append(encode(data.get(dataKey)));

    }

    return HttpRequest.BodyPublishers.ofString(body.toString());
  }

  private static String encode(Object obj) {
    return URLEncoder.encode(obj.toString(), StandardCharsets.UTF_8);
  }
}
```

通过以上解决方案，一个 `POST`（`x-www-form-urlencoded`）请求可以通过以下方法触发：

```
Map<Object, Object> data = new HashMap<>();
data.put("firstname", "John");
data.put("lastname", "Year");
data.put("age", 54);
data.put("avatar", "https://avatars.com/johnyear");

HttpClient client = HttpClient.newHttpClient();

HttpRequest request = HttpRequest.newBuilder()
  .header("Content-Type", "application/x-www-form-urlencoded")
  .uri(URI.create("http://jkorpela.fi/cgi-bin/echo.cgi"))
  .POST(FormBodyPublisher.ofForm(data))
  .build();

HttpResponse<String> response = client.send(
  request, HttpResponse.BodyHandlers.ofString());
```

在这种情况下，响应只是已发送数据的回显。应用程序需要对服务器的响应进行处理，这在本章的“262. 处理响应的请求体类型”中已有介绍。

266. 下载资源

正如我们在本章的“255. 设置请求体”和“262. 处理响应的请求体类型”所了解到的，HTTP Client API 可以发送和接受文本和二进制数据（例如，图片、视频等）。

下载一个文件需要通过以下两步完成：

- 发送一个 `GET` 请求；
- 处理接收到的字节数据（例如，使用 `BodyHandlers.ofFile()`）。

以下代码从项目 classpath 中的 Maven 仓库下载 `hibernate-core-5.4.2.Final.jar`：

```
HttpClient client = HttpClient.newHttpClient();

HttpRequest request = HttpRequest.newBuilder()
  .uri(URI.create("http://.../hibernate-core-5.4.2.Final.jar"))
  .build();

HttpResponse<Path> response
  = client.send(request, HttpResponse.BodyHandlers.ofFile(
    Path.of("hibernate-core-5.4.2.Final.jar")));
```

如果要下载的资源是通过 `Content-Disposition` 这个 HTTP 请求头传送的，类似于 `Content-Disposition attachment; filename="..."` 的形式，那么我们可以使用 `BodyHandlers.ofFileDownload()` 处理应答，如下例所示：

```
import static java.nio.file.StandardOpenOption.CREATE;

HttpClient client = HttpClient.newHttpClient();

HttpRequest request = HttpRequest.newBuilder()
  .uri(URI.create("http://...downloadfile.php?file=Hello.txt&cd=attachment+filename"))
  .build();

HttpResponse<Path> response = client.send(request,
  HttpResponse.BodyHandlers.ofFileDownload(Path.of(
    System.getProperty("user.dir")), CREATE));
```

这里有更多的文件可用于测试：https://demo.borland.com/testsite/download_testpage.php。

267. 使用 multipart 上传

我们在“255. 设置请求体”中了解过，我们可以使用 `BodyPublishers.ofFile()` 和 `POST` 请求向服务器发送文件（文本或二进制）。

不过，发送一个常规上传请求可能会涉及 multipart 表单的 `POST` 请求，其请求头 `Content-Type` 为 `multipart/form-data`。

在这种情况下，请求体由两部分组成，每个部分通过边界进行限定，如图所示（其中 `--779d334bbfa...` 就是边界）：

```
--779d334bbfa749fdb1f4d115cd18a0cd
Content-Disposition: form-data; name="author"

Lorem Ipsum Generator
--779d334bbfa749fdb1f4d115cd18a0cd
```

part1

```
Content-Disposition: form-data; name="filefield"; filename="figure.png"
Content-Type: image/png

%PNG

 Øæ™>ïïA-  8  -ò }Ÿ>)wõ{þûó  °Ÿç÷Kt Ï| ªç Ï Øå™>ïÓ½}'ûÚ SÁhOcáu~¿ ¾o9Û÷¹ß:ë÷¸
'Ó 4V>ÇØ/th^\œ£¦ Ä ûÐÏÑ `ŸÎ} Bý «“è iaQ_Q »{«á i¸>Y_O )yàLeÊÁ|®#+N ¼4 ô}¹V|eú
Ê ›à>  Ö;+?Q~æg‹t_Çª%¢ Ôƒ* ÊÇ0ðIÓôSÜ äÿ  Vx#^^Ö3Çm ~Ú9~Ç(W·Ù
zí ãà°Á ã rŸR ^  TÉ«øŸô}š·p  .c· O“-
--779d334bbfa749fdb1f4d115cd18a0cd--
```

part2

不过，JDK 11 的 HTTP Client API 对构造这种请求体不提供内置支持。不过，参照上述的截图，我们可以定义一个自定义的 `BodyPublisher` 如下：

```java
public class MultipartBodyPublisher {

  private static final String LINE_SEPARATOR = System.lineSeparator();

  public static HttpRequest.BodyPublisher ofMultipart(
      Map<Object, Object> data, String boundary) throws IOException {

    final byte[] separator = ("--" + boundary +
      LINE_SEPARATOR +
      "Content-Disposition: form-data; name = ")
      .getBytes(StandardCharsets.UTF_8);

    final List<byte[] > body = new ArrayList<>();

    for (Object dataKey: data.keySet()) {

      body.add(separator);
      Object dataValue = data.get(dataKey);

      if (dataValue instanceof Path) {
        Path path = (Path) dataValue;
        String mimeType = fetchMimeType(path);

        body.add(("\"" + dataKey + "\"; filename=\"" +
          path.getFileName() + "\"" + LINE_SEPARATOR +
          "Content-Type: " + mimeType + LINE_SEPARATOR +
          LINE_SEPARATOR).getBytes(StandardCharsets.UTF_8));

        body.add(Files.readAllBytes(path));
        body.add(LINE_SEPARATOR.getBytes(StandardCharsets.UTF_8));
      } else {
        body.add(("\"" + dataKey + "\"" + LINE_SEPARATOR +
          LINE_SEPARATOR + dataValue + LINE_SEPARATOR)
          .getBytes(StandardCharsets.UTF_8));
      }
    }
```

```
    body.add(("--" + boundary
      + "--").getBytes(StandardCharsets.UTF_8));

    return HttpRequest.BodyPublishers.ofByteArrays(body);
  }

  private static String fetchMimeType(
      Path filenamePath) throws IOException {

    String mimeType = Files.probeContentType(filenamePath);

    if (mimeType == null) {
      throw new IOException("Mime type could not be fetched");
    }

    return mimeType;
  }
}
```

现在，我们可以用下面的方式创建一个 multipart 请求（我们尝试将一个名为 `LoremIpsum.txt` 的文本文件上传到服务器，服务器只是将原始数据返回）:

```
Map<Object, Object> data = new LinkedHashMap<>();
data.put("author", "Lorem Ipsum Generator");
data.put("filefield", Path.of("LoremIpsum.txt"));

String boundary = UUID.randomUUID().toString().replaceAll("-", "");

HttpClient client = HttpClient.newHttpClient();

HttpRequest request = HttpRequest.newBuilder()
  .header("Content-Type", "multipart/form-data;boundary=" + boundary)
  .POST(MultipartBodyPublisher.ofMultipart(data, boundary))
  .uri(URI.create("http://jkorpela.fi/cgi-bin/echoraw.cgi"))
  .build();

HttpResponse<String> response = client.send(
  request, HttpResponse.BodyHandlers.ofString());
```

响应内容应大致如下（边界只是一个随机的 `UUID`）:

```
--7ea7a8311ada4804ab11d29bcdedcc55
Content-Disposition: form-data; name="author"
Lorem Ipsum Generator
--7ea7a8311ada4804ab11d29bcdedcc55
Content-Disposition: form-data; name="filefield";
filename="LoremIpsum.txt"
Content-Type: text/plain
Lorem ipsum dolor sit amet, consectetur adipiscing elit, sed do
eiusmod tempor incididunt ut labore et dolore magna aliqua.
--7ea7a8311ada4804ab11d29bcdedcc55--
```

268. HTTP/2 的服务器端推送

除了多路复用（multiplexing），HTTP/2 的另一个强大功能是服务器端推送（server push）能力。

一般来说，在传统的方式（HTTP/1.1）中，浏览器触发获取 HTML 页面的请求，解析接收到的标签来识别引用的资源（例如 JS、CSS、图片等），为了获取这些资源，浏览器需要发送额外的请求（每个被引用的资源一个请求）。不同的是，HTTP/2 在发送 HTML 页面请求时，浏览器没有直接请求引用的资源。因此，浏览器请求 HTML 页面并接收该页面以及显示该页面所需的所有其他内容。

HTTP Client API 通过 `PushPromiseHandler` 接口支持此 HTTP/2 功能。实现此接口，并将此接口作为 `send()` 或 `sendAsync()` 方法的第三个参数使用。

`PushPromiseHandler` 由如下三部分组成：

- 初始化客户端的发送请求（`initiatingRequest`）；
- 合成的推送请求（`pushPromiseRequest`）；
- acceptor 函数，必须成功调用才能接受推送承诺（acceptor）。

通过调用给定的 `acceptor` 函数来接受推送承诺。`acceptor` 函数必须传递一个非空的 `BodyHandler`，用于处理承诺的响应主体。`acceptor` 函数将返回一个完成承诺响应的 `CompletableFuture` 实例。

基于这些信息，让我们看一个 `PushPromiseHandler` 的实现：

```
private static final List<CompletableFuture<Void>>
  asyncPushRequests = new CopyOnWriteArrayList<>();

//...

private static HttpResponse.PushPromiseHandler<String>
    pushPromiseHandler() {

  return (HttpRequest initiatingRequest,
    HttpRequest pushPromiseRequest,
    Function<HttpResponse.BodyHandler<String>,
    CompletableFuture<HttpResponse<String>>> acceptor) -> {
      CompletableFuture<Void> pushcf =
        acceptor.apply(HttpResponse.BodyHandlers.ofString())
          .thenApply(HttpResponse::body)
          .thenAccept((b) -> System.out.println(
            "\nPushed resource body:\n " + b));

      asyncPushRequests.add(pushcf);

      System.out.println("\nJust got promise push number: " +
        asyncPushRequests.size());
      System.out.println("\nInitial push request: " +
        initiatingRequest.uri());
      System.out.println("Initial push headers: " +
        initiatingRequest.headers());
```

```
        System.out.println("Promise push request: " +
          pushPromiseRequest.uri());
        System.out.println("Promise push headers: " +
          pushPromiseRequest.headers());
    };
}
```

现在，让我们触发一个请求并将 `PushPromiseHandler` 传递给 `sendAsync()`：

```
HttpClient client = HttpClient.newHttpClient();

HttpRequest request = HttpRequest.newBuilder()
  .uri(URI.create("https://http2.golang.org/serverpush"))
  .build();

client.sendAsync(request,
    HttpResponse.BodyHandlers.ofString(), pushPromiseHandler())
  .thenApply(HttpResponse::body)
  .thenAccept((b) -> System.out.println("\nMain resource:\n" + b))
  .join();

asyncPushRequests.forEach(CompletableFuture::join);

System.out.println("\nFetched a total of " +
  asyncPushRequests.size() + " push requests");
```

如果我们想返回一个推送承诺处理程序，将推送承诺及其响应添加到给定的映射（map）中，那么我们可以使用 `PushPromiseHandler.of()` 方法，如下所示：

```
private static final ConcurrentMap<HttpRequest,
  CompletableFuture<HttpResponse<String>>> promisesMap
    = new ConcurrentHashMap<>();

private static final Function<HttpRequest,
  HttpResponse.BodyHandler<String>> promiseHandler
    = (HttpRequest req) -> HttpResponse.BodyHandlers.ofString();

public static void main(String[] args)
    throws IOException, InterruptedException {

  HttpClient client = HttpClient.newHttpClient();

  HttpRequest request = HttpRequest.newBuilder()
    .uri(URI.create("https://http2.golang.org/serverpush"))
    .build();

  client.sendAsync(request,
      HttpResponse.BodyHandlers.ofString(), pushPromiseHandler())
    .thenApply(HttpResponse::body)
    .thenAccept((b) -> System.out.println("\nMain resource:\n" + b))
```

```
    .join();

  System.out.println("\nPush promises map size: " +
    promisesMap.size() + "\n");

  promisesMap.entrySet().forEach((entry) -> {
    System.out.println("Request = " + entry.getKey() +
      ", \nResponse = " + entry.getValue().join().body());
    });
}

private static HttpResponse.PushPromiseHandler<String>
    pushPromiseHandler() {

  return HttpResponse.PushPromiseHandler
    .of(promiseHandler, promisesMap);
}
```

在以上两个方案中，我们都通过 `ofString()` 使用了 `String` 类型的 `BodyHandler`。如果服务器还会推送二进制数据（如图像），这就不是很有用了。所以，如果我们处理的是二进制数据，我们需要通过 `ofByteArray()` 切换到 `byte[]` 类型的 `BodyHandler`。另外，我们还可以通过 `ofFile()` 将推送的资源保存到磁盘，如下解决方案是上述解决方案的改写版：

```
private static final ConcurrentMap<HttpRequest,
  CompletableFuture<HttpResponse<Path>>>
    promisesMap = new ConcurrentHashMap<>();

private static final Function<HttpRequest,
  HttpResponse.BodyHandler<Path>> promiseHandler
    = (HttpRequest req) -> HttpResponse.BodyHandlers.ofFile(
      Paths.get(req.uri().getPath()).getFileName());

public static void main(String[] args)
    throws IOException, InterruptedException {

  HttpClient client = HttpClient.newHttpClient();

  HttpRequest request = HttpRequest.newBuilder()
    .uri(URI.create("https://http2.golang.org/serverpush"))
    .build();

  client.sendAsync(request, HttpResponse.BodyHandlers.ofFile(
      Path.of("index.html")), pushPromiseHandler())
    .thenApply(HttpResponse::body)
    .thenAccept((b) -> System.out.println("\nMain resource:\n" + b))
    .join();

  System.out.println("\nPush promises map size: " +
    promisesMap.size() + "\n");

  promisesMap.entrySet().forEach((entry) -> {
```

```
    System.out.println("Request = " + entry.getKey() +
      ", \nResponse = " + entry.getValue().join().body());
  });
}

private static HttpResponse.PushPromiseHandler<Path>
    pushPromiseHandler() {

  return HttpResponse.PushPromiseHandler
    .of(promiseHandler, promisesMap);
}
```

这段代码会将推送的资源保存在应用程序的 classpath 路径中，如下图所示：

godocs	5/16/2019 10:26 AM	JScript Script File	18 KB
index	5/16/2019 10:26 AM	Chrome HTML Do...	66 KB
jquery.min	5/16/2019 10:26 AM	JScript Script File	92 KB
playground	5/16/2019 10:26 AM	JScript Script File	15 KB
style	5/16/2019 10:26 AM	Cascading Style S...	14 KB

269. WebSocket

HTTP Client 支持 WebSocket 协议，相关 API 的核心实现是 `java.net.http.WebSocket` 接口，这个接口提供一组用于处理 WebSocket 通信的方法。

可以使用 `HttpClient.newWebSocketBuilder().buildAsync()` 来构建 `WebSocket` 异步实例。

例如，我们可以连接到知名的 Meetup 的 RSVP WebSocket 端点（`ws://stream.meetup.com/2/rsvps`），如下所示：

```
HttpClient client = HttpClient.newHttpClient();

WebSocket webSocket = client.newWebSocketBuilder()
  .buildAsync(URI.create("ws://stream.meetup.com/2/rsvps"),
    wsListener).get(10, TimeUnit.SECONDS);
```

从本质上讲，WebSocket 协议是双向的。我们可以使用 `sendText()`、`sendBinary()`、`sendPing()` 以及 `sendPong()` 发送数据。Meetup 的 RSVP 不会处理我们发送的消息，但是为了演示，我们可以发送一段文本消息，如下：

```
webSocket.sendText("I am an Meetup RSVP fan", true);
```

其中的 `boolean` 参数用于标识消息结束。如果此调用未完成，则此消息传递 `false`。

我们需要使用 `sendClose()` 来关闭连接，如下：

```
webSocket.sendClose(WebSocket.NORMAL_CLOSURE, "ok");
```

最后，我们需要编写 `WebSocket.Listener`，用来处理传过来的消息。这是一个带有默认实现的一组方法的接口。以下代码简单重载了 `onOpen()`、`onText()` 以及 `onClose()` 方法。将 WebSocket 的监听器和之前的代码组合起来，我们得到以下的应用程序：

```
public class Main {

  public static void main(String[] args) throws
      InterruptedException, ExecutionException, TimeoutException {

    Listener wsListener = new Listener() {

      @Override
      public CompletionStage<?> onText(WebSocket webSocket,
          CharSequence data, boolean last) {
        System.out.println("Received data: " + data);
        return Listener.super.onText(webSocket, data, last);
      }

      @Override
      public void onOpen(WebSocket webSocket) {
        System.out.println("Connection is open ...");
        Listener.super.onOpen(webSocket);
      }

      @Override
      public CompletionStage<? > onClose(WebSocket webSocket,
          int statusCode, String reason) {
        System.out.println("Closing connection: " +
          statusCode + " " + reason);
        return Listener.super.onClose(webSocket, statusCode, reason);
      }
    };

    HttpClient client = HttpClient.newHttpClient();

    WebSocket webSocket = client.newWebSocketBuilder()
      .buildAsync(URI.create(
        "ws://stream.meetup.com/2/rsvps"), wsListener)
      .get(10, TimeUnit.SECONDS);

    TimeUnit.SECONDS.sleep(10);

    webSocket.sendClose(WebSocket.NORMAL_CLOSURE, "ok");
  }
}
```

这个应用程序将运行 10 秒并产生类似以下的输出：

```
Connection is open ...

Received data:
{"visibility":"public","response":"yes","guests":0,"member":
{"member_id":267133566,"photo":"https:\/\/secure.meetupstatic.com\/photos\/member\/8\/7
\/8\/a\/thumb_282154698.jpeg","member_name":"SANDRA MARTINEZ"},"rsvp_id":1781366945...
```

```
Received data:
{"visibility":"public","response":"yes","guests":1,"member":{"member_id":51797722,...
```

10 秒后，应用程序将关闭到 WebSocket 对端的连接。

小结

任务完成！至此，本书也将完结。看起来新的 HTTP Client 以及 WebSocket API 都很酷。它们功能灵活多样且非常直观，并且成功地隐藏了许多我们不想在开发过程中处理的细枝末节。

下载本章应用程序以查看结果以及更多的代码细节。